U0131790

制作概览一："东北虎"

鼠绘 2005.4.12
飘忽的白羽
花瓣：路径转选区
填色，加深减淡工具
纹理：照亮边缘滤镜
纹理：通道中应用
晶格化滤镜
花心：旋转扭曲滤镜
水珠：见本书有关章节

制作概览二：“白玫瑰”

品种：白牙青
在选区中填充渐变色
路径描边
画笔点画
画笔绘制
制作概览三："蟋 蟀"

制作概览四："车"

制作概览五："透明玻璃杯"

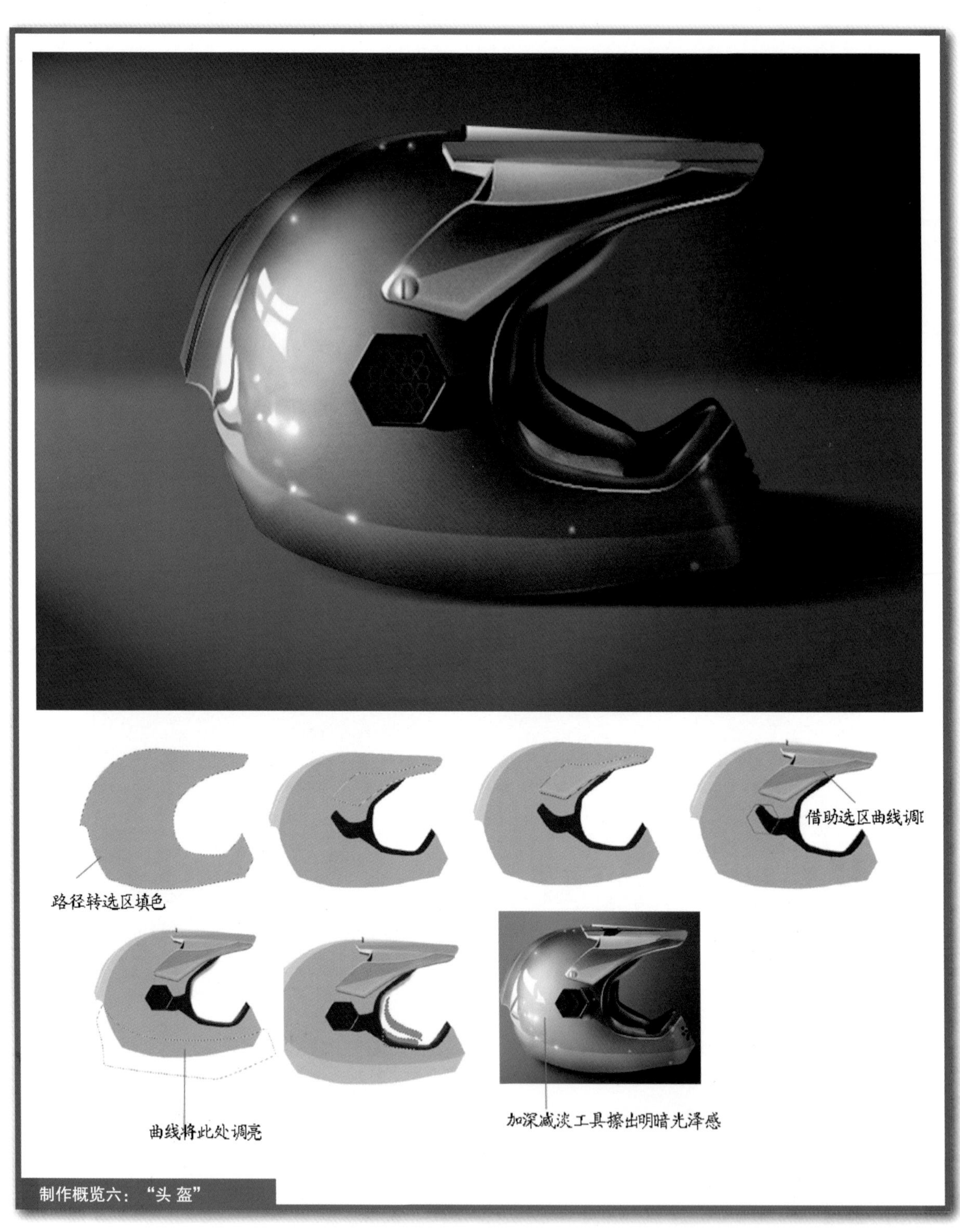
借助选区曲线调
路径转选区填色
曲线将此处调亮
加深减淡工具擦出明暗光泽感
制作概览六："头盔"

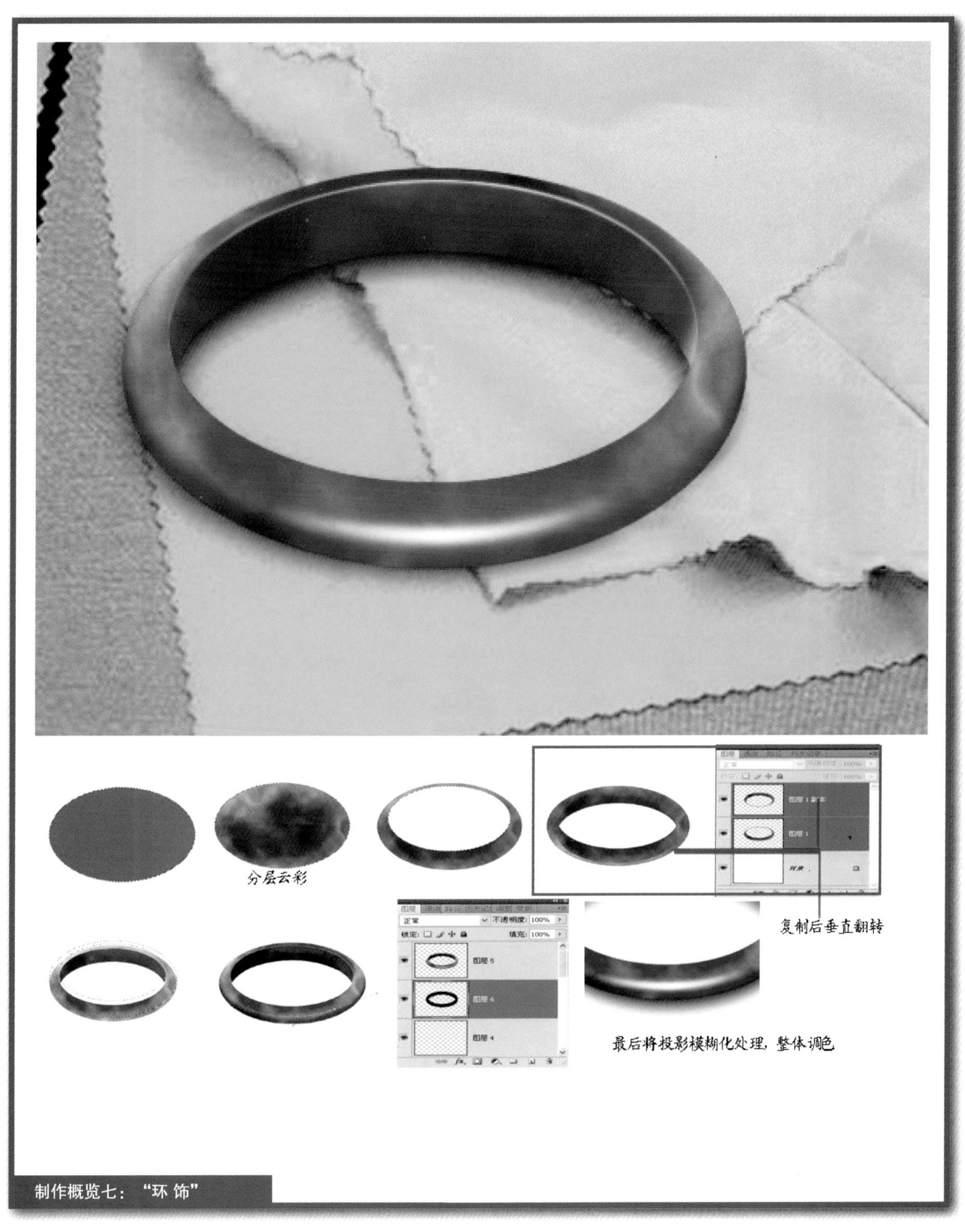

制作概览七："环饰"

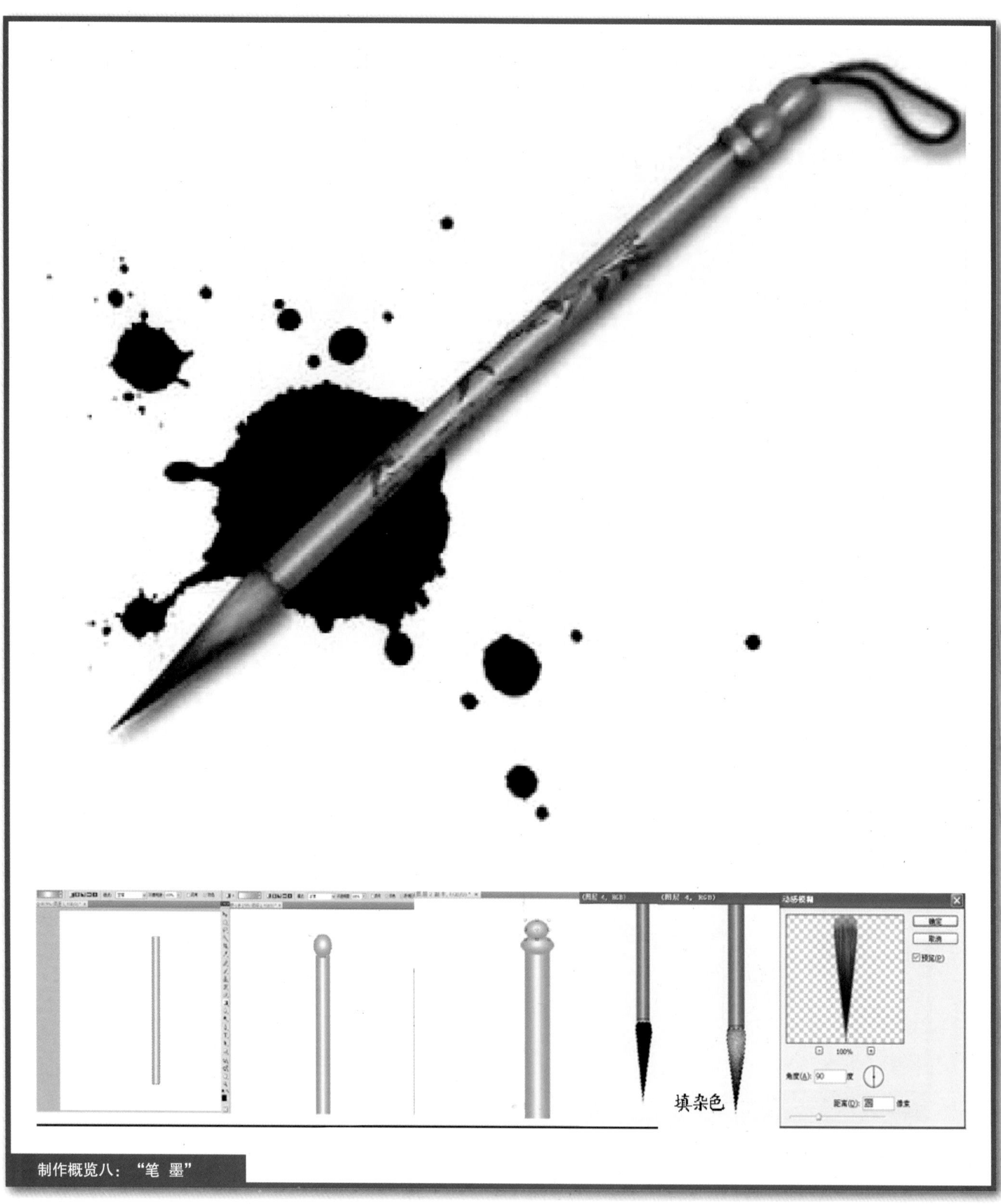

制作概览八："笔 墨"

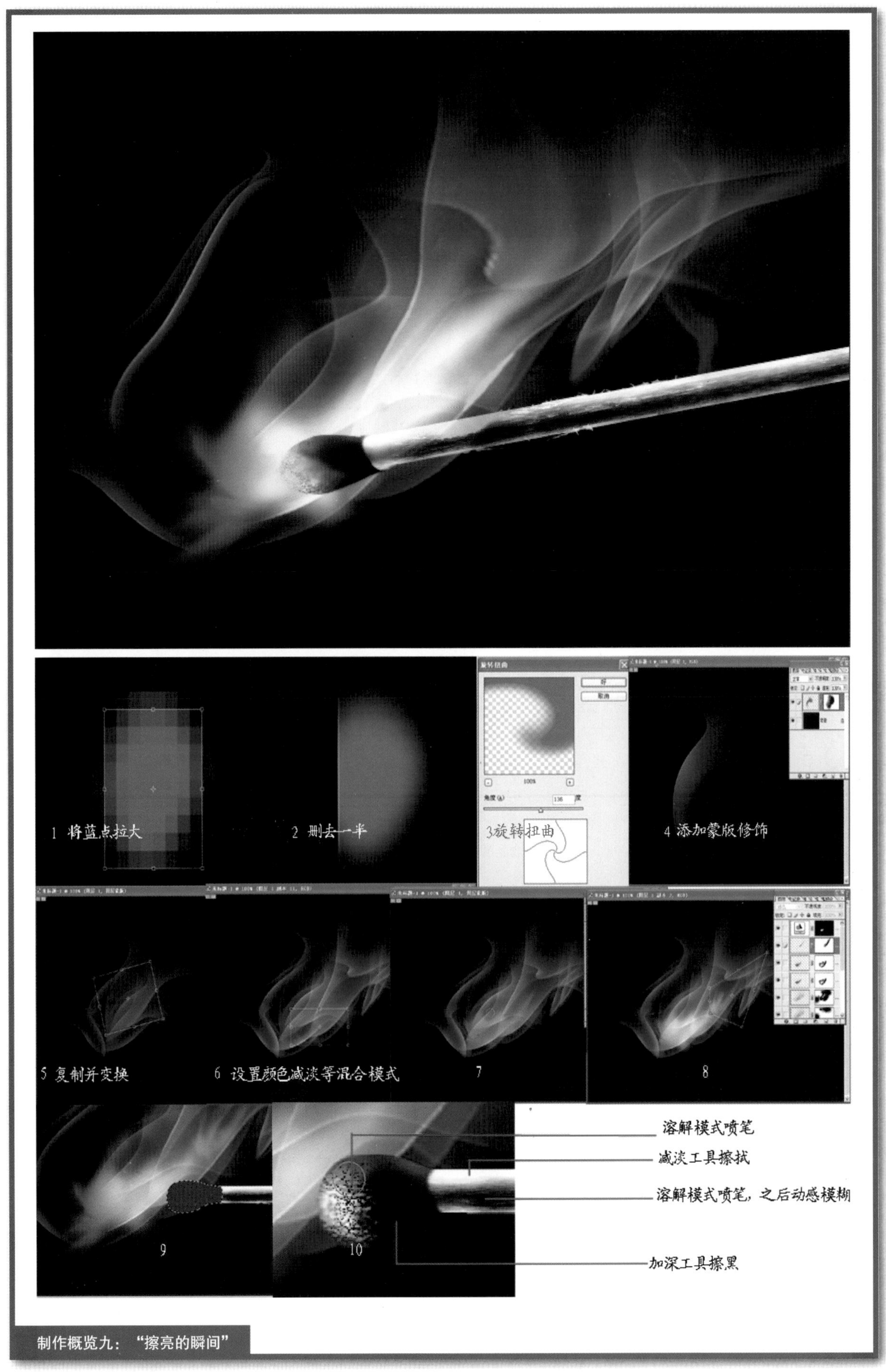
1 将蓝点拉大
2 删去一半
3旋转扭曲
4 添加蒙版修饰
5 复制并变换
6 设置颜色减淡等混合模式
7
8
9
10
溶解模式喷笔
减淡工具擦拭
溶解模式喷笔，之后动感模糊
加深工具擦黑

制作概览九：“擦亮的瞬间”

图层
正常
不透明度：11%
锁定：
图层 2
图层 3
图层 1 副本
图层 1
背景
1、拉出渐变做出大背景的基调
2、在羽化的选区中拉出径向渐变做出光点
3、将光点拉大，复制，设置混合模式
4、用星球画笔画出星球
5、用多边形套索工具绘制出塔楼选区，填色，加蒙版修饰

制作概览是十：“地外风光”

画廊小憩——“手 雷”

画廊小憩——“贝多芬”

画廊小憩——“甜”

画廊小憩——“我的夏天”

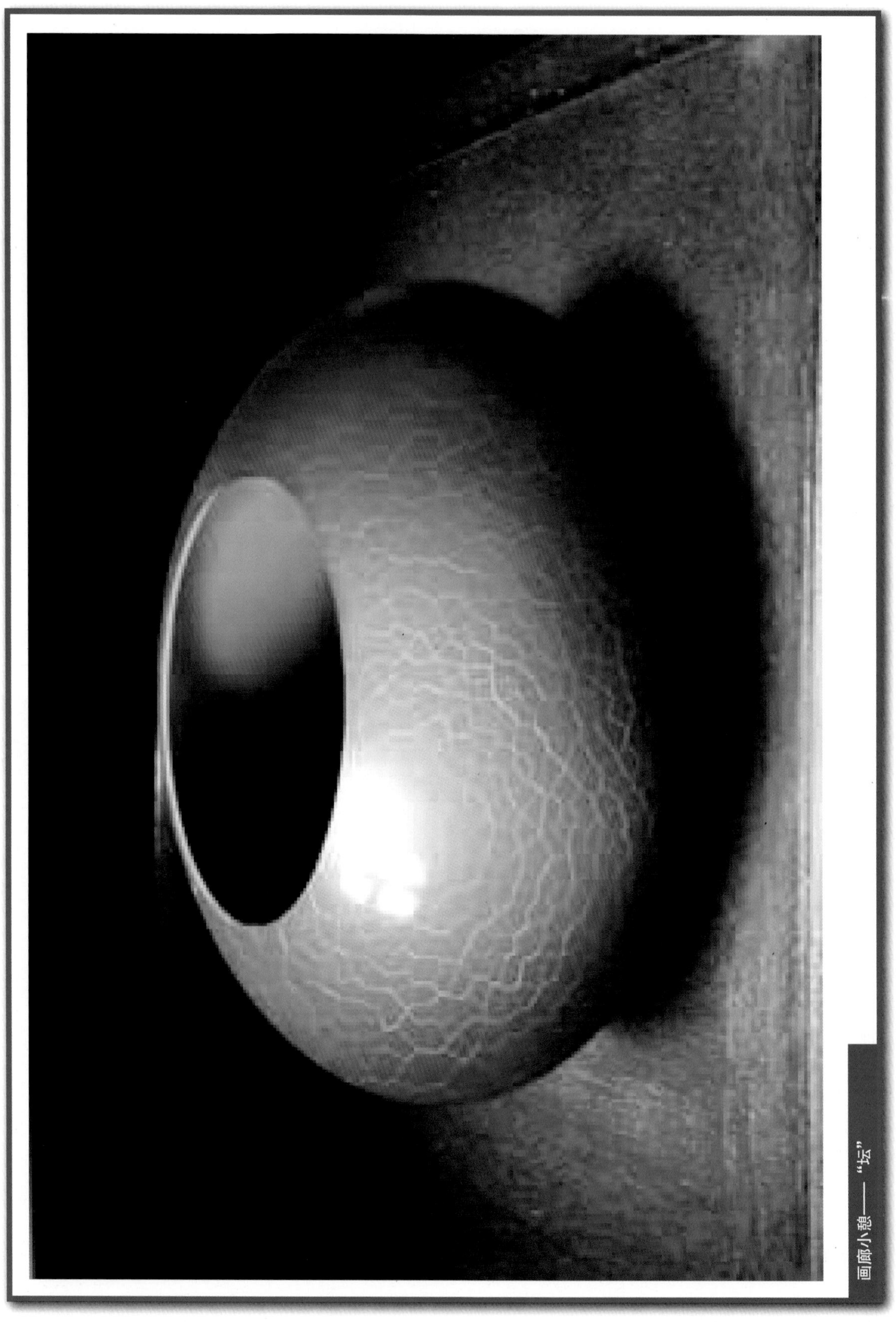

画廊小憩——“坛”

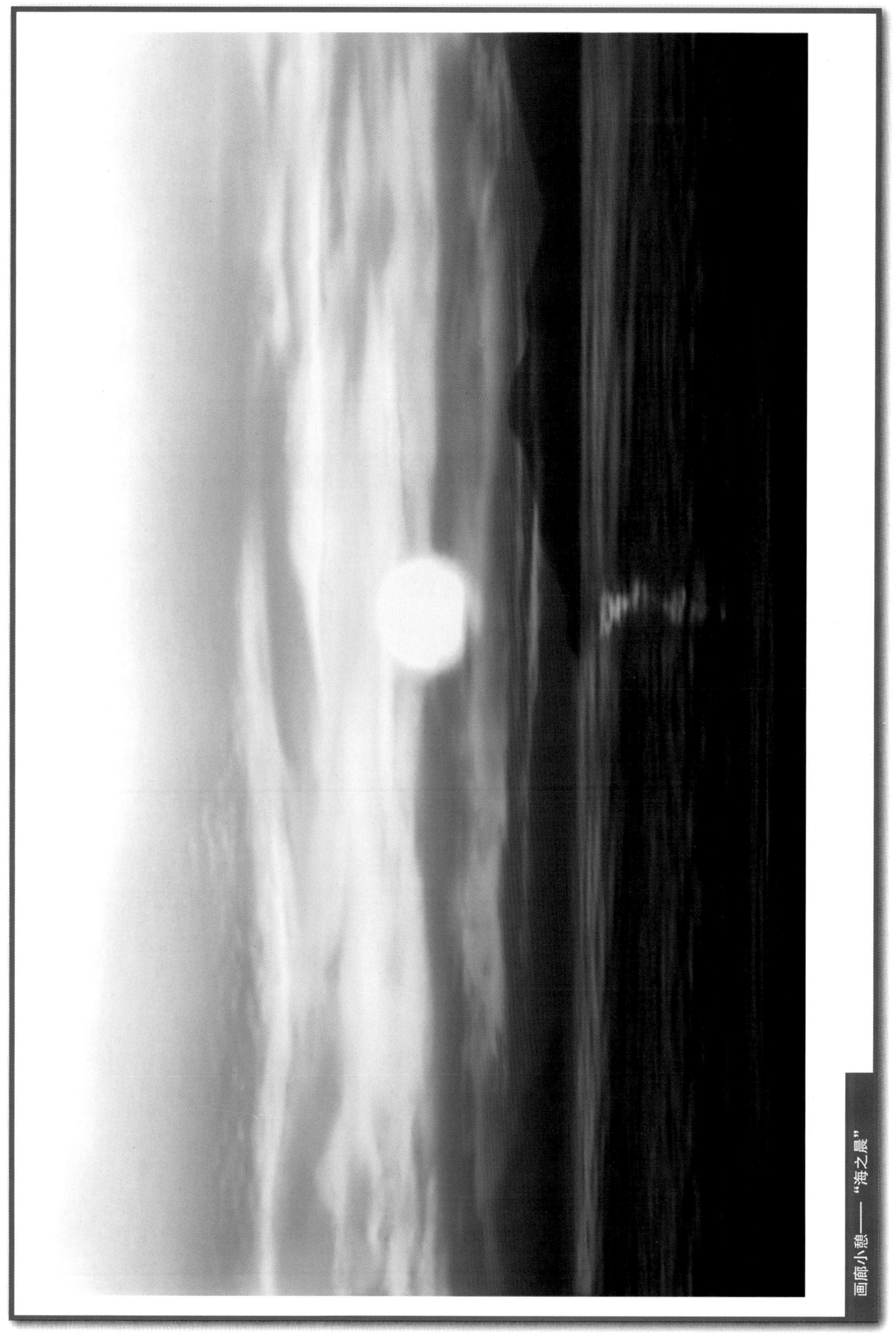

画廊小憩——“海之晨”

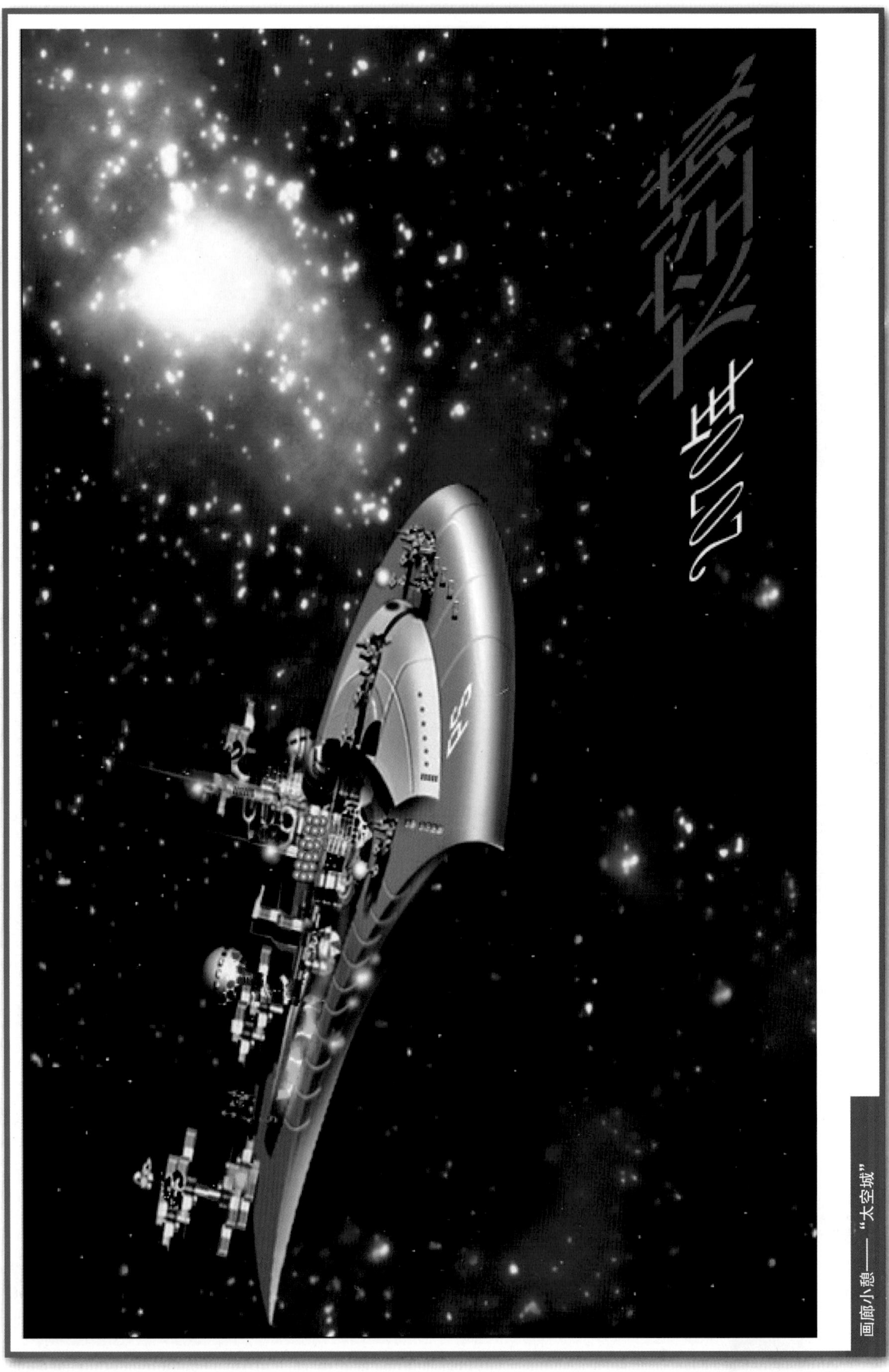

画廊小憩——“太空城”

我的Photoshop学习手记

宁沈生 / 著

清华大学出版社
北京

内容简介

本书以Photoshop CS5为技术平台，精心设计了80多个案例，内容涵盖鼠绘、色彩调整、图像合成、特效制作、创意、抠图、上色等，这些案例不但详细地介绍了Photoshop CS5各种常用工具及命令的使用方法和技巧，还引导读者思考在实际操作中如何进行应用，并为读者提供了多种思路。本书尽量多地使用了Photoshop各版本通用的功能，所以可以兼顾其他版本读者的需求；本书具有综合性、实用性、启发性、趣味性等特点，在写作的过程中作者巧妙地将文学性与技术性完美地结合起来，不追求花哨，而是实实在在、踏踏实实地让读者在轻松愉悦中达到学习提高、拓展思路、获得启发的目的。

本书所面对的主要读者对象是有初步基础、亟待上台阶的Photoshop爱好者，包括那些不擅长或根本不善绘画的读者，此外本书对广告设计、平面设计、摄影、数码影楼从业者以及普通高等院校、职业技术院校的学生也颇具参考价值。

图书在版编目（CIP）数据

我的Photoshop学习手记/宁沈生著.—北京：清华大学出版社，2011.7
ISBN 978-7-302-24753-1

Ⅰ.①我… Ⅱ.①宁… Ⅲ.①图形软件，Photoshop Ⅳ.①TP391.41

中国版本图书馆CIP数据核字（2011）第026155号

责任编辑：陈绿春
责任校对：徐俊伟
责任印制：杨　艳
出版发行：清华大学出版社　　地　　址：北京清华大学学研大厦A座
http://www.tup.com.cn　　邮　　编：100084
社　总　机：010-62770175　　邮　　购：010-62786544
投稿与读者服务：010-62795954，jsjjc@tup.tsinghua.edu.cn
质　量　反　馈：010-62772015，zhiliang@tup.tsinghua.edu.cn
印　刷　者：北京嘉实印刷有限公司
装　订　者：三河市溧源装订厂
经　　销：全国新华书店
开　　本：210×285　印　张：21.5　插　页：8　字　数：585千字
附光盘1张
版　　次：2011年7月第1版　　印　　次：2011年7月第1次印刷
印　　数：1～5000
定　　价：69.00元

产品编号：039539-01

前言
PREFACE

关于如何用Photoshop绘图、调色等各种实战书很多，许多书写得很精彩，但是也有一些书人云亦云，许多东西既无新意也不实用，甚至有些是从网络上直接照搬照抄。因此，如何在鱼龙混杂的各类Photoshop书中，挑选出一本适合自己，能够使自己在学习的过程中触类旁通，体会到“一点即透”的Photoshop教材，是令许多读者挠头的事情。

本书重在引领读者在图像的制作、调整、校正、合成、创意、抠图、鼠绘等实际操作中掌握Photoshop的各种知识和使用技巧，提供了多种思路，包括许多被人讳莫如深，不轻易透露的方法，特别适合那些已有基础，又急切想上台阶的朋友，为他们提供一条捷径。

本书的核心是方法和思路，许多案例运用的方法是网上或其他书里没有的，作者在这里奉献的是个人多年的探究成果，有的案例提供了多种方法和思路供读者选择。

本书所面对的主要读者对象是有基础的Photoshop爱好者，包括那些不擅长或根本不善绘画的人们。此外，对从事广告、平面设计、摄影以及普通大专院校、职业技术院校的学生也颇具参考价值。本书的特点是，实用、过程简单、新颖独特、富有启发性和趣味性，不追求花哨，而是实实在在、踏踏实实地让读者在轻松愉悦中达到提高水平、拓展思路、获得启发的目的。

严格地讲，我不赞同“照葫芦画瓢”，虽然本书主要讲怎么绘图、调色，甚至包括了鼠绘，但这些决不是最终的目的，最终的目的是通过动手操作了解、体会、熟悉Photoshop，深化对它的认识，掌握一些基本的工具、方法和技巧；拓展思路和视野，激发学习Photoshop的兴趣，最终达到举一反三，自主创新之目的。

本书使用的软件版本虽为Photoshop CS5，但也适当兼顾其他版本，因此并不影响使用其他版本读者的学习和阅读，因为笔者尽量使用通用的功能，而且图例完整，步骤详细。

或许您在阅读本书的同时，也在阅读其他有关Photoshop的书籍，而且您非常聪明地把两者结合了起来，于是在阅读，或按照本书进行实际操作的过程中，就可能受到某种启发，发现更好的方法，甚至达到举一反三，触类旁通，形成跳跃式发展，那正是笔者所期盼的，也是本书之目的所在。

都说Photoshop功能很强大，那么它怎么强大？用它到底能做些什么？我无法一一回答，读完这本书您会有自己的答案。

本书没有什么高深莫测的理论，只是汇集了笔者的一些经验、方法和思路。限于笔者水平，书中肯定会有许多不足之处，一些方法、思路可能不够成熟，望读者批评指正。如果说Photoshop是您的朋友，那么我衷心希望我和这本书也能成为您的朋友。

不到长城非好汉：我的自述

学习Photoshop纯属偶然，几年前我根本不知道Photoshop为何物，在计算机上想画什么，就使用自带的“画板”，它的功能极其简单，不过是玩具而已。一日侄子“宁丹”来我家，他是从事计算机网络的工程师，在这方面很有造诣，是我的启蒙老师。记得当时我问他照片照坏了怎么办？他说可以用一种软件修复，“什么软件”？我问，他说是Photoshop。这是我第一次听说这个软件的名字，甚为新奇。于是追问：“这个软件还能做什么，能绘画吗”？他说能，我眼睛一亮，马上说：“有空你给我安装一个好吗”？“OK没问题”。

几天后，我去姐姐家，见外甥正在用一种软件做图，我凑过去看，问道：“这是什么软件？”他不屑一顾地回答：Photoshop，这是我第一次亲眼目睹这个神奇的软件。

前 言
PREFACE

外甥做的是个极其简单的小图标（这是用我现在的眼光看），他把键盘敲得咔咔响，动作熟练且很潇洒（不排除在我面前作秀的可能）。我在旁边呆呆地看，既羡慕又好奇。开始“骚扰”他，于是问这问那。他有些不耐烦：“老舅你别问了，说了你也不懂，这个软件功能很强大的”呵，他还用了“强大”一词吓唬我。“讲它的书很厚很厚……”呵，还“很厚很厚”。“唉！算了，说了你也不懂”。我说“不懂可以学嘛”。他哧地一笑，说：“不是我说你啊老舅，我都学着费劲，你这把年纪我看8年也学不会”。我的脸腾地热了，感觉自尊心受到了强烈的打击。可心里是不服的，“呀，小样的，你咋知道我学不会”？

回到家，立即给“丹丹”打电话，让他马上过来给我安装Photoshop。“丹丹”来了，在我的计算机里安了这个软件，这大概是2002年的事。

“丹丹”走后，我就开始鼓捣起来，什么工具条，什么属性、图层、蒙板，乱七八糟的功能，弄得我不知道从哪里下手，反正就是直奔画笔和颜色，之后是画布，即使这么点东西也让我忙活大半天。

开始画了，是边用边找工具，乱碰瞎撞。管你什么图层不图层的，只管在一个图层上用画笔画，就是以这种很笨的方法，断断续续用了半个月的时间才最终画完了第一个所谓的作品《罗马老兵》，如下图所示。

处女作

可以这么说，只是用到了几个最简单的功能，而且几乎是一个图层一画到底，至于模式、样式、蒙板、通道等，我压根不知道。我把《罗马老兵》给一位懂Photoshop的朋友看，他给了不低的评价，说一看就是干画的，如果充分利用Photoshop功能会更好、更省时，而且还容易修改。这时我意识到必须正规地学习，于是买了一本很浅的，适合我这“超级菜鸟”读的入门书，即使如此，很多地方也是不知所云，那是相当地郁闷！难道我真的应了外甥的预言8年也学不会吗？我不得不考问自己。

前言
PREFACE

时间过得奇快，眨眼就到2003年春天。一日我去辽宁大学科技园，发现那里有个Photoshop的学习班，好奇的我趴窗朝里窥看。好家伙，清一色稚嫩、漂亮、俊朗的面孔，看上去都是80后啊，是大学生啊，煞是羡慕，我不无感慨地想：“年轻真好”。光想有啥用？报名啊。对！报名，可又很不好意思，在门口徘徊来徘徊去，终于下了决心，交了100元参加了这个班。讲课的是位年轻的，留着飘逸长发的男老师，看上去很前卫，颇有当代艺术家气质。他思维敏捷，动作熟练，噼里啪啦地，全用快捷键，还不时弄出几句英语……后来方知他叫王雷震。

王老师讲了很多知识，涉及了色彩理论、光学知识、图形理论以及计算机、摄影和印刷等知识。我听着很吃力，也不敢提问，怕别人笑话。在这个班里数我年龄大，说来也怪，年龄大的人与一群风华正茂的年轻人在一起学习时，不但不敢倚老卖老，而且还很自卑，所以我总是坐在最后。计算机知识对我来说就是一关，什么文件夹、C盘D盘、复制粘贴、Ctrl、Alt、Delete，乱七八糟，记不住也找不着。我一向自诩聪明，可在这里怎么就显得如此弱智呢？唉！廉颇老矣……。转念一想，既然我来了，就要硬头皮坚持到底，不到长城非好汉！我已经横下心了。

一天晚上下课，有一个问题没弄明白，然而看见很多学生都围着老师，我又不便靠前，再说我问的问题大多属低级幼稚的问题，于是就站在外面等。天下着毛毛雨，找个背雨处点支烟等啊等，老师终于出来了，机不可失失不再来，我抢前一步问了一个关于复制的问题，也许是天晚且下雨，他着急回家，于是边说边走，我在后面边追边问，结果还是似懂非懂……王老师渐渐远去了，我怅然地站在那里，抹着脸上的雨水，目送那飘逸的长发和颇有艺术家气质的背影……

学习很快结束了，收获真不小，起码拓宽了视野。有了条理，知道怎么学习了。从那以后，我开始较系统地看书了，Photoshop的书很贵，为此我每个礼拜天都去书店看书，一看就是一天，中午在小饭店对付吃几个杭州小笼包。夏天，书店闷热，或许因为我是个胖人，所以经常是汗淋淋的，连眼镜上都粘有汗水，而且这鬼地方连个坐的地方也没有，只能蹲着或倚靠在墙上。一次，我正看书，突然感觉胸口憋闷地压痛上不来气，心想，许不是心脏病啊？好怕，于是缓步走到一个买计算机的房间，把情况与老板娘说了，善良的老板娘把她坐的凳子让给了我。过了大约10分钟，好些了，我才回到书店里继续看书。

那段日子进步很快，虽然看了一些书，但我从来不按书里的教程“照葫芦画瓢”，亦步亦趋地做，更不死记硬背那些数据，在我看那是浪费精力的事。我只研究方法和思路，分析他们为什么这么做，之后融到自己的实践中，这叫带着问题看书，步步为营地学，而且还要及时总结经验找漏洞。比如，学习Photoshop经常出现这种情况，即喜欢使用的功能就总去使用，结果不知不觉地忽略了其他工具或功能，为避免这种情况发生就要经常跳出来，去大胆地探索、尝试新功能，要经常想想还有那些“死角”。

就这样寒来暑往，时常练到深夜，有时是一个通宵。一次，我做一个烟灰缸，从白天开始，一直做到深夜，即将大功告成了，可是由于操之过急结果死机了，我还没保存最后只能退出，结果一切化为乌有。当时我是心如刀绞，在房间里疯狂地叫起来，近乎歇斯底里：重做，老子不睡了！“我就不信，八年也学不会，岂有此理”！

经过几年的学习，我已经做了近百幅图，如，白玫瑰、蟋蟀、贝多芬等。

还为出版社设计了一些简单的封面，积累了不少经验，对Photoshop已经较为熟悉了。尽管如此，我依然觉得自己距云雾缭绕的峰顶还相当遥远，但我相信，只要努力就可以接近它、逼近它，尽管永远不能到达。

前 言
PREFACE

我的体会是，学习Photoshop首先要有兴趣，有决心和毅力；要有“不到长城非好汉”的精神；要多动手实践，在实践中摸索，带着问题学，理论联系实际，循序渐进，说到底是百看不如一练，眼是懒蛋，手是好汉。

前几天与侄子和外甥切磋Photoshop，他们竟向我请教好多问题，临别时外甥对我说：“老舅啊，我很佩服你，当初真不该小瞧你”我说：“要感激你，你不激我，我今天就不会当你的老师”，他笑了，我也笑了。这时我无意中瞥了侄儿“丹丹”一眼，发现他的表情依然那么平静，只在嘴角浮现出一丝不易察觉的微笑，似乎今天的一切早在他意料之中。

这个故事不是为了博大家开心一笑，而是想以此告诉大家，不论你从事何种职业，不论文化背景如何，也不论年长年少，只要怀有一颗执着的心，拥有无限的激情，并且认真去做，那么，你就会实现自己的梦想，到达理想的彼岸。虽然我们不是大师，但是在任何时候我们都有权利和资格去挑战大师！

再苦再难也要坚强，只为那些期待眼神。
心若在梦就在，天地之间还有真爱。
看成败人生豪迈，只不过是从头再来……

目 录
CONTENTS

第1章 遇到了几个坎

第2章 春暖花开

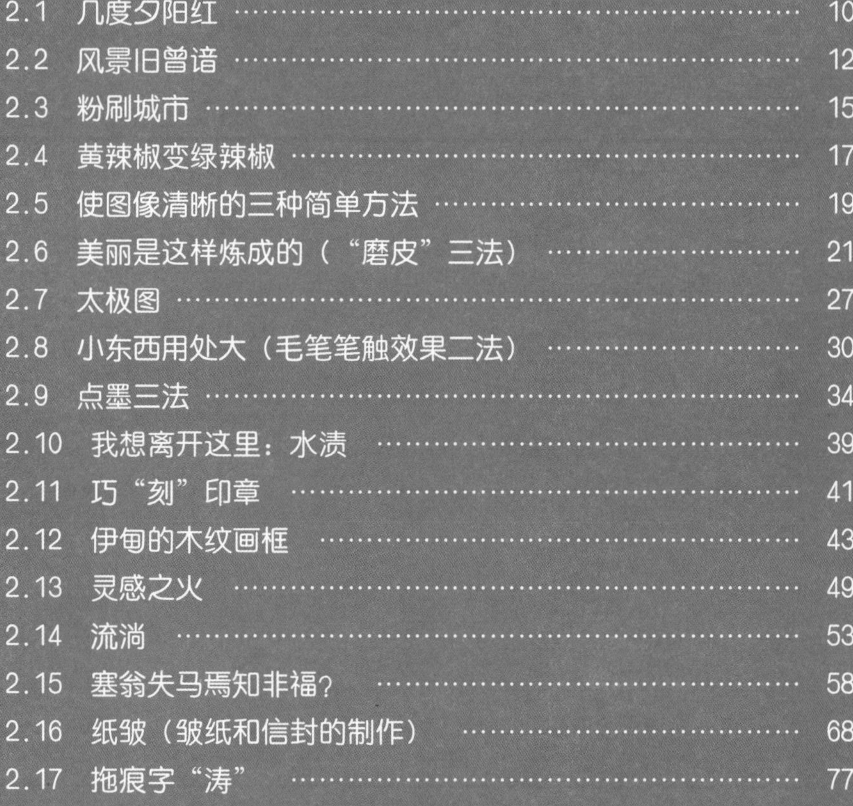

目 录
CONTENTS

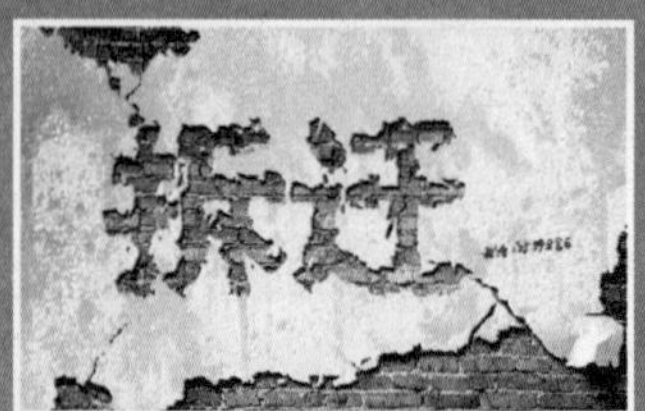

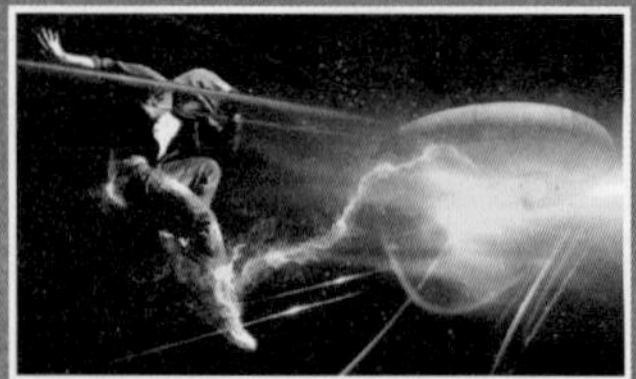

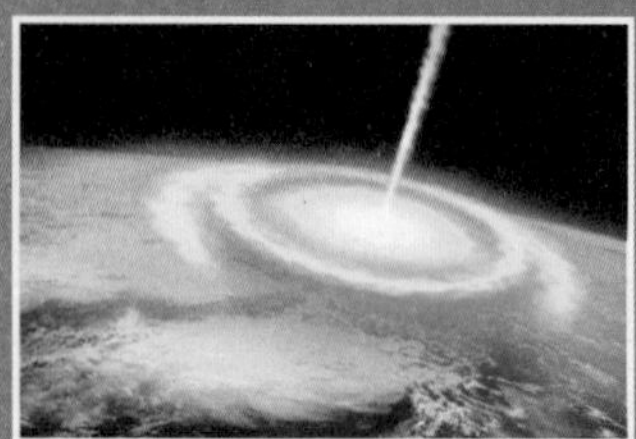

第3章 夏夜无眠

第4章 秋叶凝香

目录
CONTENTS

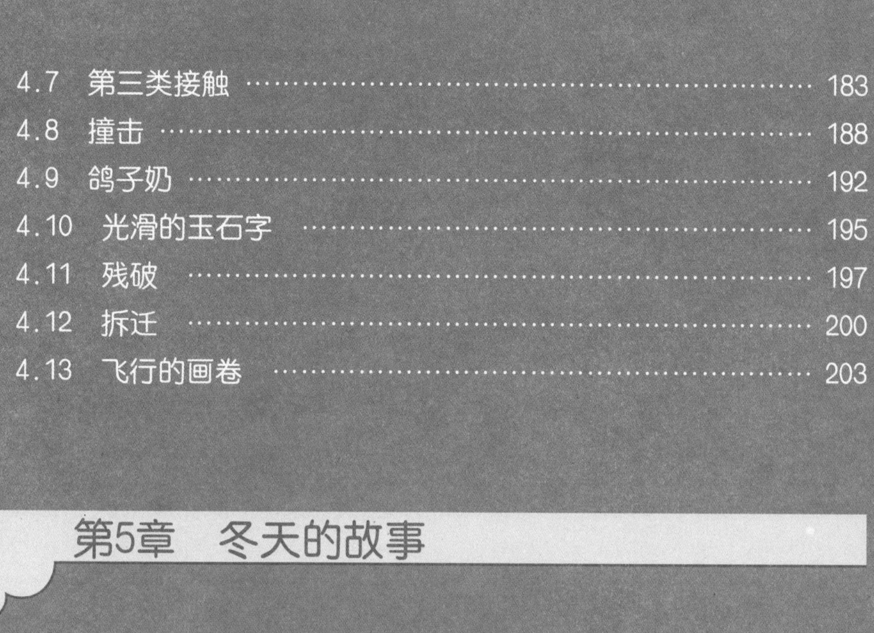

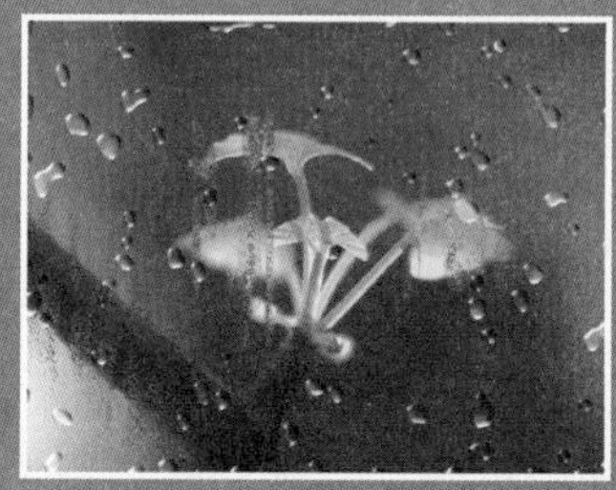

第5章 冬天的故事

第6章 迎接下一个春天

目录
CONTENTS

第1章

遇到了几个坎

刚接触Photoshop时常常被一些概念搞得晕头转向，不知道是怎么回事，如图层、调整图层、蒙版、快速蒙版，更别说通道与混合模式了。就拿图层来说吧，我开始就是不知道它到底是做什么的，看见书里说图层是叠在一起的是透明的。我就钻牛角尖地想：叠在一起？透明的？我怎么没看见它们叠在一起呢？更没看到透明，因为我的思维始终停留在对眼前直观物体的认识上，没有把“图层”面板里的图层缩览图与眼前的画布联系起来，在画布上画一个黑点，图层缩览图里也出现一个黑点，这让我很困惑。

蒙版也是一样，搞不懂其工作原理，和图层是个什么关系，说它是图层上的遮罩，可这东西怎么在图层缩览图的旁边？在什么情况下它是透明的，什么情况下是不透明的？怎么知道它发挥遮罩作用了？怎么保护图像？原理是什么？等等。至于通道等那就更不知所云了。其实以上这些问题不仅是我遇到的坎，也是每一位初学者可能遇到的坎，下面我们就有重点地谈谈这些问题。

1.1 图层

初次接触Photoshop 时对图层的理解不深刻，也不够重视，甚至觉得用起来麻烦，前后颠倒的事经常发生，但是用久了也就熟悉了。

其实图层就相当于是一张张上下叠放的透明画纸，这种叠放关系就反映在“图层”面板中，在上面的“纸”上进行编辑，不会影响到下面“纸”上的图像，这个正在被编辑的图层即为后面经常提到的“当前工作图层”。比如，如图1-1-1所示中下面的隐形飞机，它下面有两个图层，白色背景图层和蓝色的“图层2”，但是看上去却是一个整体。是的，正是许多画有不同内容的透明的纸（图层）叠加起来，构成一幅完整的合成图像，“图层1”飞机周围是无色透明的，显示的是“图层2”中的蓝色。而在“图层2”中一部分蓝色被删除，如同被撕破的纸，露出了它下面“背景”图层的白色。

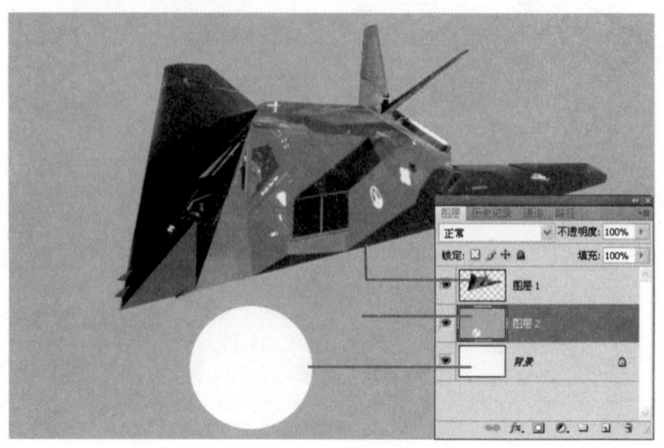

图1-1-1

1.2 蒙版

对蒙版的认识也要经历一个过程，起初，在修改图像时我只知道使用“橡皮擦”，随着时间的推移，渐渐地认识了蒙版，并且离不开它了，几乎把“橡皮擦”忘记了。

在Photoshop中蒙版分为图层蒙版、快速蒙版、矢量蒙版、剪贴蒙版。这里主要讲讲较常用的图层蒙版和快速蒙版。蒙版的用处特别大，不用不知道，一用吓一跳，实在方便，修改图像如果不知道利用蒙版，那可是太不幸了。

图层蒙版是一幅灰度图像，黑色部分表示图层的透明部分，白色部分表示图层的不透明部分，灰色表示图层中的半透明部分。应用图层蒙版是对蒙版中黑、白、灰3个颜色区域进行编辑，或涂黑，或涂白，或涂灰。通过对图层蒙版的这些操作，可决定上下图层中哪些图像显露，哪些被遮盖，哪些半显半隐。更改图层蒙版可以使需要的效果在图层中显现出来，而不会影响该图层上的其他像素，即不直接更改带有蒙版图层内的图像。

下面用图例说明在蒙版中用100%黑画笔擦涂时，擦涂部位下面的红色的背景是如何显露的，如图1-2-1所示。当降低画笔不透明度为50%，仍以100%黑色擦涂时，擦涂部位下面的红色背景显露50%呈半透明状，如图1-2-2所示。

图1-2-1

图1-2-2

当用RGB均为128的灰色擦涂，擦涂部位也以50% 半透明显露出背景色，如图1-2-3所示。

图1-2-3

当将蒙版全部填充为100 %黑色时，背景全部显露，图像呈红色，如图1-2-4所示。

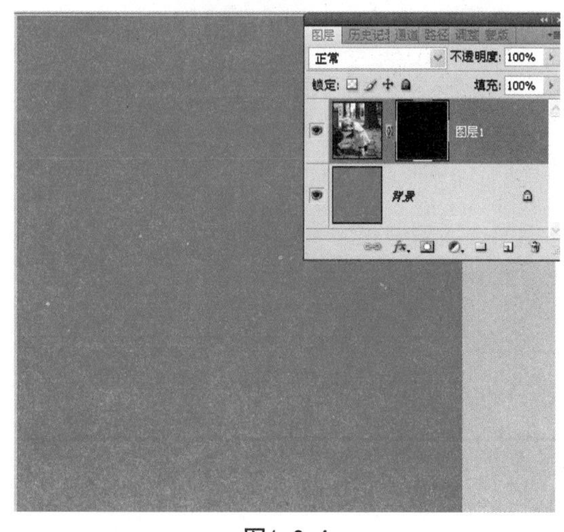

图1-2-4

此时用白色擦涂，则图层1被擦涂部位的图像恢复，如图1-2-5所示。

图1-2-5

以上所述可以通过填充黑—灰—白线性渐变综合显示出来，如图1-2-6所示。

图1-2-6

当然，停用蒙版或全部填充100%白色时，整个图像都恢复原貌。由此可见图层蒙版在编辑图像时的作用为不破坏图像的可恢复性编辑，调整图层所带的蒙版也具有这个特性。

再说说快速蒙版，快速蒙版是一种临时性蒙版，就如同一个模子，用完即可扔掉。使用快速蒙版不会对图像进行修改，只建立图像的选区。可以通过用画笔涂抹的方式快速地在指定范围添加蒙版以得到选区，然后对所选择的图像进行编辑。双击“快速蒙版”按钮，将弹出“快速蒙版选项”对话框，如图1-2-7所示，如果选中“被蒙版区域”选项，再用画笔在图像中涂画，那么这部分区域就被遮罩起来了，如图1-2-8所示。

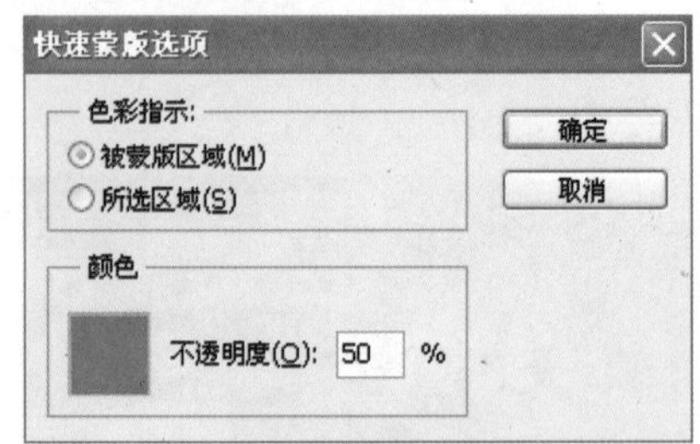

图1-2-7

图1-2-8

当转为标准编辑模式时（退出快速蒙版状态时），被遮罩区域将被保护起来，如图1-2-9所示，而其他未被蒙版遮住的部分区域将变成选区范围，可以编辑，如填充黑色等，如图1-2-10所示。

图1-2-9

图1-2-10

如果选中“所选区域”选项，如图1-2-11所示，那么用画笔涂画后退出快速蒙版，则与前面相反，未被画笔涂画区域将成为被蒙版区域，受到保护；被画笔涂画区域将变为选区，不受保护，可以进行编辑，如填充黑色等。这样的设置与选区反向的本质是一样的，如图1-2-12、图1-2-13所示。不过如果你觉得麻烦，也可以在得到选区后再反选选区。

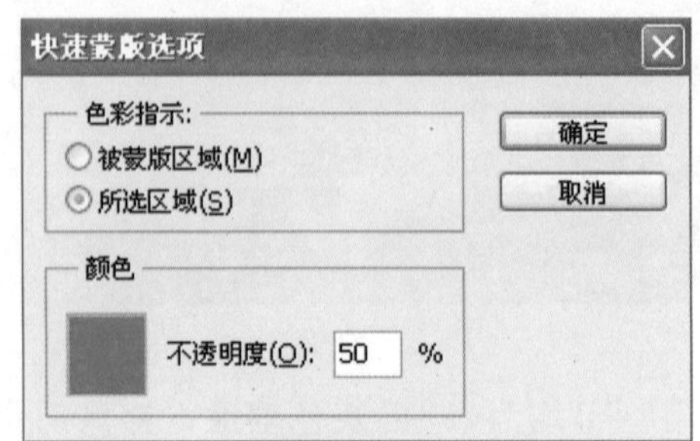

图1-2-11

图1-2-12

图1-2-13

1.3 调整图层

这个问题似乎应该在图层里讲，但是由于它涉及了蒙版知识，所以在讲过蒙版后才来讲它。所谓调整图层就是用来调整图像的图层，调整内容包括色相/饱和度、曲线、色阶调整等。它的特点是自带蒙版，在进行调整的时候不会直接编辑或破坏被调整图像。这就使它获得更大的自由度，例如可通过编辑调整图层的蒙版和不透明度、混合模式，甚至应用滤镜等自由地编辑修改调整后的效果，而这些修改只在调整图层中进行。如果认为不需要可随时关闭或删除，而它下面图层中被编辑的图像依然如故。

以下面的图像为例，如图1-3-1所示是原图像，如图1-3-2所示是加色相/饱和度调整层进行调整后的图像，调整后苹果变成了紫蓝色。如图1-3-3所示是用黑色画笔在调整图层的蒙版里擦涂图像中的苹果，被擦涂的部位就恢复了原来的红色。

还可以对调整层的蒙版应用滤镜，如图1-3-4所示是应用染色玻璃滤镜使苹果出现了网格效果。关闭调整层左边的小眼睛，图像则完全恢复到调整前状态，如图1-3-5所示。总之，您尽管放心地编辑调整层，它绝不会破坏您心爱的图像。

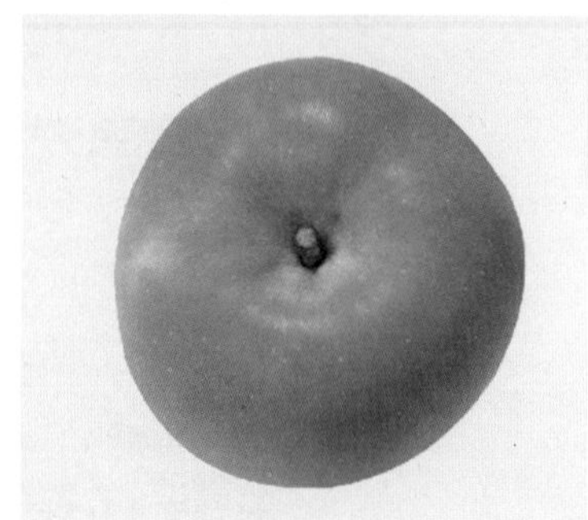

图1-3-1

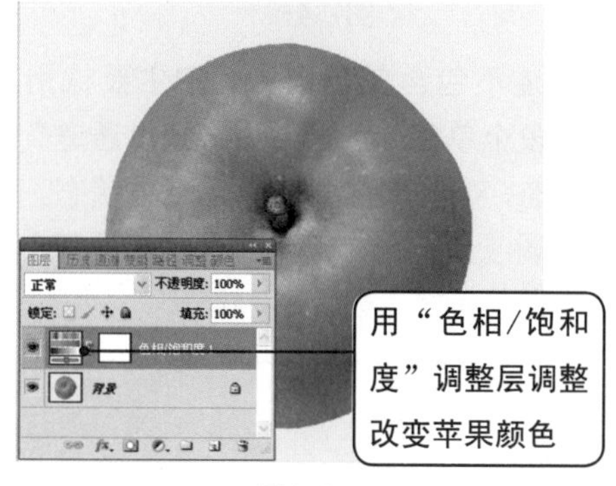

图1-3-2

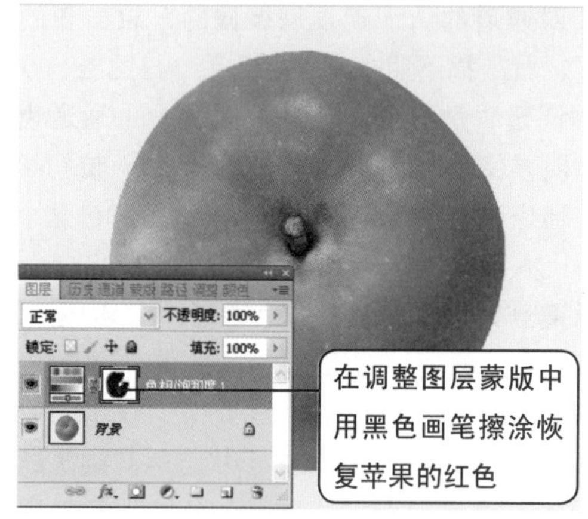

图1-3-3

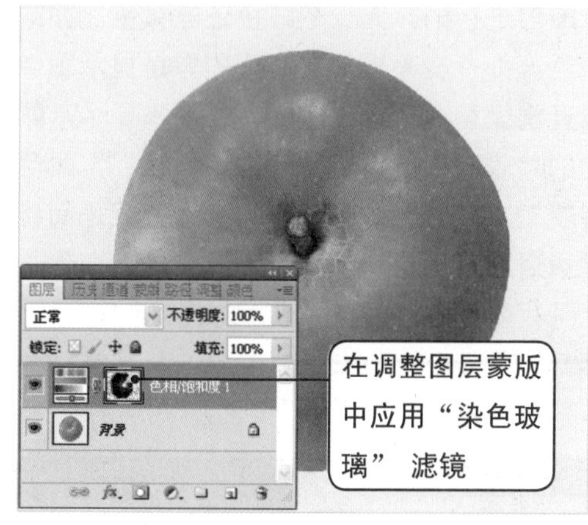

图1-3-4

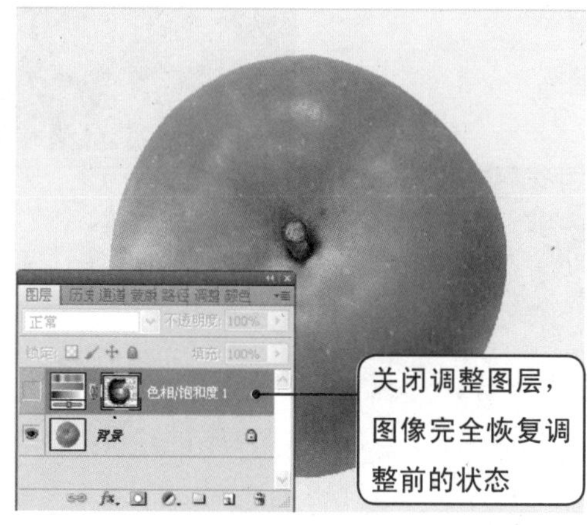

图1-3-5

1.4 通道

我对通道的认识速度是缓慢的，相当长的一段时间里，就是搞不明白它有什么用，与图层、蒙版以及各种调整命令到底是什么关系，Alpha通道也不知道什么时候使用，怎么使用。对于任何一位初学者来说，“通道”都是一个不小的坎，只有跨过这个坎，才称得上入门。

通道分为复合通道、颜色通道、Alpha通道、专色通道、单色通道。这里主要介绍比较常用的复合通道、颜色通道和Alpha通道。

在Photoshop中，图像显示状态的基础是通道。通道是以灰度来显示的（抛开颜色给理解带来的干扰），它的变化范围是0～255，0代表纯黑，128代表中灰，255代表纯白。任何色值的变化都是在这个亮度值范围内进行的，无论是红色还是黄色，亦或其他什么颜色，都存在亮度值。灰度图像是显示图像亮度值的最直观模型，所以通道要用灰度来显示，颜色不过是它的外表，即亮度值是它的“性格”，颜色是它的“容貌”。图像色彩的变化，实际上就是间接或直接在对通道灰度图进行调整：即亮度值的变化，反之亦然。可以看到当红通道为黑时如图1-4-1所示。为灰时如图1-4-2所示。为白时如图1-4-3所示时，图像的红颜色是如何变化的。

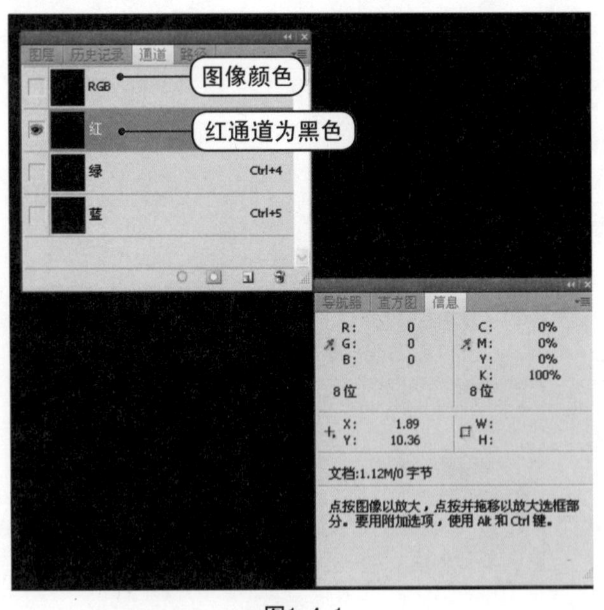

图1-4-1

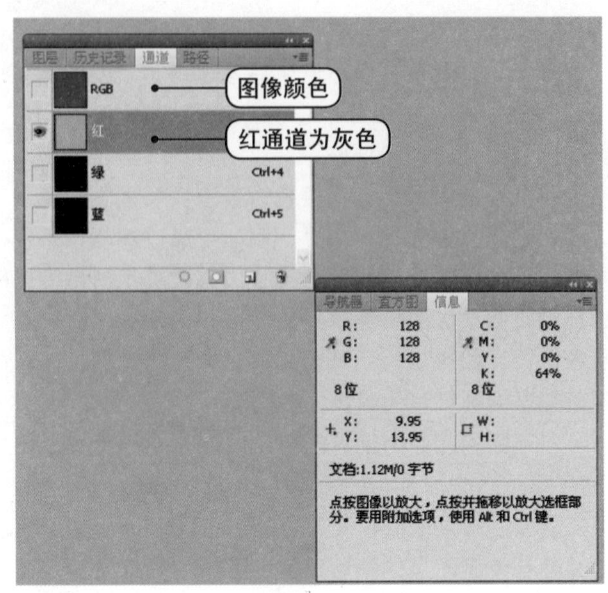

图1-4-2

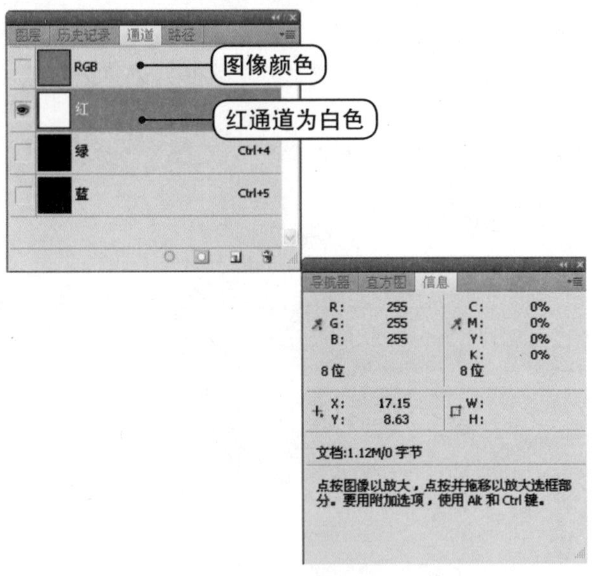

图1-4-3

复合通道不包含任何信息，它主要被用来在编辑完某个或多个单独颜色通道后，使“通道”面板返回到默认状态，它显示图像当前的整体状态。如果说其他通道是调色盘，那么，复合通道就是画出的全息画：图像的完整面容，如图1-4-4所示。

图1-4-4

颜色通道是存储图像颜色信息的通道，我习惯把它理解为盛有颜色信息值的瓶子。编辑图像实际上就是在改变颜色通道的信息。还记得马季和徒弟说的相声吗？耳朵、鼻子、嘴、眼睛各有分工，各司其职，缺一不可。

如果不算复合通道的话，RGB模式图像有3个颜色通道（红、绿、蓝），CMYK模式图像有4个颜色通道（青、洋红、黄、黑），灰度模式图像只有1个颜色通道，Lab模式图像有3个通道（明度、a、b）。它们包含了所有将被打印或显示的颜色。

在图像中，像素的颜色就是由这些颜色模式的原色信息进行描述的，所有像素所包含的某一种原色信息都源自一个颜色通道。例如，对于RGB图像来说，红色通道便是由图像中所有像素的红色信息所组成，绿色通道和蓝色通道亦然，这些颜色通道的不同信息按一定的比例结合，便构成了图像中的颜色变化，每一个颜色通道显示出来的，被我们看到的其实是该颜色的亮度值。

除黑白图像外，在RGB颜色通道中，那个最白的部分表示这个通道存储的该颜色最亮且饱和度最高。如红色通道中那最白部分即表示红色最亮，饱和度最高，绿、蓝通道亦然，如图1-4-5 所示。

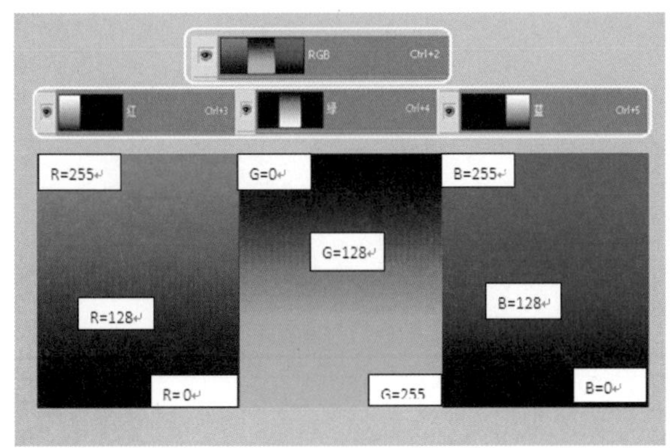

图1-4-5

此外，有时同一种颜色，在不同的颜色通道中所显示的亮度值是不同的，这也说明在这种颜色中所包含的某一原色的像素比例不同，比如，棕色，它包含了红色、绿色和蓝色信息，但比例不同，红色最多，绿色次之，蓝色最少，如图1-4-6 所示。

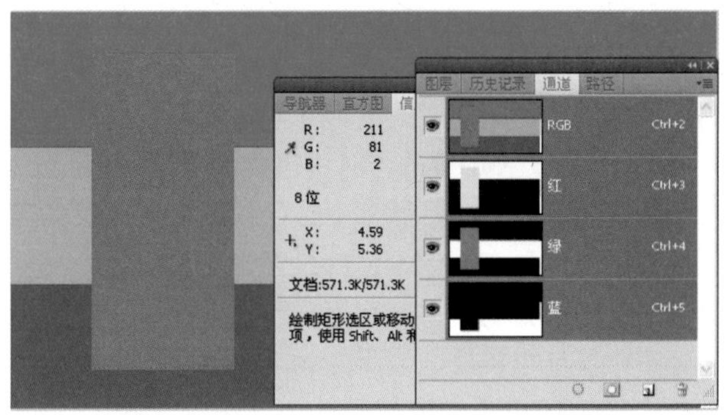

图1-4-6

Alpha通道主要是用于保存选区或制作特效的，所以在我眼里，它就是一个“小作坊”、“小仓库”。对于Alpha通道中保存的选区可以随时调用。例如我们在图像中绘制一个选区，在“选择”菜单中选择“存储选区”选项，进入“通道”面板，会看到下面生成了Alpha1通道。其中的白色部分就相当于是存储的选区，如图1-4-7和图1-4-8 所示。

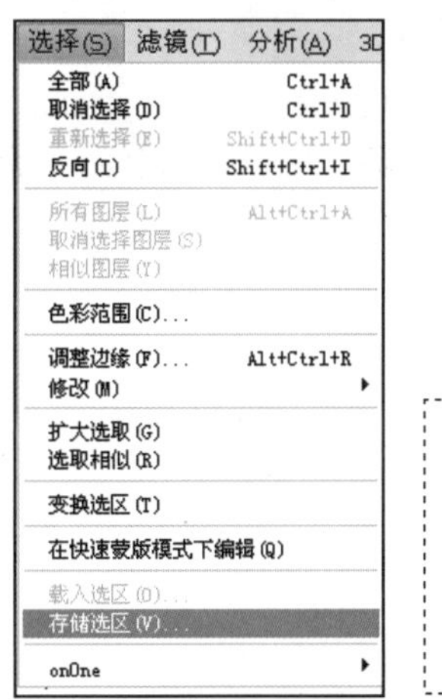

图1-4-7

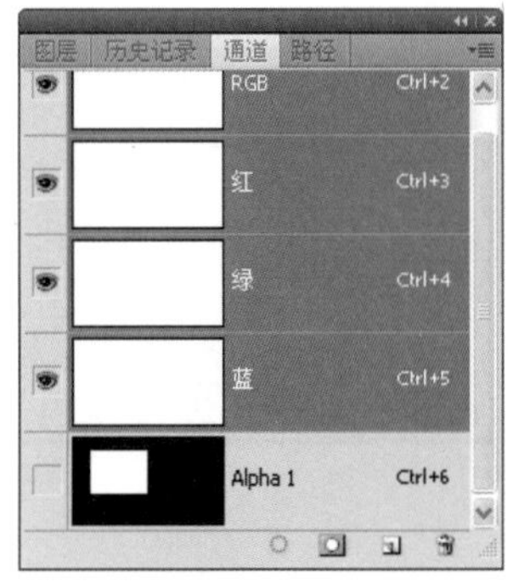

图1-4-8

如果直接建立一个Alpha通道，在其中填充黑白渐变（其实就是定义不同的亮度值），那么，这个渐变图像就是一个选区，当以它为“模子”制作（载入）选区，那个最白处的选区是最实，最锋利的，未被羽化；而灰色部分选区就不见了，这也对理解选区的羽化和蒙版的半透明有所帮助，因为羽化和蒙版就是在制造这种选区效果。（真是条条大道通罗马，都集中到通道里了，它们之间难道不可以划等号吗？）。当按住Ctrl键的同时用鼠标单击Alpha通道，这个选区将被载入，尽管部分选区线不可见，但其实选取范围依然是存在的，也就是无论亮度值大小，只要不是纯黑都照选不误，那不显示的选区线只是因为它处于小于50%灰度区域而隐藏起来而已，所以不必担心，回到图像中，会看到这个选区，如图1-4-9所示。如果填充颜色，将制作出与Alpha通道中形态和亮度一样的渐变图像，如图1-4-10所示，真是犹抱琵琶半遮面啊。

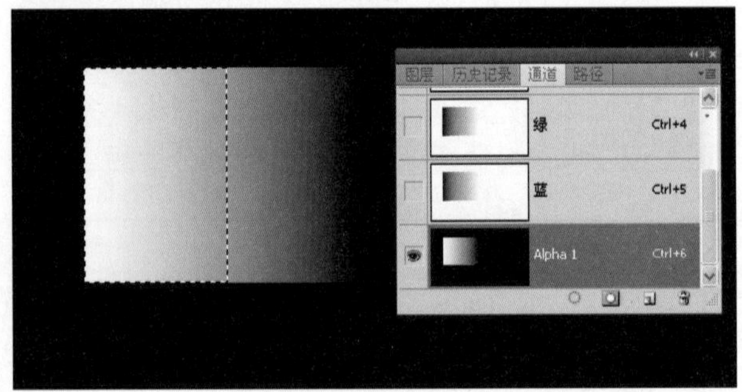

图1-4-9

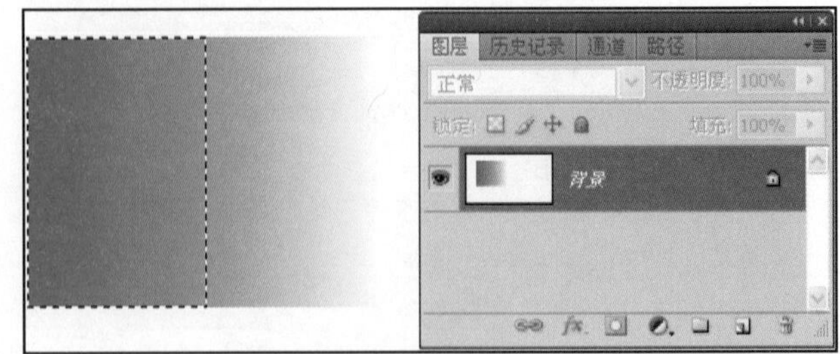

图1-4-10

通道的这个特点对制作特效，特别是制作纹理效果是十分有用的，这一点必须认识到。在以后的实际操作中，将经常用到通道的这些功能，尤其是Alpha通道，所以一定要熟练地掌握它。

以上概要地讲了图层、蒙版和通道等，这对后面的制作很有帮助，好了，我们开始进入正题：实战！

第2章

春暖花开

春的容颜终于把世界悄悄地点亮
流石唱水，婀娜黄莺柳
一瓢丹青泼来牧童语
憨憨黄牛，还有倒立的影
抛飞一顶小草帽，旋转我的歌
如绿野上飞出的蝴蝶，在太阳下闪烁

自从接触了Photoshop，就被它深深地吸引。2003年春到2004 年春一年的时间里，身为计算机门外汉的我已掌握了Photoshop的基本应用技术，并且能用它做一些事情了。也许是初生牛犊不怕虎，我小试牛刀为几家出版社和杂志社设计封面，竟意外地得到了第一笔设计费，虽说酬劳不多，但它带给我的鼓舞与巨大的成就感竟牵引我一步步深入到Photoshop的神奇领域且欲罢不能。那以后，还经常为亲朋好友和同事们修照片，看着他（她）们满意的笑脸，听着他（她）们的夸奖，心里别提多美了。是的，我的Photoshop春天来了，下面的案例即是这花开季节中飘落的点点花瓣。

2.1 几度夕阳红

滚滚长江东逝水，浪花淘尽英雄，是非成败转头空，青山依旧在，几度夕阳红。白发渔樵江楮上，惯看秋月春风，一壶浊酒喜相逢，古今多少事，都付笑谈中。

今年的春来得早，天渐渐地暖了、长了，心情也格外清爽。用过晚餐，打开博客，背景音乐在房间回旋，这是电视连续剧《三国演义》的片头曲，深沉、浑厚、悲壮，充满了英雄气概与豪气，我的思绪也随着歌声纵横驰骋于今古之间。打开一幅图像，正适合打造一张浓重的夕阳照，“青山依旧在，几度夕阳红”歌声一遍又一遍，回荡在耳畔，不知不觉地我开始对这张照片下手了。

本案例涉及的主要知识点：

本案例主要涉及色彩范围、选区的存储与载入、选区的收缩与羽化、色彩平衡、曲线调整图层的应用、阴影与高光命令等，案例效果如图2-1-1所示。

图2-1-1

制作步骤：

01 打开一幅素材图像，在“图层”面板上显示为“背景”图层，如图2-1-2所示。

图2-1-2

提 示：

要将其调为浓重、苍茫、壮美的黄昏景色。怎么调？方法很多，这里主要使用“色彩范围”命令，并结合色彩平衡和曲线进行调整。

02 执行“选择”>“色彩范围”命令，打开对话框，选择左侧第1个吸管，在图像的蓝色天空部位单击一下，并移动滑块设置“颜色容差”，单击“确定”按钮，如图2-1-3所示。这时图像中天空部分被选择，如图2-1-4所示。

图2-1-3

图2-1-4

03 按Ctrl+Shift+I键将选区反向，如图2-1-5所示。执行“选择”>“存储选区”命令，弹出“存储选区”对话框，如图2-1-6所示。

图2-1-5

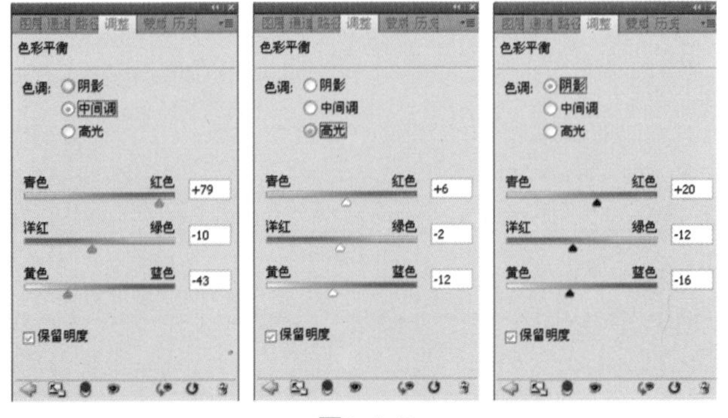

图2-1-6

04 单击“图层”面板下方的“创建新的调整图层”按钮，在弹出的菜单中选择“色彩平衡”命令，打开对话框，先调整“中间调”，接下来分别调整“高光”和“阴影”，如图2-1-7所示。

图2-1-7

05 单击“图层”面板下方的“创建调整图层”按钮，在弹出的菜单中选择“曲线”命令，打开对话框进行调整，增加明暗反差，如图2-1-8所示。

06 选择较大直径的“画笔工具”，将前景色设为黑色，分别在“色彩平衡”和“曲线”调整图层的蒙版中涂抹，对调整结果进行必要的修饰，如图2-1-9所示。

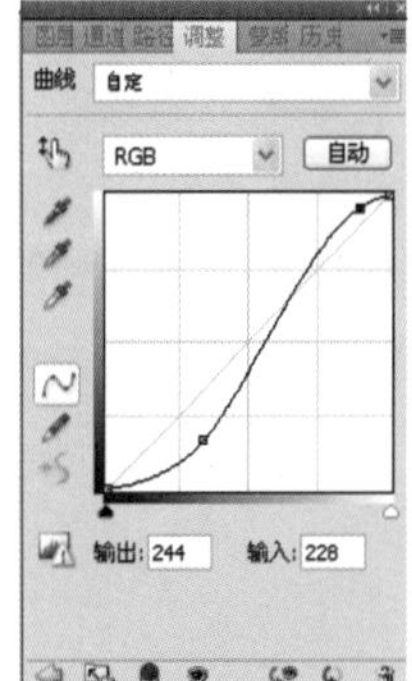

图2-1-8

图2-1-9

提 示：

在修饰过程中要根据情况适时地在工具属性栏中调节画笔的不透明度。

07 执行“选择”>“载入选区”命令，如图2-1-10所示。确认背景图层为当前工作图层，如图2-1-11所示。

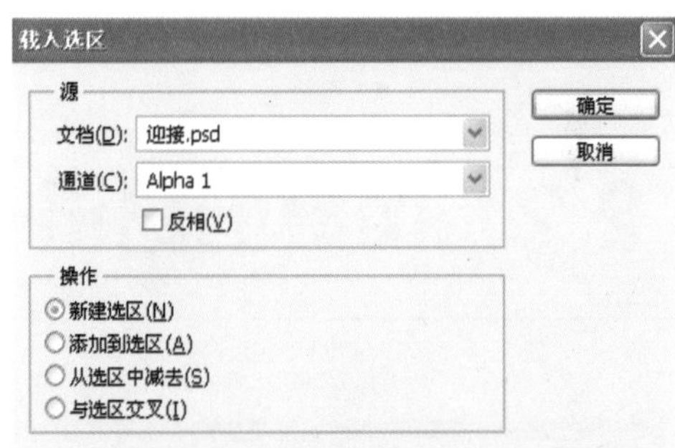

图2-1-10

图2-1-11

08 执行“选择”>“修改”>“收缩”命令，在弹出的对话框中，调整相应的参数，如图2-1-12所示。然后执行“选择”>“修改”>“羽化”命令，在弹出的对话框中，调整相应的参数，如图2-1-13所示。

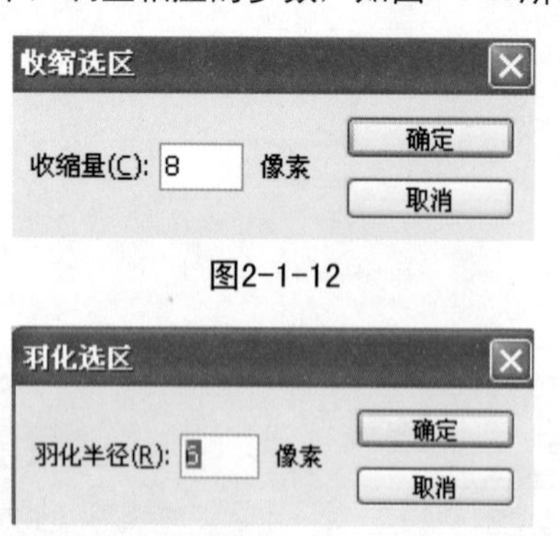

图2-1-12

图2-1-13

09 单击“图层”面板下方的“创建调整图层”按钮，在弹出的菜单中选择“曲线”，建立“曲线2”调整图层，打开“调整”面板进行调整，压暗选区内的图像，如图2-1-14所示。

10 执行“图像”>“调整”>“阴影/高光”命令，在打开的对话框中设置参数，通过调整将暗部中的某些细节显露出来，让亮部稍微减弱一点，如图2-1-15所示。

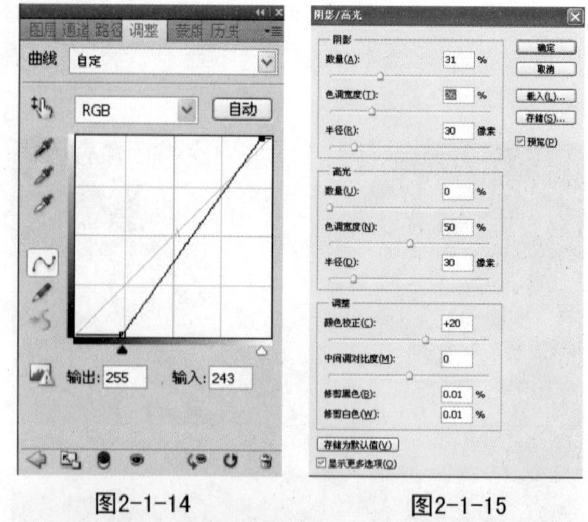

图2-1-14　　图2-1-15

青山依旧在，几度夕阳红……一壶浊酒喜相逢，古今多少事，都付笑谈中…歌声结束了，调色也完成了，十分简单。

此时我很惬意，打开QQ看见我最要好的两位好友“安琪儿”和“鸭舌帽”都在线，于是和他（她）们聊起来。我在作图时有两个习惯，一是放音乐，二是挂着QQ；音乐可唤起激情，QQ可随时聊天放松。“鸭舌帽”一个劲儿聊汽油涨价的话题，还越说越激动。还是“安琪儿”能切入主题，问我书写的怎样了，近来有什么大作，我说只是在搞几个“后期”，她建议我有空用照片做几个特效。

2.2 风景旧曾谙

清晨，鸟儿喳喳闹醒了我。起身推窗满眼桃花满眼绚烂，惹起心头阵阵的骚动，微微的、袅袅的。哦！好一个美丽的春！

生活里不乏多情的故事，无数精彩壮丽的生生灭灭，来来往往让这世界生机勃勃，怀有这样的心情何不绘幅人间美图？于是打开了计算机，一帧春光盎然之古镇照片即映入眼帘，我想起了昨日“安琪儿”的建议，是啊，将这照片改作一幅水墨画不是很好吗？

很多人对滤镜不屑一顾，好像太自动，没技术含量，显示不出自己的水平似的。其实不然，没有谁能完全抛弃它，关键看是单纯机械地用，还是灵活创造性地用。滤镜只是给你一个基本的条件，就如同给你一盒颜料，就看怎么去搭配。下面就是一个实例。首先，看看如何将一张照片变成一幅水墨画。

本案例涉及的主要知识点：

本案例主要涉及"中间值"滤镜、"喷色描边"滤镜、"影印"滤镜以及图层蒙版的使用，案例效果如图2-2-1所示。

图2-2-1

制作步骤：

01 打开一幅江南水乡图像，按Ctrl+J键拷贝图层为"图层1"，如图2-2-2所示。

图2-2-2

02 将"图层1"作为当前工作图层，执行"图像">"调整">"去色"命令。然后分别执行"滤镜">"杂色">"中间值"命令，如图2-2-3所示；和"滤镜">"画笔描边">"喷色描边"命令，在对话框中调整相应的参数，如图2-2-4所示。

图2-2-3

图2-2-4

03 按Ctrl+J键复制"图层1"为"图层1副本"，在工具箱中设置前景色为黑色，背景色为白色，执行"滤镜">"素描">"影印"命令，如图2-2-5所示。

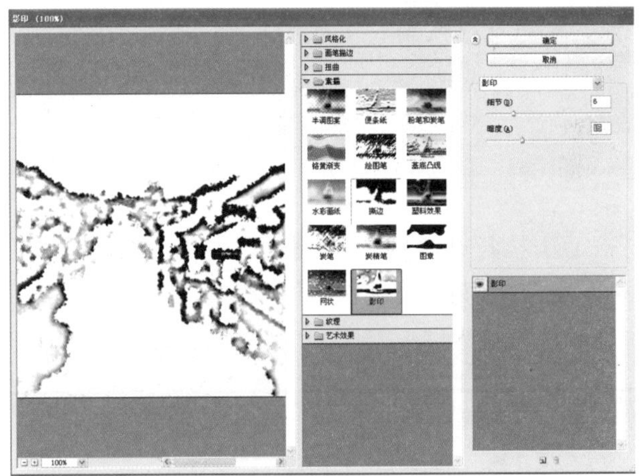

图2-2-5

提 示：

这是画龙点睛的步骤，它可以使图像的边缘呈现出一种墨黑色，可以以此来增加浓墨渲染的效果。

原本想用黑色画笔直接上色，或借助选区调曲线，但这些方法都太麻烦且不好控制，而这种方法很好，选择性很强，也自然快捷。用Photoshop搞制作，有时很奇怪，经常是放着捷径不走，却偏要绕道走，碰壁了才恍然大悟，其实这也是好事，"吃一堑长一智"吗，这样才能有进步。

04 将"图层1副本"的图层混合模式设置为"变暗"，如图2-2-6所示。单击"图层"面板下方的"创建调整图层"按钮，创建一个"色阶"调整图层，通过调整增强黑白对比，如图2-2-7所示。

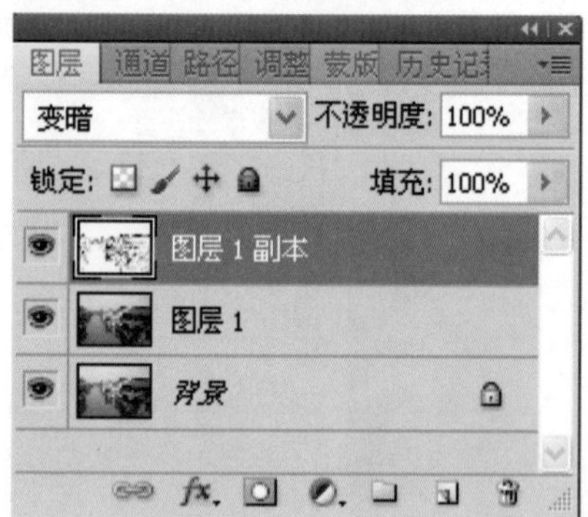

图2-2-6

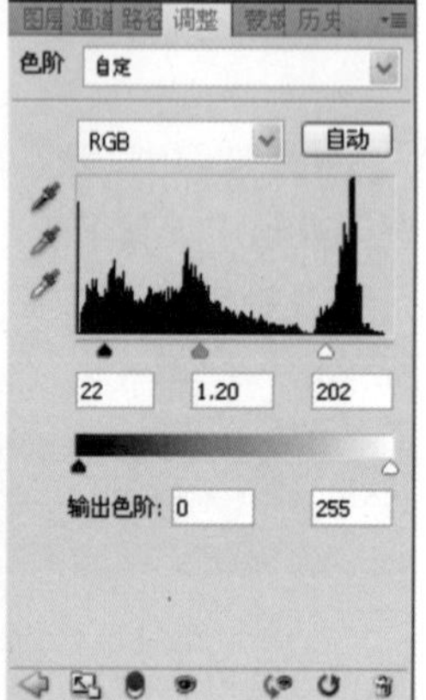

图2-2-7

05 执行“滤镜”>“模糊”>“高斯模糊”命令，调整相应的参数，如图2-2-8所示。

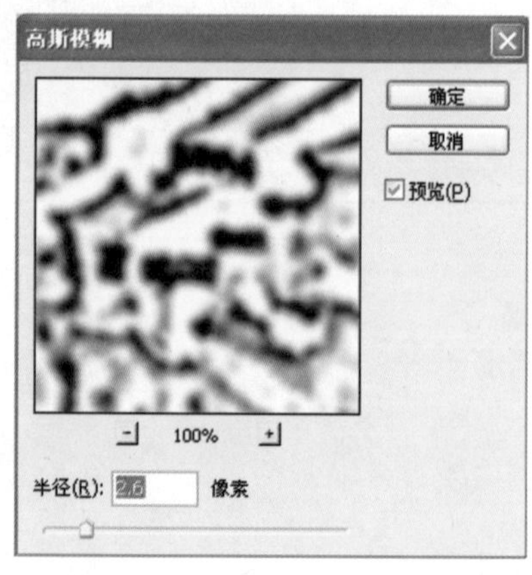

图2-2-8

06 单击“图层”面板下方的“添加图层蒙版”按钮，为“图层1”添加图层蒙板并使之处于工作状态，如图2-2-9所示。将前景色设为黑色，选择“画笔工具”擦出背景中的红灯笼，如图2-2-10所示。在工具属性栏中大幅度降低画笔的不透明度擦出淡淡的绿树。最后选择“减淡工具”，在工具属性栏将其“范围”设置为“高光”，擦出“图层1”中的河流，使之完全呈白色，如图2-2-11所示，完成实例操作。

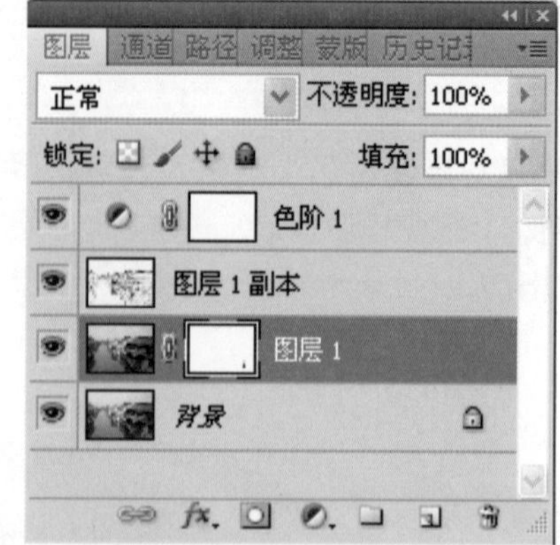

图2-2-9

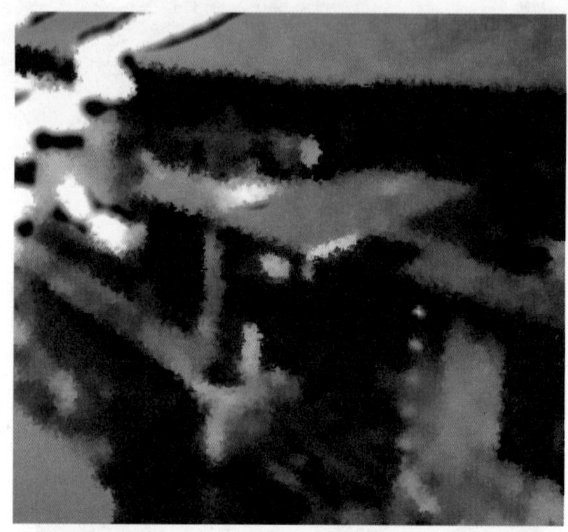

图2-2-10

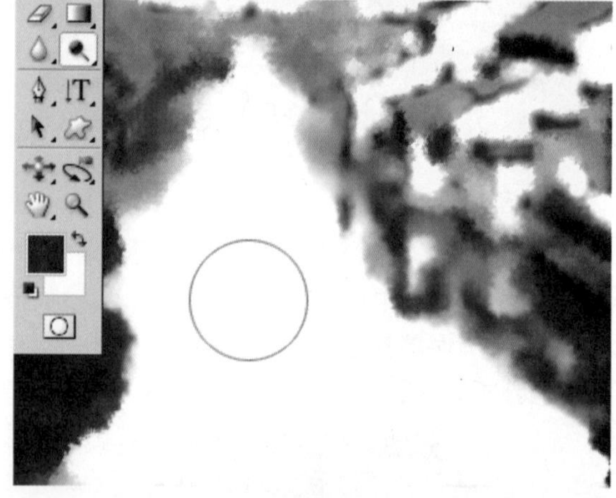

图2-2-11

完成这个案例后，我开始琢磨下一个案例。我懒洋洋地翻看着计算机里的照片，欲在那里寻找一点灵感……前面几张是QQ好友“鸭舌帽”发来的，觉得都不够理想，最后还是在自己拍的照片里找到了一张，是在罗马拍的街景。

2.3 粉刷城市

在罗马我拍了不少照片，但是像样的不多，不是曝光不足就是曝光过度，或者就是灰濛濛的，可惜了那么好的景致，现在处理一下，借用Photoshop美化美化，就当是为这座古老的城市“粉刷”一下吧。

本案例涉及的主要知识点：

本案例主要涉及Lab模式的应用、通道的替换、快速蒙版、曲线、色彩平衡和色相饱和度调整，案例效果如图2-3-1所示。

图2-3-1

制作步骤：

01 打开照片，灰濛濛的没法看，没有生气，如图2-3-2所示。开始“粉刷”，将其转为Lab颜色模式，如图2-3-3所示。

图2-3-2

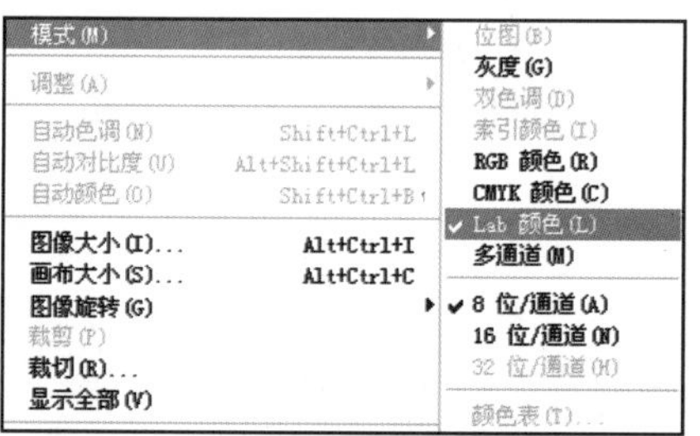

图2-3-3

技术点：

Lab模式由3个通道组成，一个明度通道即L。另外两个是颜色通道，即a和b通道。a通道包括的颜色范围从深绿色（低亮度值）到灰色（中亮度值），再到亮粉色（高亮度值）；b通道则是从亮蓝色（低亮度值）到灰色（中亮度值），再到黄色（高亮度值）。因此，这种颜色混合后将产生明亮鲜艳的颜色。Lab模式所定义的颜色最多，且与光线及设备无关，处理速度与RGB模式相同，比CMYK模式快很多。因此，在处理图像时经常被使用。

02 进入“通道”面板，单击b通道，按Ctrl+A键全选该通道，按Ctrl+C键拷贝，如图2-3-4所示。单击a通道，按Ctrl+V键粘贴，如图2-3-5所示。图像色彩发生了变化，如图2-3-6所示。

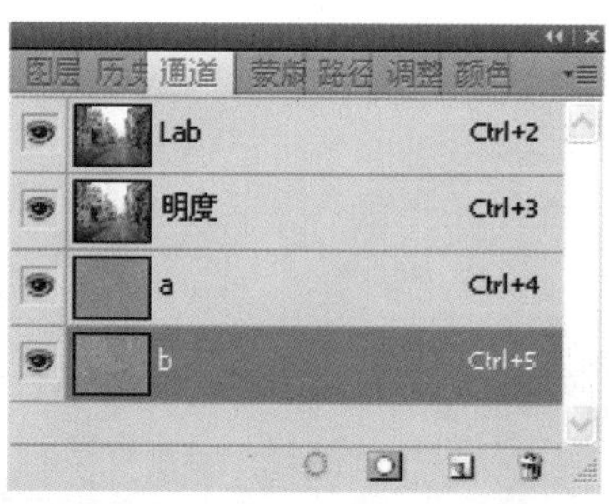

图2-3-4

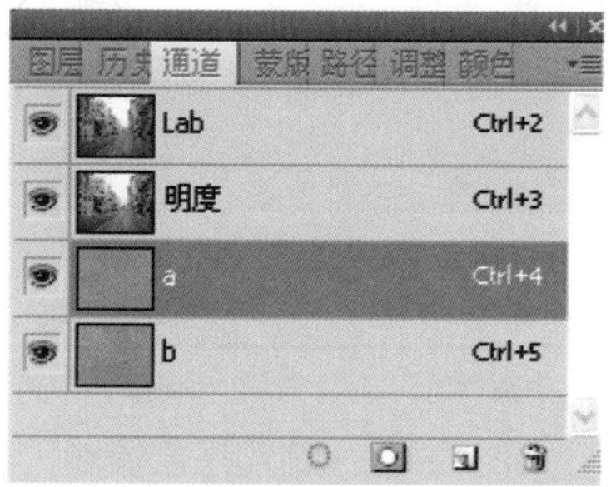

图2-3-5

图2-3-6

03 单击“图层”面板下方的“创建调整图层”按钮，在打开的菜单中选择“曲线”命令，打开“曲线”对话框，分别调整明度通道、a通道和b通道，如图2-3-7所示。调整后的效果如图2-3-8所示。

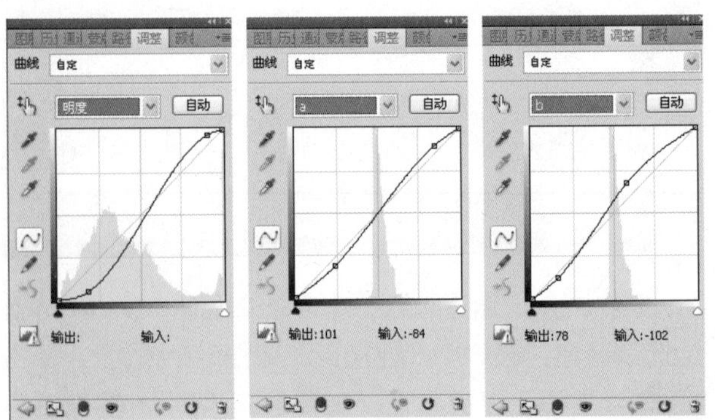

图2-3-7

图2-3-8

04 单击“图层”面板下方的“创建调整图层”按钮，在打开的菜单中选择“色彩平衡”命令，打开对话框后选择“高光”选项进行调整，增加天空蓝色的高光区域，如图2-3-9所示。

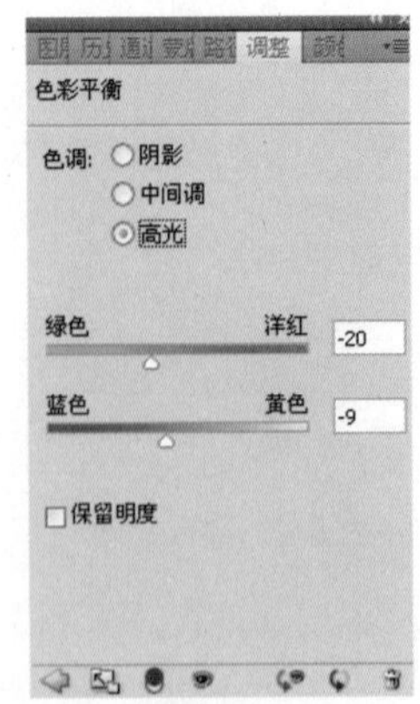

图2-3-9

05 单击“快速蒙版”按钮进入快速蒙版编辑状态，将前景色设置为黑色，选择“画笔”工具在树叶上涂抹，如图2-3-10所示。之后再次单击“快速蒙版”按钮退出快速蒙版编辑状态，如图2-3-11所示。

图2-3-10

图2-3-11

06 单击“图层”面板下方的“创建调整图层”按钮，在打开的菜单中选择“色相饱和度”命令，打开对话框后选择“着色”进行调整，将叶子调成绿色，如图2-3-12所示。完成后再次选择“色相/饱和度”，在“色相饱和度2”中总体调色，如图2-3-13所示。操作完成。

图2-3-12

图2-3-13

2.4 黄辣椒变绿辣椒

将黄色变成绿色的方法很多，包括在特定模式下用画笔直接涂画、用色相/饱和度命令、色彩平衡命令等，不过在这里我们不用这些方式，而是用“应用图像”命令来实现黄色变绿色的目的，这个方法很简单，对于较单一的大面积着色很适用，而且看上去还特自然，特均匀柔和，下面就来体验一下：

本案例涉及的主要知识点：

本案例主要涉及“应用图像”命令和“图层蒙版”命令，案例效果如图2-4-1所示。

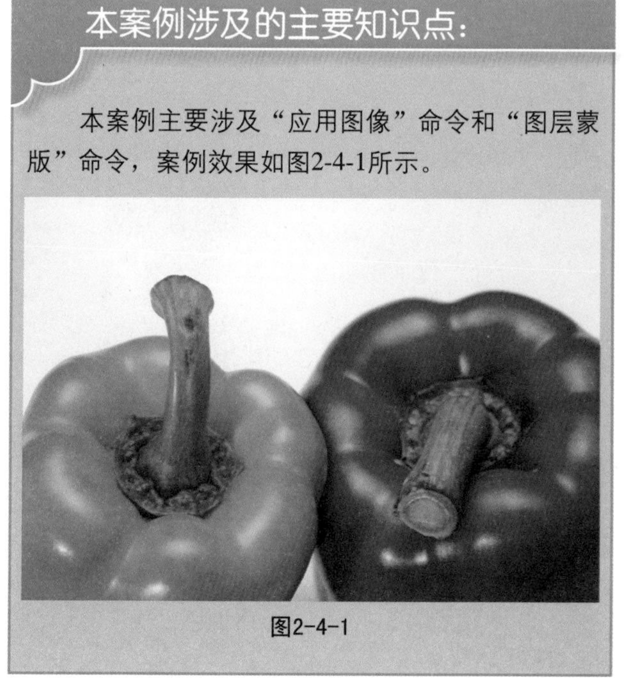
图2-4-1

操作步骤：

01 打开一张辣椒图像，按Ctrl+J键复制图层为“背景副本”，如图2-4-2所示。

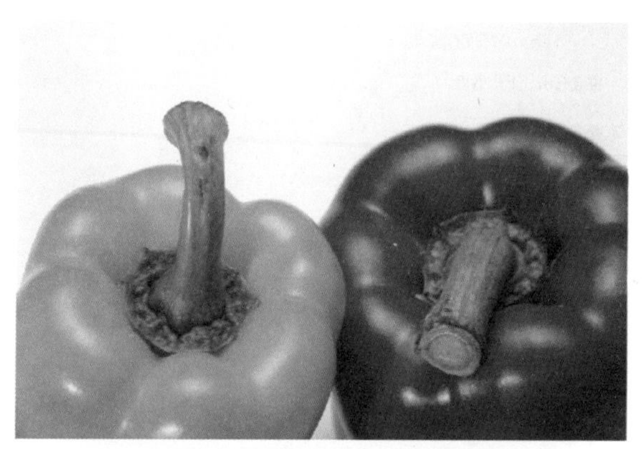

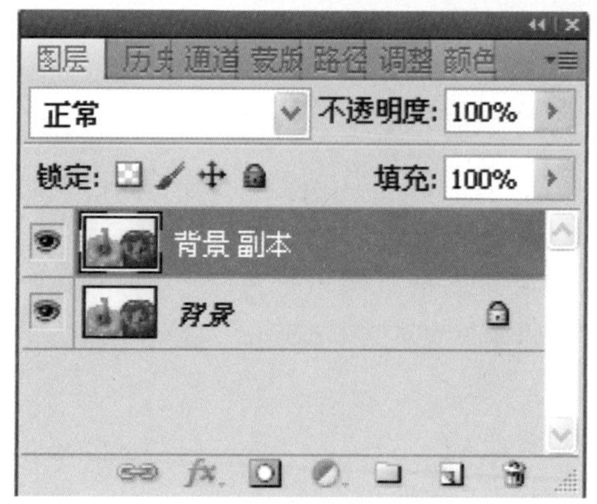

图2-4-2

02 将“背景副本”作为当前工作图层。进入“通道”面板，单击红通道缩览图，如图2-4-3所示。执行“图像”>“调整”>“应用图像”命令，打开“应用图像”对话框，将蓝通道设定为源通道；“目标”是预先确定的，即背景副本的红通道，“混合”模式设置为“正片叠底”。设置好后单击“确定”按钮，如图2-4-4所示。

图2-4-3

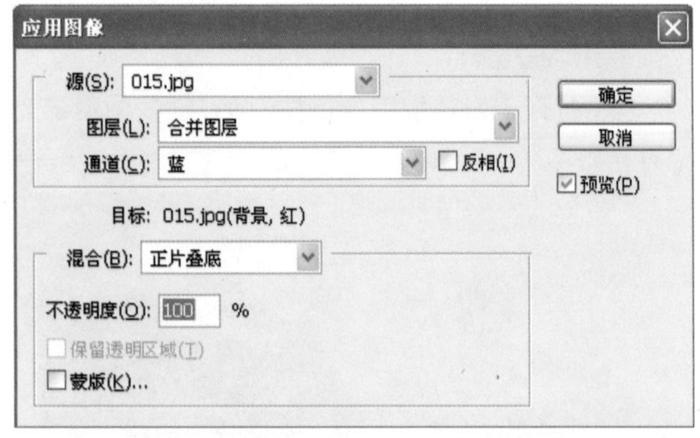

图2-4-4

提 示：

黄辣椒变成了绿辣椒。

03 不妙的是红辣椒竟变成黑辣椒了，如图2-4-5所示。辣椒柄的颜色也有所改变。这咋办？没关系，单击“图层”面板下方的“添加图层蒙版”按钮，为“背景副本”添加图层蒙板并使之处于工作状态，将前景色设为黑色，用画笔擦画红辣椒和两个辣椒的柄，颜色恢复了。再略微降低该图层的不透明度，如图2-4-6所示。操作完成。

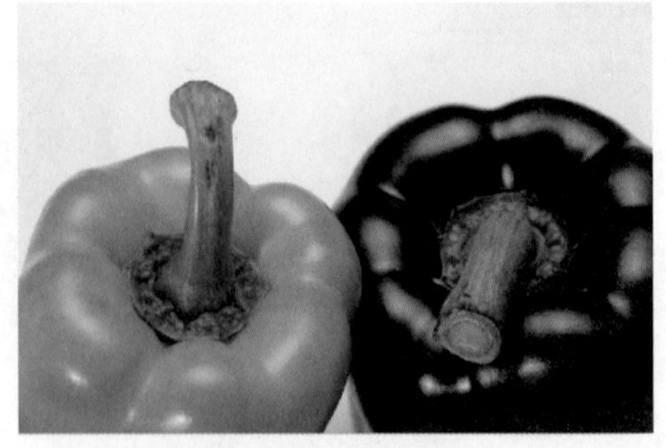

图2-4-5

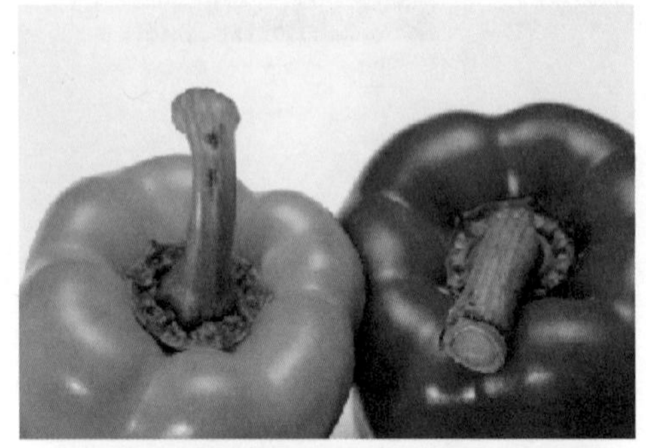

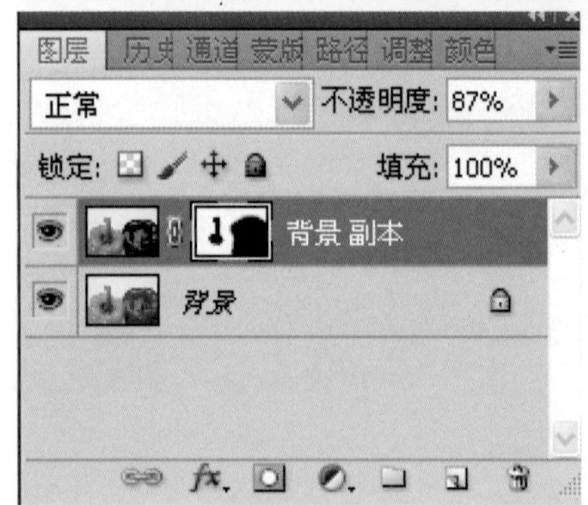

图2-4-6

提 示：

将黄色变为绿色，就着色率和均匀柔和程度而言，我更青睐于这个方法。

QQ响了，“安琪儿”上线了，我们聊了起来，我把书的进度与她说了，想听听她的建议，她说有些知识虽然很简单，但是也应写进去，不能单纯从自己的角度看问题，她的话启发了我，是啊，读者什么层次都有，一些看似简单的东西或许正是初学者所需要的呢。

2.5 使图像清晰的三种简单方法

这是我在意大利一个小城街边拍摄的一张照片，拍后发现不是很清晰，一方面是由于相机不行，但更主要的原因是我的拍摄水平太差，所以只能通过后期处理来遮羞。

本案例涉及的主要知识点：

本案例主要涉及“USM锐化”滤镜、“高反差保留”滤镜和“HDR转换”命令。案例效果如图2-5-1所示。

方法1和方法2效果　　方法3效果

图2-5-1

操作步骤：

方法1：

第1种方法是最常用的，打开图像，如图2-5-2所示。对其执行“滤镜”>“锐化”>“USM锐化”命令，如图2-5-3所示。调整前后的对比如图2-5-4所示。

图2-5-2

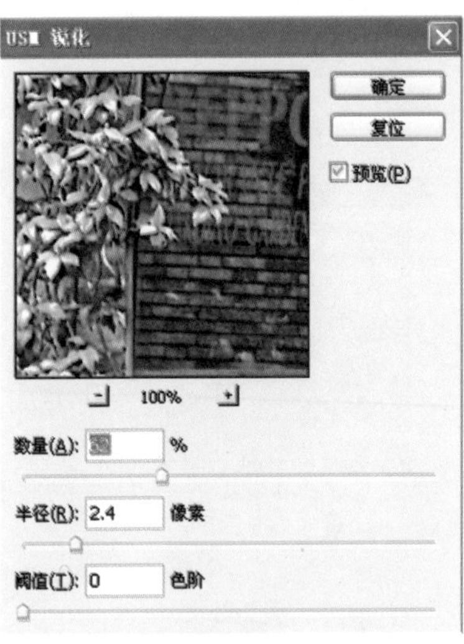

图2-5-3

调整前

调整后

图2-5-4

方法2：

打开图像，将其复制为“背景副本”，如图2-5-5所示。对其执行“滤镜”>“其他”>“高反差保留”命令，如图2-5-6所示。之后将该图层的混合模式设为“叠加”，如图2-5-7所示。调整前后时的对比如图2-5-8所示。

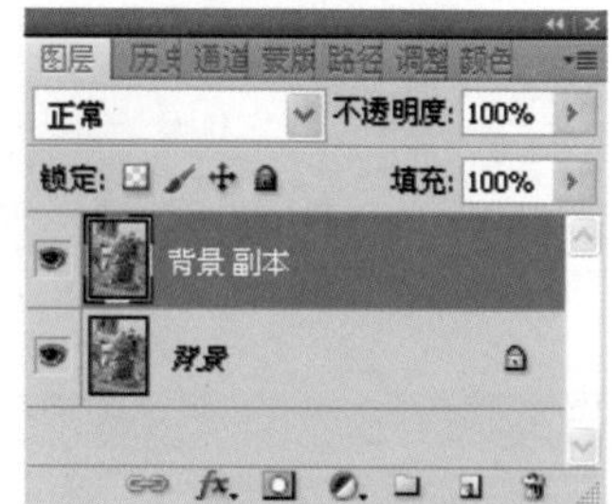

图2-5-5

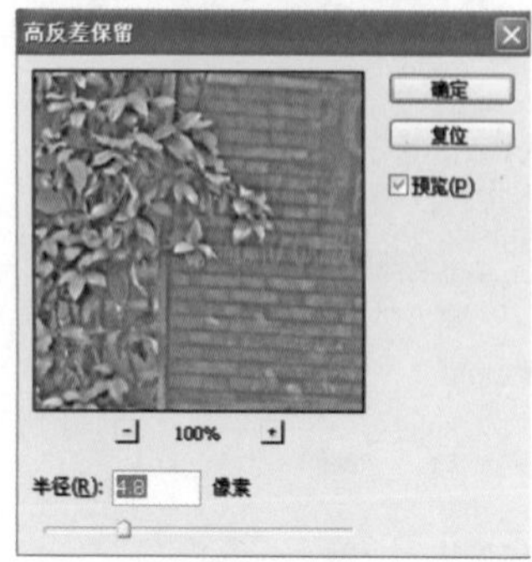

图2-5-6

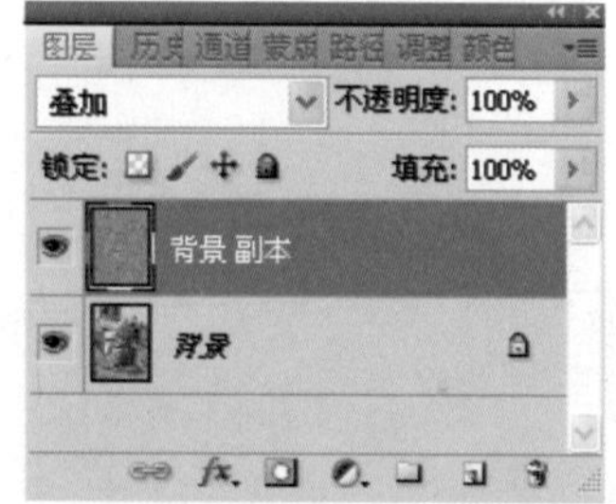

图2-5-7

调整前

调整后

图2-5-8

方法3:

这个方法也不错，在提高图像清晰度的同时还能兼顾调整颜色，而且能调出很富有个性的颜色，这就是“HDR转换”命令，可用来修补过亮或过暗的图像，增强暗部和亮部的动态细节，制作出高动态范围的图像效果，因此，它在增加图像的清晰度方面也颇有效果。下面来调一下看看，执行“图像”>“调整”>“HDR转换”命令，在打开的对话框中设置相关参数，如图2-5-9所示。主要是设置“色调和细节”以及“颜色”。通过调整使图像变清晰，同时改善颜色。调整前后的对比如图2-5-10所示。

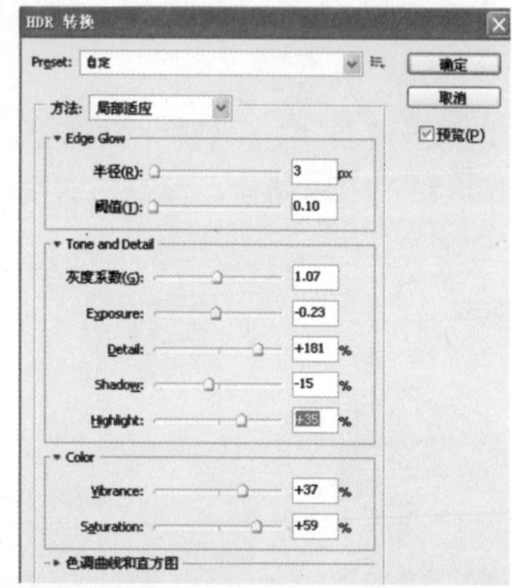

图2-5-9

调整前

调整后

图2-5-10

2.6 美丽是这样炼成的（“磨皮”三法）

今天我真的好累，为姐姐修照片，从早上修到晚上，一共修了20张，她很挑剔，要求人物不许大动，要在保持原样的基础上做出效果和意境来，色彩不能俗气，处理好光影效果，必要时背景也要换，要有深度，要符合背景、环境、年龄，很是严厉……我无法偷懒，连抽烟的时间都没有啊，刚完工一个，又来了第二个，一个接一个，鼠标湿了，腕子酸了，眼睛花了。我几次要逃，都被抓回来，按到椅子里，我哀求也无用。

中午她请我吃了一顿饭，酱脊骨和大米饭，管够！吃得鼻尖挂汗珠。饭后上楼，刚要歇息，又被催促干活，是啊，骨头也吃了，大米饭也下肚了，活能不继续干吗？干！一个接一个，不想干也得干。但这次我开始偷工减料，玩心眼儿了，结果均被她敏锐的眼睛发现：

“不行！大骨头把你喂饱了，糊弄洋鬼子啊？重做！”天啊，真是要了命了，我心里嘀咕着。

“好好，我重做，今天我算倒了霉了”

“告诉你，今天不给我做好，我就不走了”

“吃苹果不？”我问。

“不吃！快干活！”

“喝水不？”

“哪那么多话！快干活！”

“我腰疼……迷糊……想上厕所……哈！”

“少装！这个地方再提亮，对对，这太黑……”

我最怕听到：“我看看还有什么地方有问题……”，最希望听到：“可以了，保存！。”

晚上6点半，谢天谢地，这种受刑般的劳动终于结束了。我在想，那些在影楼工作的年轻人，他们多么辛苦，多么不容易。

下面我们找一张素材练习练习，不过今天没有压力，是轻松的，自由的。

本案例涉及的主要知识点：

本案例主要涉及“图层蒙版”、“ Lab颜色模式”的应用、“应用图像”命令、“计算”命令、“高反差保留”滤镜、“快速蒙版”的使用、“曲线与色彩平衡”等，案例效果如图2-6-1所示。

图2-6-1

操作步骤：

方法1：

01 打开一幅图像，如图2-6-2所示。人物面部有很多雀斑，肤色也不好，不透亮。下面开始修饰。执行“图像”>“模式”>“Lab颜色”命令，将该图像的颜色模式更改为Lab。复制“背景”图层为“背景副本”和“背景副本2”这是习惯，以防不测嘛。

图2-6-2

02 确认“背景副本”为当前工作图层，如图2-6-3所示。执行“滤镜”>“模糊”>“高斯模糊”命令，如图2-6-4所示。

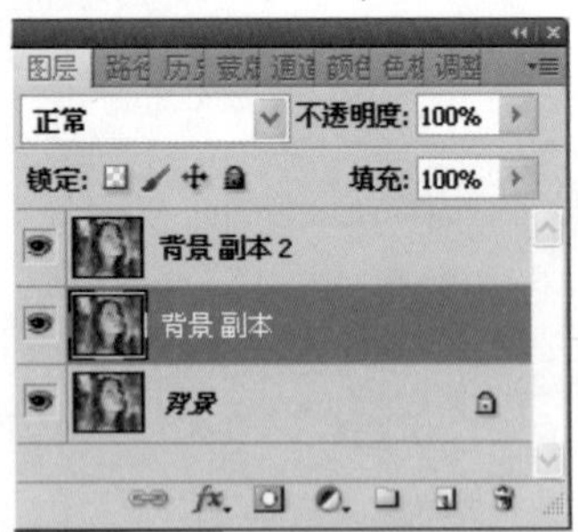

图2-6-3

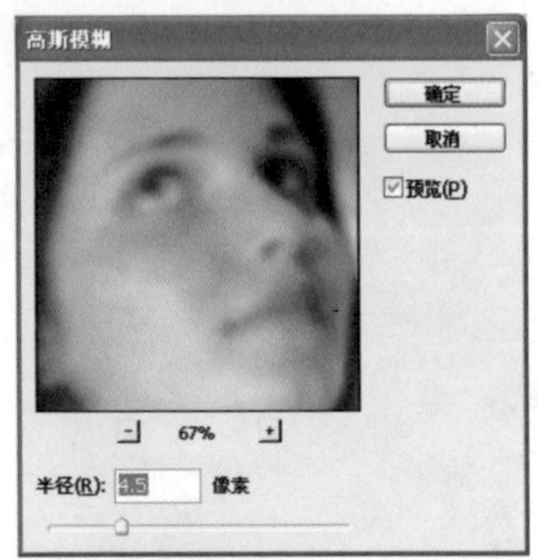

图2-6-4

03 确认“背景副本2”为当前工作图层，单击“图层”面板下方的“添加图层蒙版”按钮，为“背景副本2”添加图层蒙板并使之处于工作状态，将前景色设为黑色，选择一个柔边“画笔工具”，设置一个合适的直径，用不透明度为70%～100%画笔，在人像面部和颈项涂擦，要避免擦到五官及其边缘，如图2-6-5所示。

图2-6-5

04 选择“套索工具”在头发上绘制选区，如图2-6-6所示。执行“滤镜”>“锐化”>“USM锐化”命令，如图2-6-7所示。

图2-6-6

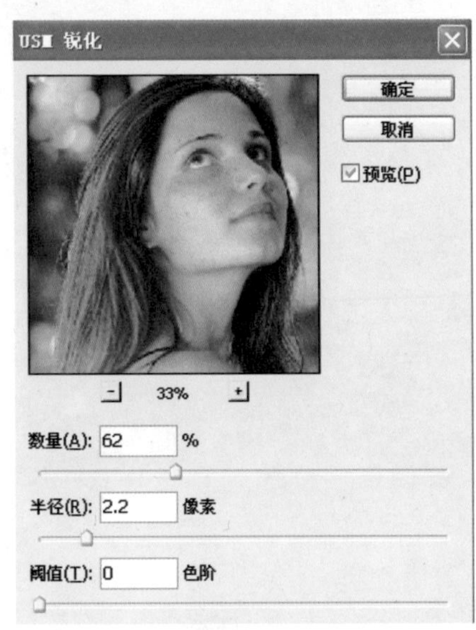

图2-6-7

05 按Ctrl+Shift+Alt+E键盖印图层为“图层1”，如图2-6-8所示。进入“通道”面板，选择b通道，执行“图像”>“应用图像”命令。在打开的对话框中设置参数，如图2-6-9所示。执行该命令后图像颜色发生了变化，变得清新了，面部也白皙了，但是有些偏洋红，如图2-6-10所示。

图2-6-8

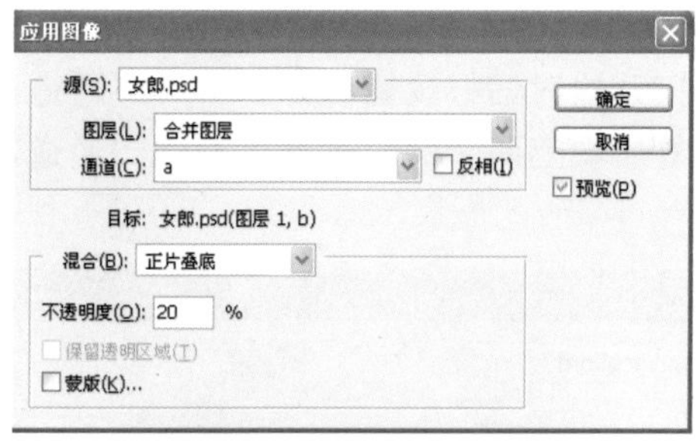

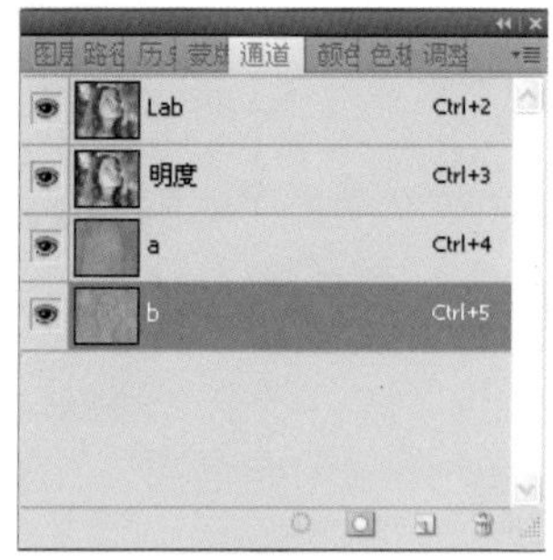

图2-6-9

图2-6-10

06 单击“图层”面板下方的“创建调整图层”按钮，在打开的菜单中选择“色彩平衡”命令，打开对话框进行调整，先调整“中间调”，再调整“高光”，目的是减少洋红色，如图2-6-11所示。调整后发现眼睛下部和颈部出现一些绿色，没关系，选择黑色画笔，降低笔的不透明度，在“调整图层”的蒙版中擦一下就去掉了，如图2-6-12所示。

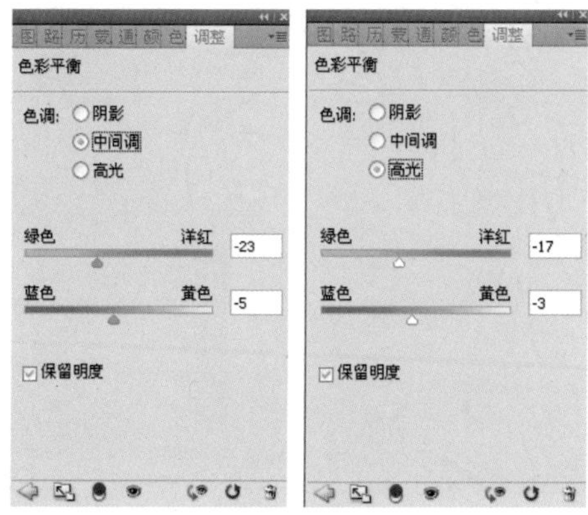

图2-6-11

图2-6-12

07 最后合并图层。执行“图像”>“调整”>“阴影和高光”命令，适当调整一下即可，如图2-6-13所示。

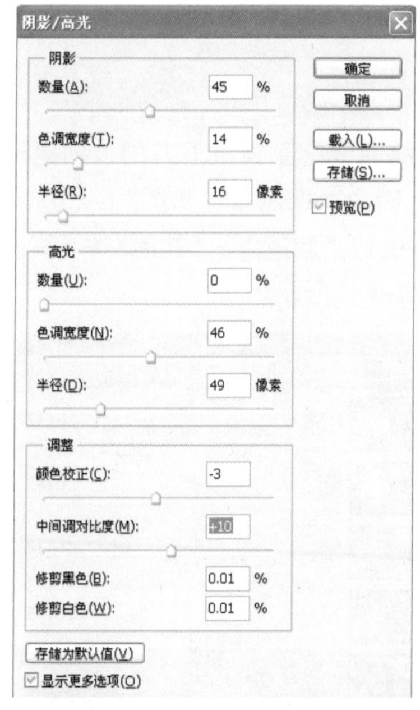

图2-6-13

方法2:

还是这幅图，将“背景”图层复制为“背景副本”。

01 进入“通道”面板观察各颜色通道，红通道很亮，明暗反差大，蓝通道过暗，绿通道比较适中，且有较好的反差，如图2-6-14所示。

图2-6-14

提 示：

那么就在它身上做文章吧。我们的目的是要选择面部的斑点和灰暗部，把它们提亮，使之与周围肤色一致。

02 将绿通道拖至面板下方的“创建新通道”按钮上，复制为“绿副本”如图2-6-15所示。对“绿副本”通道执行“滤镜”>“其他”>“高反差保留”命令，如图2-6-16所示。

图2-6-15

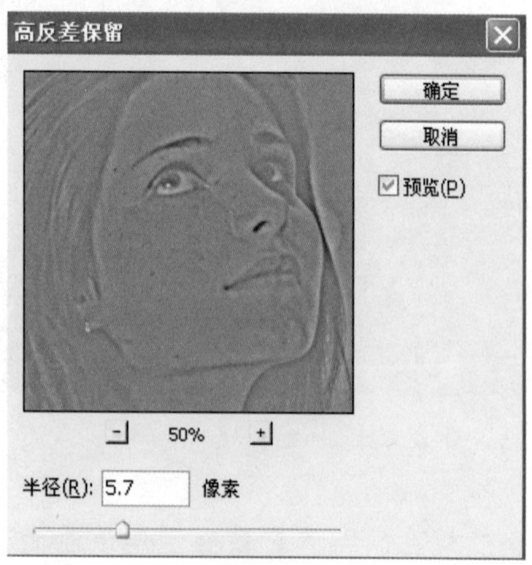

图2-6-16

03 执行“图像”>“计算”命令，如图2-6-17所示。在打开的对话框设置，得到Alpha1通道。接下来再重复一次上两步命令得到了Alpha2通道，如图2-6-18所示。

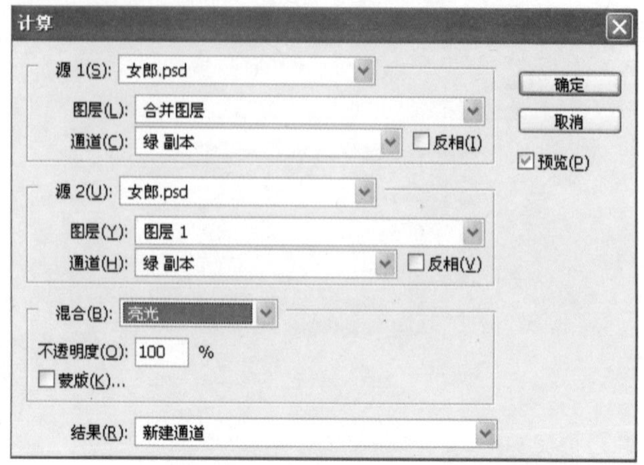

图2-6-17

图2-6-18

04 按Shift+I键将Alpha2通道反相，如图2-6-19所示。这时黑斑变成了白斑。我们的目的是要选择白斑，而对于其他的白色部位，比如，眉毛、眼球、鼻孔和脸的边缘以及背景等处是不需要处理的，所以用黑色画笔将这些部位覆盖，如图2-6-20所示。

图2-6-19

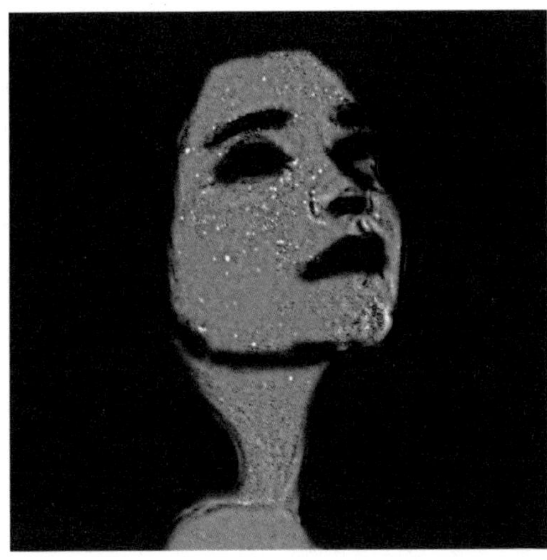

图2-6-20

05 按Ctrl+M键打开“曲线”对话框调整强化黑白反差，如图2-6-21所示。按Ctrl键并单击Alpha2通道缩览图载入选区，将白斑和与它接近的区域选中，如图2-6-22所示。返回“图层”面板，如图2-6-23所示。

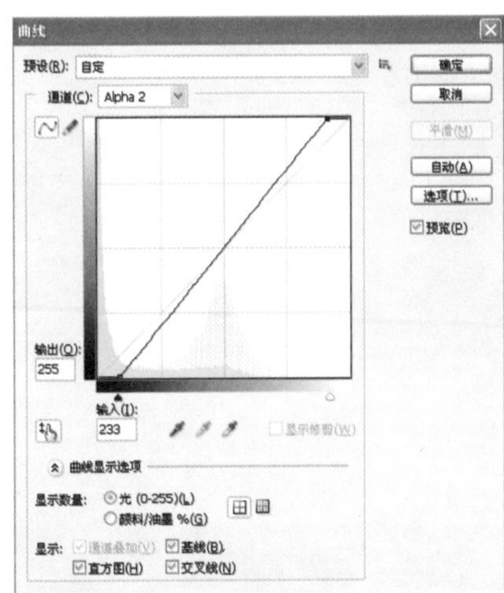

图2-6-21

图2-6-22

图2-6-23

06 为便于观察，按Ctrl+H键隐藏选区。选择“模糊工具”在斑点上轻擦，如图2-6-24所示。之后单击“图层”面板下方的“创建调整图层”按钮，在打开的菜单中选择“曲线”命令，在“调整”面板中进行“曲线”调整，将图像中的色斑及其周围调亮，如图2-6-25所示。

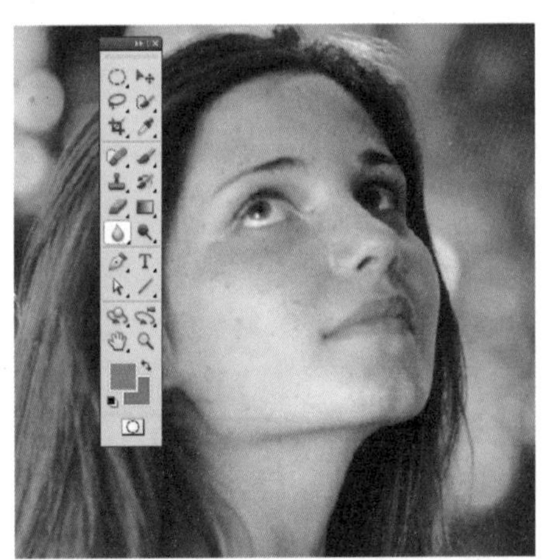

图2-6-24

图2-6-25

07 按Ctrl+Shift+Alt+E键盖印图层为“图层1”，执行“图像”>“模式”>“Lab颜色”命令，将该图像的颜色模式更改为Lab模式，如图2-6-26所示。之后的图像调整与方法1 相同。

图2-6-26

正准备做第3个方法时，QQ里“鸭舌帽”上线了，在那头一个劲地呼唤，滴滴滴滴的“喂！做啥呢？你能不能做一个太极图啊？我需要，帮帮呗……”“可以，但今天不行”，等有时间好吗？还没等他回话，我就隐身了。

方法3：

这个方法特别简单，有时朋友请我为照片磨皮，当对面部纹理要求不是很高时，为了节省时间就采取此法，能很快地搞定。

01 复制背景图层，单击工具箱下部的“快速蒙版”按钮，选择“画笔工具”，在人像面部擦涂，如图2-6-27所示。注意五官和面部的边缘不要轻易擦。之后再单击一下“快速蒙版”按钮退出“快速蒙版”编辑状态，面部出现了选区，如图2-6-28所示。如果选区需要反向就按Ctrl+Shift+I键。

图2-6-27

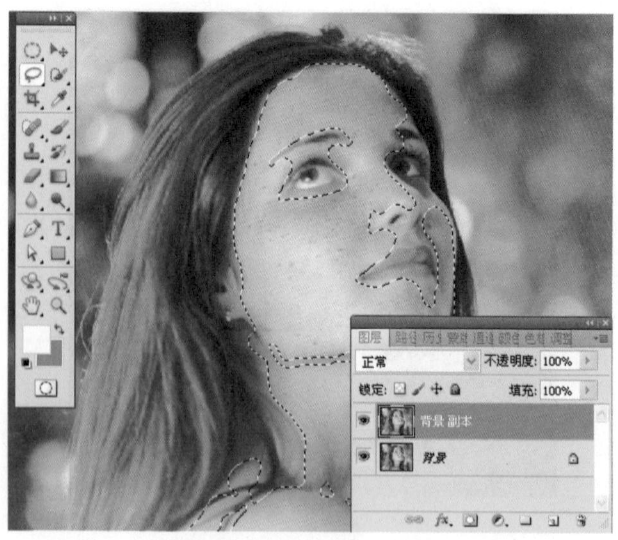

图2-6-28

02 执行“滤镜”>“模糊”>“高斯模糊”命令，如图2-6-29所示。剩下的调色工作与前面两个方法相同，不再赘述。

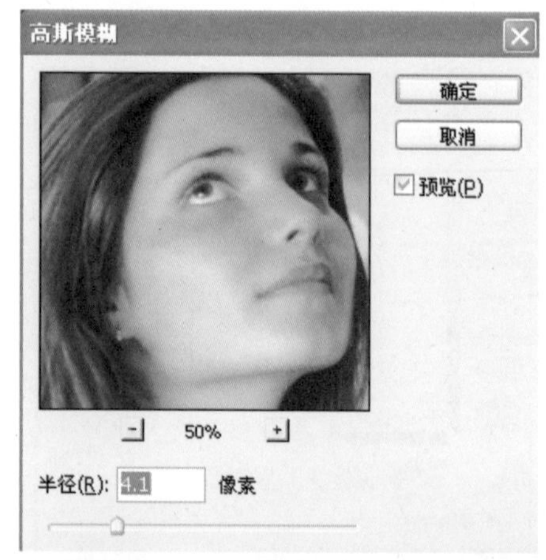

图2-6-29

2.7 太极图

这些天，一直很忙，头发很长了也没理会。中午终于去了理发厅，为我理发的是一位小伙子，文雅、白净、稚嫩。坐定后，我问他学理发多长时间了，他说："4年了"，边说边熟练地将一块湖蓝色的绸子布麻利地铺在我胸前，又紧紧地系于我的脖颈上。随后他手中的剪刀就嚓嚓嚓嚓地在我的头顶驰骋起来。

理发其实是一个很不错的放松时刻，趁着空闲想一些关于Photoshop方面的事情倒也很好。我闭目养神，镜子折射的阳光照在眼皮上，我看见了红红的光，那光仿佛在旋转，这时想到"鸭舌帽"说的"太极图"，嗯，一会儿回家就做一个。

本案例涉及的主要知识点：

本案例主要涉及"选区"的绘制、减少"选区"的操作、"选区"的变换，图层样式中的"斜面与浮雕"和"投影"等，案例效果如图2-7-1所示。

图2-7-1

操作步骤：

01 执行"文件">"新建"命令，创建一个宽为800像素，高为800像素，分辨率为72像素/英寸，背景内容为白色，颜色模式为RGB 的图像文件。

02 单击"图层"面板下方的"新建图层"按钮，或按快捷键Ctrl+Shift+Alt+N，创建"图层1"。按快捷键Ctrl+R显示出标尺，分别将鼠标置于水平标尺和垂直标尺上，按住鼠标左键从标尺上拖出水平和垂直参考线并使之交叉，如图2-7-2所示。

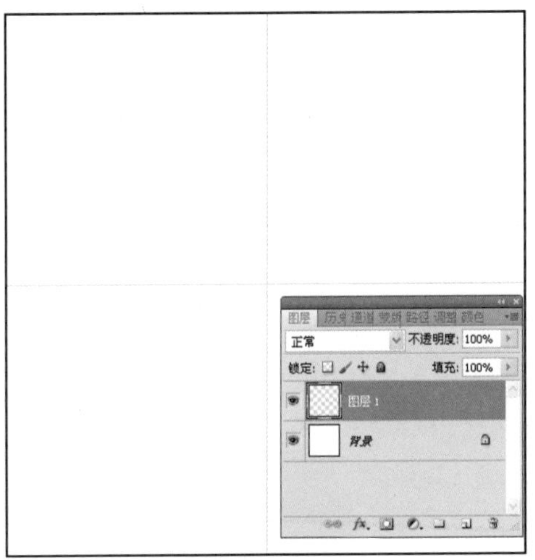

图2-7-2

03 选择工具箱中的"椭圆选框工具"，按下Shift+Alt键拖曳出一个正圆选区。将前景色设为蓝色，按Alt+Delete键填充前景色到选区中，如图2-7-3所示。

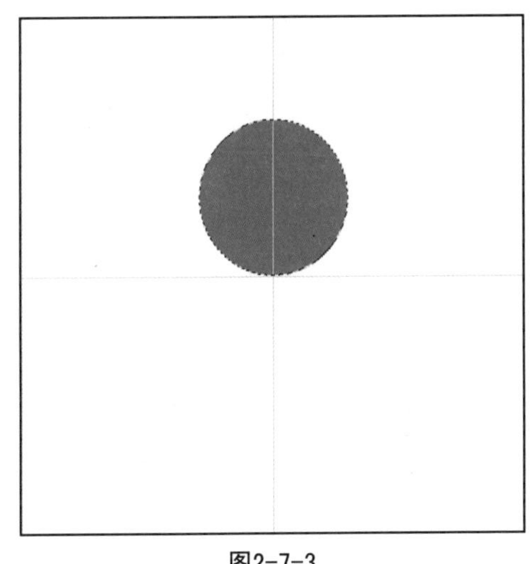

图2-7-3

04 将圆形选区下移，将前景色设为红色，按Alt+Delete键填充前景色到选区，如图2-7-4所示。

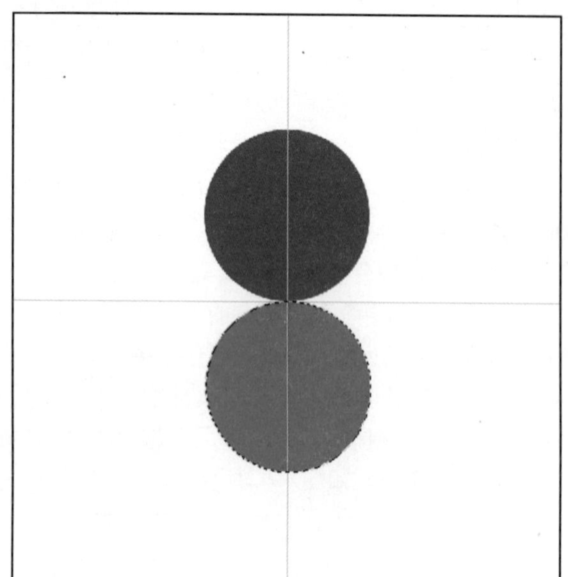

图2-7-4

05 在“图层1”下创建“图层2”，将“图层2”作为当前工作图层，按下Shift+Alt键拖曳出一个大的正圆选区，如图2-7-5所示。

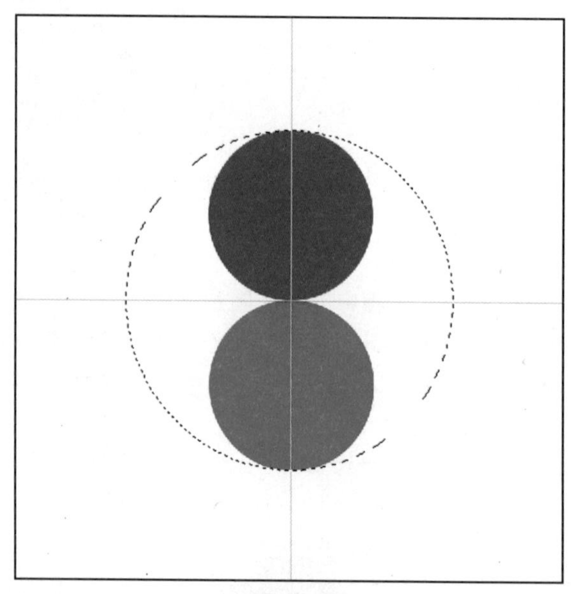

图2-7-5

06 选择“矩形选框”工具，在工具属性栏中单击“从选区减去”按钮，沿垂直参考线自上向下拖曳将圆选区减去一半，如图2-7-6所示。之后将前景色设为红色，按Alt+Delete键填充前景色到半圆选区，如图2-7-7所示。

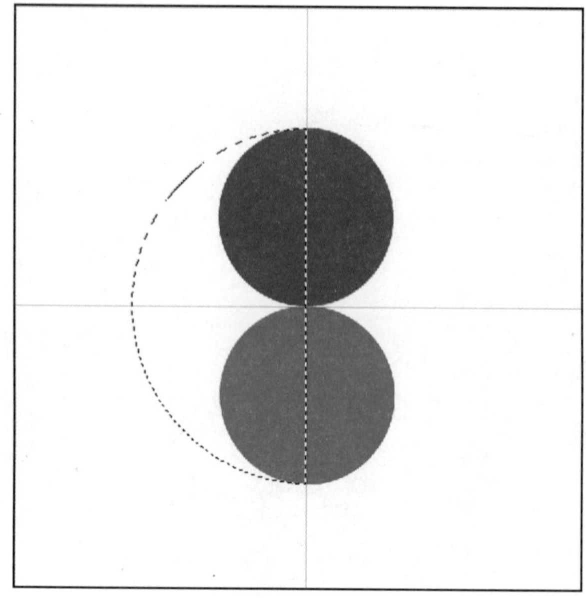

图2-7-6

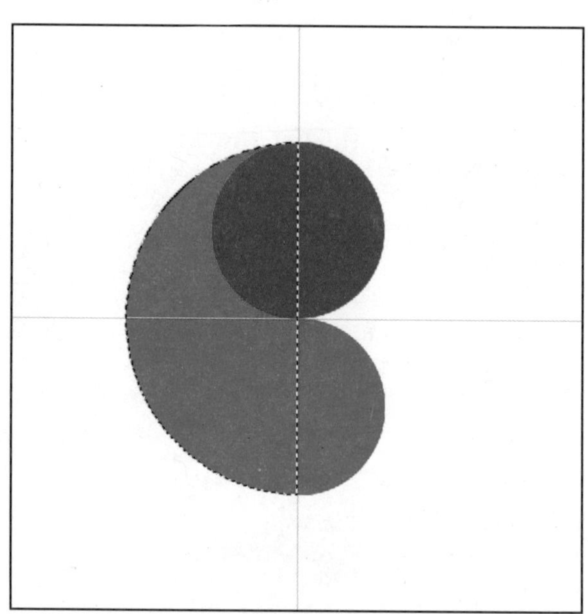

图2-7-7

07 执行“选择”>“变换选区”命令，调出变换框，再执行“编辑”>“变换”>“水平翻转”命令，将选区翻转如图2-7-8所示。将前景色设为蓝色，按Alt+Delete键填充前景色到选区中，如图2-7-9所示。

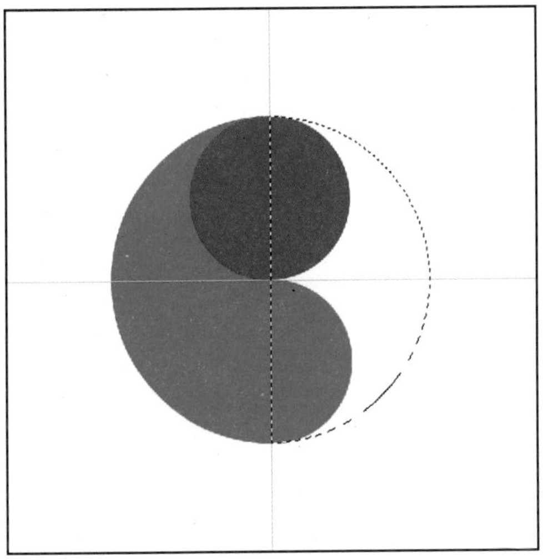

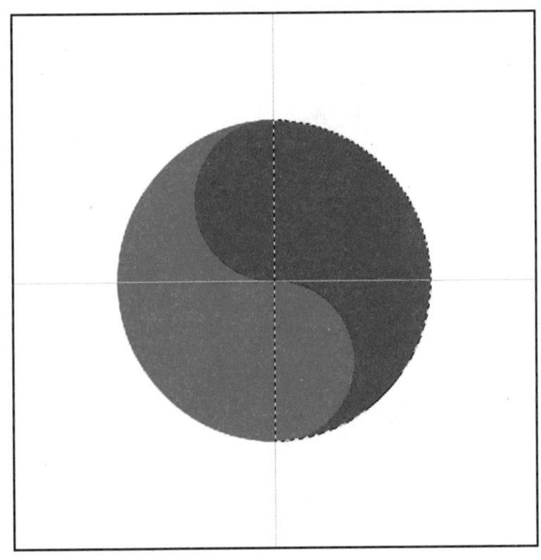

图2-7-8

图2-7-9

08 创建“图层3”并作为当前工作图层，按下Shift+Alt键在蓝色圆形中部拖曳出一个小的正圆选区，填充为红色，之后拖曳选区到红色圆形中部填充蓝色，如图2-7-10所示。

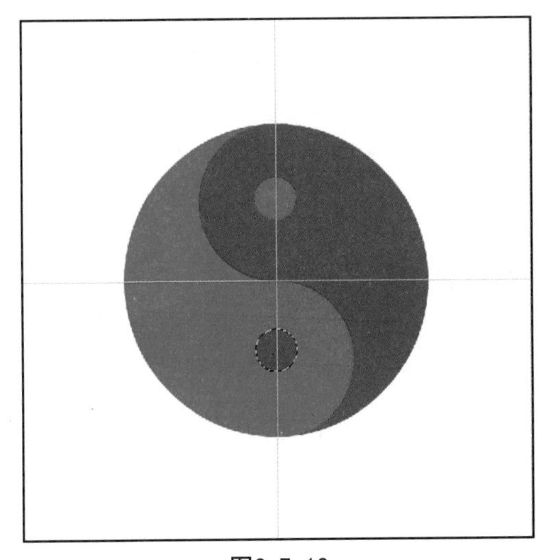

图2-7-10

09 合并背景图层以外的所有图层，单击“图层”面板下方的“添加图层样式”按钮fx，在打开的菜单中选择“斜面和浮雕”命令，在打开的对话框中设置“斜面和浮雕”和“投影”参数，如图2-7-11和图2-7-12所示。

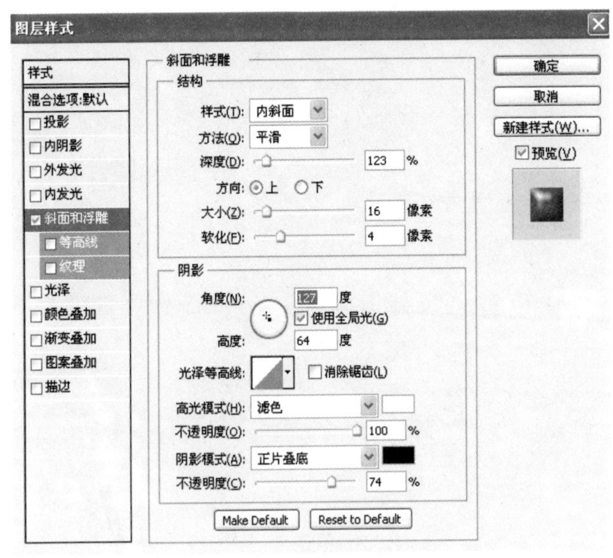

图2-7-11

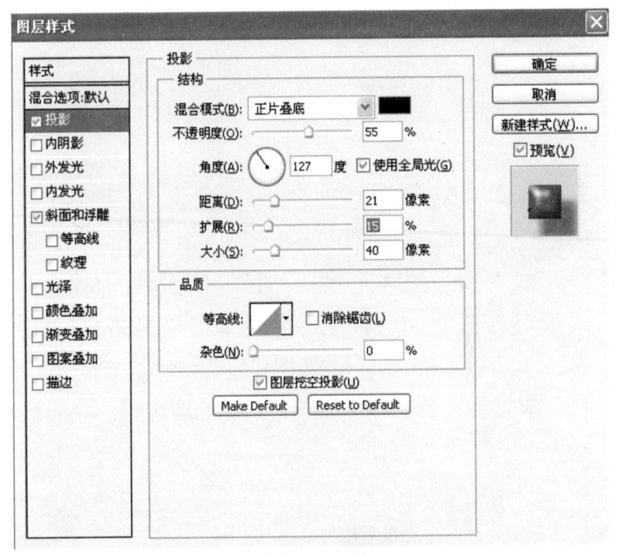

图2-7-12

太极图做完了，我赶紧给“鸭舌帽”发去，他却不满意，说是背景太简单了，我心想，要饭还嫌馊啊，回他一句：“你自己配一个背景吧，我太忙！”

2.8 小东西用处大（毛笔笔触效果二法）

还是在上中学的时候，我就特别羡慕那些能写一手漂亮钢笔字的同学，后来听说练习毛笔字对写好钢笔字有帮助，就买了楷书和行书字帖开始像模像样地临摹起来，只可惜没长性，半途而废了，然而对写钢笔字确实有所帮助。

毛笔字，尤其是行书和草书笔端拖出的那种似有似无，藕断丝连的笔痕非常有味道，即使只是不经意地勾一笔，也仿佛在表现一种性格，彰显一种精神。这一抹，一勾，十分简单却很洒脱，在这不经意的挥洒中却蕴含着诸多的文化味，也许这就是中国文化的魅力所在。在广告设计、商标设计以及封面设计中经常会用到。这种效果的制作方法很多，比如，直接定义一个画笔或直接去画等，都是可以的，只是看你习惯用什么方法，达到什么效果，当然还可以做出湿边效果。

本案例涉及的主要知识点：

本案例主要涉及包括“铅笔”工具的使用、“阈值”命令、“极坐标”滤镜、“晶格化”滤镜，Alpha通道、选区的载入、画笔预设、“操控变形”命令等。案例效果如图2-8-1和图2-8-2所示。

图2-8-1

图2-8-2

操作步骤：

方法1：

01 执行“文件”>“新建”命令，创建一个宽为700像素，高为700像素，分辨率为72像素/英寸，背景内容为白色，颜色模式为RGB 的图像文件。

02 按快捷键Ctrl+Shift+Alt+N，创建“图层1”，单击工具箱中的前景色和背景色设置图标，设前景色为黑色，选择工具箱中的“铅笔工具”，将其“直径”设置为40px，在“图层1”中绘制一个左宽右窄的锥形图案，如图2-8-3所示。

图2-8-3

提 示：

一次我给一位朋友讲Photoshop，当说到把“前景色”设为红色的时候，他竟随意地找来“油漆桶”工具在眼前的图像上一点，看来掌握基本概念和名称很重要，它是学习的基础。

03 选择工具箱中的“橡皮擦工具”，在工具属性栏中将“模式”设为“铅笔”，将锥形图案边缘擦成羽毛状。再将前景色设为黑色，并选择适当大小的“铅笔工具”修饰，让左侧平些，如图2-8-4所示。

图2-8-4

提 示：

这一步很重要，关系后面的效果。

04 执行“滤镜”>“扭曲”>“极坐标”命令，在弹出的对话框中选择“平面坐标到极坐标”单选按钮，如图2-8-5所示。单击“确定”按钮执行操作。

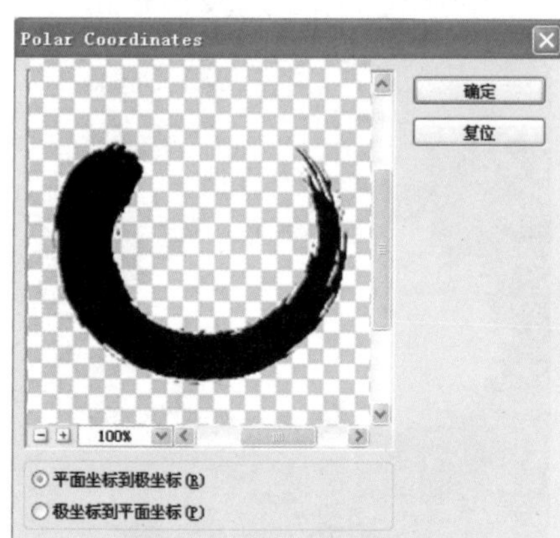

图2-8-5

05 按住Ctrl键单击“图层”面板中“图层1”的缩览图，载入该图层内图像的选区。进入“通道”面板，单击面板下方的按钮，建立Alpha1通道，将前景色设置为白色，按Alt+Delete键填充白色，如图2-8-6所示。按Ctrl+D键取消选区。

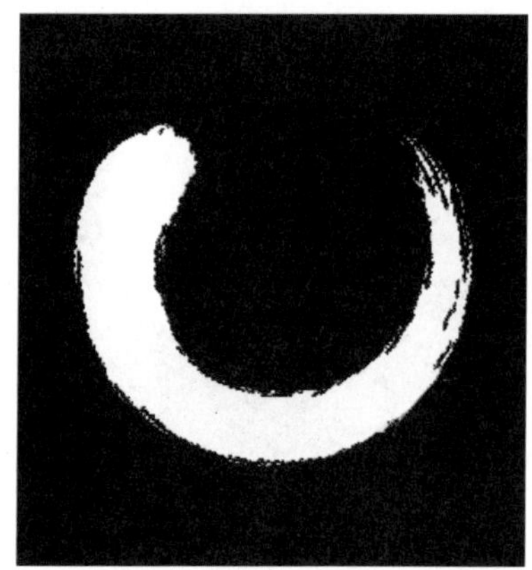

图2-8-6

06 对Alpha1通道执行“滤镜”>“像素化”>“晶格化”命令，在弹出的对话框中设置“单元格大小”为3，如图2-8-7所示。

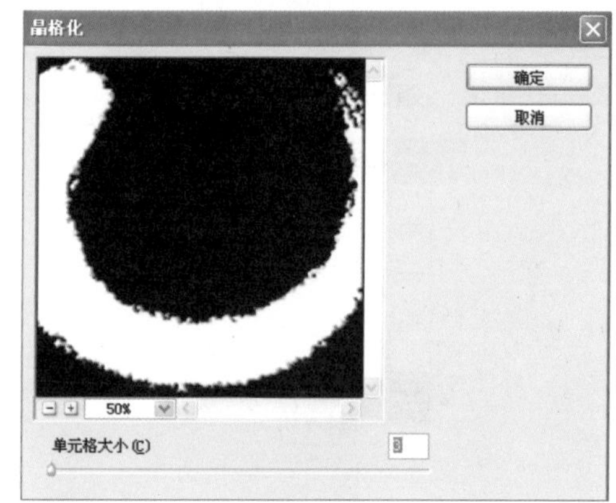

图2-8-7

07 执行“图像”>“调整”>“阈值”命令，在弹出的对话框中设置相应的参数，如图2-8-8所示。

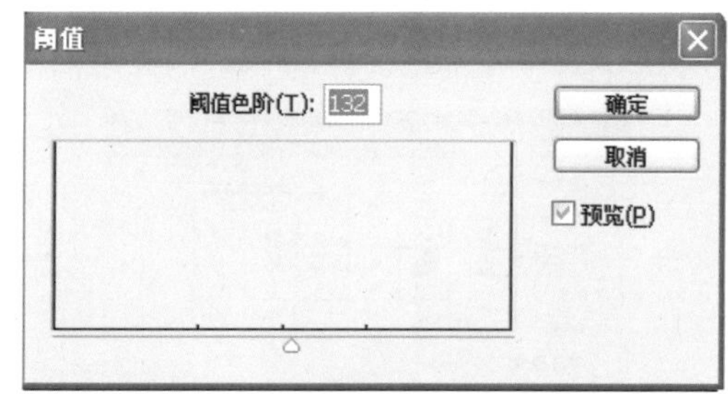

图2-8-8

08 按住Ctrl键单击“通道”面板中Alpha1通道缩览图，载入该通道的选区，返回“图层”面板，按快捷键Ctrl+Shift+Alt+N，创建“图层2”，将前景色设置为黑色，按Alt+Delete键在选区中填充黑色前景色，如图2-8-9所示。

09 单击“图层1”缩览图左侧的“可视”图标，隐藏该图层，因为它已无用了。置入一幅毛笔素材，选择工具箱中“直排文字工具”输入文字，在背景图层填充自己喜欢的颜色，完成制作。

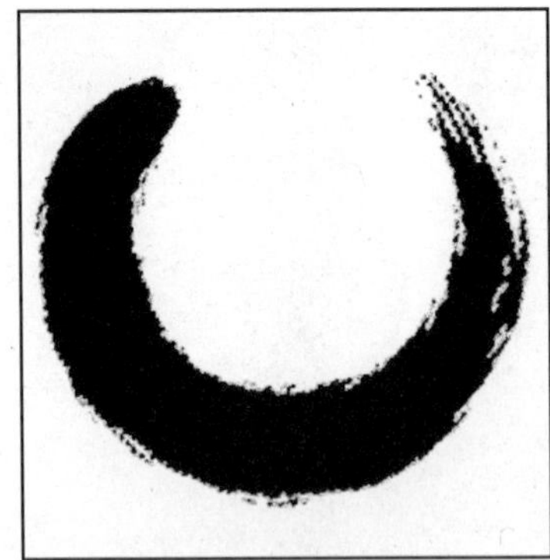
图2-8-9

方法2：

01 执行“文件”>“新建”命令，创建一个宽为600像素，高为600像素，分辨率为72像素/英寸，背景内容为白色，颜色模式为RGB 的图像文件。

02 进入“通道”面板，单击“创建新通道”，创建Alpha1通道，如图2-8-10所示。

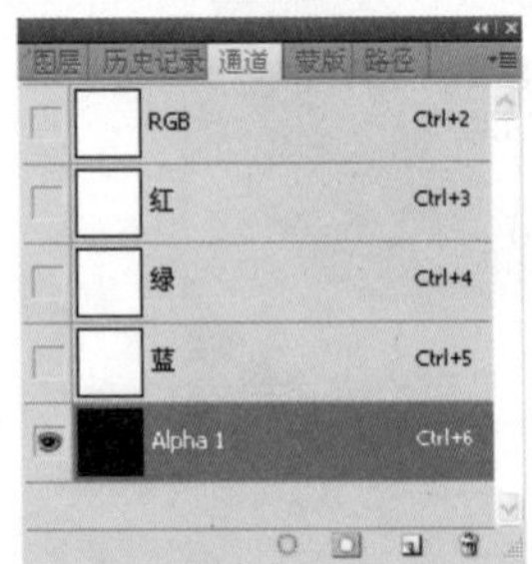
图2-8-10

03 将前景色设置为白色，选择“画笔工具”，按F5键打开“画笔”面板，如图2-8-11所示。选中“画笔笔尖形状”选项，并选中“铅笔-粗”选项，之后设置“散布”的参数，如图2-8-12所示。

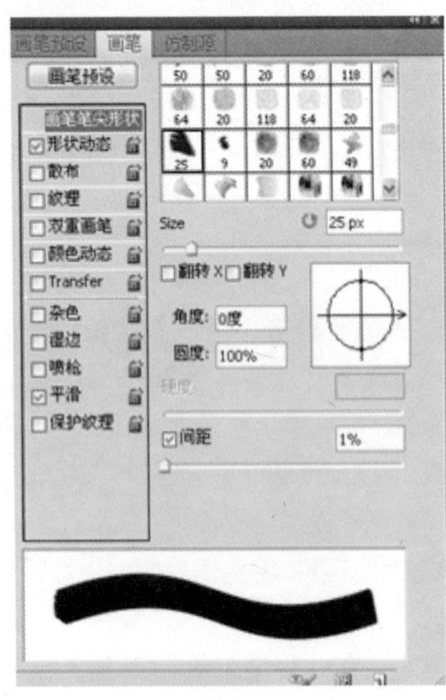
图2-8-11

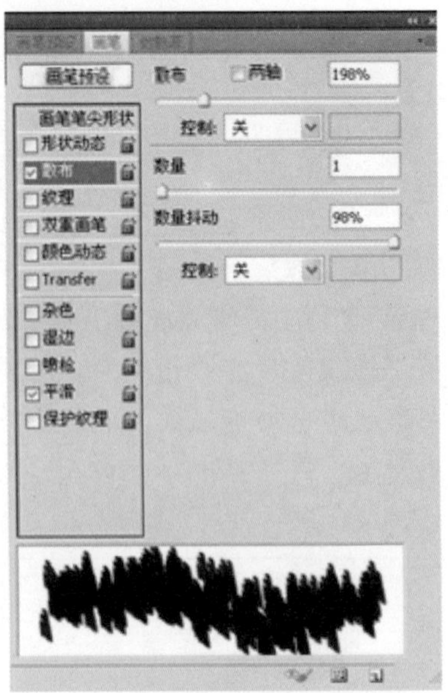
图2-8-12

04 在Alpha1通道中点画，之后按Ctrl+T键将图像的角度旋转90°，如图2-8-13所示。

图2-8-13

05 执行“滤镜”>“扭曲”>“极坐标”命令，调整相应的参数，如图2-8-14所示。执行“滤镜”>“像素”>“晶格化”命令，调整相应的参数，如图2-8-15所示。

图2-8-14

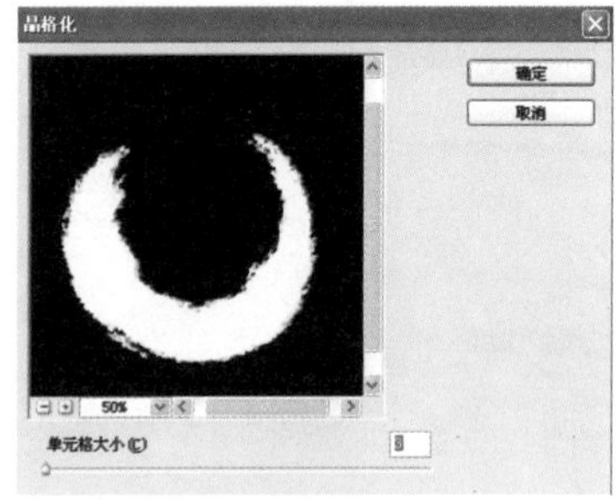

图2-8-15

06 执行"图像">"调整">"阈值"命令，调整相应的参数，如图2-8-16所示。

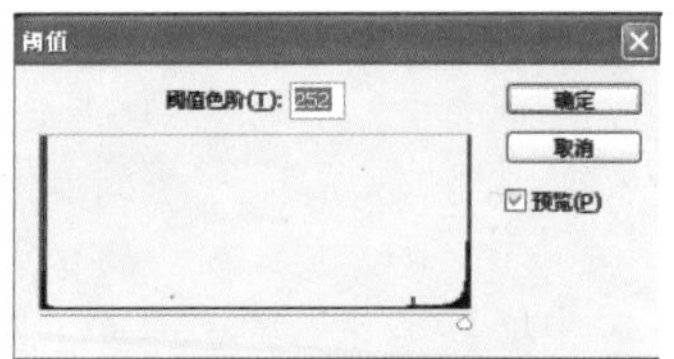

图2-8-16

07 按Ctrl 键单击"通道"面板中的Alpha1通道缩览图，载入图像选区。进入"图层"面板，单击该面板下方的"创建新图层"按钮创建"图层 1"，并将该图层作为当前工作图层 。将前景色设置为红色，按Alt+Delete键填充前景色到选区，如图2-8-17所示。

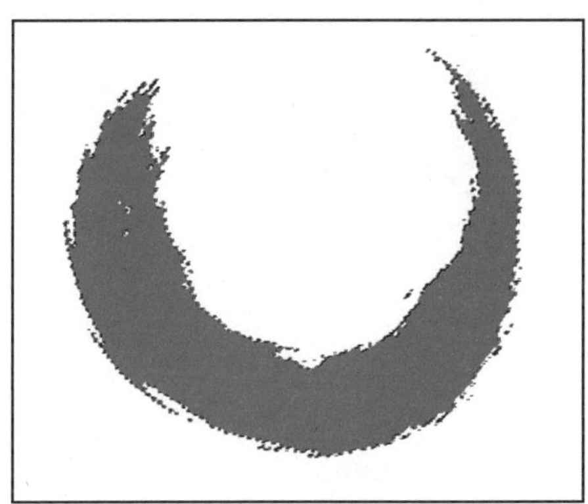
图2-8-17

08 执行"编辑">"操控变形"命令，根据需要在网格中单击若干个锚点，以鼠标拖曳变换笔触的形态，如图2-8-18所示。

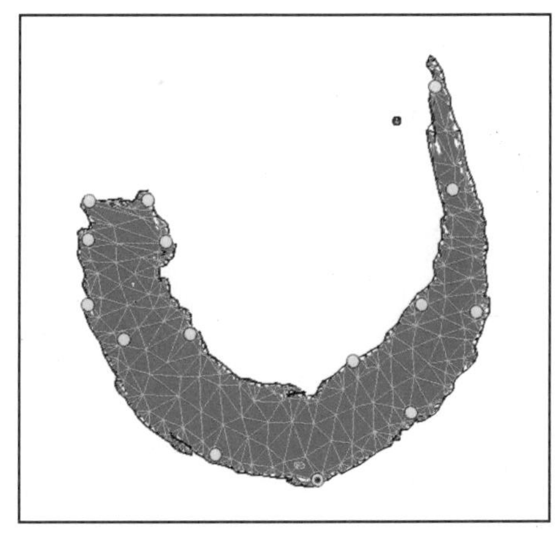
图2-8-18

09 将"图层 1"拖至"图层"面板下方的"创建新图层"按钮，复制为"图层1副本"，执行"编辑">"变换">"垂直翻转"命令，然后执行"编辑">"变换">"变形"命令调节形态，使之与"图层 1"中的笔触对接好，如图2-8-19所示。合并"图层 1"和"图层1副本"，按Ctrl+T键变化其角度，如图2-8-20所示。

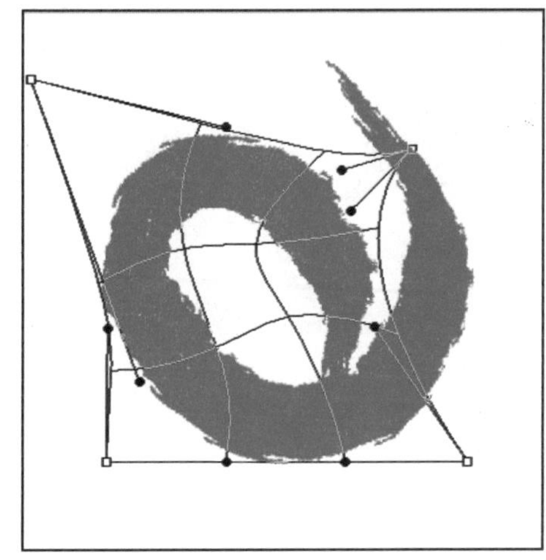
图2-8-19

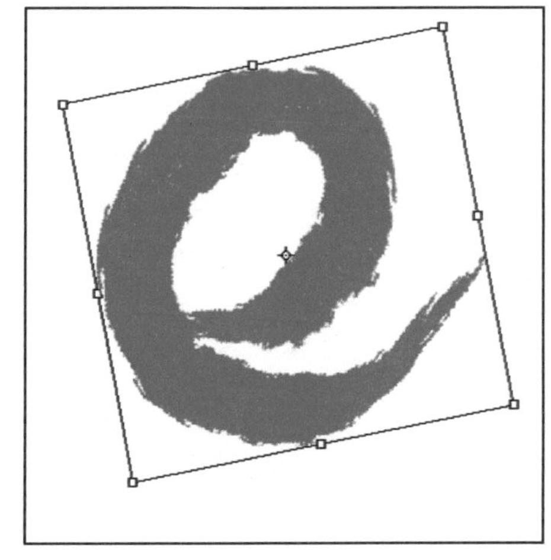
图2-8-20

2.9 点墨三法

与笔触一样，墨点，人们对它也是司空见惯，这小小的，其貌不扬的东西，却常被赋予某种深刻的意义和浓郁的感情，表达出某种不易言表的蕴意，于是它便成为一种很情绪化的符号，一种独特的语言，甚至是一种思考。其实做墨点的方法很多，比如，直接用“溶解”模式的笔喷画，之后应用“径向模糊”滤镜做那种浸润效果的墨点，甚至可以直接用笔画，但笔者认为那样不够自然，也不够洒脱奔逸。笔者更喜欢那种刚毅、洒脱、奔逸的墨点，下面我们就来做这样的墨点。

本案例涉及的主要知识点：

本案例涉及的知识点包括“椭圆选框”工具、“套索”工具的设置与使用、“阈值”命令、“晶格化”滤镜、Alpha通道、“铅笔”工具的使用、“玻璃”滤镜、“径向模糊”滤镜、选区修改命令以及变形命令等，案例效果如图2-9-1～图2-9-3所示。

图2-9-1

图2-9-2

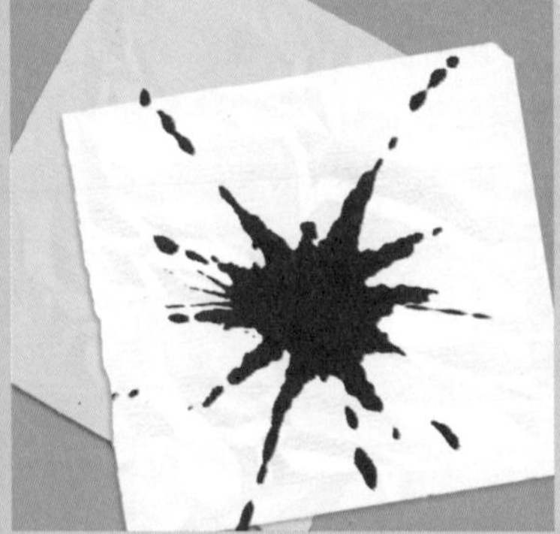

图2-9-3

操作步骤：

方法1：

这个方法很有用，不但适合制作墨点，也适合制作特效文字，关于这一点，在后文将会讲到的。

01 执行“文件”>“新建”命令，创建一个宽为600像素，高为450像素，分辨率为72像素/英寸，背景内容为白色，颜色模式为RGB的图像文件。

02 单击“图层”面板下方的“创建新图层”按钮，或按快捷键Ctrl+Shift+Alt+N，创建“图层1”。

03 进入“通道”面板，单击该面板下方的按钮，创建Alpha1通道。在工具箱中选择“椭圆选框工具”，绘制一个椭圆选区，之后选用“套索工具”，在该工具属性栏中单击“添加到选区”按钮，在椭圆选区边缘部位绘制若干放射状选区，如图2-9-4所示。

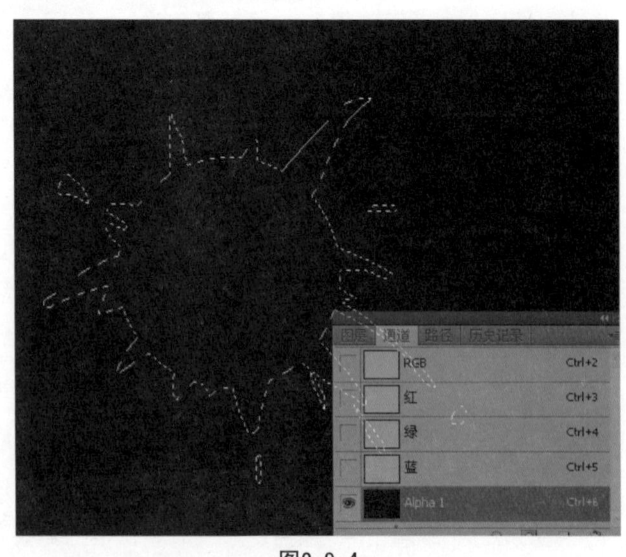

图2-9-4

04 在选区中填充白色，如图2-9-5所示。

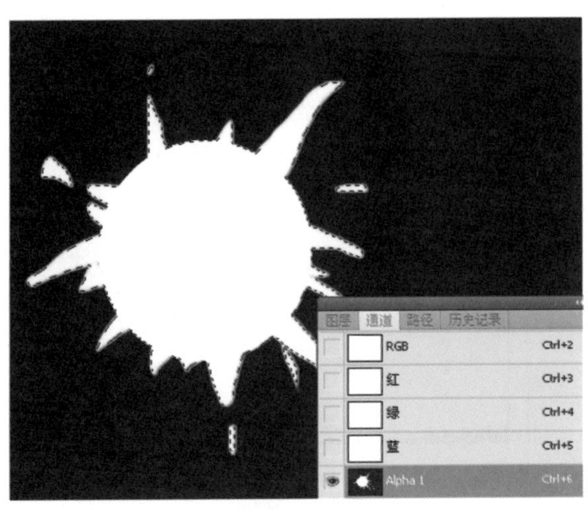

图2-9-5

05 按快捷键Ctrl+D取消选区。执行“滤镜”>“像素化”>“晶格化”命令，在弹出的对话框中设置“单元格大小”的参数，如图2-9-6所示。

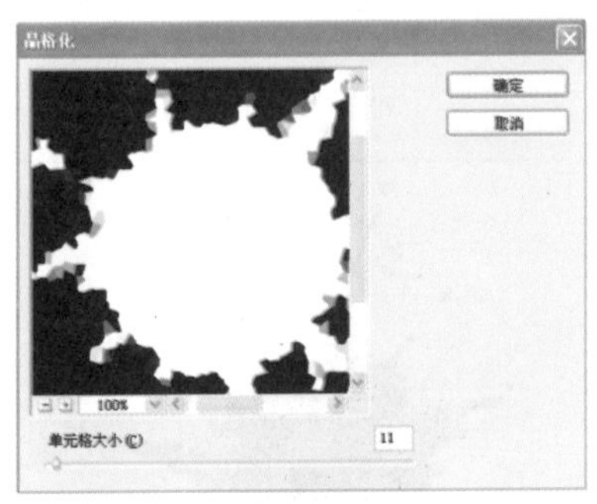

图2-9-6

06 接下来执行“调整”>“阈值”命令，在弹出的对话框中移动滑块设置需要的参数，如图2-9-7所示。

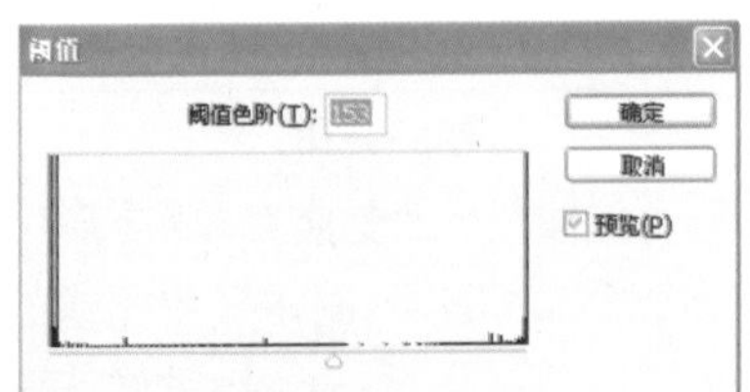

图2-9-7

提 示：

其目的是消除图像中的灰色，使之黑白分明。

07 按住Ctrl键，单击“通道”面板中的Alpha1通道缩览图载入选区。返回“图层”面板，确认“图层1”为当前工作层（保持选区）。执行“选择”>“修改”>“平滑”命令，在弹出的对话框中设置“取样半径”参数为5，如图2-9-8所示。

08 将工具箱中前景色设置为黑色。按Alt+Delete键填充前景色，之后按Ctrl+D键取消选区，如图2-9-9所示完成制作。

图2-9-8

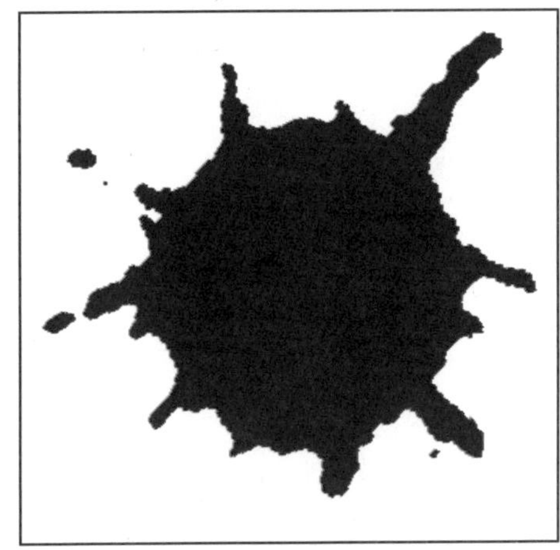
图2-9-9

方法2：

溅出的墨点，根据其溅痕的形态，有的显得温和沉稳，有的却刚毅激越，充满了锐气。下面做一个比较狂放激越的墨点，这也是很常用的。

01 执行“文件”>“新建”命令，创建一个宽为600像素，高为450像素，分辨率为72像素/英寸，背景内容为白色，颜色模式为RGB的图像文件。

02 进入“通道”面板，单击该面板下方的按钮创建Alpha1通道，在工具箱中选择“画笔工具”，将前景色设为白色，在Alpha1通道中绘制一个较大的白色圆点，如图2-9-10所示。之后执行“滤镜”>“扭曲”>“玻璃”命令，在打开的对话框中设置“纹理”为“磨砂”，同时设置“扭曲度”、“平滑度”和“缩放”等参数，如图2-9-11所示。

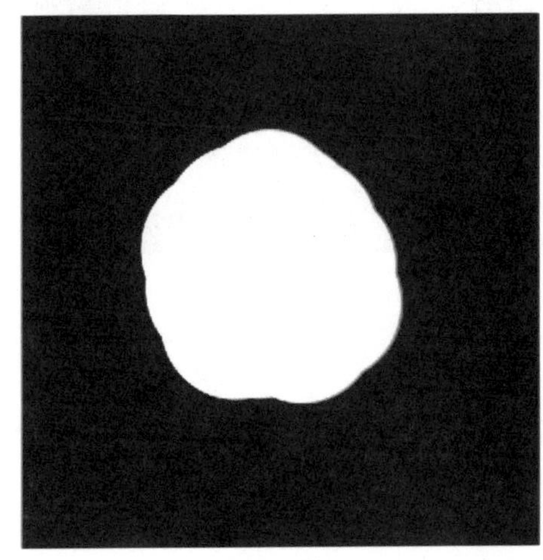
图2-9-10

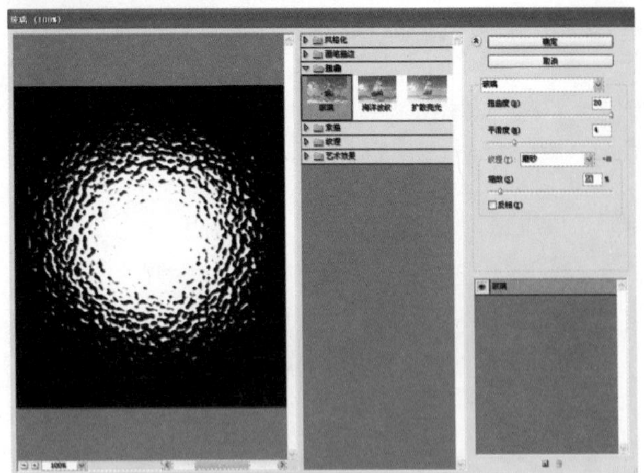
图2-9-11

03 执行“滤镜”>“模糊”>“径向模糊”命令。在弹出的对话框中选中“缩放”选项，设置“数量”为28，如图2-9-12所示。

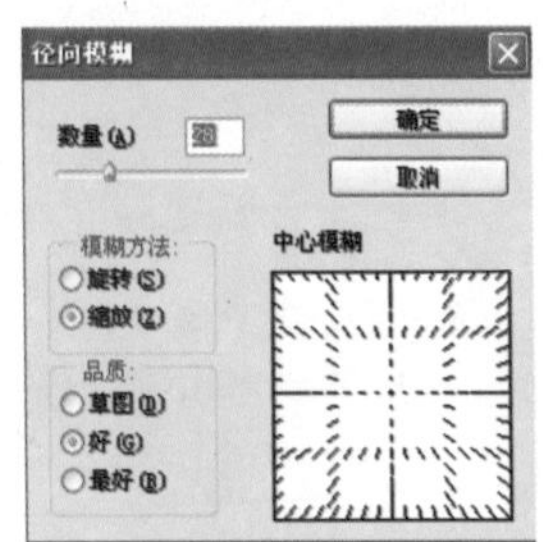

图2-9-12

04 将前景色设置为白色，用较细的画笔绘制几条放射状线条和若干大小不等的白点，如图2-9-13所示。

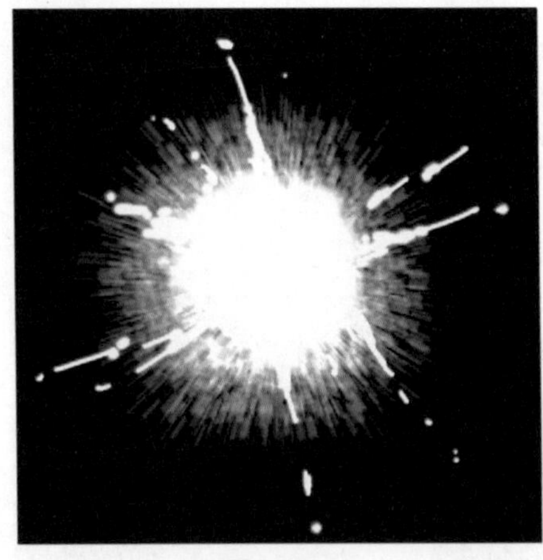
图2-9-13

05 执行“图像”>“调整”>“阈值”命令，在弹出的对话框中移动滑块使图像黑白分明，如图2-9-14所示。

06 按Ctrl键单击“通道”面板中的Alpha1缩览图载选入区，返回“图层”面板，按快捷键Ctrl+Shift+Alt+N，创建“图层1”确认“图层1”，为当前工作图层，执行“选择”>“修改”>“平滑”命令，调整相应的参数，如图2-9-15所示。之后填充黑色，如图2-9-16所示。按Ctrl+D键取消选区，再将“图层1”拖至“图层”面板下方的按钮上，复制“图层1”为“图层1副本”。

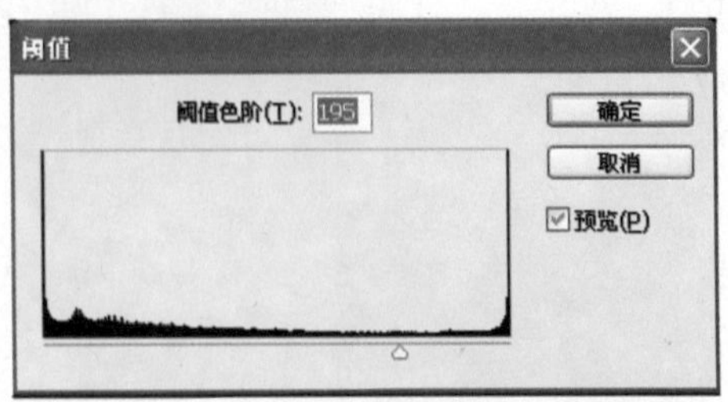

图2-9-14

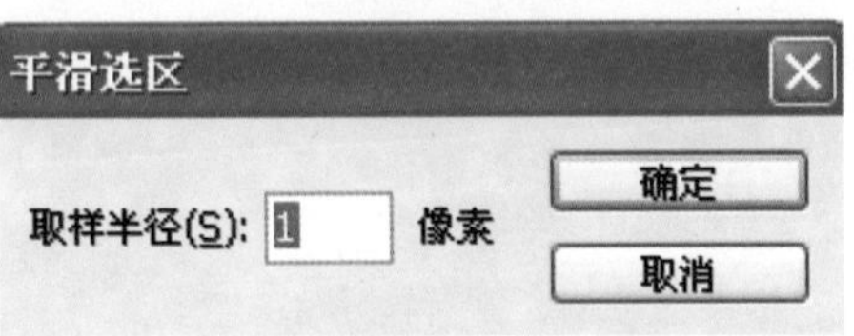

图2-9-15

图2-9-16

07 执行“编辑”>“变换”>“变形”命令，分别调整“图层1”和“图层1副本”中图像的大小和形态，如图2-9-17所示。之后按Enter键确认变形，最后置入素材给这个墨点一些衬托，制作完毕。

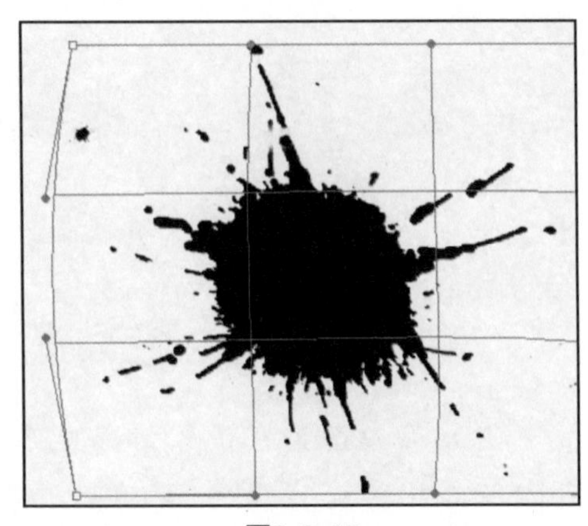
图2-9-17

完成两个墨点，有点累，QQ响了，哈哈“安琪儿”来了，已经有好几天不见她了，我马上与她聊了起来，她打字比我快得多，我只会两个指头捅键盘，大概是嫌我打字慢，说话又磨讥，结果没聊10分钟她就找个冠冕堂皇的托词溜走了。正落寞时，梆梆，“鸭舌帽”来了，我把对“安琪儿”的不满告诉了他，他幸灾乐祸地说：“与我聊总是你先溜，哼！因为我是男的，哈哈，对吧？”“去你的吧，那是因为我忙正事，写书呢”，“拉倒吧，写书写书，写了大半年了也不见出版”，这小子太可恨了，我想，正要反击，他却来了个“88888”。没法子，继续我的制作吧……

方法3：

下面来看第3种方法，这个方法我认为是很不错的，比较青睐它。

01 执行“文件”>“新建”命令，创建一个宽为800像素，高为800像素，分辨率为72像素/英寸，背景内容为白色，颜色模式为RGB 的图像文件。

02 将工具箱中的前景色设置为白色，按Alt+Delete键填充前景色。单击“图层”面板下方的“创建新图层”按钮创建“图层 1”，如图2-9-18所示。 进入“通道”面板，单击“创建新通道”按钮，创建Alpha1通道，如图2-9-19所示。

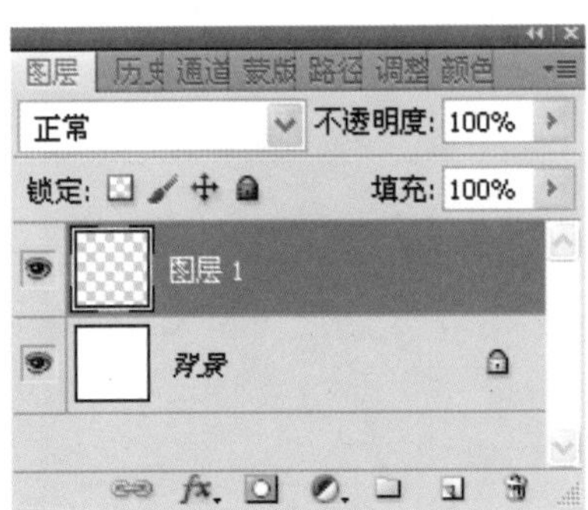

图2-9-18

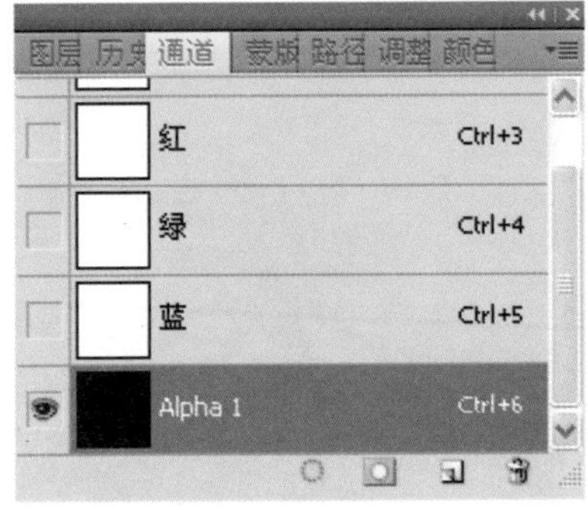

图2-9-19

03 选择“自定形状”工具，再在工具属性栏打开“自定形状拾色器”，选择“星爆”图案，如图2-9-20所示。单击属性栏中的按钮设为“填充像素”，在Alpha1通道中拖曳出一个图案，如图2-9-21所示。

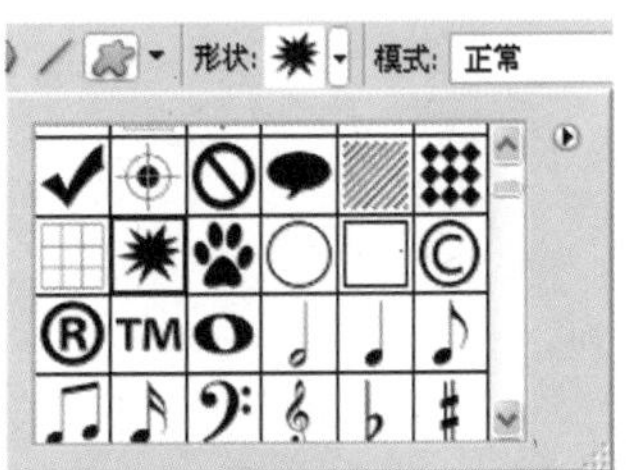

图2-9-20

图2-9-21

提 示：

在Photoshop里有许多现成的图形，能利用就尽量去利用。

04 将前景色设为白色，选择较小直径的硬度为100%的“画笔工具”，在图像中适当地补充性地画几笔，如图2-9-22所示。分别执行“滤镜”>“扭曲”>“玻璃”命令，如图2-9-23所示。执行“滤镜”>“素描”>“图章”命令，如图2-10-24所示。执行“滤镜”>“画笔描边”>“喷溅”命令，调整相应的参数，如图2-9-25所示。

图2-9-22

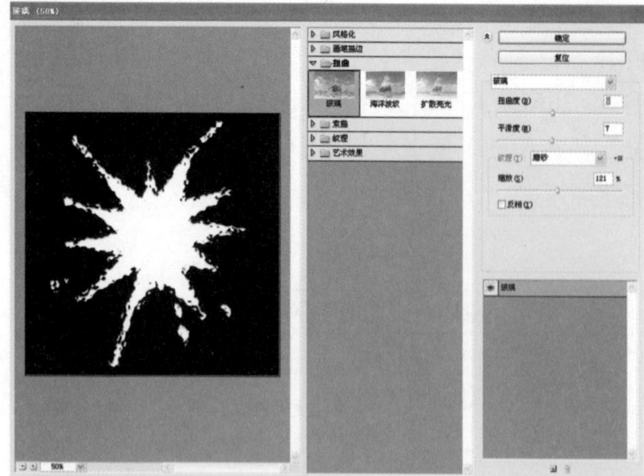

图2-9-23

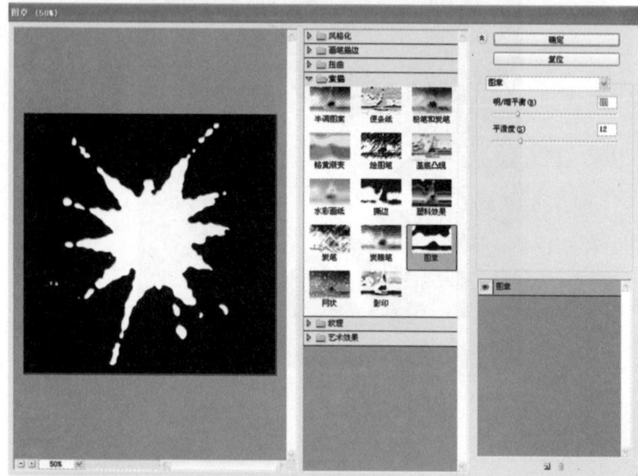

图2-9-24

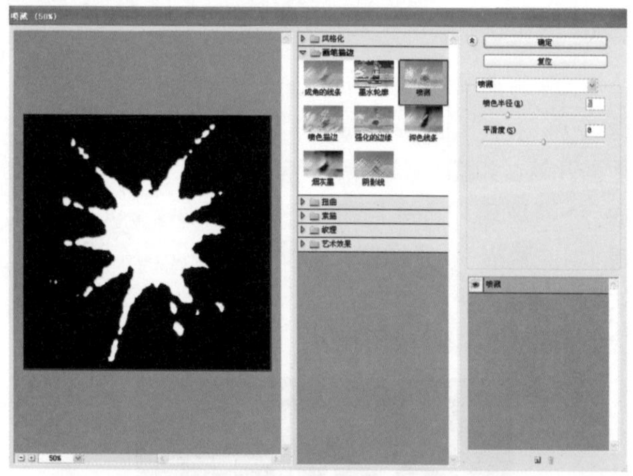

图2-9-25

05 按Ctrl键单击“通道”面板中的Alpha1通道缩览图载入图像选区，返回“图层”面板，将“图层1”作为当前工作图层，将前景色设为黑色，按Alt+Delete键填充前景色，如图2-9-26所示。按Ctrl+D键取消选区，并执行“滤镜”>“扭曲”>“挤压”命令，如图2-9-27所示。

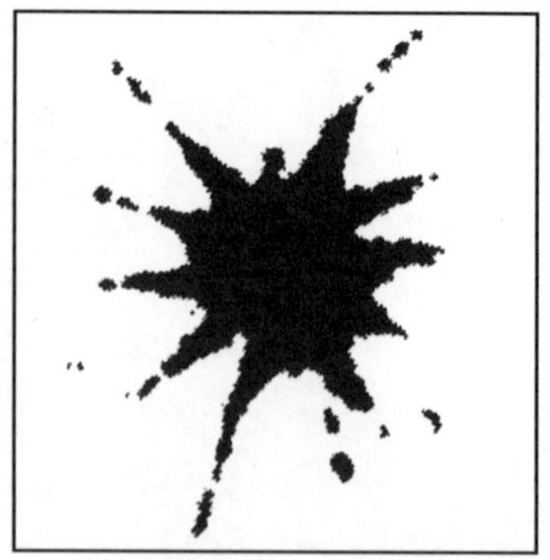

图2-9-26

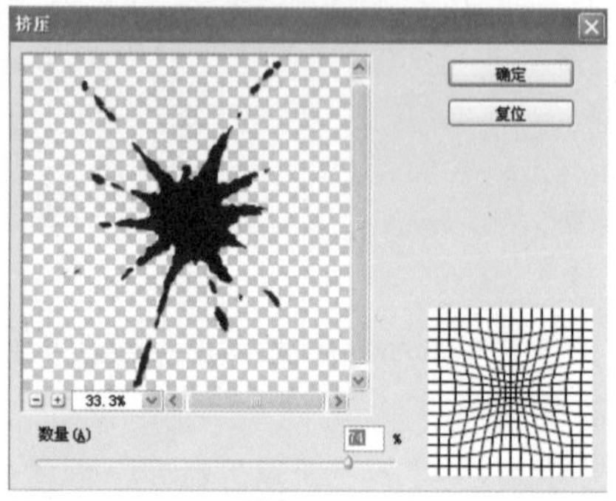

图2-9-27

06 按Ctrl+J键复制“图层1”为“图层1副本”，按Ctrl+T键变换“图层1副本”中图像的大小和角度以增加点喷溅的丰富性，如图2-9-28所示。完成制作，可以将其定义为画笔了。至于用这个墨点做完后再加入什么元素就由您自己决定了，如图2-9-29所示。

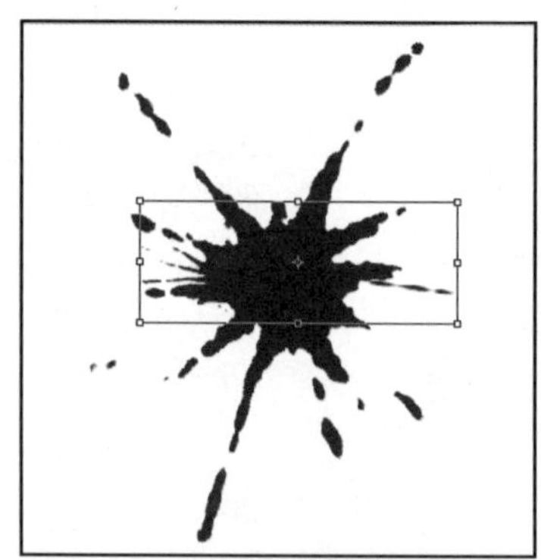

图2-9-28

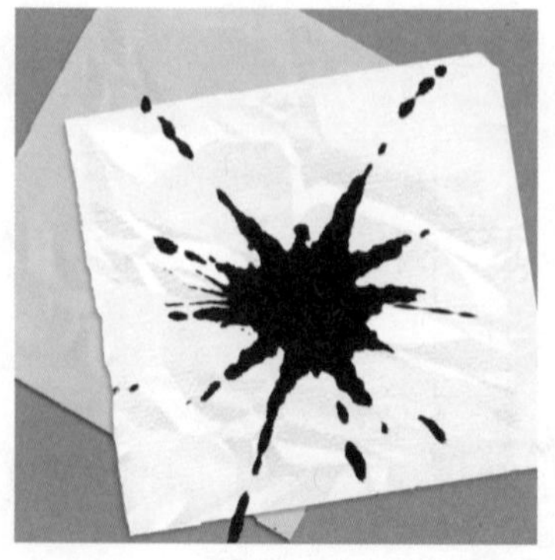

图2-9-29

2.10 我想离开这里：水渍

世界上，没有那类动物的食谱比人类丰富，天上飞的、地上爬的、水中游的、土里钻的，都可以成为人类餐桌的美味佳肴，即使是两栖类也在劫难逃。数日前应邀赴宴，就有人点来一盘青蛙腿，美其名曰："红烧田鸡腿"，大家吃得津津有味。我是没敢吃，也不想吃，我在想，这可怜的小青蛙哦，大人们经常对孩子说要保护你，可你却被大人们当下酒菜啊，悲哉，哀哉！据某报透露：某城市逢节假日，每天都有超过10吨的青蛙惨叫着填进了人的肚皮，可谓触目惊心。据说在市场每公斤青蛙能卖25～30元，而农村的收购价每公斤仅1.5～2元。巨大的利润让蛙贩子笑逐颜开。今天借着制作水渍的机会我来呼吁一下：饶了小小的青蛙吧。

本案例涉及的主要知识点：

本案例主要涉及"套索"工具、平滑选区命令、"喷溅"滤镜、"影印"滤镜、"水彩画纸"滤镜等，案例效果如图2-10-1所示。

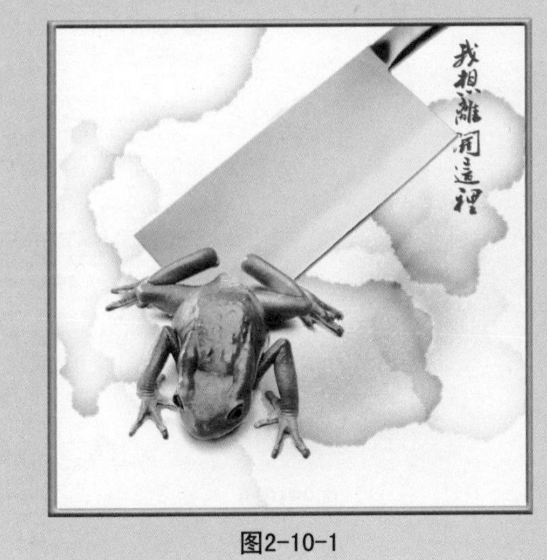

图2-10-1

操作步骤：

01 执行"文件" > "新建"命令，创建一个宽为800像素，高为800像素，分辨率为72像素/英寸，背景内容为白色，颜色模式为RGB 的图像文件。

02 选择"套索工具"绘制几个不规则的选区，如图2-10-2所示。执行"选择" > "修改" > "平滑"命令，调整相应的参数，如图2-10-3所示。

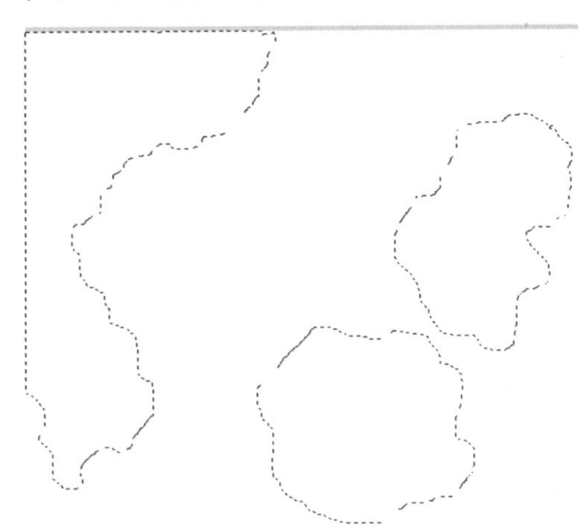

图2-10-2

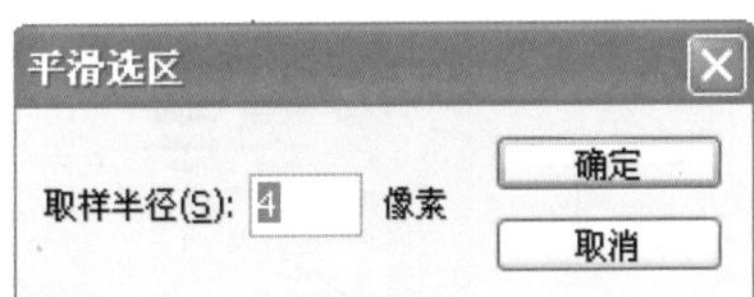

图2-10-3

03 将前景色设为黑色，按Alt+Delete键填充前景色到选区，如图2-10-4所示。按Ctrl+D键取消选区。

图2-10-4

04 将背景色设为白色。执行"滤镜" > "画笔描边" > "喷溅"命令，在打开的对话框中设置相应的参数，如图2-10-5所示。

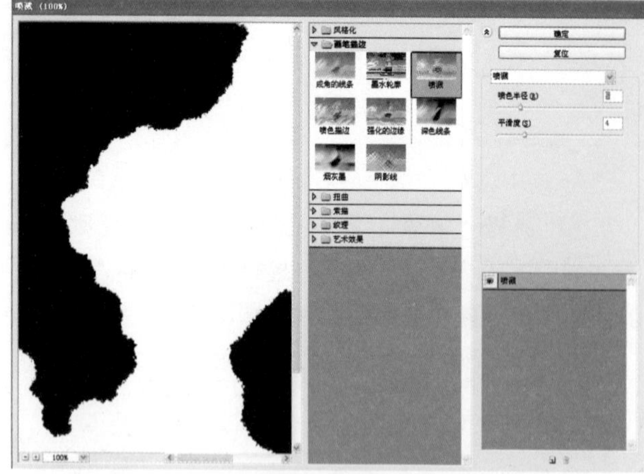

图2-10-5

05 执行“滤镜”>“素描”>“影印”命令，在打开的对话框中设置相应的参数，如图2-10-6所示。执行“图像”>“调整”>“色相/饱和度”命令，在打开的对话框中设置相应的参数，如图2-10-7所示。

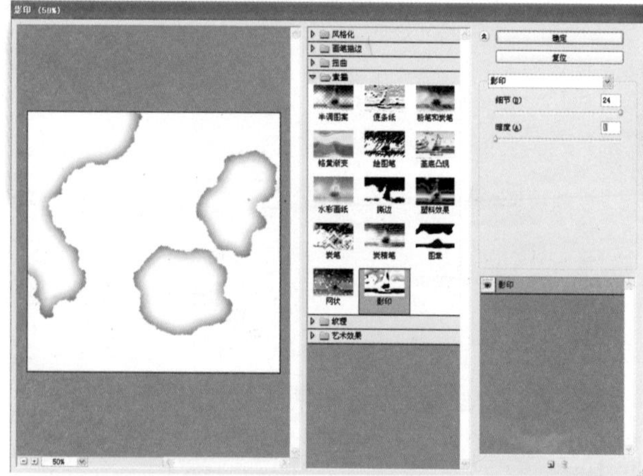

图2-10-6

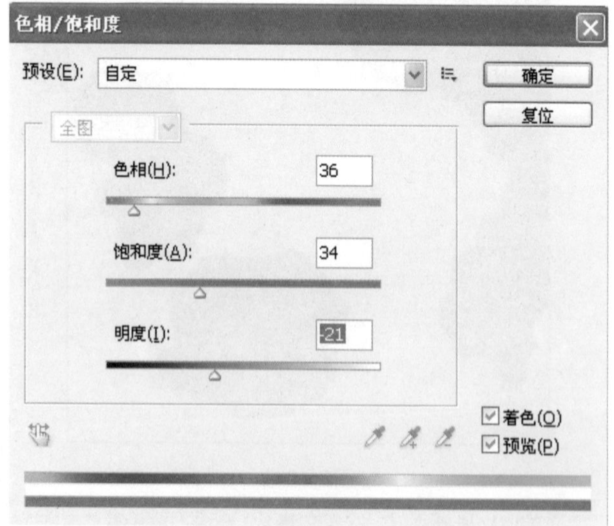

图2-10-7

06 执行“滤镜”>“素描”>“水彩画纸”命令，在打开的对话框中设置相应的参数，如图2-10-8所示。将“背景”图层缩览图拖至“图层”面板下方的“创建新图层”按钮上。复制出“背景副本”，将图层混合模式设置为“柔光”，添加图层蒙版，作适当修饰，如图2-10-9所示。最后置入“青蛙”素材完成制作，不至于喧宾夺主吧？做“水渍”就是要让它派上用场，否则要它作甚？

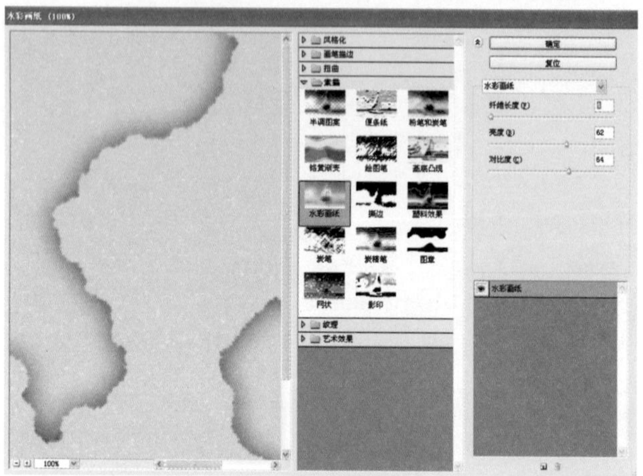

图2-10-8

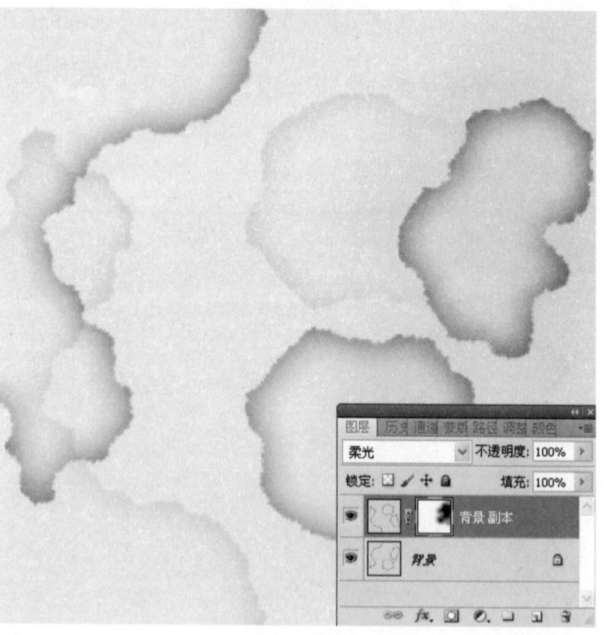

图2-10-9

2.11 巧“刻”印章

一位朋友送给我一块鸡血石，鸟卵大小，果然有斑纹如血丝游离其中，莹润可人，品相极佳，我视为珍宝深藏已久。今日偶然取出把玩在手欢喜不已，遂产生一个想法，找人用它刻一个名章岂不更有意义？不过在刻前，我先用Photoshop做一个过过手瘾。斑驳的、边缘残破的印章效果看上去古色古香，很有文化气息，用在个性签名上，或用于广告以及封面设计中很不错，我看过不少人做这东西，但是方法都不很简练，大多在图层中做，又是复制又是合并盖印的，做残边也在图层里，调整起来很不方便，效果也不好，增加了图层不说，还很啰嗦，下面换一种方法，请您与我一起动手制作……

本案例涉及的主要知识点：

本案例主要涉及直排文字蒙版工具、选区的反向、“晶格化”滤镜、“龟裂缝”滤镜、“阈值”命令、Alpha通道应用等。案例效果如图2-11-1所示。

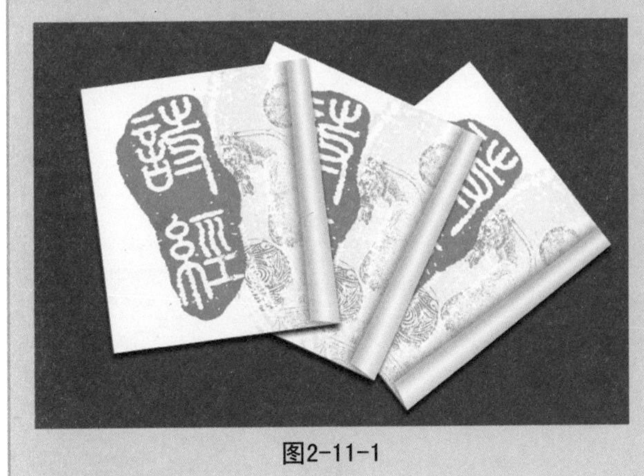

图2-11-1

操作步骤：

01 执行“文件”>“新建”命令，创建一个宽为400像素，高为500像素，分辨率为72像素/英寸，背景内容为白色，颜色模式为RGB的图像文件。

02 进入“通道”面板，单击该面板下方的“创建新通道”按钮，创建Alpha1通道，如图2-11-2所示。

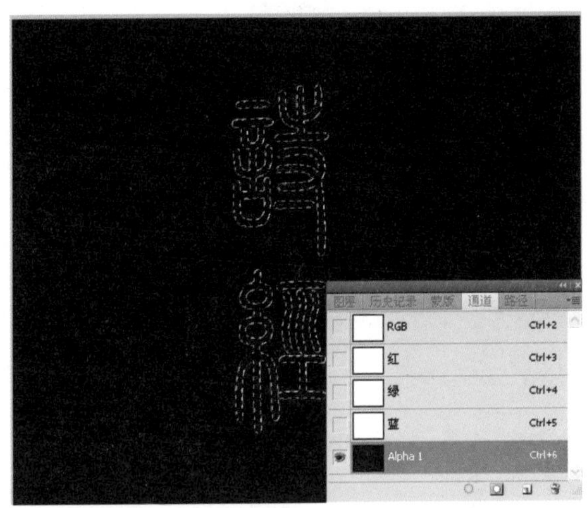

图2-11-2

03 使用“直排文字蒙版工具”，制作文字选区。按Ctrl+Shift+I键将该文字选区反向，将前景色设置为白色，在文字外围用画笔涂画出印章形状。如图2-11-3所示。按Ctrl+D取消选区。

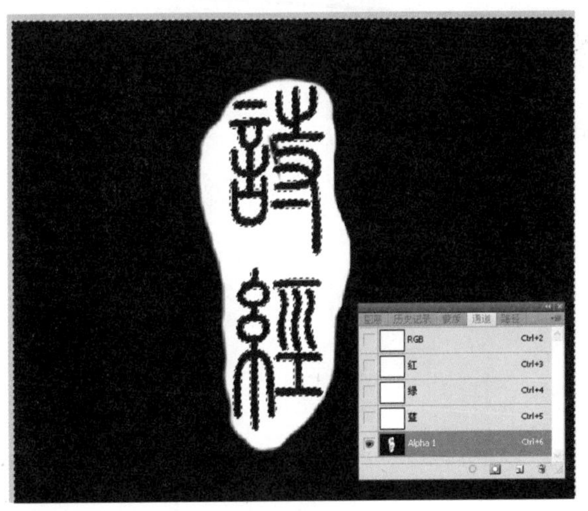

图2-11-3

提示：

你就放肆地涂吧，不必担心字被涂上，有选区尽管放开胆儿。

04 分别执行“滤镜”>“像素化”>“晶格化”命令，如图2-11-4所示。执行“滤镜”>“纹理”>“龟裂缝”命令，如图2-11-5所示。执行“图像”>“调整”>“阈值”命令，如图2-11-6所示。执行“滤镜”>“模糊”>“高斯模糊”命令，调整相应的参数，如图2-11-7所示。

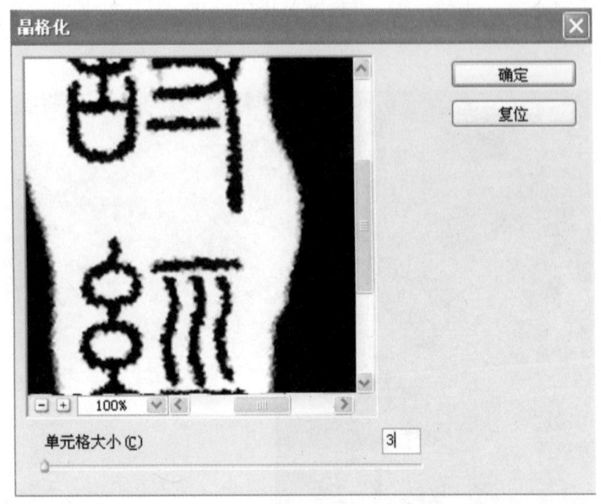

图2-11-4

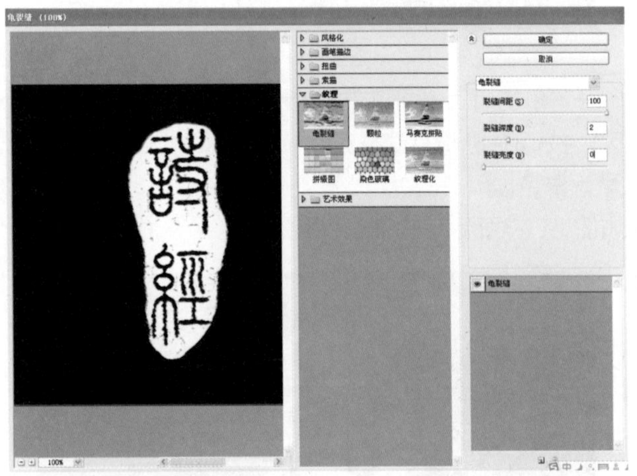

图2-11-5

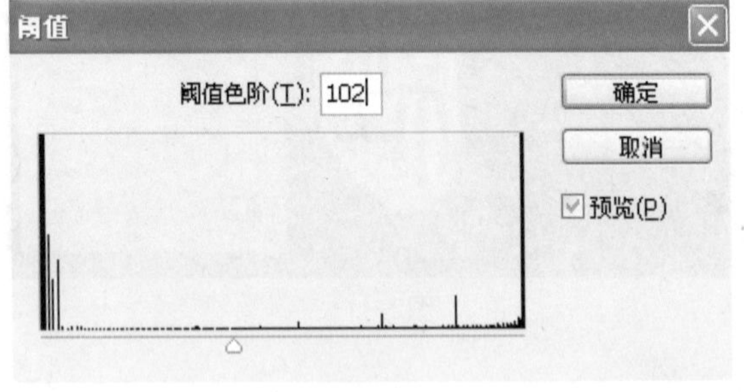

图2-11-6

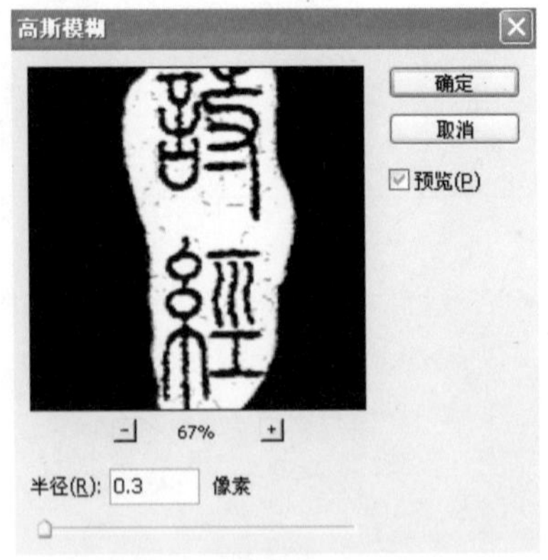

图2-11-7

提示：

“阈值”命令是个非常好的东西，在图像的制作中它的作用非常大，尤其在强化黑白反差、制作选区方面可谓功不可没。

05 按Ctrl键，单击“通道”面板中Alpha1通道缩览图载入图像选区。返回“图层”面板，单击“图层”面板下方的“创建新图层”按钮，创建“图层1”并作为当前工作图层。将前景色设为红色，按Alt+Delete键在“图层1”中填充前景色，如图2-11-8所示。最后可以放入素材作为衬托，也可以复制几个摆出一个花样，随自己的心情了，制作完成。

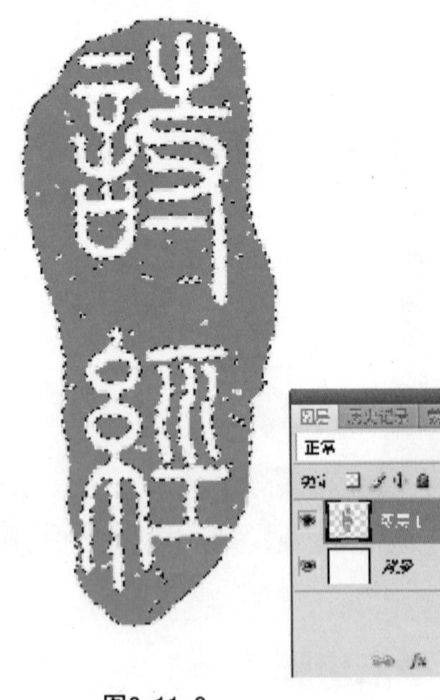

图2-11-8

2.12 伊甸的木纹画框

嫁了人的女儿房里永远是爱丽丝梦游仙境，孩子的伊甸园。床头那两个可爱的布娃娃还在继续编织着儿时的梦。

一男孩一女孩，憨态可掬，双双闭眼正等着对方亲吻自己，永远等着盼着，不急、受用、甜蜜，堪称孩子世界里的自恋大王。

我们时常烦闷、困顿、不满足，感觉总是很累，很累。可是有一天突然看见年轻妈妈怀里的婴儿、蹒跚学步的孩子、扭着“小资”屁股散步的小狗、夜里从墙头跳到地上的野猫，心头会即刻变得柔软清明。

此刻，床头的这对娃娃就让我分外柔软清明，让我想起孩童的世界，甚至更辽远。

于是，我用相机拍下这对娃娃并制作成画框，将这份感动扑捉并收藏起来，如同重返心灵的伊甸园。

本案例涉及的主要知识点：

本案例主要涉及“杂色”滤镜、“模糊”滤镜、“扭曲”滤镜、“光照”滤镜、“USM锐化”滤镜、图层样式、选区绘制、多边形套索工具、图像的复制与拼接、直线工具、图层的复制和排列等等，案例效果如图2-12-1所示。

图2-12-1

制作流程：

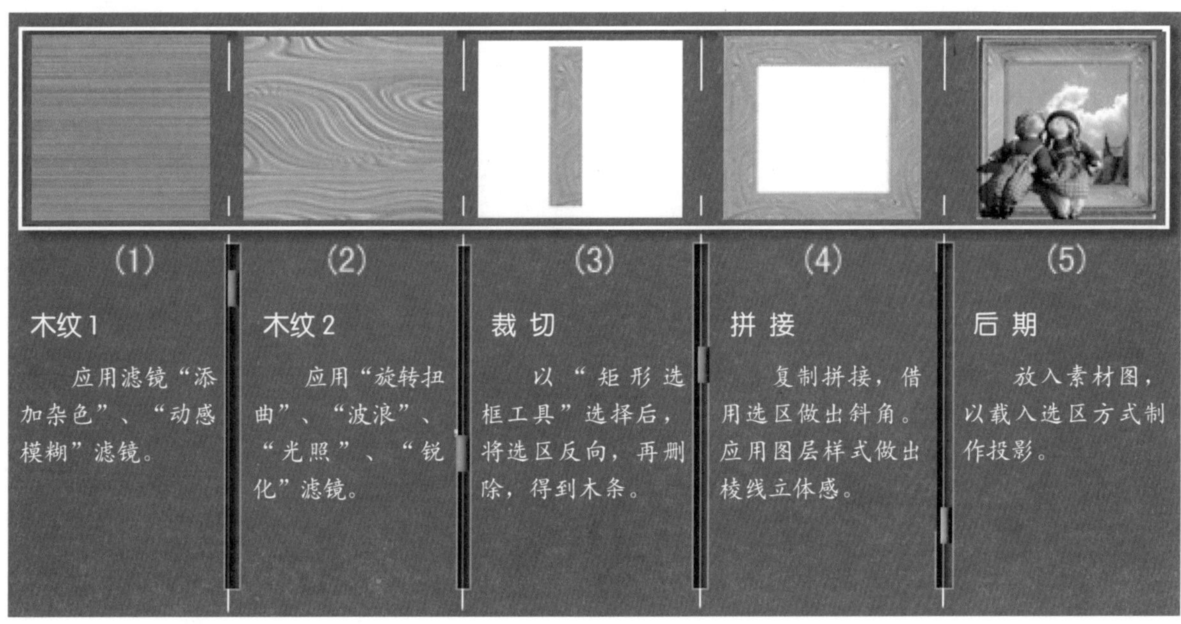

1．制作木纹

01 执行“文件”>“新建”命令，创建一个宽为700像素，高为700像素，分辨率为72像素/英寸，背景内容为白色，颜色模式为RGB的图像文件。

02 单击“图层”面板下方的“创建新图层”按钮，创建“图层1”。单击工具箱中的“前景色”图标，打开“拾色器”对话框编辑前景色的RGB值，如图2-12-2所示。按Alt+Delete 键填充前景色于“图层1”中。对“图层1”执行“滤镜”>“杂色”>“添加杂色”命令，在弹出的对话框设置相应参数，勾选“单色”复选框，如图2-12-3所示。

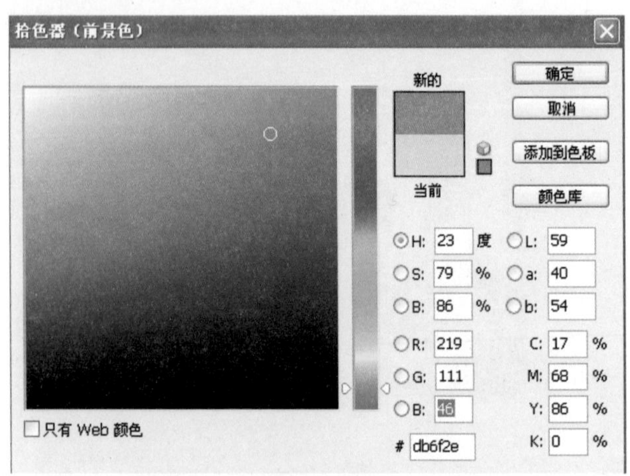

图2-12-2

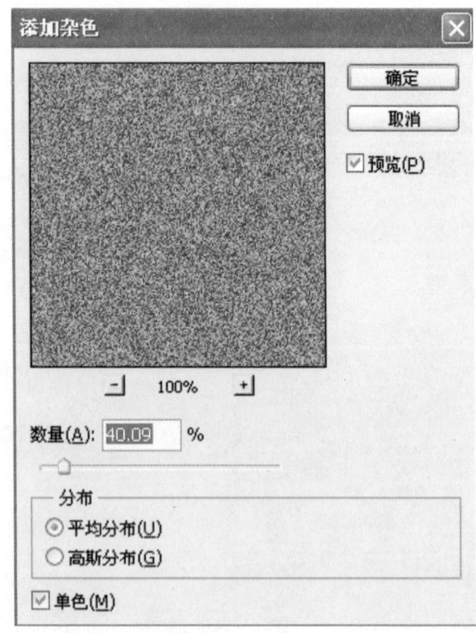

图2-12-3

03 执行“滤镜”>“模糊”>“动感模糊”命令，把那些杂点拉成直线，如图2-12-4所示。

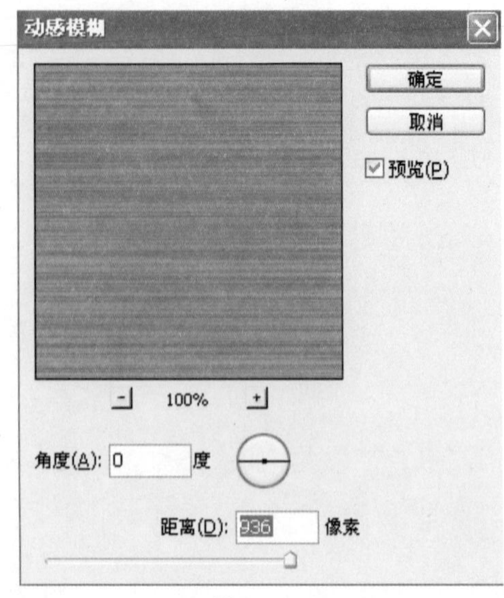

图2-12-4

提 示：

我们不需要这种直绷绷的木纹线条，所以要进一步处理。而且要有选择地处理，不能眉毛胡子一把抓。

04 选择“矩形选框工具”，在其工具属性栏中，单击“添加到选区”按钮，“羽化”为15px，然后在图像中绘制几个矩形选区，分区域地选中那些线条，如图2-12-5所示。

图2-12-5

05 执行“滤镜”>“扭曲”>“旋转扭曲”命令，如图2-12-6所示。按Ctrl+D键取消选区。

06 扭曲后发现在刚才的选区与选区之间的狭窄部分，仍有生硬的直线纹理，所以再根据它们的宽窄用“矩形选框工具”，绘制几个窄的选区。执行“滤镜”>“扭曲”>“波浪”命令单独处理，如图2-12-7所示。按Ctrl+D键取消选区。

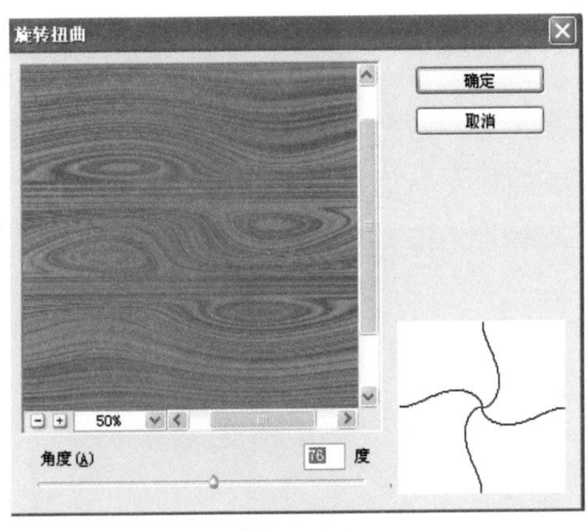

图2-12-6

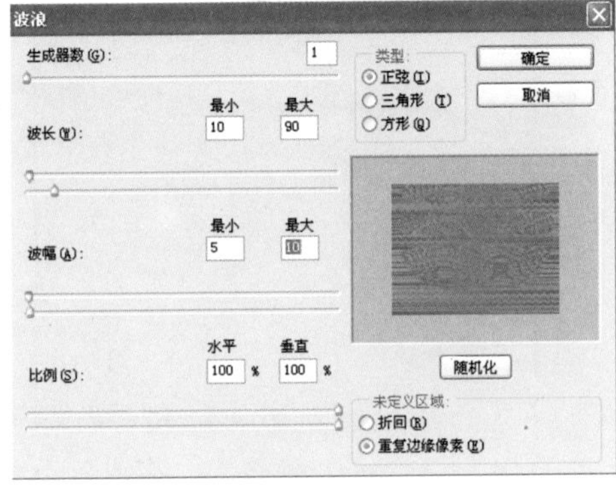

图2-12-7

07 为了使纹理有立体的层次感，执行“滤镜”>“渲染”>“光照”命令，打开对话框，其中“样式”和“光照类型”选“平行光”；“光照颜色”为R231、G130、B74；“环境色”为白色；“纹理通道”选择“绿”通道，参数设置如图2-12-8所示。设置完毕单击“确定”按钮。接下来执行“滤镜”>“锐化”>“USM锐化”命令使木纹更清晰，如图2-12-9所示。这样木纹材质就准备好了，下面开始剪裁拼接画框。

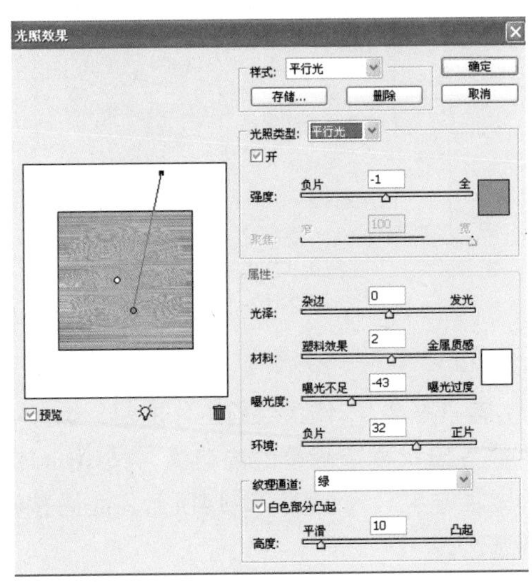

图2-12-8

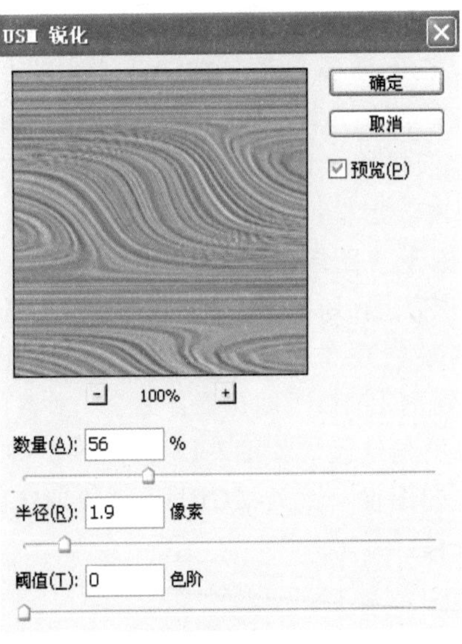

图2-12-9

提 示：

木料已经备好，下面开始拼装，你就把自己想象为一个6级木匠吧。

正要做第二部分，“鸭舌帽”又出现了，问我做什么呢，我说当木匠呢，“什么？当木匠？”他有点不解，“哈，我在做木纹画框啊”，他说“好吧，我可不敢打扰你了，忙吧哈哈888”。

2. 剪裁拼装画框

01 在工具箱中选择“矩形选框工具”，在“图层1”木纹材质上绘制出选区，按Ctrl+J 键拷贝出一个窄条即“图层2”，如图2-12-10所示。

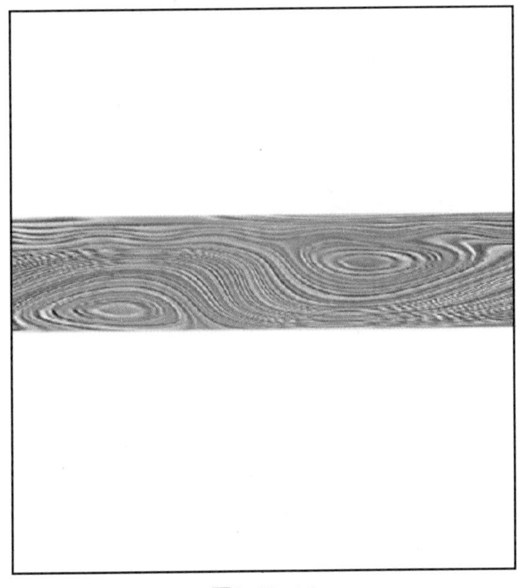

图2-12-10

02 单击“图层1”的“可视”图标，隐藏该图层，现在不需要它了。按Ctrl+J键将“图层2”的木条连续复制3个，按Ctrl+T键分别变换这些木条，将它们拼接成四框，（左框：图层2；右框：图层2 副本，上框：图层2 副本2；下框：图层2 副本3）。由于“图层2 副本2”和“图层2 副本3”在其他两层之上，所以选择“多边形套索工具”，在其工具属性栏中单击“添加到选区”图标，在“图层2副本2”和“图层2 副本3”木条的左右两端绘制出斜角选区，如图2-12-11所示。按Delete键删除选区内图像，之后按Ctrl+D键取消选区，制作出斜角效果。

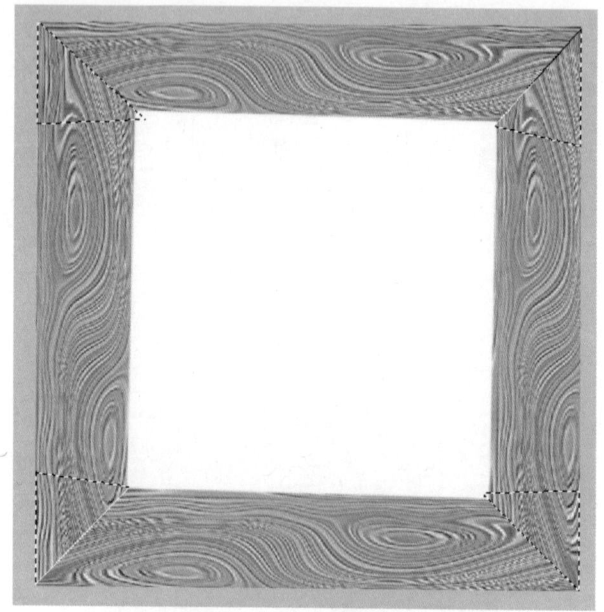

图2-12-11

03 单击“背景”图层的“可视”图标暂时隐藏该图层。按Ctrl+Shift+Alt+E键盖印可见图层为“图层3”，如图2-12-12所示。之后恢复“背景”图层的显示状态，如图2-12-13所示。

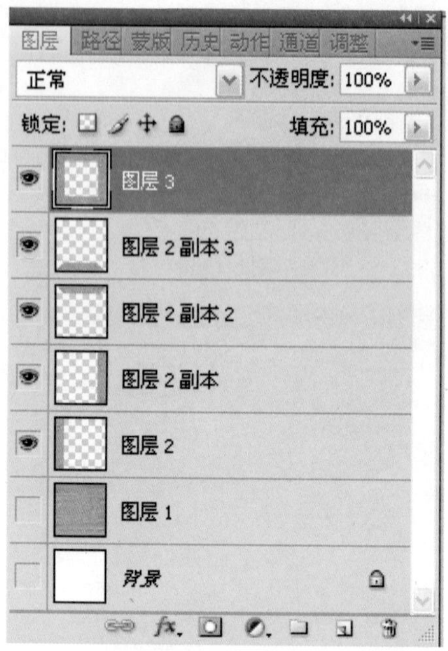

图2-12-12

图2-12-13

3. 制作画框的凸起棱线

01 将“图层3”作为当前工作图层。选择“矩形选框工具”，框选画框的内边缘，按Ctrl+J键拷贝所选为“图层4”，如图2-12-14所示。之后按Ctrl+D键取消选区。

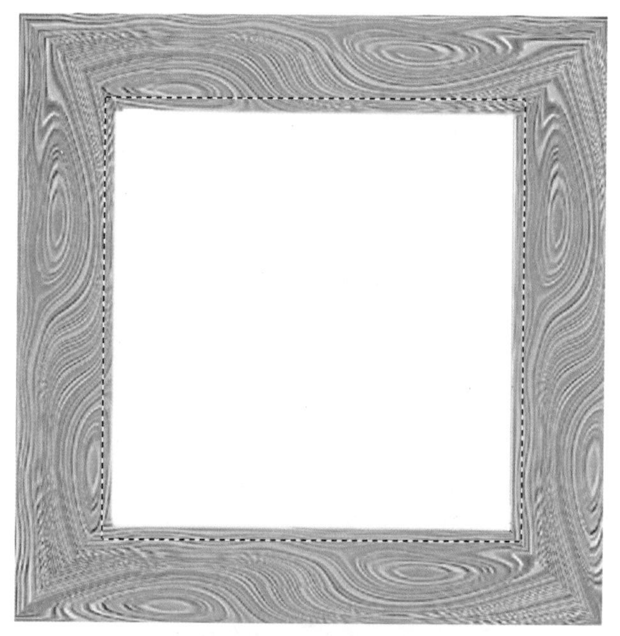

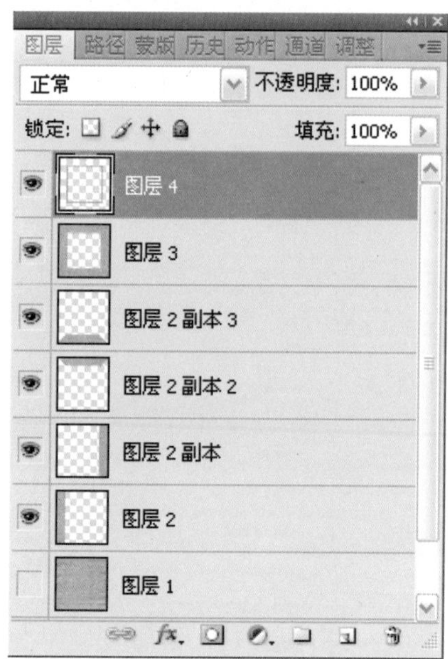

图2-12-14

02 再将“图层3 ”作为当前工作图层。再次选择“矩形选框工具”，绘制出一个略小于画框外边缘的选区，按Ctrl+Shift+I键将选区反向，按Ctrl+J键拷贝所选为“图层5”，如图2-12-15所示。这样我们便得到了一大一小两个画框边缘的细棱。

图2-12-15

03 下面为这两个棱添加图层样式，先为“图层5”添加图层样式，单击“图层”面板下方的“添加图层样式”按钮，在打开的菜单中分别选择“斜面浮雕”和“内阴影”，如图2-12-16和图2-12-17所示。在打开的“图层样式”对话框中设置相应参数。右击“图层5”缩览图名称，在弹出的菜单中选择“拷贝图层样式”命令，再右击“图层4”缩览图，在弹出的菜单中选择“粘贴图层样式”命令，如图2-12-18所示。这样两个凸起边框棱线就制作出来了。

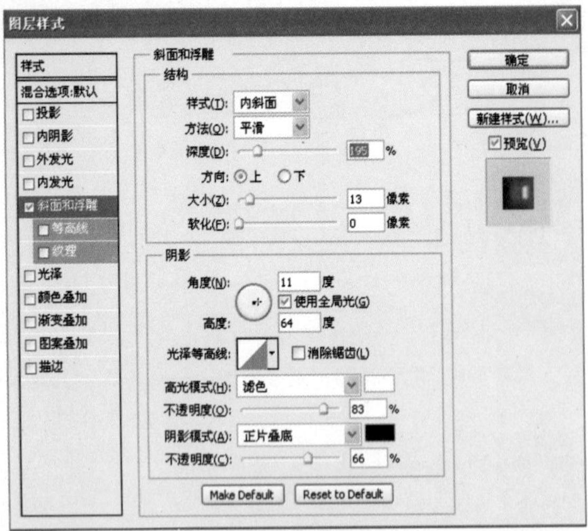

图2-12-16

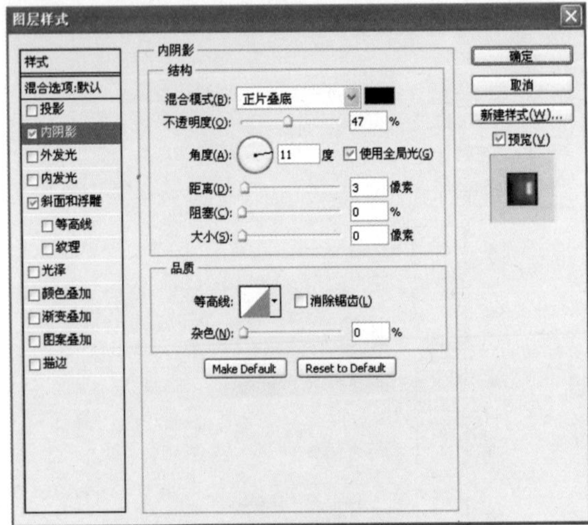

图2-12-17

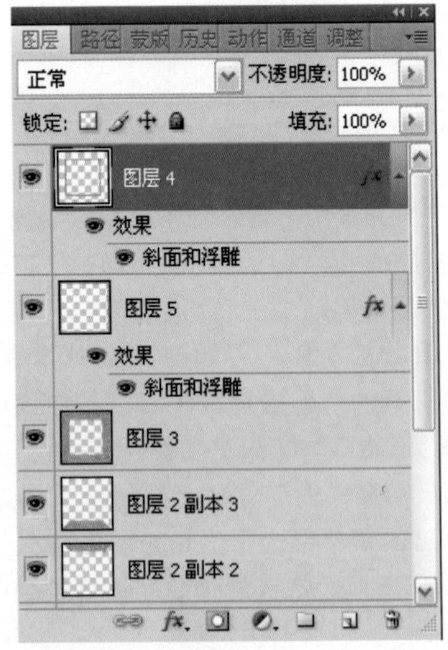

图2-12-18

04 最后创建“图层6”，选择工具箱中的“直线工具”，在其工具属性栏中将其属性设置为“填充像素”，将前景色设置为一个比画框颜色略深的颜色，使用“直线工具”绘制出4个角的缝线，放入一幅风景素材图作为衬景，之后即可把两个可爱的小娃娃抱到画框上面了，如图2-12-19所示。至于投影等制作的详细过程不在赘述。

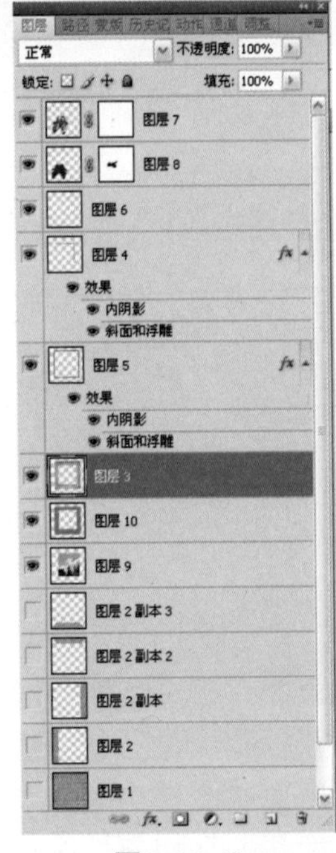

图2-12-19

小提示：

1. 画框和娃娃的投影可在新建图层中，通过载入它们的选区填充黑色再降低其不透明度得到。其中娃娃的投影层的混合模式可设为“正片叠底”。

2. 在放入小娃娃前，将做好的画框缩小。

3. 最后可用“饱和”模式的“海绵”工具擦拭画框。

画框终于完成了，端详起来好温馨的，这时已是正午，该进午餐了，因为下午还要搞另一个制作“灵感之火”，那灵感的获得还很有故事的呢。

2.13 灵感之火

我有一个很不好的嗜好，就是吸烟，所以在我制作的东西里免不了要有烟啊、火啊什么的，每次用打火机点烟我都要凝视那火焰，生怕燎了鼻子。记得有一次去某局办事，是为一位亲戚找工作，接见我的是位级别不低的领导，礼让后我们坐定，因为有求人家，于是我习惯地递上一支烟，大概看我递上的是中华，那人笑纳了，接下来是惯例，即以谦恭殷勤姿态去点烟，且动作要敏捷，其速度不亚于美国大片中西部牛仔掏左轮枪，岂料那控制火焰大小的开关事先没得到很好的确认，调大了，这样的疏忽大意让我很是尴尬。我啪地一按，好家伙，仿佛火焰喷射器一样，那火苗子窜出老高，把我吓一跳，那领导干部更是受惊不小，脑袋向后一仰，砰地，后脑勺在后墙上叩出一声响亮，过后他不停地用手摸擦那红呼呼的蒜头鼻子，估计被火燎得不轻……这让我很内疚。这件事虽说比较尴尬，但是却为我点燃了灵感之火……

本案例涉及的主要知识点：

本案例主要涉及“模糊”滤镜、“扭曲”滤镜、椭圆选框工具、渐变编辑、图层蒙版及其设置、画笔和钢笔工具的使用、描边路径、色彩平衡、图层混合模式的应用等，案例效果如图2-13-1所示。

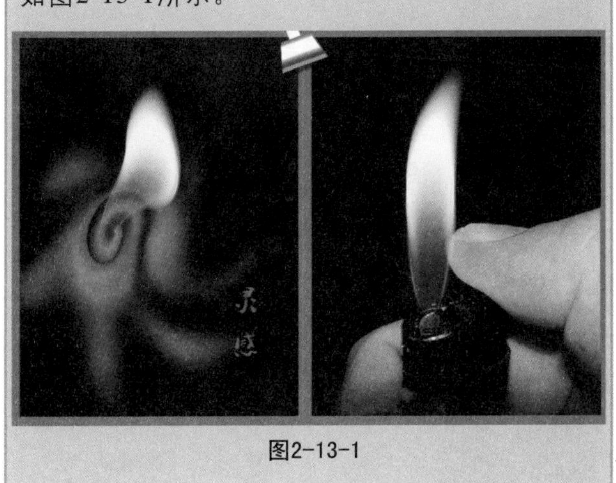

图2-13-1

操作步骤：

01 执行“文件”>“新建”命令，创建一个宽为500像素，高为700像素，分辨率为72像素/英寸，背景内容为背景色（黑），颜色模式为RGB的图像文件。

02 单击“图层”面板下方的“创建新图层”按钮，在黑色背景图层上创建“图层1”并将该图层作为当前工作图层。

03 单击工具箱中前景色图标，打开“拾色器”对话框，设置前景色的RGB值，如图2-13-2所示。

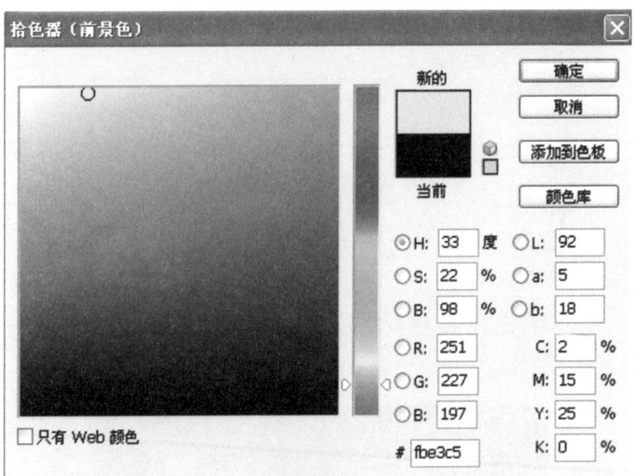

图2-13-2

04 选择“椭圆选框工具”绘制一个椭圆选区，按Alt+Delete键填充前景色，如图2-13-3所示。

图2-13-3

05 将前景色设为白色，背景色设为黑色。

06 选择工具箱中的“渐变工具”，单击“渐变工具”属性栏中的渐变色带，打开“渐变编辑器”对话框。选中“前景色到背景色渐变”，如图2-13-4所示。单击“确定”按钮完成渐变编辑。在渐变工具属性栏将渐变类型设为“线性渐变”。

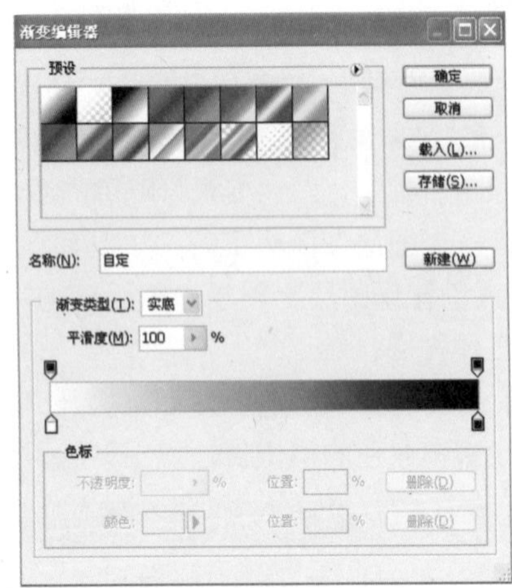

图2-13-4

07 单击“图层”面板下方的“添加图层蒙版”按钮，为“图层1”添加图层蒙板并使之处于工作状态，选择“椭圆选框工具”，在火苗图像偏下位置绘制一个细长的椭圆选区，在选区里自上而下填充由白到黑的线性渐变，保留选区，如图2-13-5所示。

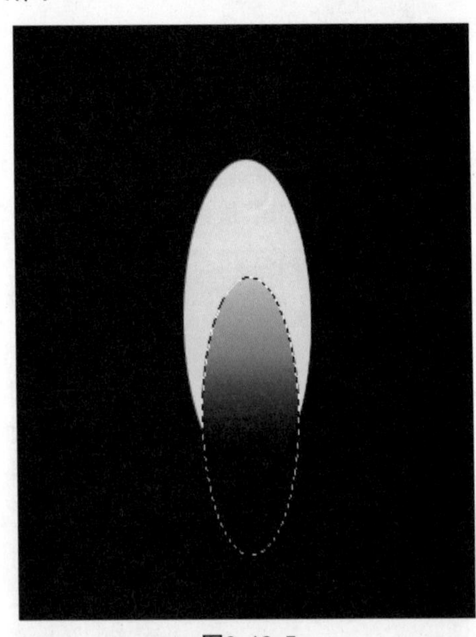

图2-13-5

08 执行“窗口”>“蒙版”命令（也可在工作面板直接单击），在弹出的面板中设置一个羽化值，如图2-13-6所示。按Ctrl+D键取消选区。

图2-13-6

09 对火苗执行“滤镜”>“模糊”>“动感模糊”命令，如图2-13-7所示。

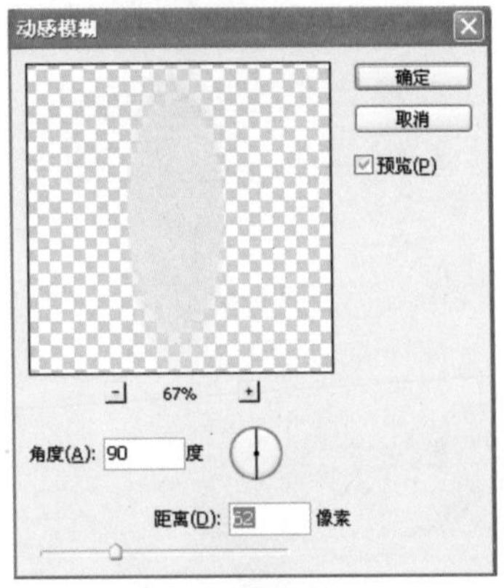

图2-13-7

提 示：

火焰主体部分基本做完了，但是火焰的底部应该有蓝边的。

10 单击“图层”面板下方的“创建新图层”按钮，创建“图层2”，并将该图层作为当前工作图层。

11 选择“钢笔工具”绘制出路径，如图2-13-8所示。单击工具箱中前景色图标，打开“拾色器”面板，设置前景色的RGB 值，如图2-13-9所示。

12 选择“画笔工具”，打开“画笔预设选取器”，设画笔直径为1px。

13 进入“路径”面板，单击面板右上角的黑色三角按钮，在弹出的对话框中勾选“模拟压力”，如图2-13-10所示。单击“确定”按钮为路径描边，如图2-13-11所示。如果觉得颜色太淡，可重复单击几次“路径”面板下方的“用画笔描边路径”按钮。

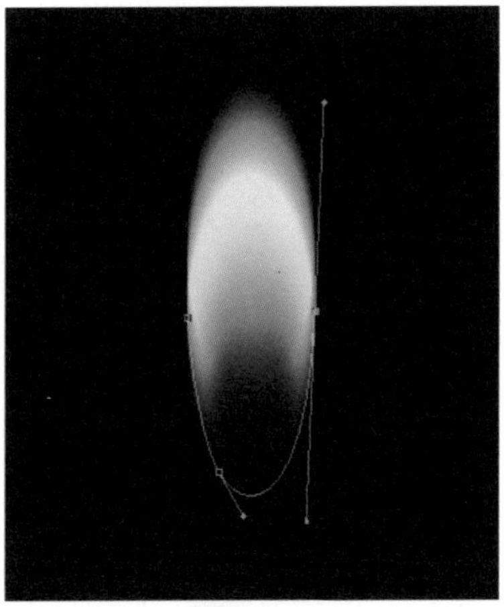

图2-13-8

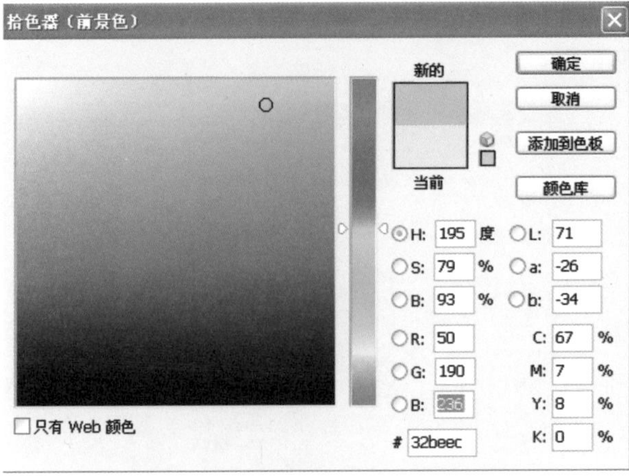

图2-13-9

图2-13-10

图2-13-11

14 单击“图层”面板下方的“添加图层蒙版”按钮，为“图层2”添加图层蒙板并使之处于工作状态，将前景色设为黑色，选择“画笔工具”，在工具属性栏设置一个较低的不透明度，将蓝色线条擦拭出虚实效果。

15 按住Ctrl键单击“图层1”和“图层2”缩览图将它们选中，此时图层选项变为蓝色，如图2-13-12所示。按 Ctrl+T键将火焰拉长，如图2-13-13所示。执行“滤镜”>“扭曲”>“旋转扭曲”命令，轻微扭曲火焰。扭曲后效果如图2-13-14所示。

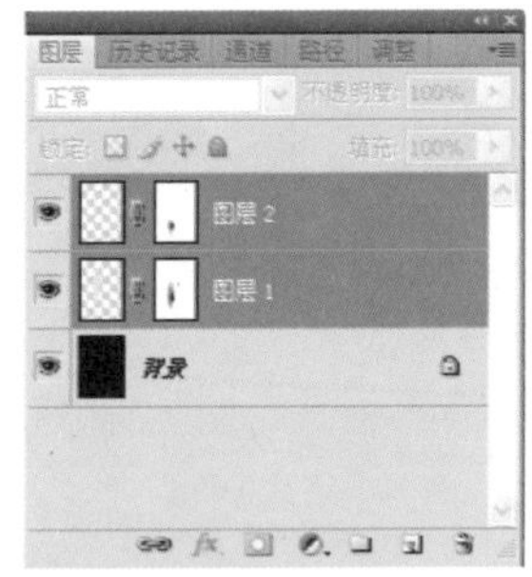

图2-13-12

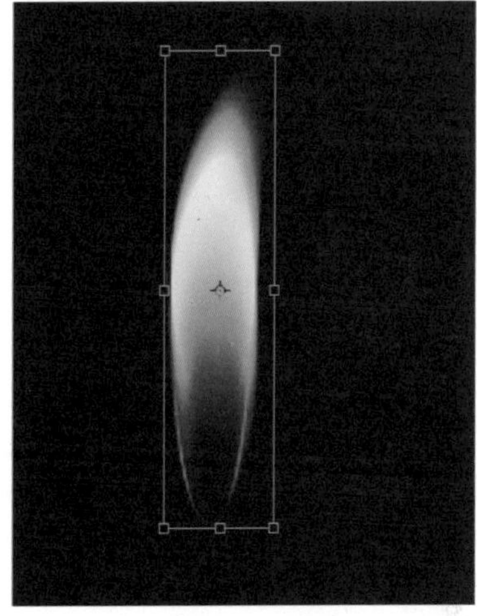

图2-13-13

图2-13-14

16 按Ctrl+J键复制“图层1”为“图层1副本”，并设图层混合模式为“叠加”，如图2-13-15所示。

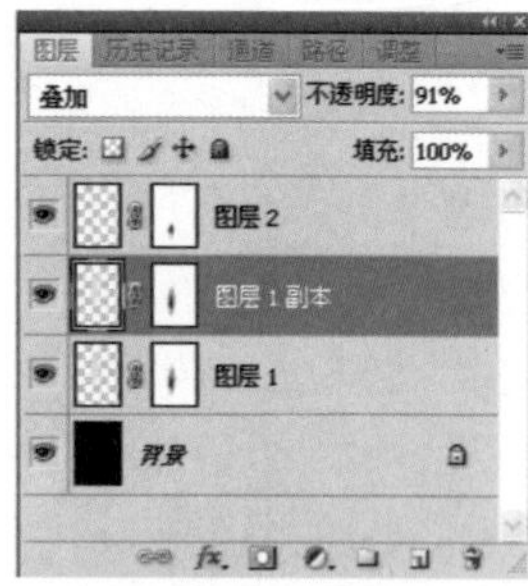

图2-13-15

17 单击“图层”面板下方的“创建调整图层”按钮，在弹出菜单中选择“色彩平衡”选项，在“图层1副本”之上创建一个“色彩平衡”调整图层矫正火苗颜色使之更逼真，如图2-13-16所示。

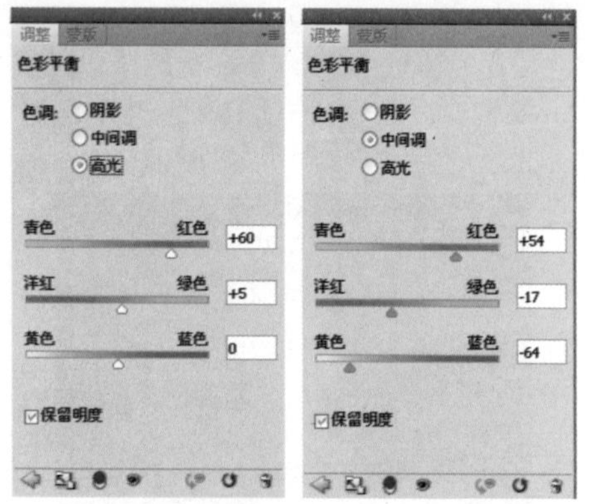

图2-13-16

18 选择工具箱中的“渐变工具”，单击“渐变工具”属性栏中的渐变色带，打开“渐变编辑器”对话框。自左向右，单击渐变条上第1个色标，并在下方颜色选项处设置颜色，将第1个色标设置为红色，位置为0%；同法设置第2个色标，颜色为黑色，位置为50%；设置第3个色标，颜色为红，位置为95%，第1和第2个色标之间的中点位置为37%；第2和第3个色标之间的中点位置为82%。如图2-13-17所示。单击“确定”按钮完成渐变编辑，在“渐变”工具属性栏将渐变类型设为“径向渐变”，并在背景图层填充径向渐变，如图2-13-18所示。

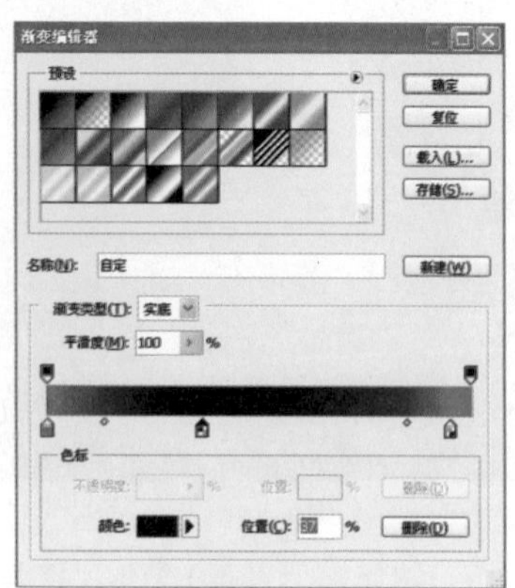

图2-13-17

图2-13-18

19 执行“滤镜”>“扭曲”>“波浪”命令，如图2-13-19所示。如果觉得效果不理想可按Ctrl+F 重复滤镜效果。

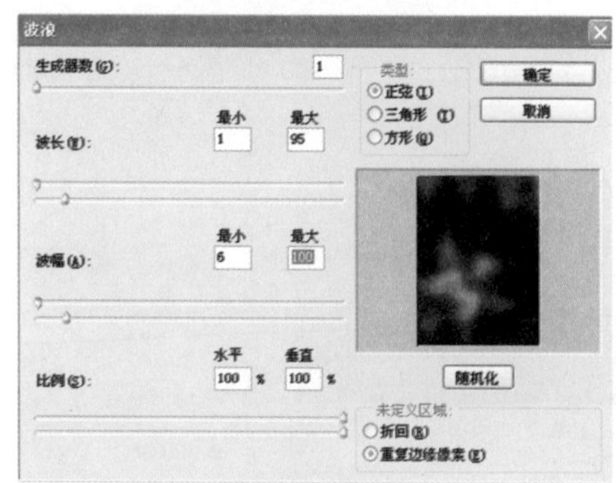

图2-13-19

20 选择“椭圆选框工具”，在火苗根部红色部位绘制一个选区，如图2-13-20所示。

图2-13-20

21 执行“选择”>“修改”>“羽化”命令，羽化半径为10像素，如图2-13-21所示。

图2-13-21

22 执行“滤镜”>“扭曲”>“极坐标”命令，如图2-13-22所示，保留选区。

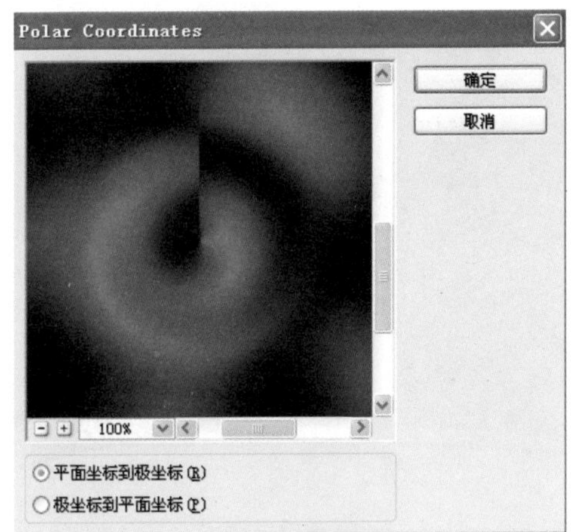

图2-13-22

23 执行“滤镜”>“扭曲”>“旋转扭曲”命令，如图2-13-23所示。按Ctrl+D键取消选区。

图2-13-23

24 创建“图层3”，将前景色设为白色，选择“画笔工具”，在工具属性栏将画笔的不透明度设为5%，在火苗根部涂抹。在“图层”面板最上面创建“图层4”，按Ctrl+Shift+Alt+E键盖印可见图层，执行“滤镜”>“扭曲”>“旋转扭曲”命令，如图2-13-24所示。

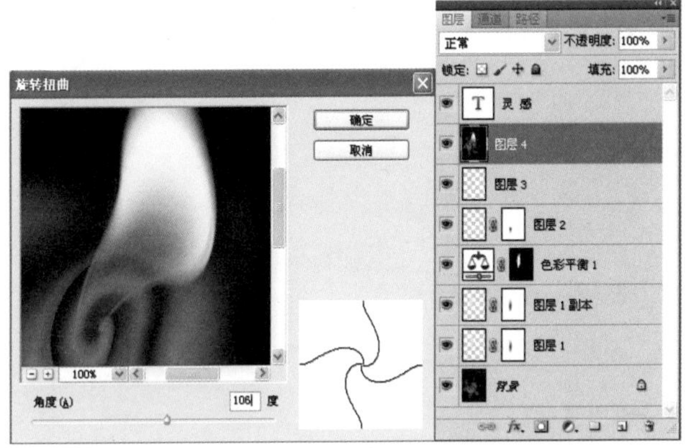

图2-13-24

提 示:

看见没？这火苗子如何？逼真么？这是俺自己做的，那感觉就是不一样，不一样喽……

这个制作表面上看步骤不少，其实很简单，在形态上主要是靠蒙版和动感模糊；在色彩和光影上主要是靠色彩平衡调整和图层混合模式，没什么复杂的，熟能生巧。

2.14 流淌

自2009年7月以来，中国西南地区陆续遭遇罕见旱灾，来自旱区的报道让人心急如焚。水，生命之源，希望之源，灾区人民渴望清澈的、涓涓流淌的水。如果可能，我一定把这清澈的水亲手送到他们的手中。水，是珍贵的，当您每天习惯地拧开水龙头，可曾想到，在旱区的人们为了一口水要走几十里的山路呢？请珍爱我们的地球，珍惜地球上的每一滴水吧，这就是今天的主题，一个沉重而严肃的话题。

本案例涉及的主要知识点:

本案例主要涉及“纤维”滤镜、“动感模糊”滤镜、“色阶”命令、“曲线”命令、“塑料包装”滤镜、“球面化”滤镜、“挤压”滤镜和图层蒙版等，案例效果如图2-14-1所示。

图2-14-1

制作流程:

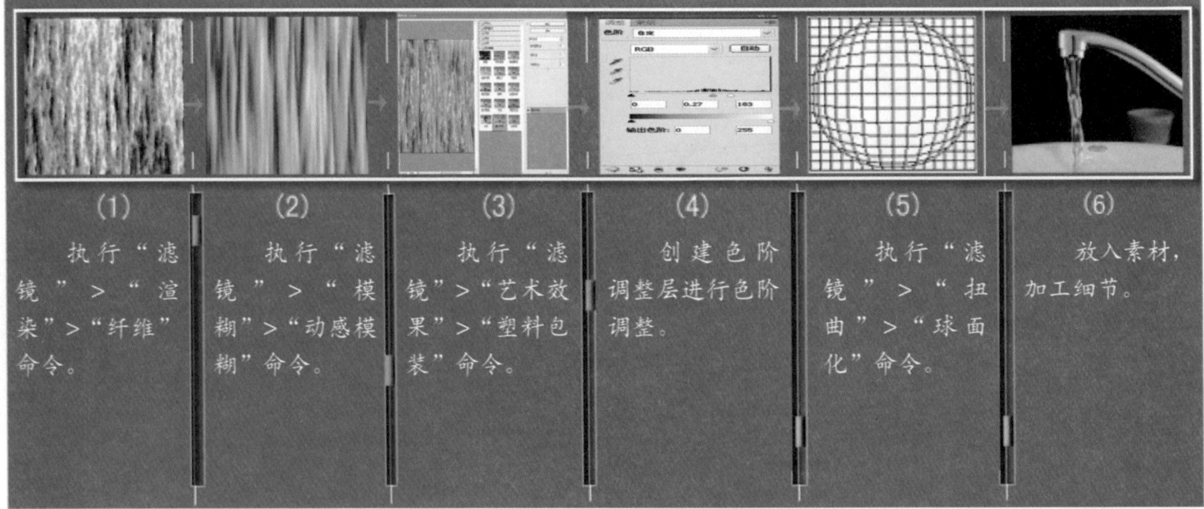

01 执行“文件”>“新建”命令，创建一个宽为700像素，高为500 像素，分辨率为72像素/英寸，背景内容为背景色（黑），颜色模式为RGB 的图像文件。

02 打开一张水龙头素材图，如图2-14-2所示。命名为“水龙头”。

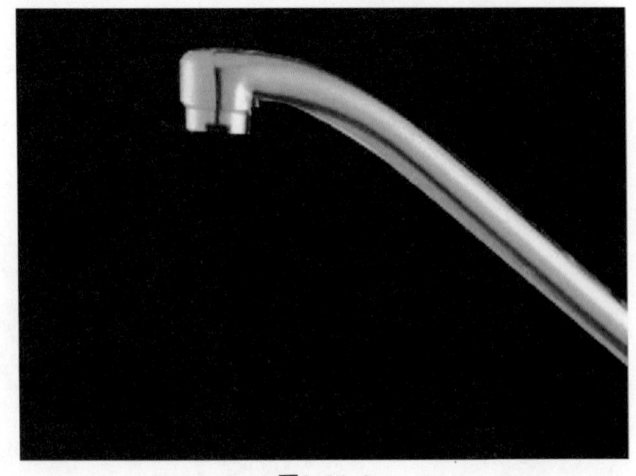

图2-14-2

03 单击"图层"面板下方的"创建新图层"按钮，创建"图层2"命名"水"，将该图层作为当前工作图层。将前景色设置为白色，按Alt+Delete 键在"水"图层中填充前景色。再将工具箱的前景色和背景色设为黑和白。执行"滤镜">"渲染">"纤维"命令，调整相应的参数，如图2-14-3所示。

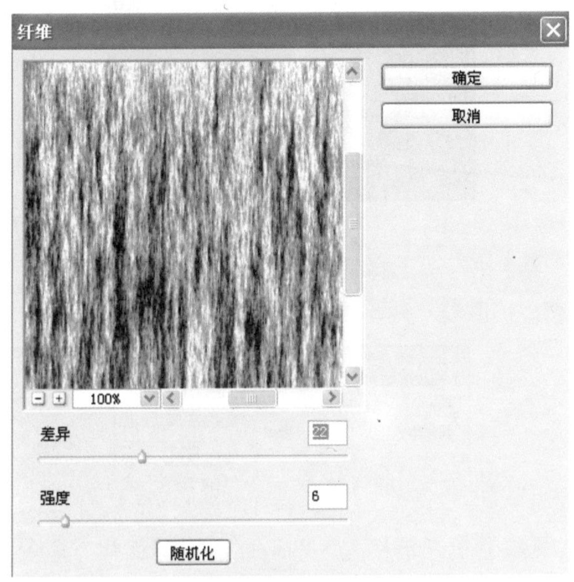

图2-14-3

04 执行"滤镜">"模糊">"动感模糊"命令，调整相应的参数，如图2-14-4所示。

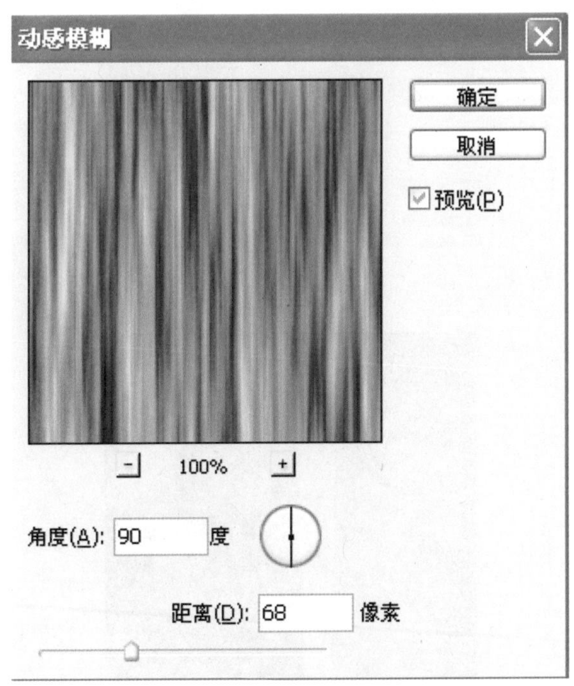

图2-14-4

05 执行"滤镜">"艺术效果">"塑料包装"命令，调整相应的参数，如图2-14-5所示。

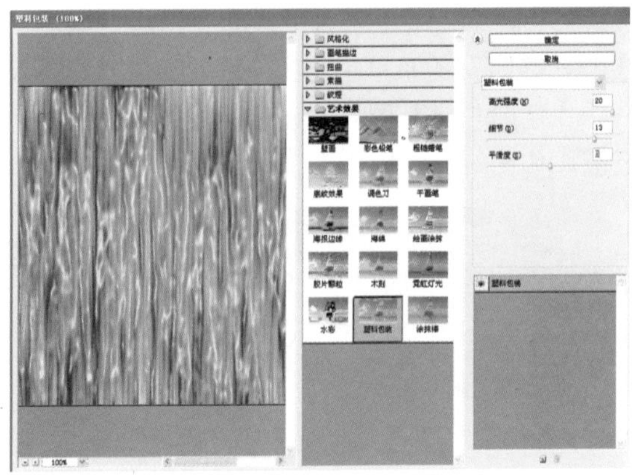

图2-14-5

06 选择"矩形选框工具"绘制选区，按Ctrl+Shift+I键将选区反向，按Delete键删除选区内图像，如图2-14-6所示。按Ctrl+D键取消选区。

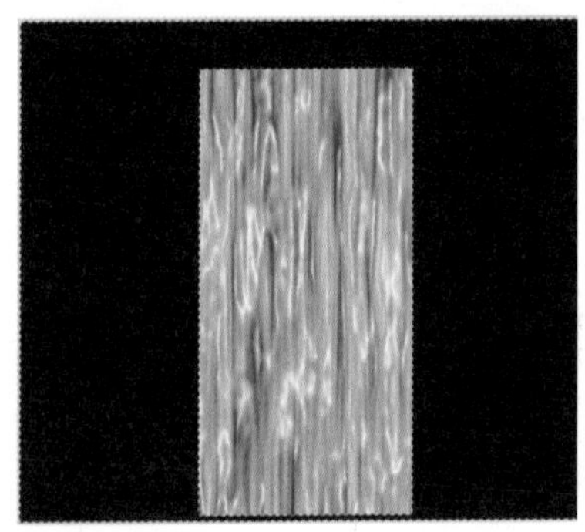

图2-14-6

07 按Ctrl+T键调出变换框，按Ctrl键将光标放在变换框的节点上拖动变换水流形状，把它放在水龙头的出口处，按Ctrl+Enter键确定变换，如图2-14-7所示。

图2-14-7

提 示：

水是流出来了，但是太浑浊，这样的水是无法饮用的，我们需要的是清澈透明的水，下面就想办法让它清澈透明。背景是黑色的，所以只要让水流中黑的更黑，白的更白，黑白对比强烈，就能表现出清澈与透明。

08 单击“图层”面板下方的“创建调整图层”按钮，在打开的菜单中选择“色阶”为“水”，创建一个“色阶”调整图层，设置参数以强化图像的明暗反差，如图2-14-8所示。

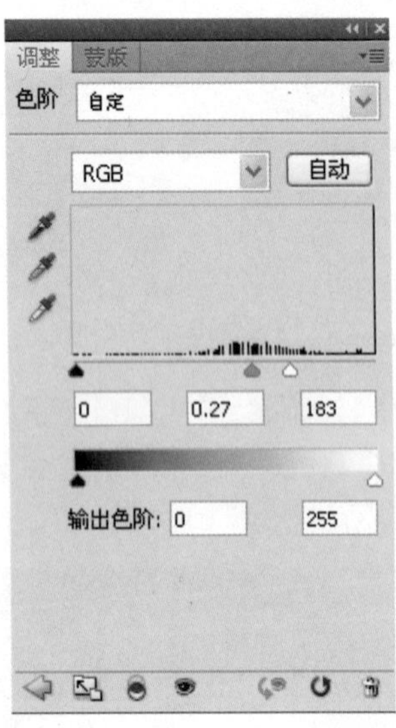

图2-14-8

提 示：

但是水中的黑白光影边缘不可过分锐利，毕竟它是运动的，而且属于柔性物质，所以要适当处理一下。

09 执行“滤镜”>“模糊”>“高斯模糊”命令，调整相应的参数，如图2-14-9所示。

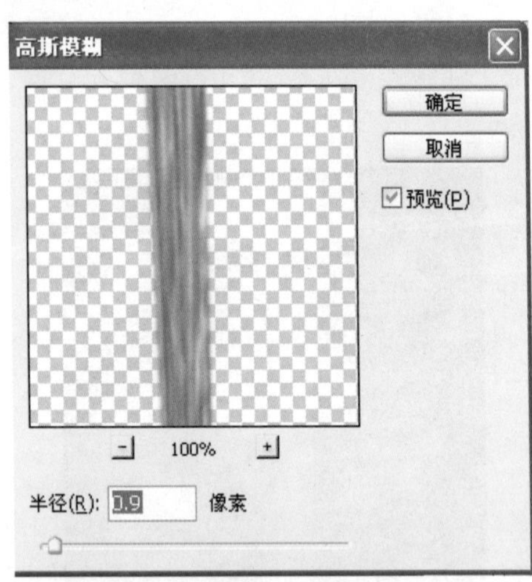

图2-14-9

提 示：

水从管道流出时，因受压力和管道口形状的影响会出现扭曲变形，有时是歪歪扭扭的，当然如果压力够大，那么这水流就成了一根白柱子，那就没情趣了，而我们这个水受到的压力不大，所以只轻微地扭曲即可。

10 选择“椭圆选框工具”，在水流中绘制几个选区，如图2-14-10所示。

图2-14-10

11 执行“选择”>“修改”>“羽化”命令，调整相应的参数，如图2-14-11所示。

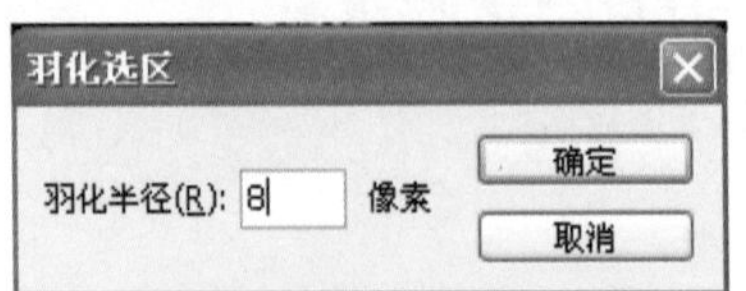

图2-14-11

12 执行“滤镜”>“扭曲”>“球面化”命令，调整相应的参数，如图2-14-12所示。再按Ctrl+F 键重复执行该命令两次，按Ctrl+D键取消选区。

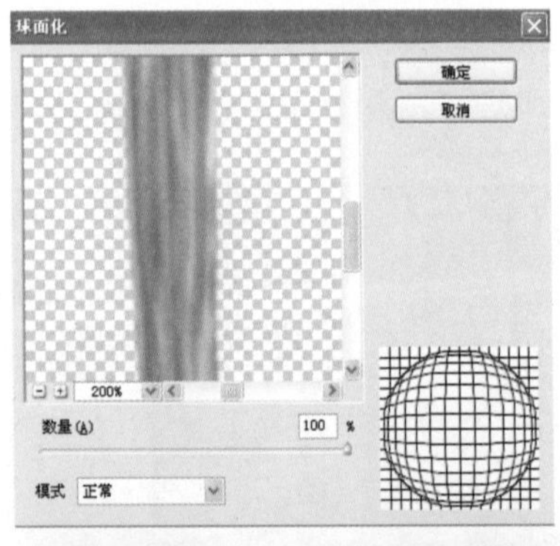

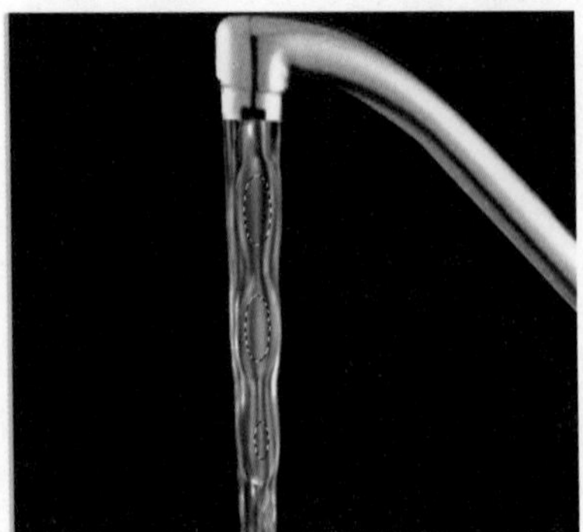

图2-14-12

13 再次选择“椭圆选框工具”，在水流边缘部位绘制几个选区，如图2-14-13所示。

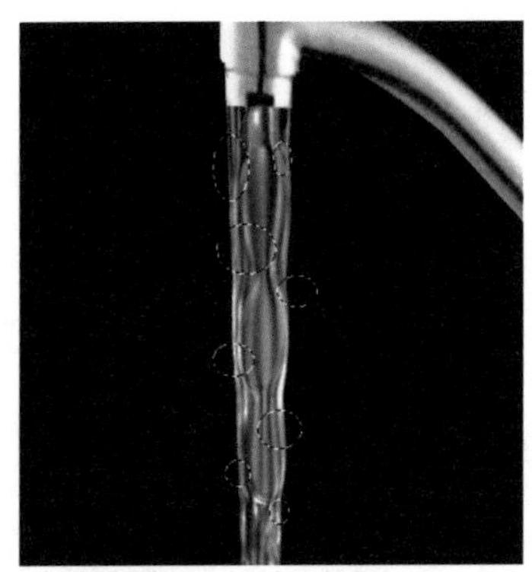

图2-14-13

14 执行“选择”>“修改”>“羽化”命令，调整相应的参数，如图2-14-14所示。

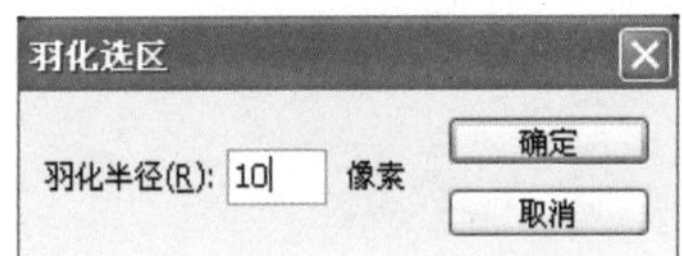

图2-14-14

15 执行“滤镜”>“扭曲”>“挤压”命令，调整相应的参数，如图2-14-15所示。按Ctrl+D键取消选区。

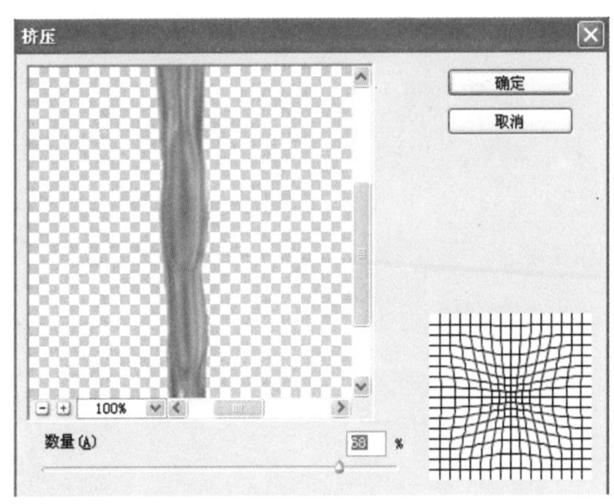

图2-14-15

16 确认“图层2”为当前工作图层，单击“图层”面板下方的“创建调整图层”按钮，在打开的菜单中选择“曲线”选项，创建一个“曲线”调整图层，调整曲线以进一步强化图像的明暗反差，如图2-14-16所示。

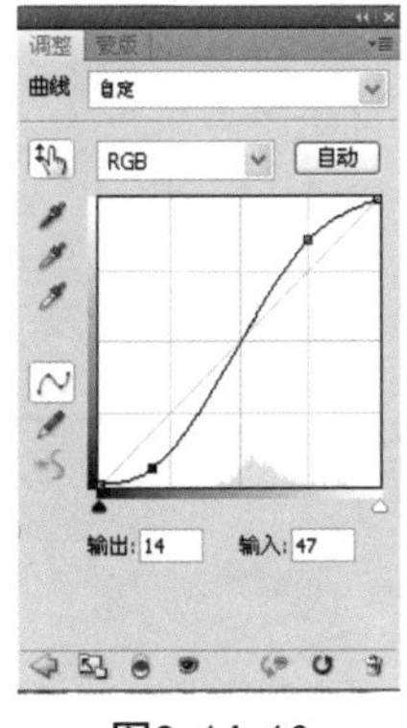

图2-14-16

17 水流上部需要进一步处理。选择“多边形套索工具”，在水流的上部绘制一个选区，如图2-14-17所示。执行“选择”>“修改”>“羽化”命令，调整相应的参数，如图2-14-18所示。

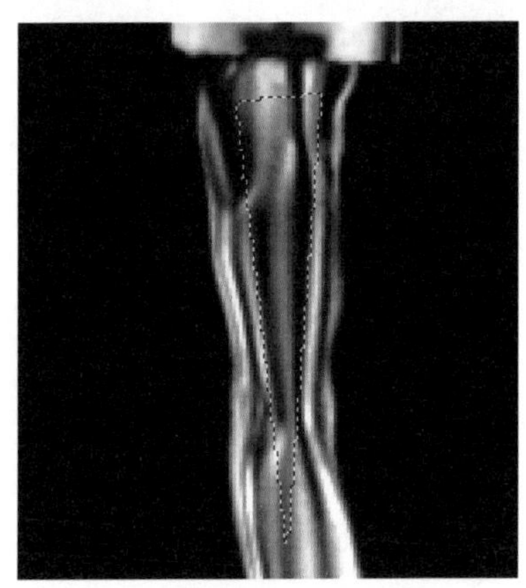

图2-14-17

图2-14-18

18 执行“滤镜”>“扭曲”>“球面化”命令，调整相应的参数，如图2-14-19所示。再按Ctrl+F 键重复执行该命令1～2次。按Ctrl+D键取消选区。

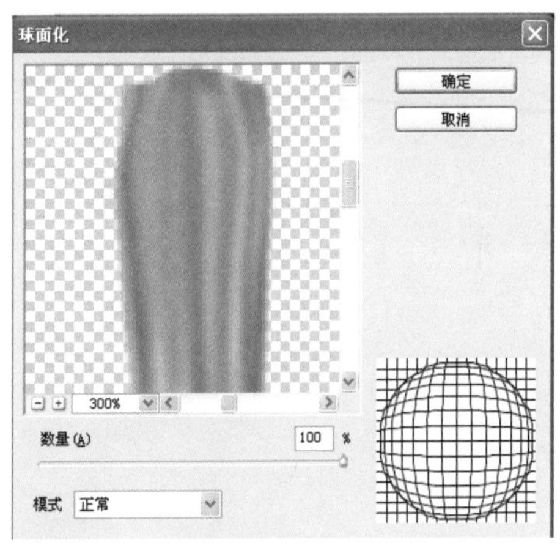

图2-14-19

19 确定“水 ”为当前工作图层，单击“图层”面板下方的“添加图层蒙版”按钮，为“水”添加图层蒙版并使之处于工作状态，将前景色设为黑色，选择“画笔工具”，擦涂水流中下部使之呈现半透明状，如图2-14-20所示。

提 示：

擦涂的过程中要适时地在工具属性栏中调节画笔的不透明度。

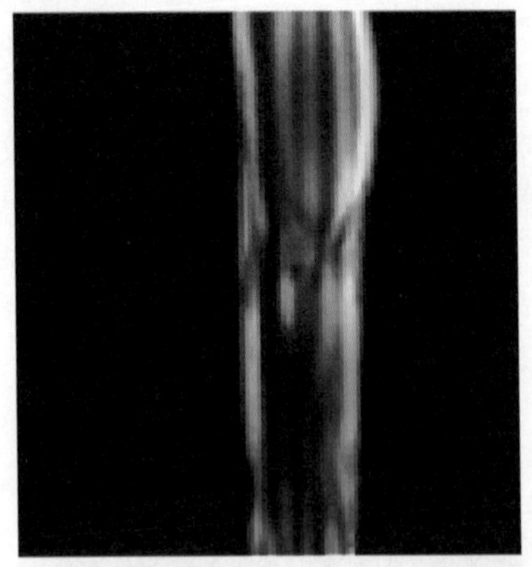

图2-14-20

20 最后放入一个手盆儿和纸杯素材图，营造一个适宜的环境，如图2-14-21所示。让画面生动起来，可以结束了，休息休息。

图2-14-21

2.15 塞翁失马焉知非福?

今天去教师新村附近的菜市场买了3斤鸡蛋，迎着晚霞往家走，心里盘算着晚饭怎么做：闷一锅大米饭，炒一盘葱爆肉，再拍个黄瓜拌盘凉菜……这时迎面一骑自行车小伙，边骑边打电话，结果车把一歪“啪！”，不偏不倚正好撞到我的鸡蛋上，当场碎了四五个。望着那惨不忍睹的鸡蛋，我气懵了，咽下一口吐沫用手指着他半天才吼出声来：“你，你咋骑的车你？啊？！”那小伙儿吓得一个劲道歉：“对，对，对不起叔，实在对不起，我不是故意的……我赔”。我按住了他的车把。“这不是赔……赔……赔不赔的事”我竟然也磕巴起来。有路人闻声过来围观，有的劝我，有的批评那小伙儿不该骑车打电话。毕竟我年长，算是叔叔辈的，看那小伙一个劲赔不是，瑟瑟的样子挺可怜，外加围观的人渐多，恐有熟人夹杂其中，观之不雅，吼叫两声放他走了。回到家，平静平静心情，把碎鸡蛋挑出来，炒了一盘木须肉。

现在饭也吃完了，开始上网，打开QQ，看看“安琪儿”和“鸭舌帽”他们俩在不在，头像都是灰的，不在？我想兵不厌诈，于是对他俩挨个喊到：“我看见你了，挺忙啊”？果然诈出一个，“安琪儿”上线了。我对她说了今天的遭遇，她对我好个开导，俨然是个心理医生，说：“哎呀，对年轻人要宽容嘛”，“你要有修养啊，别生气，气坏了身子可不值呀”，经她这么一开导心情好多了，于是我便做了下面这个破碎的鸡蛋。

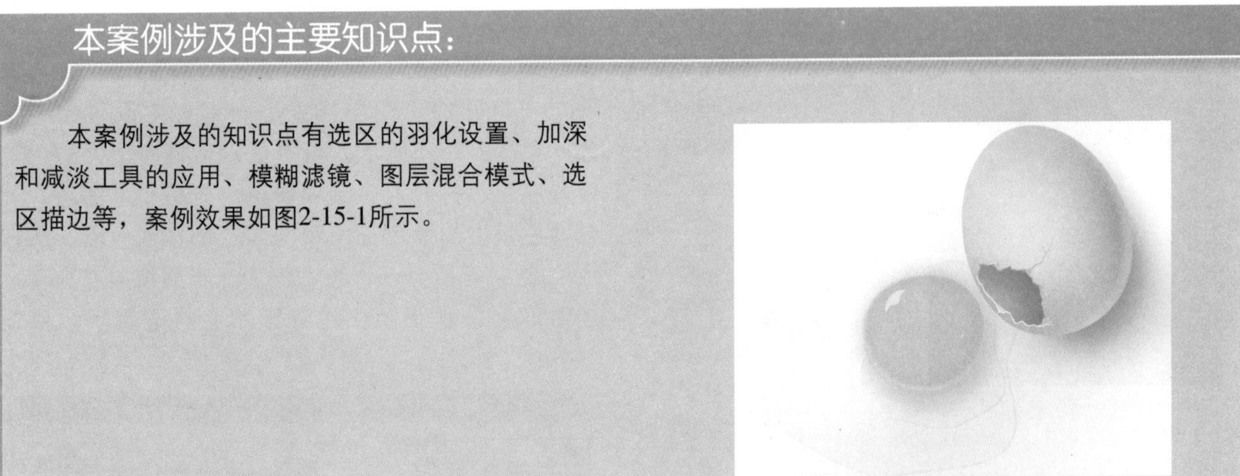

本案例涉及的主要知识点：

本案例涉及的知识点有选区的羽化设置、加深和减淡工具的应用、模糊滤镜、图层混合模式、选区描边等，案例效果如图2-15-1所示。

图2-15-1

制作流程：

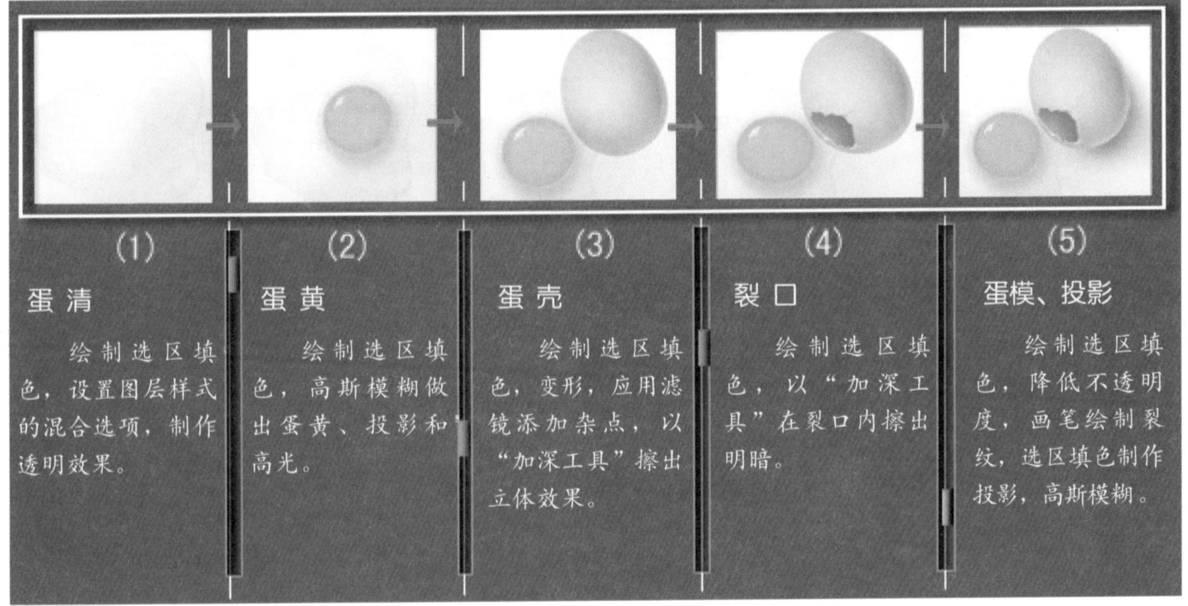

1．制作蛋清

01 执行“文件”>“新建”命令，创建一个宽为900像素，高为700像素，分辨率为72像素/英寸，背景内容为白色，颜色模式为RGB的图像文件。

02 单击工具箱“前景色”图标，在弹出的“拾色器”对话框中设置前景色的RGB值：R199、G226、B233，如图2-15-2所示。

03 在工具箱中选择“画笔工具”，在属性栏中设置一个大的柔边画笔，降低不透明度，在“背景”图层中轻微喷画出淡淡的青色作为底色，如图2-15-3所示。之后单击“图层”面板下方的“创建新图层”按钮，创建新图层并命名为“蛋清”，选择“钢笔工具”，在属性栏中单击“路径”按钮，绘制出蛋清的轮廓路径，按Ctrl+Enter键将路径转为选区，按Alt+Delete键填充设置好的前景色，如图2-15-4所示。按Ctrl+D键取消选区。

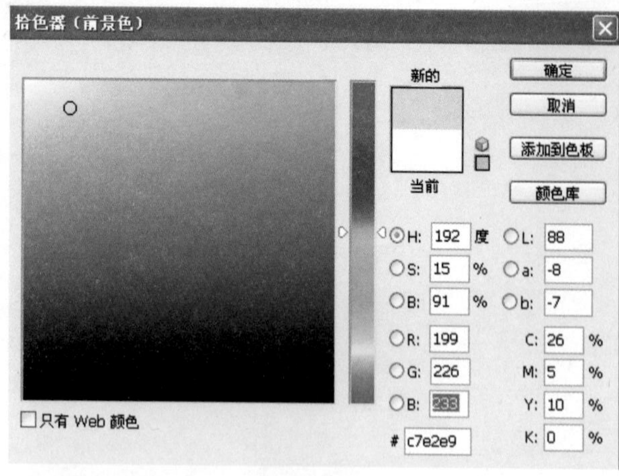

图2-15-2

图2-15-3

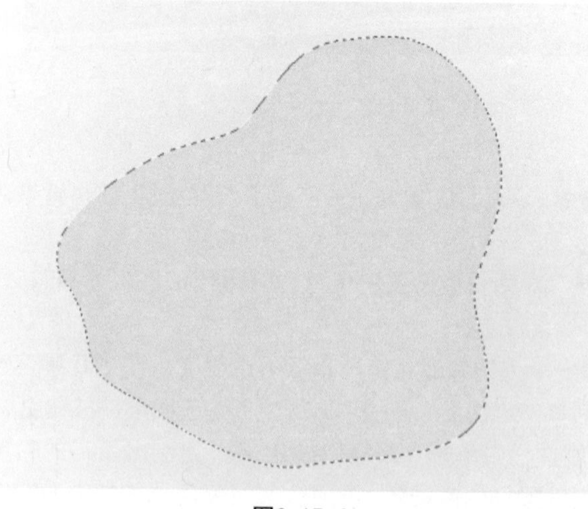

图2-15-4

04 单击“图层”面板下方的“添加图层样式”按钮fx，在弹出的菜单中选择“斜面和浮雕”选项，在打开的“图层样式”对话框中设置相关参数，如图2-15-5所示。再单击对话框左上方的“混合选项”，打开混合选项设置。先将“本图层”混合颜色带上的黑色三角滑块向右侧移动一段，再按住Alt键将它拆分开，将右侧的一半继续向右拖动，这时你会发现蛋清由边缘开始变得透明了，如图2-15-6所示。

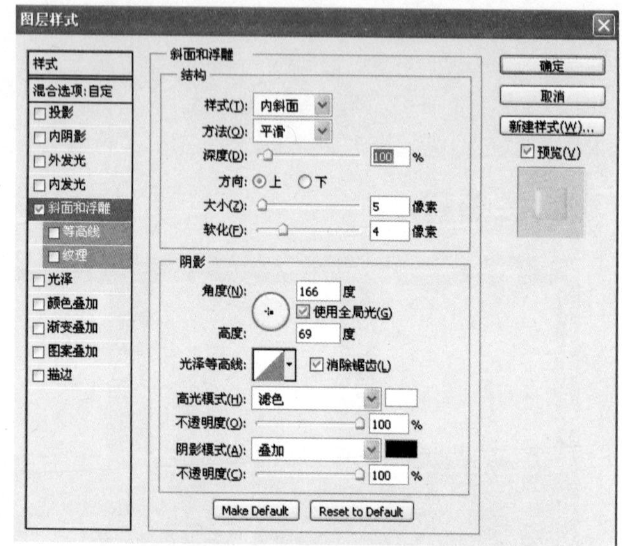

图2-15-5

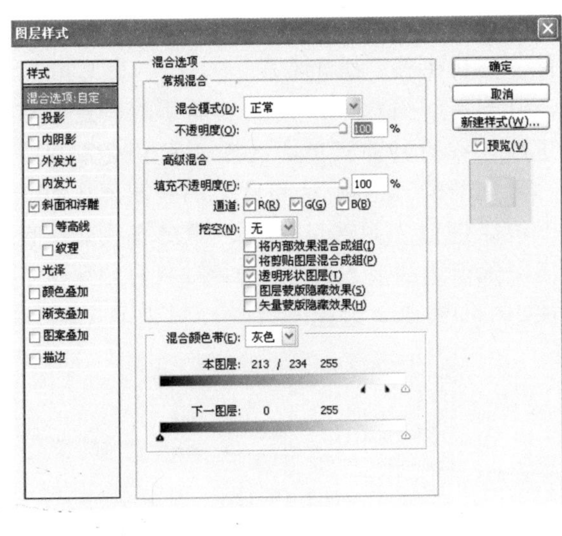

图2-15-6

提 示：

在操作中我们之所以将滑块拆开是为了使透明过渡得更加柔和，这样蛋清就做好了。

2. 制作蛋黄

01 打开“拾色器”对话框，设置前景色的RGB值：R254、G189、B1，如图2-15-7所示。

提 示：

在选择前景色时要考虑到后续的明暗处理，如果设置的颜色太深，在后面处理明暗调子时则可能使蛋黄过暗，不清晰；如果设置的颜色太淡太亮，则易出现反差过大的现象。

02 单击“图层”面板下方的“创建新图层”按钮，创建新图层并命名为“蛋黄”，并作为当前工作图层。选择“椭圆选框工具”，按住Shift键绘制一个正圆形选区，按Alt+Delete键填充设置好的前景色，如图2-15-8所示。之后按Ctrl+D键取消选区。

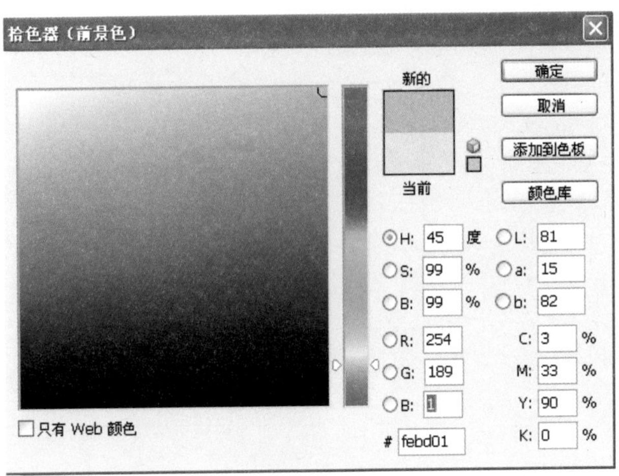

图2-15-7

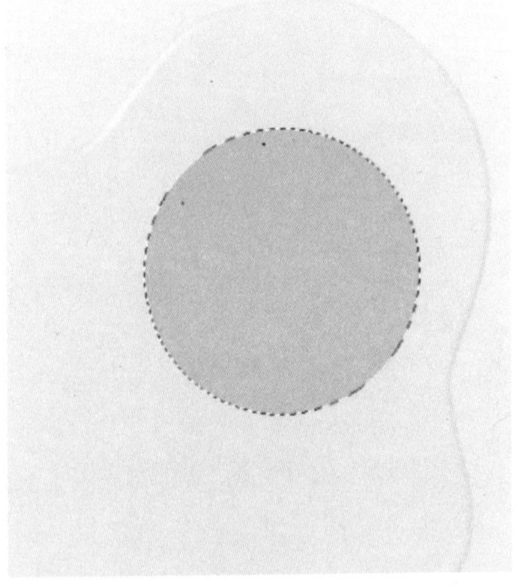

图2-15-8

03 蛋黄中部是凸起的，凸起处就应该亮一些。选择“椭圆选框工具”在蛋黄中部偏左上的位置绘制一个小的圆形选区，执行“选择”>“修改”>“羽化”命令，设置“羽化半径”为7像素，如图2-15-9所示。

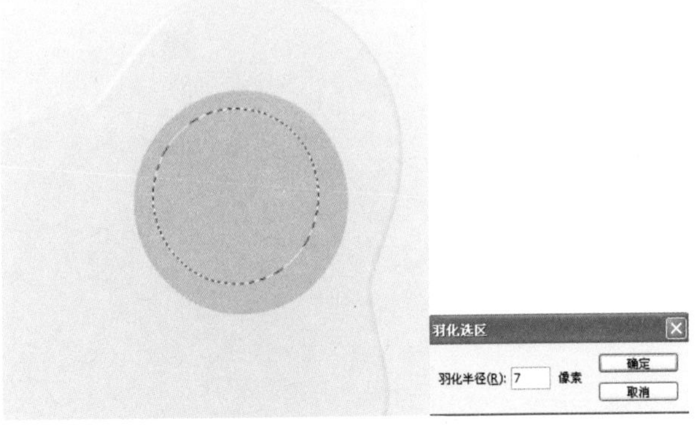

图2-15-9

04 按Ctrl+Shift+I键将选区反向。按Ctrl+M键对选中部分进行曲线调整，使蛋黄边缘略微变暗一些，如图2-15-10所示。按Ctrl+D键取消选区。

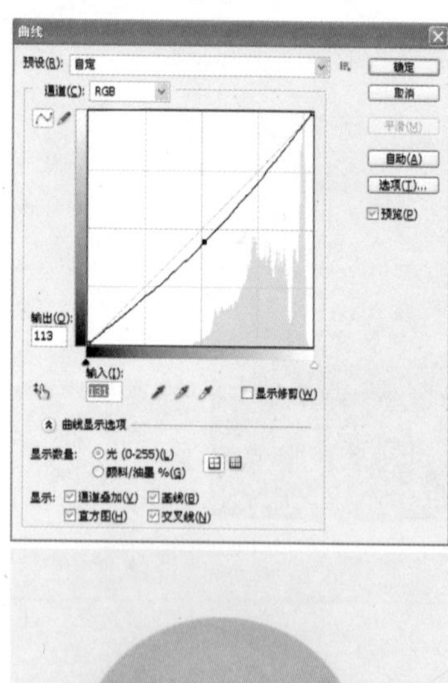

图2-15-10

提 示：

我不想改变蛋黄中部的调子，所以就以这种反衬法使中部显得亮些。

05 再按Ctrl键，单击“图层”面板中的“蛋黄”图层缩览图载入蛋黄选区，将选区向上微移，如图2-15-11所示。按Ctrl+Shift+I键将选区反向。

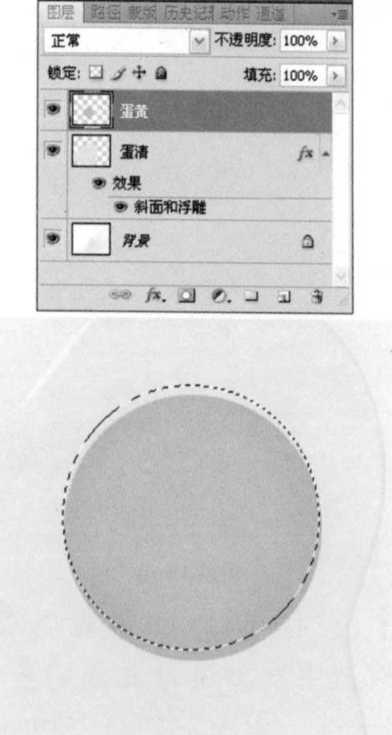

图2-15-11

06 执行“选择”>“修改”>“羽化 ”命令，设置“羽化半径”为3像素，如图2-15-12所示。单击“图层”面板下方的“创建新的调整图层”按钮，在打开的菜单中选择“色相/饱和度”选项，创建一个“色相/饱和度”调整图层，对蛋黄的下边缘进行“明度”调整，即提高该处颜色的明度，做出边缘反光效果，如图2-15-13所示。之后按Ctrl+D键取消选区。

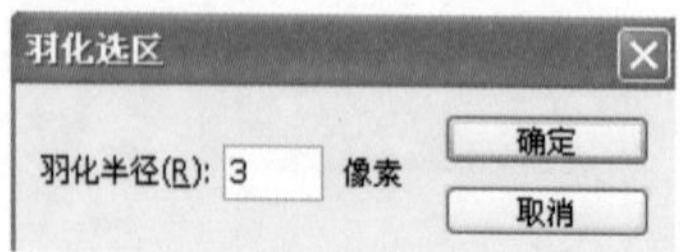

图2-15-12

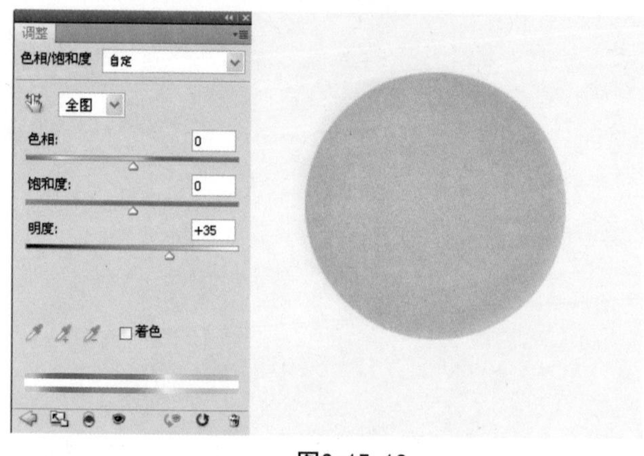

图2-15-13

07 选择“椭圆选框”工具，在蛋黄中部绘制一个略小的圆形选区，执行“选择”>“修改”>“羽化 ”命令，设置“羽化半径”为8像素，如图2-15-14所示。

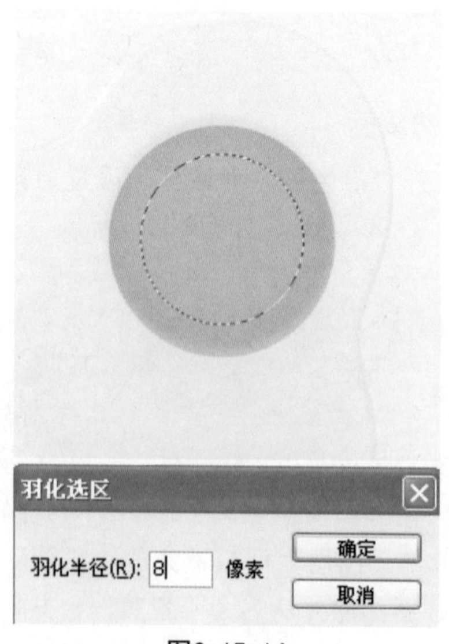

图2-15-14

08 执行“滤镜”>“模糊”>“高斯模糊”命令柔化选区，如图2-15-15所示。按Ctrl+D键取消选区。

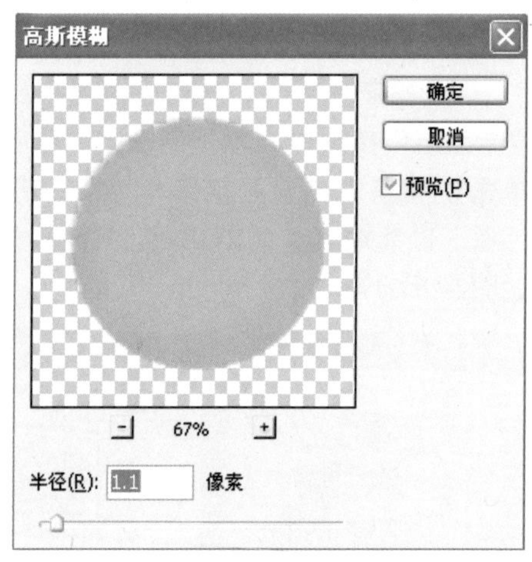

图2-15-15

09 单击“图层”面板下方的“创建新图层”按钮，创建新图层并命名为“高光”，绘制出一个小的不规则选区，填充白色，如图2-15-16所示。之后按Ctrl+D键取消选区。由于蛋黄是半液态的，不是玻璃或塑料类，所以要降低该图层的不透明度，制作出高光点，如图2-15-17所示。

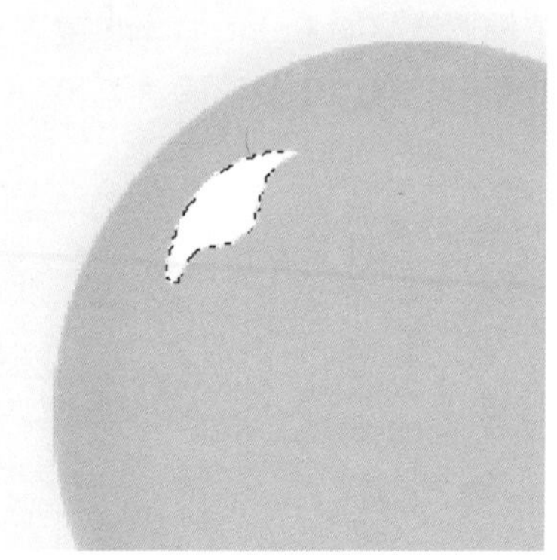

图2-15-16

图2-15-17

提 示:

别小瞧这个白色的高光点，它是蛋黄的点睛之笔，有它没它感觉可大不一样，它与右侧边缘的反光遥相呼应，使蛋黄鲜活透亮起来。

10 单击“图层”面板下方的“创建新图层”按钮，在“蛋黄”图层下方创建新图层并命名为“蛋黄影”，按Ctrl键，单击“图层”面板中蛋黄图层的缩览图，载入蛋黄的选区，按方向键向下轻微移动选区，填充与蛋黄近似的略淡的颜色，如图2-15-18所示。按Ctrl+D取消选区，并执行“滤镜”>“模糊”>“高斯模糊”命令将其模糊，如图2-15-19所示。

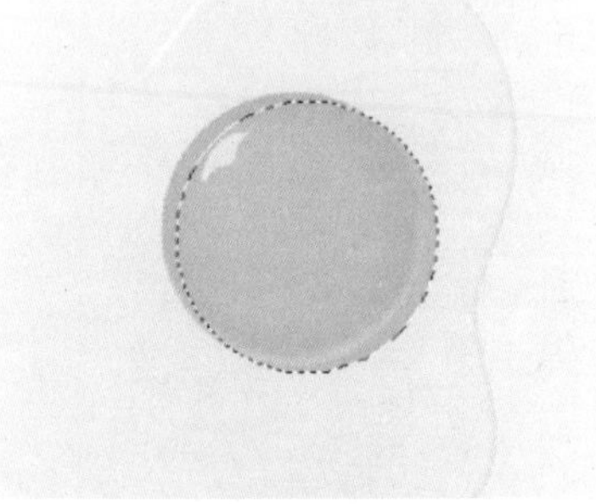

图2-15-18

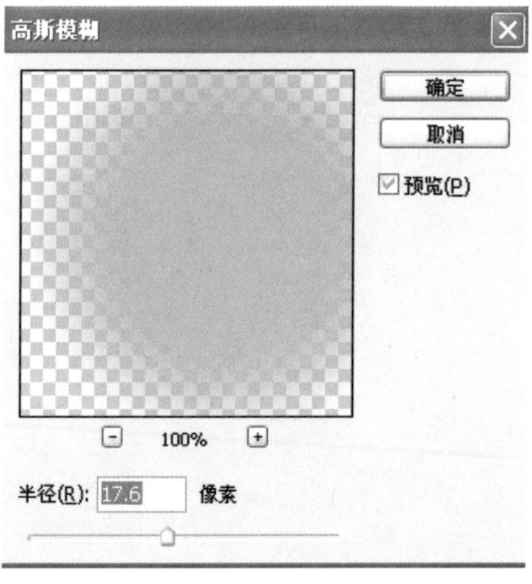

图2-15-19

11 这时蛋黄也做好了。为了显得有高度和层次，在“图层”面板中单击“蛋清”图层缩览图，按Ctrl+J键将蛋清复制一层。之后按Ctrl+T键进行自由变换，按住Ctrl键，将光标放在变换框的节点上单击拖动，将它缩小变形，并按Enter键确定变换，如图2-15-20所示。

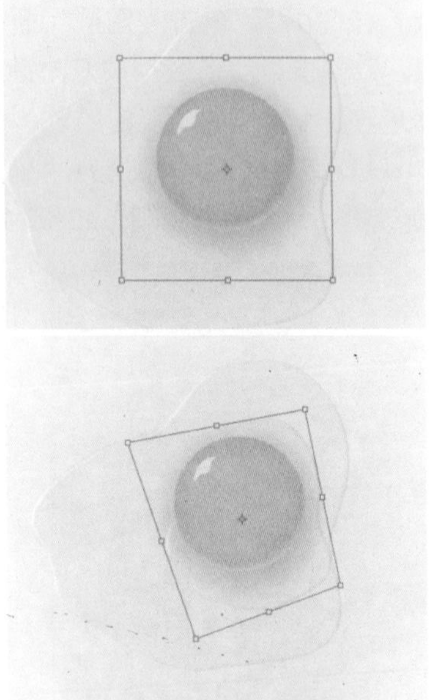

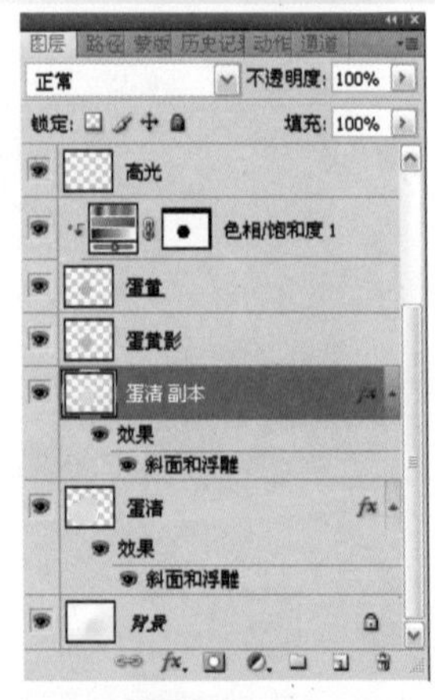

图2-15-20

正做得来劲儿，QQ滴滴滴的响个不停，原来“鸭舌帽”闲了，一个劲“骚扰”我，又是发电影网址，又是发音乐网址的，我点开一个音乐网址，放的是乌兰托娅的“套马杆”，这歌唱得好激动人心那。

套马的汉子你威武雄壮

飞驰的骏马像疾风一样……

不过我的破鸡蛋还没完成，还不能应酬他，好在是隐身状态，索性来个一言不发，伴着歌声继续制作。

3.制作蛋壳

01 下面开始制作蛋壳。单击“图层”面板下方的“创建新图层”按钮，创建新图层并命名为“蛋壳”。单击工具箱中的前景色图标，打开“拾色器”对话框，设置前景色的RGB值：R246、G220、B197，如图2-15-21所示。

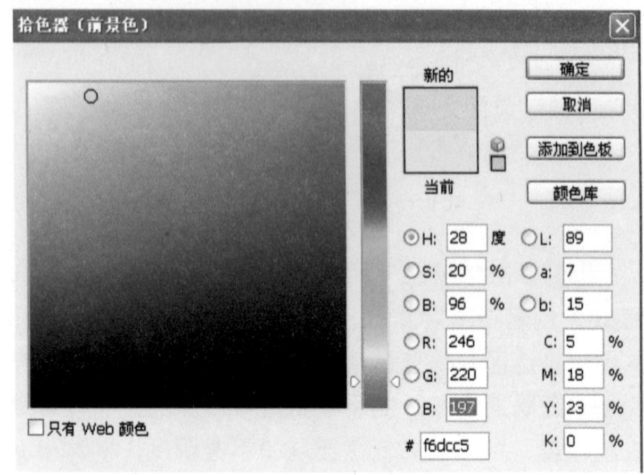

图2-15-21

02 选择“椭圆选框工具”，在“蛋壳”图层中绘制一个椭圆选区，按Alt+Delete键填充前景色，如图2-15-22所示。按Ctrl+D键取消选区。

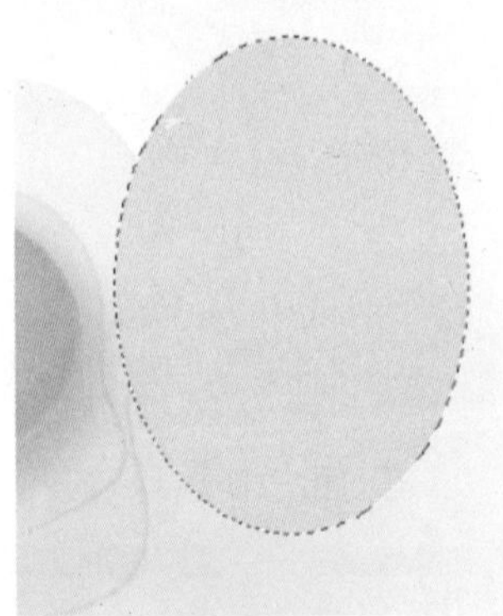

图2-15-22

03 执行“编辑”>“变换”>“变形”命令，将蛋壳下端适当调宽，如图2-15-23所示。这个命令的特点是能方便地改变图像局部的形状。

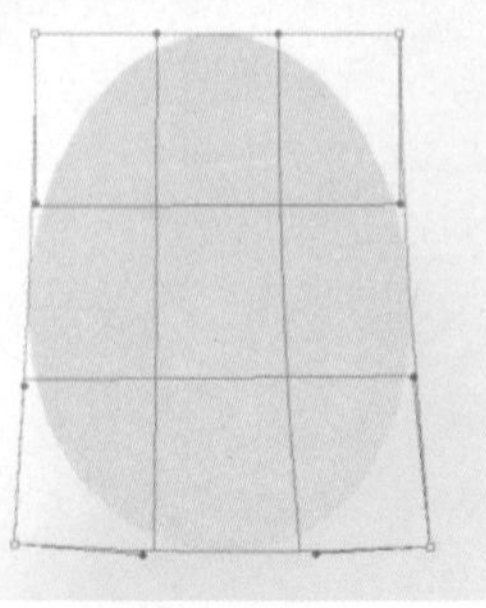

图2-15-23

鸡蛋的形状不是那种标准的椭圆形，有一头略微尖。不瞒您说，小时候我家养了一只母鸡，在好奇心的驱使下，我曾偷窥过它下蛋的全过程，发现是鸡蛋的小头先出来，大概只有如此母鸡下蛋才会更顺畅些。

04 按D键恢复默认的前景色和背景色。执行“滤镜”>“纹理”>“颗粒”命令，在弹出的对话框中将“颗粒类型”设为“喷洒”，观察预览窗口并设置适当参数，如图2-15-24所示。设置好后单击“确定”按钮。

提 示:

看！钙质斑点神奇地浮现在蛋壳上。这可不是手绘作画而是计算机制作，所以尽量使用软件的自动功能。

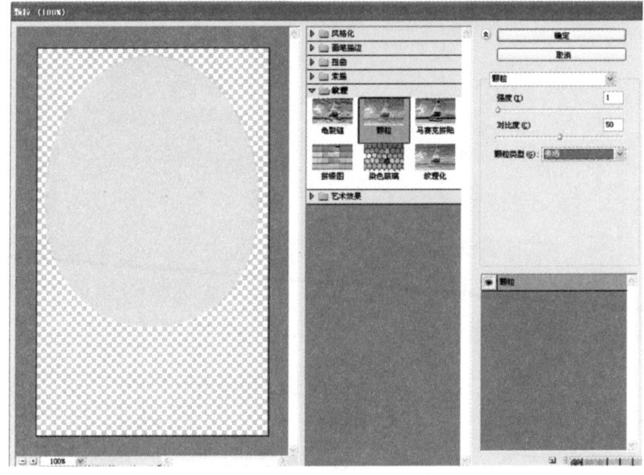

图2-15-24

不知您是否仔细观察过，蛋壳上还常有一些钙质小斑点，当初我家养母鸡时，为了避免下软皮蛋，我还经常把骨头贝壳等捣碎喂它们呢。

05 选择工具箱中的“加深工具”，将属性栏中的“范围”选项设为“中间调”，“不透明度”设置为15%，然后用它在蛋壳上擦拭出大体的明暗关系。对右侧暗部还可以使用“海绵工具”，将工具属性中的“模式”设为“饱和”，“流量”设为20%，轻擦一下，如图2-15-25所示。

06 按住Ctrl键，单击“图层”面板中“蛋壳”图层缩览图载入蛋壳选区。选择任意一个选框工具，按←、↑方向键将选区向左上轻微移动2～3像素，如图2-15-26所示。

图2-15-25

图2-15-26

07 按Ctrl+Shift+I键将选区反向。执行“选择”>“修改”>“羽化”命令，设置“羽化半径”为6像素，如图2-15-27所示。选择“减淡工具”，设置工具属性栏中的“模式”为“高光”，“曝光度”为12%，并勾选“保护颜色”选项，在蛋壳右侧缘擦出反光，如图2-15-28所示。

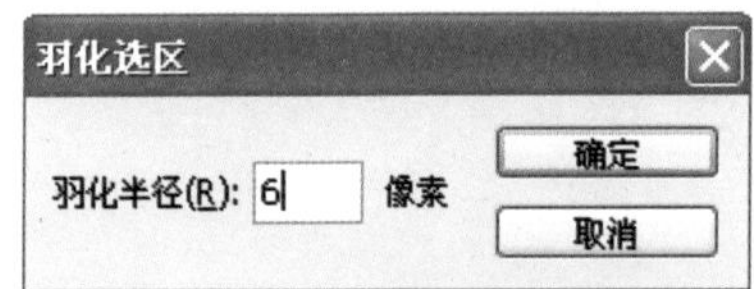

图2-15-27

图2-15-28

4.在蛋壳体上掏洞

做东西不容易，但是破坏东西却很简单，开始掏洞！就如那小伙子撞碎我的鸡蛋一样的容易。

01 单击“图层”面板下方的“创建新图层”按钮，创建新图层并命名为“裂口”。选择“套索工具”在蛋壳上绘制选区，设置前景色颜色值为R250、G171、B54，按Alt+Delete键填充前景色到选区，保留选区，如图2-15-29所示。

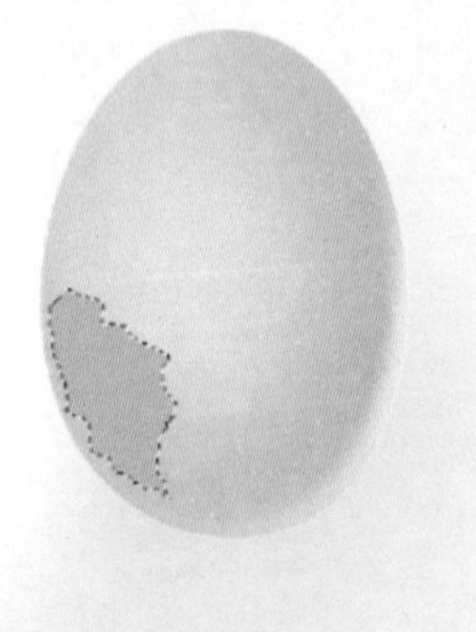

图2-15-29

02 单击“图层”面板下方的“创建新图层”按钮，创建新图层并命名为“裂口描边”，执行“编辑”>“描边”命令，在弹出的对话框中设置“宽度”为2px，“颜色”为白色，“位置”为“内部”，单击“确定”描出白边，如图2-15-30所示。

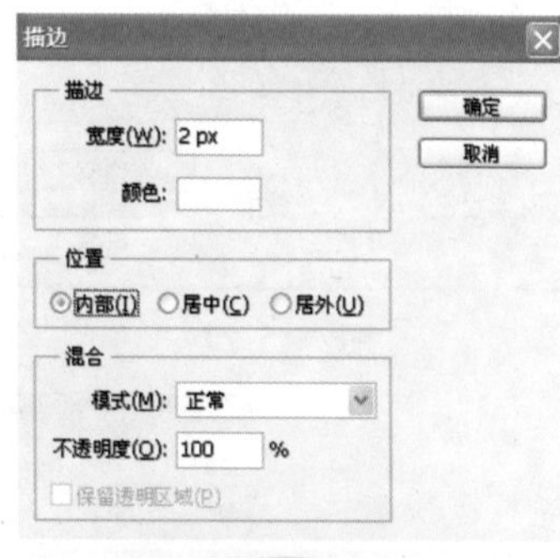

图2-15-30

03 按Ctrl+D键取消选区，选择“橡皮擦工具”，根据透视关系擦去右侧不需要的白边。再用“加深工具”在裂口内部擦出明暗关系，如图2-15-31所示。

图2-15-31

> **提示：**
>
> 做到这里似乎完成了，但是仍有细节需要处理，即在裂口边缘应该有一些蛋膜的，这不该忽视。有时候我们忽略细节，这是不好的，人们不是常说嘛，细节决定成败。

04 创建新图层命名为“膜”，用“多边形套索工具”沿着裂口边缘绘制若干细小选区，之后填充白色再降低该图层不透明度，制作出薄薄的蛋膜，之后按Ctrl+D键取消选区，效果如图2-15-32所示。

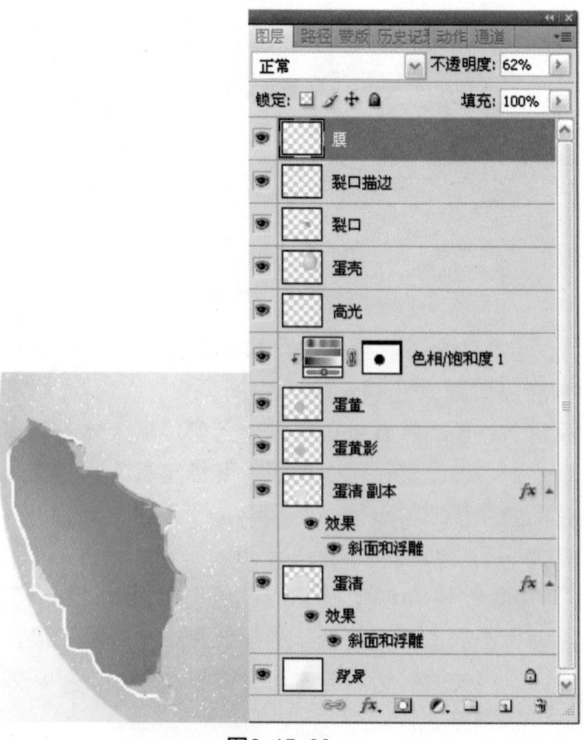

图2-15-32

5. 制作投影

01 编篚编篓全在收口，下面开始做投影。单击“图层”面板下方的“创建新图层”按钮，创建新图层并命名为“蛋壳投影”。将其放在蛋壳图层下方。按Ctrl键，单击“图层”面板中蛋壳图层缩览图载入蛋壳选区。选择任意一个选框工具，按方向键向下移动选区，填充灰蓝色：R194、G14、B58，如图2-15-33所示。按Ctrl+D取消选区。

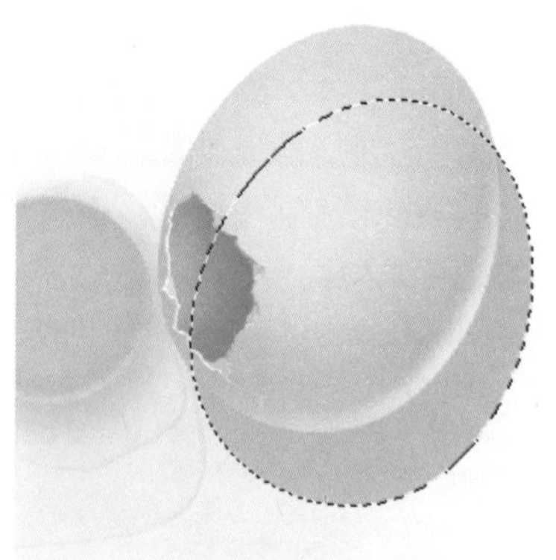

图2-15-33

02 对投影执行“滤镜”>“模糊”>“高斯模糊”命令，如图2-15-34所示。效果如图2-15-35所示。

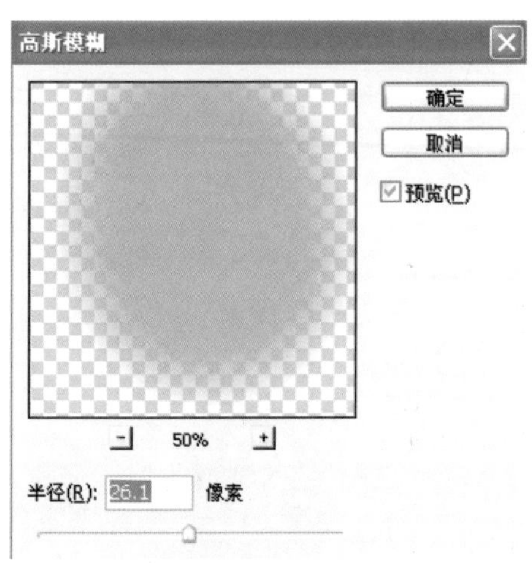

图2-15-34

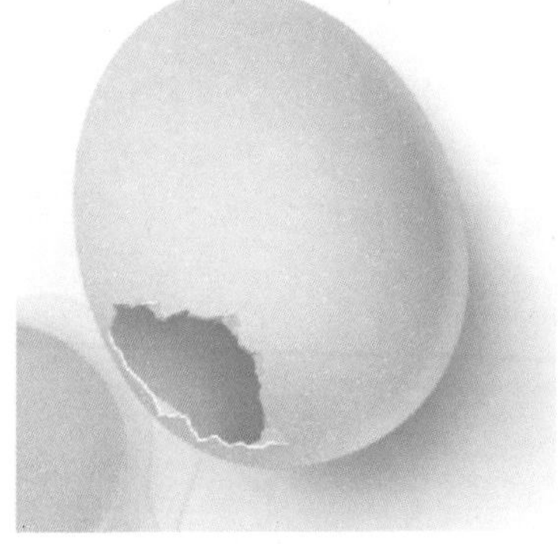

图2-15-35

03 最后在“蛋壳”图层上创建一个新图层，用细的“铅笔工具”画出裂纹，不再赘述，如图2-15-36所示。最终效果如图2-15-37所示。

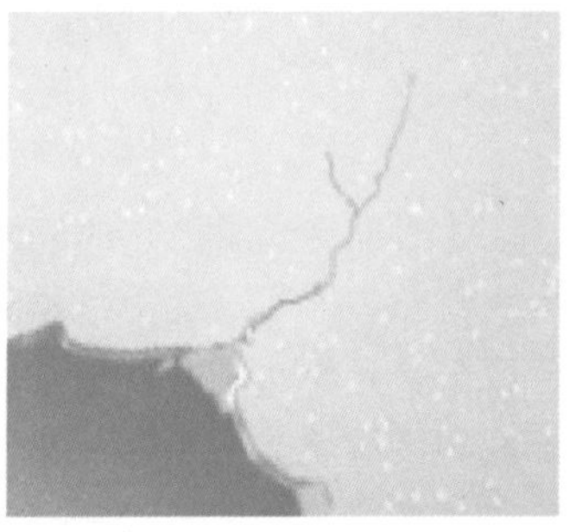

图2-15-36

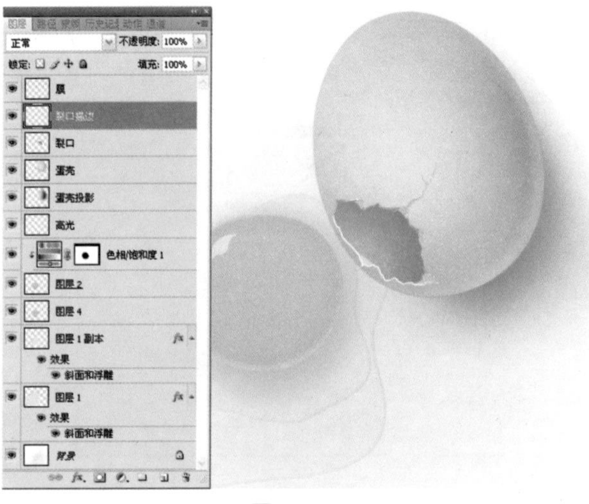

图2-15-37

提 示：

如果您有把握即可在蛋壳上直接绘制裂纹，否则还是要单独创建图层。

制作完成了，正是塞翁失马，焉知非福，坏事就这样变成了好事，辩证法是也。

在我们学习Photoshop的过程中，也经常如此，比如，一个制作即将大功告成，可是很不幸死机了，停电了，你白做了，懊恼不？遇到这种情况时，还是劝你冷静下来，就当前面是个热身练习，之后重新做，往往新做的更好！对吧？

在本案的制作过程中我们发现，前景色的设置是基础，它决定了作品整体基调；另外，明暗、光影的表现也十分重要，在制作过程中要处理好受光面、背光面，特别是明暗交界线、高光点和反光，只要这些都处理得恰当，那么就能把物体的质感表现出来，达到有虚有实、轮廓清晰简约、画面清新透亮的效果。

当一个立体对象受光时，它的表面明暗调子被分为亮部和暗部两大部分，亮部是受光部，它包括高光、中间色；暗部包括明暗交界线和反光。以球体为例，球体的中间色是柔和平滑的，明暗差别较小。由于中间色属于受光部，所以一般来说其最暗处也要亮于暗部的反光。明暗交界线是最暗的部分。反光是物体暗部对周围环境光的微弱反射。总之，立体对象在光的照射下明暗色调会以5种形式反映出来，即亮部和暗部，亮部包括高光和中间色，暗部包括反光，这也是画家们表现物体立体感的基本手段。在制作一些物件的过程中，我们也同样不能只表现亮部暗部这两个方面，还要恰当地表现物体的高光、明暗交界线和反光。除此以外，还有一个辅助效果也不能忽略，那就是根据光线制作投影。通过以上的叙述，我们也明白了，为什么达芬奇的老师为其布置的第一个作业练习是要求他画蛋了。

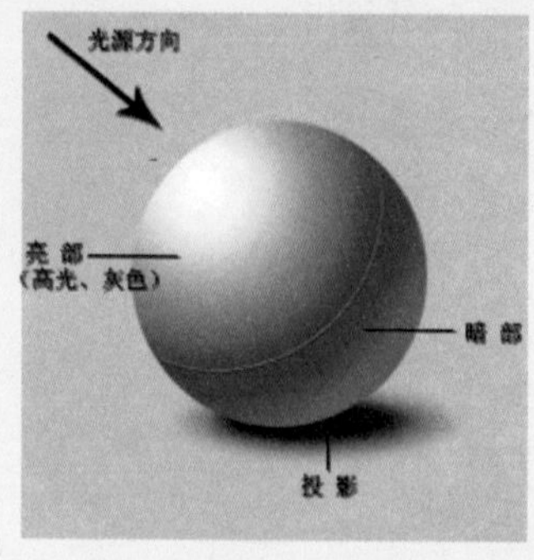

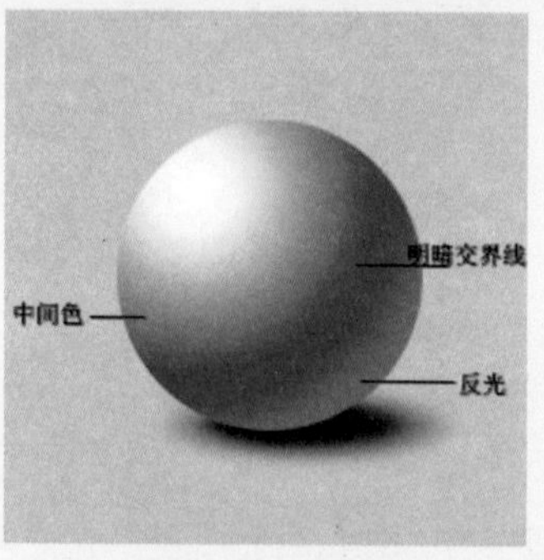

2.16 纸皱（皱纸和信封的制作）

对着镜子，猛然发现自己的眼角泛起了密密的鱼尾纹，慨叹之余却是豪迈，这纹理诉说的是沧桑、是阅历、是生命的歌吟，也是今天的灵感。我要用Photoshop将这歌声唱响。当然不是去描摹面部的皱纹，那太直白，意蕴不够深刻，我要通过另一种形式来描绘我的心情：那就是制作纸张上的皱褶。我把我的构想告诉了“安琪儿”和“鸭舌帽”。他俩都认为不错，可以尝试，不过他们也对我能否制作出这样的纹理表示怀疑。我说，窍门儿满地跑，就看你找不找。

本案例涉及的主要知识点：

在下面的两例中涉及的主要知识点包括：渐变编辑、Alpha通道的使用、“计算”命令、画笔的设置、形状工具、选区和路径的描边、“分层云彩”滤镜、“扩散”滤镜、光照滤镜、图案填充等。案例效果如图2-16-1与图2-16-2所示。下面我们通过制作信封先尝试第1种方法，即“硬皱”。

图2-16-1　图2-16-2

制作流程：

一、硬皱

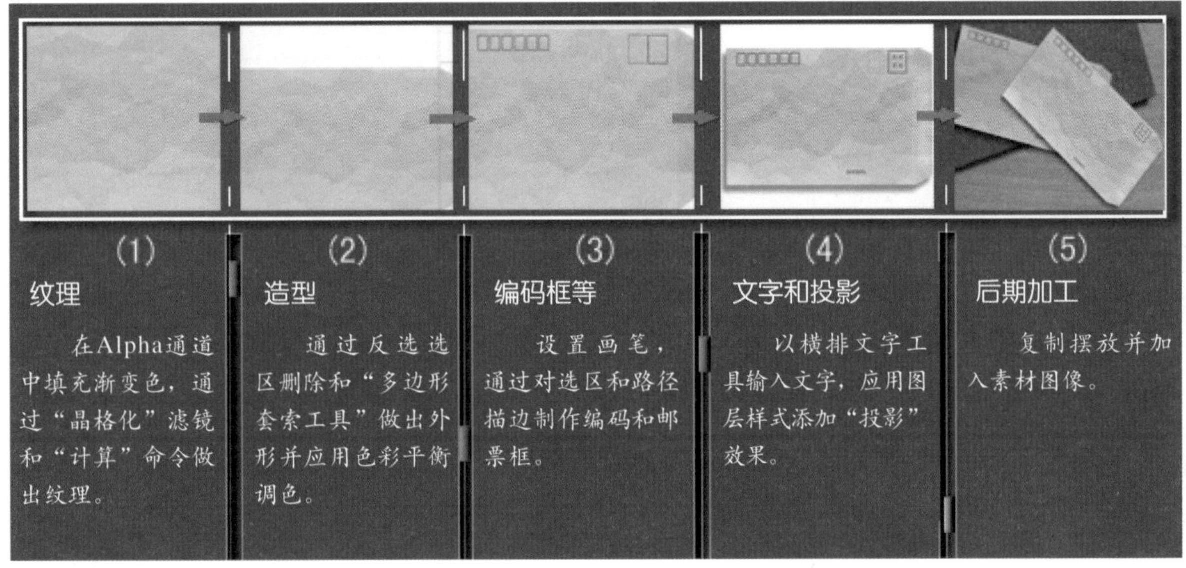

1．制作信封上的纹理

01 执行“文件”>“新建”命令，创建一个宽为700像素，高为500像素，分辨率为72像素/英寸，背景内容为白色，颜色模式为RGB的图像文件。

02 单击“图层”面板下方的“创建新图层”按钮或按快捷键Ctrl+Shift+Alt+N，新建“图层1”。

03 进入“通道”面板，单击面板下方的“创建新通道”按钮，创建Alpha1通道。选择工具箱中的“渐变工具”，单击“渐变工具”属性栏的渐变色带，打开“渐变编辑器”对话框编辑渐变，单击选中左侧色标，在下方颜色选项处设置颜色为：R161、G161、B161。同法将右侧色标颜色设置为：R236、G236、B236。单击选中颜色中点色标并拖动，将其位置设置在44%，如图2-16-3所示。单击“确定”按钮确定渐变编辑。在属性栏中设置渐变类型为“线性渐变”。自上而下在Alpha1 通道拖曳鼠标填充线性渐变。复制Alpha1通道为Alpha1副本，执行“编辑”>“变换”>“垂直翻转”命令，如图2-16-4所示。

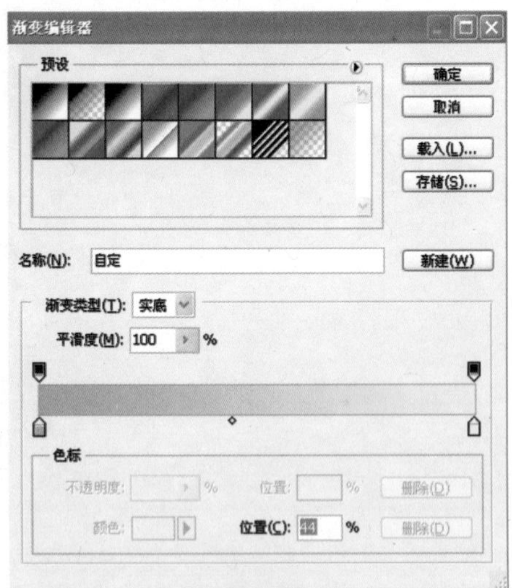
图2-16-3

图 2-16-4

04 对Alpha1副本执行“滤镜”>“像素化”>“晶格化”命令，在弹出的对话框中设置“单元格大小”的参数为106。对Alpha1也应用一次该滤镜，但这次单元格要小些，设置为39，如图2-16-5所示。

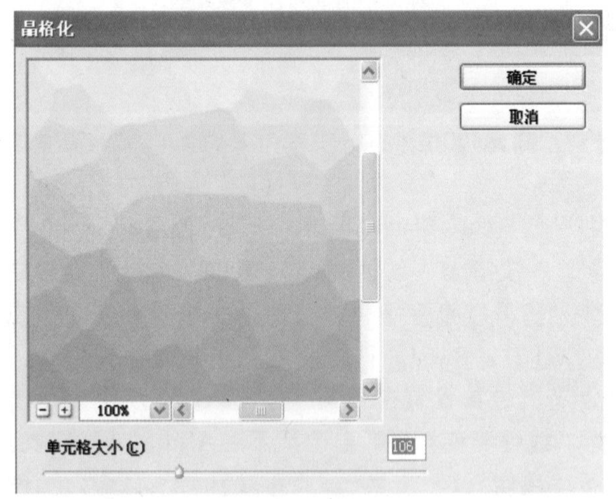

图2-16-5

05 对Alpha1执行“滤镜”>“画笔描边”>“强化的边缘”命令，如图2-16-6所示。

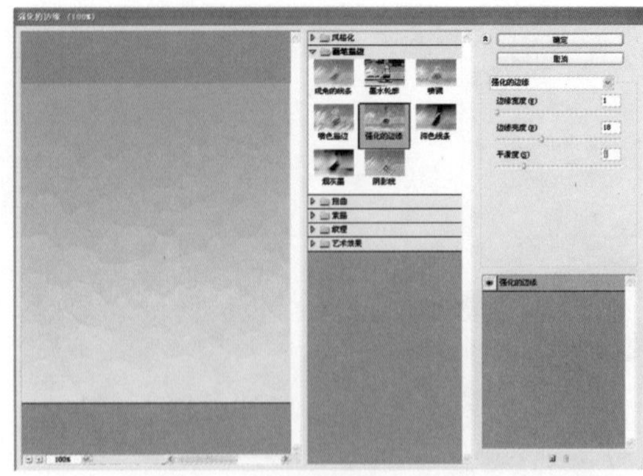
图2-16-6

06 保持Alpha1的工作状态，如图2-16-7所示。

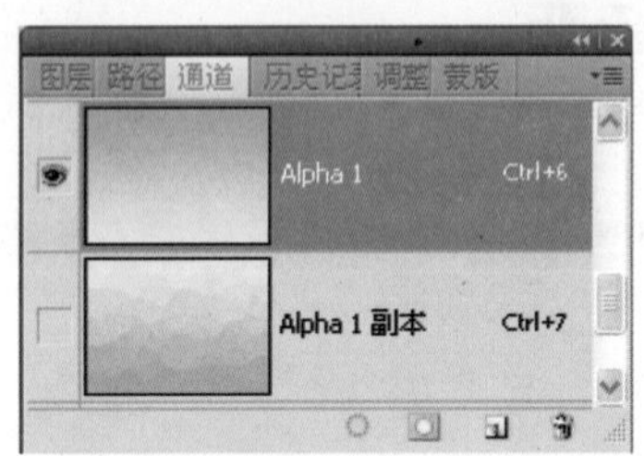

图2-16-7

07 接下来执行“调整”>“计算”命令，如图2-16-8所示。在弹出的对话框中指定“源1通道”为Alpha1，“源2通道”为Alpha1副本，“混合”为“叠加”，“结果”为“新建通道”，单击“确定”按钮后得到Alpha2，如图2-16-9所示。

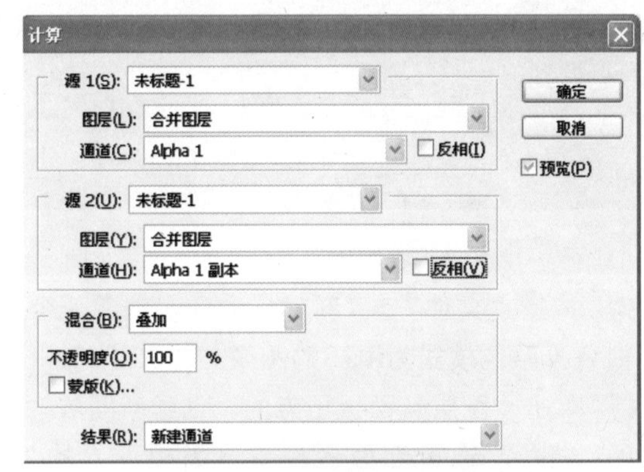

图2-16-8

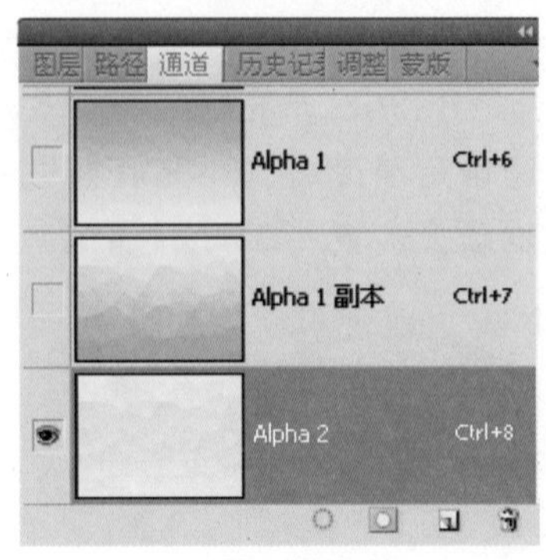

图2-16-9

计算是通道与通道间所进行的混合过程，它与图层混合的原理本质是一致的，是通过将特定通道中的黑白灰图像进行混合，如叠加、变亮等生成新的黑白灰图像即Alpha通道或选区，我们可以借助这个Alpha通道或选区对图像进行编辑修改。

通道计算既可以在两张已经打开的尺寸相同的图像文件之间的通道进行；也可以在同一个图像文件的各通道之间进行。在通道计算命令的对话框中，无论“源1”还是“源2”都是计算要使用的源图像，通俗点讲，如果计算是在两个图像文件之间进行，就是张三与李四的关系，谁在前谁在后由您决定。“图层”就是“张三”或“李四”手中的酒瓶子；“通道”就是瓶子里的酒，或是白酒或是啤酒。计算时就是将各种酒倒来倒去混合酿出一瓶新酒。如果是在一个图像文件之间进行，那么就是张三或李四自己与自己的两瓶酒较劲儿了。下图便是：

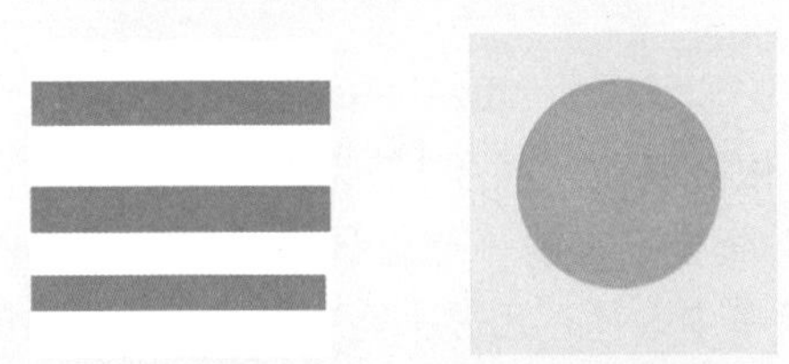

源1（参与通道：灰）　源2 （参与通道：蓝）

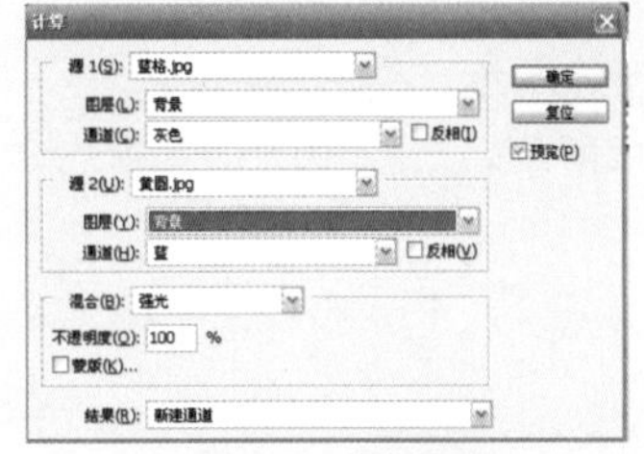

计 算（强光模式）

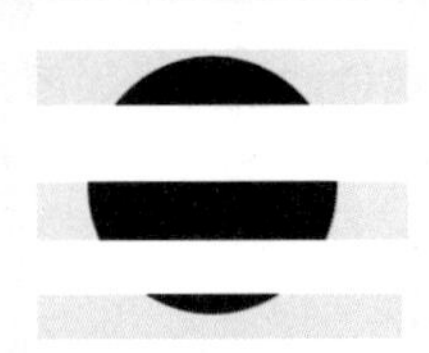

生成新通道Alpha 1

由于两个源文件图像都只有一个背景图层，故“图层”选项里皆为“背景”。而“反相”就是将参与计算的通道反相，即做颠倒黑白的事。

计算弄明白了，那么“应用图像命令”也就不难懂了，道理大同小异，只不过应用图像产生的不可逆转的新混合结果是替代性图层：新酒瓶。计算和应用图像，一个是造瓶，一个是酿酒，瓶酒不分。

08 按Ctrl+A键全选Alpha2，再按Ctrl+C键，进入“图层”面板，确定“图层1”为当前工作图层，按Ctrl+V键将Alpha2中的图像粘贴于“图层1”中。

09 将“图层1”拖至“图层”面板下方的按钮上，将其复制，得到“图层1副本”，设“图层1副本”混合模式为“线性加深”。很好，纸张的皱纹出现了，很沧桑是吧？

2. 制作信封外形并调色

01 执行“编辑”>“变换”>“缩放”命令，将“图层1副本”中的图像缩小，如图2-16-10所示。

02 单击“图层”面板下方的“创建新图层”按钮或按快捷键Ctrl+Shift+Alt+N，在“图层”面板最顶端创建“图层2”。按Ctrl+Shift+Alt+E键盖印可见图层。单击背景图层的“可视”图标，隐藏“图层1”和“图层1 副本”。选择工具箱中的“矩形选框工具”，框选图像的深色部分，按Ctrl+Shift+I键将选区反向，按Delete键删除选区内图像，得到长方形图像，如图2-16-11所示。按Ctrl+D键取消选区。

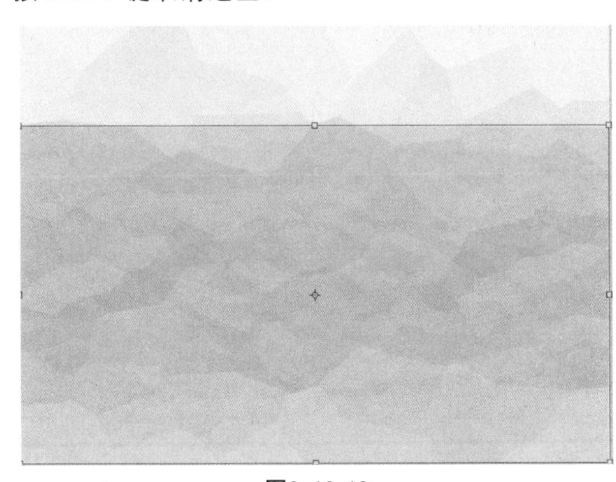

图2-16-10

图2-16-11

03 确认“图层2 ”为当前工作图层。选择工具箱中的“多边形套索工具”，在工具属性栏中，单击“添加到选区”按钮，在信封右端分别绘制两个三角状选区，之后按Delete键删除所选，得到信封口上下角部位的斜角，如图2-16-12所示。

图2-16-12

04 再使用“矩形选框工具”，框选信封的封口，如图2-16-13所示。

图2-16-13

05 对被框选的封口部位执行“图像”>“调整”>“曲线”命令，如图2-16-14所示。在弹出的对话框中，将曲线向下轻微移动，略微调暗信封封口。按Ctrl+D键取消选区。

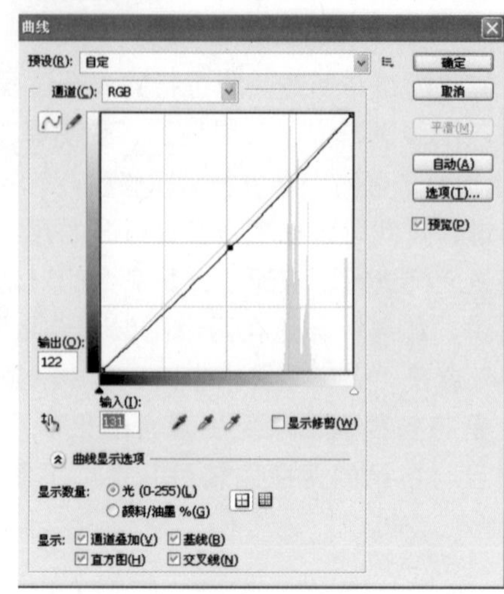

图2-16-14

06 依旧确认“图层2”为当前工作图层，单击“图层”面板下方的“创建调整图层”按钮，在弹出的菜单中选择“色彩平衡”选项，在弹出的对话框中选中“中间调”选项并进行调整，参数设置如图2-16-15所示。

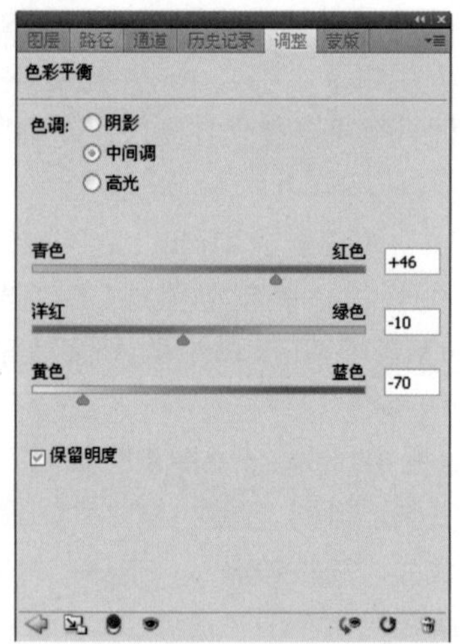

图2-16-15

3. 制作邮政编码框，邮票粘贴框等

01 创建“图层3”并作为当前工作图层。选择工具箱中的“矩形选框工具”，绘制一个矩形选区，如图2-16-16所示。执行“编辑”>“描边”命令，在弹出的对话框中设置“宽度”为1 像素，“颜色”为红色，如图2-16-17所示。单击“确定”按钮描出一个邮政编码框，如图2-16-18所示。按Ctrl+D键取消选区。

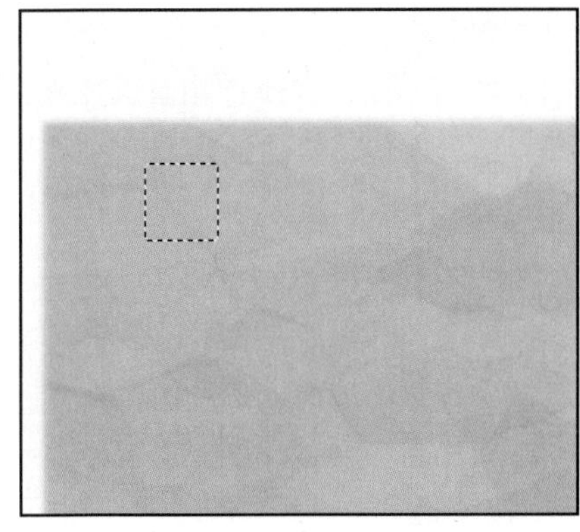

图2-16-16

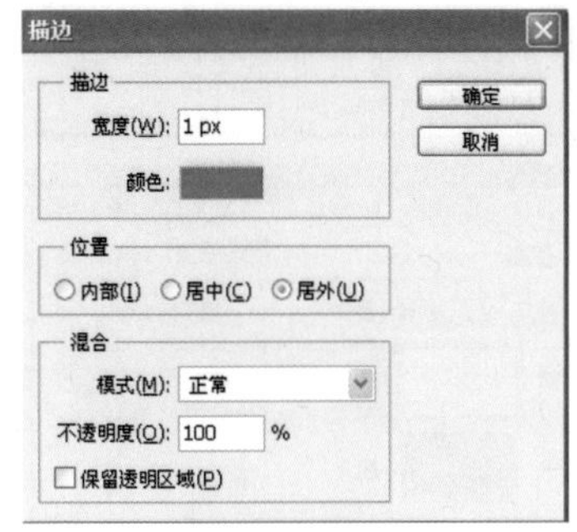

图2-16-17

图2-16-18

02 按住Alt键，光标呈黑白两个三角，横向拖曳制作好的邮政编码框将其复制5个排列起来，如图2-16-19所示。

图2-16-19

03 同法制作出一个邮票粘贴框。之后选择工具箱中的“矩形工具”，在工具属性栏中单击“路径”按钮，在邮票粘贴框左侧绘制一个矩形路径，如图2-16-20所示。

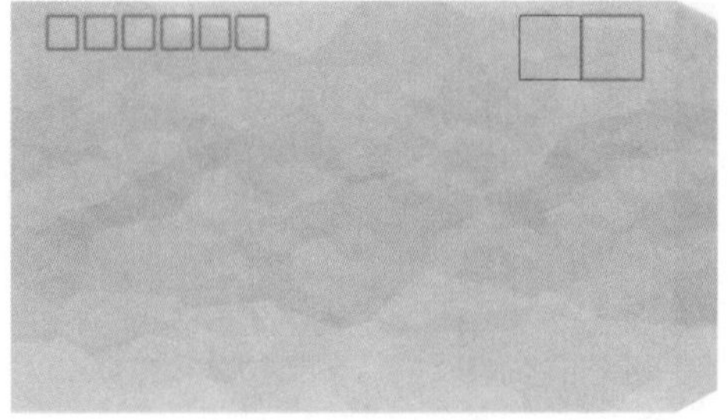

图2-16-20

04 按F5键，打开“切换画笔”面板，选择一个1像素的方形笔刷，再设置画笔“间距”为403%，如图2-16-21所示。将前景色设为红色，进入“路径”面板，单击面板下方的“用画笔描边路径”按钮，为路径描出点状虚线边，如图2-16-22所示。单击“路径”面板空白处隐藏路径，之后可以通过执行“色相/饱和度”或“曲线”等命令为信封调调色。

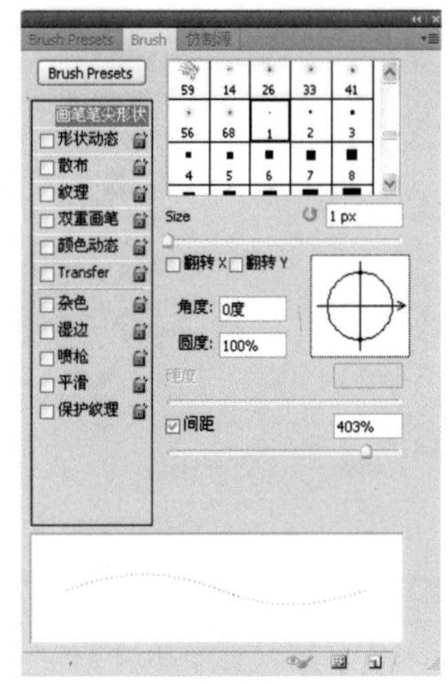

图2-16-21

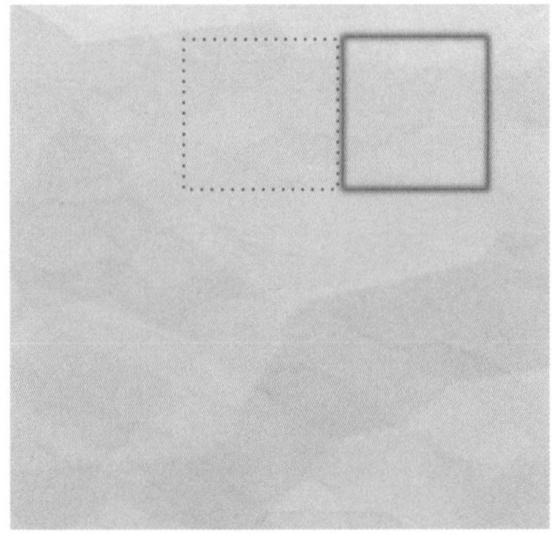

图2-16-22

说来好笑，记得当初我刚开始学Photoshop的时候，弄出一条工作路径，竟不知如何将它隐藏，东点西点好几下没找到一个钮，结果无意地在面板空白处一点，妥了！就这么简单。

4. 文字、投影等的制作

01 选择工具箱中的“横排文字工具”T，在邮票框中以及信封下边输入文字，如图2-16-23所示。

图2-16-23

02 单击“图层”面板下方的“添加图层样式”按钮fx，在打开的菜单中选择“投影”选项，在弹出的对话框中设置相关参数，如图2-16-24所示，效果如图2-16-25所示。

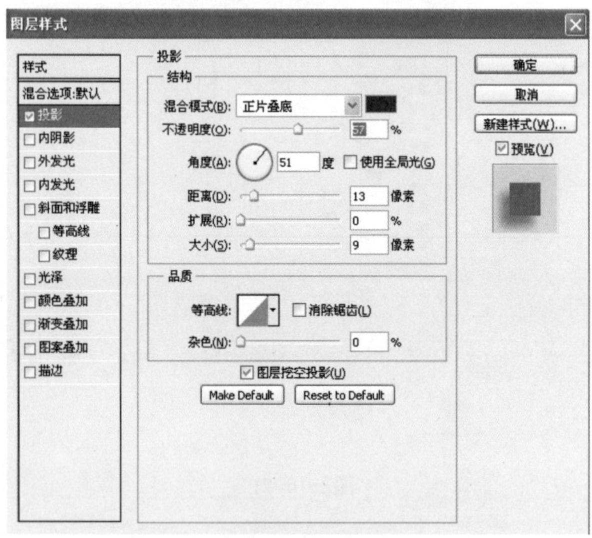

图2-16-24

图2-16-25

03 放入自己喜欢的素材图像作衬景，调整角度和位置摆放好。这布满“皱纹”的信封制作完了，就让它装着您的心情飞向远方吧！

二、软皱

软皱与硬皱很不同，其纹理如潺潺流水，曲折、舒缓、圆润，适合表现柔软的纸张。

1. 制作皱褶纹理和毛边

01 执行“文件”>“新建”命令，创建一个宽为800像素，高为455像素，分辨率为72像素/英寸，背景内容为黑色，颜色模式为RGB的图像文件。

02 单击“图层”面板下方的“创建新图层”按钮或按快捷键Ctrl+Shift+Alt+N，创建“图层1”，并确定为当前工作图层，将工具箱中的前景色设为白色，按Alt+Delete键在“图层1”中填充前景色，如图2-16-26所示。

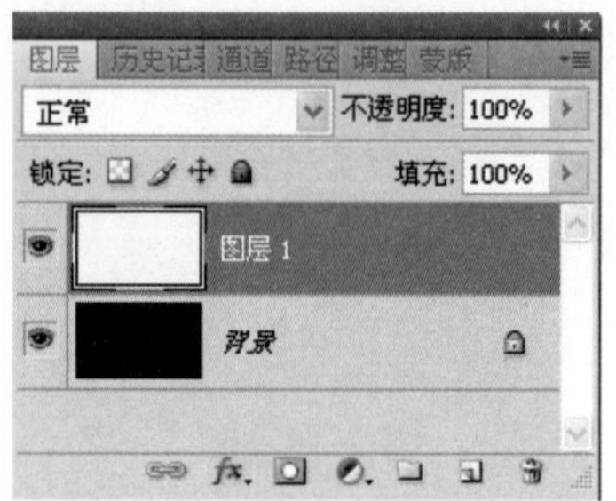

图2-16-26

03 进入“通道”面板，单击该面板下方的“创建新通道”按钮，创建一个Alpha1通道。将工具箱中前景色设为白色，背景色设为黑色。对Alpha1通道执行“滤镜”>“渲染”>“分层云彩”命令，之后按Ctrl+F键重复应用该滤镜若干次，如图2-16-27所示。

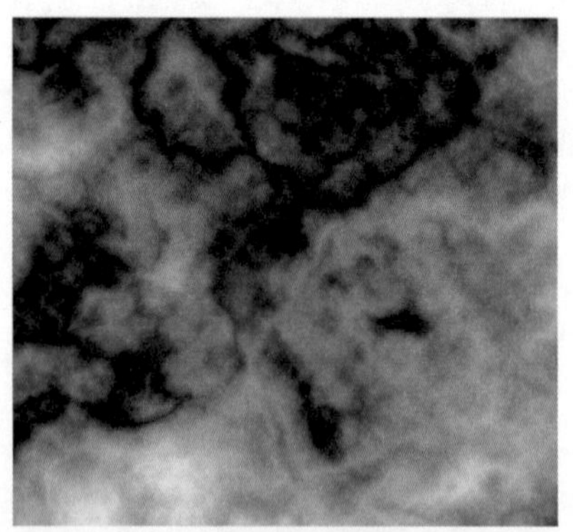

图2-16-27

04 返回“图层”面板，确认“图层1”，为当前工作图层执行“滤镜”>“渲染”>“光照”命令，如图2-16-28所示。在弹出的“光照效果”对话框中设置相应的参数，在“预览”窗口中设置好光照角度。“样式”为“平行光”，“纹理通道”选择Alpha1通道，并勾选“白色部分凸起”复选框，设置好以后单击“确定”效果如图2-16-29所示。

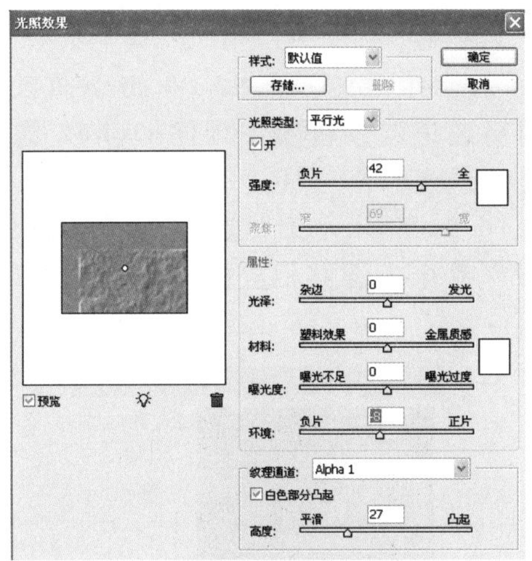

图2-16-28

图2-16-29

05 单击“图层”面板下方的“创建调整图层”按钮，为“图层1”创建一个“色相/饱和度”图层，对图像进行色彩调整，使之趋于乳白色，如图2-16-30所示。按Ctrl+T键适当缩小“图层1”中的图像。

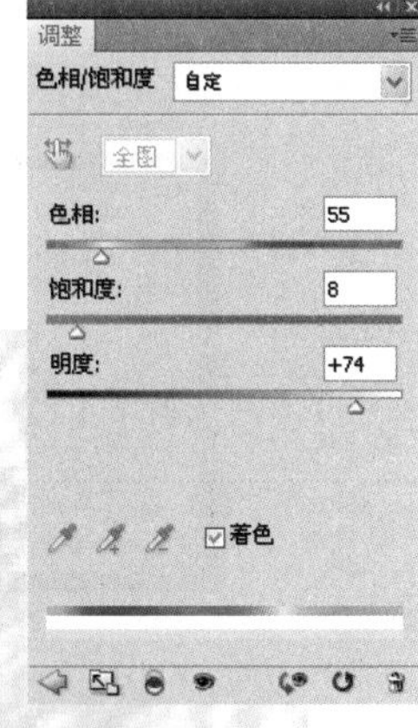

图2-16-30

提 示:

调整时需注意适量保留图像中的灰色纹理痕迹。

色相：即对由物体反射或透过物体传播出来的各类色彩相貌的称谓——名称，如红色、橙色、绿色等。色相是色彩的第一特征，是区别各种不同色彩的最准确的标准。任何黑白灰以外的颜色都有色相的属性，而色相就是由原色、间色和复色构成的。 从光学意义上讲，色相差别是由不同波长的光波产生的。Photoshop中“色相/饱和度”对话框底部就有一个色带，如果将其变成环，就是色相环。它代表的色相为红（R）、绿（G）、蓝（B）、青（C）、洋红（M）和黄（Y）。

饱和度：又称彩度，是指颜色的强度、纯度。饱和度为零是白色，而最大饱和度则是最深的颜色。饱和度取决于该色中所含本色成分多少。含本色成分越多，饱和度越大；反之饱和度越小。

明度：明度是指色彩本身的明暗程度，在无彩色情况下，由白到灰至黑的整个过程都是明度的表现，低明度色彩是指阴暗的颜色，高明度色彩是指明亮的颜色。在色相中，黄色明度最高，蓝色则最低。

06 在工具箱中选择“矩形选框工具”，沿图像边缘绘制出矩形选区，之后按Ctrl+Shift+I键将该选区反向，如图2-16-31所示。执行“滤镜”>“风格”>“扩散”命令，如图2-16-32所示。单击“确定”制作出毛边效果。执行“滤镜”>“模糊”>“高斯模糊”命令，调整相应的参数，如图2-16-33所示。之后按Ctrl+D键取消选区。

图2-16-31

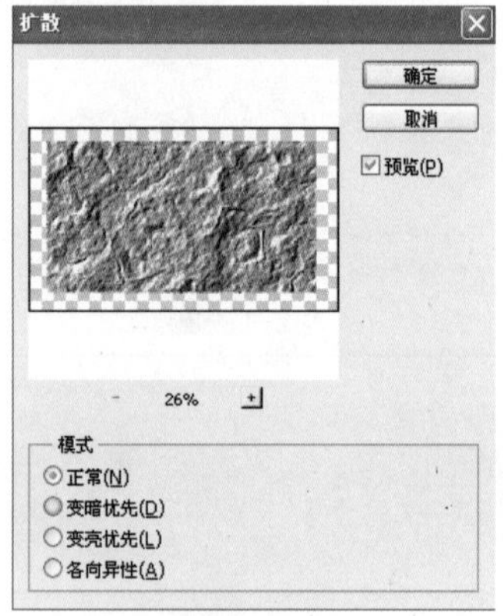

图2-16-32

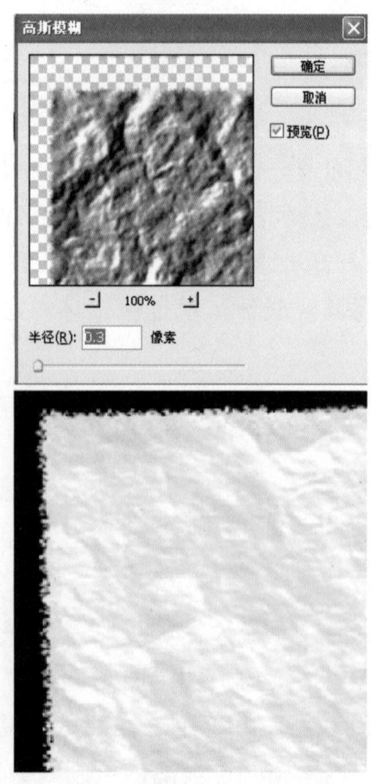

图2-16-33

2. 制作纸中斑点及格状条纹

01 进入“通道”面板，单击该面板下方的“创建新通道”按钮，创建Alpha2 通道，分别执行“滤镜”>“杂色”>“添加杂色”命令，如图2-16-34所示。和“滤镜”>“模糊”>“高斯模糊”命令，调整相应的参数，如图2-16-35所示。

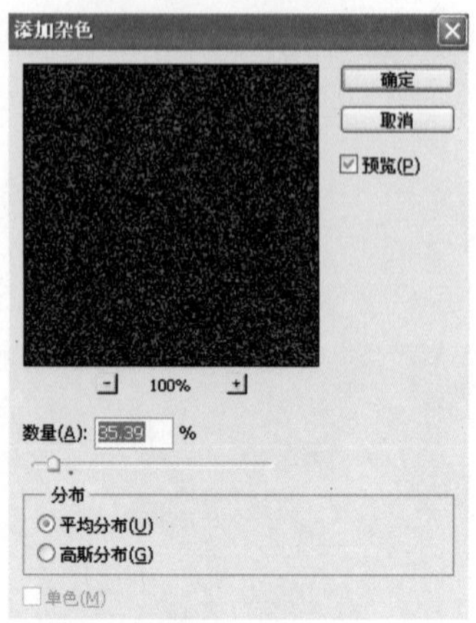

图2-16-34

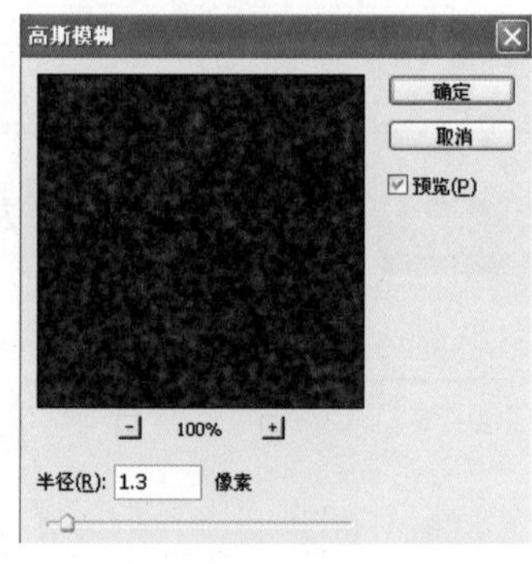

图2-16-35

注 意:

模糊的程度，将决定下一步斑点的大小。

02 执行“图像”>“调整”>“阈值”命令，在弹出的对话框中向左侧移动滑块，如图2-16-36所示。

提 示:

观察图像，当细小的杂色呈稀疏白色斑点即可单击“确定”按钮。

03 按Ctrl键，单击“通道”面板中Alpha2通道缩览图，载入该通道中白色斑点选区。返回“图层”面板，单击“图层”面板下方的“创建新图层”按钮，创建“图层2”，并填充土黄色，适当降低该图层的不透明度。制作出纸张中夹杂的斑点，如图2-16-37所示。

图2-16-36

图2-16-37

04 单击“图层”面板下方的“创建新图层”按钮，创建“图层3”，执行“编辑”>“填充”命令，在弹出的对话框中的“使用”下拉列表中选择“图案”。在“自定图案”下拉列表中选择格状纹理图案，如图2-16-38所示。单击“确定”按钮填充到“图层3”中，之后降低该图层的不透明度，如图2-16-39所示。

提 示：

剩下的工作只是根据自己的喜好进行裁切、拼接和加工，您可以自行完成。

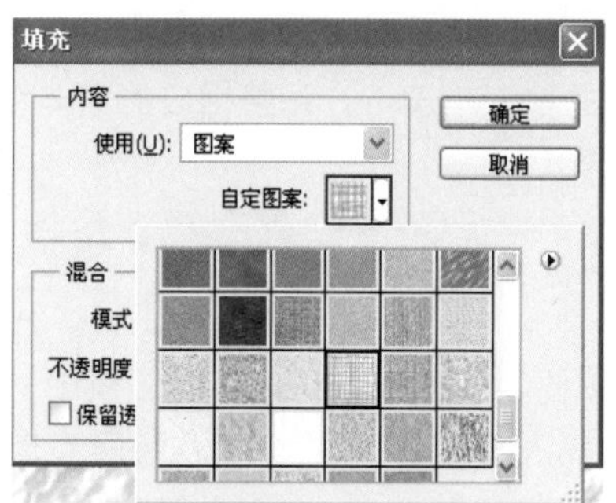

图2-16-38

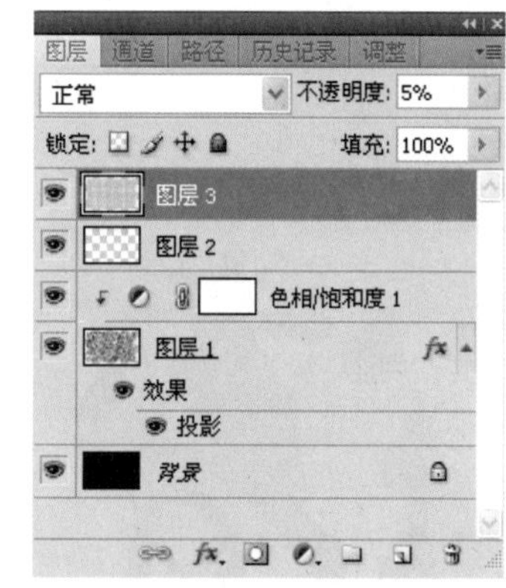

图2-16-39

2.17 拖痕字“涛”

对书法我并不很懂，在亲朋好友面前卖弄时，每每捉起毛笔，写的第一个字总是一个“涛”，也不知是因为这个字写着顺溜呢，还是它的形态受看，抑或是别的什么深层原由，奇怪的是今天做“拖痕字”，选的还是它。

本案例涉及的主要知识点：

本案例涉及的主要知识点有横排文字工具、“边界”命令、“波浪”滤镜等，案例效果如图2-17-1所示。

图2-17-1

操作步骤：

01 执行“文件”>“新建”命令，创建一个宽为500像素，高为500像素，分辨率为72像素/英寸，背景内容为白色，颜色模式为RGB的图像文件。

02 选择“横排文字工具”，将前景色设置为黑色，并输入“涛”，调整相应的字体和字号，如图2-17-2所示。

图2-17-2

03 按住Ctrl键单击“图层”面板中文本图层的缩览图，载入文字选区。单击“图层”面板下方的“创建新图层”按钮，在文字图层之上创建“图层1”，确认“图层1”为当前工作图层，保持选区的状态。按Alt+Delete键在选区中填充前景色，如图2-17-3所示。保留选区，单击“图层”面板中文本图层的“可视”图标，隐藏该图层。

图2-17-3

04 依然以“图层1”为当前工作图层。执行“选择”>“修改”>“边界”命令，在弹出的对话框中调整“宽度”为3像素即可，如图2-17-4所示。

图2-17-4

提示：

不能太大也不能太小，此时选区只针对文字边缘。

05 执行“滤镜”>“扭曲”>“波浪”命令，如图2-17-5所示。在弹出的对话框中设置各项参数，注意参数不可太大，要注意观察预览图，以下提供的是参考值，具体调控要根据实际情况灵活掌握。设置好后单击“确定”按钮。按Ctrl+D键取消选区。

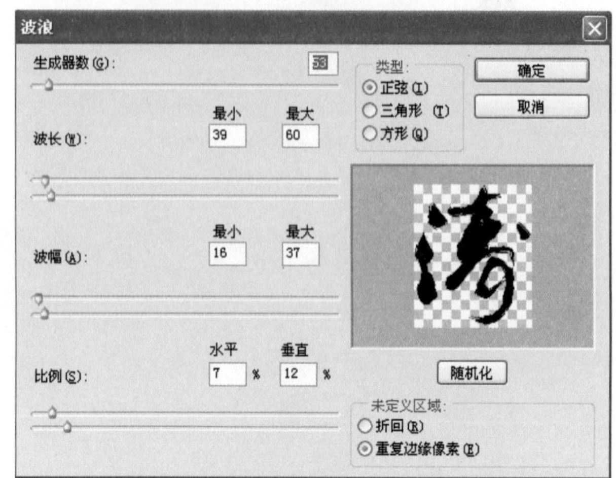

图2-17-5

06 选择“橡皮擦工具”稍作修饰，如图2-17-6所示。

图2-17-6

07 执行“滤镜”>“扭曲”>“海洋波纹”和“玻璃”命令，分别在它们的对话框中调整相应的参数，如图2-17-7所示。你会发现文字将发生很有趣的微妙变化，好，适可而止，完成制作！

完成这个实例后，我将效果图发给“鸭舌帽”，他很感兴趣，问我是怎么做的？我开始卖关子了，“哈哈，要想知道怎么做的，你得保证3天不偷我的菜”他有些不高兴了，说我不够朋友，说以前曾经远程遥控帮我调电脑，哈，开始翻小肠了。后来我还是把方法告诉了他，他乐得够呛。

图2-17-7

本效果是通过对文字选区的修改并结合应用3个扭曲滤镜来完成的，这个制作告诉我们，对于选区和滤镜要灵活地应用，要根据它们的特点、功能有针对性地使用，要清楚哪些滤镜可以对图像的面发生作用，哪些可以对图像的边缘发生作用，这一点很重要。

2.18 旁门左道镭射字

我发现在现实生活中人们有时并不一定需要做起来很复杂烦琐的特效字，许多简单明快的字体更易受到人们的青睐。就拿下面这个发光镭射字来说吧，用处很大，但是做起来却十分简单，几乎就是直接写出来的。我也看过别人做类似的字，但我的方法与他们不同，效果也很不同，所以我说是“旁门左道”。

本案例涉及的主要知识点：

本案例涉及的主要知识点有“外发光”图层样式、图层蒙版、画笔工具、图层混合模式、渐变等，案例效果如图2-18-1所示。

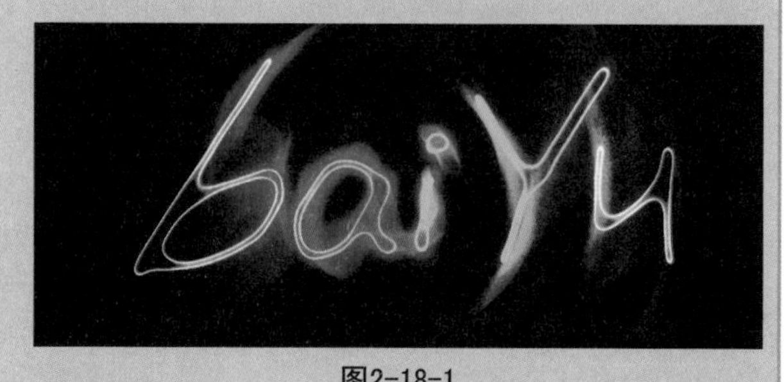

图2-18-1

操作步骤：

01 执行“文件”>“新建”命令，创建一个宽为700像素，高为300像素，分辨率为72像素/英寸，背景内容为默认“背景色”即黑色，颜色模式为RGB 的图像文件。按Ctrl+J键复制该图层为“背景副本”，并作为当前工作图层，如图2-18-2所示。

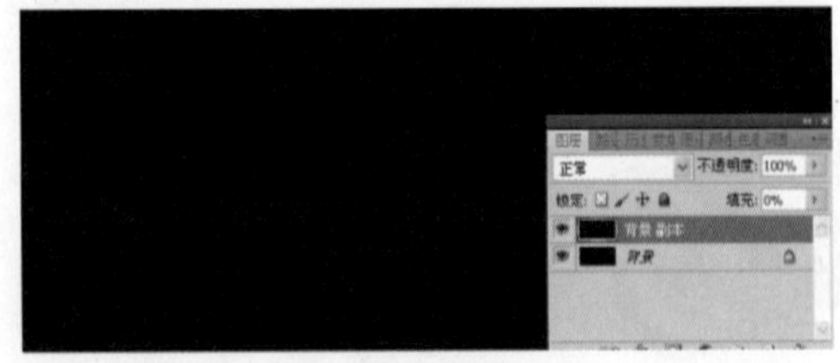

图2-18-2

02 单击“图层”面板下方的“添加图层样式”按钮fx，在打开的菜单中选择“外发光”，在打开的对话框中设置相关参数，如图2-18-3所示。

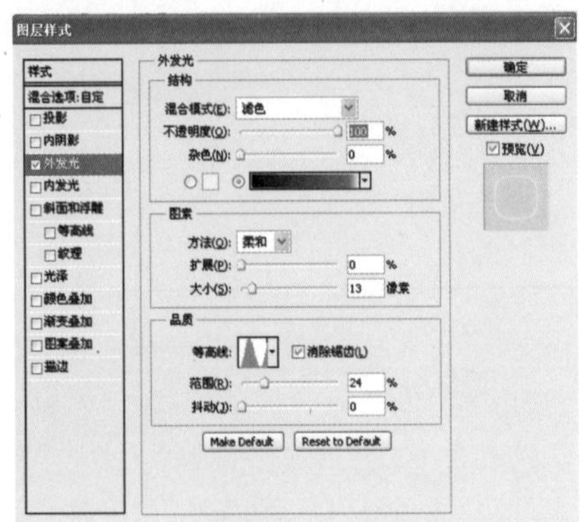

图2-18-3

03 打开该对话框中的“渐变编辑器”编辑渐变，自左向右将渐变条上第1个颜色控制点颜色设置为R0、G9、B16，位置为0%；第2个颜色控制点颜色设置为R9、G94、B167，位置为89%；第3个颜色控制点颜色设置为白色，位置为100%，如图2-18-4所示。

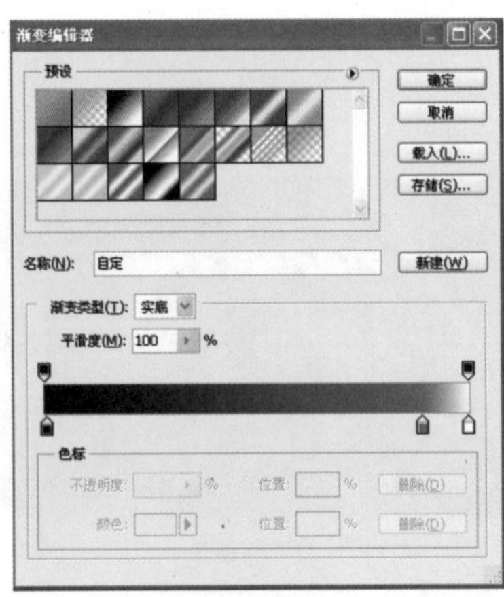

图2-18-4

04 将“图层”面板上的“填充”设置为0%，如图2-18-5所示。选择直径大小适当的“画笔工具”，如图2-18-6所示。将前景色设置为黑色。

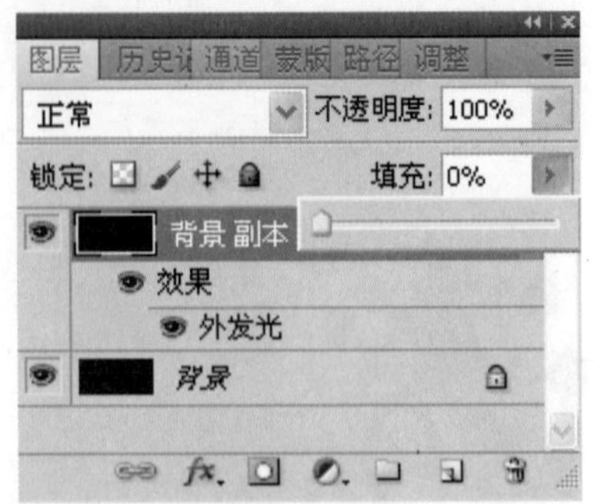

图2-18-5

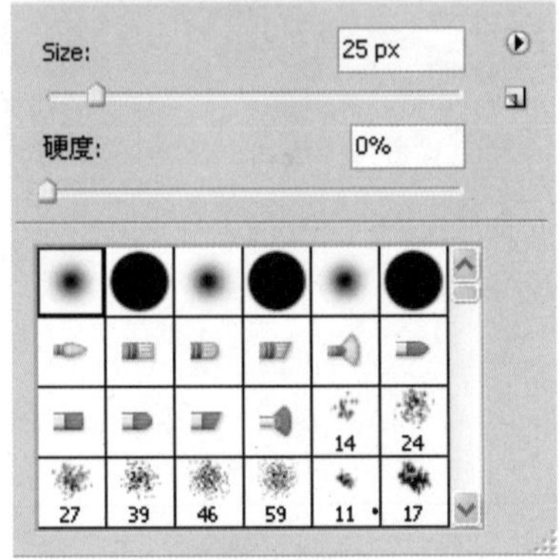

图2-18-6

05 单击“图层”面板下方的“添加图层蒙版”按钮，为“背景副本 ”添加图层蒙板并使之处于工作状态，用画笔在其中写出文字，如图2-18-7所示。

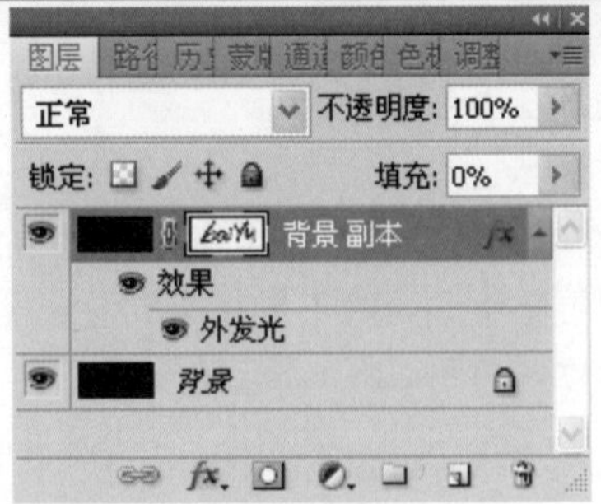

图2-18-7

提 示：

发光字奇妙地出现了，不过还不够绚烂。

06 按Ctrl+Shift+Alt+E键盖印图层为“图层1”，按Ctrl+M键打开“曲线”对话框将文字调亮，如图2-18-8所示。

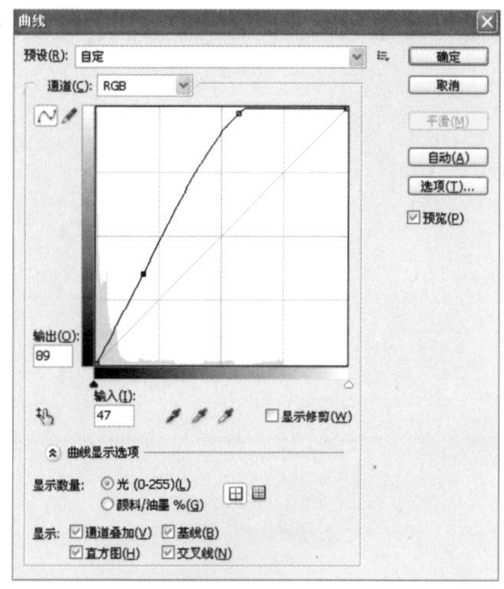

图2-18-8

07 按Ctrl+J键复制“图层1”为“图层1副本”，并将图层混合模式设置为“滤色”，如图2-18-9所示。

图2-18-9

08 选择工具箱中的“渐变工具”，单击“渐变工具”属性栏中的渐变色带，打开“渐变编辑器”对话框，调整相应的渐变颜色如图2-18-10所示。在“预设”窗口选择“色谱”渐变，单击“确定”按钮退出渐变编辑。在“渐变工具”属性栏中，单击“线性渐变”按钮。单击“图层”面板下方的“创建新图层”按钮，创建“图层2”，并将该图层作为当前工作图层，并在“图层2”中横向填充线性渐变。将该图层的混合模式设置为“叠加”，如图2-18-11所示。

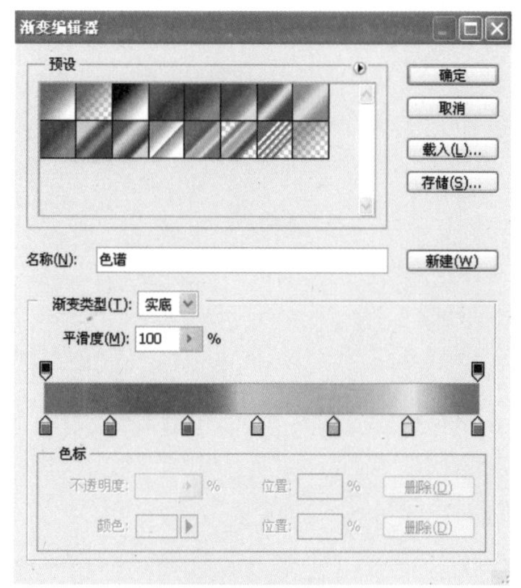

图2-18-10

图2-18-11

09 确认“图层1 副本”为当前工作图层，执行“滤镜”>“扭曲”>“波浪”和“滤镜”>“模糊”>“径向模糊”命令，分别调整相应的参数，如图2-18-12所示。完成制作。

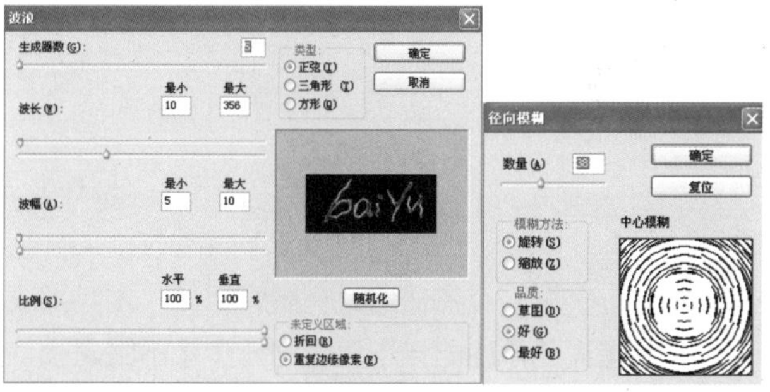

图2-18-12

夏夜无眠

这夜，很晴朗
轻盈的眼波
含着幽蓝的秀色
甜蜜的微笑里
含着缀满星光的唇彩
望星河，观北斗
又见屋瓦和树影
这色彩斑驳掺着虫鸣
舒展在夜的清凉里

夏，炎热却也时有清凉相伴，尤其那夜晚，清风渐渐，正是灵感生发的时刻。每每忆起在星光和乐曲陪伴下渡过的一个个不眠之夜，内心都会漾起一缕缕幸福的涟漪，下面的作品就是在那些难忘的夏夜里被清风吹起的一道道起伏的涟漪。

3.1 璀璨

不知天上是否有那座殿堂，每日都要响起洪亮的钟声

智慧的魂灵，你住在哪里，我看见！你驾驭时间的手

你的目光穿越茫茫的宇宙，为这人间送来圣洁的光明

进入夏季以来一直很闷热，然今夜有清风潜入，且星光灿烂，颇爽。撩得我诗性大发，好不惬意。然写诗仍不觉尽兴，便让情致由着诗性继续恣意延伸，做了下面的灿烂星云图。这个制作并不复杂，请随我慢慢做来……

本案例涉及的主要知识点：

本案例涉及的主要知识点有“杂色”滤镜、“模糊”滤镜、“阈值”命令、载入通道、“分层云彩”滤镜、图层混合模式、“光照”滤镜、曲线调整、照片滤镜调整图层和“液化”滤镜等，案例效果如图3-1-1所示。

图3-1-1

操作步骤：

01 打开Photoshop，将工具箱中的背景色切换为黑色。执行“文件”>“新建”命令，创建一个宽为600像素，高为450像素，分辨率为72像素/英寸，背景内容为“背景色”，颜色模式为RGB的图像文件。按Ctrl+J键将“背景”图层复制为“背景副本”，如图3-1-2所示。

图3-1-2

02 确认“背景副本”为当前工作图层，执行“滤镜”>“杂色”>“添加杂色”命令，调整相应的参数，如图3-1-3所示。

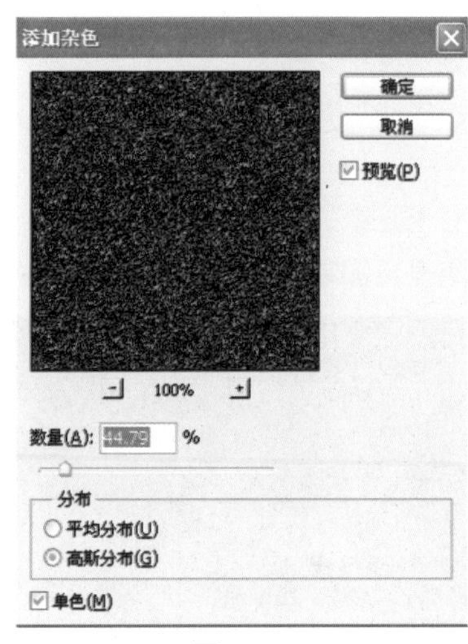

图3-1-3

03 执行“滤镜”>“模糊”>“高斯模糊”命令，调整相应的参数，如图3-1-4所示。执行“图像”>“调整”>“阈值”命令，调整相应的参数，如图3-1-5所示。

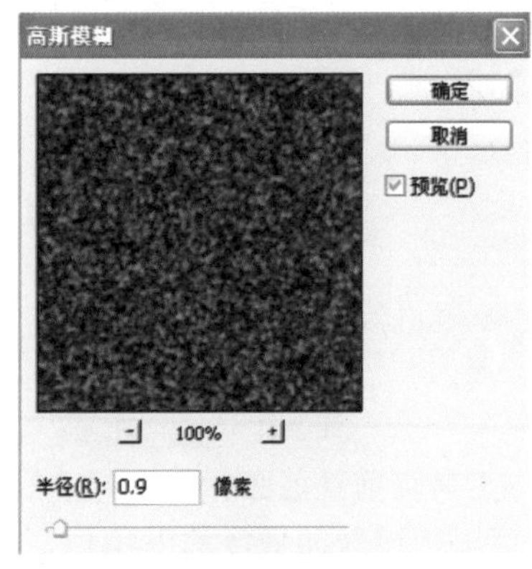

图3-1-4

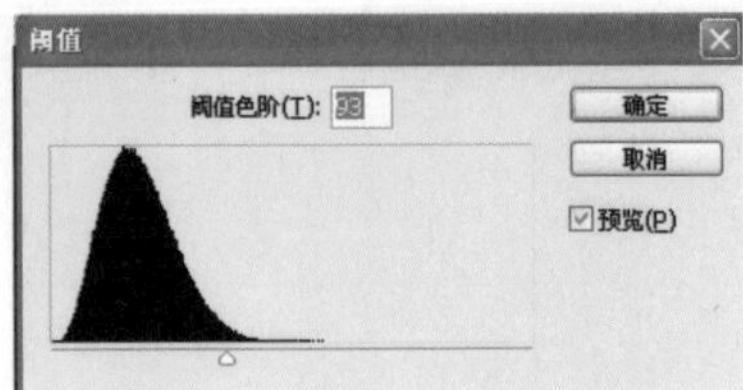

图3-1-5

04 再次执行“滤镜”>“模糊”>“高斯模糊”命令，调整相应的参数，如图3-1-6所示。

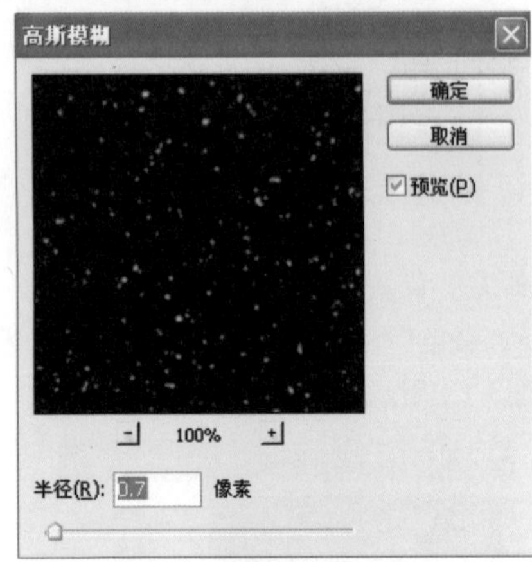

图3-1-6

05 进入“通道”面板，按Ctrl键单击“通道”面板中的蓝通道缩览图载入图像选区，如图3-1-7所示。

图3-1-7

06 返回“图层”面板，单击“图层”面板下方的“创建新图层”按钮，创建“图层1”并将该图层作为当前工作图层，而后对已经载入的选区执行“选择”>“修改”>“羽化”命令，调整相应的参数，如图3-1-8所示。

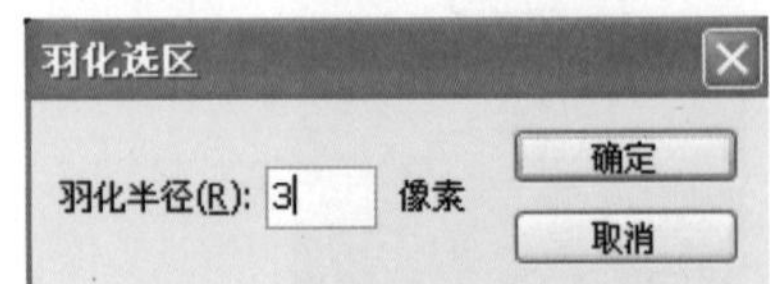

图3-1-8

07 单击工具箱前景色图标，打开“拾色器”，在弹出的对话框中设置前景色的RGB值，如图3-1-9所示。

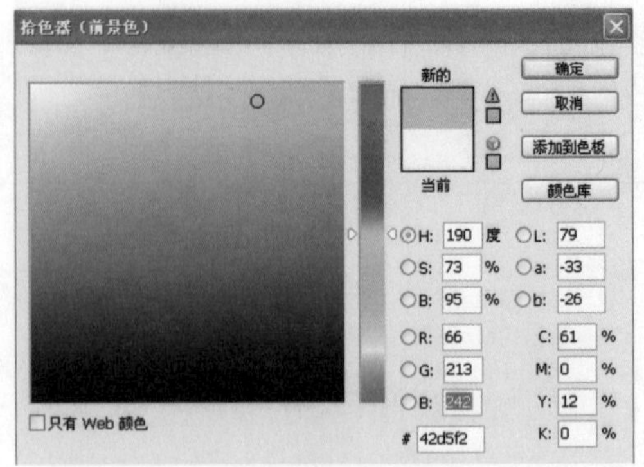

图3-1-9

08 按Alt+Delete键填充前景色到“图层1”的选区中，如图3-1-10所示。

图3-1-10

09 将该图层的图层混合模式设置为“颜色减淡”，如图3-1-11所示。

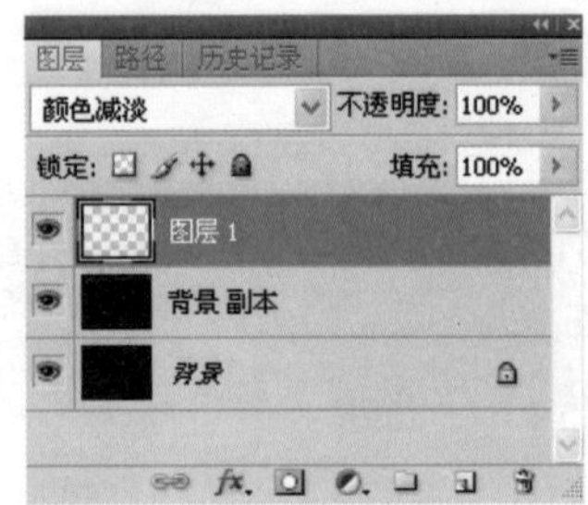

图3-1-11

10 分别单击工具箱前景色和背景色图标，打开“拾色器”对话框设置前景色和背景色的RGB值，如图3-1-12与图3-1-13所示。

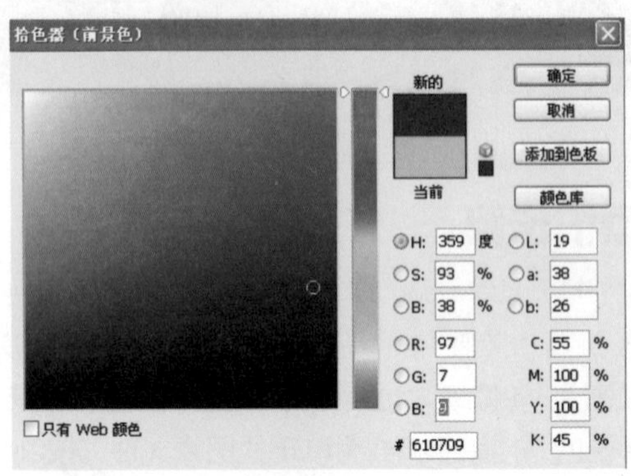

图3-1-12

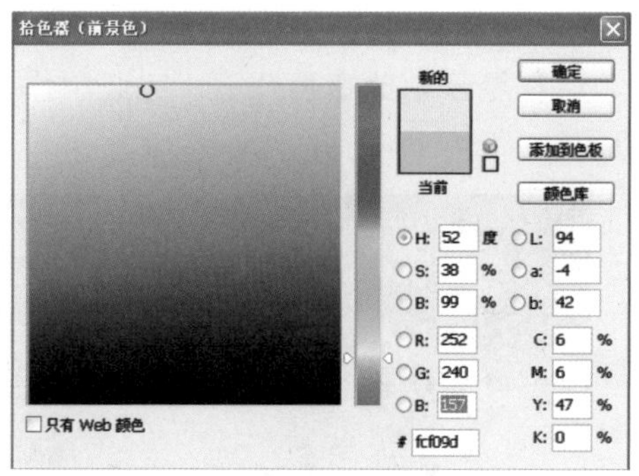
图3-1-13

11 确认“背景”图层为当前工作图层，执行“滤镜”>“渲染”>“分层云彩”命令。再将其上的“背景副本”图层的混合模式设置为“叠加”，效果如图3-1-14所示。

图3-1-14

12 对“背景”图层执行“滤镜”>“渲染”>“光照”命令，在打开的对话框中设置相关的参数，如图3-1-15所示。

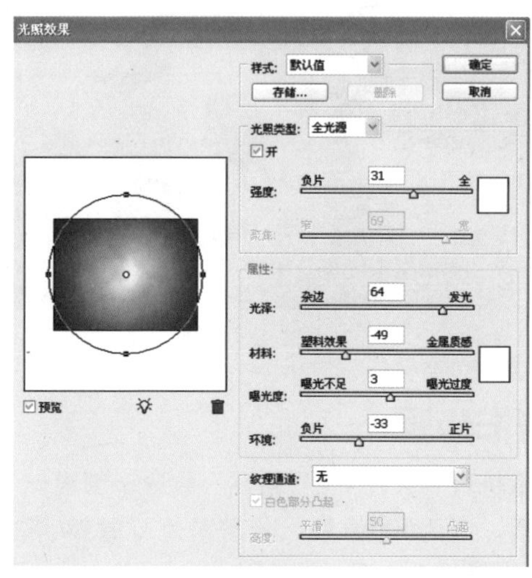
图3-1-15

13 单击“图层”面板下方的“创建调整图层”按钮，在弹出的菜单中选择“曲线”选项，在“图层1”之上创建一个“曲线”调整图层，对图像进行调整，如图3-1-16所示。

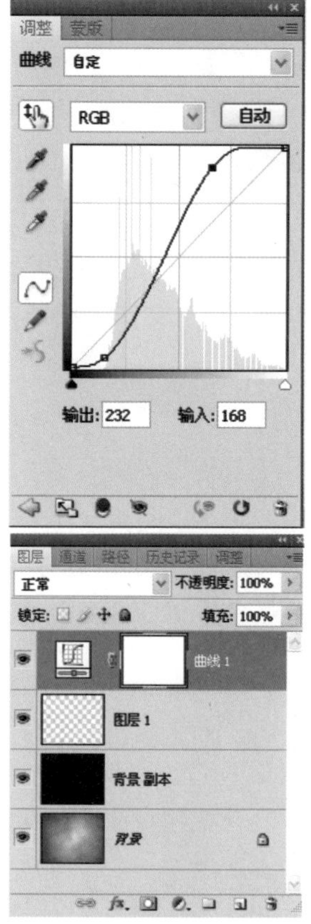
图3-1-16

14 单击“图层”面板下方的“创建调整图层”按钮，在弹出的菜单中选择“照片滤镜”选项，为“背景”图层创建一个“照片滤镜”调整图层，对图像进行调整，使星云呈蓝色，如图3-1-17所示。之后将前景色设为黑色，用画笔在“照片滤镜”调整图层的蒙版中擦拭，将星云中部擦出背景图层的红色。

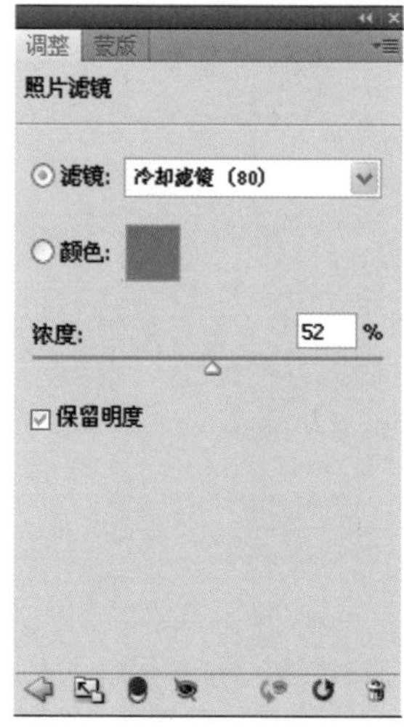
图3-1-17

15 对“背景”图层执行“滤镜”>“液化”命令，在打开的对话框中选择“向前变形工具”适当扭曲图像，如图3-1-18所示。

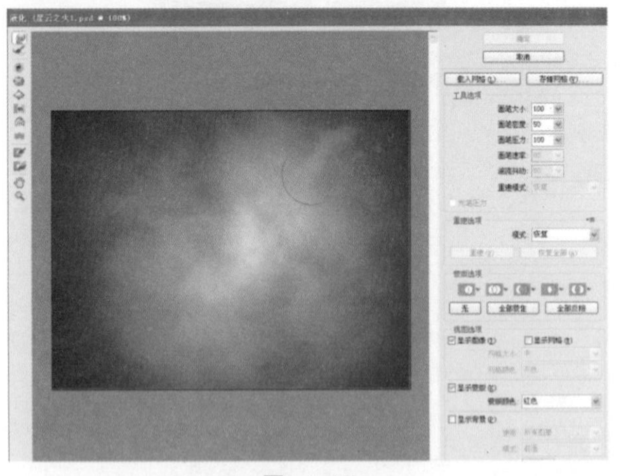

图3-1-18

16 依然将“背景”图层设置为当前工作图层。在工具箱中将前景色设置为乳黄色选择画笔工具，在该工具的属性栏中，将“不透明度”设置为30%左右，之后在星云中部喷画几下，完成制作，如图3-1-19所示。

图3-1-19

3.2 疯狂世界杯

今天看了南非世界杯中阿根廷与德国的比赛，本来我对阿根廷报有很大希望的，没想到竟0:4被德国战车碾压出局。尽管阿根廷输掉了今天的比赛，但他们的射门次数却比德国队多，即使在大比分落后情况下，也始终没有丧失斗志，看来输是定局了，输赢已经不很重要了，他们在为尊严而拼死一战，而且没有失态和粗鲁。总之阿根廷要比巴西体面得多。看完球赛，我觉得应该拿足球说点事儿，表现一下世界杯比赛，怎么表现呢？最后决定还是以最简单的方法来表现，美其名曰“三位一体法”，即一球两鞋加火星。

本案例涉及的主要知识点：

本案例涉及的主要知识点有图层样式、变换与变形命令、加深工具、“扭曲”滤镜、图层混合模式的应用等，案例效果如图3-2-1所示。

图3-2-1

操作步骤：

01 执行“文件”>“新建”命令，创建一个宽为800像素，高为600像素，分辨率为72像素/英寸，背景内容为背景色（黑），颜色模式为RGB 的图像文件。打开并置入两幅球鞋素材，按Ctrl+T键调整大小和角度放在合适的位置，摆成一攻一守之态势，如图3-2-2所示。

图3-2-2

02 对决开始！打开一幅足球素材图，调整好大小，放在两只球鞋之间，如图3-2-3所示。确认“足球”图层为当前工作图层，单击“图层”面板下方的“添加图层样式”按钮，在打开的菜单中选择“投影”选项，在打开的对话框中设置相关参数，如图3-2-4所示。

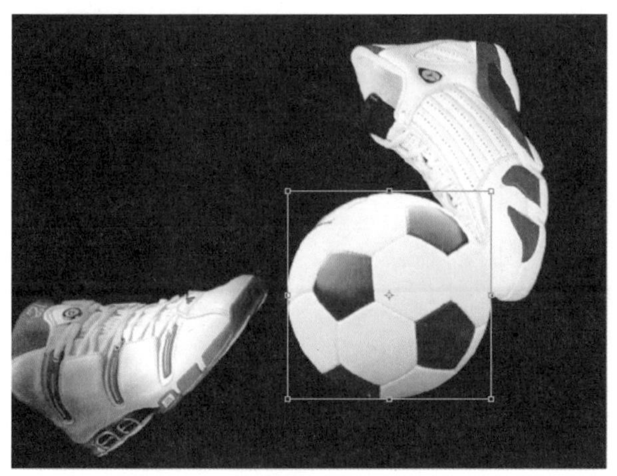

图3-2-3

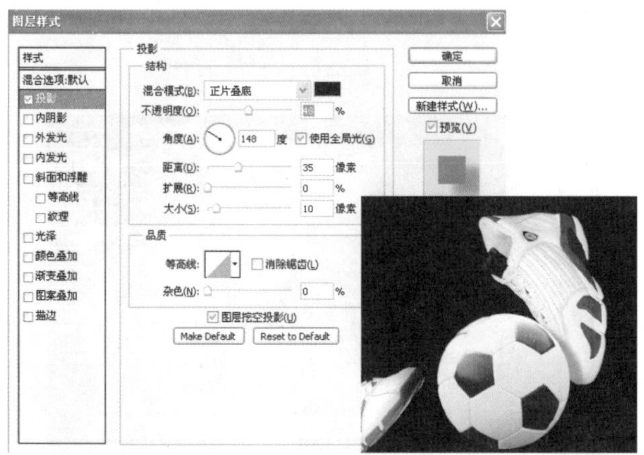

图3-2-4

03 选择“加深工具”，在该工具属性栏设置一个合适的画笔直径，将“范围”设为“中间调”，“曝光度”设为45～50，之后在足球上擦拭，擦出暗调，如图3-2-5所示。

图3-2-5

滴滴滴……QQ里“安琪儿”出现了，我这人好显摆，立马把我的半成品截图发给她看，我说：“两只鞋一个球，这就是我的构思，算是言简意赅，高度概括，剩下的事儿就是气氛的渲染了，可是我还没想好怎么渲染……”您别说，“安琪儿”还挺内行，她顿了一会儿说：“冒火星！哈哈”多好的主意啊，我立刻想起了以前做过的星云图，何不拿来一用？

下面我们要对图像进行必要的渲染，制造一些火爆和动感的视觉效果，怎么表现呢？一时没想出好的方法，望着这两只鞋和足球愣了半天，终于想起了曾经做过的星云，恩，何不借来用一下呢？既能表现动感，又很火爆，不用白不用。

04 打开前面制作的星云图像，如图3-2-6所示。将其置于球鞋图层上足球图层下，对“星云”执行“滤镜”>“扭曲”>“旋转扭曲”命令，调整相应的参数，如图3-2-7所示。之后将其图层混合模式设置为“变亮”，如图3-2-8所示。

图3-2-6

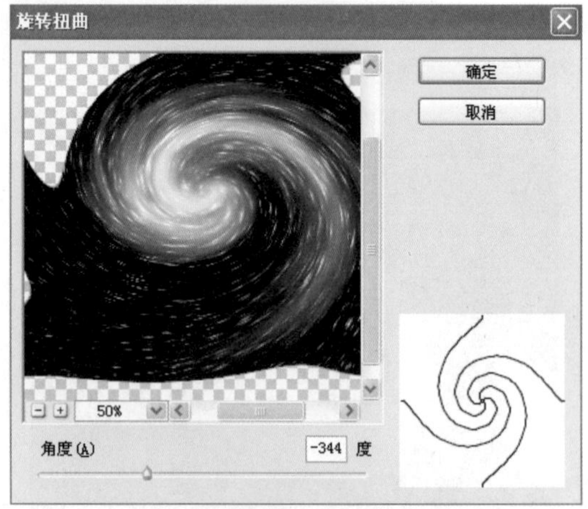

图3-2-7

图3-2-8

05 按Ctrl+J键复制星云图层，将复制出的“星云”图层的混合模式设置为“滤色”，执行“编辑”>“变换”>“垂直翻转”命令，如图3-2-9所示。再执行“编辑”>“变换”>“变形”命令，调整星光飞溅形态，如图3-2-10所示。

图3-2-9

图3-2-10

06 确认“足球”图层为当前工作图层，单击“图层”面板下方的“添加图层样式”按钮fx，在打开的菜单中选择“外发光”选项，在打开的对话框中设置相关参数。注意，“发光颜色”可依个人喜好设置，这里设置为红色，如图3-2-11所示。最后是应用变形命令调节球鞋的形态，如图3-2-12所示。完成制作。

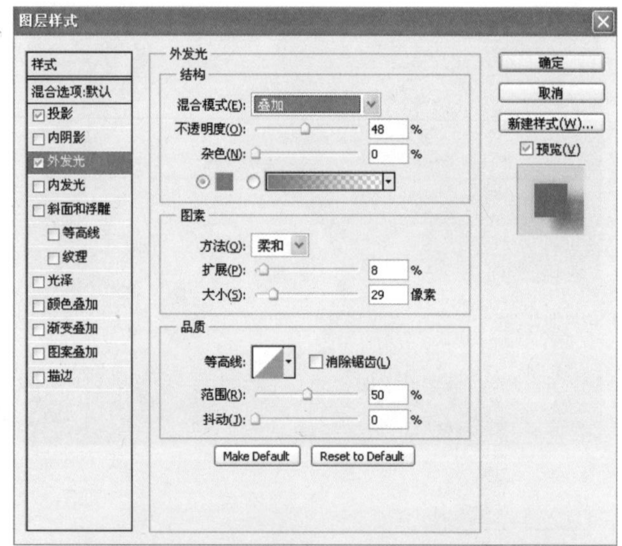

图3-2-11

图3-2-12

3.3 檀香扇

素是自然色，圆因裁制功。飒如松起籁，飘似鹤翻空。

盛夏不销雪，终年无尽风。引秋生手里，藏月入怀中。

麈尾斑非疋，蒲葵陋不同。何人称相对，清瘦白须翁。

这是白居易的一首写扇子的诗句，读来很有味道，写得出神入化，妙不可言。此刻，我的手中也摇着一把扇，我一边摇一边品享着白翁的诗句，虽说摇不出“鹤翻空”的姿影，却也能“引秋生手里”。这是一把摇了一个夏天的，小巧别致的镂空檀香扇，是一位同事出差回来送与我的小礼物。不啰嗦了，下面咱们就以写实的方法将其制作出来，方法如下：

本案例涉及的主要知识点：

本案例涉及的主要知识点有自定形状工具的使用、通过旋转复制变换出扇面，案例效果如图3-4-1所示。

图3-4-1

制作流程：

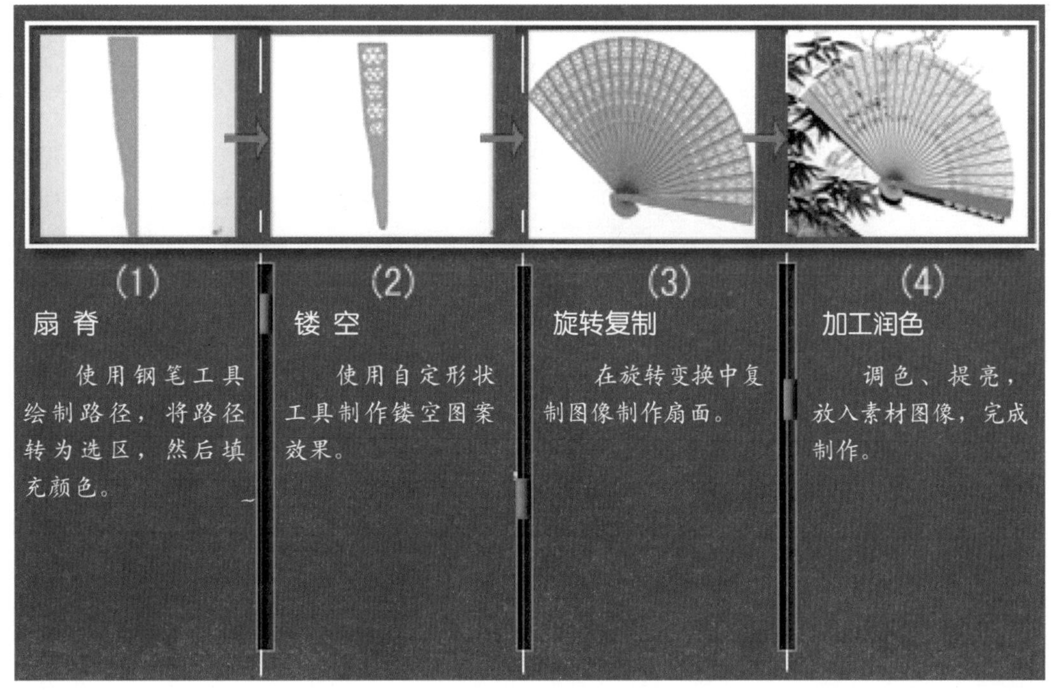

1. 制作扇脊轮廓

01 执行“文件”>“新建”命令，创建一个宽为800像素，高为600像素，分辨率为72像素/英寸，背景内容为白色，颜色模式为RGB的图像文件。

02 单击工具箱前景色图标打开“拾色器”对话框，设置前景色的RGB值为R183、G166、B126，如图3-4-2所示。

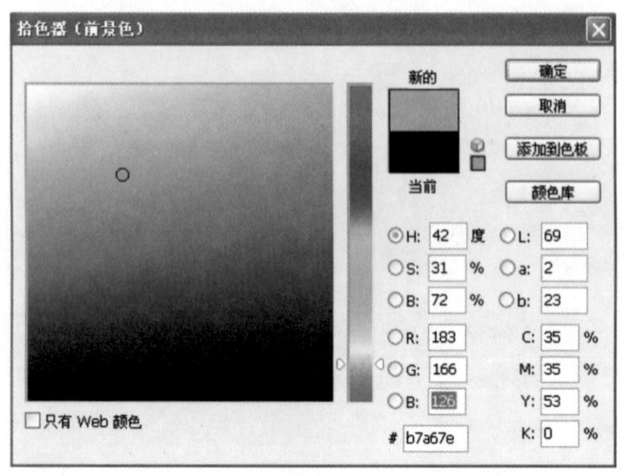

图3-4-2

03 单击“图层”面板下方的“创建新图层”按钮，创建“图层1”，并将该图层作为当前工作图层，选择“矩形选框工具”，绘制一个矩形选区，按Alt+Delete 键填充前景色。而后执行“编辑”>“变换”>“透视”命令，将“扇脊”形状变为上宽下窄，如图3-4-3所示。

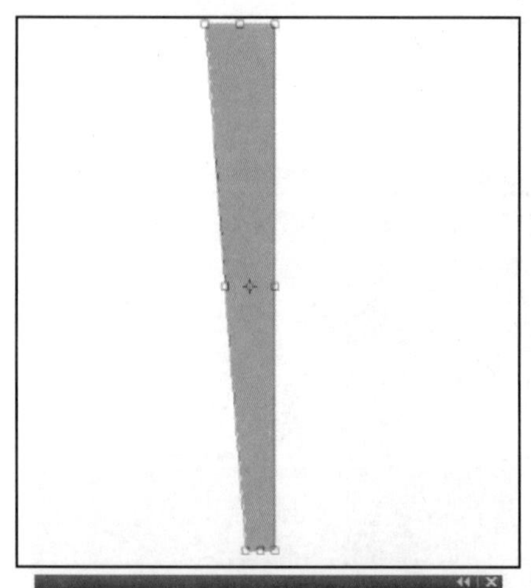

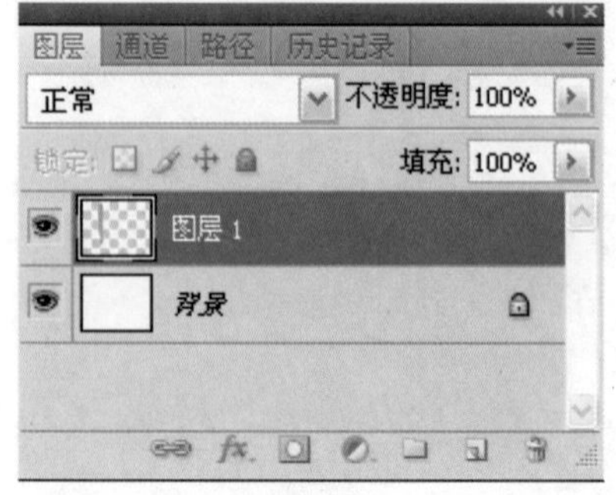

图3-4-3

04 选择“多边形套索工具”在“扇脊”上绘制选区，并按Delete键删除选区的图像，如图3-4-4所示。取消选区。按Ctrl键单击“图层”面板中“图层1”的缩览图载入“扇脊”选区，如图3-4-5所示。

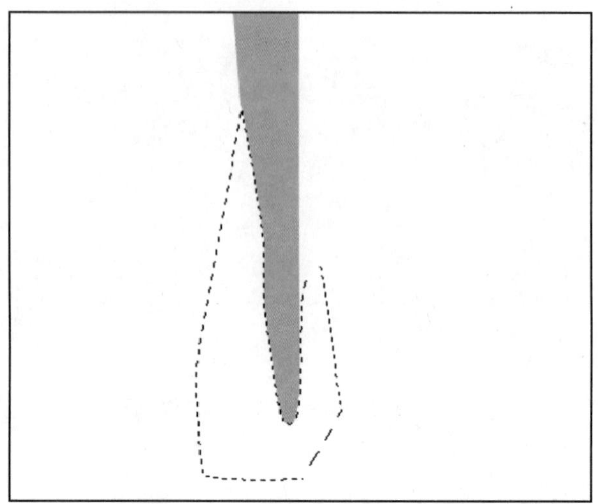

图3-4-4

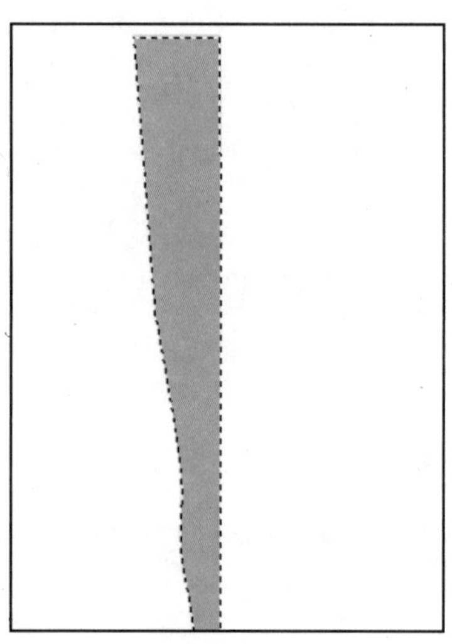

图3-4-5

05 执行“编辑”>“描边”命令，调整相应的参数，如图3-4-6所示。为选区描一个比“扇脊”颜色略深的颜色即可。

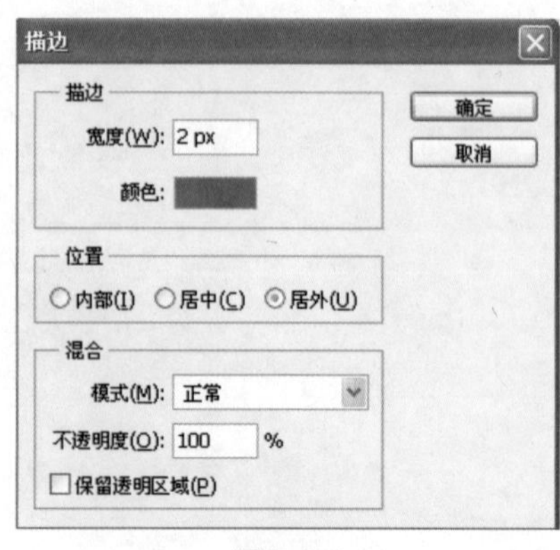

图3-4-6

2. 制作镂花

01 选择工具箱中的“自定形状”工具，单击属性栏中的“路径”按钮，单击“自定形状拾色器”按钮。在打开“自定形状”面板中选择“雪花3”形状图案，如图3-4-7所示。

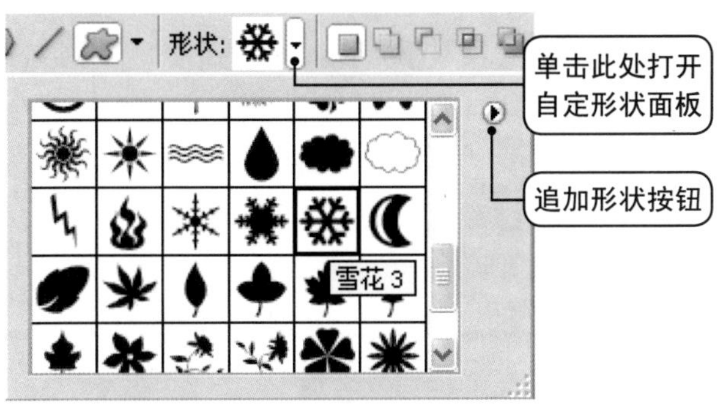

图3-4-7

提 示:

如果没有相应的选项，可在打开的“自定义形状”面板右上角的小三角按钮上单击，打开菜单，选择“自然”选项并追加到“自定义形状拾色器”面板中。

02 在“扇脊”上拖曳鼠标依次由大到小绘制“雪花”形状路径，而后按Ctrl+Enter键将路径转为选区，再按Delete键删除选区内图像制作出镂空效果，如图3-4-8所示。之后按Ctrl+D键取消选区。

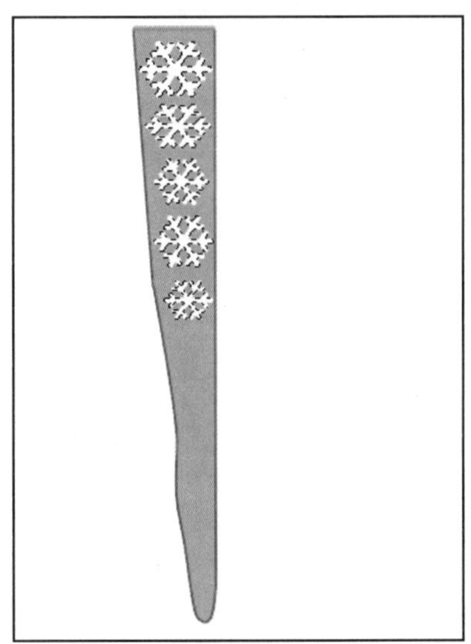
图3-4-8

03 按Ctrl键单击“图层”面板中“图层1”的缩览图载入选区，如图3-4-9所示。

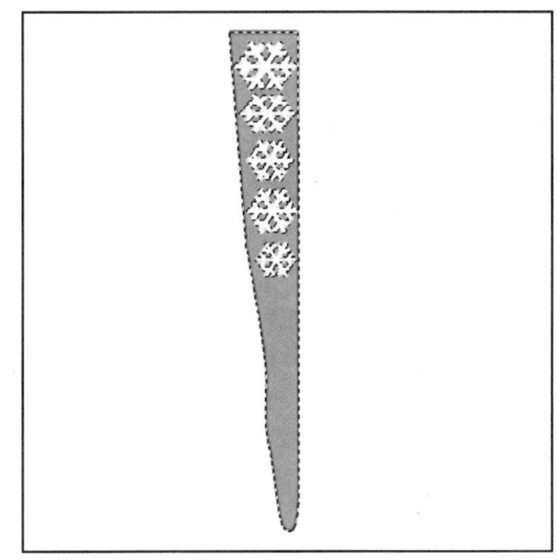
图3-4-9

04 单击“图层”面板下方的“创建新图层”按钮，创建“图层2”并置于“图层1”下，将“图层2”作为当前工作图层。将前景色设置为深褐色，按Alt+Delete键填充前景色，选择“移动工具”，按左方向键将“图层2”中的图像向左轻移2像素，如图3-4-10所示。

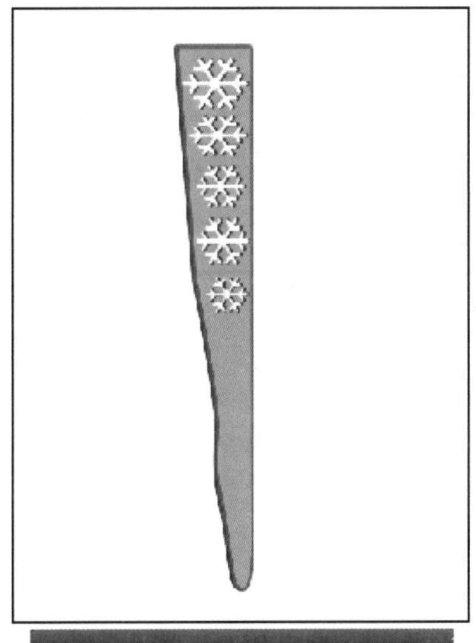
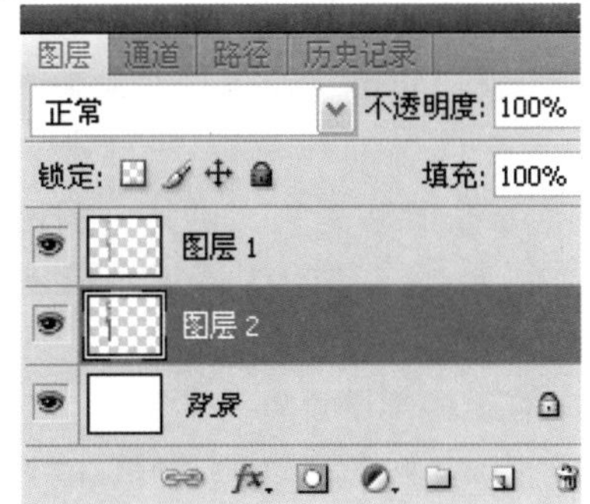

图3-4-10

3. 旋转复制出扇面

01 在“图层”面板顶端创建“图层3”，单击“背景”图层的“可视”图标，隐藏“背景”图层。按Ctrl+Shift+Alt+E键盖印可见图层。单击图层左侧的“可视”图标，隐藏“图层1”和“图层2”，恢复“背景”图层的显示状态，如图3-4-11所示。

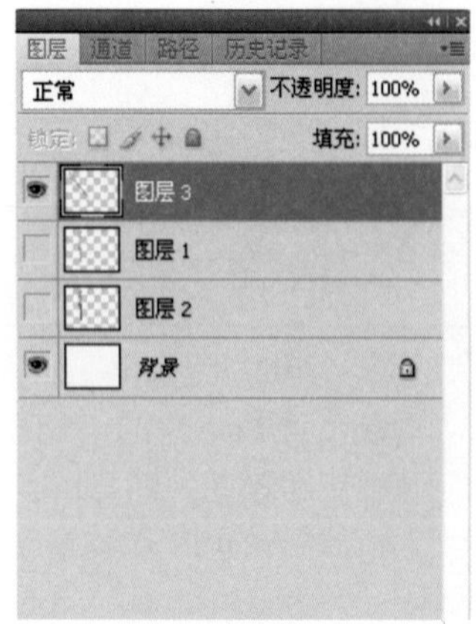

图3-4-11

02 按Ctrl+T键变换“图层3”中的图像角度，如图3-4-12所示。

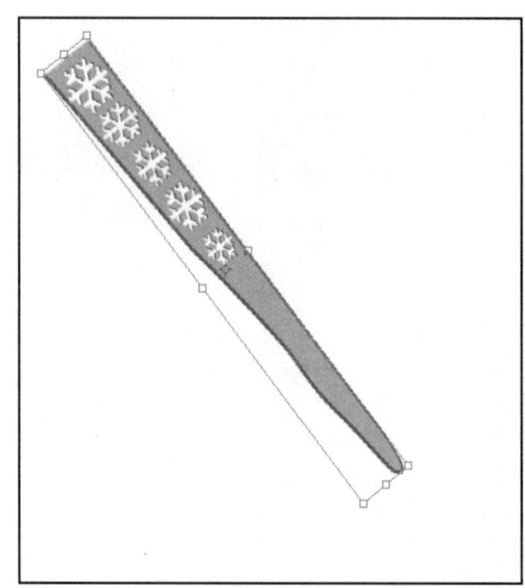

图3-4-12

03 按Ctrl+J键将“图层3”复制为“图层3 副本”。

04 下面准备旋转复制。确认“图层3 副本”为当前工作图层，先按Ctrl+T键，调出变换框，并将变换框的旋转中点置于“扇脊”下部，再将工具属性中的旋转角度设置为6度 6 度，“图层3 副本”中的扇脊转动了一下，如图3-4-13所示。

注意:

按Enter键确定变换。

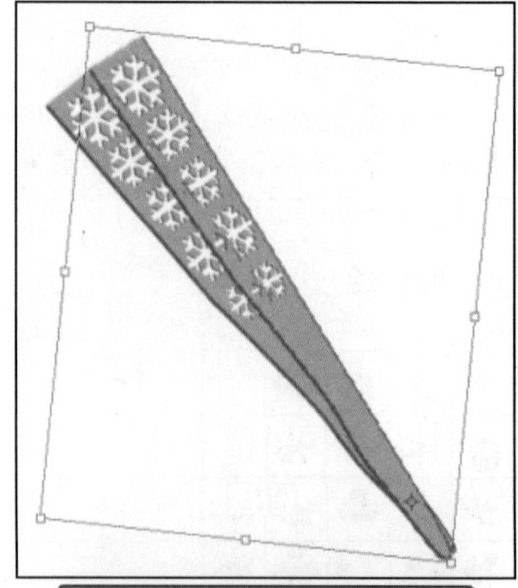

图3-4-13

05 按住Ctrl键，同时单击“图层”面板中“图层3 副本”缩览图载入图像选区，（载入选区后旋转复制不增加图层）如图3-4-14所示。之后连续按Ctrl+Shift+Alt+T键旋转并复制图像呈扇状排列（注意：不是复制图层），如图3-4-15所示。

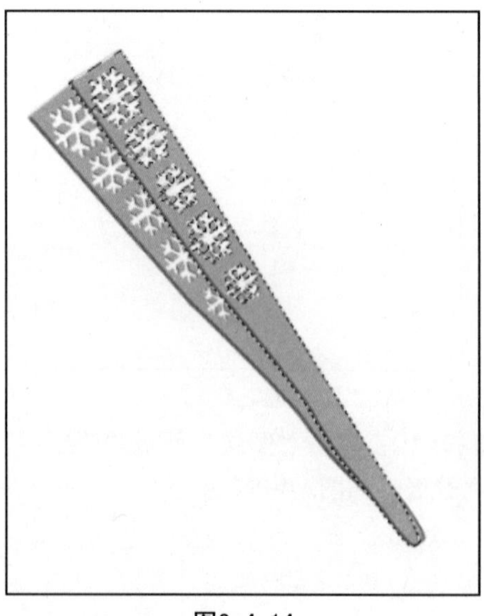

图3-4-14

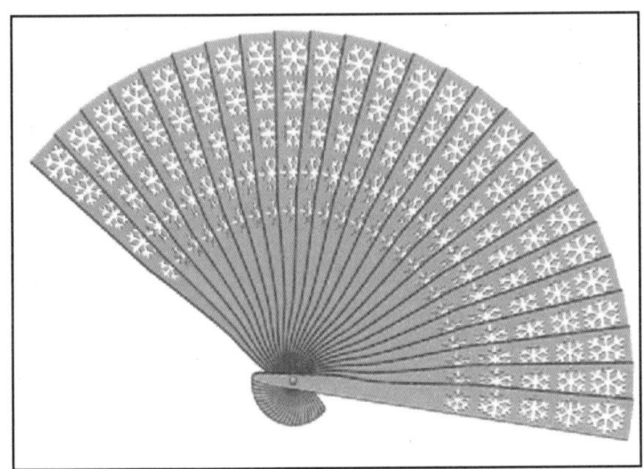

图3-4-15

扇子就这样被展开了，终于有了样，做这一步的时候感觉特爽，仿佛在按电钮遥控什么机器，很科技呢。

这个展开扇子的方法在其他制作中也是很实用的，比如，将人的手臂单独拷贝出来后再进行旋转复制可做出千手观音的效果，在本书中剃须刀制作案例中，那刀网也是用的这种方法，不同的参数设置可得到不同的旋转效果，包括螺旋式旋转，感兴趣的读者可自己试验。

06 单击“图层”面板下方的“创建新图层”按钮，创建“图层4”，选择“多边形套索工具”，在扇子右侧“扇脊”上绘制选区并填充与“扇脊”相同或接近的颜色（如找不准颜色可用“吸管工具”在扇子上单击取样色），如图3-4-16所示。

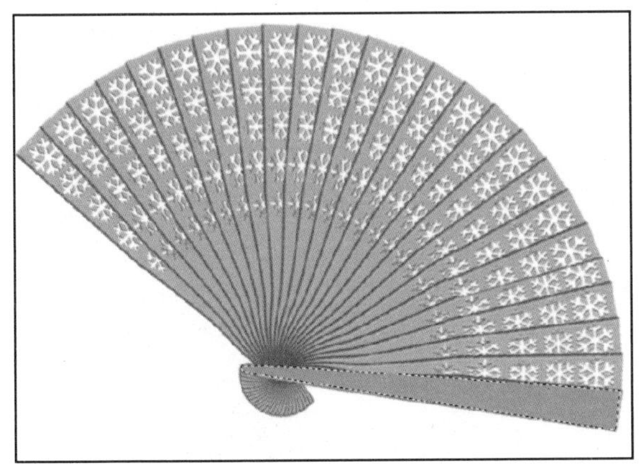

图3-4-16

07 按Ctrl+J键复制“图层4”为”图层4 副本”，按Ctrl+T键变换角度置于左侧，如图3-4-17所示。之后将该图层缩览图拖至其他各图层之下。

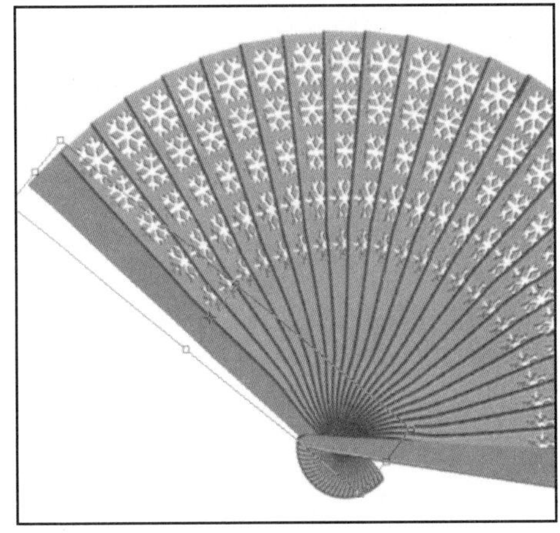

图3-4-17

4. 制作扇轴

01 选择工具箱中的“渐变工具”，单击“渐变工具”属性栏中的渐变色带，打开“渐变编辑器”对话框。单击渐变条上的色标，并在下方颜色选项处设置颜色。将左侧第1个色标颜色设为R247、G247、B229，位置为0%；同法设置右侧第2个色标，颜色为R166、G125、B8，位置为100%，如图3-4-18所示。单击“确定”按钮退出渐变编辑，在“渐变工具”属性栏中将渐变类型设为“径向渐变”。

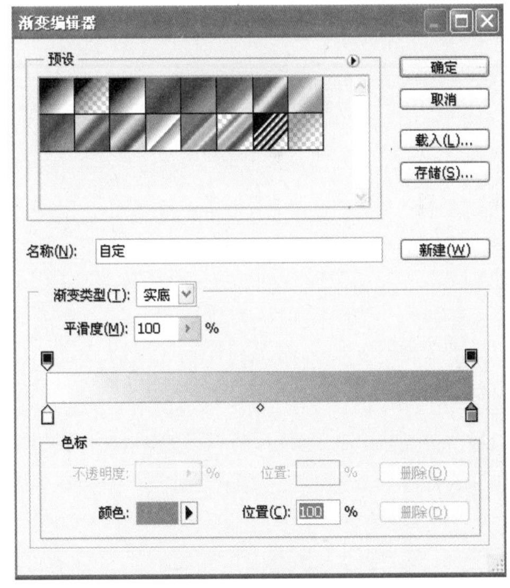

图3-4-18

02 创建“图层5”，选择“椭圆选框工具”，绘制一个小圆选区。在选区中填充编辑好的“径向渐变”作出“扇轴”，如图3-4-19所示。

03 最后是根据个人的喜好创建调整图层对扇子的各个部分进行色彩和明暗调整等，还可加入自己喜欢的图做衬景不再赘述。扇子做好了，可以“引秋生手里，藏月入怀中”了。

图3-4-19

在这个制作中，第1步扇脊边形决定了展开后线条的形态，故在前期就要考虑好，旋转复制过程要特别注意设置好角度和中心点的位置，另外在旋转复制前载入图像选区达到不增加图层之目的，其方法可取，提高了工作效率。

3.4 晶莹剔透的心情

这几天，我一直在琢磨“露珠”怎么表现，那小东西晶莹剔透，为人们带来许多遐想，大凡文人都钟爱它，故经常被人们赞美。白居易在他的《暮江吟》中就写道：

一道残阳铺水中，半江瑟瑟半江红。

可怜九月初三夜，露似珍珠月似弓。

那么怎样做一个露珠呢？这东西在许多场合都能派上用处，而且如果进一步发挥，还能表现更多的姿态呢，复制若干放饮料瓶子上作为招贴难道不可以吗？完全可以的。那么做起来是不是很难？不难，很简单的，方法如下：

本案例涉及的主要知识点：

本案例主要涉及知识点有图层样式中4个效果选项的设置和图层混合模式的应用等，案例效果如图3-5-1所示。

图3-5-1

操作步骤：

01 打开一幅树叶素材图像，单击“图层”面板下方“创建新图层”按钮，创建“图层1”，并作为当前工作图层。选择“椭圆选框工具”绘制圆选区，将工具箱中的前景色设置为白色，按Alt+Delete键填充白色前景色（其他颜色也可以），如图3-5-2所示。之后Ctrl+D键取消选区。

图3-5-2

02 双击“图层”面板中的“图层1”，打开“图层样式”对话框，单击其中的“混合选项：自定”选项，将“填充不透明度”设为0%，如图3-5-3所示。（该项在图层面板右上角也可以设置）。之后再分别单击“图层样式”对话框左侧的“内发光”、“内阴影”和“投影”选项设置相关的参数，如图3-5-4～图3-5-6所示。

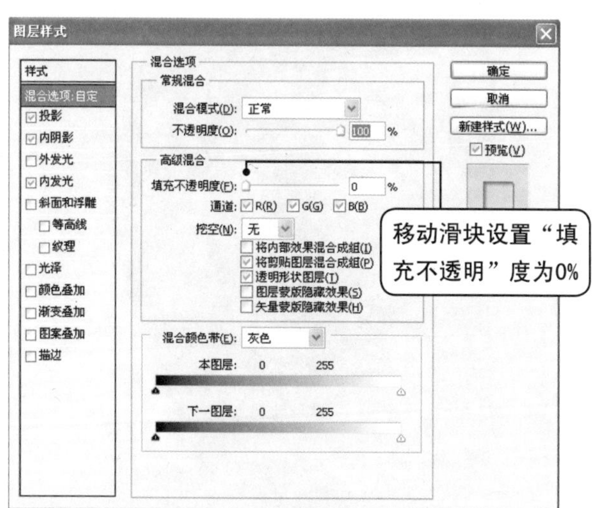

图3-5-3

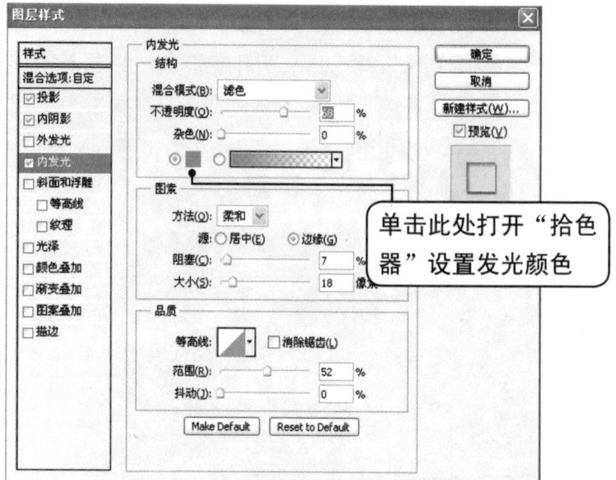

图3-5-4

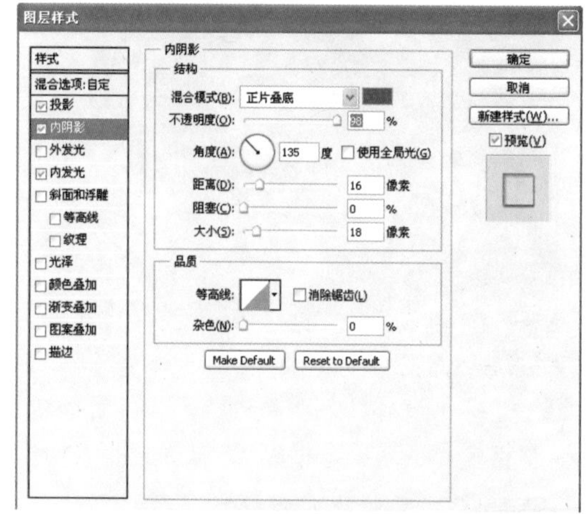

图3-5-5

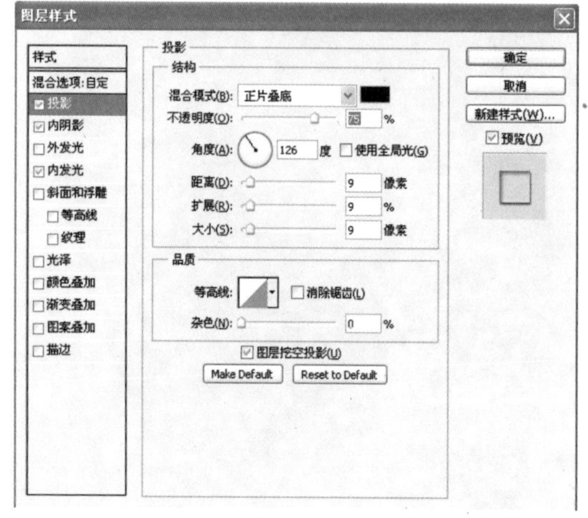

图3-5-6

提 示：

这几步很重要，也很有趣。早先我也不知道这图层样式有这么多功效，只知道用它做文字的立体效果，或者为物体做一个投影什么的；后来越摆弄越发现它还用处不小，在表现质感、光泽、纹理，乃至制作水珠方面也可以用得上呢。

03 单击“图层”面板下方的“创建新图层”按钮，在“图层1”下创建“图层2”，并将该图层作为当前工作图层。选择“椭圆选框工具”绘制圆选区，按Alt+Delete键填充黑色前景色，之后按Ctrl+D键取消选区，如图3-5-7所示。

图3-5-7

04 执行“滤镜”>“模糊”>“高斯模糊”命令，调整相应参数，轻微模糊一下，如图3-5-8所示。

图3-5-8

05 单击“图层”面板下方的“添加图层蒙版”按钮，为“图层2”添加图层蒙板并使之处于工作状态，将前景色设置为黑色，选择大小合适的柔边“画笔工具”，在工具属性栏中适当降低画笔的不透明度，擦涂黑色投影中部，如图3-5-9所示。

图3-5-9

06 在“图层1”和“图层2”之间创建“图层3”，并将该图层作为当前工作图层，设置该图层的混合模式为“叠加”，如图3-5-10所示。选择大小合适的柔边“画笔工具”，在工具属性栏中设置不透明度，用白色涂画，如图3-5-11所示。在“水珠”底部画出光在水珠与树叶交界处，淡淡的映射效果。

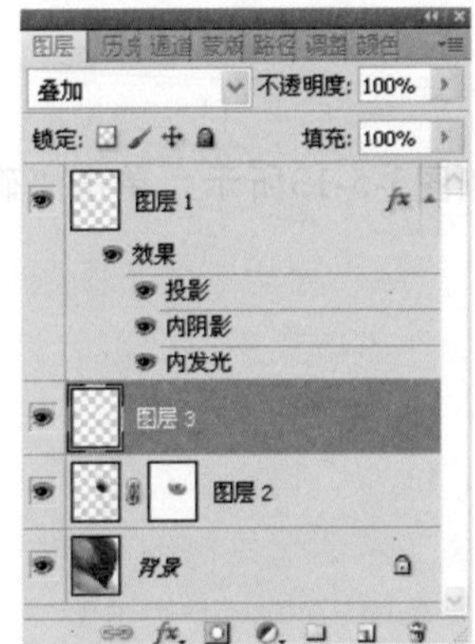

图3-5-10

图3-5-11

07 单击“图层”面板下方的“创建新图层”按钮，在“图层1”之上创建“图层4”，将该图层作为当前工作图层。选择“椭圆选框工具”，绘制出椭圆选区，如图3-5-12所示。

图3-5-12

08 将前景色设置为白色，选择工具箱中的“渐变工具”，单击“渐变工具”属性栏中的渐变色带，打开“渐变编辑器”对话框，选择“前景色到透明渐变”，分别将渐变条左侧的“色标”和“不透明度色标”向右移动。（参考值：下边的“色标”位置为36%；上边的“不透明度色标”位置为16%），如图3-5-13所示。单击“确定”按钮完成渐变编辑。

图3-5-13

09 在“渐变工具”属性栏中单击“线性渐变”按钮，在选区中自上而下拖曳出线性渐变，如图3-5-14所示。之后按Ctrl+D键取消选区，再按Ctrl+T键将其拉长一些，如图3-5-15所示。做出半圆形高光区。

图3-5-14

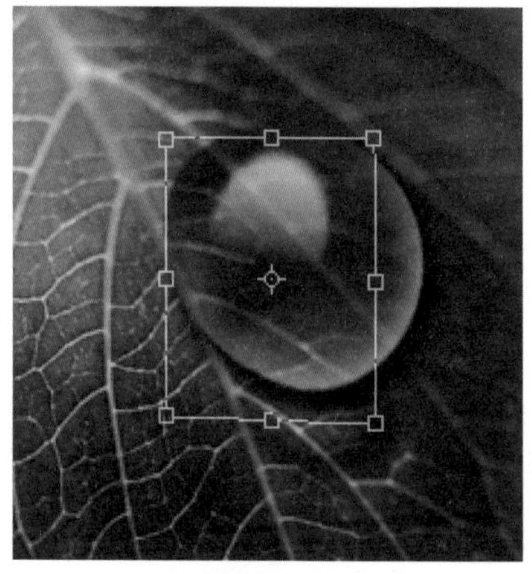

图3-5-15

10 创建“图层5”，并将该图层作为当前工作图层，设图层混合模式为“叠加”，如图3-5-16所示。

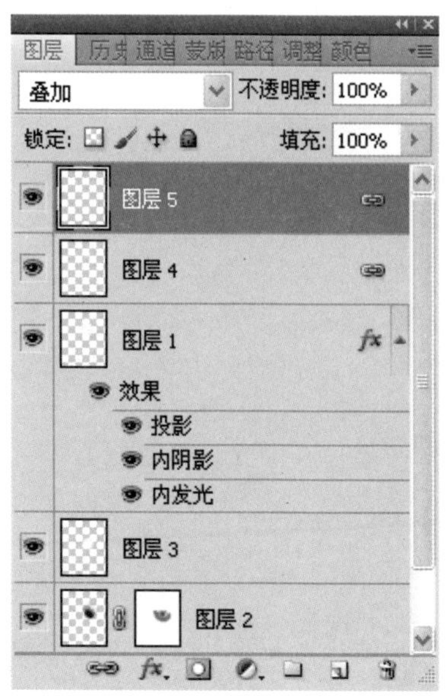

图3-5-16

11 将前景色设置为白色，选择“画笔工具”，在水珠底部涂画，得到一个强烈的高亮反光效果，如图3-5-17所示。一粒晶莹剔透的水珠就完成了。

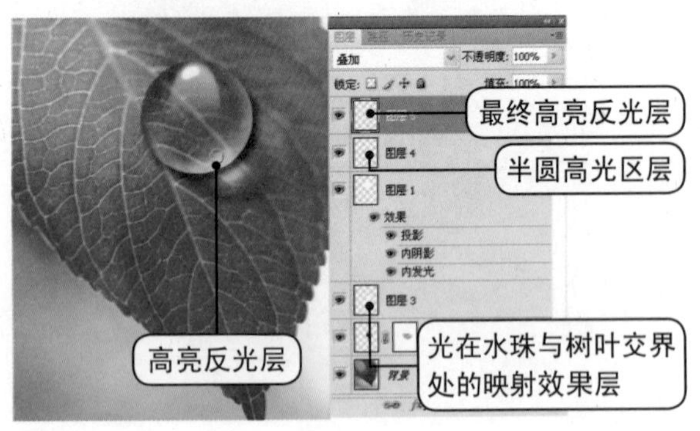

图3-5-17

本案制作过程中，应特别注意对图层样式中4个效果的参数设置，包括内阴影和内发光的颜色；另一个关键点是处理好高反光效果，通过在“叠加模式”的图层中，用画笔涂擦白色与较暗的下层进行颜色混合的方式得到自然的高反光效果是一个很不错的方法，它的特点是能去除灰色增强图像的对比度，混合结果色由底层颜色决定。其实在“图层3”中我们已经涂画了白色并将该图层设为叠加模式，而在“图层5”中再次应用，那么，上下图层叠加混合后便产生了自然的高亮反光效果。在表现水珠的制作中这个方法常被使用。

3.5 隔窗望雨

今天是星期日，屋外淅淅沥沥下着雨。又是一个雨季，绿色在湿润中荡漾，和风细雨淅淅沥沥，点点滴滴依偎那窗棂，拂过一线风，用它巧手把精美的雨滴扔在这窗上。隔窗望雨，是休闲，却也慵懒，也惬意。琴声，铜质的铃音，随雨滴落入绿色中，生活里，总有嫩嫩的思绪悄然地潜入，还有那么一点惆怅……

本案例涉及的主要知识点：

本案例涉及的主要知识点有“杂色”滤镜、“高斯模糊”滤镜、Alpha通道、“阈值”命令、图层蒙版、扩展选区、图层样式、曲线、色彩平衡和“玻璃”滤镜等，案例效果如图3-6-1所示。

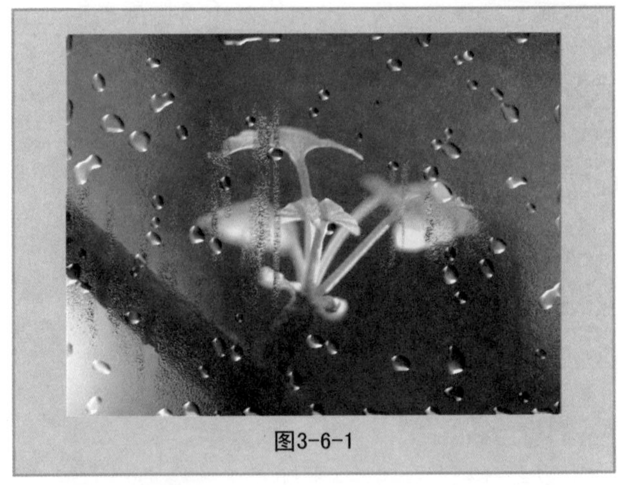
图3-6-1

操作步骤：

01 我们先来做水滴。打开一个素材图像并复制，如图3-6-2所示。即“背景副本”。进入“通道”面板，单击面板下方“创建新通道”按钮，创建Alpha1通道，执行“滤镜”>“杂色”>“添加杂色”命令，调整相应的参数，如图3-6-3所示。

图3-6-2

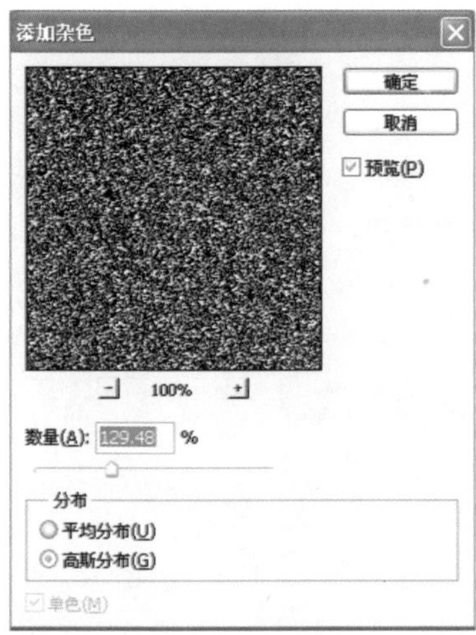

图3-6-3

02 执行“滤镜”>“模糊”>“高斯模糊”命令，调整相应的参数，如图3-6-4所示。之后执行“图像”>“调整”>“阈值”命令，调整相应的参数，如图3-6-5所示。

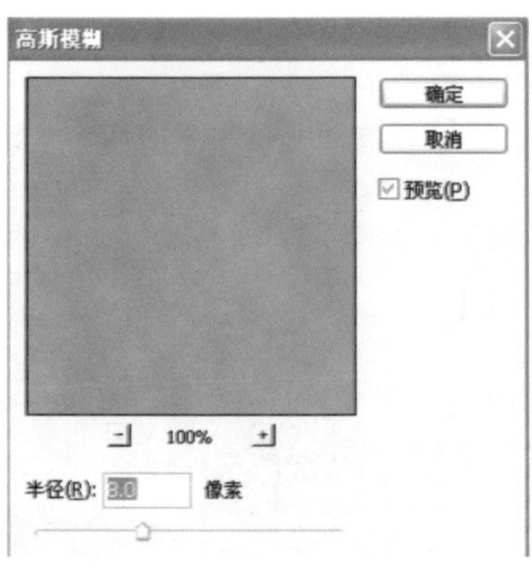

图3-6-4

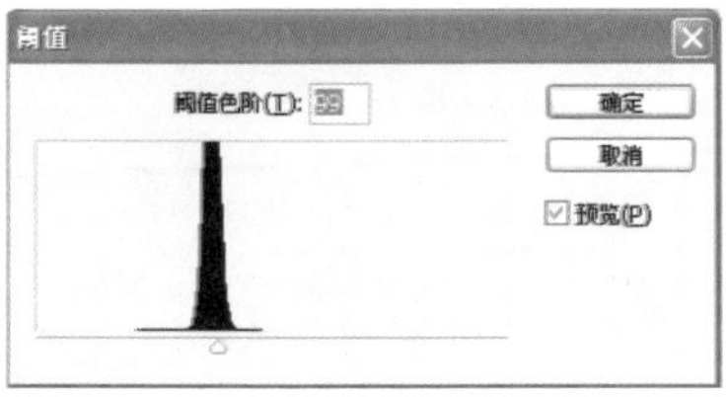

图3-6-5

03 按Ctrl键单击“通道”面板中的Alpha1通道缩览图载图像选区，如图3-6-6所示。执行“选择”>“修改”>“扩展”命令，调整相应的参数，如图3-6-7所示。

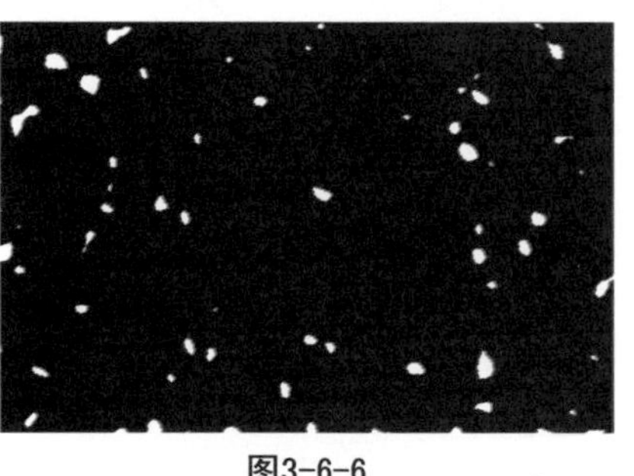

图3-6-6

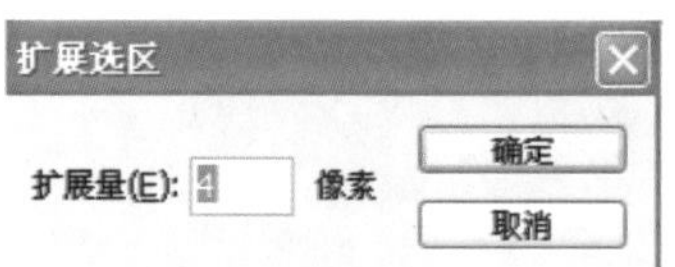

图3-6-7

04 回到“图层”面板，选区已存在，如图3-6-8所示。确认“背景副本”为当前工作图层，按Ctrl+J键拷贝所选为“图层1”，如图3-6-9所示。

图3-6-8

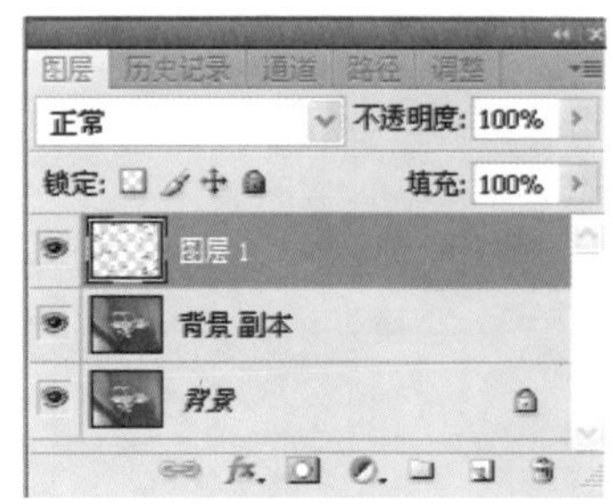

图3-6-9

05 下面我们来表现水滴的质感效果。确认“图层1”为当前工作图层，单击“图层”面板下方的“添加图层样式”按钮fx，在打开的菜单中选择“斜面和浮雕”选项，在打开的对话框中设置相关参数，如图3-6-10所示。这一步非常重要，一定要认真。之后按Ctrl+J键将“图层1”复制为“图层1 副本”，并将“图层1 副本”的混合模式设为“叠加”，如图3-6-11所示。

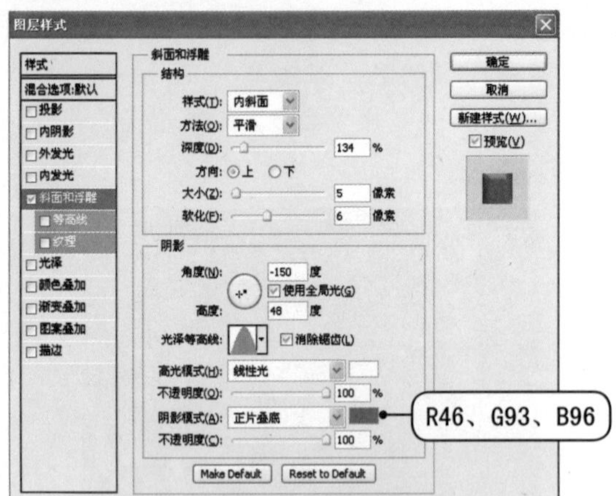

图3-6-10

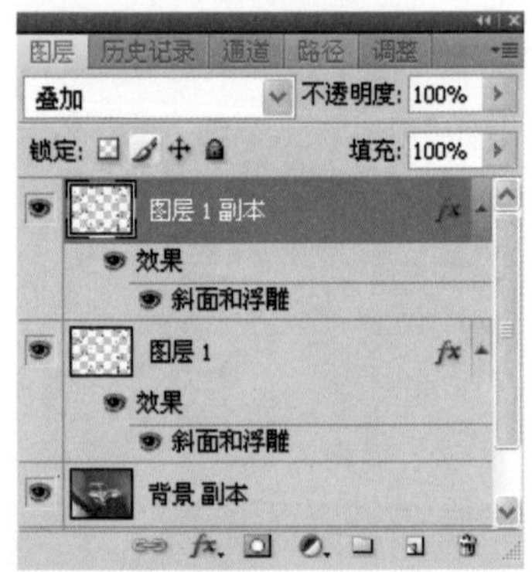

图3-6-11

06 单击“图层”面板下方的“创建调整图层”按钮，在打开的菜单中选择“曲线”选项，创建一个曲线调整图层，在打开的对话框中设置曲线，如图3-6-12所示。同法再创建一个“色彩平衡”调整图层，在打开的对话框中设置相关参数，如图3-6-13所示。

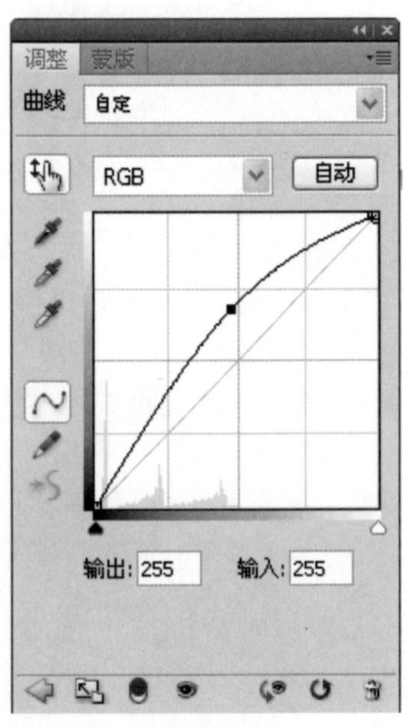

图3-6-12

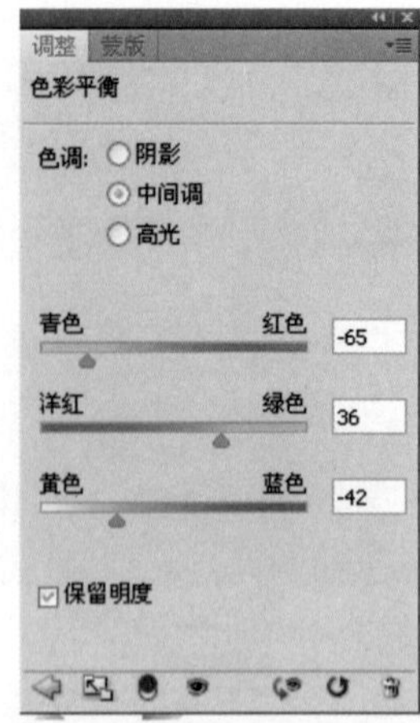

图3-6-13

07 将“背景副本”作为当前工作图层，执行“滤镜”>“扭曲”>“玻璃”命令，在打开的对话框中设置相关参数，注意要将“纹理”项设置为“磨砂”，如图3-6-14所示。

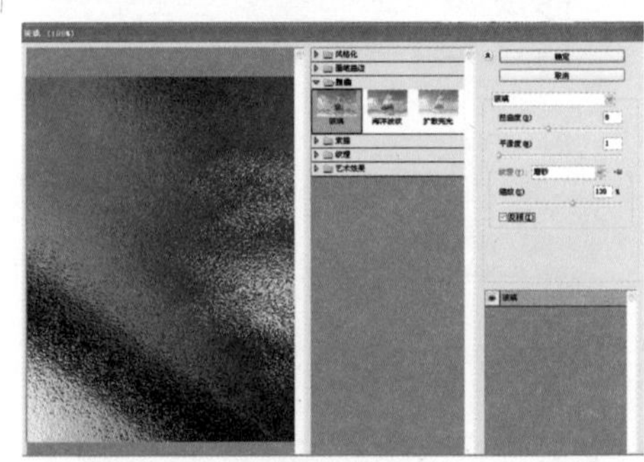

图3-6-14

08 单击“图层”面板下方的“添加图层蒙版”按钮，为“背景副本”添加图层蒙版并使之处于工作状态，将前景色设为黑色，用画笔擦涂出流痕效果，如图3-6-15所示。

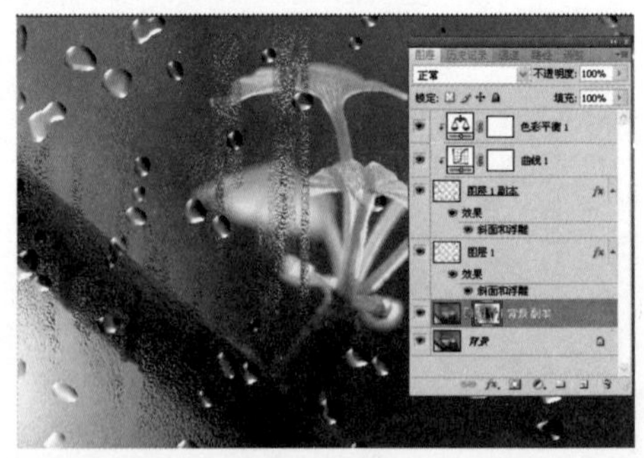

图3-6-15

怀着一种说不清的情感终于完成了这个制作。并不觉得疲惫，反而觉得轻松，望着那绿色，它就这样在湿润中荡漾着，淅沥沥的雨，滴滴点点的，依偎在窗上，似乎在讲述一个曾经的故事，我开始准备下一个案例了，那是一个童年的记忆。

3.6 童年记忆

不知何故，我对放大镜和胶片总有一种怪异的情结，细细想去，似乎与童年的生活经历颇有关联，记得儿时玩具匮乏，一般都是自制或利用生活中的废旧物品，即使一块泥巴也能玩出许多花样。那粘稠的黄泥可做“潜望镜”，可以摔泥娃娃，砰！响亮得很。烟盒、杏核、玻璃球、冰果棍……就是用这些就地取材的破烂或垃圾，竟也能演绎出许多有“悲”有“喜”的故事来。如果有幸得到一柄放大镜或一截废胶片，那更是如获至宝。多奇妙，能把蚂蚁放大！能把胶片上的小人儿放大。对着墙壁用手电筒照射，看看能否放出电影来？这个时候，连自己的想象也被放大了。所以，直到今天还是忘不了这两样东西。下面我们就来制作它们，重温童年的梦想。这个制作不是完全的手绘写实，只是一个艺术化的、情趣性的，旨在帮助我们学习制作。

本案例涉及的主要知识点：

本案例是一个综合性很强的制作，主要涉及参考线、标尺、椭圆选框工具、选区的存储、图层样式、渐变编辑、描边路径等实用技术，案例效果如图3-7-1所示。

图3-7-1

制作流程：

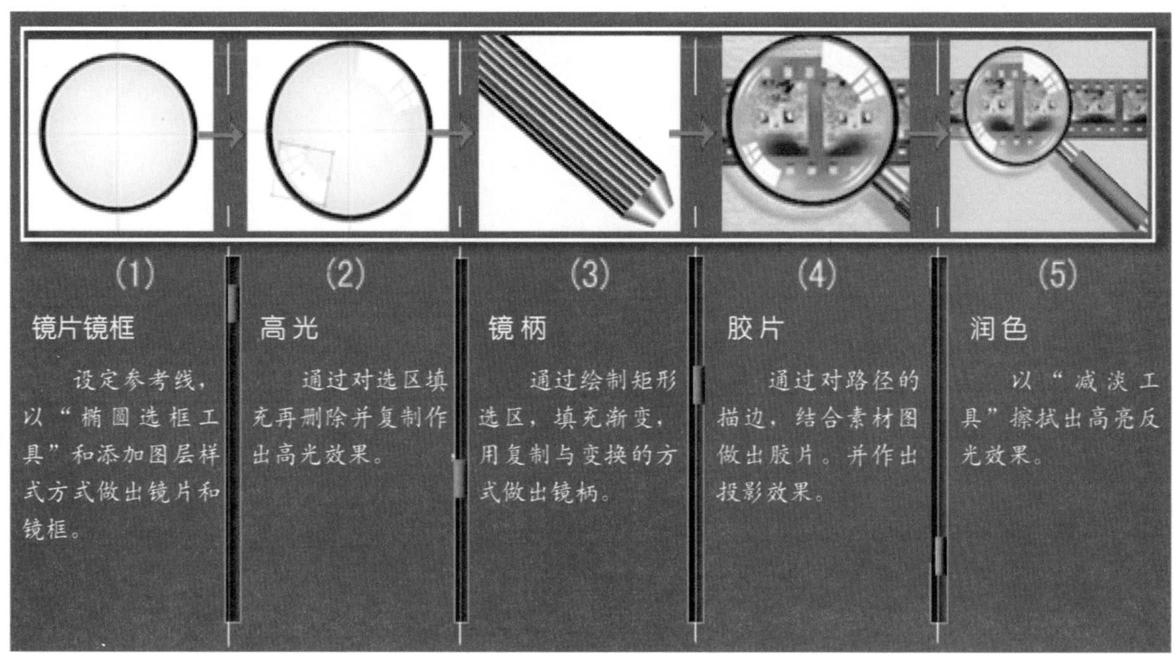

1. 制作放大镜的镜框

01 执行“文件”>“新建”命令，创建一个宽为800像素，高为600像素，分辨率为72像素/英寸，背景内容为白色，颜色模式为RGB的图像文件。

02 单击“图层”面板下方“新建图层”按钮或按Ctrl+Shift+Alt+N键，创建“图层1”。按Ctrl+R键显示出标尺，分别将鼠标置于水平标尺和垂直标尺上，按住左键从标尺上拖出水平和垂直参考线并使之交叉，如图3-7-2所示。

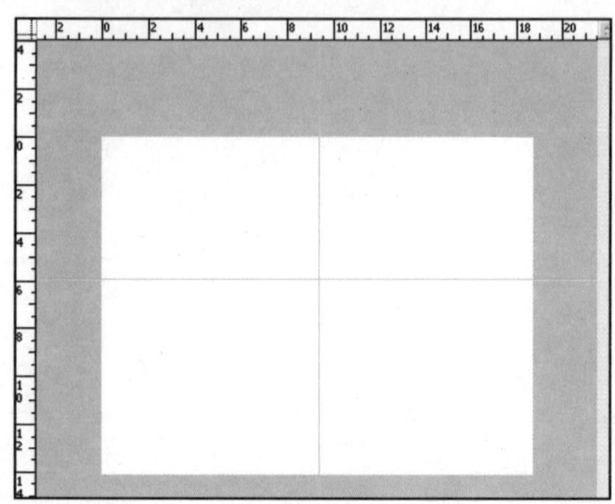

图3-7-2

03 选择工具箱中的“椭圆选框工具”，将光标置于参考线交点，按住Shift+Alt键拖曳出一个正圆选区。将前景色设为黑色，按Alt+Delete键填充前景色到选区中，如图3-7-3所示。

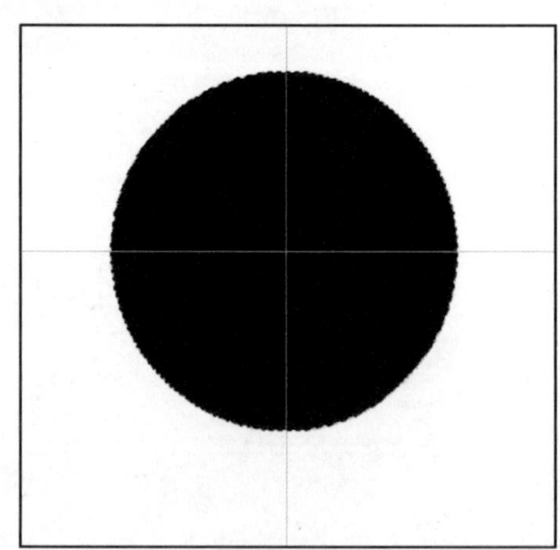

图3-7-3

04 执行“选择”>“存储选区”命令，弹出如图3-7-4所示的“存储选区”对话框。保持默认设置，直接单击“确定”按钮即可。然后按Ctrl+D键取消选区。

05 再次以参考线交点为圆心拖曳出一个略小的正圆选区，按Delete键删除选区内图像，如图3-7-5所示。

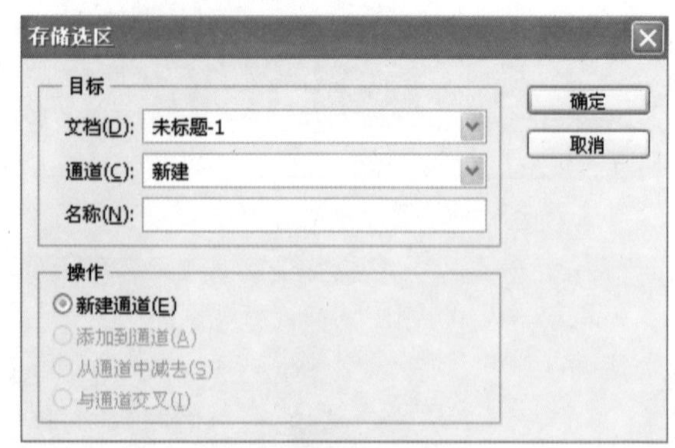

图3-7-4

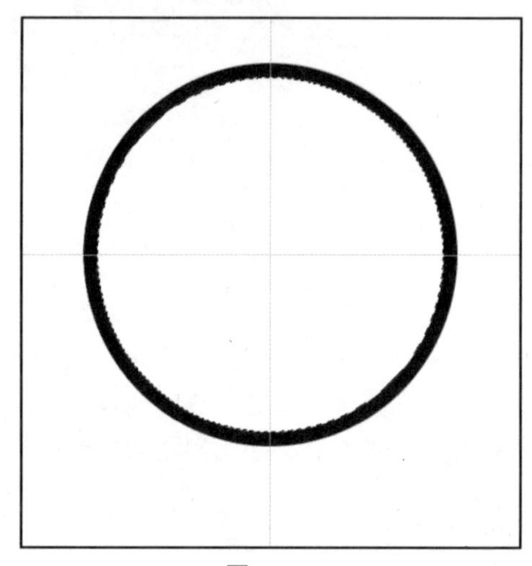

图3-7-5

06 按住Ctrl键，在“图层”面板上单击“图层1”的缩览图，载入当前图层的选区，执行“选择”>“修改”>“收缩”命令，将选区收缩2像素，如图3-7-6所示。

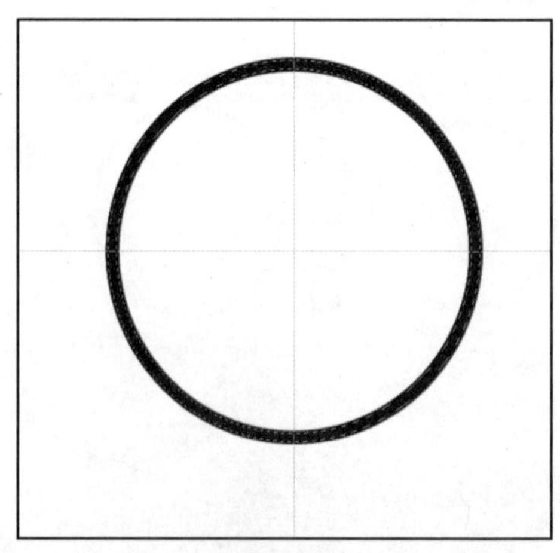

图3-7-6

07 按Ctrl+J键拷贝选区内图像得到“图层2”。单击“图层”面板下方的“添加图层样式”按钮，在弹出的菜单中选择“斜面和浮雕”选项，打开“图层样式”对话框，如图3-7-7所示，设置相关参数，效果如图3-7-8所示。

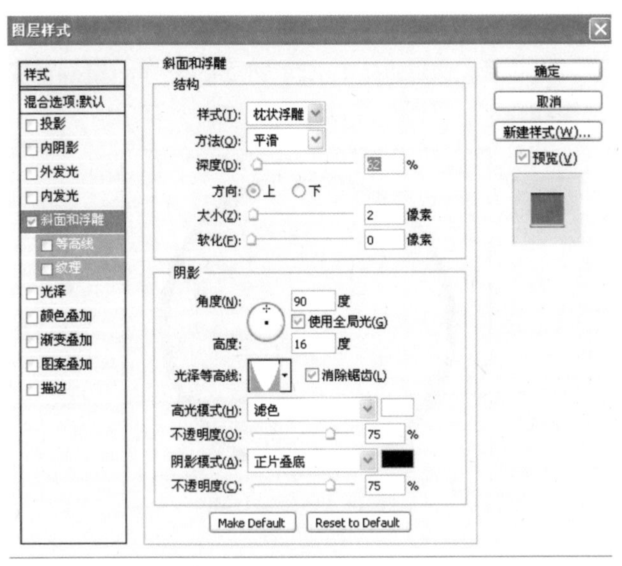

图3-7-7

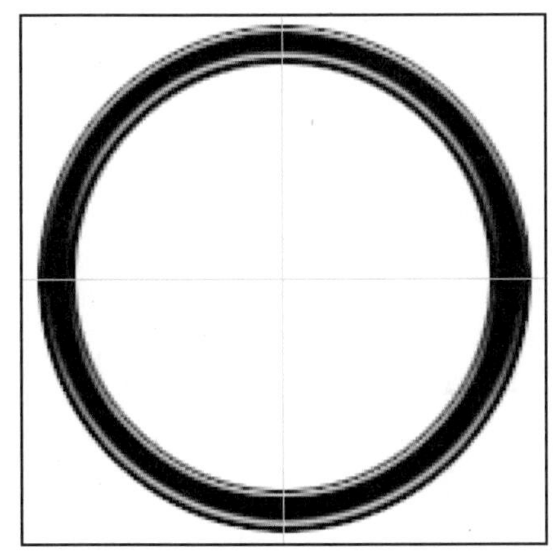

图3-7-8

2. 制作放大镜镜片

01 按Ctrl+Shift+Alt+N键，创建“图层3”，并在“图层”面板上将“图层3”拖移到“图层1”下方。

02 执行“选择”>“载入选区”命令，在弹出的对话框中设置通道选项为Alpha。

03 选择工具箱中的“渐变工具”，单击“渐变工具”属性栏中的渐变色带，打开“渐变编辑器”对话框，如图3-7-9所示。单击选中渐变条右侧色标，并在下方颜色选项处设置颜色为：R183、G195、B199，采用相同的方式设置左侧色标，颜色为：R255、G255、B255。选中颜色中点，设置其位置为70%。单击“确定”按钮完成渐变编辑。在属性栏中设置渐变类型为“径向渐变”，从参考线交点向外拖曳渐变填充选区，做出放大镜的镜片，如图3-7-10所示。

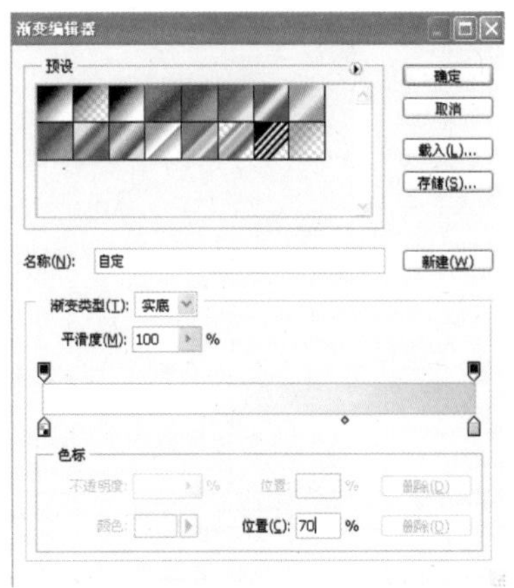

图3-7-9

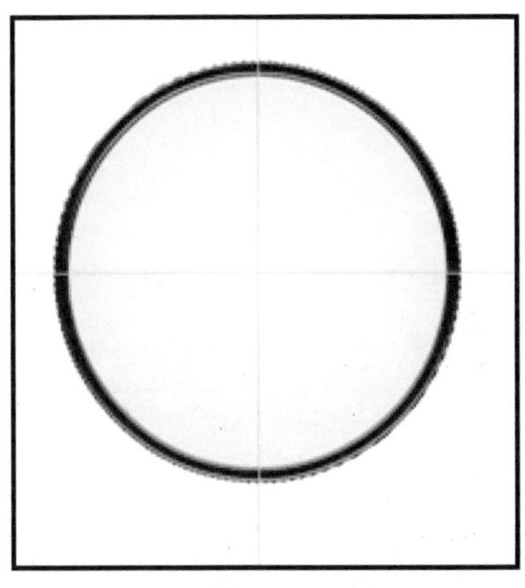

图3-7-10

你可能会问：“咦，镜片怎么不透明啊？”别忙，这个问题后面会得到妥善解决的，目前只是孤零零的镜片，即使处理透明了也看不出让人惊喜的效果。

3. 制作镜片反光

镜片上有折射的光影，在凸透镜上一般呈扇形。我们在完成前面渐变填充后依然保留着选区。

01 按Ctrl+Shift+Alt+N键，在“图层3”之上创建“图层4”，将前景色设置为白色，分别单击“图层”面板中“图层1”和“图层2”缩览图的“可视”图标，隐藏“图层1”和“图层2”，按Alt+Delete键填充前景色，如图3-7-11所示。

02 按Ctrl+D键取消选区，并在工具箱中选择“椭圆选框工具”，用前面曾使用过的方法，由两条参考线中心交点处拖曳鼠标绘制一个小的正圆选区，并按Delete 键删除选区内图像，制作出一个白色圆环，如图3-7-12所示。之后按Ctrl+D键取消选区。

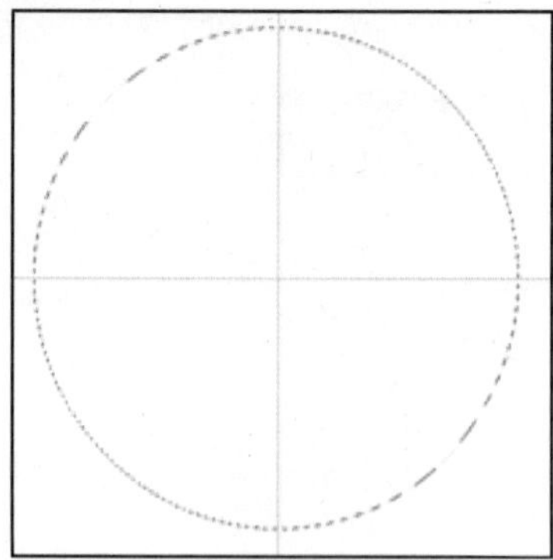
图3-7-11

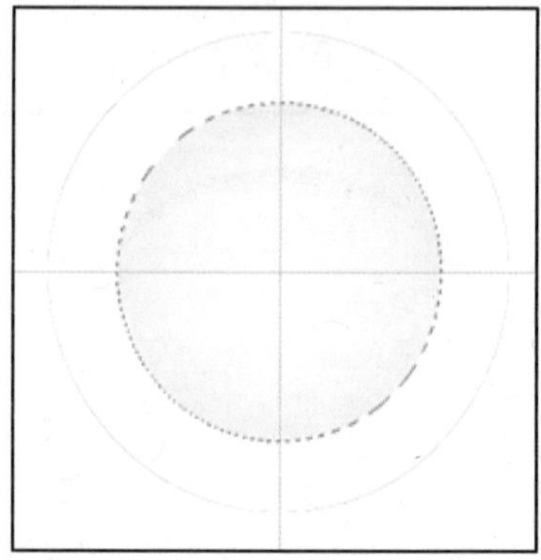
图3-7-12

03 在工具箱中选择“多边形套索工具”，在白色圆环上绘制选区，按 Ctrl+Shift+I键将该选区反向，按Delete键删除选区内图像，这样就得到了一个扇面状高光效果图像，之后按Ctrl+D键取消选区，如图3-7-13所示。

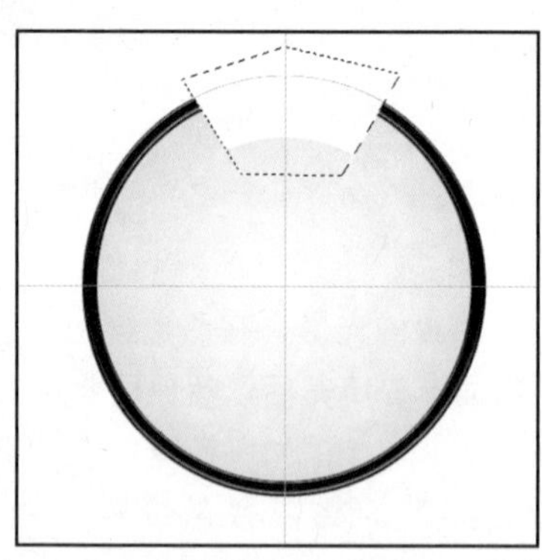

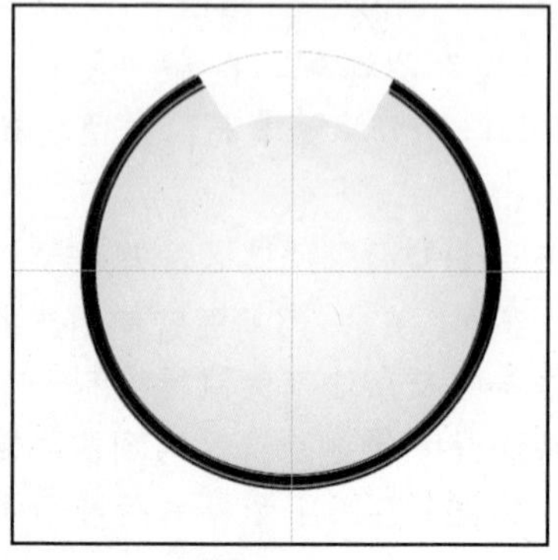
图3-7-13

04 按Ctrl+T键对这个扇面状图像进行变换，置于适当位置，如图3-7-14所示，之后按Enter键确认变换操作。

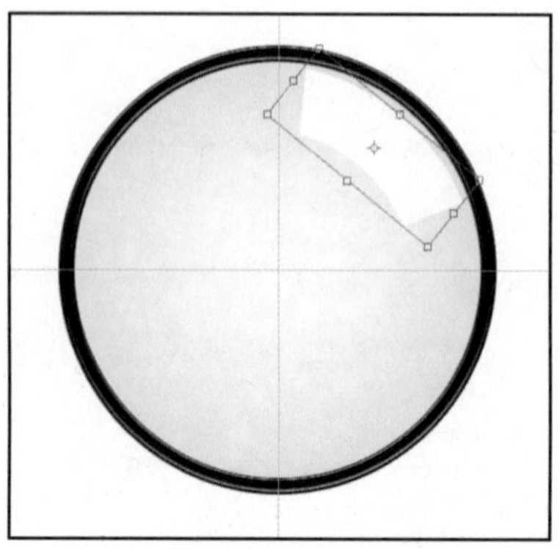
图3-7-14

05 在工具箱中选择“多边形套索工具”，在工具属性栏中单击“添加到选区”按钮，在上面做好的扇面状图像中绘制选区，之后按Delete 键删除选区内图像，如图3-7-15所示。之后按Ctrl+D键取消选区，制作出窗影效果。

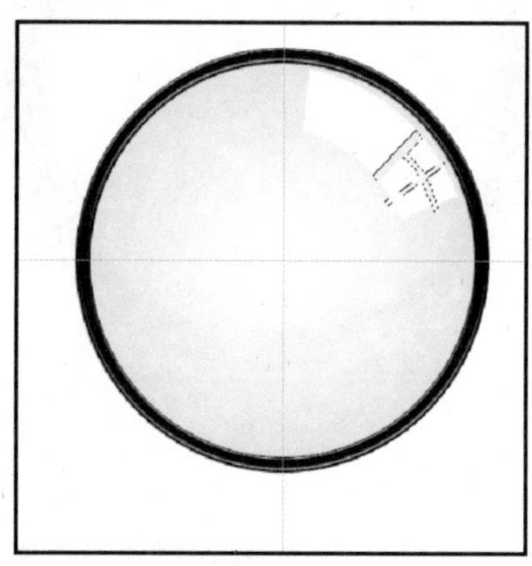
图3-7-15

06 按Ctrl+J键复制扇面图像为“图层4 副本”，选择工具箱中的“移动工具”，将扇面图像移至镜片另一侧，按Ctrl+T键变换调整其大小和角度，如图3-7-16所示。按Enter键确认变换操作。

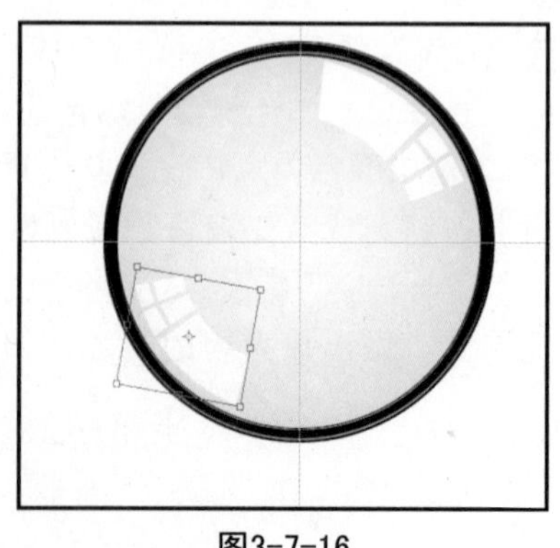
图3-7-16

4. 制作镜柄和小反光

01 选择工具箱中的“渐变工具”，单击“渐变工具”属性栏中的渐变色带，打开“渐变编辑器”对话框，选择渐变“预设”样式为“银色”，如图3-7-17所示（如果渐变“预设”中无该渐变样式，可单击预设面板右上角的按钮，在打开的菜单中选择“金属”选项，并将其追加到“预设”渐变样式面板中以得到“银色”渐变样式）。

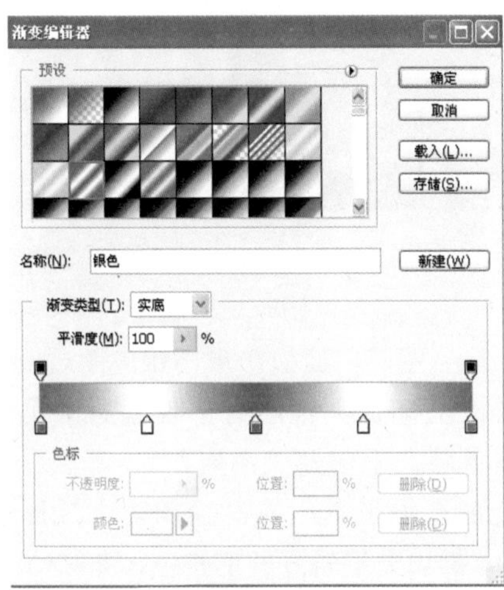

图3-7-17

02 在该工具属性栏中，单击“线性渐变”，单击“图层”面板下方的“创建新图层按钮”，创建“图层5”，并确认其为当前工作图层，选择“矩形选框工具”，绘制一个矩形选区，在其中填充编辑好的线性渐变，之后按Ctrl+D 键取消选区，如图3-7-18所示。这样便做出一个金属效果的镜柄接头。

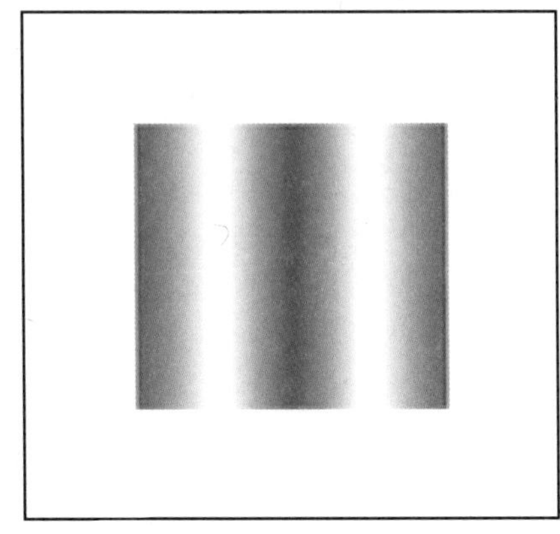

图3-7-18

03 再次打开“渐变编辑器”分别单击渐变条右侧和左侧色标，并在下方颜色选项处设置颜色为R60、G60、B60，再单击渐变条正中下部空白处，创建一个色标，选中该色标，在下方颜色选项处设置颜色为白色，如图3-7-19所示，单击“确定”按钮完成渐变编辑。

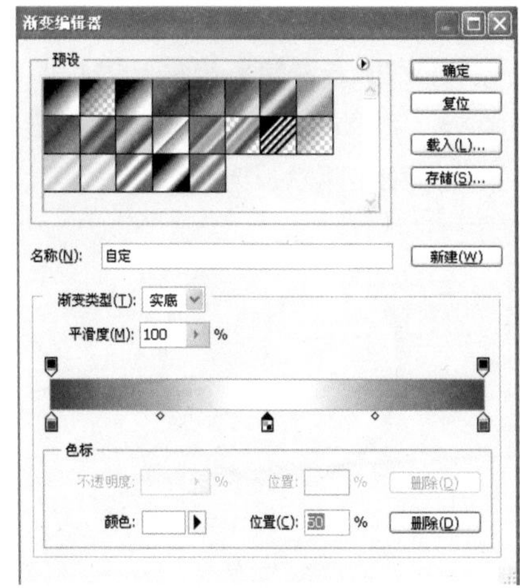

图3-7-19

04 在“渐变工具”属性栏中单击“线性渐变”按钮。创建“图层6”，并确认其为当前工作图层，选择“矩形选框工具”，绘制一个矩形选区并填充已编辑好的渐变色，保留选区。选择工具箱中的“移动工具”按住Alt键，光标变为黑白两色三角形，横向拖曳平移图像，释放鼠标，再拖曳，再释放鼠标……这样便在不增加图层的情况下复制拼接出镜柄主体，选择“移动工具”，将镜柄接头和镜柄主体对接好，如图3-7-20所示。

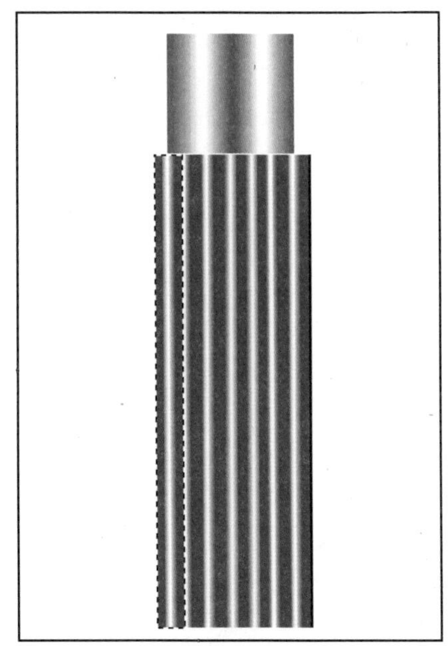

图3-7-20

05 按Ctrl键单击“图层”面板中“图层5”和“图层6”缩览图名称处将这两个图层选中，此时这两个图层缩览图周围呈蓝色，之后按Ctrl+T键变换“镜柄接头和镜柄主体”角度移至放大镜框的适当位置上。不错！已经有样了。趁兴趣盎然我们继续……

06 选择“钢笔工具”，绘制几条弧线形路径，之后按Ctrl+Enter键将路径转为选区，将前景色设置为白色，按Alt+Delete键填充白色前景色，在镜面上做出几条细小弧状反光条，如图3-7-21所示。

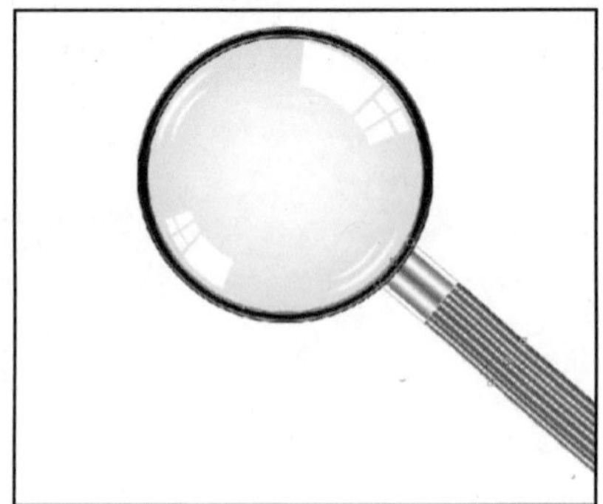

图3-7-21

07 感觉镜柄尾部有些秃。按Ctrl+J键复制“图层5”那个镜柄接头，对其执行“编辑”>“变换”>“透视”命令，将图像变换为梯形，如图3-7-22所示。

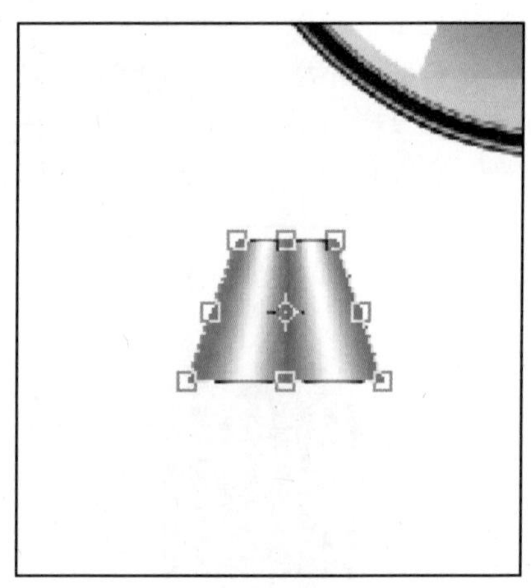

图3-7-22

08 执行“编辑”>“变换”>“缩放”命令，调整其大小角度放置在镜柄主体下端，按Enter键确定变换操作，如图3-7-23所示。

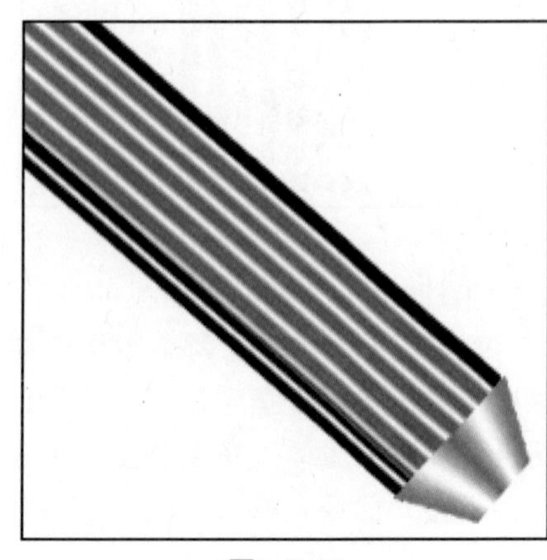

图3-7-23

5. 制作胶片

01 单击工具箱中的前景色图标，打开“拾色器”对话框，编辑前景色的RGB值，如图3-7-24所示。

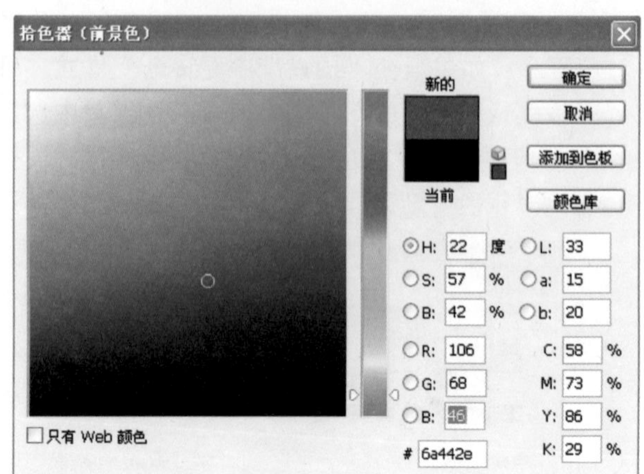

图3-7-24

02 在“图层”面板中单击相应图层的“可视”图标暂时关闭放大镜所有部件图层的显示状态。在放大镜各层之下创建“图层7”，即“胶片”层。选择“矩形选框工具”，绘制一个矩形选区，按Alt+Delete 键填充编辑好的前景色，并按Ctrl+Enter键取消选区。

03 在工具箱选择“钢笔工具”，在图像中即胶片顶部自左向右绘制一条路径，再选择工具箱中的“路径选择工具”，选中该路径，按住Alt键向下拖曳，将该路径复制并移至胶片底部，得到两条路径，如图3-7-25所示。

图3-7-25

04 在“路径选择工具”依然被使用情况下，单击路径旁边空白处取消路径的选择状态（锚点消失）。好了，下面暂时把路径问题放下。选择“橡皮擦工具”，在该工具的属性栏设置其属性，其中“画笔”选项为“矩形画笔”，“模式”选项为“铅笔”，“不透明度”为100%，如图3-7-26所示。

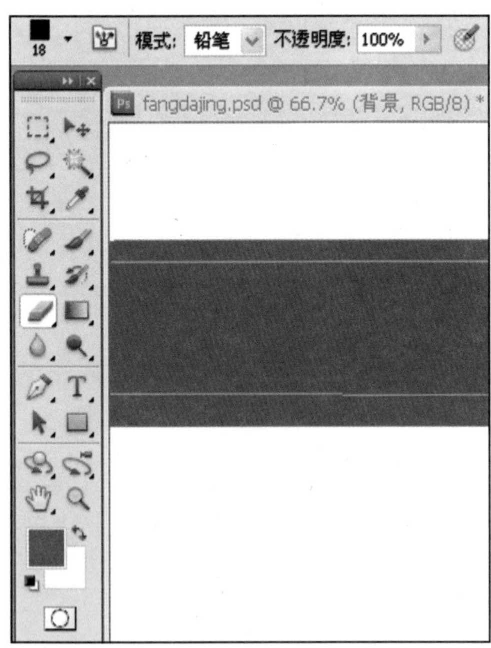

图3-7-26

05 按F5键打开“切换画笔”面板，单击其中的“画笔笔尖形状”选项组，设置画笔的间距为260%，如图3-7-27所示。

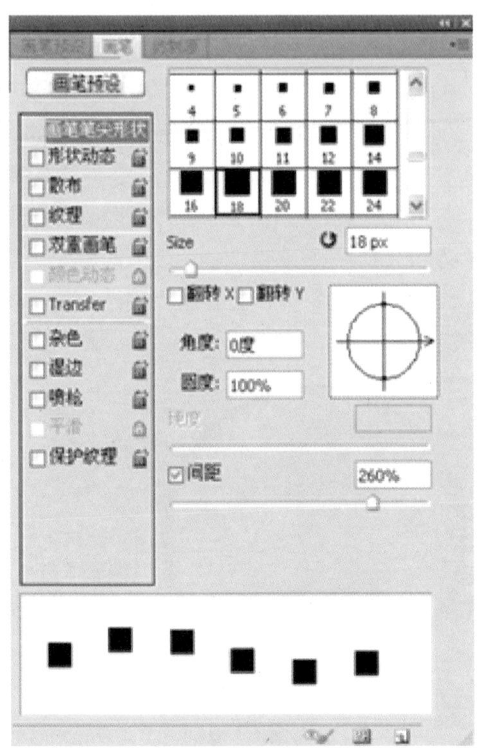

图3-7-27

06 设置完成后关闭“切换画笔”面板。进入“路径”面板，单击面板下方的“用画笔描边路径”按钮，“橡皮擦”将自动进行间隔性擦除，擦出连续的小空格子，如图3-7-28所示，随后按Enter键取消路径显示。

图3-7-28

挺有趣，此刻似乎又找到了童年的感觉。也许您觉得一会儿这个工具，一会儿那个设置的挺麻烦，其实啊，没什么，熟练工种而已。只要您熟练就能指哪打哪了，就跟开着自己的爱车带着您的女朋友外出兜风一样，有了爱，有了熟练的操作技术，那么一切对您自然不在话下。

07 放入一幅素材图，如图3-7-29所示。执行“图像”>“调整”>“反相”命令，按Ctrl+T键将该素材图缩小，按Enter键结束变换操作。按Ctrl键单击“图层”面板中的素材图层缩览图载入选区，选择工具箱中的“移动工具”按住Alt键，光标变为黑白两色三角形，连续拖曳该素材图像，将其复制若干排列在胶片上，之后按Ctrl+D键取消选区，如图3-7-30所示。

图3-7-29

图3-7-30

08 按Ctrl+E键，将素材图层与胶片图层合并。之后选择“矩形选框工具”，在合并后的胶片上绘制一个矩形选区，如图3-7-31所示。

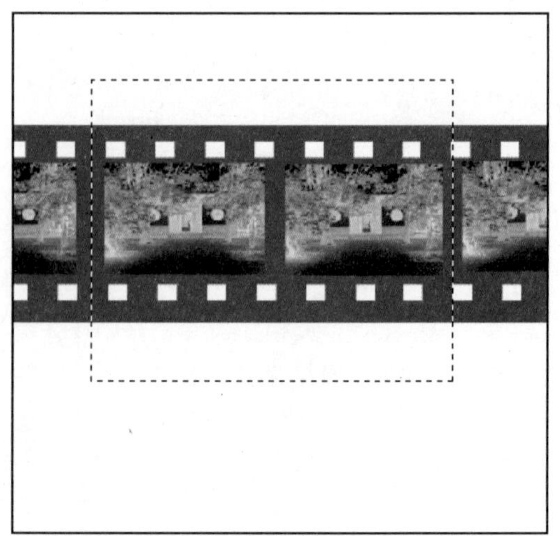

图3-7-31

09 按Ctrl+J 键，拷贝截取出胶片的一部分，按Ctrl+T 键将其变换放大，如图3-7-32所示。之后按Enter键确定变换操作。

图3-7-32

6. 制作背景、投影和镜片透明效果

01 恢复所有图层的显示状态，确认背景图层为当前工作图层，编辑确定一个前景色并填充到背景图层中以更改背景图层的颜色（可根据自己的喜好自定），之后对该图层执行“滤镜”>“纹理”>“纹理化”命令，在弹出的对话框中的“纹理”选项下拉列表中选择“画布”，并设置好缩放比例参数，如图3-7-33所示。

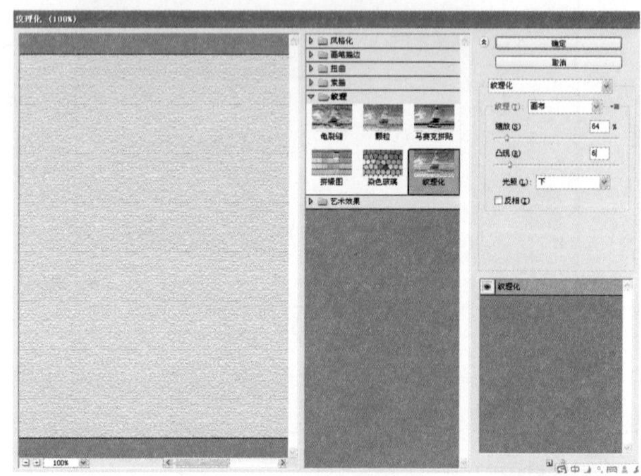

图3-7-33

02 确定“图层3”放大镜镜片图层为当前工作图层，单击“图层”面板下方的“添加图层蒙版”按钮，为“放大镜镜片”图层添加图层蒙版，并使之处于工作状态，之后将前景色设置为黑色，选择”画笔工具”，单击打开工具属性栏中画笔“预设管理器”选择一个硬度为0%的，直径大小适中的柔边圆形喷笔，设置一个合适的“不透明度”将镜片中部擦成透明，如图3-7-34所示。

图3-7-34

03 下面做投影。按Ctrl键单击“图层”面板中的胶片图层缩览图，载入胶片选区，适当羽化，向下轻移选区，在“胶片”图层下创建一个新图层填充黑色，降低图层不透明度（在“图层”面板右上角处），在放大镜镜框和镜柄下创建图层采取同样方法制作出放大镜的投影效果，如图3-7-35所示。

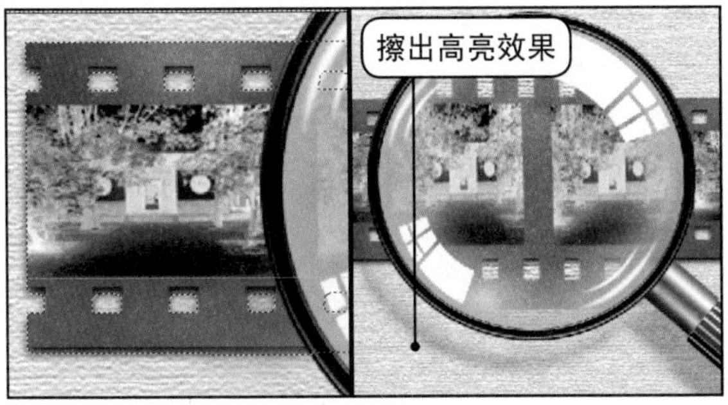

图3-7-35

04 选择工具箱中的“减淡工具”，在背景图层和胶片的适当部位擦拭出高亮，如图3-7-36所示。

图3-7-36

05 确认“背景”图层为当前工作图层，执行“选择”>“载入选区”命令，在弹出的对话框中确认“通道”为Alpha 1，（我们前面存储的那个选区您还记得吧？它一直躺在Alpha 1通道中，唤醒它并将它载入）。选择“吸管工具”，在“背景”图层上单击以吸取样色为前景色，之后按Alt+Delete键填充前景色到选区，将“背景”图层原有的纹理图案覆盖，再执行“滤镜”>“纹理”>“纹理化”命令，在弹出的对话框中的“纹理”选项下拉列表中选择“画布”，但这次的“缩放比例”等参数设置要大于上次，如图3-7-37所示。制作完毕，左右端详，嗯，还算不错，保存起来留作纪念吧。

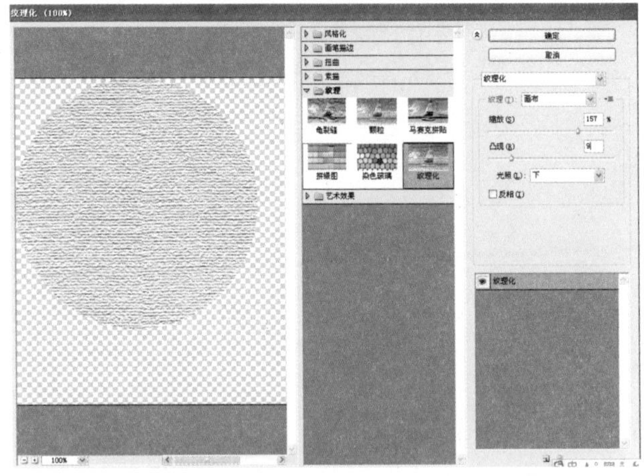

图3-7-37

我想把这个制作的效果图贴个小图给“安琪儿”看，可是这些天，不知为什么，她一直没上线，即使我呼唤也不见她人影，奇怪，病了？出差了？把我误删了？我问“鸭舌帽”怎么不见“安琪儿”，他说他也不知道，反而用狡黠地口吻说“你想她了，哈哈哈哈网恋！绝对的网恋”！他的话气坏我了“你小子胡说八道，我这把年……年纪，网……网恋个屁！”他在笑，我却下了线！

在以上这个综合制作中，我们应用了很多工具和功能，需要表现的物件和效果也很多，但是无论怎么复杂，只要我们把它分成一个个独立的部分，有条不紊地一个个去做即可完成。本案中通过渐变填充表现金属、通过设置画笔间距进行描边路径，以及高光效果的表现等都具有很强的实用价值，需要认真体会并把握。

3.7 海边记忆

去年夏，我由大连乘“渤海银珠号”客轮去了烟台，在那里玩得很开心。有一个海滩，大概叫“月亮湾”，那里有很多很多的小石子儿，质地相当好，经海水千百年的冲刷打磨，个个浑圆、细腻、光滑。它们仿佛被大自然赋予了生命，感动着我，记得当时我趴在海滩一个一个地挑选、捡拾起来，很是忘情，之后把拾到的精品包裹起来，千里迢迢带回家。今天就把这些小石子制作出来，也算为美好的记忆再描上淡淡的一笔。

本案例涉及的主要知识点：

本案例主要涉及的知识点有“染色玻璃”和“分层云彩”滤镜、图层样式、叠加混合模式、色彩平衡等。本案例的核心是“染色玻璃”滤镜、图层样式及“分层云彩”滤镜的应用，案例效果如图3-8-1所示。

图3-8-1

制作流程：

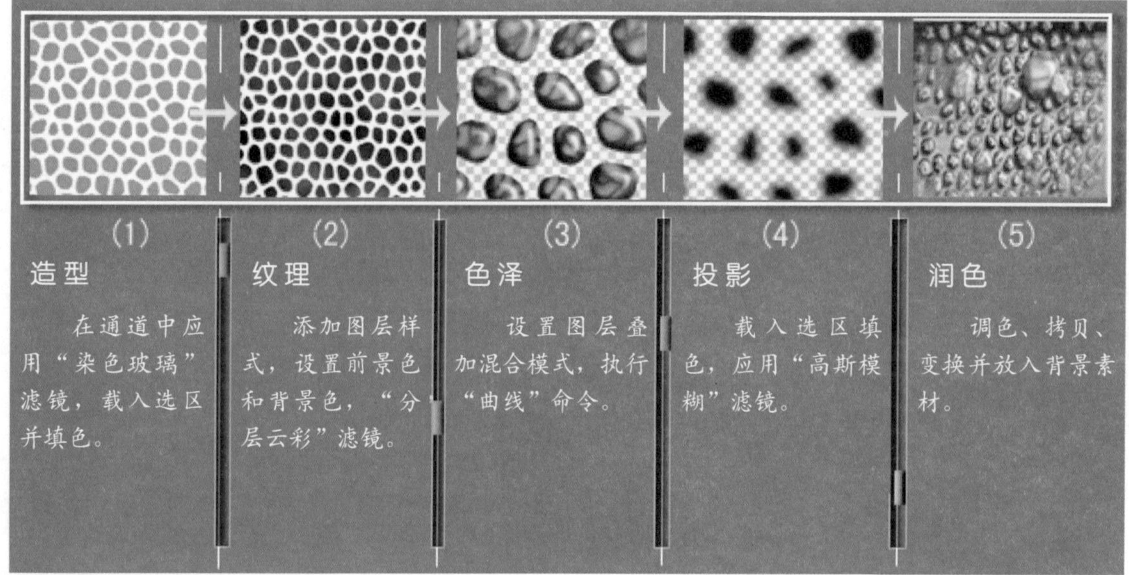

(1) 造型

在通道中应用“染色玻璃”滤镜，载入选区并填色。

(2) 纹理

添加图层样式，设置前景色和背景色，“分层云彩”滤镜。

(3) 色泽

设置图层叠加混合模式，执行“曲线”命令。

(4) 投影

载入选区填色，应用“高斯模糊”滤镜。

(5) 润色

调色、拷贝、变换并放入背景素材。

1. 造型

01 执行“文件”>“新建”命令，创建一个宽为800像素，高为600像素，分辨率为72像素/英寸，背景内容为白色，颜色模式为RGB的图像文件。

02 单击“图层”面板下方的“创建新图层”按钮，在“背景”图层上创建“图层1”，如图3-8-2所示。

03 进入“通道”面板，拖动蓝通道缩览图到面板下方的“创建新通道”按钮上，复制蓝通道为“蓝副本”，如图3-8-3所示。

图3-8-2

图3-8-3

提 示:

下面的步骤很重要，即通过应用“染色玻璃”滤镜来达到分割图像的目的，有的人用这个方法制作花豹斑块或皮革纹理，而我们则来制作一块块的小石子儿，这说明知识是可以迁移的，要灵活应用。

04 将前景色设置为黑色，背景色设置为白色，对蓝副本执行“滤镜”>“纹理”>“染色玻璃”命令。在弹出的对话框中设置相关参数，如图3-8-4所示。

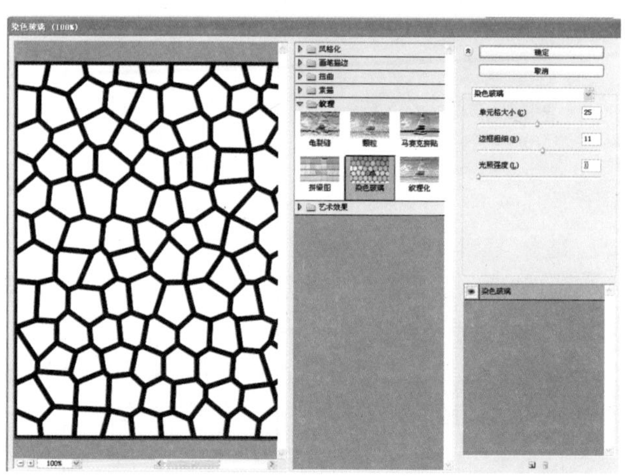

图3-8-4

提 示:

值得注意的是单元格的大小，边框的粗细，这些决定着石子的大小和它们的间距，设置好后单击“确定”按钮退出。

05 接下来执行“滤镜”>“模糊”>“高斯模糊”命令，调整相应的参数，如图3-8-5所示。单击“确定”按钮退出。

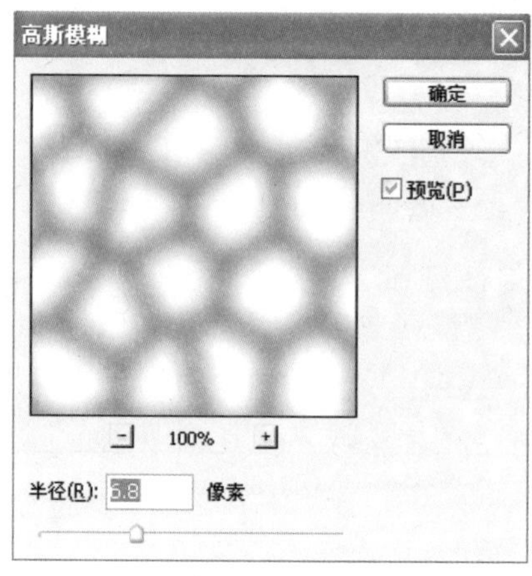

图3-8-5

06 执行“图像”>“调整”>“阈值”命令，调整相应的参数，如图3-8-6所示。单击“确定”按钮退出。

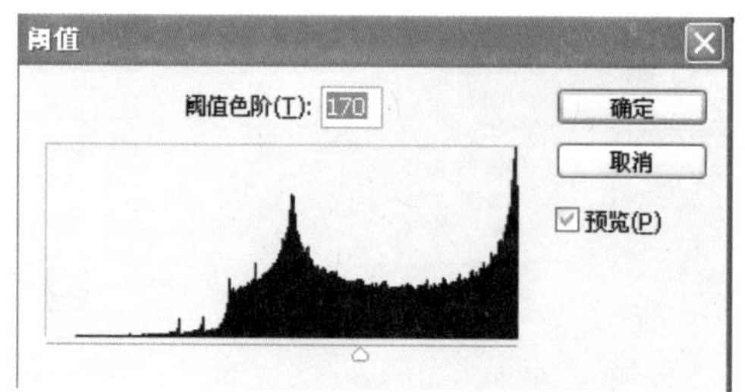

图3-8-6

07 按住Ctrl键单击“通道”面板中“蓝副本”缩览图，载入图像选区，返回“图层”面板，确认“图层1”为当前工作图层，单击工具箱中的前景色图标，打开“拾色器”对话框，设置前景色的RGB值，参数如图3-8-7所示。按Alt+Delete键填充前景色，如图3-8-8所示。之后按Ctrl+D键取消选区。

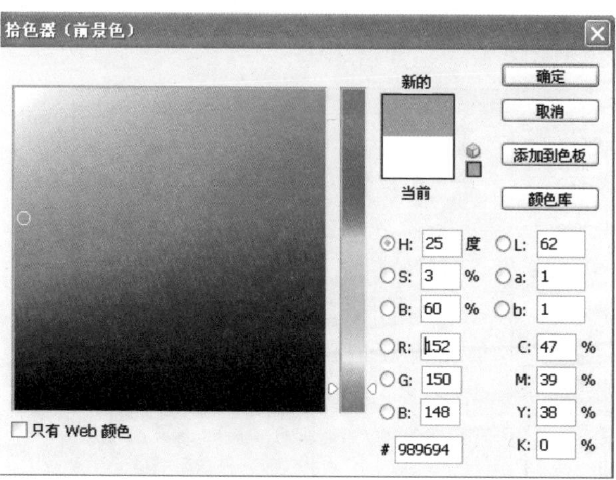

图3-8-7

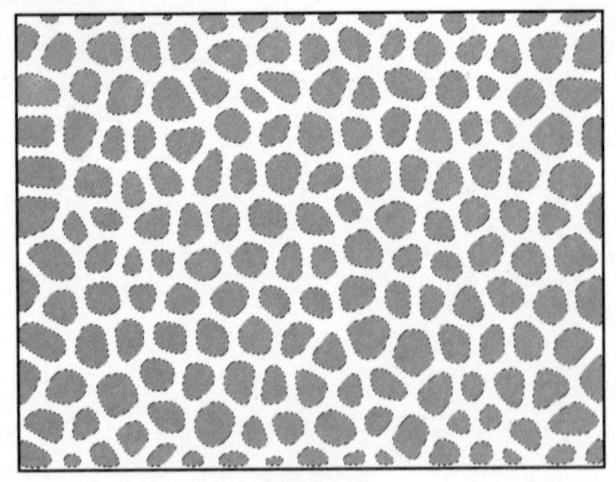

图3-8-8

2. 立体感与纹理

01 单击“图层”面板下方的“添加图层样式”按钮，在弹出的菜单中选择“斜面和浮雕”选项，在打开的“图层样式”对话框中设置相关参数，如图3-8-9所示。

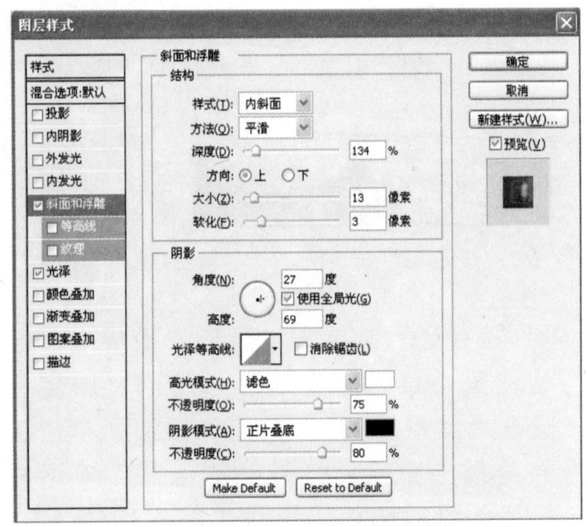

图3-8-9

02 之后单击“图层样式”对话框左侧“光泽”选项，在对话框右侧设置“光泽”相关参数，如图3-8-10所示。

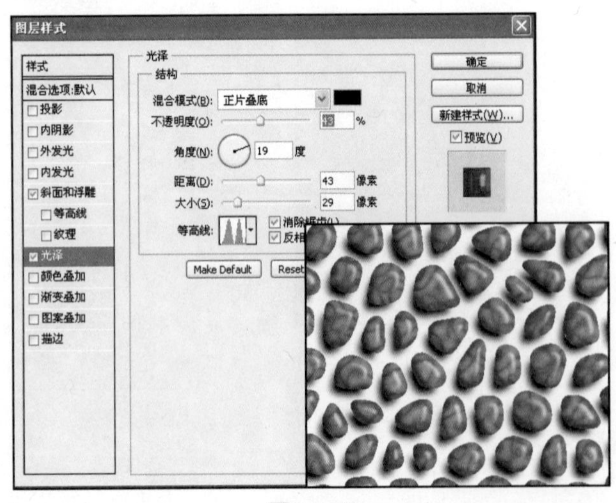

图3-8-10

3. 色泽

01 分别单击工具箱中前景色和背景色图标，打开“拾色器”对话框设置前景色和背景色的RGB值，如图3-8-11和图3-8-12所示。前景色和背景色的设置决定着后期成品的色泽效果，至关重要。

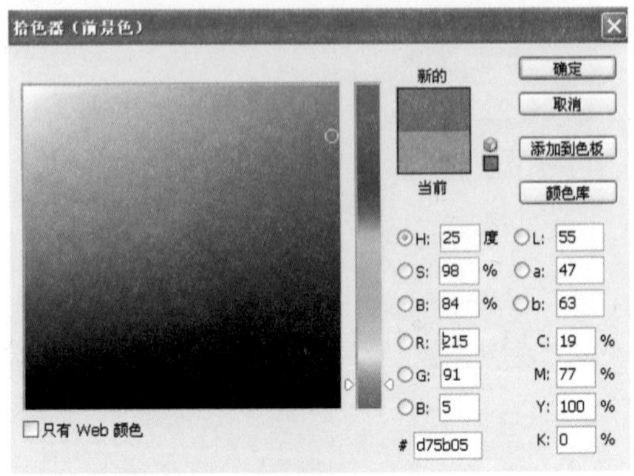

图3-8-11

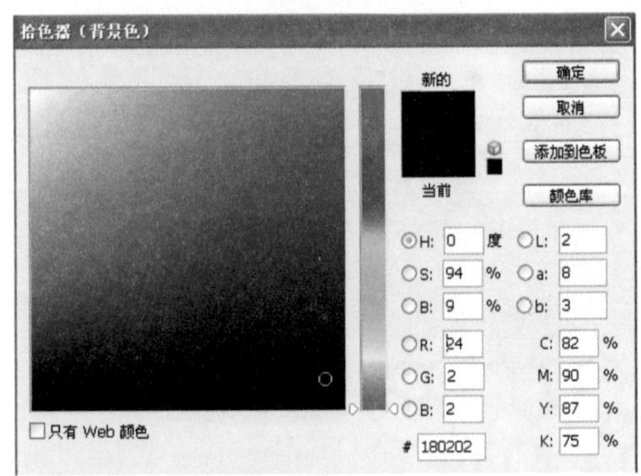

图3-8-12

02 单击“图层”面板下方的“创建新图层”按钮创建“图层2”，并将该图层作为当前工作图层。按Ctrl键单击“图层”面板中“图层1”缩览图载入该图层中图像的选区，按Alt+Delete键填充前景色于选区中，如图3-8-13所示。

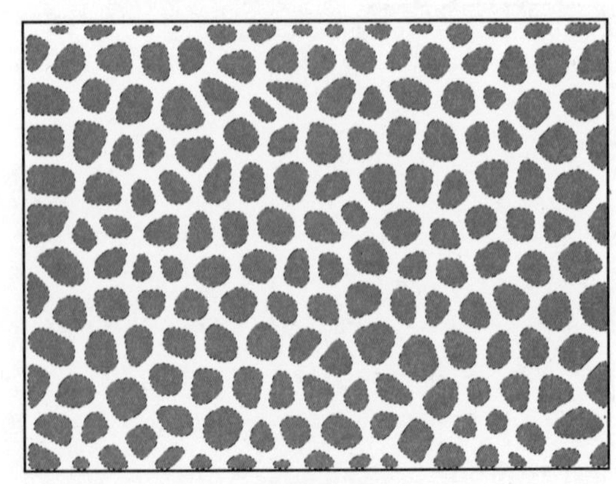

图3-8-13

03 填充后执行“滤镜”>“渲染”>“分层云彩”命令，如图3-8-14所示。

图3-8-14

04 设置“图层2”的混合模式为“叠加”，如图3-8-15所示。

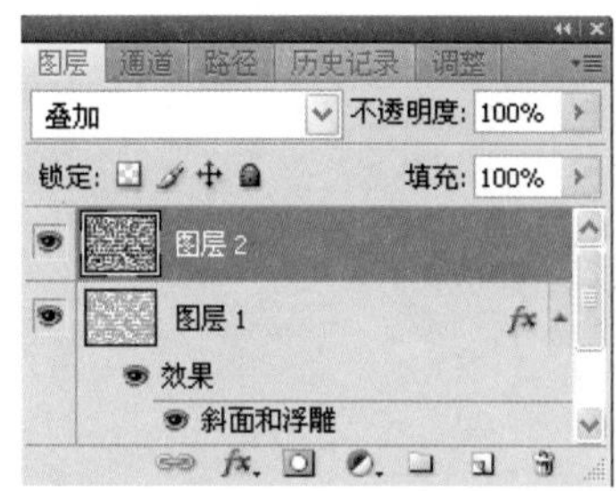
图3-8-15

05 将“图层1”作为当前工作图层，单击“图层”面板下方的“创建新的调整图层”按钮，在打开的菜单中选择“曲线”选项，在弹出的“调整”面板中调整曲线，将“图层1”调亮，如图3-8-16所示。

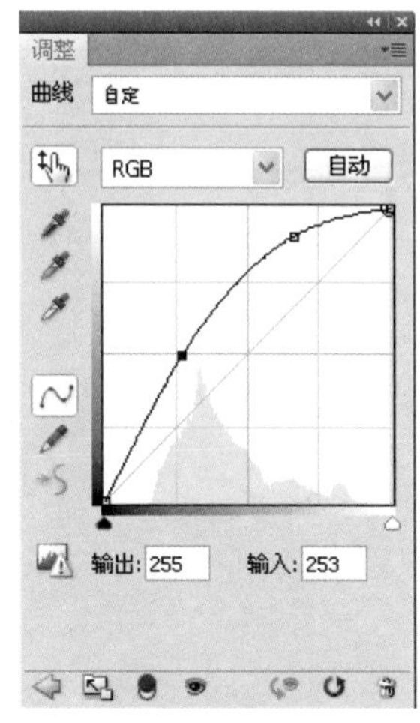
图3-8-16

提 示:

经过以上的填色、图层样式（斜面浮雕和光泽效果）和分层云彩滤镜等步骤，我的“企图”基本得以实现。一粒粒石子出来了，立体了，有纹理了，色泽也有了。可以休息一会儿了。后面的工作不过是凭心情的打磨加工而已，但愿不是“画蛇添足”。

06 单击“背景”图层的“可视”图标，隐藏“背景”图层。按Ctrl+Shift+Alt+E键盖印可见图层，如图3-8-17所示。恢复“背景”图层的显示状态。

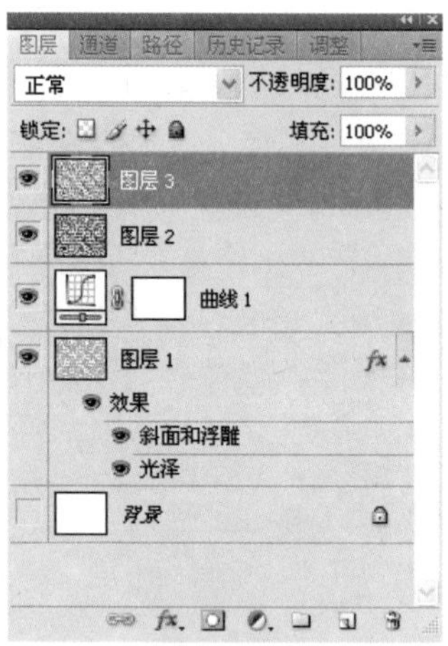
图3-8-17

07 对“图层3”执行“滤镜”>“模糊”>“高斯模糊”命令，调整相应的参数，如图3-8-18所示。

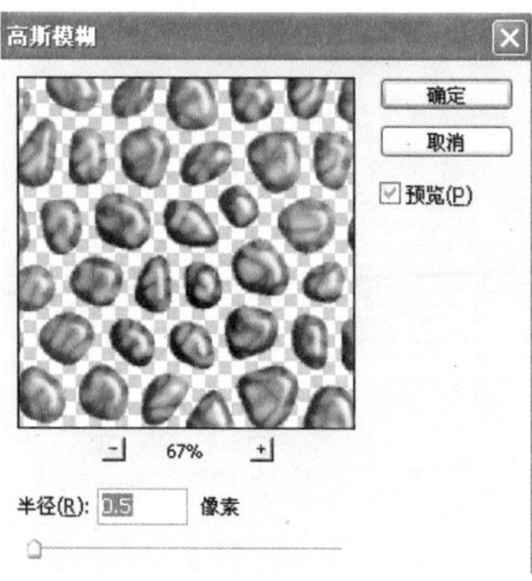
图3-8-18

4. 投影、润色

01 按Ctrl键单击“图层”面板中“图层3”的缩览图载入“石子”选区，如图3-8-19所示。执行“选择”>“修改”>“收缩”命令，调整相应的参数，如图3-8-20所示。之后按方向键向左下轻移选区。

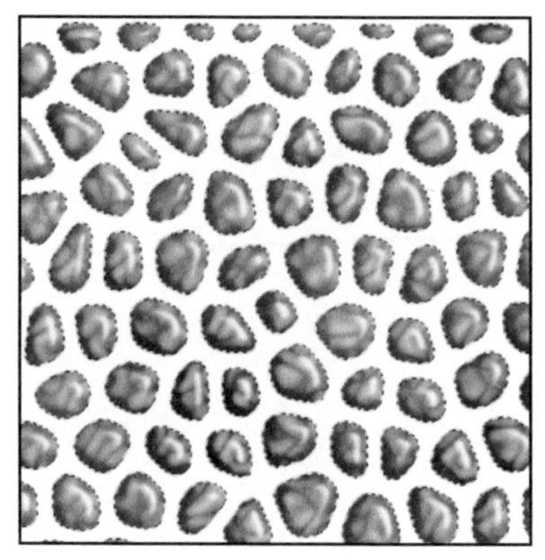
图3-8-19

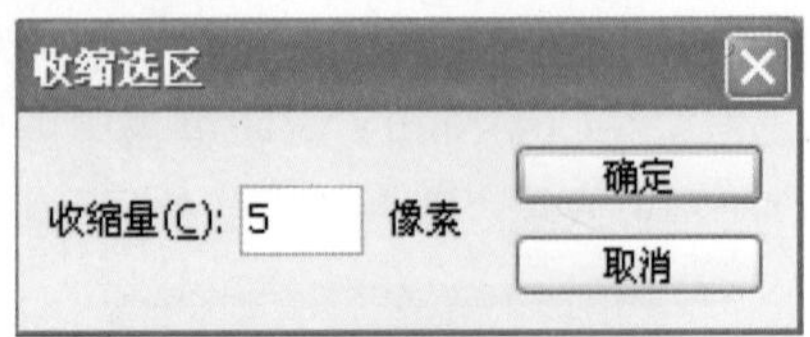

图3-8-20

02 在“背景”图层上的其他各图层下创建“图层4”，并将该图层作为当前工作图层，填充黑色（由于石子发红，所以不一定纯黑），执行“滤镜”>“模糊”>“高斯模糊”命令，调整相应的参数，如图3-8-21所示。然后降低“图层4”的不透明度。

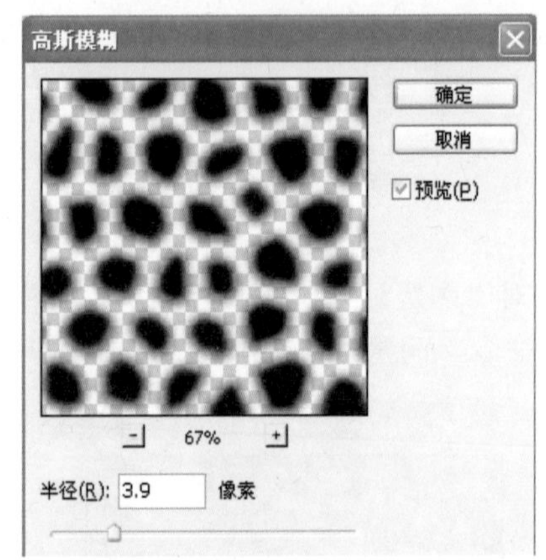

图3-8-21

03 确认“图层3”为当前工作图层，单击“图层”面板下方的“创建新的调整图层”按钮，在弹出的菜单中选择“色彩平衡”选项，在“调整”面板中进行调整，如图3-8-22所示。

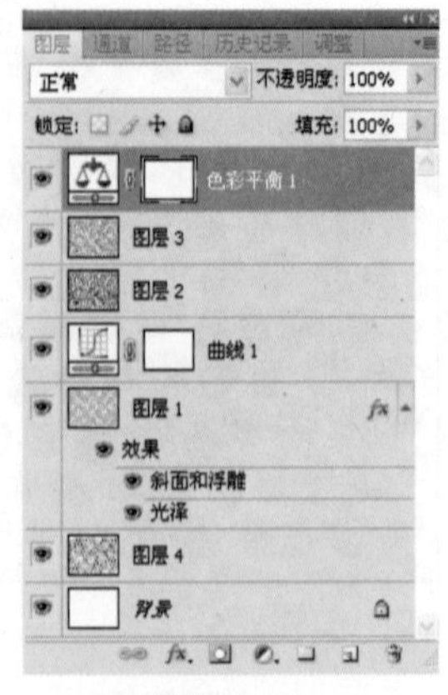

图3-8-22

提 示:

为了表现变化和生动，在石子制作完成后可以单独选取某个石子将其拷贝出来变换放大或改变颜色，还可以为图像加入沙滩背景素材，以营造更漂亮浪漫的环境，这些后期的润色美化工作均由您自己决定，是的，石子儿有了，一切都好办的，不再赘述。

在本案的制作中，我们知道了如何将通常用来进行艺术渲染的滤镜效果转化为选区，并借助“通道”和“阈值”命令达到对图像的分割目的。借助“分层云彩”滤镜和图层样式实现添加纹理图案和立体效果的目的。在制作中前景色和背景色的设置以及“模糊”滤镜的使用都直接影响着质感表现和色泽以及逼真度。应该说上述方法应用范围很广阔，在表现各种斑点、纹理的制作中经常用到，如，网格、皮革纹理、斑点花纹等等。

3.8 端午情思

今年的端午节，我又包了一盆粽子，一家人吃得很开心。包粽子是我的拿手好戏，不是吹，十岁时就会包，记得小时候每逢端午节，母亲都要包粽子，我就跟着学。包粽子主要有两个关键步骤，一是如何把几个粽子叶叠摞起来并弄成喇叭筒状；二是用“玛莲”草绳把它系好，这可不是那么简单的，一只手要握住已经装好糯米的粽子，保证它不散花；另一只手要麻利地用草绳进行捆绑。起初你的手指是不大听使唤的，显得很笨拙，没关系，多包几个就好了，只要这两步过关了，剩下的就是熟练问题了。用Photoshop“包”粽子，其道理也一样，也有它的关键步骤，一是做好纹理，二是系好“玛莲”草绳，三是调好颜色。下面我们就开始“包”。

本案例涉及的主要知识点：

本案例涉及的主要知识点有“钢笔工具”的使用、路径填充和描边、在Alpha通道中应用“铜版雕刻”滤镜制作纹理、“切变”滤镜、选区收缩与反向、“加深减淡工具”的运用、图像拼接、“操控变形”命令等，案例效果如图3-9-1所示。

图3-9-1

制作流程：

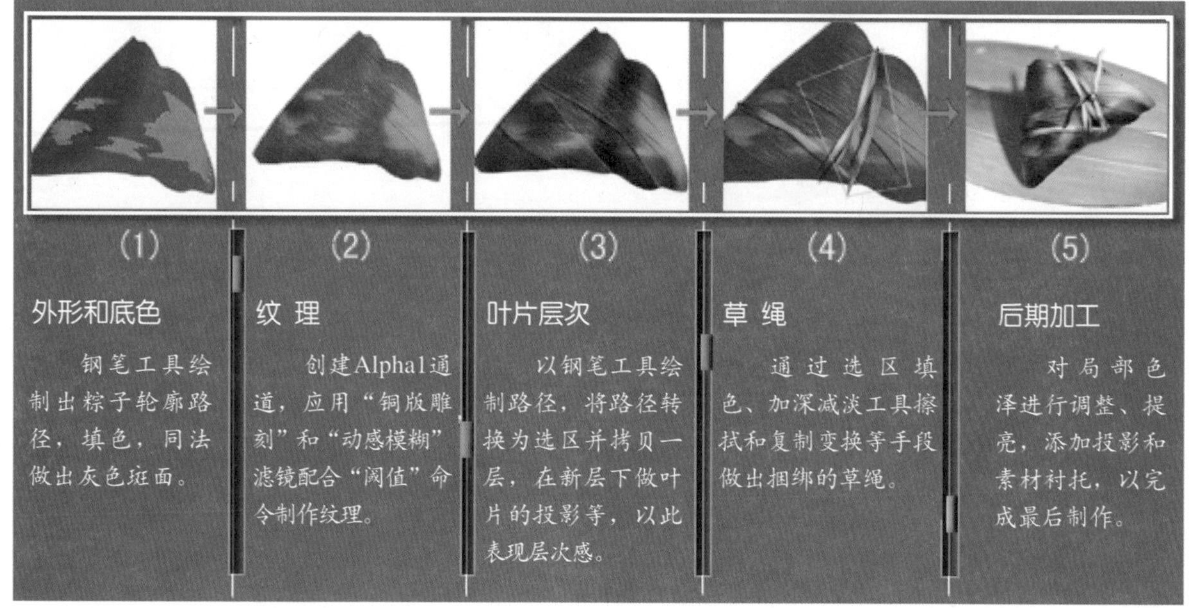

(1) 外形和底色
钢笔工具绘制出粽子轮廓路径，填色，同法做出灰色斑面。

(2) 纹 理
创建Alpha1通道，应用“铜版雕刻”和“动感模糊”滤镜配合“阈值”命令制作纹理。

(3) 叶片层次
以钢笔工具绘制路径，将路径转换为选区并拷贝一层，在新层下做叶片的投影等，以此表现层次感。

(4) 草 绳
通过选区填色、加深减淡工具擦拭和复制变换等手段做出捆绑的草绳。

(5) 后期加工
对局部色泽进行调整、提亮，添加投影和素材衬托，以完成最后制作。

1. 制作粽子外形、填充底色

01 执行“文件”>“新建”命令，创建一个宽为650像素，高为800像素，分辨率为72像素/英寸，背景内容为白色，颜色模式为RGB的图像文件。

02 单击“图层”面板下方的“创建新图层”按钮，创建“图层1”。单击工具箱中“设置前景色”图标打开“拾色器”对话框，设置前景色的RGB值，如图3-9-2所示。

03 选择“钢笔工具”绘制出粽子轮廓路径。之后按Ctrl+Enter将路径转为选区，再按Alt+Delete键填充前景色，如图3-9-3所示。按Ctrl+D键取消选区。

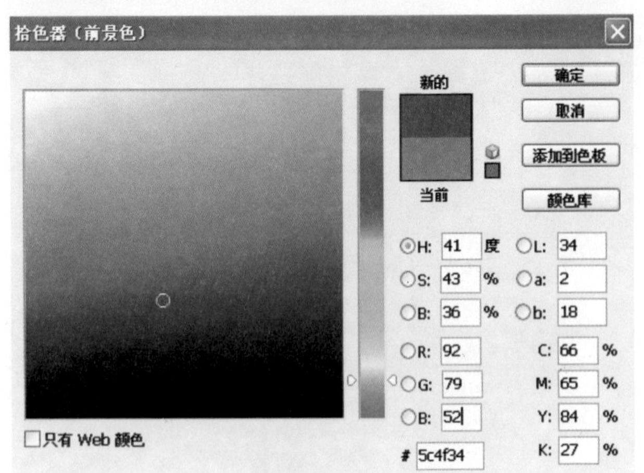

图3-9-2

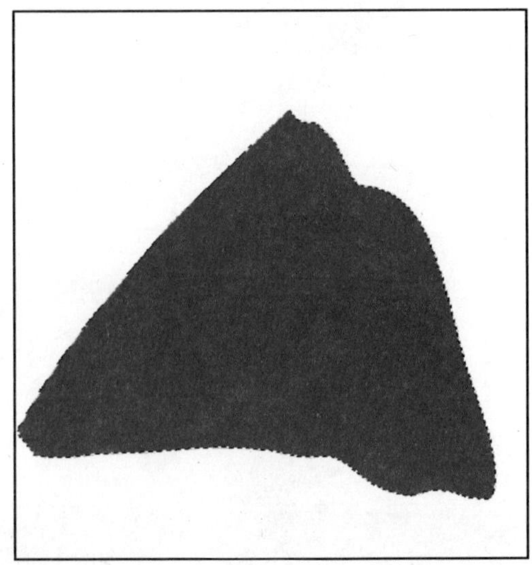

图3-9-3

提 示：

这个填充颜色的步骤也可以在不将路径转为选区的情况下进行，即进入“路径”面板，单击“用前景色填充路径”按钮，将设置好的前景色填充到路径，之后单击“路径”面板空白处隐藏路径。也可以选择“钢笔工具”，单击属性栏的“形状图层”按钮，直接绘制，绘制好路径了，颜色也同时显示其中。不过那样将生成一个带有矢量蒙版的形状图层。这样方便了形状编辑，但画笔、加深减淡工具以及色彩调整的许多功能将受到限制。

04 选择工具箱中的“套索工具”，在“粽子”左侧绘制一个选区，如图3-9-4所示。

05 执行“选择”>“修改”>“羽化”命令，调整相应的参数，如图3-9-5所示。之后按Ctrl+M键打开“曲线”对话框，用曲线将这一部分调暗，使其充当背光面，如图3-9-6所示。

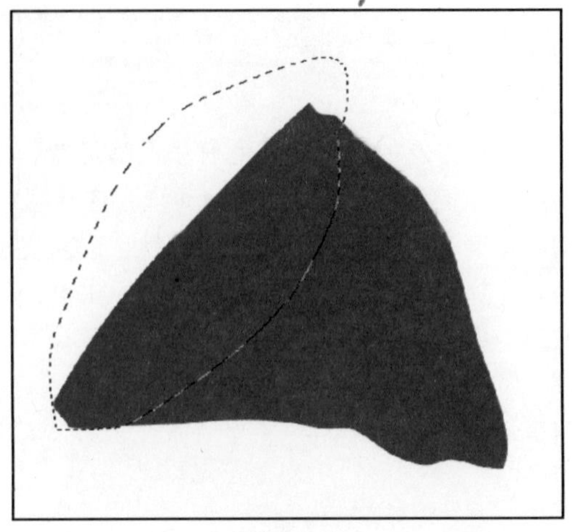

图3-9-4

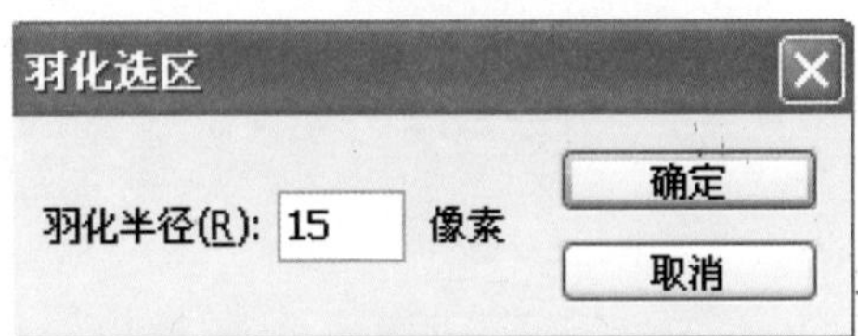

图3-9-5

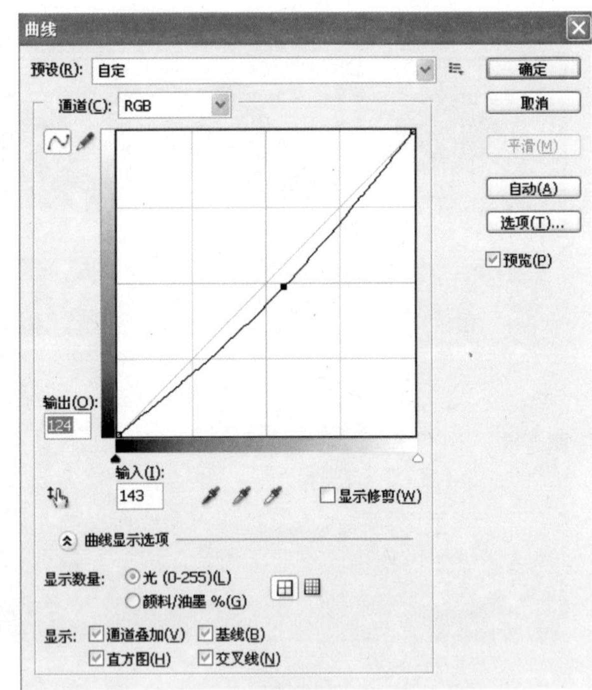

图3-9-6

06 “粽子叶”上常有一些与周围颜色不同的灰色斑面，别人家的我不知道什么样，反正我家的是这样的。单击“图层”面板下方的“创建新图层”按钮，创建“图层2”。选择“钢笔工具”在“粽子”上绘制出路径，如图3-9-7所示。并按Ctrl+Enter键将路径转为选区，填充灰色，如图3-9-8所示。按Ctrl+D键取消选区。

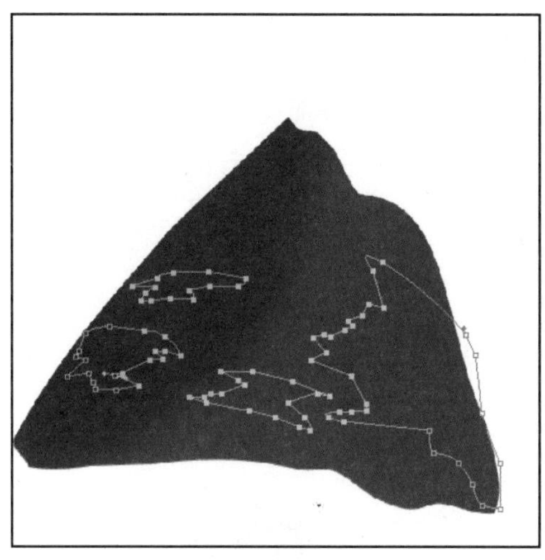

图3-9-7

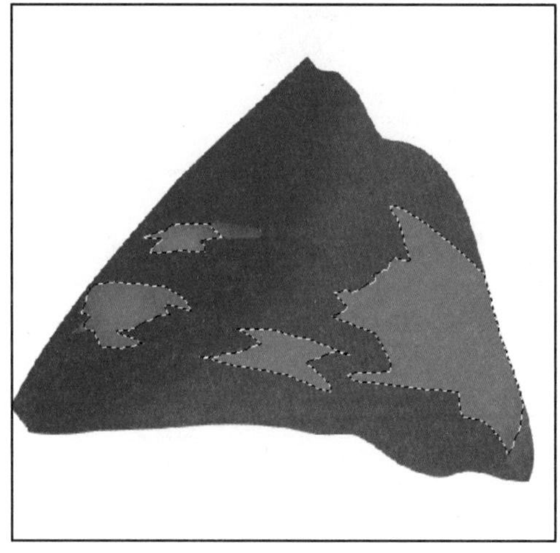

图3-9-8

2. 制作纹理

01 进入“通道”面板，单击该面板下方的“创建新通道”按钮，创建Alpha1 通道，执行“滤镜”>“像素化”>“铜版雕刻”命令，在弹出的对话框中打开“类型”下拉列表，选择“短直线”选项，之后单击“确定”按钮退出，如图3-9-9所示。

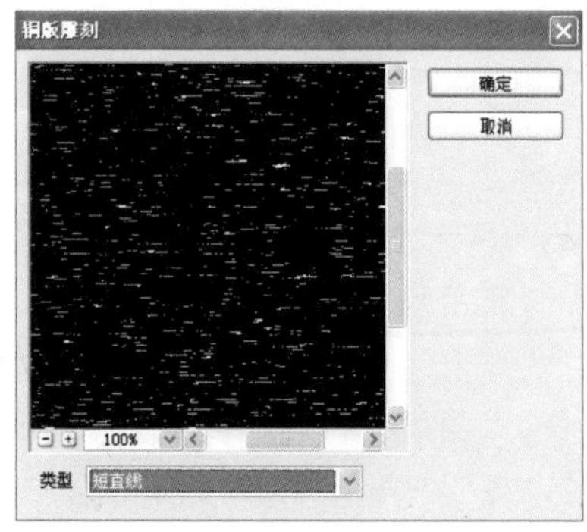

图3-9-9

02 执行“滤镜”>“模糊”>“动感模糊”命令，调整相应的参数，如图3-9-10所示。

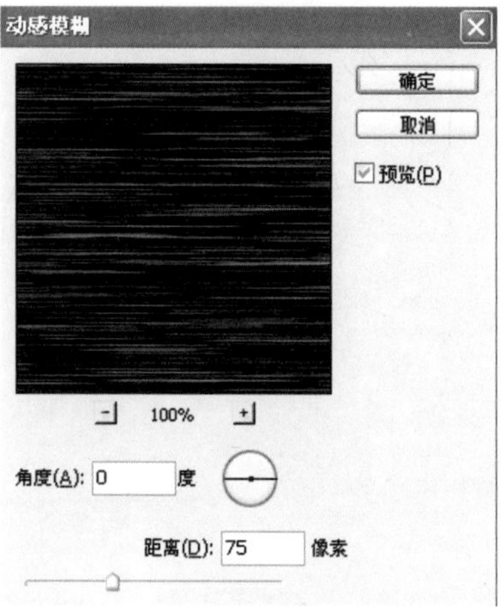

图3-9-10

03 执行“图像”>“调整”>“色阶”命令，调整相应的参数，强化黑白对比，如图3-9-11所示。

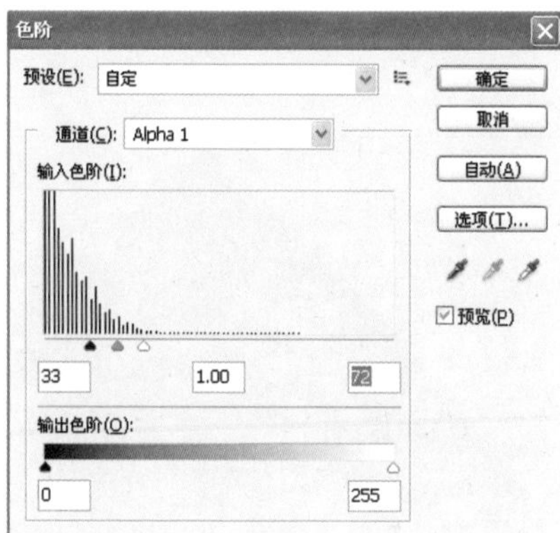

图3-9-11

04 按Ctrl键单击“通道”面板中Alpha1通道的缩览图载入选区。返回“图层”面板，单击该面板下方的“创建新图层”按钮，创建“图层3”并确定“图层3”为当前工作图层，在选区中填充黑色，如图3-9-12所示。按Ctrl+D键取消选区。

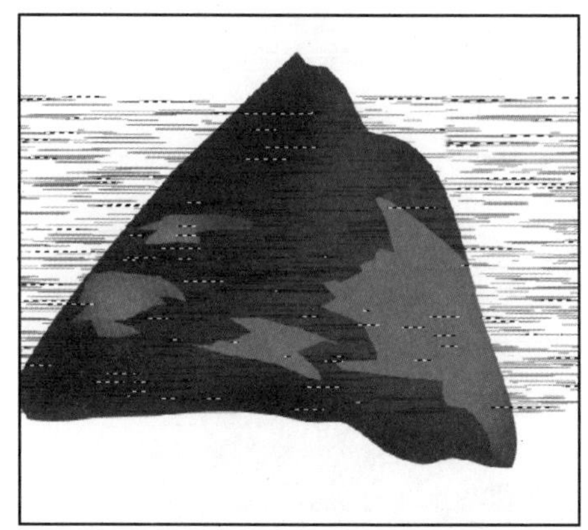

图3-9-12

05 按Ctrl+T键将纹理整体变窄，旋转90度，按Enter键结束变换。执行“滤镜”>“扭曲”>“切变”命令，将纹理扭曲成弧形，如图3-9-13所示。

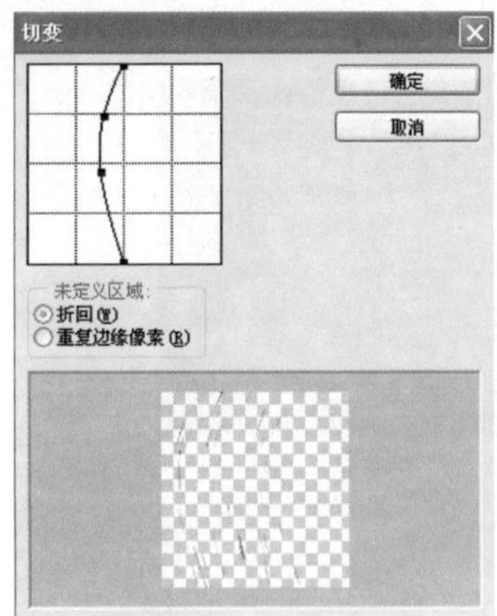

图3-9-13

06 按Ctrl+T键再次旋转其角度并放置好位置，按Enter键确认变换。

07 按Ctrl+J键复制几个也放置好位置，之后按Ctrl+E键自上而下合并这几个纹理图层，如图3-9-14所示。

图3-9-14

08 按Ctrl键单击“图层”面板中的“图层1”缩览图，载入“图层1”选区，按Ctrl+Shift+I键将选区反向，按Delete键删除溢出的多余纹理线条，如图3-9-15所示。

图3-9-15

09 按Ctrl键，在“图层”面板中单击“图层3”（纹理）缩览图载入纹理选区，如图3-9-16所示。在“图层3”（纹理）下创建“图层4”，填充灰白色，单击工具箱中的“移动工具”，按方向键向左下轻移灰白纹理1个像素，这样黑色纹理与灰白纹理结合起来使“粽子叶”上的纹理看上去更有立体感。之后按Ctrl+D键取消选区，如图3-9-17所示。

图3-9-16

图3-9-17

10 选择工具箱中的“减淡工具”在“粽子”上擦出一点光泽感，选择“模糊工具”涂抹“图层2”的灰色斑块的边缘，让它看上去更自然柔和。

11 创建“图层5”，选择“钢笔工具”绘制出几条路径，如图3-9-18所示。

12 在工具箱中选择“画笔工具”设置画笔直径为2～3 px，再打开“拾色器”对话框设置前景色的RGB色值为R91、G86、B63。进入“路径”

面板，单击该面板右上角下指黑色小三角，在弹出的菜单中选择“描边路径”选项，在“描边路径”对话框中勾选“模拟压力”选项，如图3-9-19所示。为路径描绘较深的墨绿色，做出大纹理线条，并使用“加深工具”擦出大体明暗关系，如图3-9-20所示。

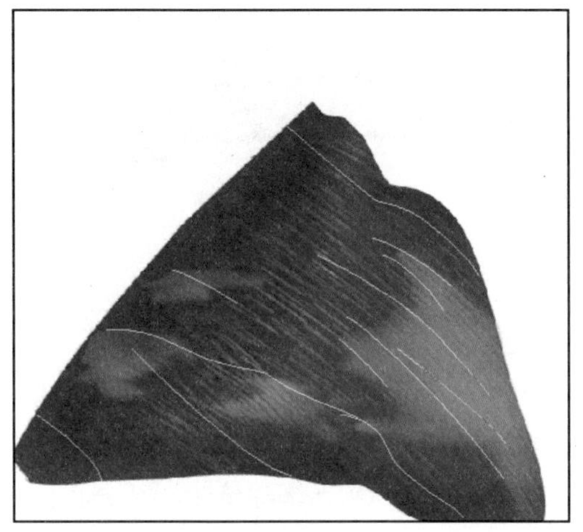

图3-9-18

图3-9-19

图3-9-20

3. 制作叶片的层次

01 按Ctrl+E键将“图层2”灰色斑块合并到“图层1”，并将“图层1”作为当前工作图层。选择“钢笔工具”绘制路径，如图3-9-21所示。按Ctrl+Enter键将路径转为选区，如图3-9-22所示。按Ctrl+J键拷贝所选区域生成新层“图层6”，目的是把“粽子叶”分出几大片并表现层次。

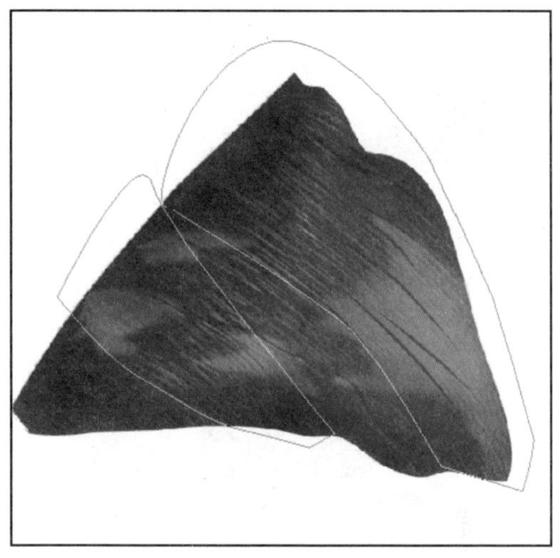

图3-9-21

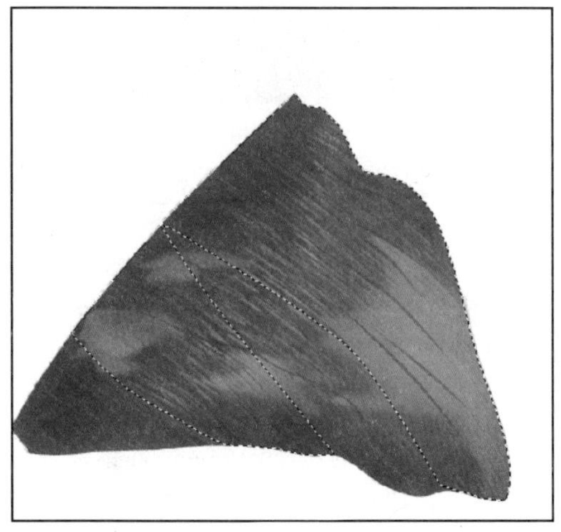

图3-9-22

02 下面做叶片的投影，单击“图层”面板下方的“创建新图层”按钮，创建“图层7”并将其置于“图层6”下。按Ctrl键单击“图层”面板中的“图层6”缩览图载入选区，在选区中填充黑色。之后执行“滤镜”>“模糊”>“高斯模糊”命令，调整相应的参数，如图3-9-23所示。选择“移动工具”，按方向键将该投影向左下方轻微移动1个像素左右，让它微微露出黑边，如图3-9-24所示。

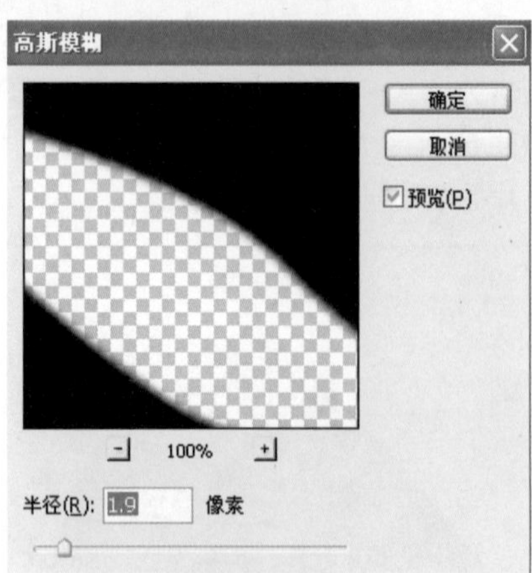

图3-9-23

图3-9-24

03 下面制作表现叶片厚度的效果，单击“图层”面板下方的“创建新图层”按钮创建“图层8”，按Ctrl键单击图层面板中的“图层6”缩览图，再次载入其选区，确定“图层8”为当前工作图层，执行“编辑”>“描边”命令，如图3-9-25所示。打开“描边”对话框，设置描边“宽度”为2px，单击“颜色”选项打开“选取描边颜色”对话框选择一种较淡的墨绿色，描边“位置”为“居外”，单击“确定”按钮即可。描边结束后用“橡皮擦工具”擦去多余部分，这样“粽子叶”看上去就有了厚度感，如图3-9-26所示。

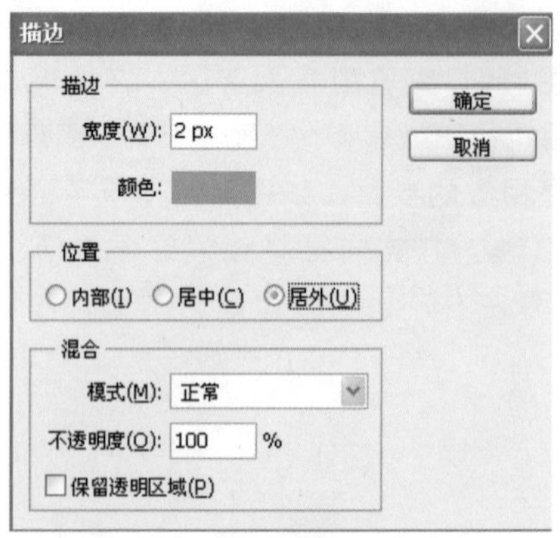

图3-9-25

图3-9-26

4. 制作草绳

粽子基本“包好”了，但是需要用“玛莲”草绳把它系紧，否则放锅里煮可就散花了，下面我们来做“玛莲”草绳，并用它捆绑粽子。

> **提 示:**
> “草绳”制作主要是通过对选区填色，用加深和减淡工具擦拭、变换与复制以及拼接等方式完成的。

01 单击“图层”面板下方的“创建新图层”按钮，创建“图层9”并将该层作为当前工作图层。选择“钢笔工具”绘制出路径，按Ctrl+Enter键将路径转为选区，将前景色设置为R142、G118、B55的暗黄色，按Alt+Delete键在选区中填充前景色，如图3-9-27所示。保留选区。

图3-9-27

02 执行“选择”>“修改”>“收缩”命令，调整相应的参数后，单击“确定”按钮，按Ctrl+Shift+I键将选区反向，执行“选择”>“修改”>“羽化”命令，“羽化半径”为2～3像素。选择工具箱中的“加深工具”将草绳边缘擦暗，如图3-9-28所示。之后再按Ctrl+Shift+I键将选区反向回来，用“减淡工具”将中部擦出光亮，这样草绳就鼓起来了。

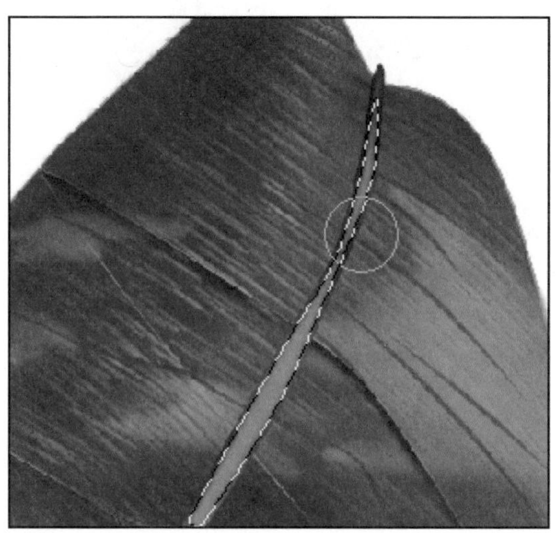

图3-9-28

03 按Ctrl+D键取消选区。第1根草绳做出来了，第2根草绳是它的“克隆品”。按Ctrl+J键将第1根草绳复制，按Ctrl+T键变换移动使之呈“双股”，如图3-9-29所示。合并它们，再继续变换调整。

图3-9-29

有时草绳不是一种颜色，至少我家粽子上的不是，这个粽子其实就是按照我家的制作的，不瞒您说，此刻它就摆在我的眼前。

04 创建“图层10”，仍是以“钢笔工具”绘制路径再转选区，这次填充与“粽子叶”颜色接近的暗绿色，用前面曾经用过的方法用“加深工具”和“减淡工具”擦出立体感。局部可先绘制出选区之后再擦，如图3-9-30所示。之后就是复制、变换其角度和位置，如图3-9-31所示。

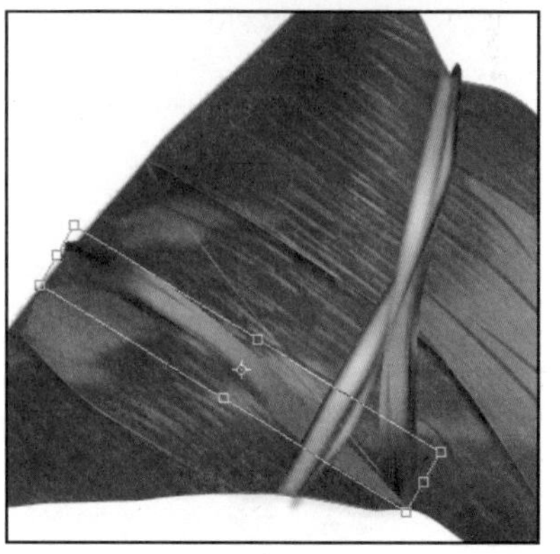

图3-9-30

图3-9-31

提示：

这些步骤需要用点心，想想怎样把这些“玛莲”草绳交叉编好，比如，哪根在上，哪根在下，要安排好，这与图层顺序有关。

05 下面开始打结，请继续保持耐心，没耐心啥也做不成。依然是个排列图层和变换角度位置的问题，所用的“玛莲”草绳可直接从已做好的草绳上截取，对截下的一段，执行“编辑”>“操控变形”命令将其缩放、变形、扭曲、摆放、拼接，如图3-9-32所示。并用“加深工具”和“减淡工具”擦出明暗效果，用“橡皮擦工具”擦拭出形状。最后总体调色，做一个投影，完成制作。

图3-9-32

下一个案例我们该换一个口味了，不是制作，而是调色。

3.9 波光湖影霞满天

这是一位爱好摄影的朋友拍摄的照片，我们常在一起切磋一些摄影和后期处理问题，那天我在他的计算机中发现了这张照片，他说：“拍摄时阳光不足，所以较为灰暗，拍得不理想”。不过我觉得这个片子的取景和构图还是相当不错的，较适合后期处理，如果调调能更好，尤其那湖水、芦苇和天空的色彩搭配如果处理得当，一定非常生动。于是我向他索要这张照片。“好吧，你拿去处理一下吧，看看你能否化腐朽为神奇”他说。而且还对我说，以后需要什么素材尽管开口，这让我很高兴也很感动，回到家便开始了工作。

本案例涉及的主要知识点：

本案例涉及的主要知识点有通道的运用、“计算”、“曲线”和“色阶”命令，案例效果如图3-10-1所示。

图3-10-1

操作步骤：

打开照片，看上去调子比较灰暗，如图3-10-2所示。大面积处理这张照片并不是什么难事，只是那芦苇的尖很细，如果用普通调色法恐怕找不准，易出现牵一发动全身的多米诺骨牌现象，较麻烦，只好另辟蹊径。决定首先从芦苇下手，具体步骤如下：

01 进入“通道”面板，将“蓝”通道拖到“创建新通道”按钮上，将其复制为“蓝副本”。然后按Ctrl+I键将其反相，如图3-10-3所示。

图3-10-2

3-10-3

02 执行“图像”>“计算”命令，在打开的对话框中设置各选项和参数，如图3-10-4所示。单击“确定”按钮，得到“Alpha1”通道，如图3-10-5所示。

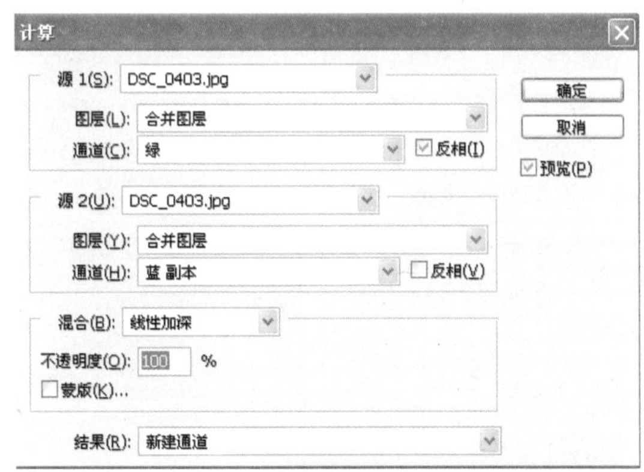

图3-10-4

图3-10-5

03 将前景色设置为黑色，选择“画笔工具”，将芦苇及投影四周涂成黑色，如图3-10-6所示。按Ctrl键单击“通道”面板中的Alpha1通道缩览图载入图像选区，返回“图层”面板，“芦苇”被选择，如图3-10-7所示。

图3-10-6

图3-10-7

04 单击“图层”面板下方的“创建调整图层”按钮，在打开的菜单中选择“曲线”选项，在“调整”面板中，先调整RGB通道，如图3-10-8所示，将芦苇整体提亮，再单独提亮红通道以增加红色，如图3-10-9所示。使芦苇更鲜艳，如图3-10-10所示。

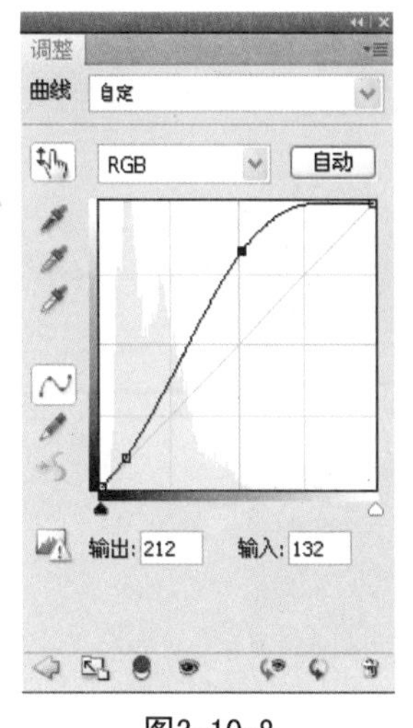

图3-10-8

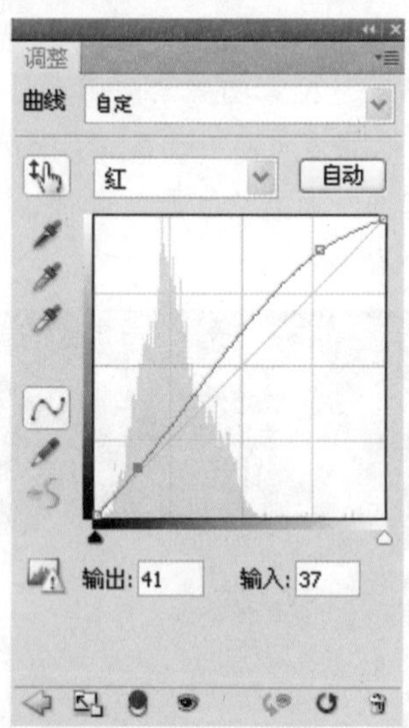

图3-10-9

图3-10-10

05 进入“通道”面板，将Alpha1通道缩览图拖至“创建新通道”上，复制为“Alpha1副本”通道，如图3-10-11所示。执行“图像”>“调整”>“色阶”命令，调整相应的参数，使黑白更加分明，如图3-10-12所示。调好后按Ctrl键单击“通道”面板中的“Alpha1副本”通道缩览图载入图像选区，如图3-10-13所示。

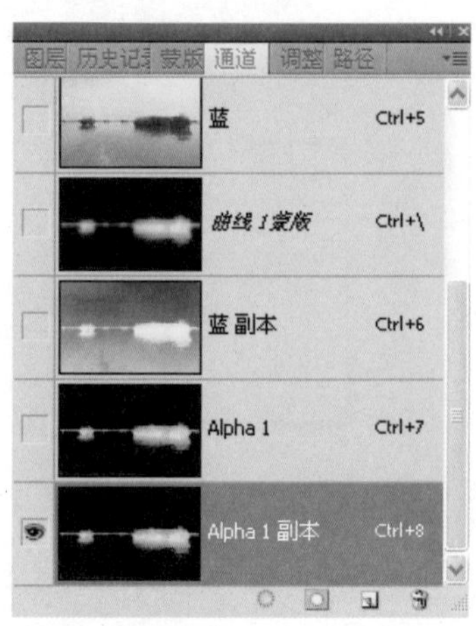

图3-10-11

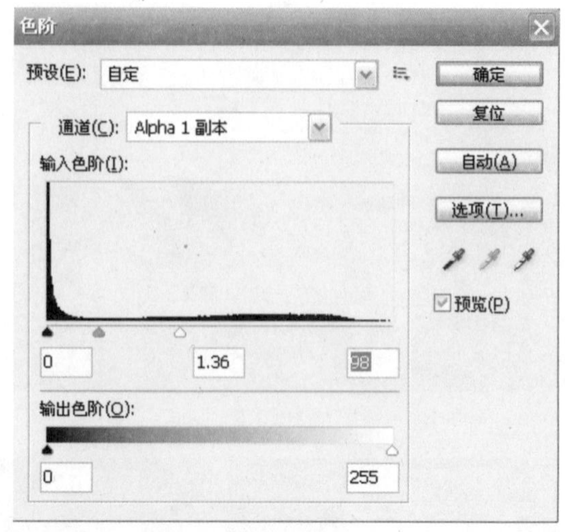

图3-10-12

图3-10-13

06 返回“图层”面板，按Ctrl+Shift+I键将选区反向，选中天空和水面，如图3-10-14所示。执行“图像”>“调整”>“色阶”命令在打开的对话框中分别调整红通道和绿通道，如图3-10-15所示。此时云彩有了红色，天空和水面也呈现出青绿色。按Ctrl+D键取消选区。但画面仍缺乏层次和明暗对比，如图3-10-16所示。

图3-10-14

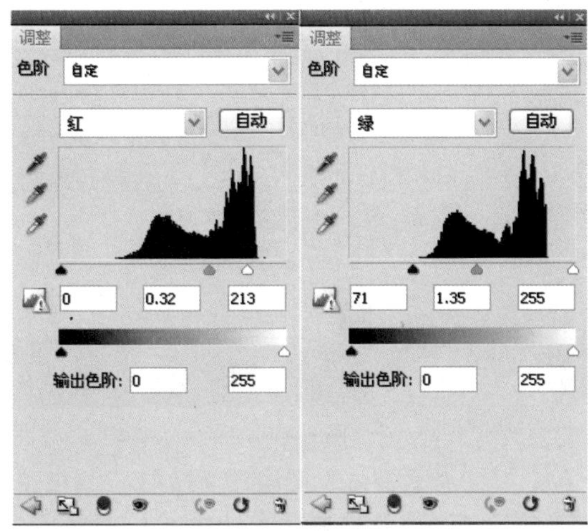

图3-10-15

图3-10-16

07 单击“图层”面板下方的“创建调整图层”按钮，在打开的菜单中选择“曲线”选项，在“调整”面板中进行调整，以人们常用的增加图像明暗对比的S形曲线调整方式，对RGB通道和蓝通道进行调整，如图3-10-17所示，效果如图3-10-18所示。

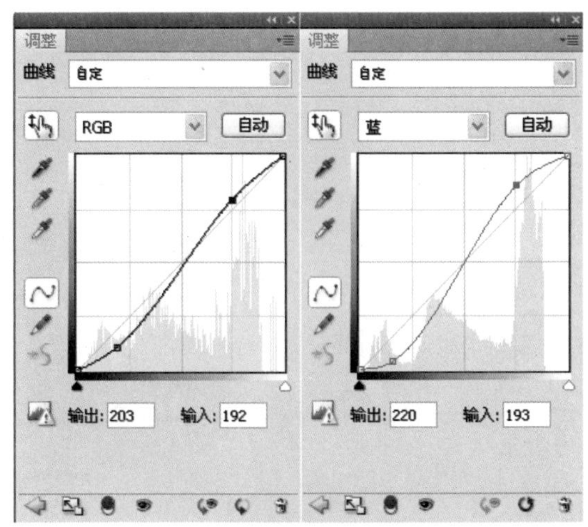

图3-10-17

图3-10-18

3.10 雨后的车站

这张照片拍于米兰街头，一场阵雨刚过，半阴半晴的天儿，我一步跨上马路举起女儿淘汰的、简陋的数码相机抓拍。对于一般人来说，使用的相机大多为普通的数码相机，拍出的照片往往比较灰暗模糊，如果赶上雨天更是如此，所以需要进行适当的后期润色处理，使之变得清新、透亮，这样才生动，看上去也感觉舒服些，下面我们就来做这样的尝试。

本案例涉及的主要知识点：

本案例主要涉及曲线调整、海绵工具、快速蒙版应用，案例效果如图3-11-1所示。

图3-11-1

操作步骤：

01 打开一幅素材图像，如图3-11-2所示，按Ctrl+J键复制一层为“背景副本”。单击“图层”面板下方的“创建调整图层”按钮，在打开的菜单中选择“曲线”选项，在“调整”面板中分别调整RGB、绿和蓝的曲线对图像进行色彩校正，如图3-11-3所示。校正后电车的输电杆上端过白，可将前景色设为黑色，在调整图层的蒙版中用画笔进行擦拭恢复原效果，如图3-11-4所示。

图3-11-2

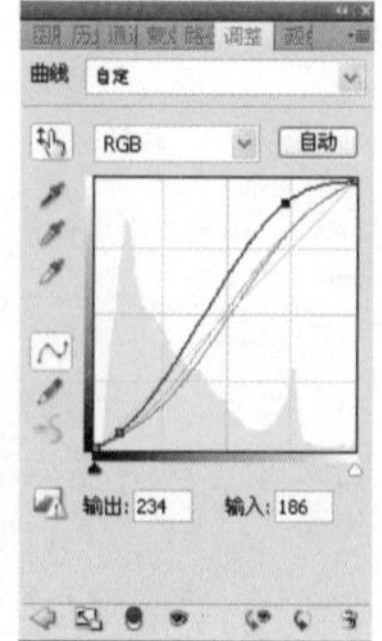

图3-11-3

图3-11-4

02 将“背景副本”图层作为当前工作图层。单击工具箱下部的“快速蒙版”按钮，进入快速蒙版编辑状态，前景色设为黑色，选择“画笔工具”在车站的暗处擦涂，如图3-11-5所示。之后再单击“快速蒙版”按钮，退出快速蒙版编辑状态，这时出现选区。单击“图层”面板下方的“创建调整图层”按钮，在打开的菜单中选择“曲线”选项，在“调整”面板中进行调整，将选区内图像调亮，如图3-11-6所示。按Ctrl+D键取消选区。

图3-11-5

图3-11-6

03 选择“海绵工具”，在其工具属性栏将“模式”设为“饱和”，在电车投影、车站内部门窗、图窗以及树叶和草地等处擦拭，以增加饱和度，如图3-11-7所示。

图3-11-7

04 单击工具箱下部的“快速蒙版”按钮，进入快速蒙版编辑状态，将前景色设为黑色，选择“画笔工具”在路面和草地处擦涂，如图3-11-8所示。之后再单击“快速蒙版”按钮退出快速蒙版编辑状态，如图3-11-9所示。执行“滤镜”>“锐化”>USM命令，调整相应的参数，如图3-11-10所示。按Ctrl+D键取消选区，完成操作。

图3-11-8

图3-11-9

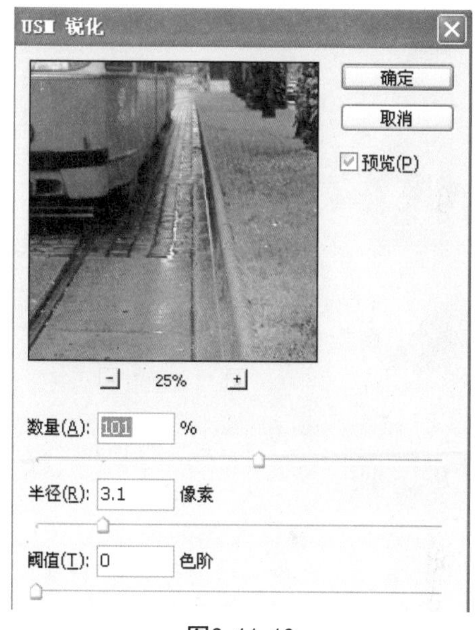

图3-11-10

3.11 水墨人物

今日较闲，随便打开一幅素材图，构想着在它上面做点什么效果，好像不在它上面做点什么这图就浪费似的。结果灵机一动就决定把它改成一幅水墨人物画。开始用了几个方法都不很成功，后来找到了下面这个方法，觉得还算不错。做完后给太太看，她竟问：“这是你画的？”我得意地说：“哪里哪里，是用照片改的”，太太说：“行啊，有时间把我的照片也改成这样，别一天到晚尽为别人修图，又是变油画，又是磨皮的，听见没”？话音刚落，我的后脑勺被有力地触了一下，前额差点撞到电脑屏幕上，我没敢言语……

本案例涉及的主要知识点：

本案例主要涉及色阶、表面模糊、影印滤镜、图层样式混合颜色带调整等，案例效果如图3-12-1所示。

图3-12-1

操作步骤：

01 打开一幅素材图像即显示为"背景"图层，图像太清淡，如图3-12-2所示。对其执行"图像">"调整">"色阶"命令，调整相应的参数，如图3-12-3所示。执行"色阶"后效果如图3-12-4所示。

图3-12-2

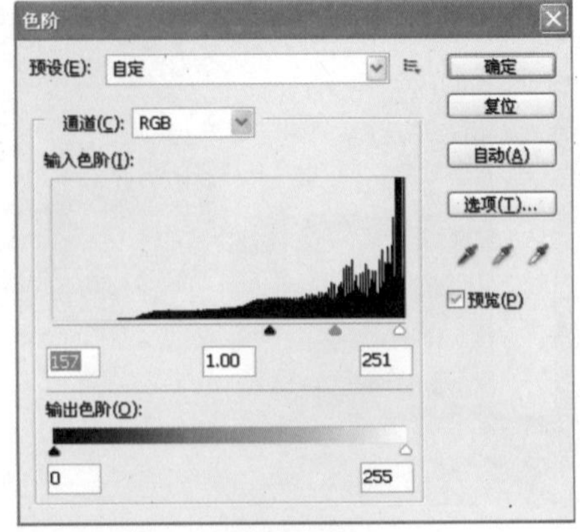

图3-12-3

图3-12-4

02 将"背景"图层缩览图拖至"创建新图层"按钮上，复制一个"背景副本"。并作为当前工作图层，执行"滤镜">"模糊">"表面模糊"命令，调整相应的参数，如图3-12-5所示。

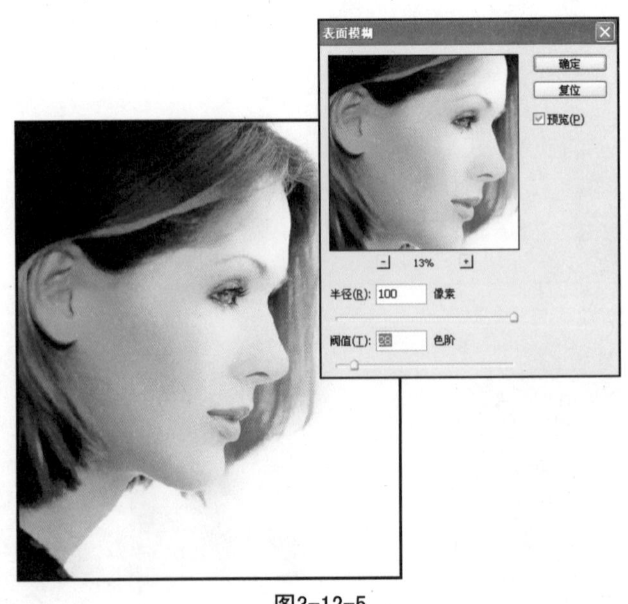

图3-12-5

03 对“背景副本”执行“滤镜”>“其他”>“高反差保留”命令，调整相应的参数。执行“滤镜”>“画笔描边”>“强化的边缘”命令，调整相应的参数，如图3-12-6所示。

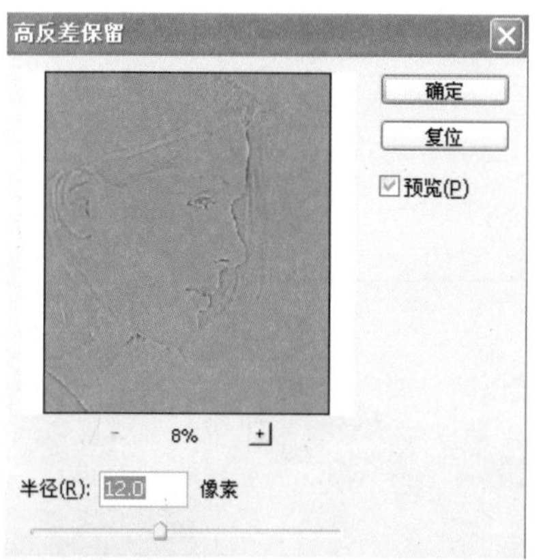

图3-12-6

04 将前景色为黑色，背景色为白色，执行“滤镜”>“素描”>“影印”命令，调整相应的参数，如图3-12-7所示。

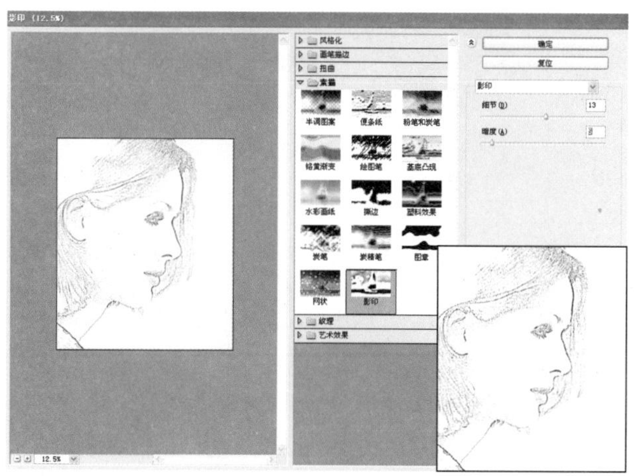

图3-12-7

05 双击“背景副本”缩览图，打开“图层样式”对话框，按住Shift键将“下一图层”混合颜色带左侧的黑色三角滑块分开向右移动，如图3-12-8所示。这样人的头发等深颜色部位便会显露出来一些。接下来单击“图层”面板下方的“创建调整图层”按钮，在打开的菜单中，选择“色相饱和度”选项，在“调整”面板中调整相应的参数，主要是降低饱和度，如图3-12-9所示。

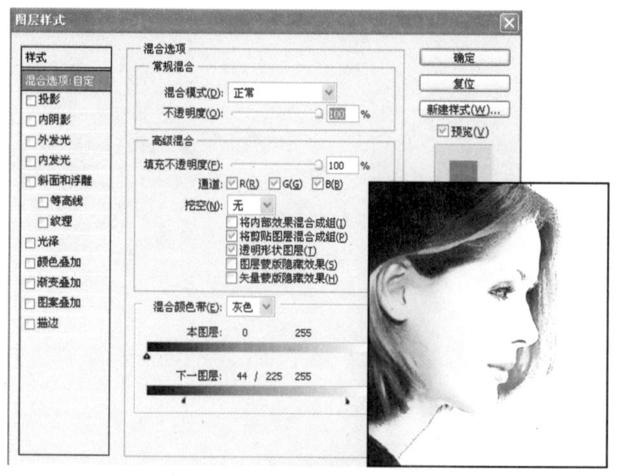

图3-12-8

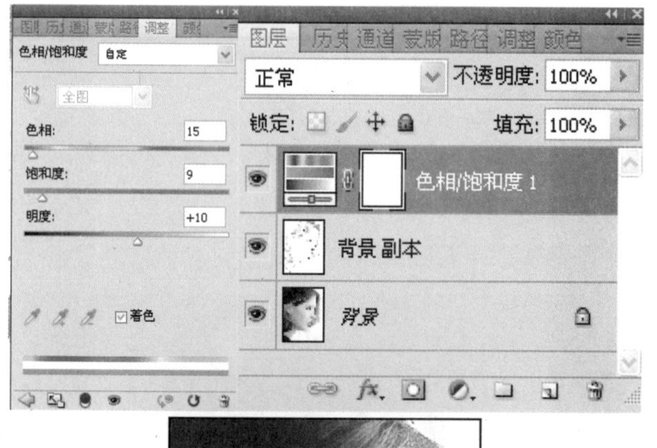

图3-12-9

3.12 白天变夜晚

别看我经常摆弄Photoshop，可是说来很好笑，我连一个像样的相机也没有，去年秋，女儿把她的简易数码相机给了我，拿到手摆弄半天才弄明白怎么使用。那以后我经常拎着这个相机在外边溜达，一日外出散步，看到一景，自认还不错，便拉开架势，像模像样地举起相机拍照，偶尔还用手指模仿取景框，比比划划的，不明真相的路人还以为遇到一位专业的摄影大师呢。回到家琢磨用这个素材做点什么，面对自己拍的这个低劣的照片想来想去竟不知做什么好，最后决定把它变成夜晚，或许夜幕可以掩盖这照片的不足，也算废物利用。

对于Photoshop来说，将白天变为夜晚很容易，图像一黑即可，关键是如何表现那阑珊的灯火。

本案例涉及的主要知识点：

本案例主要涉及通道复制与反相、色阶调整、曲线调整、图层混合模式、画笔与前景色的设置等，案例效果如图3-13-1所示。

图3-13-1

操作步骤：

01 首先打开一张照片，如图3-13-2所示。在“图层”面板中显示为“背景”图层，将“图层”面板中该图层拖至“创建新图层”按钮上，复制出“背景副本”，如图3-13-3所示。

图3-13-2

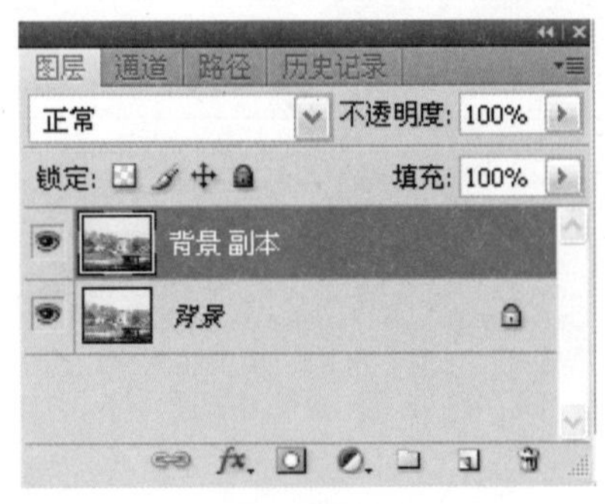

图3-13-3

02 进入“通道”面板，将黑白比较分明的红通道拖至“创建新通道”按钮上，复制出“红副本”，按Ctrl+I键将“红副本”反相，如图3-13-4所示。

图3-13-4

03 按Ctrl+L键打开“色阶”对话框，将黑场和白场滑块向中间移动，如图3-13-5所示。将图像调出黑白分明效果，主要目的是使窗户和树木等更白，如图3-13-6所示。

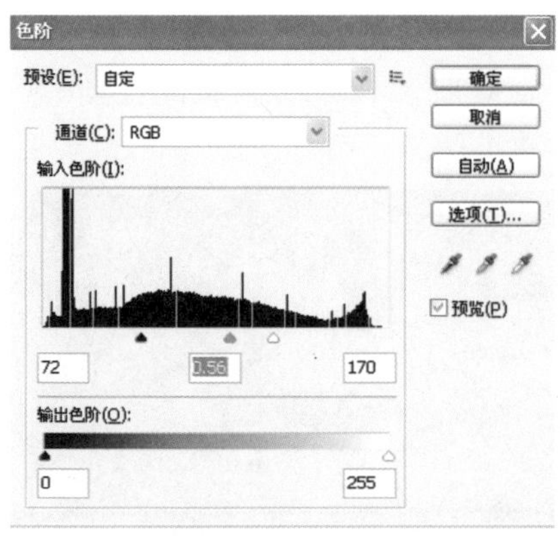

图3-13-5

图3-13-6

04 返回“图层”面板，确认“背景副本”为当前工作图层，按Ctrl+M键打开“曲线”对话框将该图层调暗，但是不能一片漆黑，如图3-13-7所示。再将其图层混合模式设置为“线性光”，如图3-13-8所示。

图3-13-7

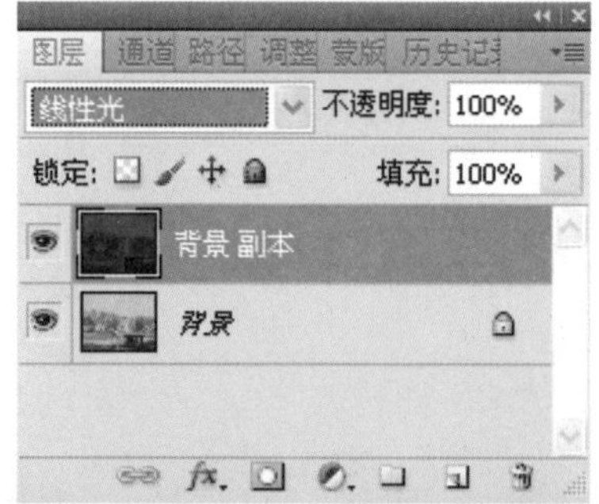

图3-13-8

05 进入“通道”面板，按Ctrl键，单击“通道”面板中“红副本”缩览图载入图像选区。

06 返回“图层”面板，将“背景副本”图层作为当前工作图层，保持选区，如图3-13-9所示。为便于观察，按Ctrl+H键隐藏选区，并将前景色颜色值设置为R227、G205、B56，选择“画笔工具”，在工具属性栏中将画笔的“不透明度”设置为80%左右，同时设置好画笔的直径大小，在窗户上涂画，之后按Ctrl+D键取消被隐藏的选区，如图3-13-10所示。

图3-13-9

图3-13-10

07 将前景色颜色值设置为R60、G186、B158。将画笔的直径增大，在工具属性栏将画笔“不透明度”设置为25%左右，在树木和草上单击绘制，如图3-13-11所示。

图3-13-11

08 接下来将前景色设置为白色，在工具属性栏将画笔的“不透明度”设置为35%左右，启用“喷枪”状态，缩小画笔直径，放大图像，在路灯上单击绘制，如图3-13-12所示。

图3-13-12

09 将前景色颜色值设置为R112、G55、B25。画笔“不透明度”设置为45%左右，在房顶涂画，如图3-13-13所示。

图3-13-13

10 在城市里，即使是黑夜，天空也不可能是纯黑，所以对天空也可以用蓝色喷画：R9、B34、G64。降低画笔不透明度，将直径调至适当后喷画出暗蓝色的夜空，如图3-13-14所示。

图3-13-14

提 示:

是否需要点缀几个星星由您决定。

11 按Ctrl+E键合并图层。使用“套索工具”在小楼窗户周围绘制出选区将窗户选中，如图3-13-15所示。按Ctrl+J键拷贝为“图层1”，执行“编辑”>“变换”>“垂直翻转”命令。选择“移动工具”将拷贝出的窗户向下移动作为“倒影”，降低图层的不透明度，如图3-13-16所示。而后执行“滤镜”>“模糊”>“动感模糊”命令，调整相应的参数，如图3-13-17所示。用“橡皮擦工具”进行适当修饰，完成制作。

图3-13-15

图3-13-16

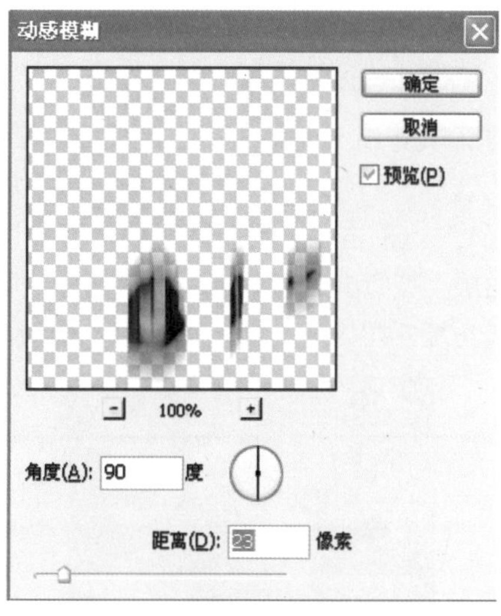

图3-13-17

Photoshop之所以对我有那么大的吸引力，不仅仅在于它的实用性，同时它还可以为我带来很多的满足感和成就感，用它可以完成许多的创意，从而把头脑中的想象和意识变为可视的具体形象，下一节中我们将搞一个小小的创意合成。

3.13 上市之前

上午看了几篇稿子，中午打开Photoshop 欲做点什么，然而却不知做什么好，搞一个鼠绘？一个创意合成？就这么想着，不知不觉睡着了，醒来时已经是下午1点多了，慵懒地躺在床上继续构思，无意间瞥见桌上的半块西瓜，眼前一亮，跃身而起，搞了下面这个创意合成出来，它的寓意是什么？还是由读者自己去发挥想象吧。

本案例涉及的主要知识点：

本案例主要涉及钢笔与路径、选区、图层蒙版、变形与变换、曲线、色彩平衡、色相/饱和度调整以及“操控变形”命令等，案例效果如图3-14-1所示。

图3-14-1

操作步骤:

01 打开一张“听诊器”素材图像，选择“钢笔工具”沿其边缘绘制路径，之后按Ctrl+Enter键将路径转为选区。再按Ctrl+J键将“听诊器”拷贝出来即“图层1”。单击“背景”图层的“可视”图标隐藏该图层。按Ctrl+T键变换“图层1”中“听诊器”的大小和角度并摆放好位置，如图3-14-2所示。

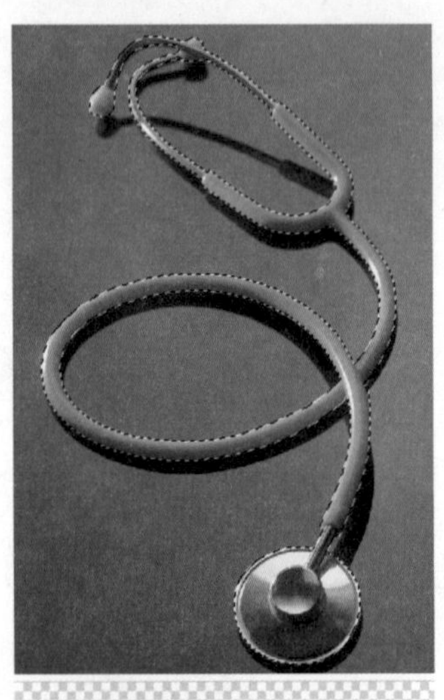

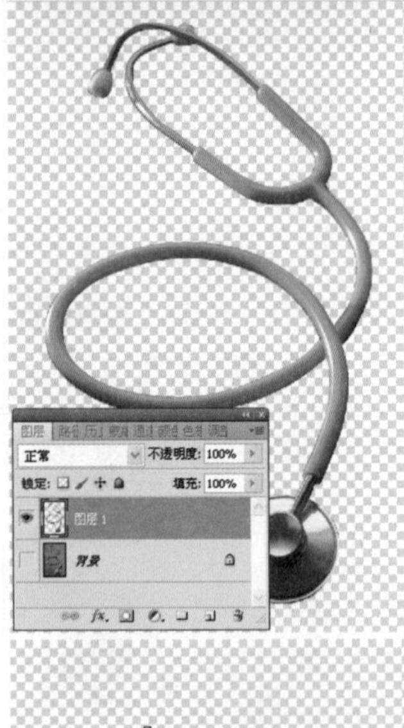

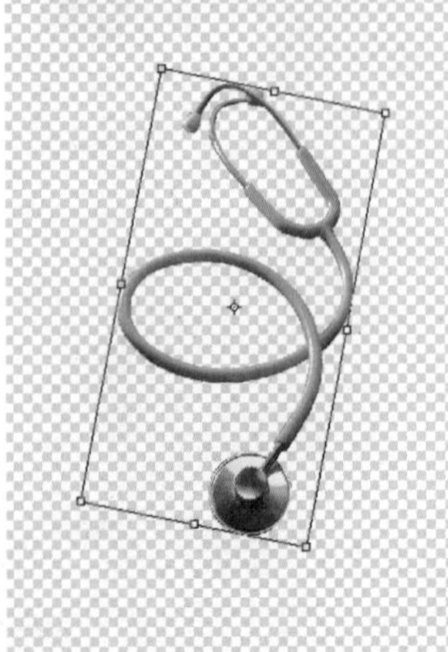

图3-14-2

02 选择“钢笔工具”在右侧听筒周围绘制路径，并按Ctrl+Enter键将路径转为选区，再按Ctrl+J键将“听筒”拷贝出来，得到“图层2”，如图3-14-3所示。同法将左侧“听筒”也拷贝出来得到“图层3”，如图3-14-4所示。为便于观察，可单击“图层2”和“图层3”的“可视”图标，暂时隐藏这两个图层。而后单击“图层”面板下方的“添加图层蒙版”按钮，为“图层 1”添加图层蒙版并使之处于工作状态，将前景色设为黑色，选择“画笔工具”，将原有的两个“听筒”擦去只留“听筒架”，如图3-14-5所示。

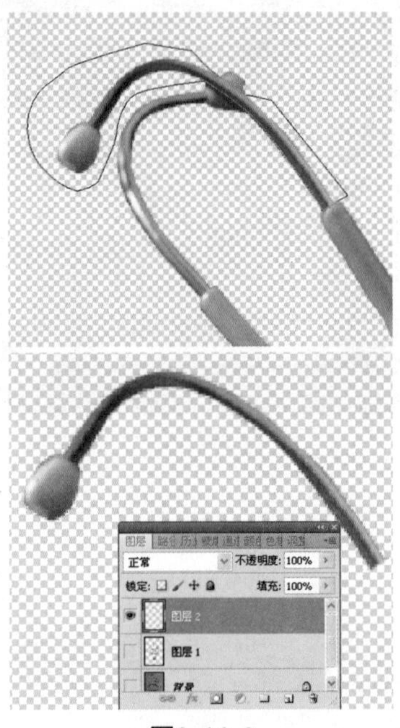

图3-14-3

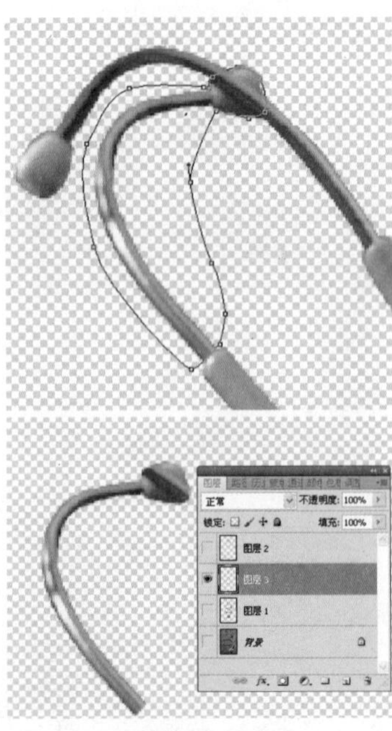

图3-14-4

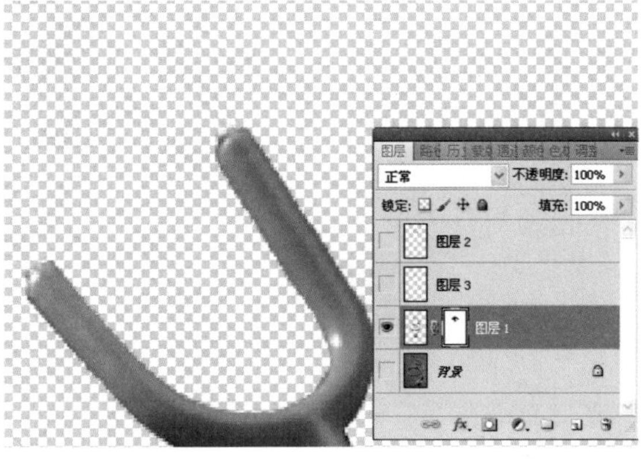

图3-14-5

03 单击“图层”面板下方的“创建新图层”按钮，创建“图层4”并将该图层作为当前工作图层，将前景色设置为白色，按Alt+Delete键填充白色，如图3-14-6所示。

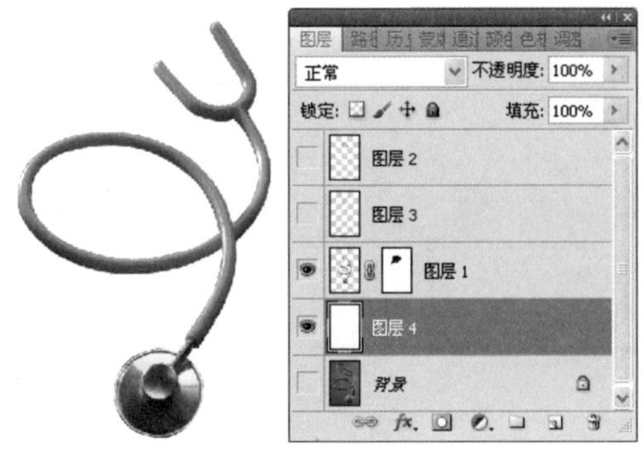

图3-14-6

04 打开一张“黄瓜”素材图像，得到“图层5”。按Ctrl+T键变换其大小和角度，摆放在合适的位置上，如图3-14-7所示。

图3-14-7

05 恢复“图层3”的显示状态并将其作为当前工作图层。按Ctrl+T键调出变换框，按住Ctrl键拖动变换框上的节点调整“听筒”的形态以适合“黄瓜”，调好后按Enter键确定变换状态，如图3-14-8所示。

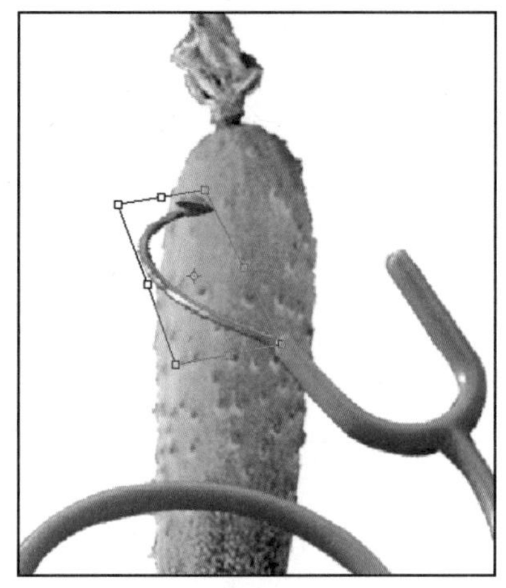

图3-14-8

06 恢复“图层2”的显示状态并将其作为当前工作图层。按Ctrl+T键调出变换框，按住Ctrl键拖动变换框上的节点大致地调整听筒的形态，如图3-14-9所示。再执行“编辑”>“变换”>“变形”命令，进行更精确的调整以适合“黄瓜”，如图3-14-10所示。调整好后按Enter键确定变形状态。

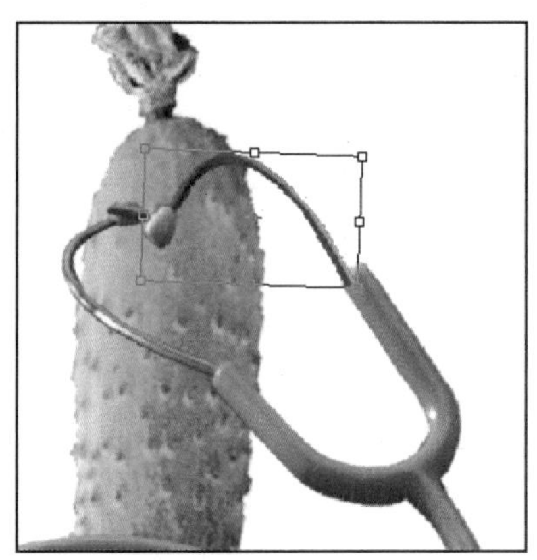

图3-14-9

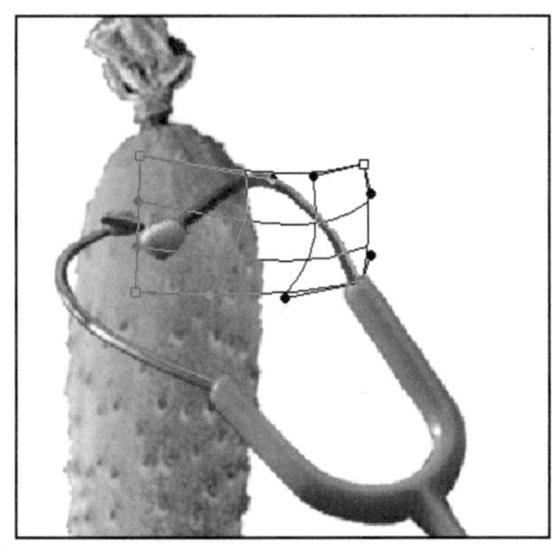

图3-14-10

07 选择“套索工具”在右侧“听筒”端部球状体周围绘制选区，如图3-14-11所示。按Ctrl+J键将其拷贝出来，得到“图层6”，对其执行“编辑”>“变换”>“水平翻转”命令，按Ctrl+T键变换其大小和角度，摆放在左侧“听筒”端部将原有的替换（其实是遮挡），如图3-14-12所示。接下来确认“图层2”为当前工作图层，单击“图层”面板下方的“添加图层蒙版”按钮，为“图层 2”添加图层蒙版并使之处于工作状态，将前景色设为黑色，选择“画笔工具”，在右侧“听筒”端部涂画将其遮去，使之看上去是被“黄瓜”遮挡的样子，如图3-14-13所示。再为“图层3”添加蒙版进行修饰。

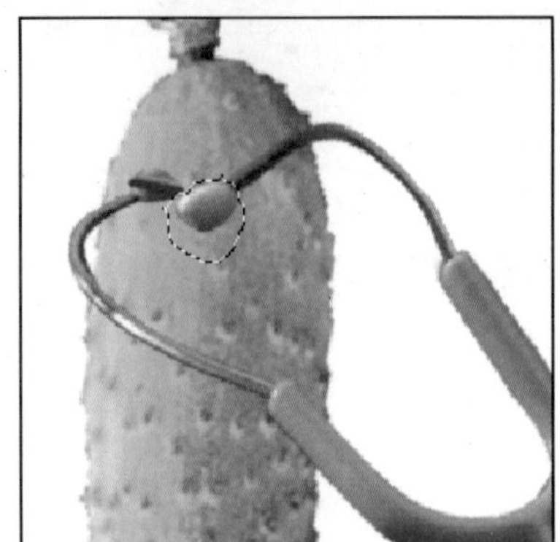

图3-14-11

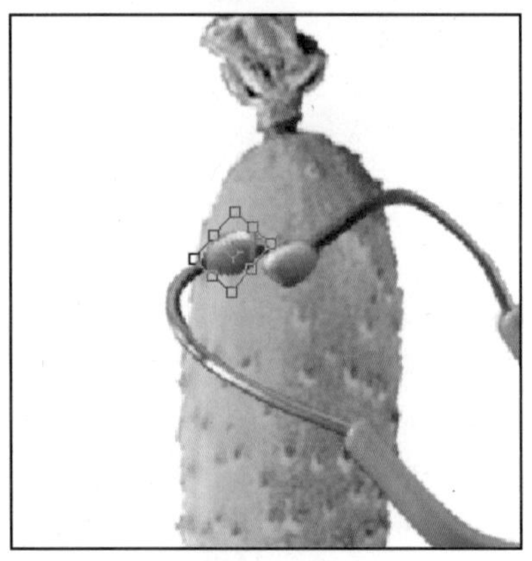

图3-14-12

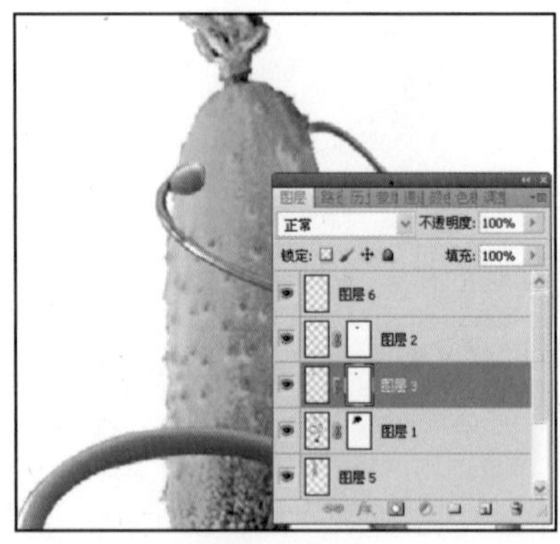

图3-14-13

08 找到并置入一张“耳朵”素材图像，如图3-14-14所示。即显示为“图层7”，按Ctrl+T键变换其大小和角度，摆放在适当位置，如图3-14-15所示。

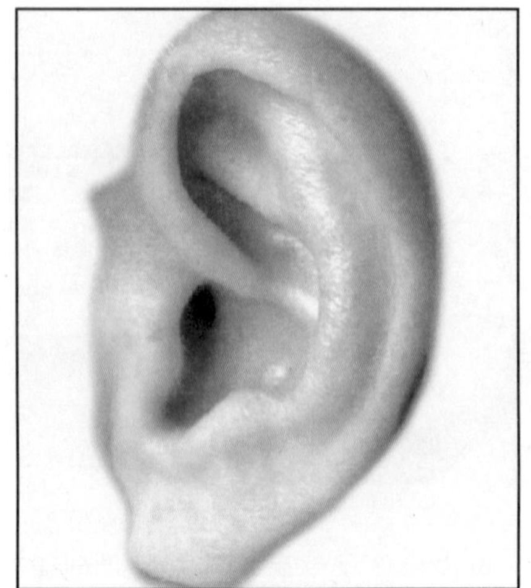

图3-14-14

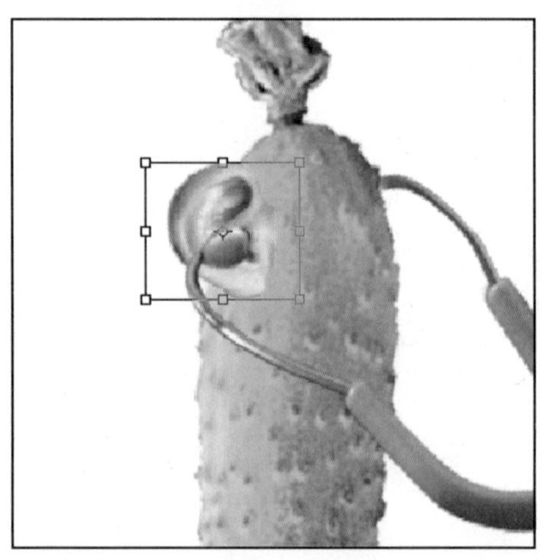

图3-14-15

这时，滴滴QQ响了，“安琪儿”在喊：“喂！老白忙啥呢”？“搞个制作”，“截个图瞧瞧呗”。我说你先说说你这些天跑哪去了，她说是家里动迁，一时上不了网。“哦，原来如此，我还以为你把我删了呢？”。

我把我的制作给她看，她说，不错不错，只是那耳朵应该上点绿色，黄瓜的“耳朵”不能像咱人耳朵那样黄呼呼、肉呼呼的，应该泛绿的，泛绿的啊。她的话有道理，我马上就处理了。

09 单击“图层”面板下方的“添加图层蒙版”按钮，为“耳朵”图层添加图层蒙版并使之处于工作状态，将前景色设为黑色，选择一个柔边“画笔工具”，在工具属性栏降低画笔的不透明度，将“耳朵”涂画出渐隐于黄瓜的效果，看上去仿佛是从黄瓜上自然地长出，如图3-14-16所示。

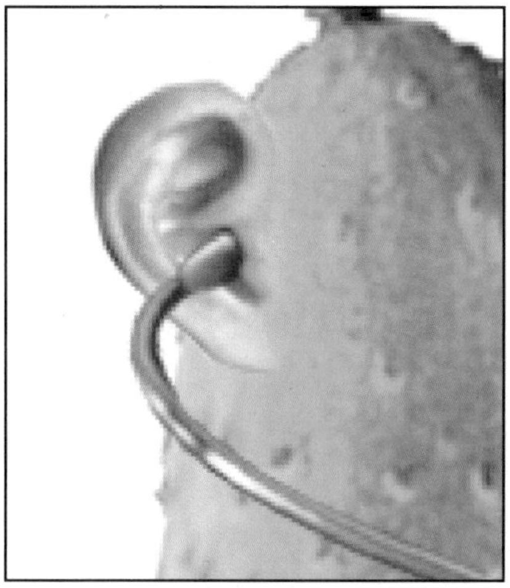

图3-14-16

10 单击“图层”面板下方的“创建调整图层”按钮，在打开的菜单中选择“色彩平衡”选项，打开“色彩平衡”对话框进行调整，先调整“中间调”，再调整“高光”，如图3-14-17所示。同法创建一个“曲线”调整图层并进行调整，如图3-14-18所示。

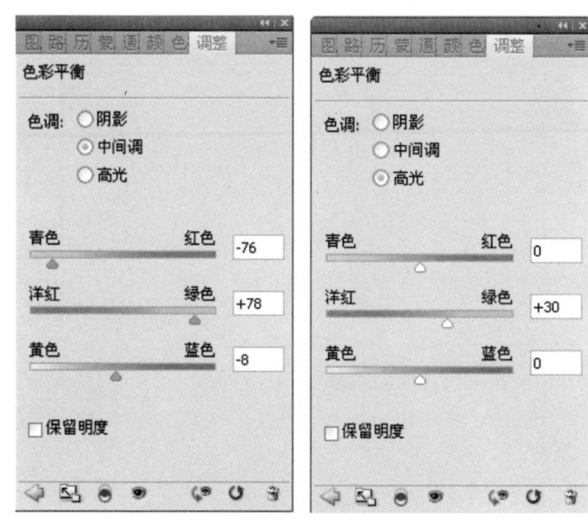

图3-14-17

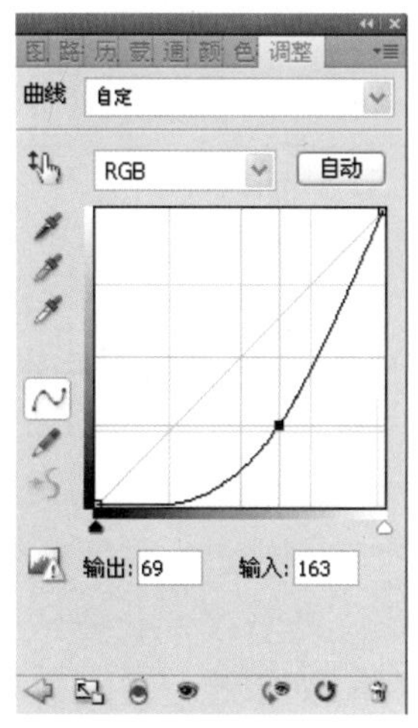

图3-14-18

11 将“图层1”作为当前工作图层，单击“图层”面板下方的“添加图层蒙版”按钮，为“图层1”添加图层蒙版并使之处于工作状态，按Ctrl键单击“图层5”载入“黄瓜”的选区，将前景色设为黑色，选择“画笔工具”擦去下端应被“黄瓜”遮挡的“听诊器”部分，如图3-14-19所示。

图3-14-19

12 打开一张“西瓜”素材图像，得到“图层8”，作为当前工作图层，如图3-14-20所示。按Ctrl+T键变换其大小和角度，摆放在适当位置，如图3-14-21所示。单击“图层”面板下方的“创建调整图层”按钮，在打开的菜单中选择“曲线”选项，在“调整”面板中进行调整，分别调整RGB通道和“绿”通道，如图3-14-22所示。再创建“色相饱和度”调整图层并进行调整，主要是增加“西瓜”的饱和度，如图3-14-23所示。

图3-14-20

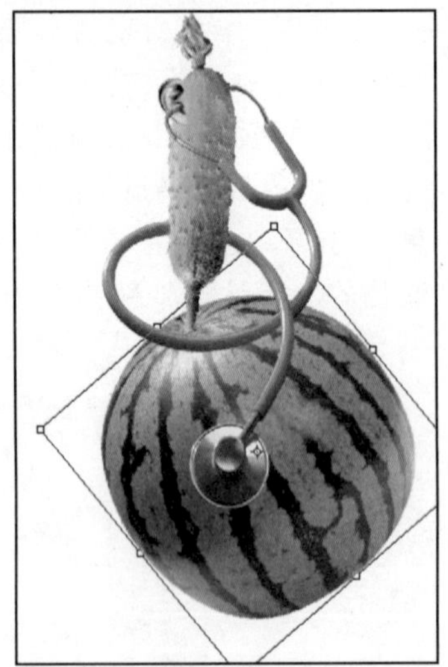

图3-14-21

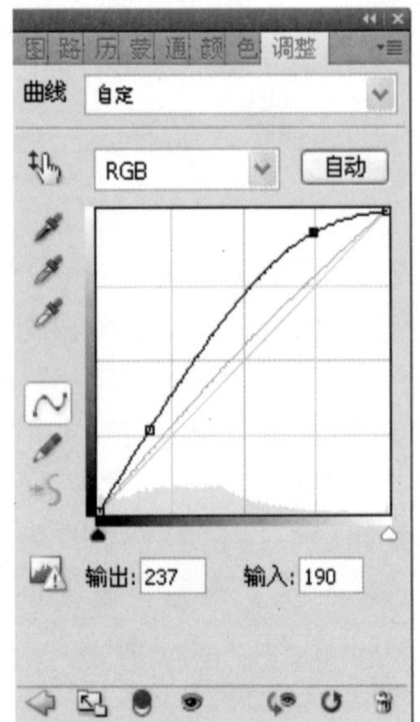

图3-14-22

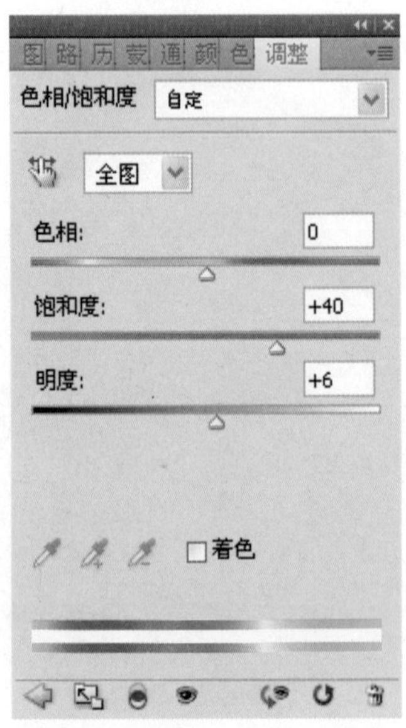

图3-14-23

13 单击“图层”面板下方“创建新图层”按钮，创建“图层9”，并将该图层作为当前工作图层，这里将是放置“听诊器”投影的地方。按Ctrl键单击“图层1”的缩览图载入其选区，再将选区向右下方轻微移动，将前景色设置为黑色，按Alt+Delete键填充黑色。之后降低其图层不透明度。选择“橡皮擦工具”，擦去多余的黑色投影部分，如图3-14-24所示。

图3-14-24

14 再找来一张“输血袋”素材图，如图3-14-25所示。执行“编辑”>“变换”>“水平翻转”命令。按Ctrl+T键变换其大小，之后执行“编辑”>“操控变形”命令，在网状变换框中单击，设置若干黄色的调节点，拖动它们，调节改变“输液管”的弯曲形态达到满意为止，如图3-14-26所示。最后打开一张“针头”图像，按Ctrl+T键变换其大小，置于适当位置，如图3-14-27所示。完成制作。

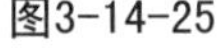
图3-14-25

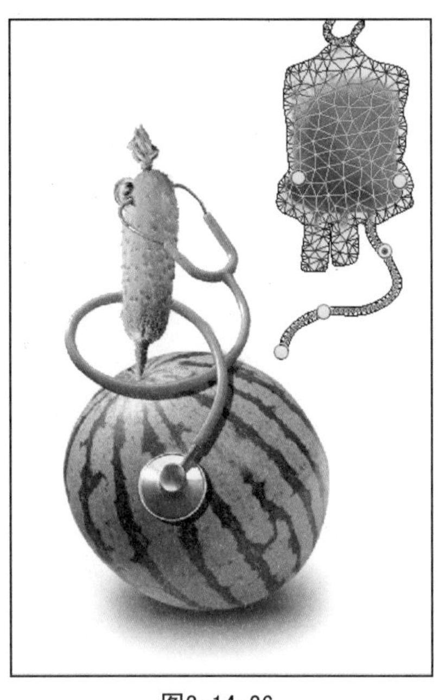
图3-14-26

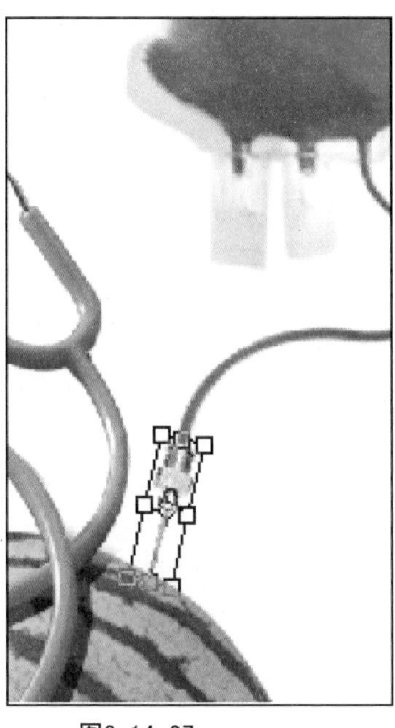
图3-14-27

3.14 “锈”色可餐

这几天，一直在琢磨如何表现锈迹，走在大街上看见生锈的站牌也眼睛发直，在单位去洗手间，望着那滴水的下水管子也要发呆。这大概就是获得感性经验的过程吧，看的多了，琢磨久了，心中也多少有数了。随后就是思考如何去表现，这不，今天终于自认有了办法，于是便打开了Photoshop，做一个锈迹斑斑的特效字。

本案例涉及的主要知识点：

本案例主要涉及文本编辑、“添加杂色”滤镜、“高斯模糊”滤镜、“光照效果”滤镜、Alpha通道、“扩展”命令等，案例效果如图3-15-1所示。

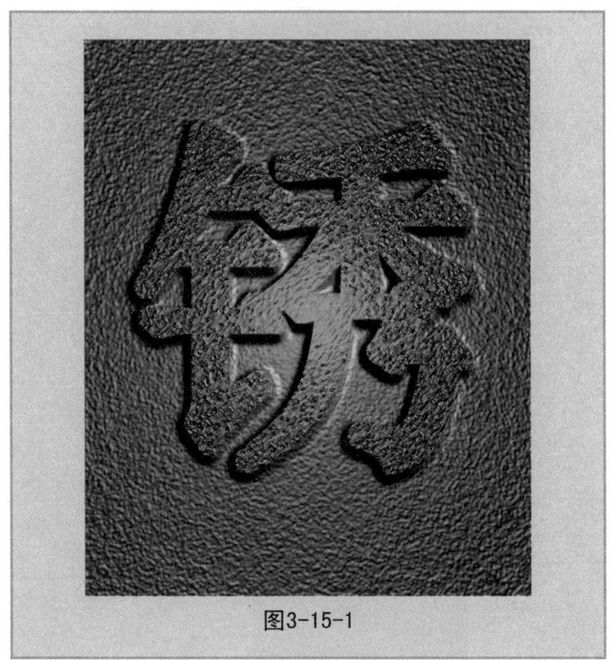

图3-15-1

操作步骤：

01 执行“文件”>“新建”命令，创建一个宽为500像素，高为600像素，分辨率为72像素/英寸，背景内容为白色，颜色模式为RGB 的图像文件。单击“图层”面板下方的“创建新图层”按钮，创建“图层1”，并将该图层作为当前工作图层，将前景色设置为白色，按Alt+Delete键填充前景色到“图层1”。

02 进入“通道”面板，单击“创建新通道”，创建Alpha1通道，如图3-15-2所示。执行“滤镜”>“杂色”>“添加杂色”命令，调整相应的参数，如图3-15-3所示。再执行“滤镜”>“模糊”>“高斯模糊”命令，调整相应的参数，如图3-15-4所示。

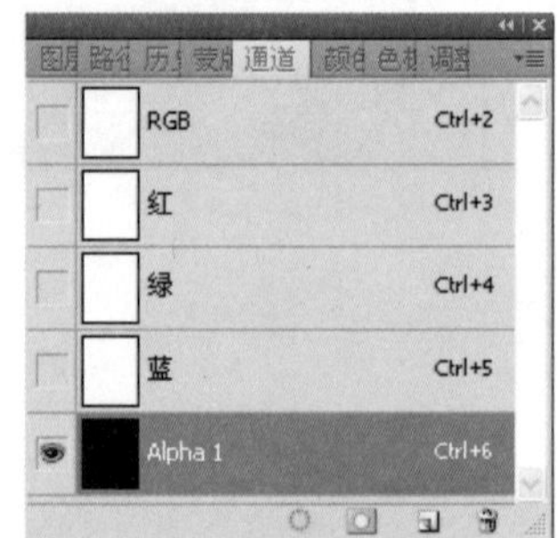

图3-15-2

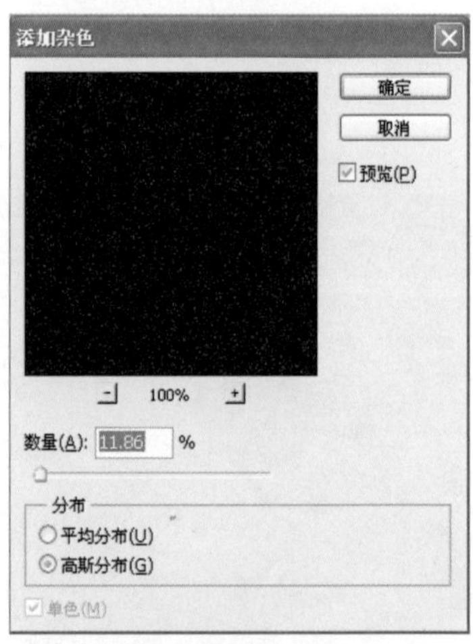

图3-15-3

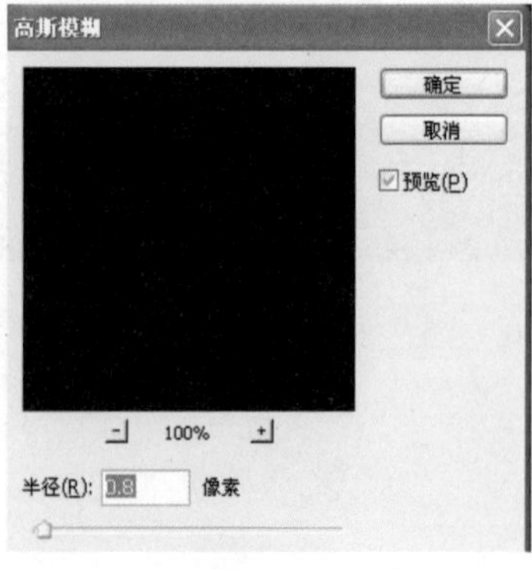

图3-15-4

03 返回“图层”面板，确定“图层1”为当前工作图层，执行“滤镜”>“渲染”>“光照效果”命令，在打开的对话框中设置相关参数“纹理通道”选择Alpha1，如图3-15-5所示。光照颜色设置和光照效果，如图3-15-6所示。

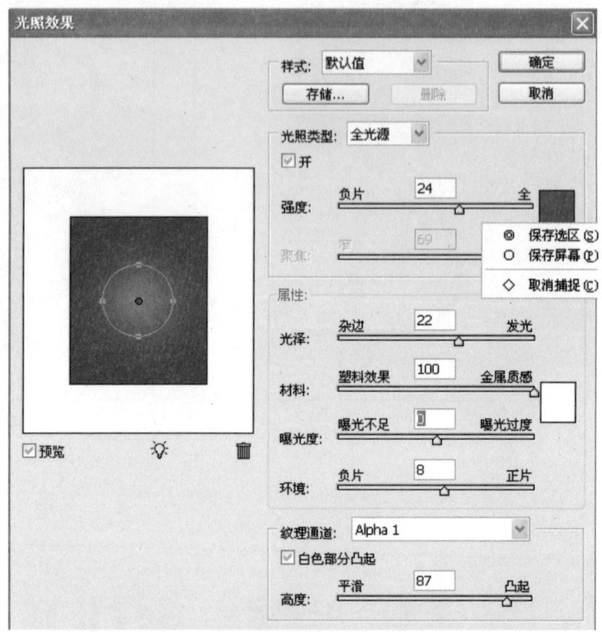

图3-15-5

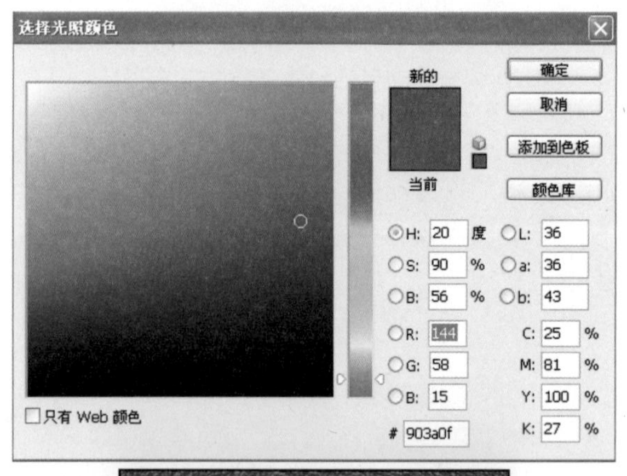

图3-15-6

04 执行“滤镜”>“画笔描边”>“墨水轮廓”命令，调整相应的参数，如图3-15-7所示。

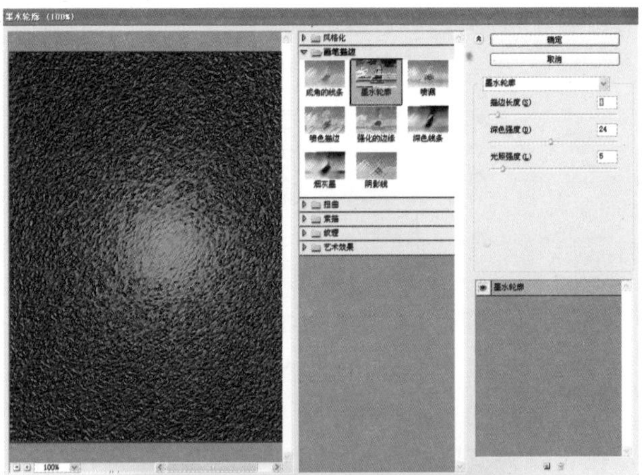

图3-15-7

05 将前景色设置为白色，选择“横排文字工具”T，在工具属性栏中选择字体设置文字的大小参数。输入文字“锈”，如图3-15-8所示。

图3-15-8

06 文字比较窄，需要加宽。按Ctrl键单击文字图层的缩览图载入选区，执行“选择”>“修改”>“扩展”命令，扩展量为10，如图3-15-9所示。单击文本图层的“可视”图标，隐藏该图层。确认“图层1”为当前工作图层，按Ctrl+Shift+I键将选区反向，按Delete键删除文字选区周围的多余部分，如图3-15-10所示。

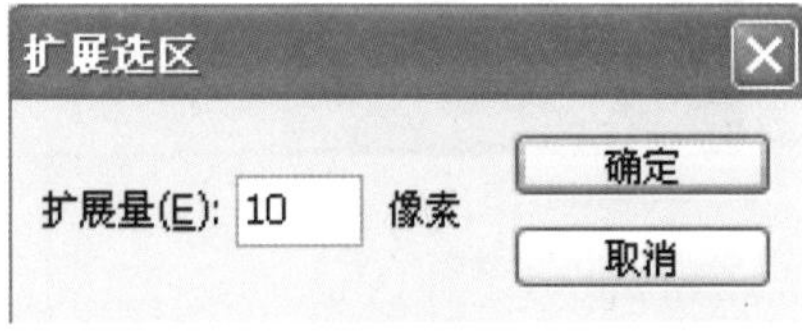

图3-15-9

图3-15-10

07 按Ctrl键单击“图层1”缩览图载入选区。进入“通道”面板，单击“创建新通道”按钮，创建Alpha2通道，将前景色设置为白色，按Alt+Delete键填充前景色到Alpha2通道的文字选区中，如图3-15-11所示。

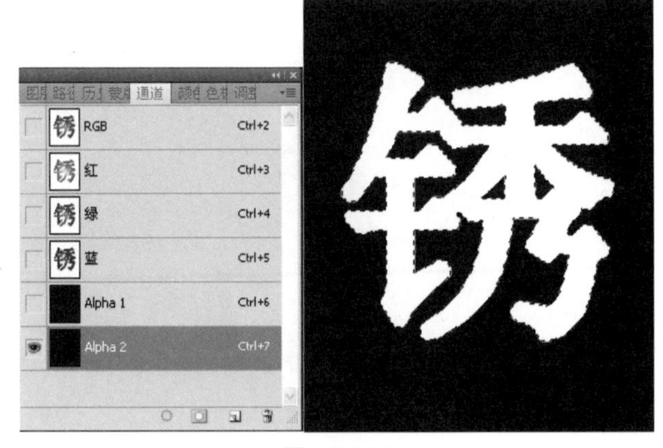

图3-15-11

08 执行“滤镜”>“模糊”>“高斯模糊”命令，调整相应的参数，如图3-15-12所示。

图3-15-12

09 返回“图层”面板，单击该面板下方的“创建新图层”按钮，在“图层1”下创建“图层2”，并将其作为当前工作图层。将前景色设置为白色，按Alt+Delete键填充前景色，如图3-15-13所示。

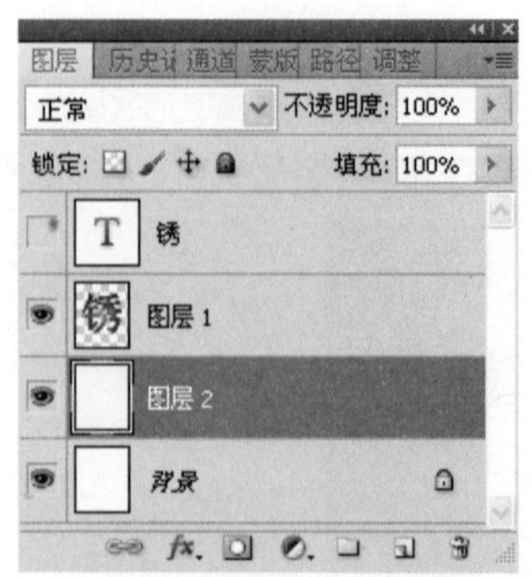

图3-15-13

10 执行“滤镜”>“渲染”>“光照效果”命令，在打开的对话框中设置相关参数。其中的光照颜色设置为灰色，“纹理通道”选择Alpha2，如图3-15-14所示。光照后上下层结合的总体效果如图3-15-15所示。

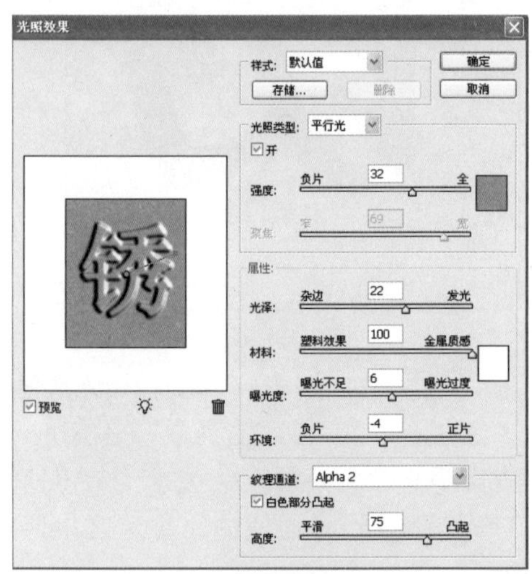
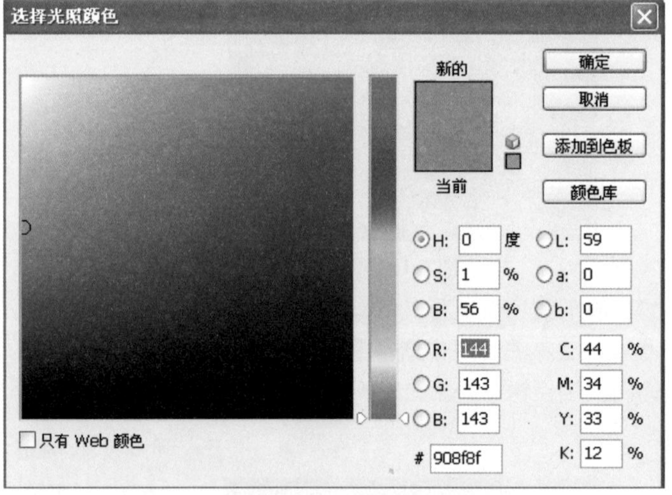

图3-15-14

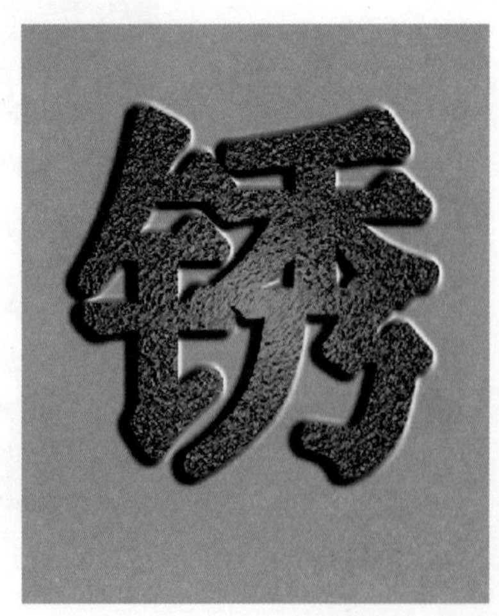
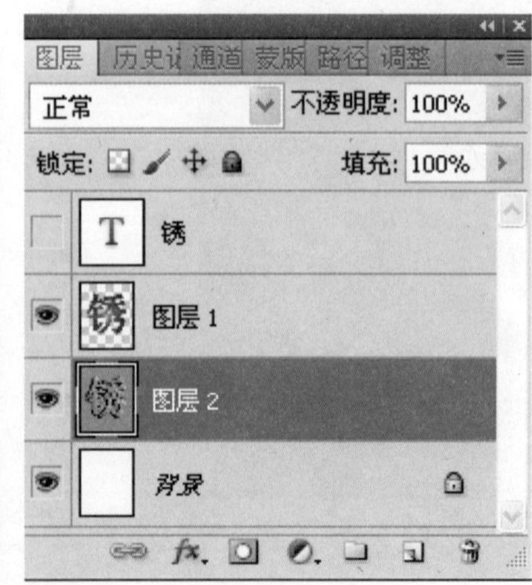

图3-15-15

11 对“图层2”执行“滤镜”>“渲染”>“光照效果”命令，在打开的对话框设置相关参数。其中的光照颜色设置为较暗的绿色，“纹理通道”选择Alpha1，如图3-15-16所示。效果如图3-15-17所示。

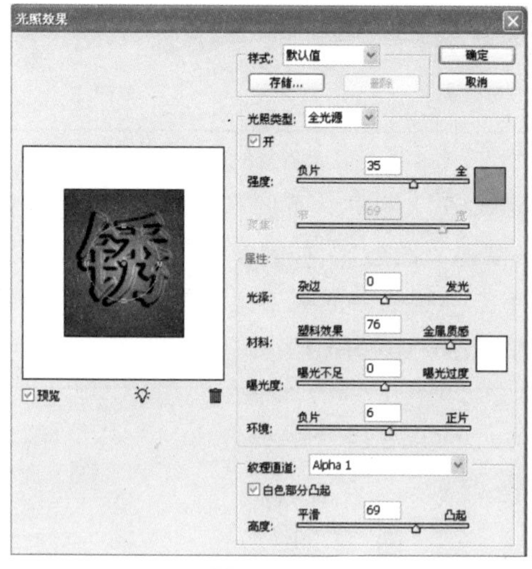

图3-15-16

图3-15-17

12 最后单击“图层”面板下方的“创建调整图层”按钮，在打开的菜单中选择“色彩平衡”选项，在“调整”面板中，对文字的颜色进行调整即可，操作结束。

3.15 仙人掌字

我是个懒人，很少养花，因为每天还要浇水、修枝，怪麻烦的。不过对仙人掌我却情有独钟，家中还真就养了一株，歪歪扭扭那么三两片，披着一身带刺的“铠甲”，其貌不扬地立于窗台，晴天，雨天总那么精神抖擞，生命力极强。说来也怪，今天，我想制作一种特效字，却一时不知道做什么，偶抬头，看到了其貌不扬的它，就这么一瞥，便得到了启发，大概这便是“仙人之掌”的魔力所在。

本案例涉及的主要知识点：

本案例主要涉及画笔预设、文本编辑、从选区生成路径、描边路径、图层样式、直线工具等，案例效果如图3-16-1所示。

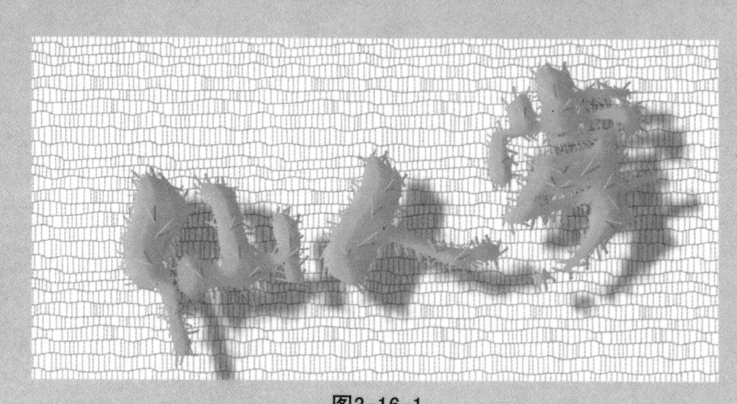

图3-16-1

操作步骤：

01 执行"文件">"新建"命令，创建一个宽为800像素，高为400像素，分辨率为72像素/英寸，背景内容为白色，颜色模式为RGB的图像文件。

02 选择"铅笔工具"，按F5键打开"画笔"面板，选择左侧的"画笔笔尖形状"选项，进入"画笔笔尖形状"区域，设置画笔的"直径"、"角度"、"圆度"、"硬度"以及"间距"参数，如图3-16-2所示。其中"直径"决定"仙人掌"字体上"刺"的长度，"圆度"决定"刺"的粗细。

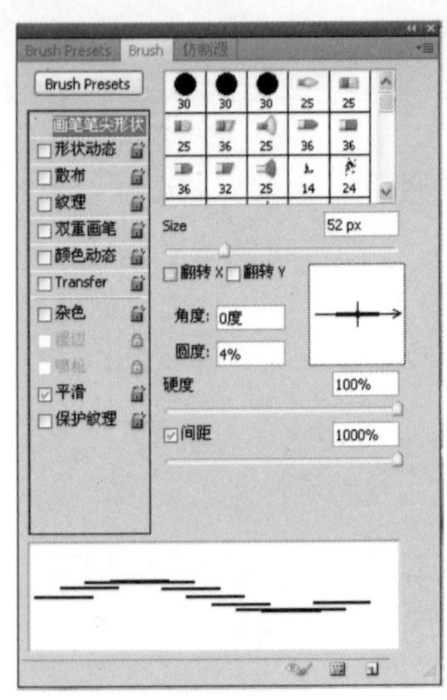

图3-16-2

03 接下来选择左侧的"形状动态"选项，进入"形状动态"区域，设置"大小抖动"和"角度抖动"参数，如图3-16-3所示。

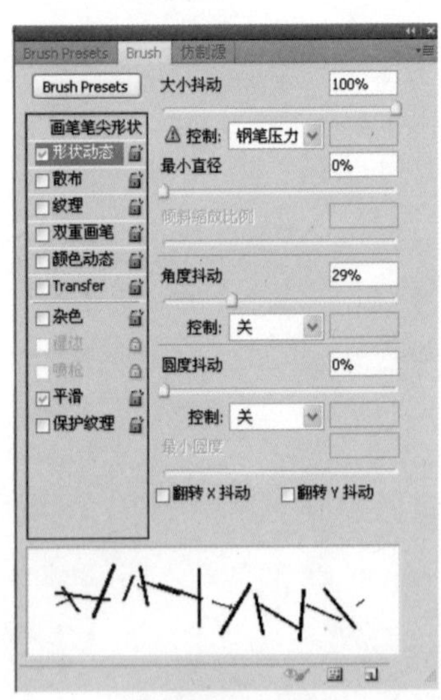

图3-16-3

04 将工具箱中的前景色设置为绿色，选择"横排文字工具"输入文字"仙人掌"，如图3-16-4所示。

图3-16-4

05 单击"图层"面板下方的"创建新图层"按钮，创建"图层1"并确认其为当前工作图层。按Ctrl键单击"图层"面板中文本图层的缩览图载入文字选区，如图3-16-5所示。

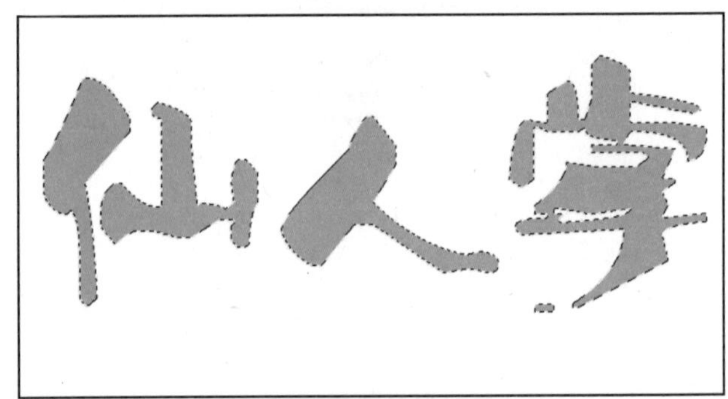

图3-16-5

06 进入"路径"面板，单击该面板下方的"从选区生成路径"按钮，将选区转为路径，如图3-16-6所示。

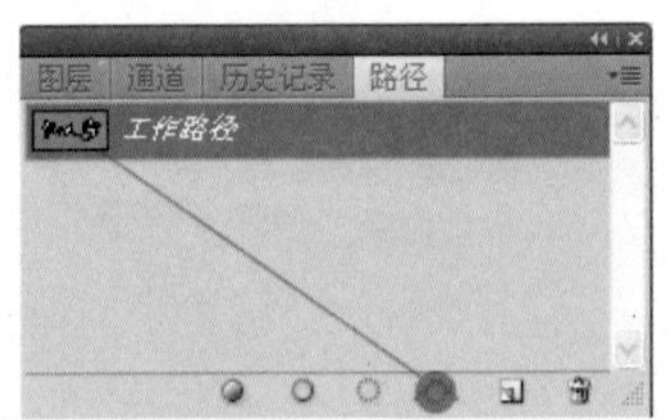

图3-16-6

07 单击"图层"面板中文本图层的"可视"图标，隐藏该图层。单击"路径"面板下方的"用画笔描边路径"按钮，用前面设置好的铅笔为路径描边，如图3-16-7所示。返回"图层"面板，恢复文本图层的显示状态，如图3-16-8所示。看见没？文字长出了刺。

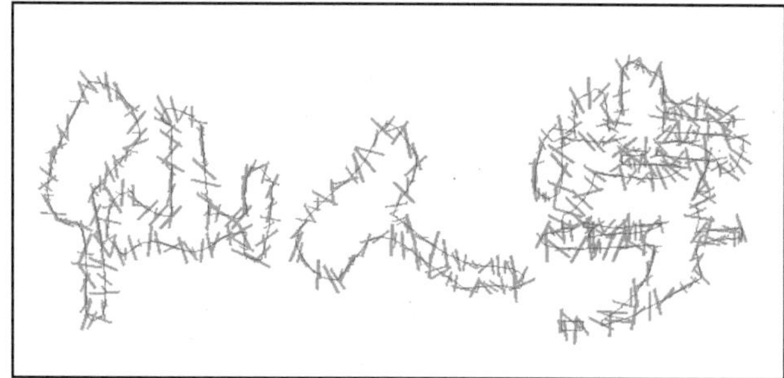

图3-16-7

图3-16-8

后来“鸭舌帽”看了这个制作说，那些刺可以用“画笔”或“直线工具”一根根画的，我笑着说，是的，不是不可以，但是那要看你是否有足够的时间和耐心以及保证控制鼠标的手不抖的本事，不过两者结合可能更好。

08 单击“图层”面板中背景图层的“可视”图标，隐藏背景图层，如图3-16-9所示。创建“图层2”，按Ctrl+Shift+Alt+E键盖印可见图层于“图层2”中。

图3-16-9

09 确认“图层2”为当前工作图层。单击“图层”面板下方的“添加图层样式”按钮，在打开的菜单中选择“斜面和浮雕”选项，之后在打开的“图层样式”对话框中设置相关参数，如图3-16-10所示。选择“投影”选项在相应的选项区域中设置“投影”参数，如图3-16-11所示。

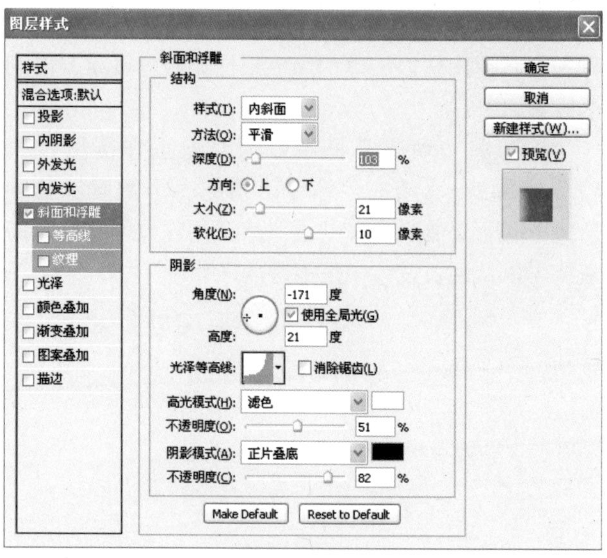

图3-16-10

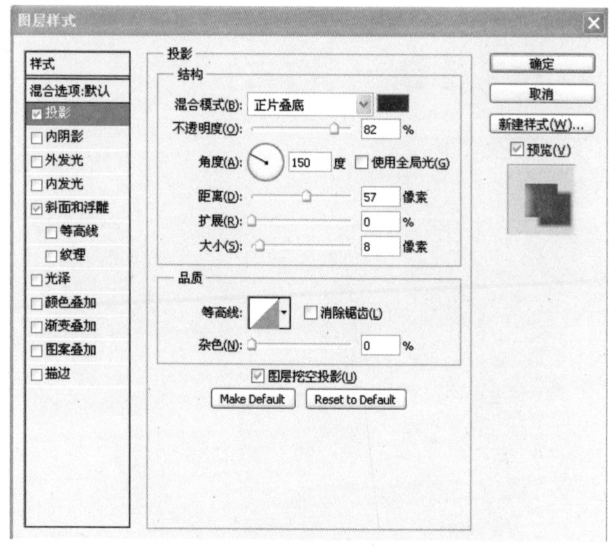

图3-16-11

10 创建“图层3”，将该图层作为当前工作图层，选择“直线工具”，将该工具属性设置为“填充像素”状态。再将前景色设置为比文字色淡一些的绿色，在文字中拖曳鼠标绘制出若干方向各异的短线条，如图3-16-12所示。

图3-16-12

11 再创建“图层4”，并将该图层作为当前工作图层，用同法以较暗的绿色根据光照角度绘制出刺的投影。

12 将“背景”图层作为当前工作图层，执行“编辑”>“填充”命令，填充一个图案，如图3-16-13所示。制作完毕，这种字效用作校园海报、商业广告以及网页设计中是不是很好呢？

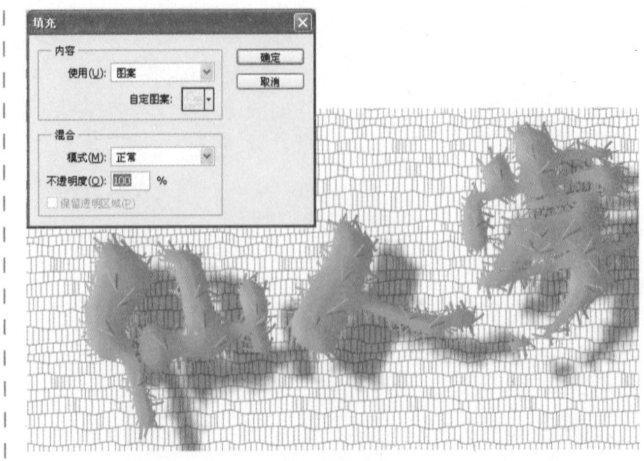

图3-16-13

3.16 油彩

今天的方法是在不经意中发现的，根据它的特点我联想到了油漆，联想到了文字，于是才有了这个特效字。

虽然很多方法都是在不经意中发现的，但是必须有两个前提，那就是，一要经常使用Photoshop，只有在使用的过程中才能有所发现；二是要善于联想，只有把发现的东西与现实的东西联系起来才能认识到它的实用价值。

本案例涉及的主要知识点：

本案例主要涉及文本编辑、“玻璃”滤镜、“强化的边缘”滤镜、渐变编辑等，案例效果如图3-17-1所示。

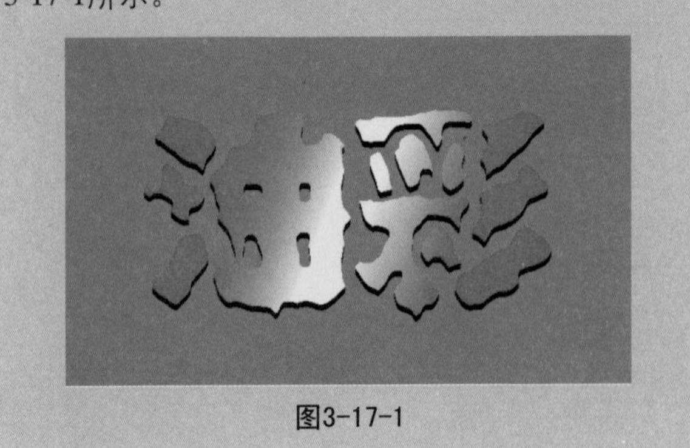

图3-17-1

操作步骤：

01 执行“文件”>“新建”命令，创建一个宽为650像素，高为400像素，分辨率为72像素/英寸，背景内容为白色，颜色模式为RGB的新图像文件。

02 进入“通道”面板，单击“创建新通道”，创建Alpha1通道。

03 将前景色设置为白色，选择“横排文字工具”输入文字“油彩”，字体为“华文琥珀”，如图3-17-2所示。

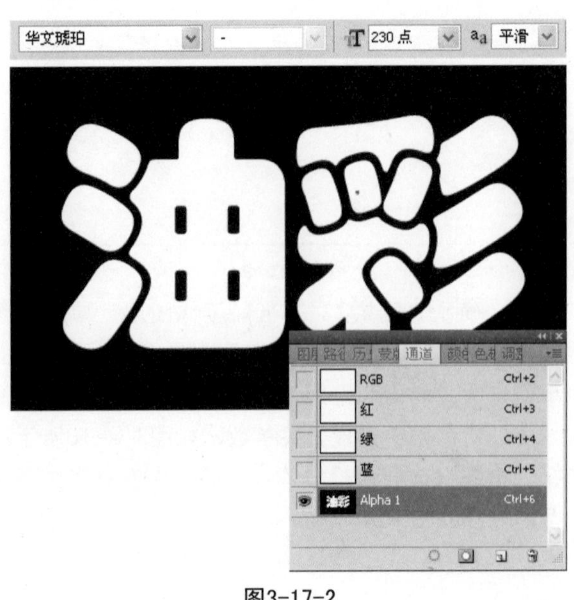

图3-17-2

04 将Alpha1拖到“创建新通道”按钮上复制为Alpha1副本，如图3-17-3所示。

图3-17-3

提 示：

当然不复制也可以，不过这是我的习惯，一般情况下总要留一个备份。

05 执行“滤镜”>“扭曲”>“玻璃”命令，在打开的对话框中设置相关参数。就这么一扭，文字的边缘就被轻松地扭曲了，如图3-17-4所示。

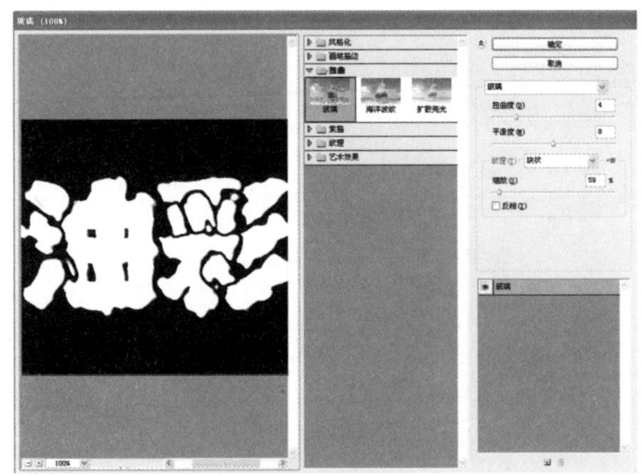

图3-17-4

提 示：

想一想是否还有其他的方法也能将边缘扭曲？即使效果不同。

06 再执行“滤镜”>“画笔描边”>“强化的边缘”命令，调整相应的参数，如图3-17-5所示。

07 按Ctrl键单击Alpha1副本缩览图载入文字选区，返回“图层”面板。单击“图层”面板下方的“创建新图层”按钮，创建“图层1”，并将该图层作为当前工作图层。

图3-17-5

08 选择工具箱中的“渐变工具”，单击“渐变工具”属性栏中的渐变色带，打开“渐变编辑器”对话框编辑渐变，如图3-17-6所示。单击“确定”按钮完成渐变编辑，在“渐变工具”属性栏将渐变类型设置为“线性渐变”，并在“图层1”文字选区中填充线性渐变。

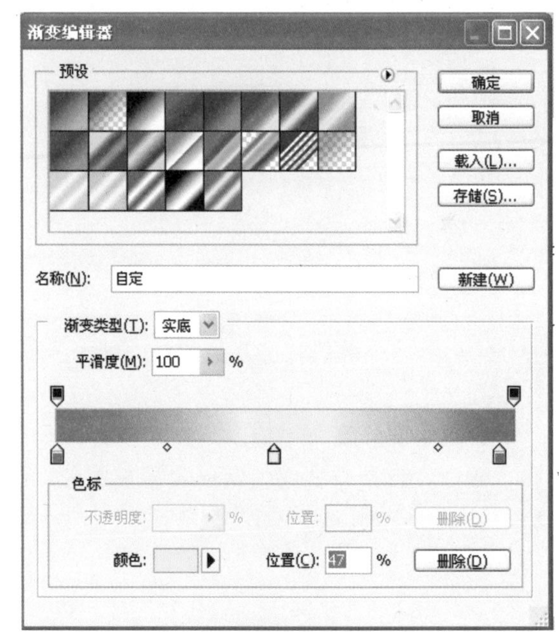

图3-17-6

09 按Ctrl键单击“图层1”缩览图载入文字选区，在“图层1”下创建“图层2”，将前景色设置为黑色，按Alt+Delete键填充前景色做出投影，如图3-17-7所示。按Ctrl+D键取消选区。之后按方向键将投影向下轻移。在背景图层填充一个自己喜欢的颜色即可完成操作。

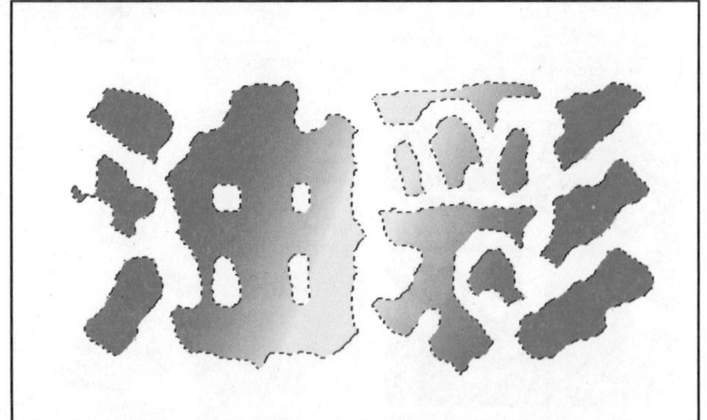

图3-17-7

3.17 good条纹字

特效字不在于多么烦琐复杂，而是在于它的独特，当然最好是即独特又简单了。下面这个字体就很简单，而且很独特。因为制作比较简单，原本不想放入本书作为案例的，只是一些Photoshop网友都对其感兴趣，所以就纳入了。

本案例涉及的主要知识点：

本案例主要涉及文本编辑、高斯模糊、半调图案、阈值、图层样式等，案例效果如图3-18-1所示。

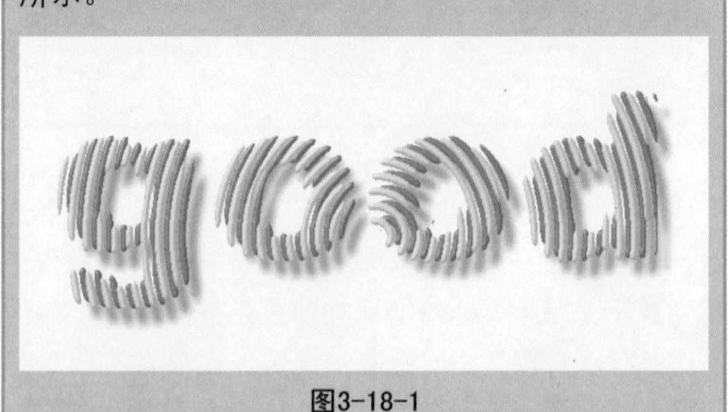

图3-18-1

操作步骤：

01 执行“文件”>“新建”命令，创建一个宽650像素，高300像素，分辨率为72像素/英寸，背景内容为白色，颜色模式为RGB 的图像文件。

02 进入“通道”工作面板，单击“创建新通道”，新建Alpha1通道。将前景色设为白色，选择“横拍文字工具”输入文字，如图3-18-2所示。

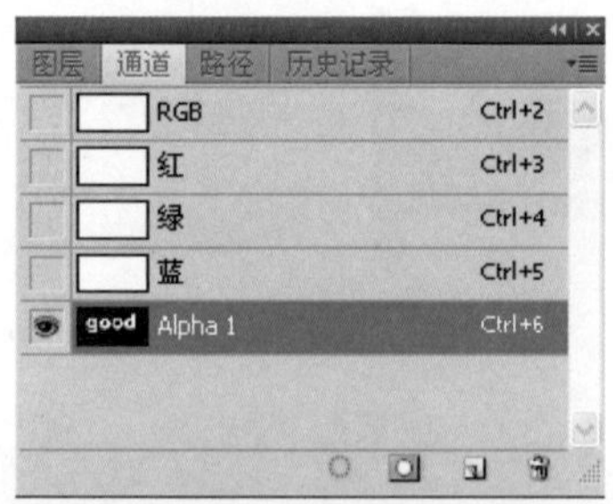

图3-18-2

03 执行“滤镜”>“模糊”>“高斯模糊”命令，调整相应的参数，如图3-18-3所示。执行“滤镜”>“素描”>“半调图案”命令，设置“图案类型”为“圆型”，其他参数，如图3-18-4所示。

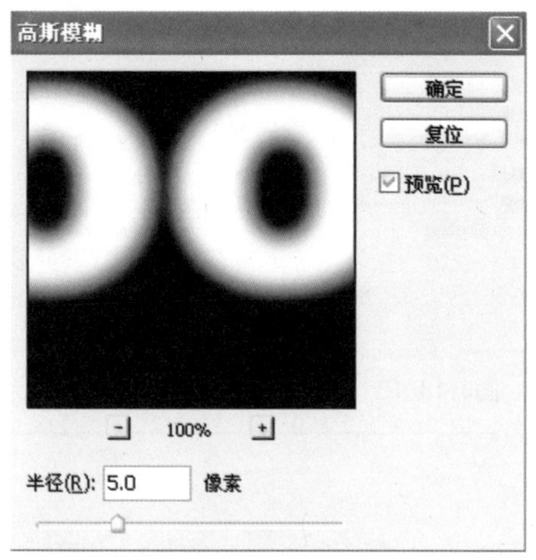

图3-18-3

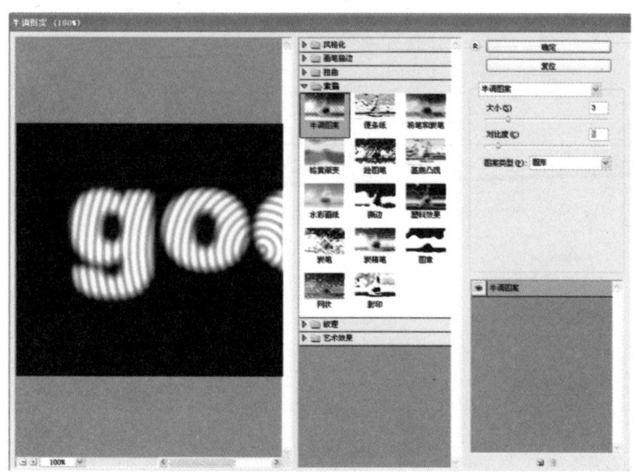

图3-18-4

04 执行“图像”>“调整”>“阈值”命令，调整相应的参数，如图3-18-5所示。之后按Ctrl键单击“通道”面板中的Alpha1通道缩览图载入图像选区，如图3-18-6所示。

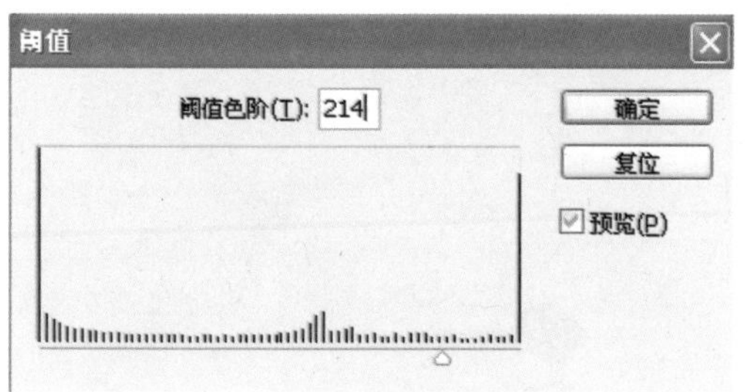

图3-18-5

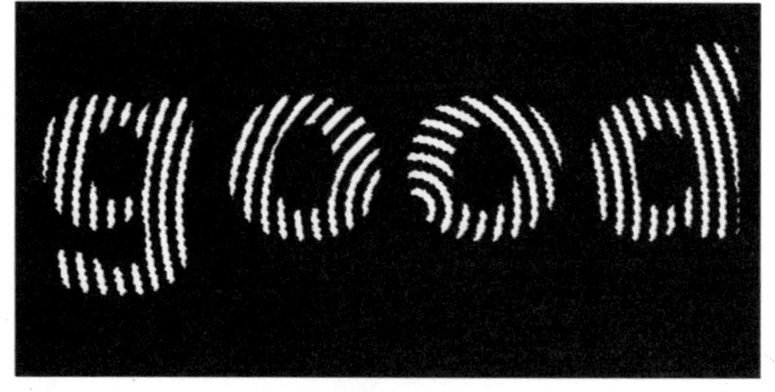

图3-18-6

05 返回“图层”面板，保持选区的状态。单击“图层”面板下方的“创建新图层”按钮，创建“图层 1”并将该图层作为当前工作图层，将前景色设为红色，如图3-18-7所示。按Alt+Delete键在选区中填充红色，按Ctrl+D键取消选区。

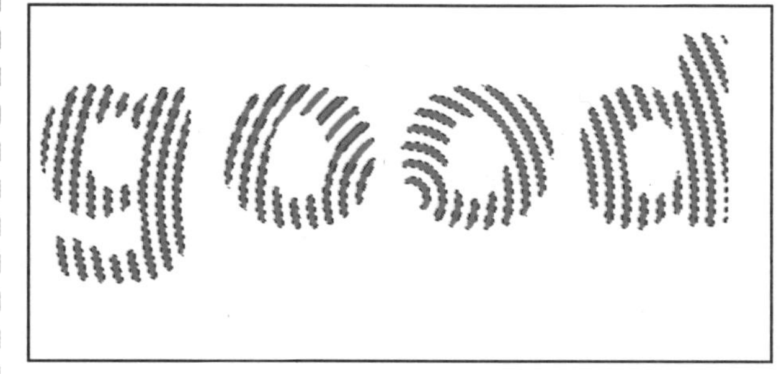

图3-18-7

06 单击“图层”面板下方的“添加图层样式”按钮，在打开的菜单中选择“斜面和浮雕”选项，在打开的对话框中设置相关参数，如图3-18-8所示。

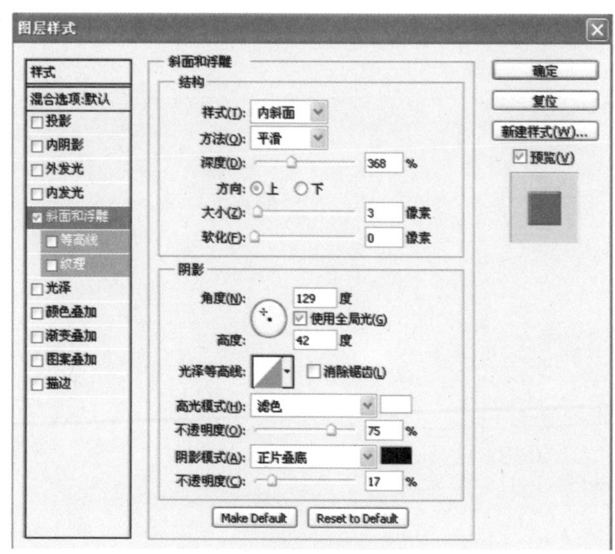

图3-18-8

07 按Ctrl+J键复制“图层 1”为“图层 1副本”，并将该图层作为当前工作图层，按Ctrl键单击“图层 1副本”缩览图载入选区，将前景色设为黄色，按Alt+Delete键在选区中填充黄色把原来的红色覆盖，按Ctrl+D键取消选区。选择“移动工具”之后按方向键向左移动黄色文字，如图3-18-9所示。

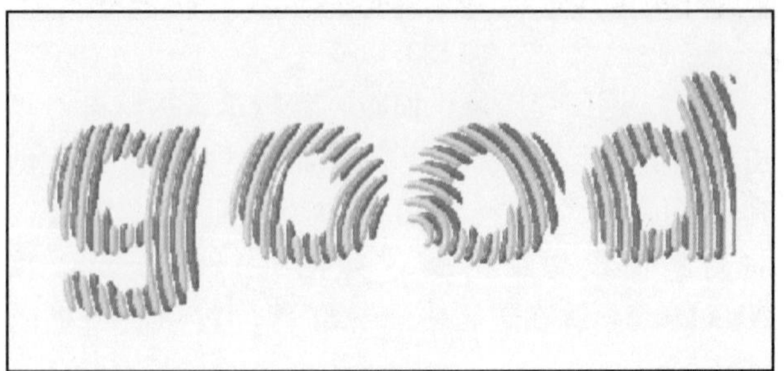

图3-18-9

08 单击“背景”图层的“可视”图标，按Ctrl+Shift+Alt+E键盖印可见图层为”图层3”，如图3-18-10所示。恢复“背景”图层显示状态。单击“图层”面板下方的“创建新图层”按钮，创建“图层4”并将该图层作为当前工作图层，如图3-18-11所示。按Ctrl键单击“图层3”缩览图载入选区，将前景色设为灰色，按Alt+Delete键在选区中填充灰色，按Ctrl+D键取消选区。选择“移动工具”之后按方向键向右下移动灰色投影，如图3-18-12所示。完成制作。

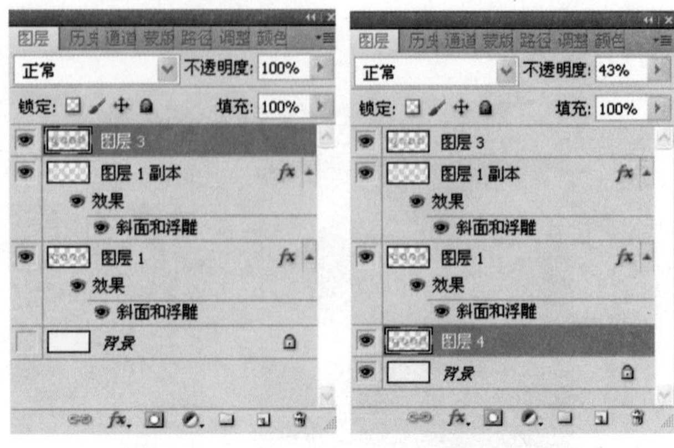

图3-18-10　　图3-18-11

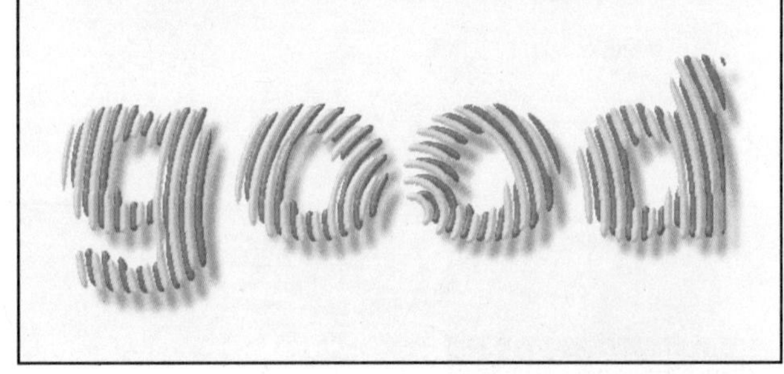

图3-18-12。

3.18 失望的捕鼠者

昨日看电视，有一个科教节目“我爱发明”讲如何捕鼠，为了高效快速地捕鼠，人们发明了各式各样的工具，我一边看一边想着：人类可谓是地球的主宰，可以让很多不该灭绝的动物濒临灭绝，可面对那可恶的老鼠却没辙。人与老鼠的战争持续了千百年，老鼠不但没减少反而越来越多似的，这让我对老鼠的生存能力和智慧肃然起敬，而对人类到目前为止仍没有根除鼠患，而且还在那里冥思苦想地研究灭鼠的方法感到羞愧，也许是这种羞愧到了极致，我反而索性站到了老鼠的立场去思考了，结果想出了如下这种让人哭笑不得的情景。

本案例涉及的主要知识点：

本案例涉及的主要知识点包括蒙版的使用、快速选择工具、“变换”命令及素材的取舍与应用，如图3-19-1所示。

图3-19-1

操作步骤：

01 执行“文件”>“新建”命令，创建一个宽为670像素，高为500像素，分辨率为72像素/英寸，背景内容为白色，颜色模式为RGB的图像文件。

02 打开一幅人物素材图像，如图3-19-2所示。即“图层1”，选择“钢笔工具”沿人头部绘制路径，之后按Ctrl+Enter键将路径转为选区，再按Ctrl+Shift+I将选区反向，按Delete键删除头部以外图像将人的头部抠出，按Ctrl+T键变换大小后放置在图像的右侧，如图3-19-3所示。

图3-19-2

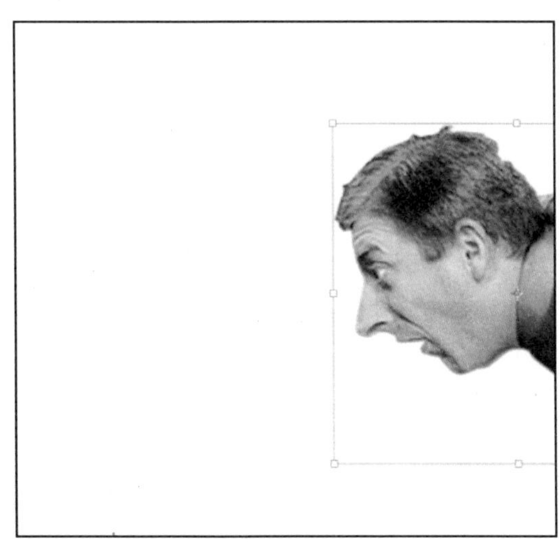

图3-19-3

03 打开一幅“墙洞”素材图，置入到图像中即“图层2”，按Ctrl+T键调整大小和角度，并放置好位置，如图3-19-4所示。之后单击图层面板下方的“添加图层蒙版”按钮，为其添加图层蒙版并使之处于工作状态，将前景色设为黑色，用“画笔”工具在洞口周围擦涂修饰洞口的边缘，如图3-19-5所示。

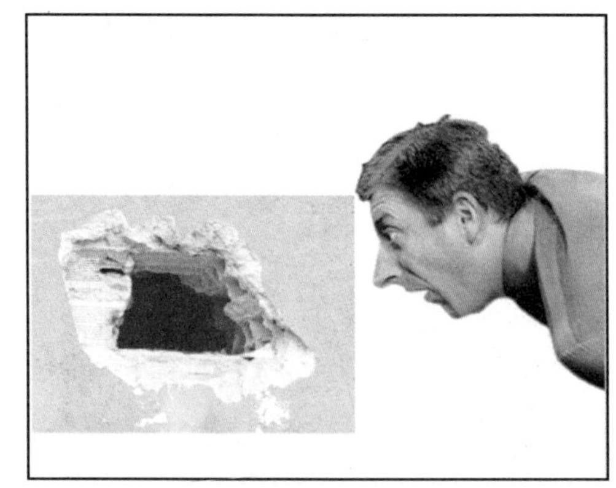

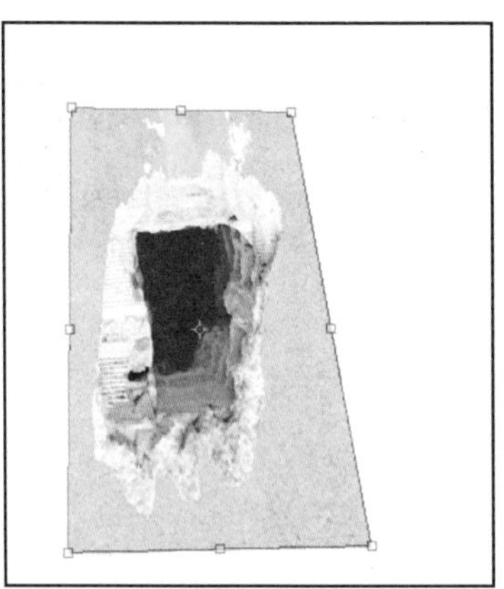

图3-19-4

图3-19-5

04 打开一幅“鱼”的素材图像，如图3-19-6所示。置入到图像中即“图层3”。选择“快速选择”工具在“鱼”上拖移，将“鱼”选取，按Ctrl+Shift+I将选区反向，按Delete键删除“鱼”周围的黑色，将“鱼”抠出，如图3-19-7所示。

图3-19-6

图3-19-7

05 按Ctrl+T键调整“鱼”的大小和角度并放置好位置，如图3-19-8所示。按Ctrl+J键复制一个，即“图层3副本”，同样方式将其缩小放在洞口，如图3-19-9所示。

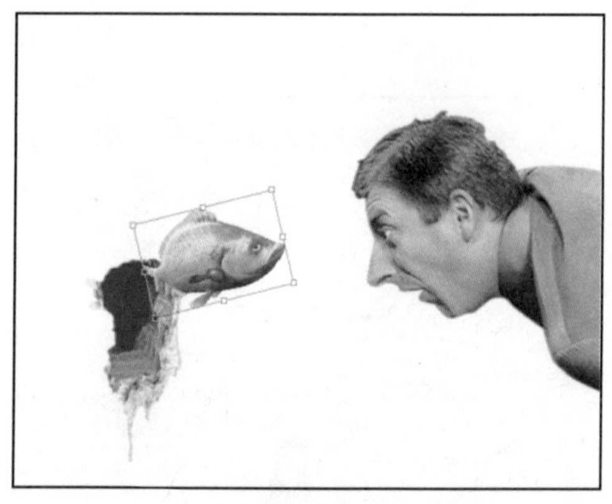
图3-19-8

06 确认“图层2”为当前工作图层，单击“图层”面板下方的“创建调整图层”按钮，在打开的菜单中选择“曲线”选项，在“调整”面板中进行调整，将洞口调暗，如图3-19-10所示。

图3-19-9

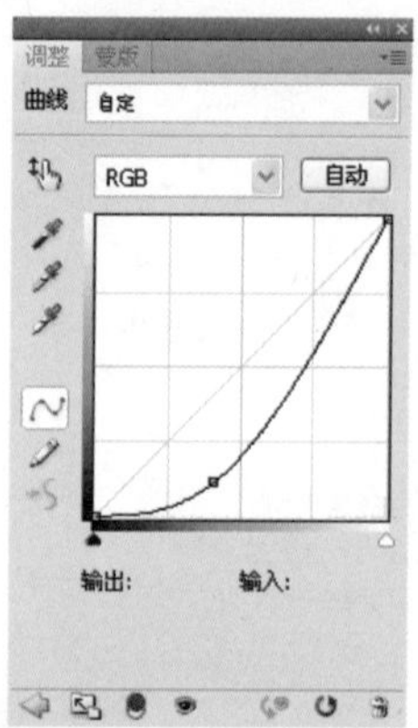

图3-19-10

07 按Ctrl键单击“图层”面板中“图层 3”的缩览图载入“图层 3”中“大鱼”的选区，如图3-19-11所示。单击“图层”面板下方的“创建新图层”按钮，创建“图层4”并将该图层作为当前工作图层，将前景色设置为黑色，按Alt +Delete键填充前景色，按Ctrl+D键取消选区，向下移动图像，按Ctrl+T键变换大小，如图3-19-12所示。之后降低该图层的不透明度，做出“大鱼”的投影。按Ctrl+J键复制“大鱼”投影为“图层4副本”，按Ctrl+T键缩小图像并置于”小鱼”之下，如图3-19-13所示。

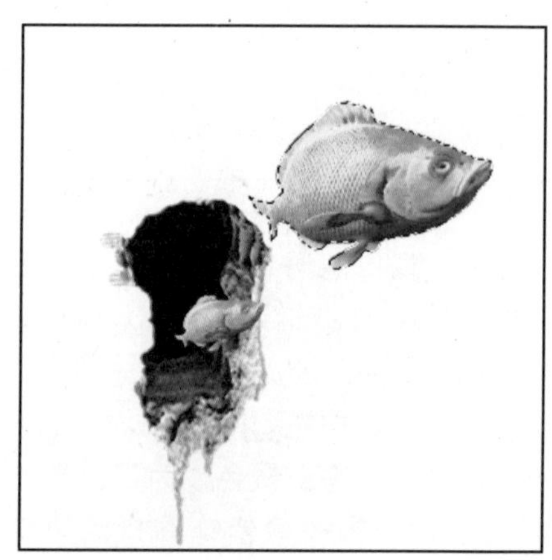
图3-19-11

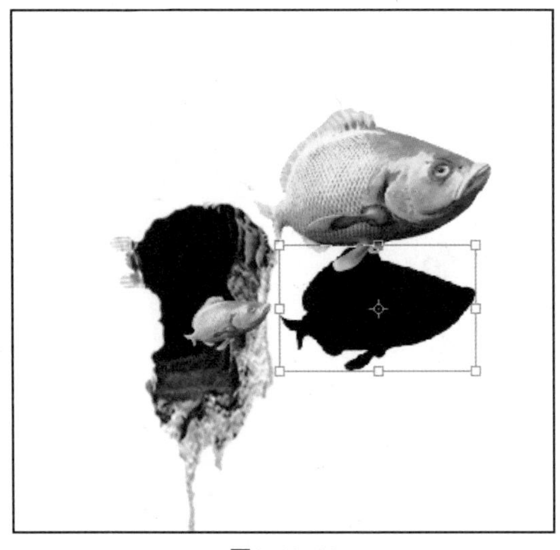
图3-19-12

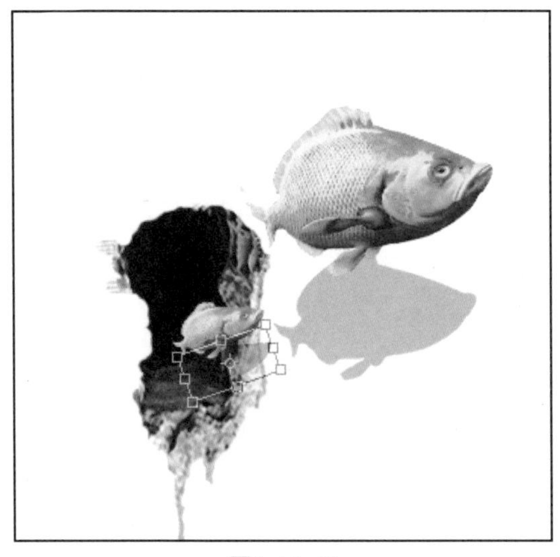
图3-19-13

08 按Ctrl键单击“图层”面板中“图层1”的缩览图载入“图层 1”人头部的选区。单击“图层”面板下方的“创建新图层”按钮，创建“图层5”并将该图层作为当前工作图层，将前景色设置为黑色，按Alt+Delete键填充前景色，按Ctrl+D键取消选区，向左下移动图像，如图3-19-14所示。执行“编辑”>“变换”>“变形”命令，调节人的头部投影的形状，如图3-19-15所示。之后按Enter键确定变形，降低该图层的不透明度。

09 单击“图层”面板下方的“创建调整图层”按钮，在打开的菜单中选择“色相饱和度”选项，在“调整”面板中对人像进行调整，如图3-19-16所示。

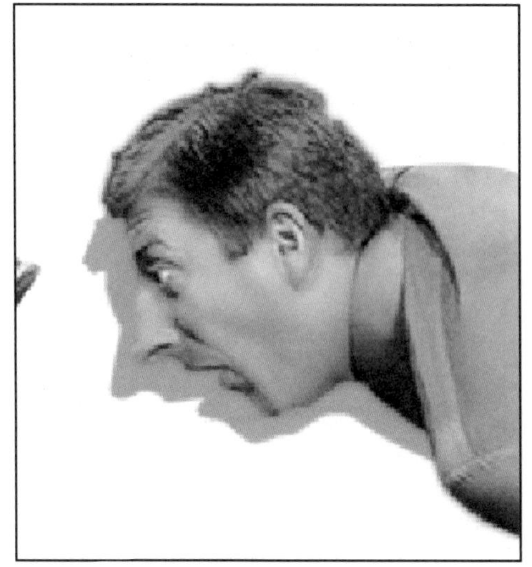
图3-19-14

图3-19-15

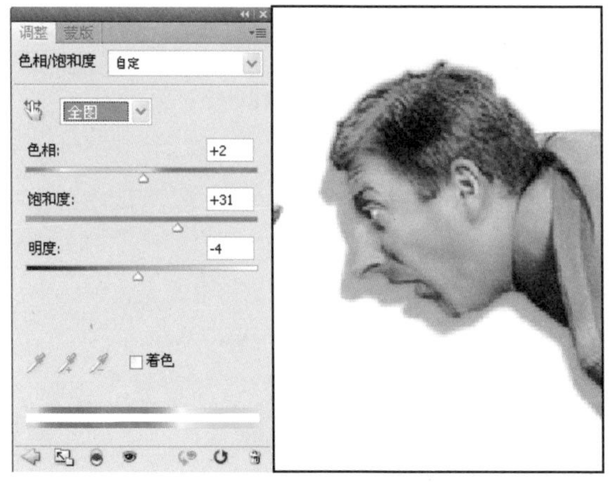

图3-19-16

10 打开一幅裂纹素材图像，置入到图像中即“图层6”，如图3-19-17所示。放在“图层2”之下。

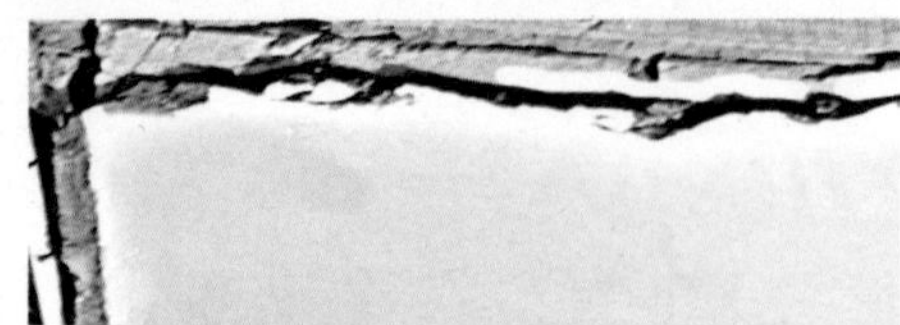

图3-19-17

11 单击“图层”面板下方的“添加图层蒙版”按钮，为“图层 6”添加图层蒙版并使之处于工作状态，将前景色设为黑色，用柔边画笔擦拭，使裂缝看上去与背景自然融合，如图3-19-18所示。最后换一个背景颜色，如图3-19-19所示。完成操作。

图3-19-18

图3-19-19

本制作其实很简单，重点在于构思和表现方式。原本我放了一些花草和窗户，但是觉得冲淡了主题，画面还很凌乱，重点不突出，后来决定不加入过多的元素，也不必写实性地表现墙壁和环境，而是以简洁的画面来表现一种幽默和诙谐。

第4章 秋叶凝香

美丽的秋
我们又一次相逢
黄叶蓄起未来的希望
飘落了心的累赘
你的笑容我已看见
朗朗爽爽一眼的清亮
大雁排空唱醉了天
云水万里柔情长
你用眼波把我熏醉
你酿的米酒染红这山野
驱散我心头最后的彷徨……

走过54个秋，记不得发生了多少关于秋的故事。秋，是收获的季节，今天，在邂逅Photoshop第7个年头的夜里，我再次打开泛黄的日记，把那些秋的收获悄悄地讲给你听……

4.1 回天有术：矫正偏色照片三妙法

吃过晚饭，打着饱嗝，美滋滋地拿起女儿给的数码相机摆弄起来，随手在家里拍了几张，打开一瞧，天啊，餐厅这张怎么竟是这幅模样，刚要删除，可转念一想，何不用它练练手呢？许多事情就是这样，不练不知道，一练有收获，你瞧我还像模像样地总结一堆所谓的经验来呢。

一般通用的矫正照片偏色的方法是通过调整曲线、色阶、色彩平衡等针对图像和通道进行“多退少补”的矫正。针对较为简单的偏色，一般用曲线、色阶等调整命令略微调整即可。图像的颜色矫正是个综合过程，通常情况下单靠一个方法不一定能完全矫正，所以要抓住主要矛盾，尝试用曲线、色阶、色彩平衡等多种方法调整。灰平衡只是理论标准，它只是将图像恢复到当时拍摄的那一情境最佳的正常状态。需要说的是，有时人们还追求某种偏色效果，所以说，说达到灰平衡了，叫“正常”；而偏色了，却可能叫“艺术”。也许这是奇谈怪论，但还真有不少人认同此观点。是的，实际的情况往往是复杂的，有的人不管什么情况都试图用一个“吸管”去校正图像，他们苦苦寻找那个中性的点，我认为没必要这么抠死铆子。

另外，我们欲更好地调整图像还应该了解一些色彩学知识，比如，色相、饱和度、明度、原色、补色等。

在显示器中颜色的构成遵循的是光的三原色原理：

红色+绿色=黄色
绿色+蓝色=青色
红色+蓝色=品红
红色+绿色+蓝色=白色

黄色、青色、品红都是由两种基色相混合而成，所以它们又称“相加二次色”。

由上面就可以得出另一个结果：

红色+青色=白色
绿色+品红=白色
蓝色+黄色=白色

所以青色、品红、黄色分别又是红色、绿色、蓝色的补色。

比如当一个图像偏红，那么就应该从两个方面去思考，即减少红色，和增加它的补色青色。下面这张照片偏色较严重，它严重偏红。这样的照片能恢复原来的本色吗？不妨尝试一下，我们发现这个片子整个都发暗，红通道极亮，绿通道很暗，而蓝通道呢？唉！更惨不忍睹，全是黑的，蓝通道等于不存在，怎么办？我们可以采取以下方法调整。

本案涉及的主要知识点：

本案主要涉及色相饱和度调整、曲线调整、应用图像、色彩平衡、通道应用等，案例前后对比效果如图4-1-1所示。

校正前

校正后

图4-1-1

操作步骤：

1. 常规矫正法

01 单击“图层”面板下方的“创建调整图层”按钮，创建一个“色相/饱和度”调整图层，在“调整”面板中，调整相应的参数，在下拉列表中选择“黄色”，调整降低黄色的饱和度并增加其明度，如图4-1-2所示。

图4-1-2

02 在下拉列表中选择“红色”，通过调整降低红色的饱和度。这时黄色和红色明显减少，如图4-1-3所示。

图4-1-3

03 单击“图层”面板下方的“创建调整图层”按钮，创建“曲线”调整图层，在“调整”面板中调整曲线。分别提亮RGB、蓝色和绿色，压暗红色。图像恢复正常，如图4-1-4所示。

图4-1-4

以上我们看到，实际主要是做两件事：一是直接从图像的颜色像素入手减少黄色和红色，增加绿色和蓝色；二是从通道入手增加绿通道和蓝通道的亮度，降低红通道的亮度。

2. 应用图像矫正法

“应用图像”的特点是能运用复合通道或者单个通道之间进行混合计算，以重构通道的灰度结构，实现图像颜色的改变，其优点是可以对通道应用不同的混合模式，如“滤色”和“正片叠底”等，从而在图层上生成需要的新颜色、新效果，实质就是对各通道的同步调整。它与“计算”命令基本相似，只不过计算可以生成新的通道而已。

前面我们看到照片严重偏红，而且蓝通道几乎一片漆黑，所以必须恢复蓝通道。因此尝试通过执行“应用图像”命令来进行矫正。

01 执行“调整”>“应用图像”命令，在弹出的对话框中，在“通道”下拉列表中选“绿”，“混合”选“滤色”，“不透明度”为100 %，如图4-1-5所示。之后单击“确定”按钮。我们的目的是让该图像的绿通道与该图像的其他两个通道的像素以滤色这种增亮模式进行混合求得变化，经过滤色模式混合，绿通道和红通道相应地增加了亮度，由于是3个通道的同时混合增亮，因此蓝通道也必然发生变化，结果蓝通道增亮并得到改善，所有这些都是在通道里混合完成的。上面步骤完成后我们发现图像又偏黄了，如图4-1-6所示。

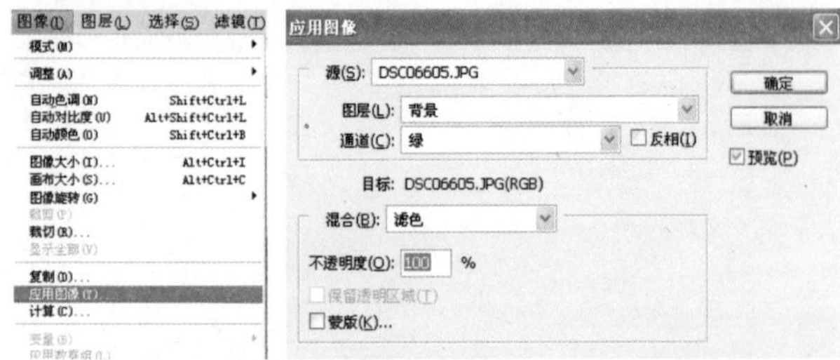
图4-1-5

图4-1-6

02 单击“图层”面板下方的“创建调整图层”按钮，创建“色相/饱和度”调整图层，在“调整”面板中的下拉列表中选择“黄色”，通过移动“饱和度”和“明度”滑块，降低黄色的饱和度并增加其明度，如图4-1-7所示。

图4-1-7

03 再创建“色彩平衡”调整图层，选中“中间调”选项进行调整，主要是增加绿和蓝减少红，如图4-1-8所示。

图4-1-8

04 创建“曲线”调整图层，分别提亮RGB 、绿色和蓝色通道，如图4-1-9所示。

图4-1-9

提 示：

到此，基本可以了，但是我们发现瓶盖等处接近橘黄，与实际不符，所以还需要矫正。

05 双击“图层”面板中“色相/饱和度”调整图层，再次将对话框打开。在下拉列表中选择“红色”，设置“色相”为-8，“明度”为10，如图4-1-10所示。完成操作。

图4-1-10

3. 通道填充法

01 进入“通道”面板，按Ctrl键单击绿通道缩览图载入选区，如图4-1-11所示。再单击蓝通道进入蓝通道，如图4-1-12所示。此时选区虽然几乎看不见，但是存在。

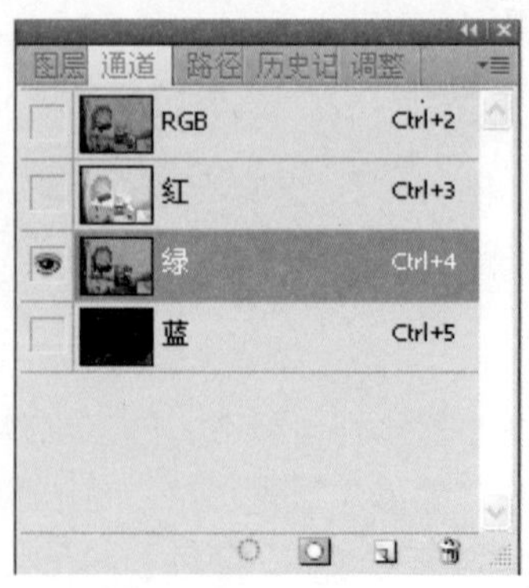

图4-1-11

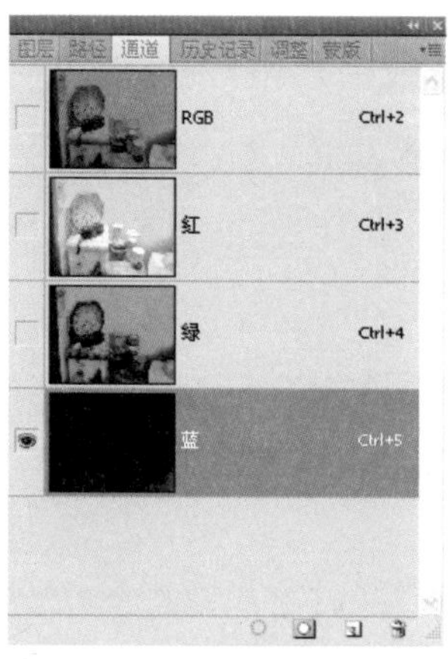

图4-1-12

02 单击工具箱中前景色图标，打开“拾色器”对话框将前景色的RGB 值均设置为200，如图4-1-13所示。按Alt+Delete键填充该前景色到在蓝通道的选区中，按Ctrl+D键取消选区。蓝通道显现出来了，如图4-1-14所示。实现了我们的“企图”。

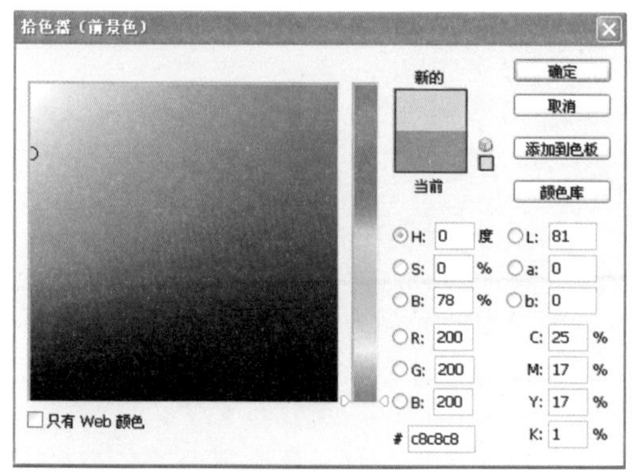

图4-1-13

图4-1-14

03 这时的图像依然偏红，如图4-1-15所示。返回“图层”面板，单击“图层”面板下方的“创建调整图层”按钮，为图像创建一个“曲线”调整图层，在“调整”面板中分别调整“蓝”和“绿”曲线，提亮蓝色和绿色通道，稍微提亮RGB通道，如图4-1-16所示。

图4-1-15

图4-1-16

04 再创建一个“色彩平衡”调整图层，在“调整”面板中分别选中“中间调”和“高光”选项，移动滑块进行调整，如图4-1-17所示。

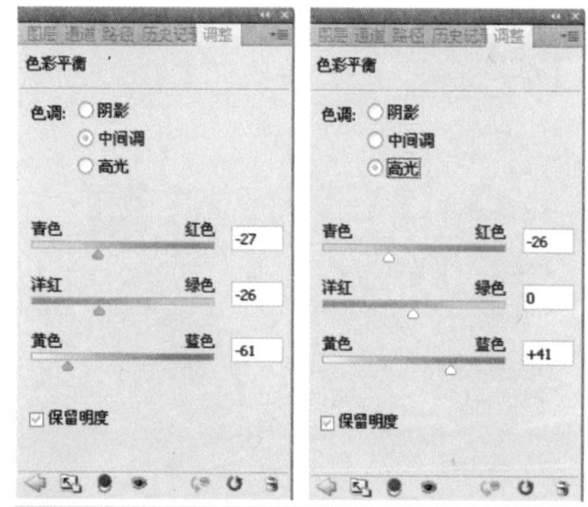

图4-1-17

05 按Ctrl+Alt+5键，选择图像中“墙壁”等较亮部分，再创建一个“曲线”调整图层进行调整，提亮RGB和绿色，压暗蓝色，如图4-1-18所示。

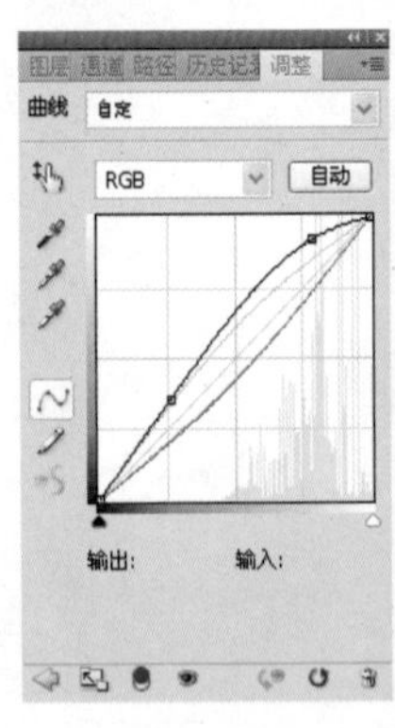

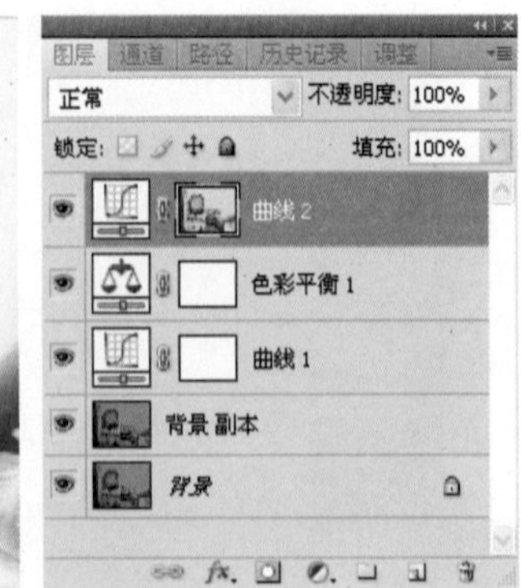

图4-1-18

实践证明，那种无论什么情况下都企图一步到位的想法是错误的，许多看似一步到位的调整，只对轻微偏色，且质量较好的、颜色丢失少的、通道损坏不严重的照片奏效，对于颜色损失较多，通道损坏严重的照片就相当困难了。所以经验告诉我们，对于这样的图片，必须用多种方法综合调整，包括使用选区对局部进行调整和直接着色。上面的几个例子只是提供几个方法和思路，并不是在所有情况下，对所有偏色照片都百分之百奏效。因为图像构成不同，偏色的具体情况和程度不同，所以对具体情况要作具体分析，要抓主要矛盾，把握大局，使用多种手段。其关键是寻找“突破口”，以上每一个案例都有自己的突破口，但目的都是一个，即恢复蓝通道，蓝通道一旦显影，剩下的工作就是通过各种调整工具进行“多退少补”地调整即可。上面介绍的几种方法相对这个案例来说，有的很好，有的调出的效果稍差，读者应灵活选用，虽然有的方法在这里效果不是很理想，但在其他情况下却可能是很好的选择，这里我们只是提供思路，以引发思考，比如，用“通道混合器”可不可以？是不是更好呢？有了基本思路了，就可以去尝试。

4.2 画饼充饥

昨日在一家糕点店看见一种饼，名曰“老婆饼”，我就纳闷儿了，怎么起这么个名字呢？便问店员，他一连演绎出好几个此名由来的故事：什么古时某人的老婆做面点手艺很巧，做了这种饼让丈夫出去卖，结果赚了大钱；什么某朝某代某人的媳妇为了给家人治病不惜卖身，丈夫想念媳妇，为了早日把媳妇赎回来，就研制出这种饼，拿出去卖，最终赎回了媳妇，这饼便由此得名。听她这么一说，我甚为好奇，于是买了几个，一尝，果然是香甜酥嫩，打那以后我就经常去买。今天就把它制作出来与朋友们共同分享。

本案例涉及的主要知识点：

本案例涉及的知识点有选区及羽化、“模糊”滤镜、“波纹”滤镜、“云彩”滤镜、“杂色”滤镜、“球面化”滤镜、“纹理化”滤镜、Alpha通道、阈值命令、图层样式和图层混合模式等。制作的要点有三：第一，通过选区的移动和反向，结合曲线调整制作饼的厚度感；第二，借助Alpha通道制作纹理实现饼表面层叠效果，第三，色泽的表现，案例效果如图4-2-1所示。

图4-2-1

操作步骤：

01 执行“文件”>“新建”命令，创建一个宽为800像素，高为600像素，分辨率为72像素/英寸，背景内容为白色，颜色模式为RGB的图像文件。

先到口袋里去删面，面的颜色不是很白的那种精粉，下面开始和面并用擀面杖将其擀成面饼。在Photoshop中做作饼干十分简单，只用选区和Alt+Delete键，即可代替擀面杖。

02 单击“图层”面板下方的“创建新图层”按钮，创建“图层1”。单击工具箱中的前景色图标打开“拾色器”对话框，编辑前景色的RGB 值，如图4-2-2所示。

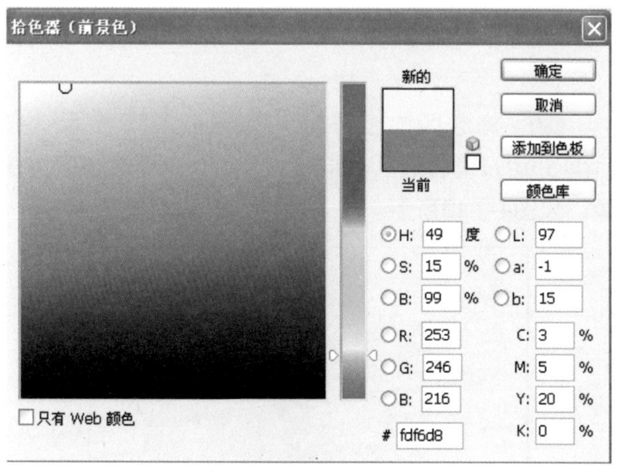

图4-2-2

03 选择“椭圆选框工具”，绘制一个正圆选区，按Alt+Delete 键填充前景色，保留选区，如图4-2-3所示。

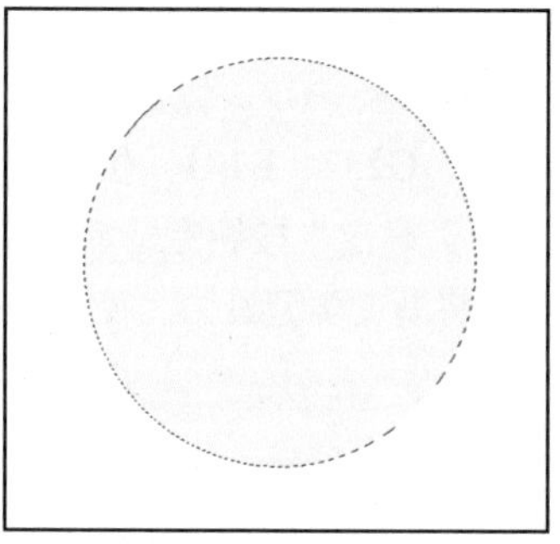

图4-2-3

04 将选区向上移动，按Ctrl+Shift+I 键将选区反向，执行“选择”>“修改”>“羽化”命令，在弹出的对话框中设置“羽化半径”为20像素，如图4-2-4所示。

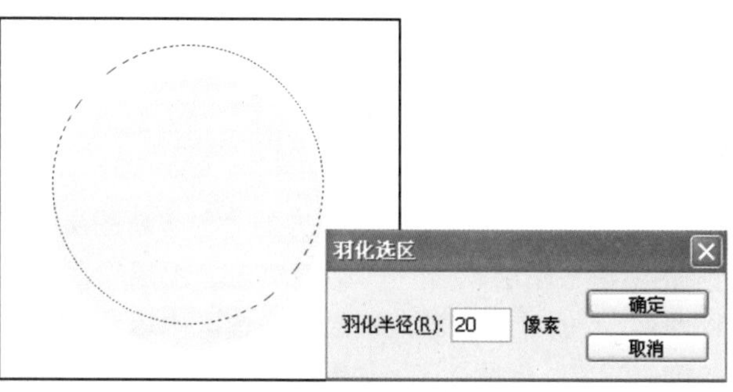

图4-2-4

下面开始烙饼，注意把握好火候。在Photoshop中“烙饼”，就是选配颜色和执行调整命令以及使用滤镜来完成。

05 单击“图层”面板下方的“创建调整图层”按钮，在菜单中选择“曲线”选项，创建一个“曲线”调整图层，在“调整”面板中调整曲线，将“饼”的下边缘调暗，如图4-2-5所示。

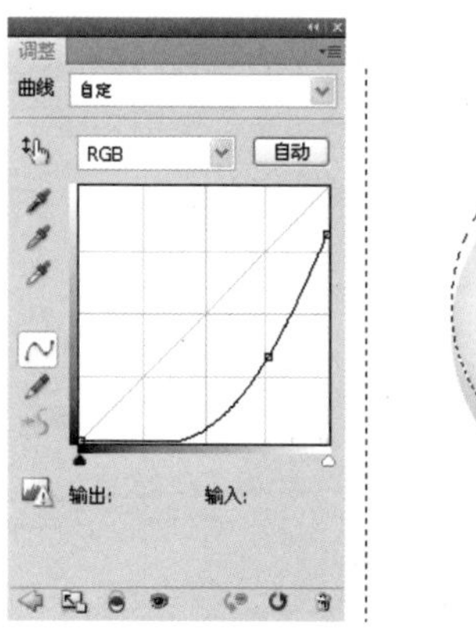

图4-2-5

06 选择工具箱中的“渐变工具”，单击“渐变工具”属性栏中的渐变色带，打开“渐变编辑器”对话框。自左向右，单击渐变条上的色标，并在下方颜色选项处设置颜色，将渐变条上的第1个色标颜色设置为R240、G173、B77，位置为24%；第2个色标颜色设置为R251、G232、B191，位置为100%，如图4-2-6所示。单击"确定"按钮完成渐变编辑，在"渐变工具"属性栏将渐变类型设为"径向渐变"。

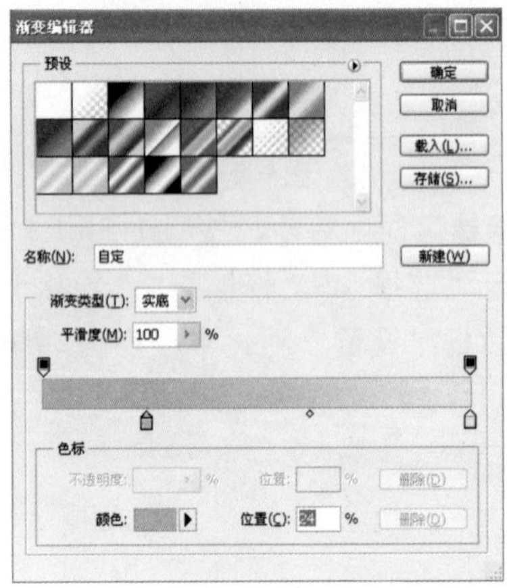

图4-2-6

07 单击"图层"面板下方的"创建新图层"按钮创建"图层2"，按Ctrl键单击"图层"面板中"图层1"的缩览图载入选区，在选区内填充编辑好的径向渐变。保留选区，如图4-2-7所示。

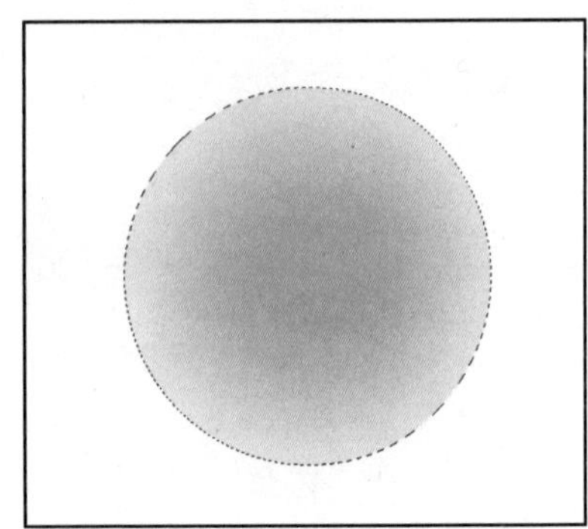

图4-2-7

08 对"图层2"执行"滤镜">"模糊">"高斯模糊"命令，调整相应的参数如图4-2-8所示。保留选区。

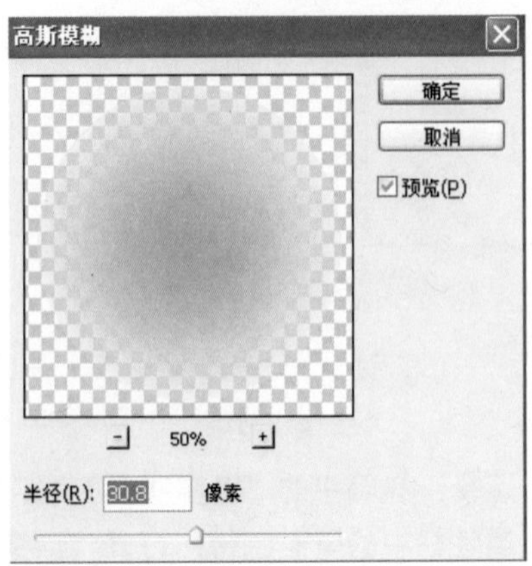

图4-2-8

09 执行"滤镜">"扭曲">"波纹"命令，参数设置如图4-2-9所示。执行"选择">"修改">"收缩"命令，在弹出的对话框设置"收缩量"为20 像素，如图4-2-10所示。执行"选择">"修改">"羽化"命令，在弹出的对话框中设置"羽化半径"为15像素，如图4-2-11所示。

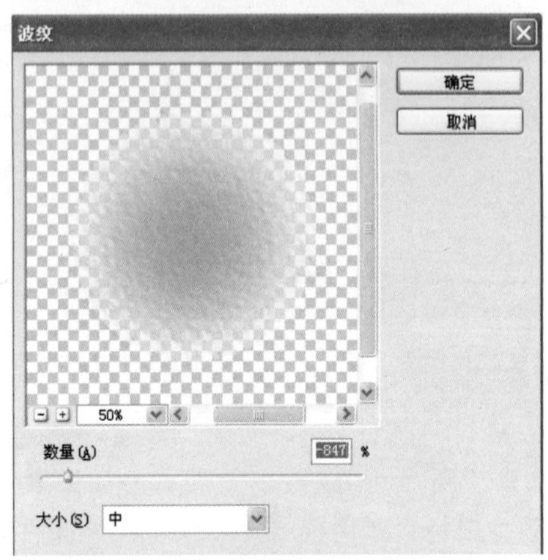

图4-2-9

图4-2-10

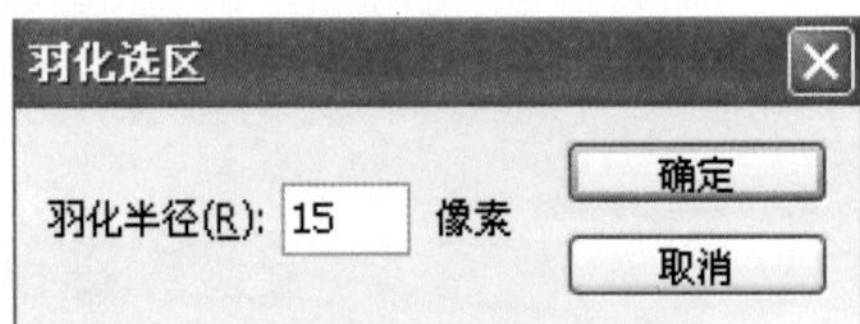

图4-2-11

10 将选区向上移动，如图4-2-12所示。按Ctrl+Shift+I键将选区反向，按Delete键删除选区内图像，如图4-2-13所示。

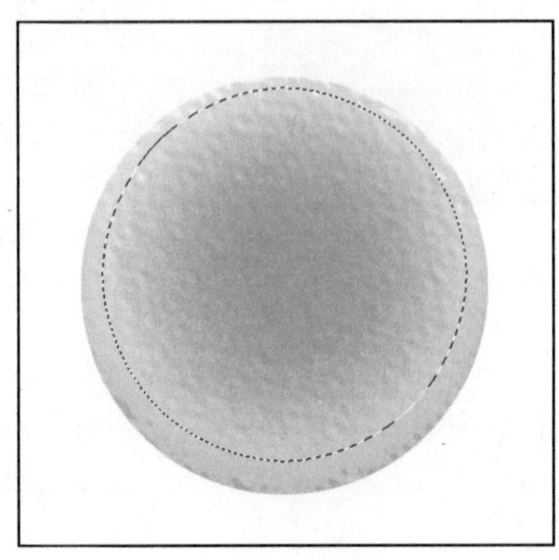

图4-2-12

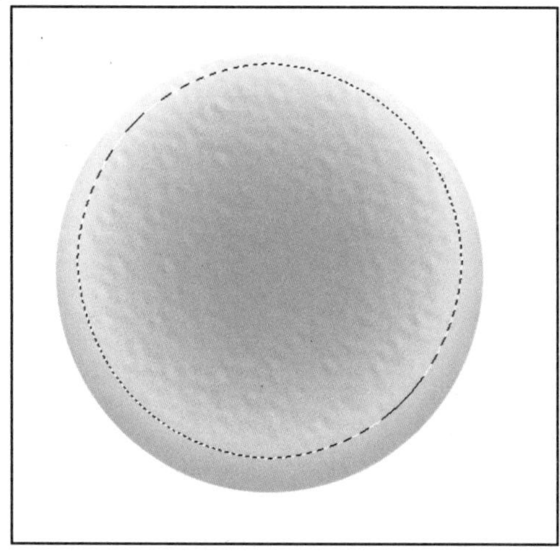

图4-2-13

11 单击“图层”面板下方的“创建新图层”按钮，创建“图层3”，在该图层中绘制一个小的椭圆选区并填充白色，选择工具箱中的“模糊工具”涂抹一下，按Ctrl+T键变换其角度，为“饼”制作一个高光点，如图4-2-14所示。

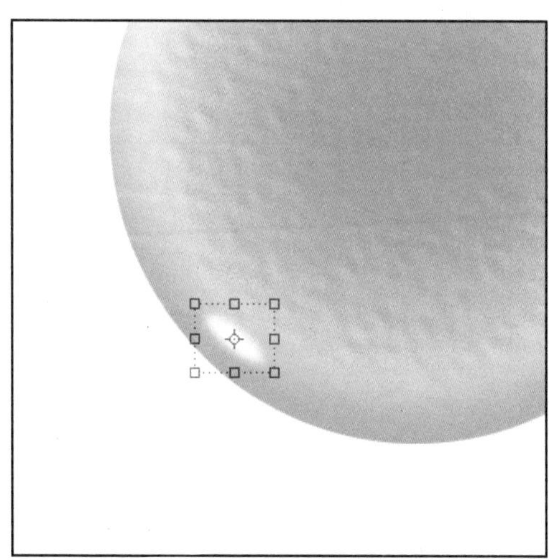

图4-2-14

提 示：

“老婆饼”表面是起层的，类似酥饼，下面就让它起层。

12 进入“通道”面板，单击该面板下方的“创建新通道”按钮，创建Alpha1通道，执行“滤镜”>“渲染”>“云彩”命令，调整相应的参数，如图4-2-15所示。

13 执行“图像”>“调整”>“阈值”命令，在弹出的对话框中移动滑块，将云彩效果调成黑白分明即可，如图4-2-16所示。

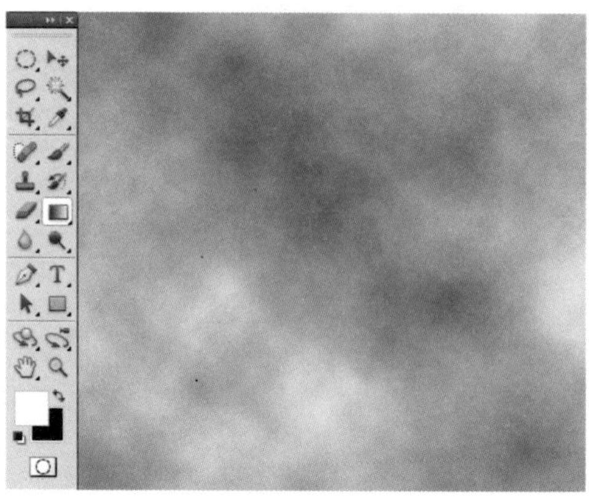

图4-2-15

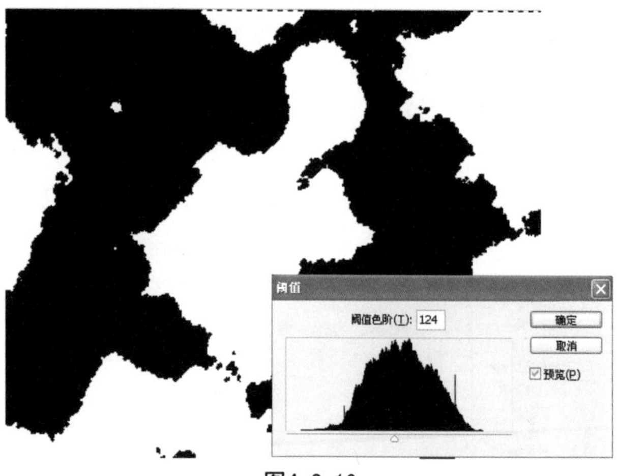

图4-2-16

14 按Ctrl键单击Alpha1通道缩览图，载入其图像选区。返回“图层”面板，将“图层2”确定为当前工作图层，执行“选择”>“变换选区”命令，调整选区的大小和位置，如图4-2-17所示。按Ctrl+J键拷贝选区内图像为“图层4”，如图4-2-18所示。

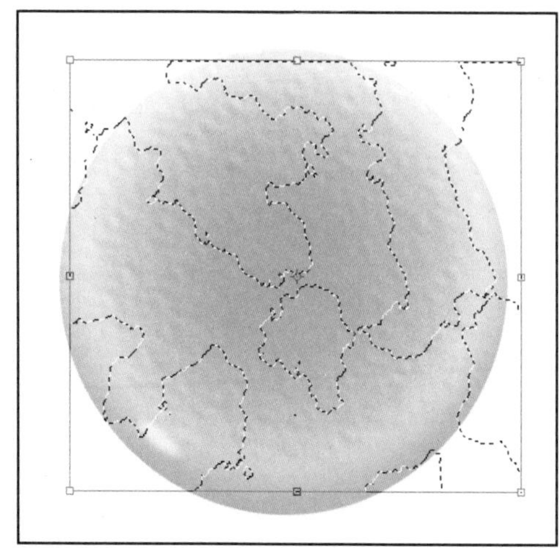

图4-2-17

图4-2-18

15 接下来为“图层4”添加图层样式。单击“图层”面板下方的“添加图层样式”按钮，在弹出的菜单中选择“投影”选项，在打开的“图层样式”对话框中设置相应参数，其中的投影颜色设置为R189、G141、B85，如图4-2-19所示。

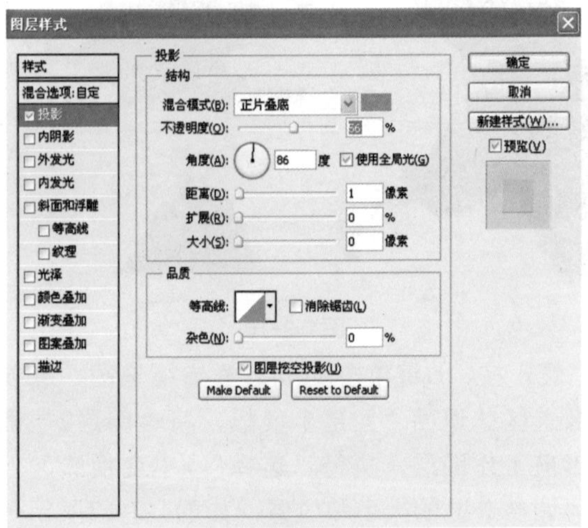

图4-2-19

16 将“图层4”拖至“图层”面板下方的“创建新图层”按钮上，复制为“图层4副本”，按Ctrl+T 键对“图层4”和“图层4副本”进行角度调整变换，做出饼的起层效果，如图4-2-20所示。将“图层4”的混合模式设为“柔光”，将“图层4副本”的混合模式设为“颜色叠加”，如图4-2-21所示。

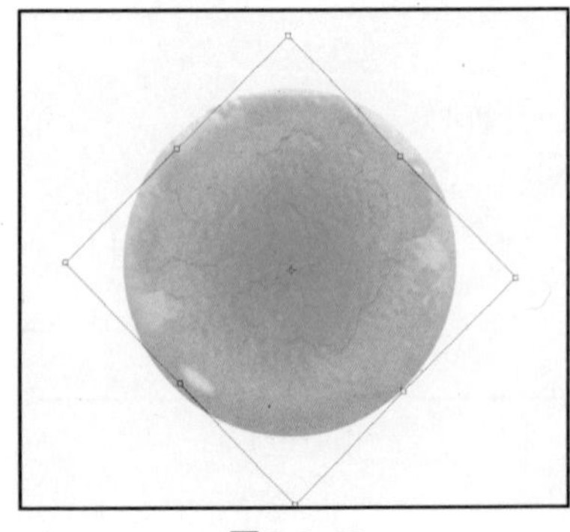

图4-2-20

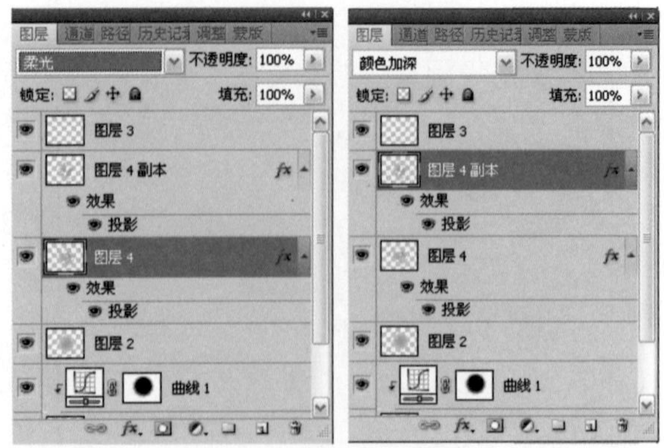

图4-2-21

17 单击“图层”面板下方的“添加图层蒙版”按钮，为“图层4”和“图层4副本”添加图层蒙版，用灰色画笔进行修饰，使边缘看上去更柔和。单击背景图层的“可视”图标，取消背景图层的显示状态，在“图层”面板最上面创建“图层5”，按Ctrl+Shift+Alt+E键盖印可见图层，按Ctrl+T键将饼变换为椭圆形，如图4-2-22所示。按Ctrl+J键复制“图层5”为“图层5副本”，按Ctrl+T键变换“图层5副本”中饼的角度并放在“图层5”的饼上，如图4-2-23所示。

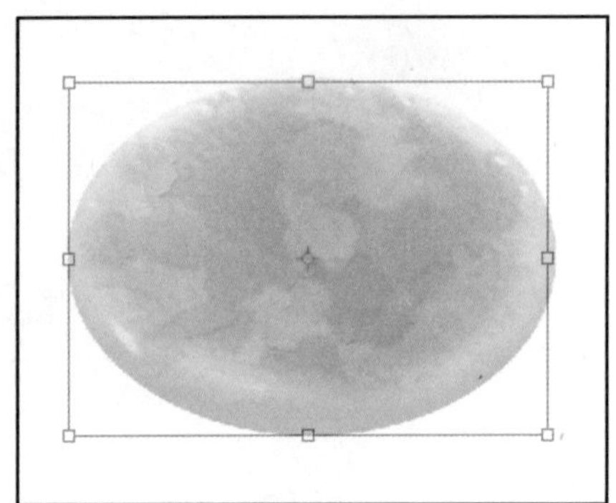

图4-2-22

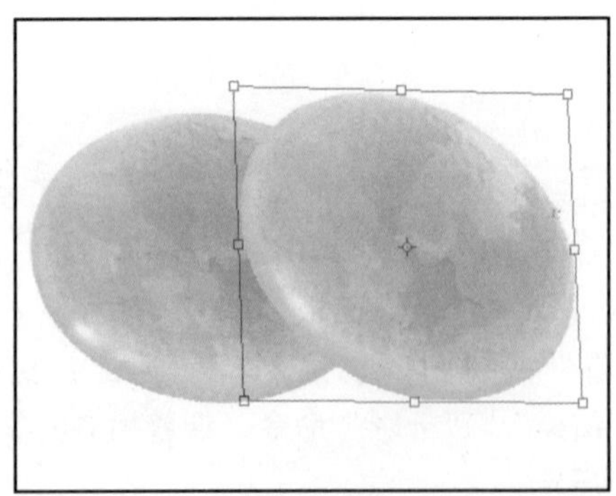

图4-2-23

18 下面制作“饼”的投影。按Ctrl键单击“图层”面板中“图层5”和“图层5 副本”的缩览图，分别载入“图层5”和“图层5 副本”的选区，在它们下面分别创建两个新图层并填充深褐色，再执行

"滤镜">"模糊">"高斯模糊"命令，调整相应的参数，制作出投影并变换角度摆放好位置，如图4-2-24所示。

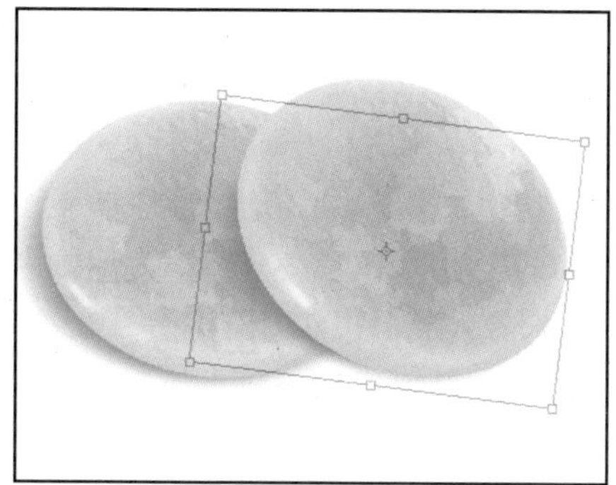
图4-2-24

19 按Ctrl键单击"图层"面板中"图层5 副本"的缩览图，载入"图层5 副本"的选区，执行"滤镜">"扭曲">"球面化"命令，调整相应的参数，如图4-2-25所示。再分别对两个"饼"图像，执行"滤镜">"杂色">"添加杂色"命令，调整相应的参数，如图4-2-26所示。

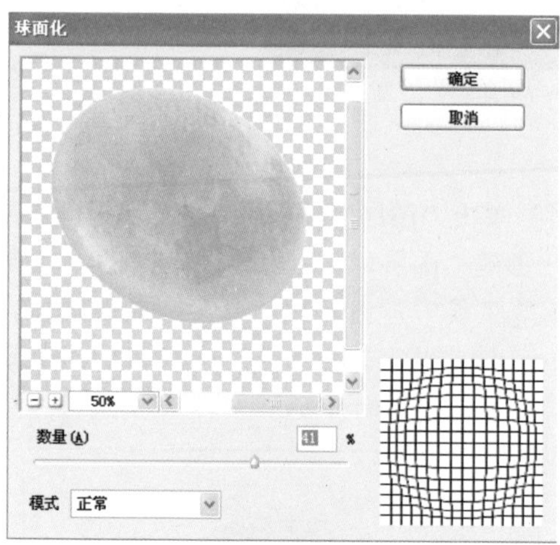

图4-2-25

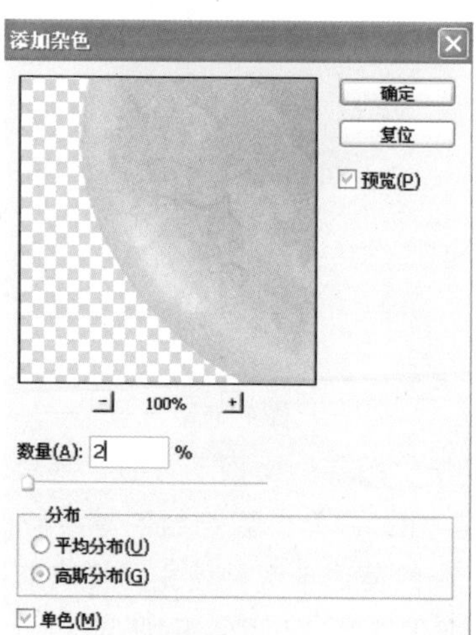

图4-2-26

20 选择"套索工具"，在饼的边缘绘制选区，如图4-2-27所示。执行"选择">"修改">"羽化"命令，在弹出的对话框中调整相应的参数，如图4-2-28所示。执行"滤镜">"纹理">"纹理化"命令，调整相应的参数，如图4-2-29所示。OK出锅！可以用餐了。

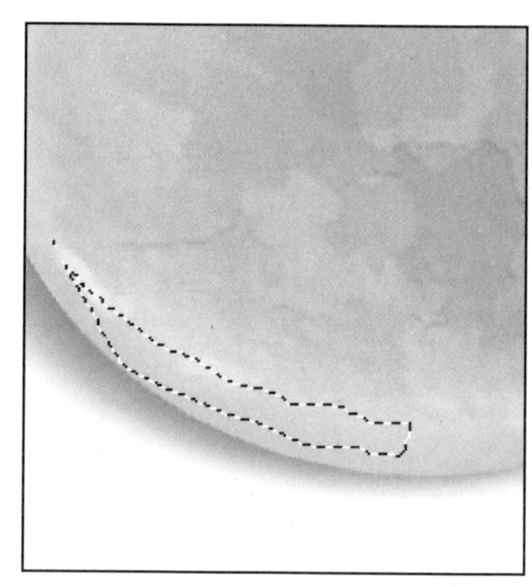
图4-2-27

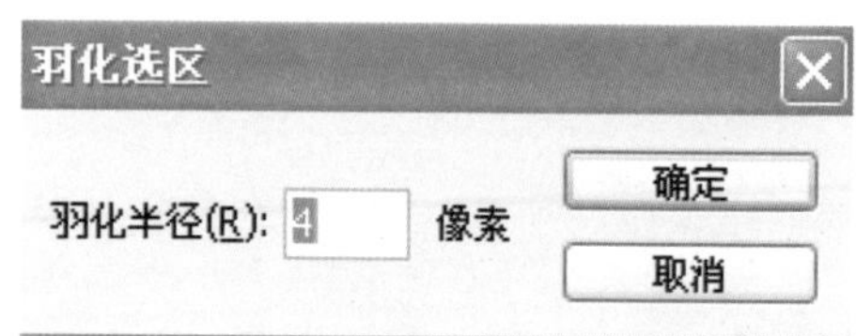

图4-2-28

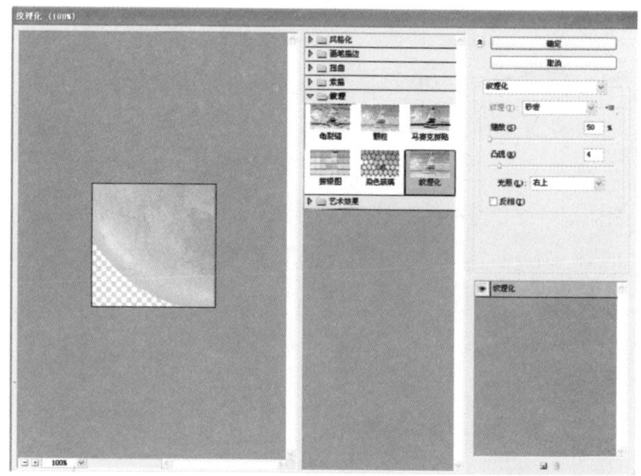
图4-2-29

本案制作主要是表现表面的层次感，但是只有层次是不够的，还要与色泽和边缘的润滑、细腻相配合，在此笔者先通过选区的羽化、反向，曲线调整达到表现厚度的目的，这是基础，之后再将其与渐变色填充和表面层叠效果自然地结合起来，从而实现整体效果。

4.3 画"莓"止渴

草莓原产欧洲，20世纪初传入我国。外观呈心形，其色红艳，柔软多汁、酸甜清凉、芳香宜人、营养丰富，我很爱吃。这不，刚刚买了二斤，洗净置盘中，一家三口坐在沙发里，边看电视边吃。捏住那一撮小叶子，将它置口中咬下，我一口一个，感觉真是爽。媳妇说："照你这个吃法，三斤也不够"。我说："我再吃最后一个，剩下的都是你们娘俩的"，说完我就进了书房。"喂！你做什么去"？跟你开玩笑，你就吃吧"，媳妇喊到。我说："我自己做草莓"。"我看你是画'莓'止渴"媳妇说道。"是啊，如果不够吃，我再给你们制作一些，要多少有多少"。就这样，我打开了Photoshop，看到老婆孩子其乐融融，心里只有一个字："甜"，还有一家之主的骄傲和自豪，所以制作起来也颇有劲头。

本案例涉及的主要知识点：

本案例涉及的知识点有选区、图像复制技巧、"模糊"滤镜、"塑料包装"滤镜、通道计算、色阶、图层样式、色彩平衡和图层不透明度等。制作的要点是草莓表面的凹坑和它周围不规则的高光。在制作中要注意凹坑大小、排列密度、调节画笔和图层的不透明度，还要注意这个高亮再亮也不可能达到纯白的程度，应该略有红润，这样才水灵鲜嫩，案例效果如图4-3-1所示。

图4-3-1

操作步骤：

01 执行"文件">"新建"命令，创建一个宽为800像素，高为550像素，分辨率为72像素/英寸，背景内容为白色，颜色模式为RGB的图像文件。

02 单击工具箱"前景色"图标，打开"拾色器"对话框，设置前景色的RGB 值，如图4-3-2所示。

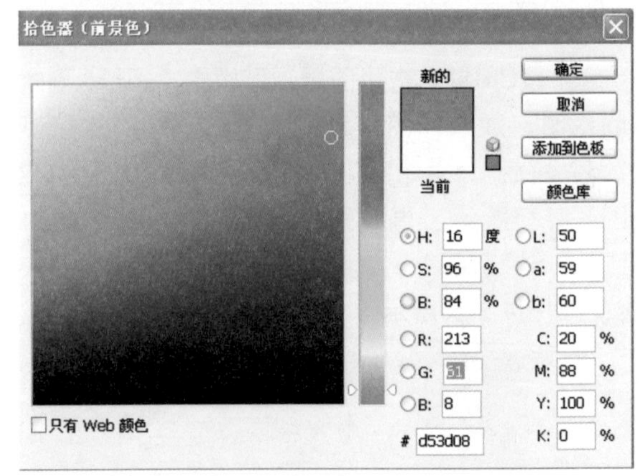

图4-3-2

03 单击"图层"面板下方的"创建新图层"按钮，创建"图层1"，确认其为当前工作图层。选择"钢笔工具"绘制出"草莓"轮廓路径，并按Ctrl+Enter键将路径转为选区，按Alt+Delete键填充前景色，如图4-3-3所示。按Ctrl+D键取消选区。

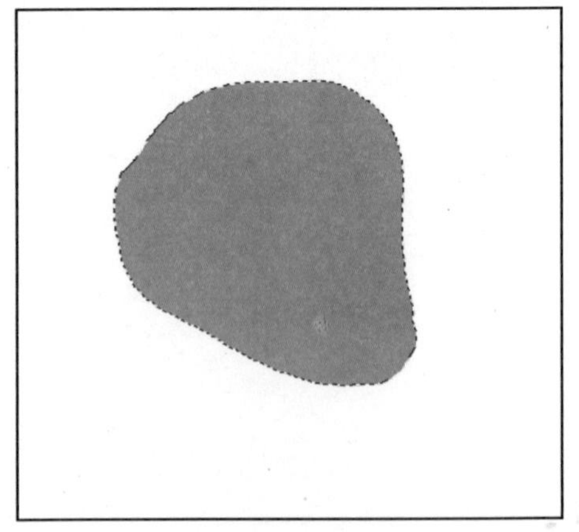

图4-3-3

04 单击"图层"面板下方的"创建新图层"按钮，创建"图层2"，以与绘制草莓轮廓相同的方法绘制一个小的菱形选区并填充同样的前景色，之后按Ctrl+D键取消选区，如图4-3-4所示。

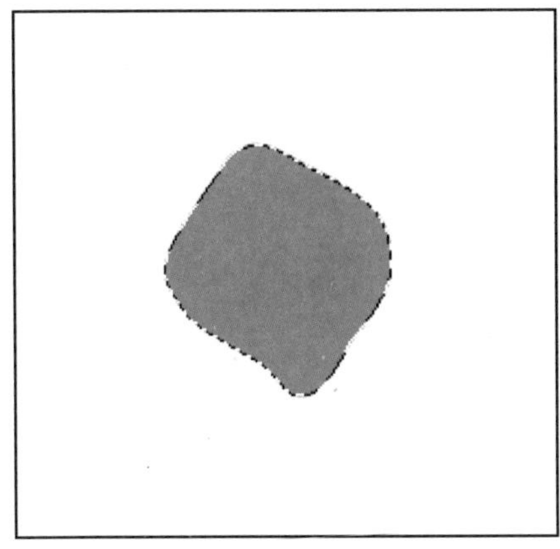

图4-3-4

05 再次设置前景色的RGB 值，如图4-3-5所示。用“画笔” 在“图层2”中的菱形图像中部画出一个椭圆的点，如图4-3-6所示。这样便制作了一个“草莓”上的凹坑。按Ctrl键单击“图层”面板中的“图层2”缩览图，载入凹坑选区，之后按住Alt键拖动凹坑图像连续拖曳复制（由于事先已将图像选择，所以不会增加新图层），并排列在草莓“主体”上，在排列过程中可适时变换调整“凹坑”图像的大小和角度，如图4-3-7所示。为了便于观察，可暂时降低“图层1”的透明度。做这些活要有耐心，性急不行。

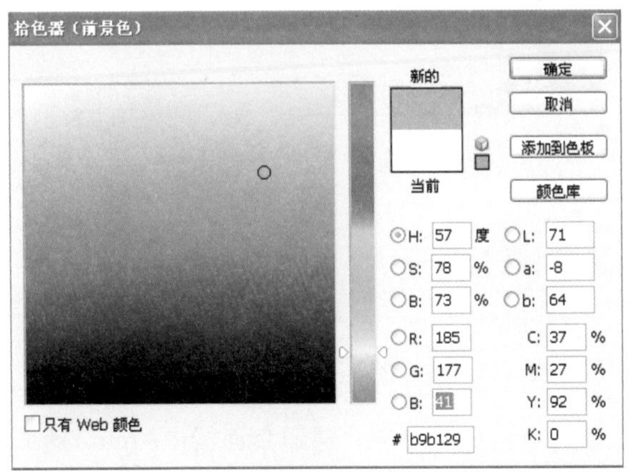

图4-3-5

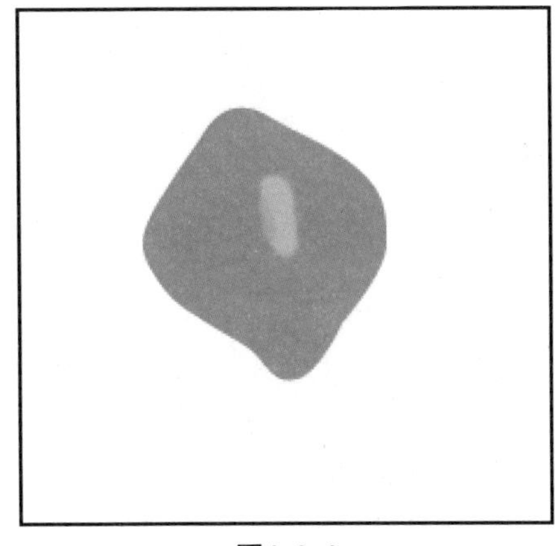

图4-3-6

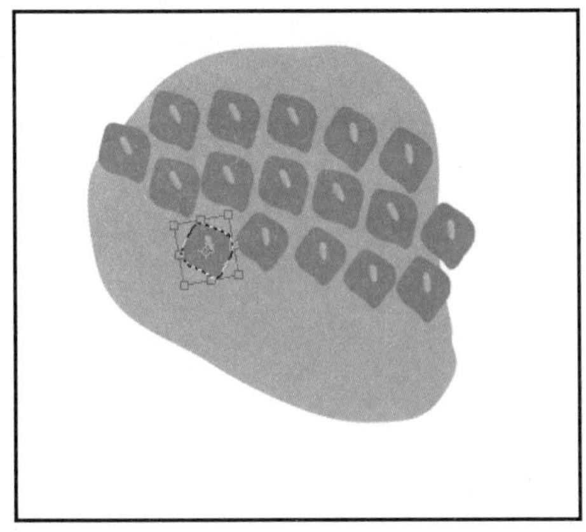

图4-3-7

06 有个别凹坑越出了草莓主体边界，如图4-3-8所示。对此可按Ctrl 键单击“图层”面板中“图层1”缩览图，载入“图层1”的选区，即“草莓”主体的选区，并按Ctrl+Shift+I键将选区反向，确认“图层2”为当前工作图层，按Delete键删除超出边界的多余图像，如图4-3-9所示。

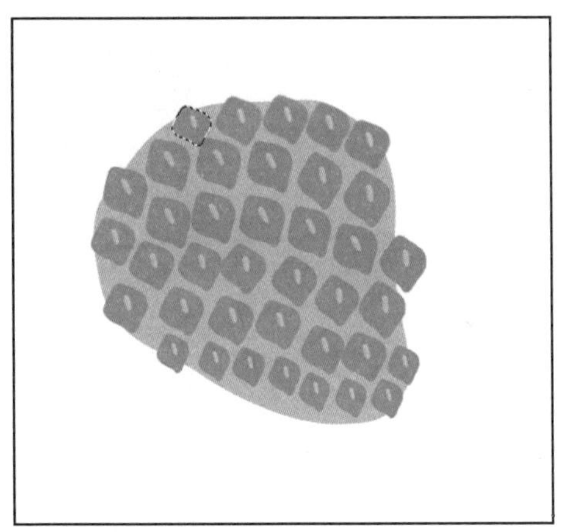

图4-3-8

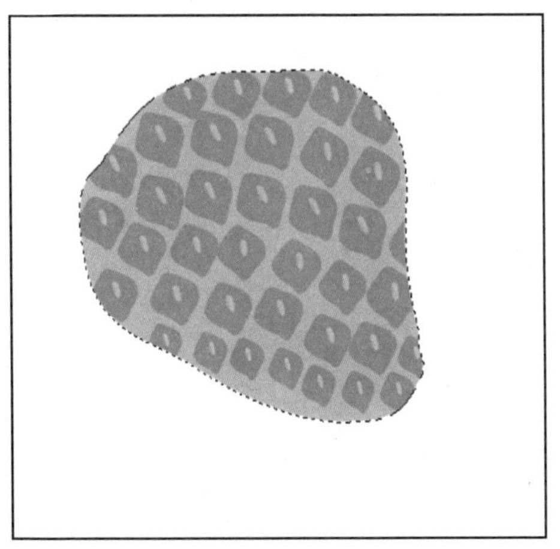

图4-3-9

07 进入“通道”面板，将绿通道拖至该面板下方的“创建新通道”按钮 上，复制出“绿副本”，如图4-3-10所示。

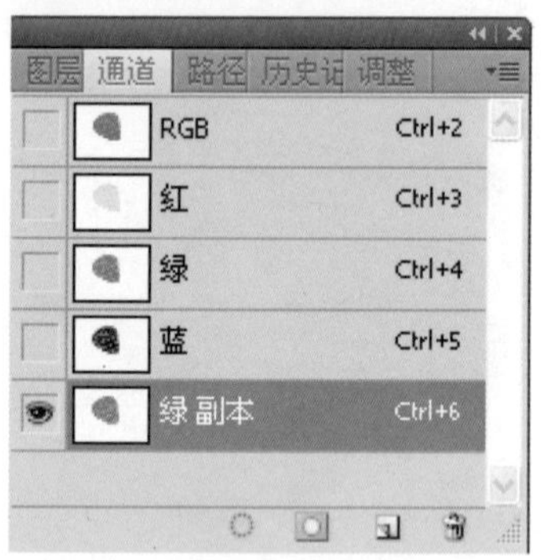

图4-3-10

08 对“绿副本”执行“滤镜”>“艺术效果”>“塑料包装”命令，调整相应的参数，再复制“绿副本”为“绿副本2”，如图4-3-11所示。

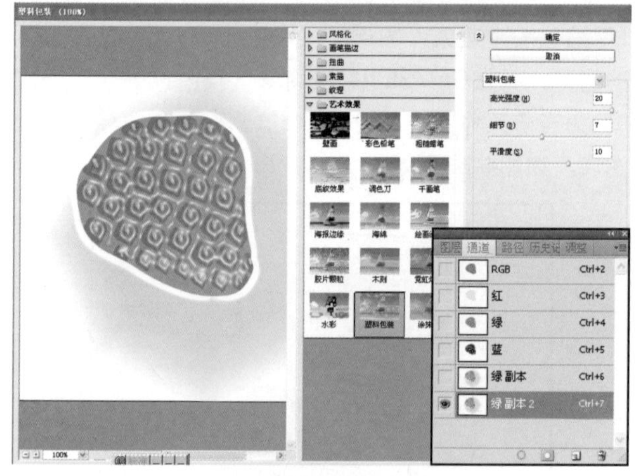

图4-3-11

09 对“绿副本2”执行“滤镜”>“艺术效果”>“塑料包装”命令，调整相应的参数，如图4-3-12所示。而后执行“图像”>“计算”命令，在打开的“计算”对话框中设置源1的“通道”为“绿副本2”；源2的“通道”为“绿副本”，勾选“反相”选项，“模式”为“正片叠底”，“结果”为“新建通道”，如图4-3-13所示。单击“确定”得到一个新通道Alpha1。

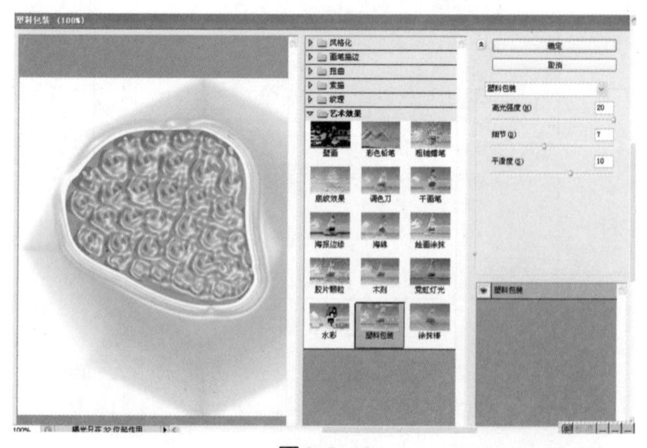

图4-3-12

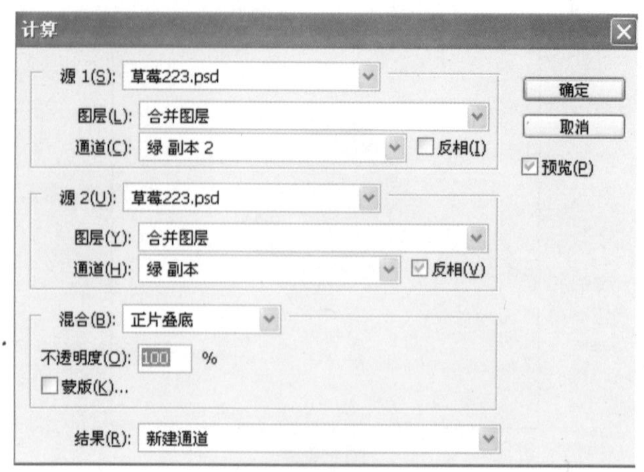

图4-3-13

10 针对Alpha1通道，执行“编辑”>“调整”>“色阶”命令，调整相应的参数，如图4-3-14所示。目的是使图像黑白分明，突出白色纹理。

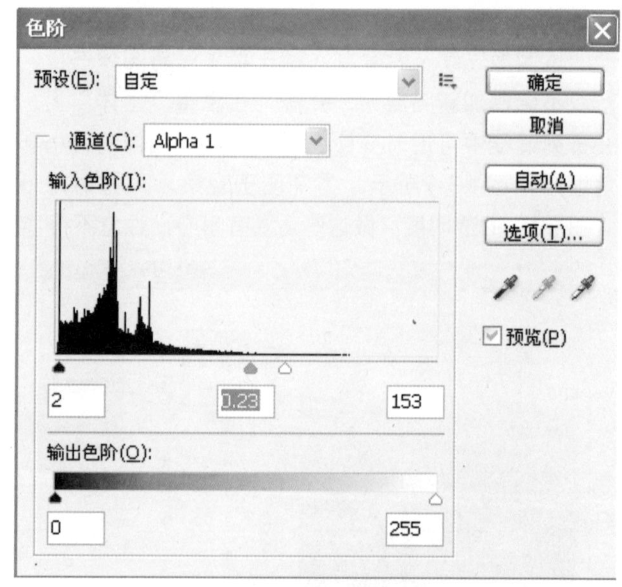

图4-3-14

11 按Ctrl键单击“通道”面板中Alpha1通道缩览图载入选区，如图4-3-15所示。

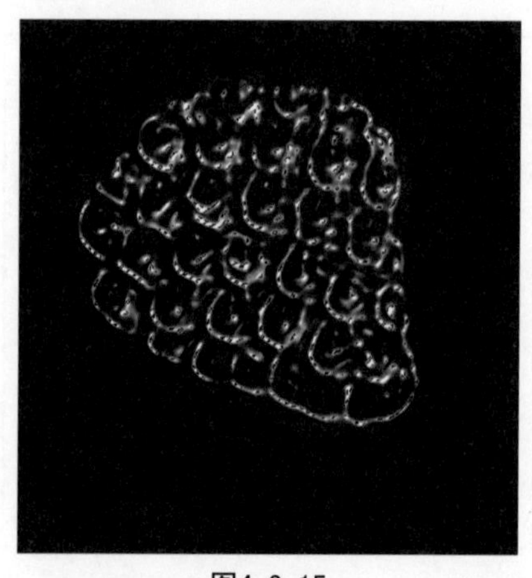

图4-3-15

12 返回“图层”面板，单击该面板下方的“创建新图层”按钮，创建“图层3”，并作为当前工作图层，在选区内填充白色，如图4-3-16所示。之后可直接用“橡皮擦工具”，也可以使用添加图层蒙版方式进行修饰。在此用的是添加蒙版的方式，即将前景色设置为黑色，选择“画笔工具”，设置工具属性栏中的画笔的不透明度，适当擦拭修改，去掉多余的白色高光点，如图4-3-17所示。

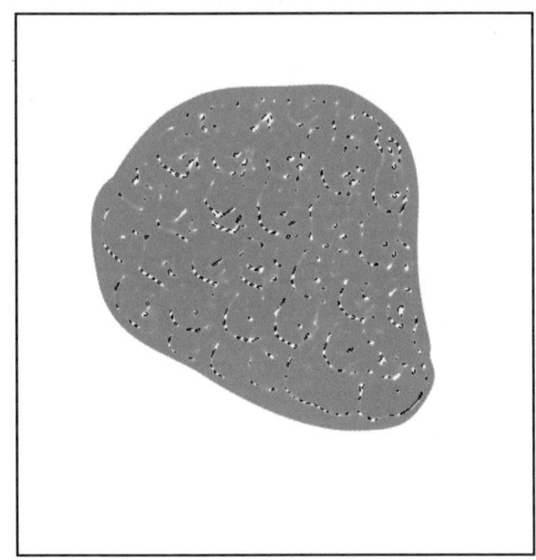

图4-3-16

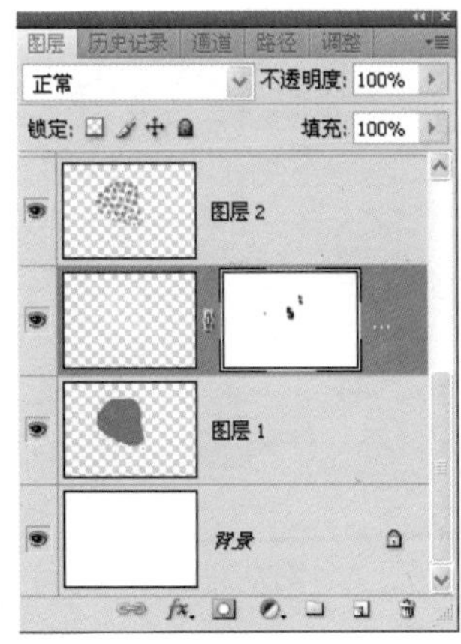

图4-3-17

13 按Ctrl键单击“图层”面板中“图层2”的缩览图载入其选区，执行“选择”>“修改”>“收缩”命令，调整相应的参数，如图4-3-18所示。

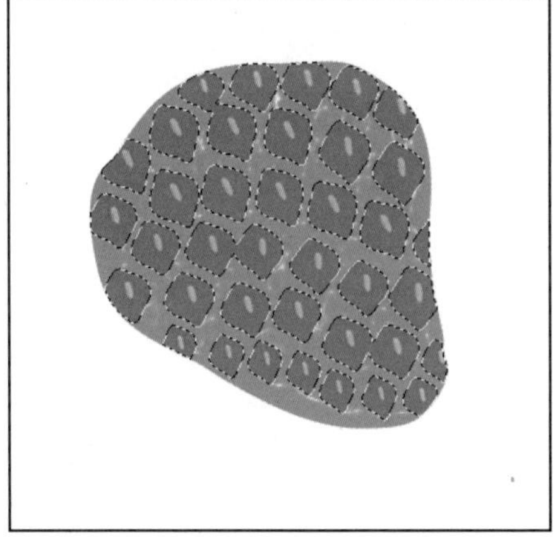

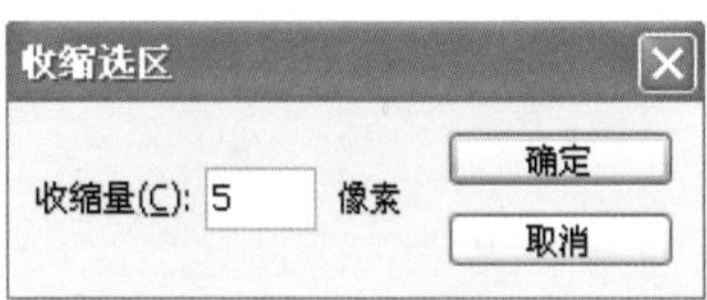

图4-3-18

14 执行“选择”>“修改”>“羽化”命令，调整相应的参数。按Ctrl+Shift+I 键将选区反向，按Delete键删除凹坑边缘使之呈模糊状，并且使下层白色高光露出，如图4-3-19所示。

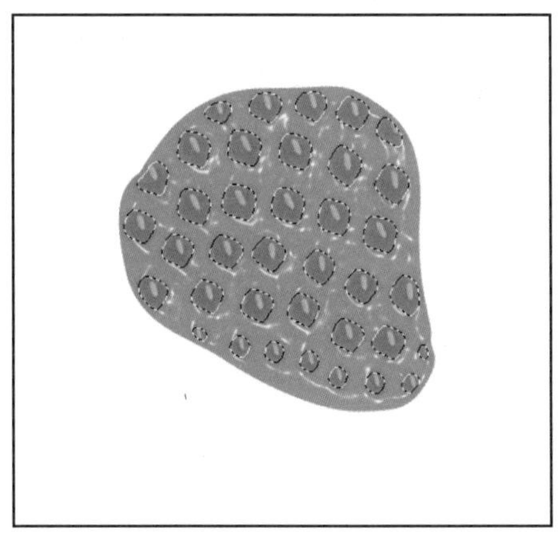

图4-3-19

15 恢复“图层1”的100% 不透明度，如图4-3-20所示。接下来为“图层2”添加图层样式，单击“图层”面板下方的“添加图层样式”按钮，在打开的菜单中选择“斜面浮雕”选项，在打开的“图层样式”对话框中设置相关参数，在“样式”下拉列表中，选择“枕状浮雕”选项，如图4-3-21所示。

图4-3-20

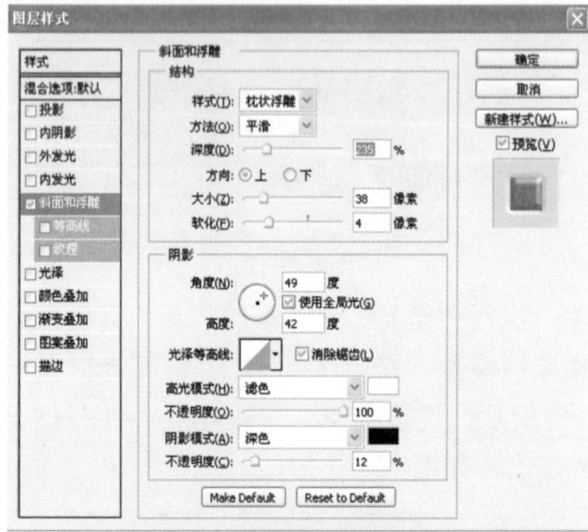

图4-3-21

16 在“图层2”下创建“图层4”，并确认其为当前工作图层。在工具箱中设置前景色为白色，选择一个直径大小合适的“画笔工具”，在其中恰当地、有选择地涂画出白色，因为是制作凹坑周围的高光，所以在涂画时要掌握好涂画的面积和浓淡，之后降低该图层的不透明度，如图4-3-22所示。

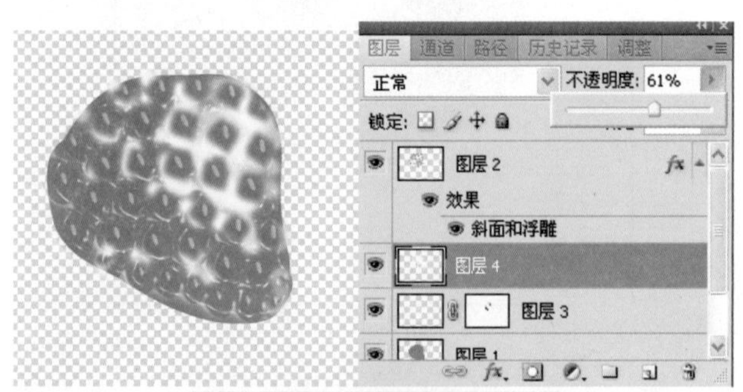

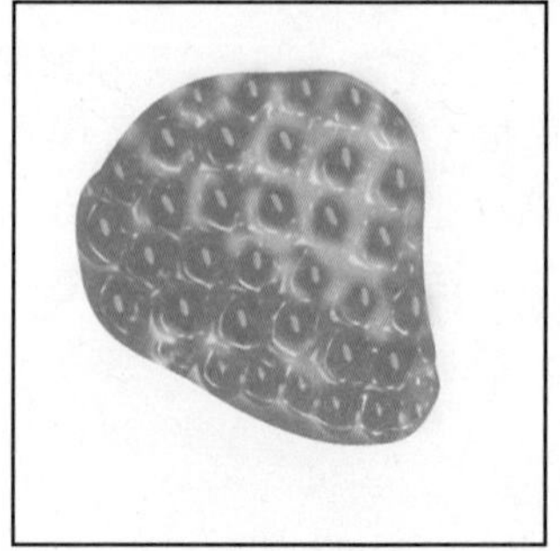

图4-3-22

17 将“图层2”作为当前工作图层，按Ctrl+E键向下合并除“背景”图层以外的所有图层。单击“图层”面板下方的“创建调整图层”按钮，在打开的菜单中选择“色相饱和度”选项，创建一个“色相/饱和度”调整图层，如图4-3-23所示。调整草莓的总体颜色。

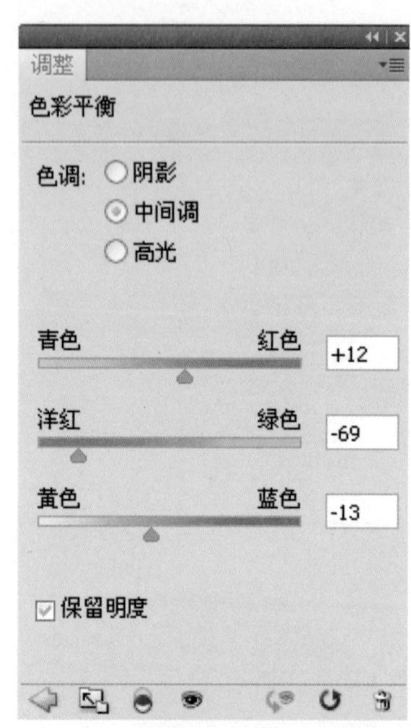

图4-3-23

18 最后选择“钢笔工具”，绘制“叶子”的路径，将路径转为选区并填充绿色，如图4-3-24所示。选择“加深工具”擦拭出明暗效果，用“画笔”画出“叶脉”，便完成了制作。

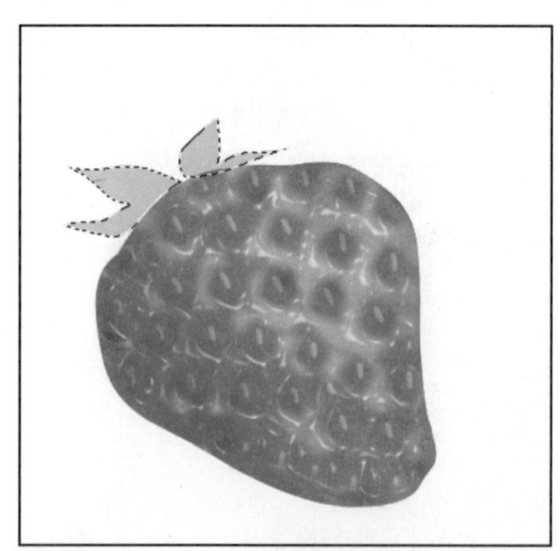

图4-3-24

提 示:

当然，如果你愿意，还可以进一步修饰，包括用“加深”或“减淡”工具对草莓的局部进行擦拭，以及调整色彩、形状和强化高光等等。

笔者在互联网上也曾经看到有人制作“草莓”，但是觉得效果不理想，很假，问题主要出在凹坑和它周围的高光上，所以在本案制作中笔者尤其注意这两个部分，经过揣摩，笔者采取了单独制作凹坑，并通过在凹坑下层以画笔喷色打底，再以“塑料包装”滤镜和通道计算制作高光，这个方法很受用，我个人觉得本案仍有一些不尽人意之处，如，凹坑当初做得过大，中间的“籽”应当做出立体感，由于匆忙这些都处理得不够，无奈因时间关系不能推翻重做，见谅。

4.4 贵贱不分

用碗吃饭，可谓人类文明的一大进步，到后来，它也由单纯的盛食物的器皿发展为可供欣赏的艺术品。碗是历史，是象征，几乎没有一家博物馆不见它的身影。从陶碗、木碗，到瓷碗，以至后来的玉碗、银碗、金碗……或代表了贫穷，或象征着富贵；或摆在茅屋之中，或置于高堂之上；穷人离不开它，富人也舍不得它……由吃饭的碗我想到很多，所以今天我们就来制作一只碗：红木碗，不过我希望它没有高低贵贱之分。

本案例涉及的主要知识点：

本案例涉及的知识点包括图层样式、圆角矩形工具、选区收缩、渐变、描边路径、“最大值”滤镜、“镜头光晕”滤镜等，重点是碗体花纹和碗内高光点的制作，案例效果如图4-4-1所示。

图4-4-1

制作流程：

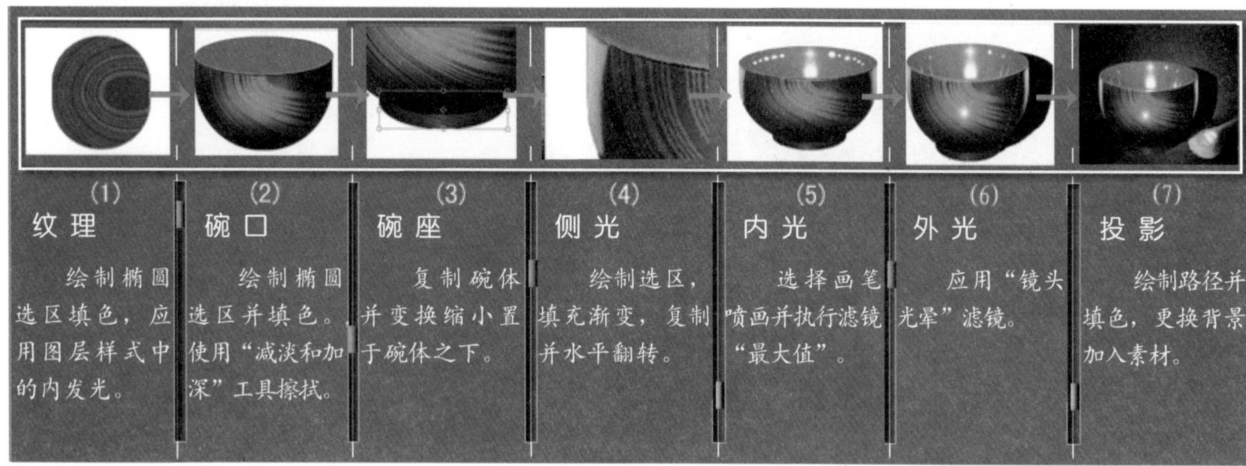

1. 制作纹理

01 执行“文件”>“新建”命令，创建一个宽为730像素，高为500像素，分辨率为72像素/英寸，背景内容为白色，颜色模式为RGB的图像文件。

02 单击“图层”面板下方的“创建新图层”按钮，创建“图层2”并将该图层作为当前工作图层。选择“椭圆选框工具”绘制椭圆选区，如图4-4-2所示。

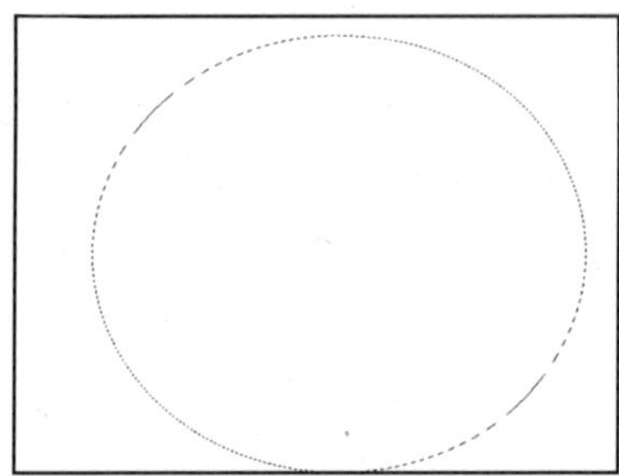

图4-4-2

03 单击工具箱“前景色”图标，打开“拾色器”对话框，设置前景色的RGB值，如图4-4-3所示。按Alt+Delete键填充前景色。按Ctrl+D键取消选区，如图4-4-4所示。

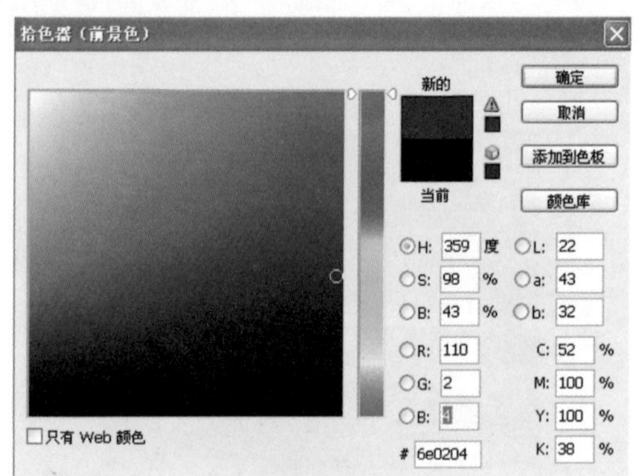

图4-4-3

图4-4-4

04 确保工具箱中前景色不变。单击“图层”面板下方的“添加图层样式”按钮，在打开的菜单中选择“内发光”选项，在弹出的对话框中编辑渐变、等高线、大小以及其他相关参数，如图4-4-5所示。效果如图4-4-6所示。

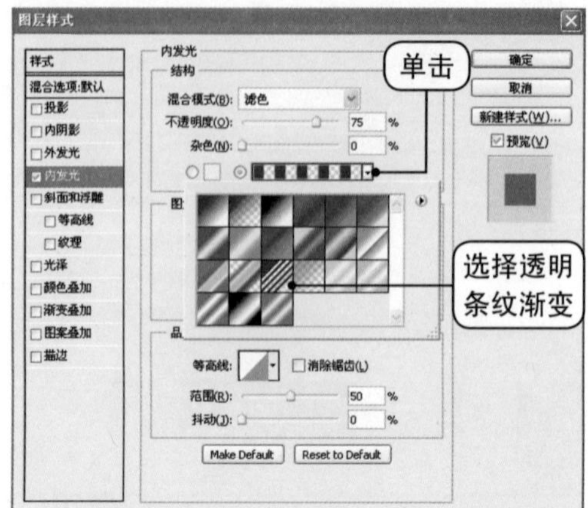

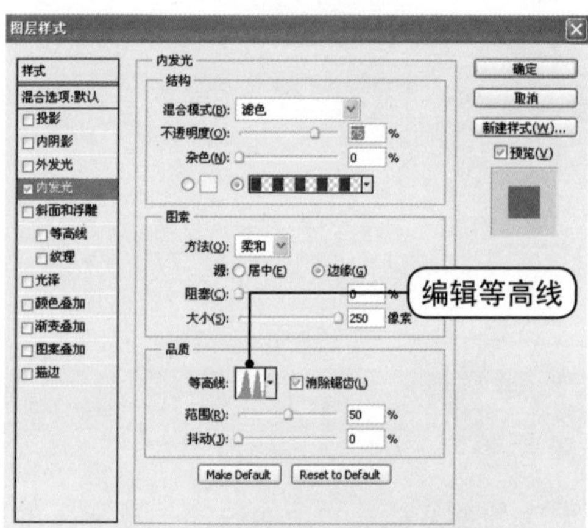

图4-4-5

图4-4-6

2. 制作碗体基本外形

01 单击“图层”面板下方的“创建新图层”按钮，创建“图层2”，并将该图层作为当前工作图层，单击“背景”图层的“可视”图标，暂时隐藏该图层，按Ctrl+Shift+Alt+E盖印可见图层，如图4-4-7所示。

02 将“图层2”作为当前工作图层，选择“圆角矩形工具”，在属性栏将其状态切换为“路径”，在图像左侧绘制出封闭路径，如图4-4-8所示。

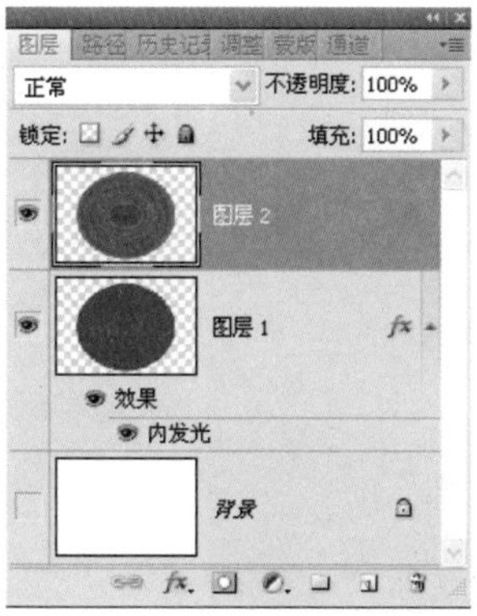

图4-4-7

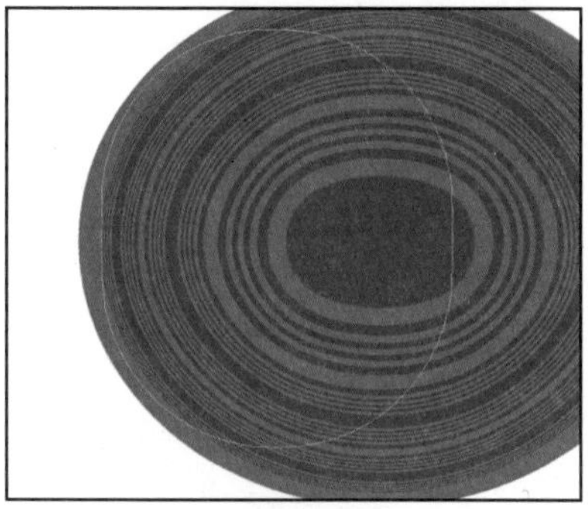

图4-4-8

03 按Ctrl+Enter键将路径转换为选区，如图4-4-9所示。按Ctrl+Shift+I将选区反向，按Delete键删除所选图像，如图4-4-10所示。

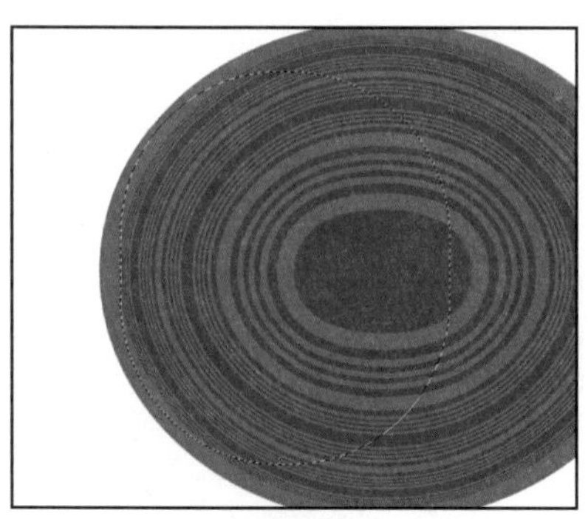

图4-4-9

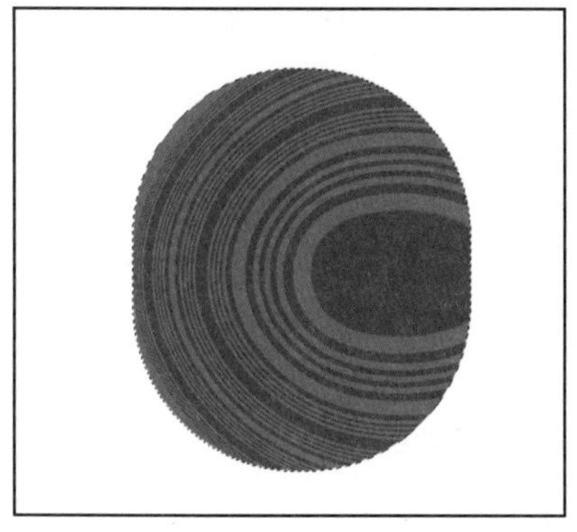

图4-4-10

3. 制作碗口

01 选择“矩形选框工具”，在图像上部绘制选区，之后按Delete键删除所选图像，如图4-4-11所示。单击“图层”面板下方的“创建新图层”按钮，创建“图层3”，并将该图层作为当前工作图层。选择“椭圆选框工具”绘制椭圆选区，注意左右两端点与碗的左右边对齐，如图4-4-12所示。

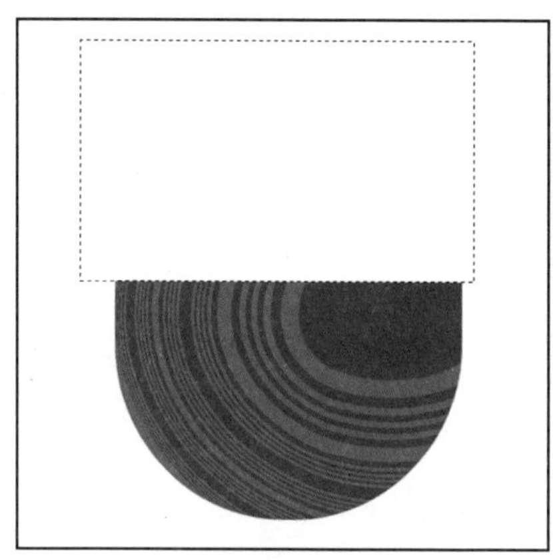

图4-4-11

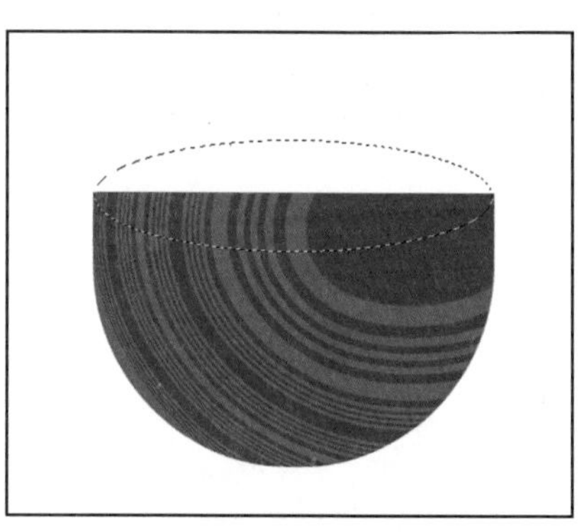

图4-4-12

02 将工具箱中的前景色设置为黑色，按Alt+Delete键填充前景色到“图层3”的椭圆选区中，如图4-4-13所示。

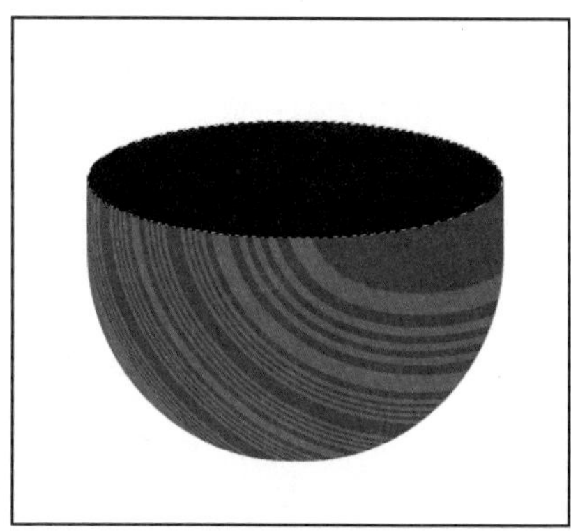

图4-4-13

03 执行“选择”>“修改”>“收缩”命令，将选区收缩2像素，如图4-4-14所示。

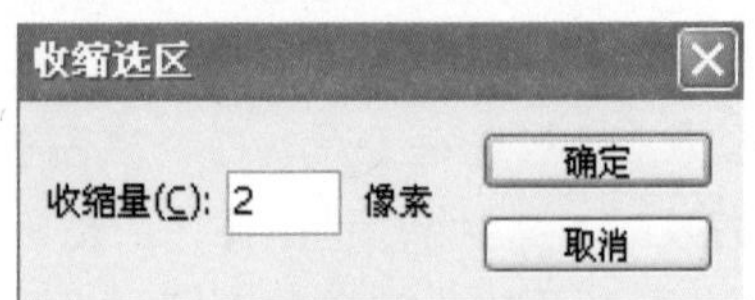

图4-4-14

04 单击“图层”面板下方的“创建新图层”按钮，在“图层3”之上创建“图层4”，并将该图层作为当前工作图层。单击工具箱“前景色”图标打开“拾色器”对话框，在弹出的对话框中设置前景色的RGB值，按Alt+Delete键填充前景色。保留选区，如图4-4-15所示。

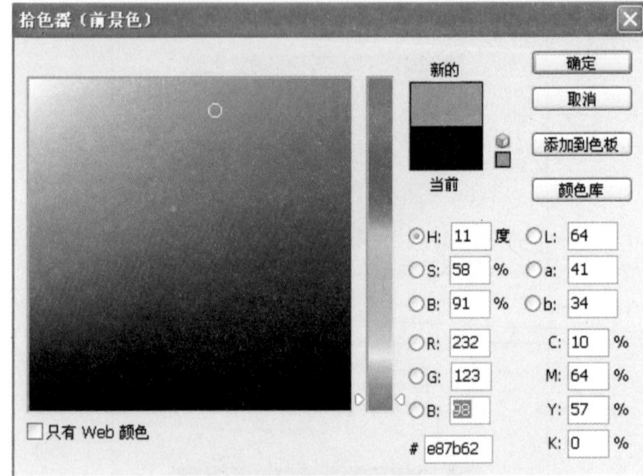

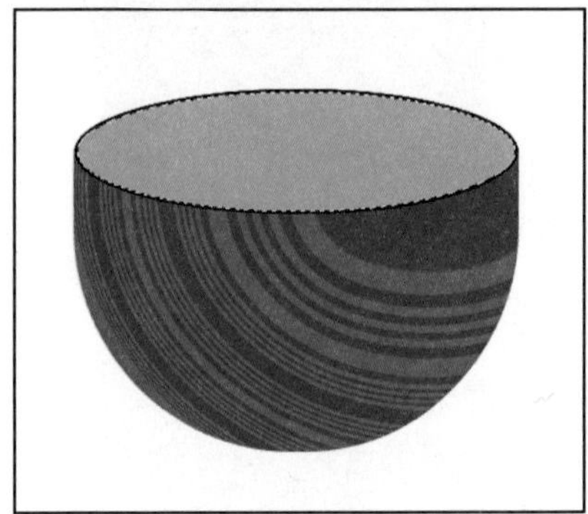

图4-4-15

05 执行“选择”>“修改”>“收缩”命令，将选区收缩2像素，如图4-4-16所示。单击“图层”面板下方的“创建新图层”按钮，创建“图层5”并将该图层作为当前工作图层。单击工具箱“前景色”图标打开“拾色器”对话框，设置前景色的RGB值，如图4-4-17所示。按Alt+Delete键填充前景色，如图4-4-18所示。

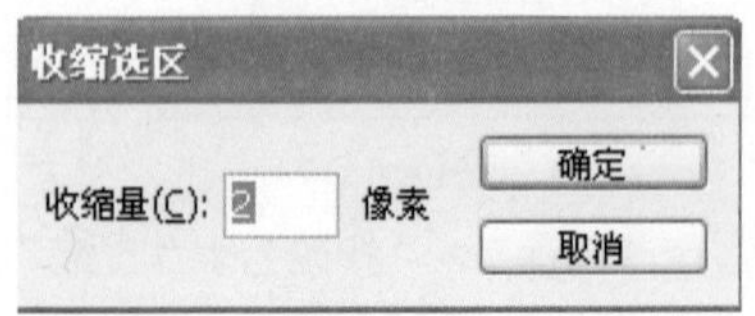

图4-4-16

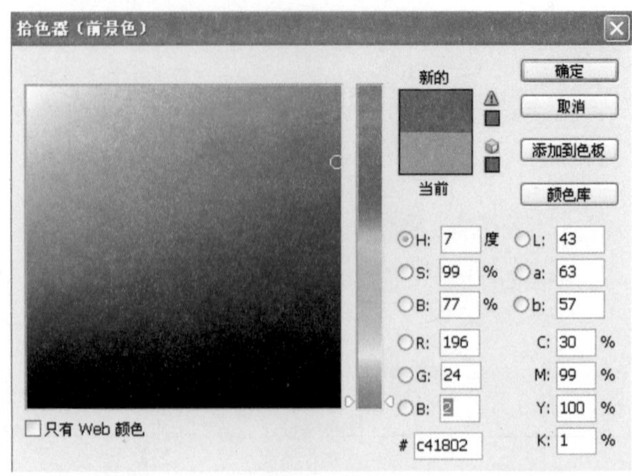

图4-4-17

图4-4-18

4. 修饰纹理、制作底座

01 将“图层2”作为当前工作图层，按Ctrl键单击该图层缩览图载入碗体选区，如图4-4-19所示。

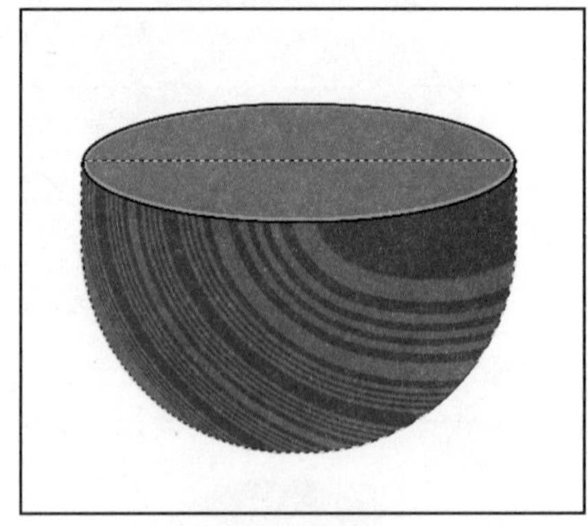

图4-4-19

02 执行“滤镜”>“扭曲”>“旋转扭曲”命令，扭曲碗体上的纹理，如图4-4-20所示。之后选择“减淡工具”将碗体中部擦亮一些，如图4-4-21所示。按Ctrl+J键将“图层2”复制为“图层2副本”，按Ctrl+T键缩小图像并置于碗体之下，如图4-4-22所示。

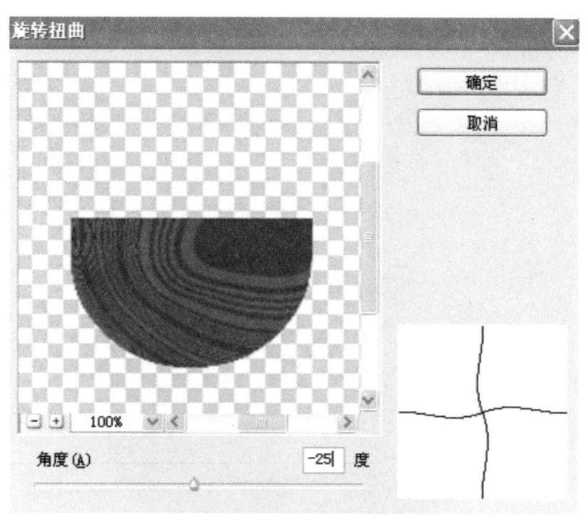

图4-4-20

图4-4-21

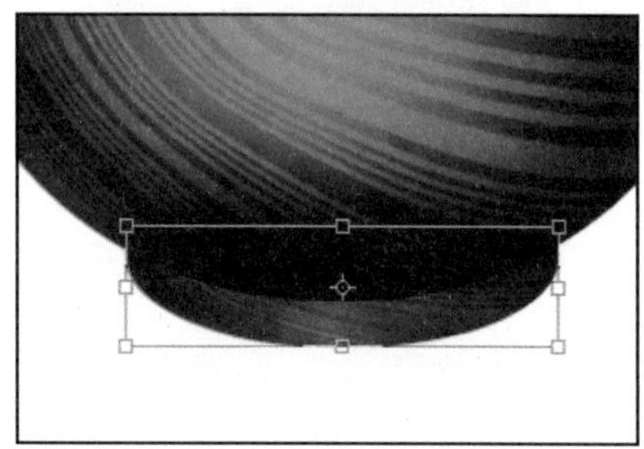
图4-4-22

5. 制作侧光

01 单击“图层”面板下方的“创建新图层”按钮，创建“图层6”，并将该图层作为当前工作图层，选择“钢笔工具”在碗体左侧绘制路径，按Ctrl+Enter键将路径转为选区，如图4-4-23所示。

02 将工具箱中前景色设置为白色。单击工具箱中的“渐变工具”，再单击“渐变工具”属性栏中的渐变色带，打开“渐变编辑器”对话框。选择“前景色到透明渐变”选项，单击“确定”按钮完成渐变编辑，在“渐变工具”属性栏将渐变类型设置为“线性渐变”。横向拖动在该选区内填充编辑好的渐变，做出侧面反光效果，如图4-4-24所示。

图4-4-23

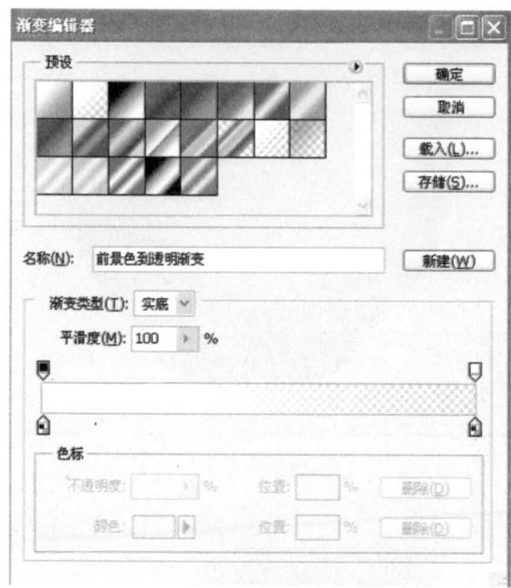

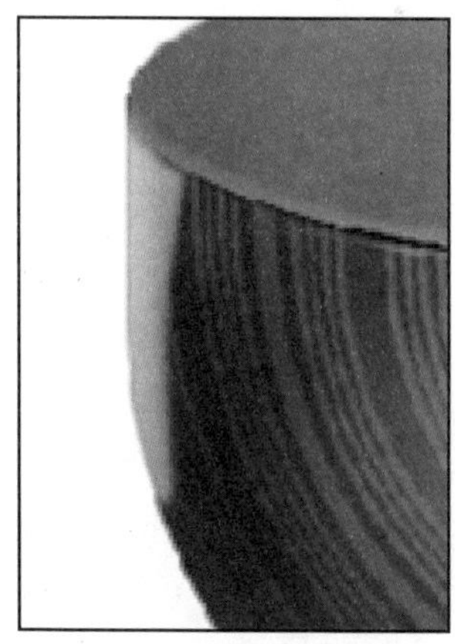
图4-4-24

03 对“侧光”执行“滤镜”>“模糊”>“高斯模糊”命令，调整相应的参数，按Ctrl+J键复制“图层6”为“图层6副本”，执行“编辑”>“变换”>“水平翻转”命令，置于碗体右侧。

这碗做起来步骤还不少，感觉须臾间已过去半个时辰，也巧，这时太太喊：“吃饭了！”可我正在兴头上，哪肯罢手？“知道了，你先吃吧”我应答着，继续制作。

6. 制作碗口内侧高光点

01 选择“减淡工具”，将“图层5”碗口中部擦亮一些。

02 创建“图层7”，选择“钢笔工具”，在碗口边缘绘制一条路径，如图4-4-25所示。选择直径为2px的“画笔工具”，如图4-4-26所示。进入“路径”面板，单击右上角的按钮，选择“描边路径”选项打开“描边路径”对话框，勾选“模拟压力”复选框，单击“确定”按钮，如图4-4-27所示。

图4-4-25

图4-4-26

图4-4-27

03 创建“图层8”将前景色设置为白色，选择一个柔边“画笔工具”，在碗口内绘制一些白点。按Ctrl+T键调出变换框，按住Ctrl键，拉动变换框上的节点变换白点的大小形态，置于碗的边缘，选择“橡皮擦工具”擦去白点的下边，如图4-4-28所示。

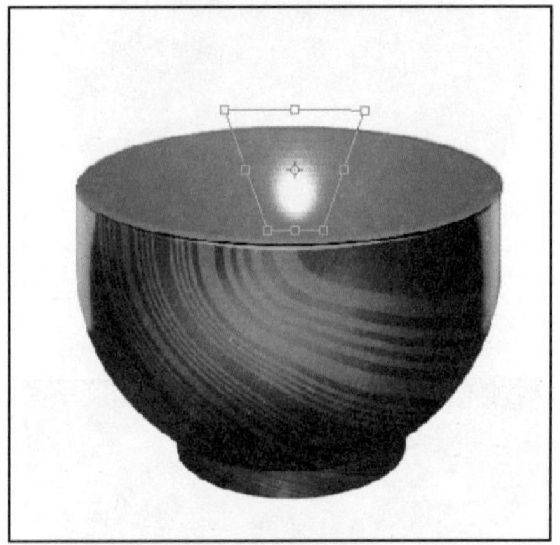

图4-4-28

04 创建“图层9”，选择一个比先前直径大的柔边“画笔工具”，再喷画一个白点，执行“滤镜”>“其他”>“最大值”命令，调整相应的参数，如图4-4-29所示。

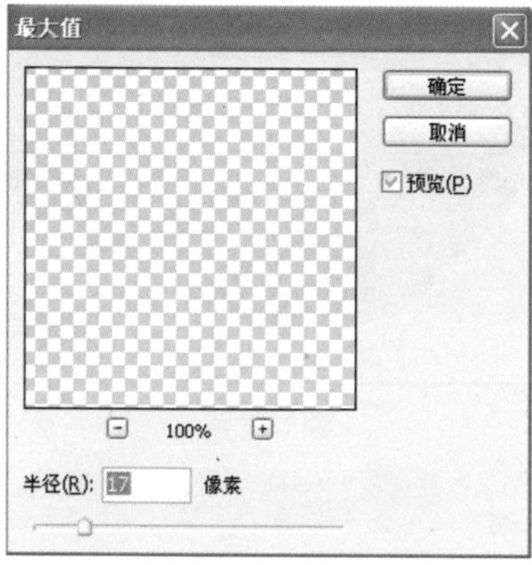

图4-4-29

05 创建“图层10”，选择“画笔工具”，依次绘制出若干小白点并执行“滤镜”>“其他”>“最大值”命令，调整相应的参数，如图4-4-30所示。

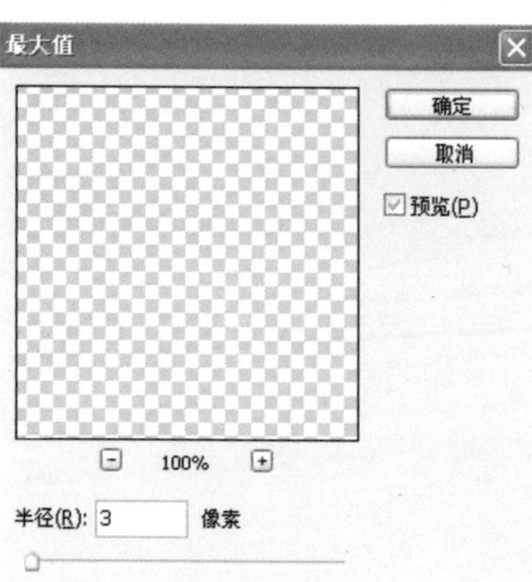

图4-4-30

06 创建“图层11”。选择“钢笔工具”绘制几条路径，如图4-4-31所示。选择直径为3px的“画笔工具”，如图4-4-32所示。进入“路径”面板，单击右上角的按钮，选择“描边路径”选项，打开“描边路径”对话框，勾选“模拟压力”复选框，如图4-4-33所示。单击“确定”按钮描出白边，如图4-4-34所示。选择“橡皮擦工具”，擦去不需要部分，如图4-4-35所示。

图4-4-31

图4-4-32

图4-4-33

图4-4-34

图4-4-35

7．制作碗体外侧高光点和投影

01 单击“背景”和“图层1”图层的“可视”图标，隐藏相应的图层。在“图层”面板最顶端创建“图层12”。按Ctrl+Shift+Alt+E键盖印可见图层，如图4-4-36所示。

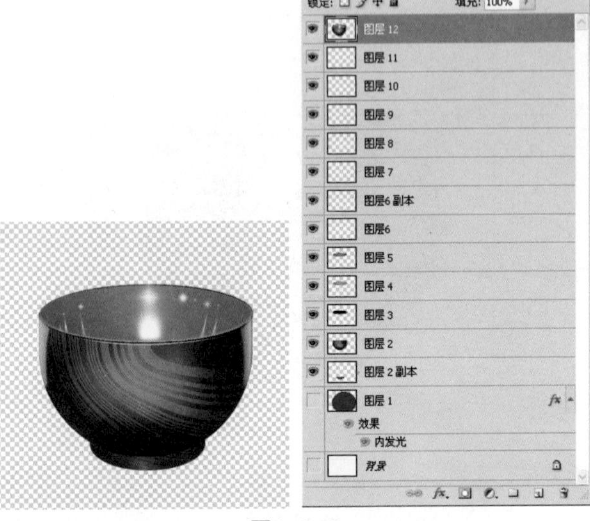

图4-4-36

02 执行“滤镜”>“渲染”>“镜头光晕”命令，在打开的对话框中设置相应参数，单击“确定”按钮，如图4-4-37所示。此时图像中出现一些淡淡的多余的光晕环，可以添加图层蒙版再用黑色画笔擦除，如图4-4-38所示。

图4-4-37　　图4-4-38

03 恢复“背景图层”的显示状态，创建“图层13”。选择“钢笔工具”绘制路径，按Ctrl+Enter键将路径转为选区，将前景色设置为黑色，按Alt+Delete键填充前景色，如图4-4-39所示。执行“滤镜”>“模糊”>“高斯模糊”命令，调整相应的参数，如图4-4-40所示。

图4-4-39

图4-4-40

04 最后更换背景颜色，放入一个羹匙素材图，不再赘述。

终于完成了制作，这时确实感觉饿了，可以去用餐了，只可惜我家的碗都是家家碗橱子里皆有的那种普通瓷碗。

4.5 幸福家庭

虽然对于绘画我是外行，但是喜欢，特别是喜欢欣赏。上中学时，有一位很要好的同学，他的父亲是一位美术教师，记得一次去他家玩，他神秘兮兮地问我："咱家有好多画册，想看不？"，"什么画册？"我问，他说是外国的，可好看了，里面什么都有，说着就从一个厨子里拿出几本让我看。在七十年代初能看到这些东西是很不容易的，真是开了眼。尤其是伦勃朗的油画对我的影响最大，他制造的光影效果，强烈的色彩和明暗对比深深地感染了我，也许是先入为主，这对我后来的色彩感觉产生了极为深刻的影响，直至今天，在对图像进行后期调色处理时，我仍然偏好那种古典的、对比强烈的、充满现实主义色彩的油画风格，下面这个案例就是一个例证。

本案例涉及的主要知识点：

本案例主要涉及阴影高光命令、"干画笔"滤镜、"强化边缘"滤镜、色相/饱和度调整、图层样式混合带调整、色彩平衡调整、曲线调整、"浮雕效果"滤镜、图层蒙版等，案例效果如图4-5-1所示。

图4-5-1

操作步骤：

01 打开素材图，复制一个图层，如图4-5-2所示。

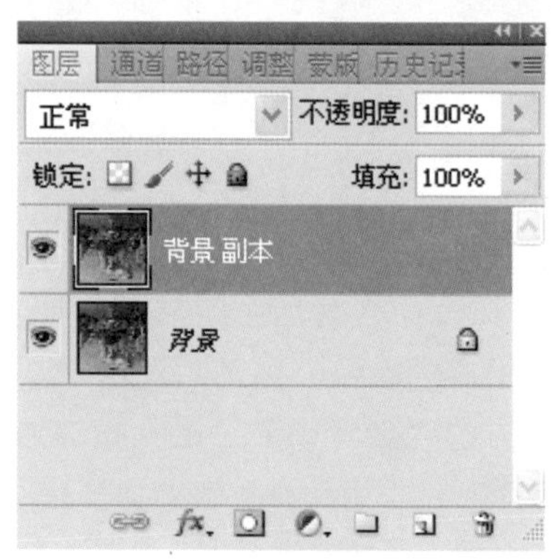

图4-5-2

02 对"背景副本"执行"图像">"调整">"阴影/高光"命令，调整相应的参数，如图4-5-3所示。将暗部的细节再现出来，然后执行"滤镜">"艺术效果">"干画笔"命令，调整相应的参数，如图4-5-4所示。

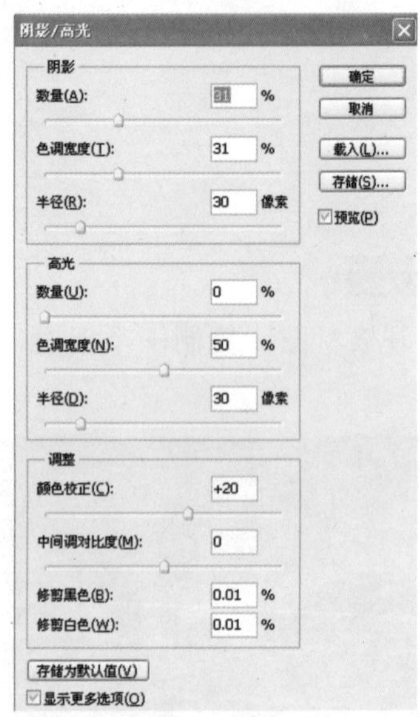

图4-5-3

图4-5-4

03 执行“滤镜”>“画笔描边”>“强化边缘”命令，调整相应的参数，如图4-5-5所示。单击“图层”面板下方的“创建调整图层”按钮，在打开的菜单中选择“色相饱和度”选项，打开“色相饱和度”对话框，增加图像的饱和度，如图4-5-6所示。

图4-5-5

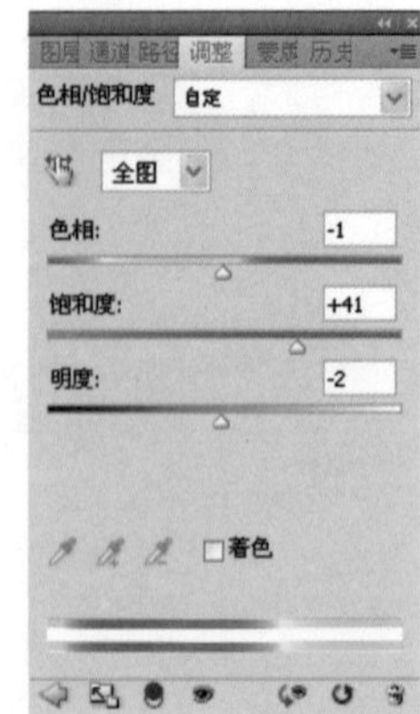

图4-5-6

04 双击“背景副本”，打开“图层样式”对话框，按住Alt键将“本图层的混合色带”左侧的小三角滑标拆分开向右侧移动，如图4-5-7所示。之后单击“图层”面板下方的“创建调整图层”按钮，在打开的菜单中选择“曲线”选项，在“调整”面板中进行调整，如图4-5-8所示。

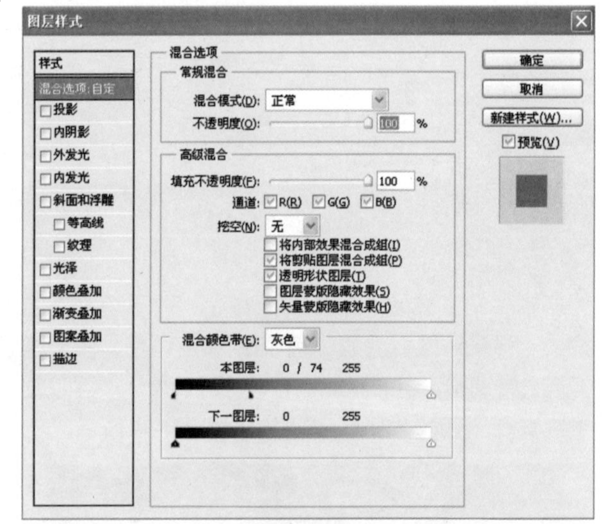

图4-5-7

图4-5-8

05 将“背景副本”拖至“图层”面板下部的“创建新图层”按钮上，复制出“背景副本2”，执行“滤镜”>“纹理”>“纹理化”命令，选择“画布”纹理，如图4-5-9所示。

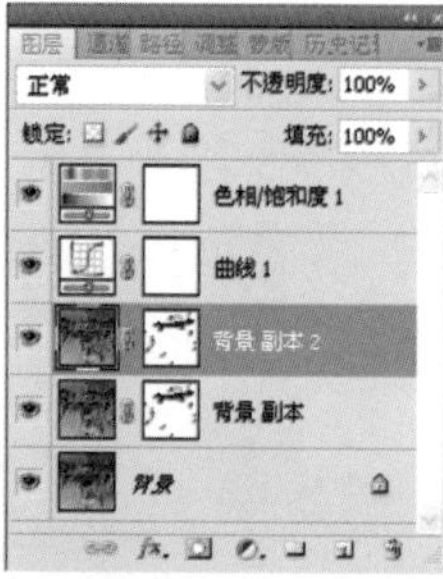

图4-5-9

06 单击“图层”面板下方的“创建调整图层”按钮，在打开的菜单中选择“色彩平衡”选项，在“调整”面板中分别对“阴影”、“中间调”和“高光”进行设置，将图像色彩调得更鲜亮，如图4-5-10所示。

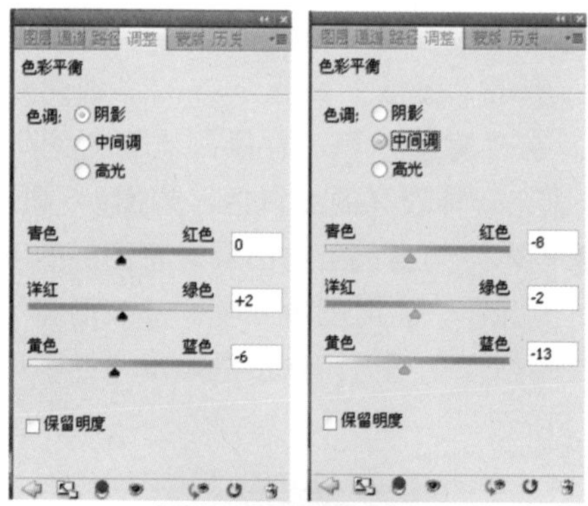

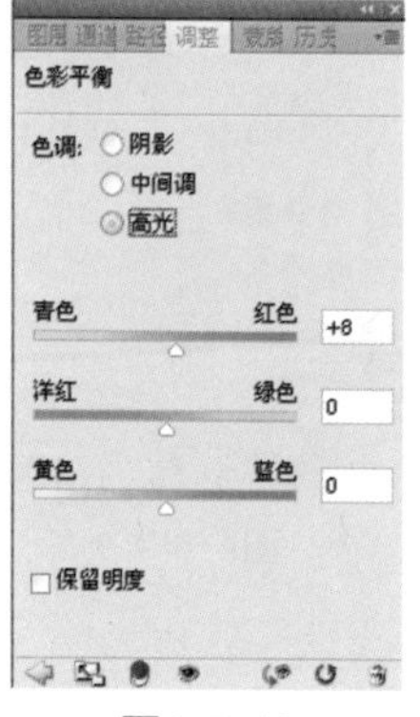

图4-5-10

07 将“背景副本2”拖至“图层”面板下方的“创建新图层”按钮上，复制出“背景副本3”，如图4-5-11所示。执行“滤镜”>“风格化”>“浮雕效果”命令，如图4-5-12所示。将该图层的混合模式设为“叠加”，并适当降低“不透明度”，如图4-5-13所示，完成操作。

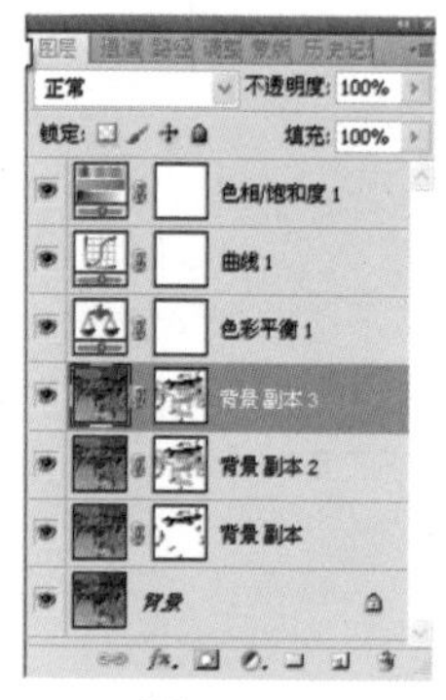

图4-5-11

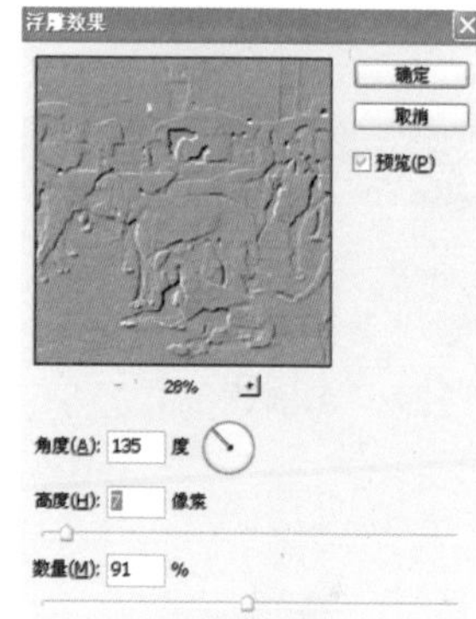

图4-5-12

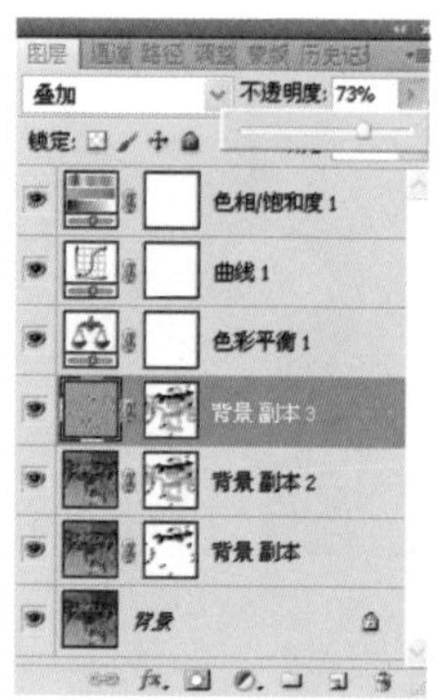

图4-5-13

时间过得真快，一晃又是一个月，书写到这个份上，真的有些疲惫了，还有好多计划中的案例没有完成，照目前的速度，估计还需一个月，加班加点，夜以继日？那很伤身子的，昨天与“安琪儿”聊天的时候，她还说，人如果过了12点还不睡觉的话，将少活多少分钟，估计不是危言耸听。然而“书稿尚未完成，同志仍需努力”，我不能停下，还要继续。

4.6 让广场立刻亮起来

这是我在罗马的“纳沃那”广场拍摄的一张照片，那个广场很热闹，洋溢着古典的浪漫气息，据说也是许多年轻恋人经常约会的地方。一些专业或业余画家在那里拍卖自己的画作，那些画非常精美，成为那里一大独特景致。我抓拍了这个场面。通常情况下，对于像我这样的普通的蹩脚摄影者来说，拍出的片子模糊、灰暗、偏蓝是通病，看来不进行处理不行啊。调片的方法很多，今天我换一种方法试试。

本案例涉及的主要知识点：

本案例主要涉及图层混合模式、“阴影/高光”命令、图层蒙版等，案例效果如图4-6-1所示。

图4-6-1

操作步骤：

01 打开素材图，如图4-6-2所示。将其拖至“图层”面板下部“创建新图层”按钮上，复制出一个“背景副本”，如图4-6-3所示。

图4-6-2

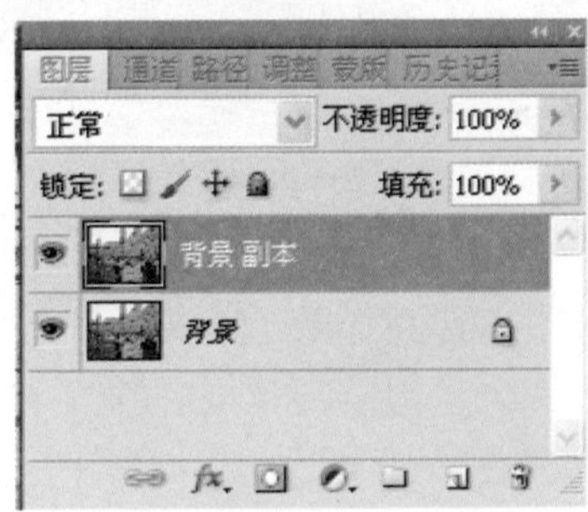

图4-6-3

02 单击“图层”面板下方的“创建新图层”按钮，在“背景”和“背景副本”之间创建“图层1”，填充一种较亮的土黄色，如图4-6-4所示。确认”背景副本”为当前工作图层，将图层的混合模式设置为“亮光”，这时图像原有亮部被增亮了并清晰了，但是暗部变化不大，依然是黑漆漆的不见细节，如图4-6-5所示。

图4-6-4

图4-6-5

03 执行“图像”>“调整”>“阴影/高光”命令，图像的暗部也被提亮，并显露出细节，如图4-6-6所示。

04 可是原来泛蓝的天空却成了白色，将“背景副本”并入“图层1”，单击“图层”面板下方的“添加图层蒙版”按钮，为“图层1”添加图层蒙板并使之处于工作状态，将前景色设为黑色，选择柔边的“画笔工具”擦涂将天空恢复，如图4-6-7所示。

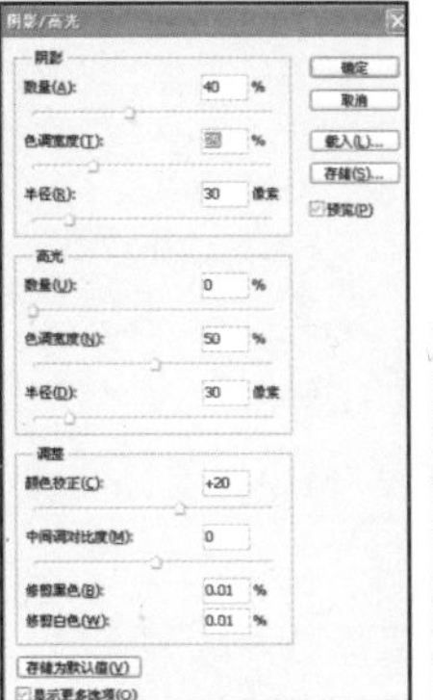

图4-6-6

图4-6-7

4.7 第三类接触

上世纪80年代初期，我无意中看到一本杂志《飞碟探索》，里面的文章深深地吸引了我，极大地满足了我的好奇心，后来我订阅了这本杂志，特别是后来在报纸电视里也经常看到有关不明飞行物的报道，所以有时在夜深人静时，我还真的浮想联翩起来，可能是由于接受太多这方面的信息，结果有那么一天晚上，我做了一个很逼真的梦，梦见自己遭遇了外星智能生命的飞碟—UFO，记得当时我想逃脱，可是怎么跑也跑不动，腿像灌了铅，想喊可是却发不出声音，这时，飞碟浮在半空，发出吱吱的怪声，并放射出橘红色的光，很刺眼，我感觉身体阵阵麻木、灼热，飞碟射出的光芒让人睁不开眼睛，光把我虏住，吸到半空，飘啊飘的……这时周围变得极为寂静，记得在光的牵引下我飘入一扇椭圆形的门，我被吸入一个五彩缤纷的房间，里面晃动一些类似人形的蓝色影子，他们一点点向我靠近，极其恐怖，“啊”的一声，我醒了，浑身哆嗦，心还在怦怦地跳个不停。也许“霍金”的预言是对的，不能和外星人接触，否则凶多吉少……事后，在QQ上我把这梦跟“鸭舌帽”说了，他竟比我还痴迷，说什么，那不是梦，其实是真的被外星人绑架了，只是你自己感觉像做梦，很多被绑架者都是如此，今天这个实例就是对那个梦的再现。

本案例涉及的主要知识点：

本案例主要涉及素材的使用、层混合模式、加深与减淡工具的使用、图层样式混合颜色带编辑、色彩平衡调整、通道、图像抠取、“变换”命令等，案例效果和实例使用的素材，如图4-7-1所示。

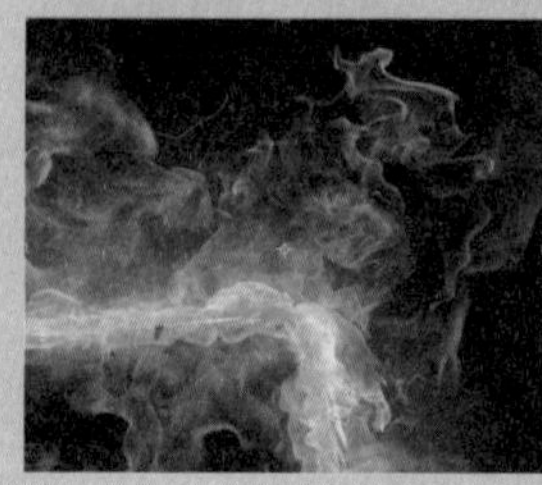

所用素材图

图4-7-1

操作步骤：

01 执行“文件”>“打开”命令，打开一幅光效素材图，如图4-7-2所示。在“图层”面板显示为“背景”，进入“图层”面板将“背景”图层拖至“创建新图层”按钮上，将其复制为“背景副本”，将其图层混合模式设置为“叠加”，如图4-7-3所示。

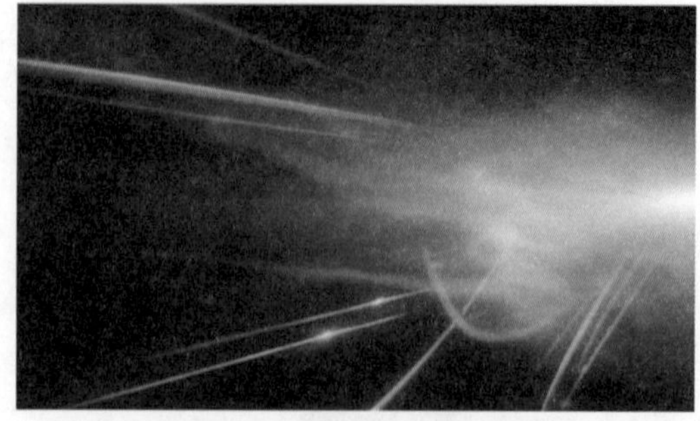

图4-7-2

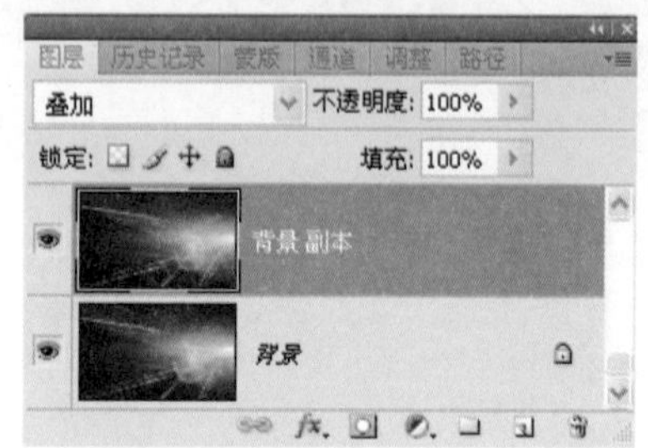

图4-7-3

02 单击“图层”面板下方的“创建新图层”按钮，在“背景副本”之上创建“图层1”。在工具箱将前景色设置为白色，选择“画笔工具”，将其直径大小设置为2px，在“图层1”中绘制出若干小点，如图4-7-4所示。之后将该图层复制，如图4-7-5所示。执行“滤镜”>“模糊”>“高斯模糊”命令，调整相应的参数，如图4-7-6所示。之后再复制，如图4-7-7所示。效果如图4-7-8所示。

图4-7-4

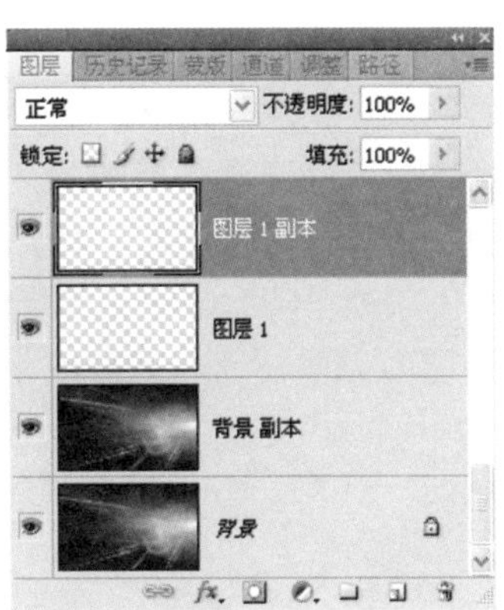
图4-7-5

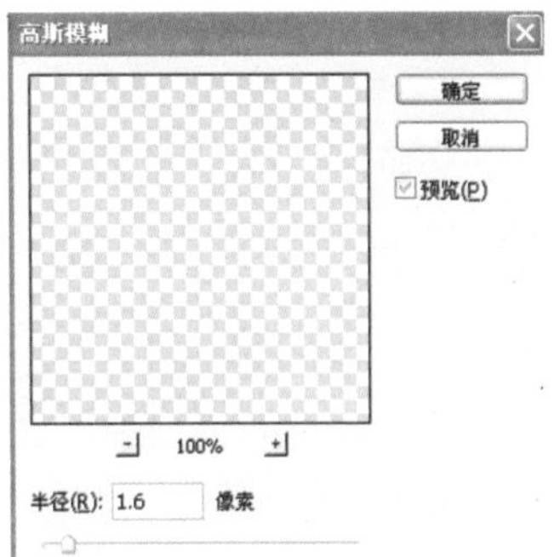
图4-7-6

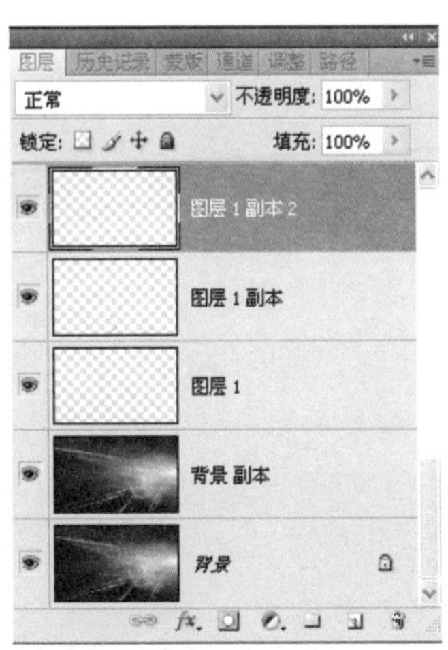
图4-7-7

图4-7-8

03 打开一幅人像素材图像并将其置入，如图4-7-9所示。显示为“图层2”。分别选择“减淡工具”和“海绵工具”，在人物的面部和衣服等处擦拭，使之增亮，如图4-7-10所示。

图4-7-9

图4-7-10

提 示：

在使用“减淡工具”时要根据具体情况在其工具属性栏中的“范围”下拉列表中选择“阴影”、“中间调”或“高光”；在使用“海绵工具”时也要根据需要在其属性栏中“模式”下列拉表中设置“降低饱和度”或“饱和度”。

04 双击“图层2”打开“图层样式”对话框，按住Alt将“下一图层”的“混合颜色带”的右端滑块拆分，并向左移动，这样“图层2”下面图层中的光线便显露了出来，如图4-7-11所示。之后单击“图层”面板下方的“创建调整图层”按钮，在打开的菜单中选择“色彩平衡”选项，这样便为“图层2”创建了一个“色彩平衡”调整图层，在“调整”面板中设置相关参数，将人像的色彩调得鲜亮些，如图4-7-12所示。

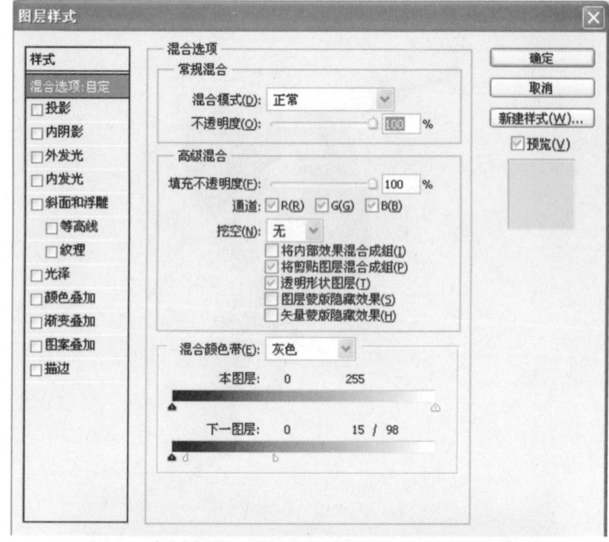

图4-7-11

图4-7-12

05 打开一幅“飞碟”素材图像，将其拖入即显示为“图层3”，并置于“光芒”中间，再将其图层混合模式设置为“强光”。单击“图层”面板下方的“添加图层蒙版”按钮，为“图层3”添加图层蒙版并使之处于工作状态，将前景色设为黑色，用“画笔”擦拭物体下部使之渐隐，如图4-7-13所示。

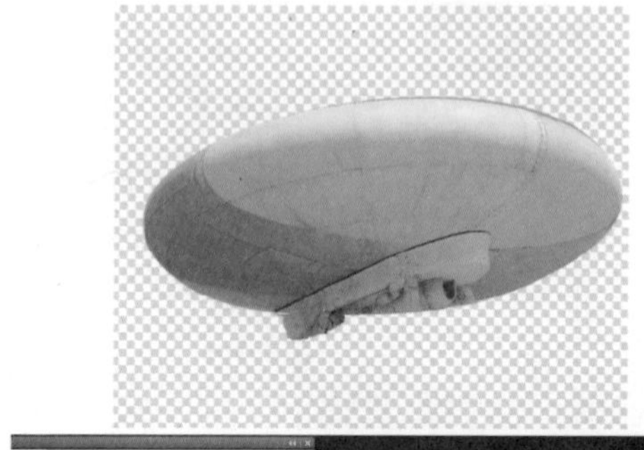

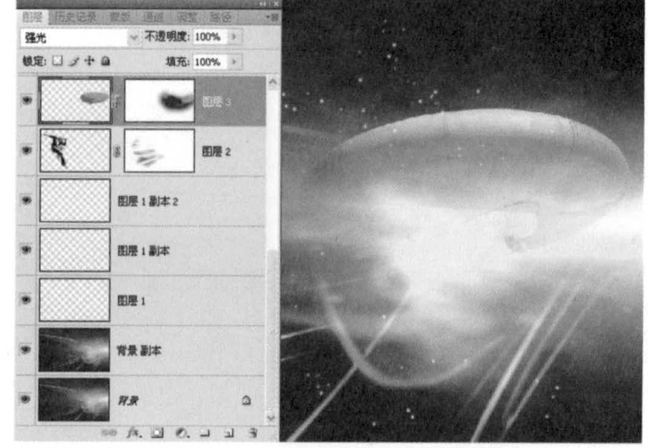

图4-7-13

06 打开一幅“火焰”素材图像即“图层4”，进入“通道”面板，按Ctrl键单击红通道缩览图载入其图像选区，如图4-7-14所示。

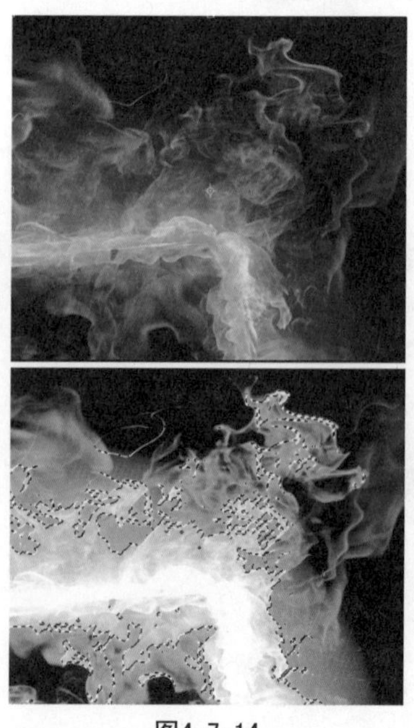

图4-7-14

07 返回“图层”面板，保持选区。确认“图层4”为当前工作图层，按Ctrl+Shift+I键将选区反向，按Delete键删除“火焰”外部的黑色，将“火焰”提取出来，再将该图层的混合模式设置为“滤色”，如图4-7-15所示。

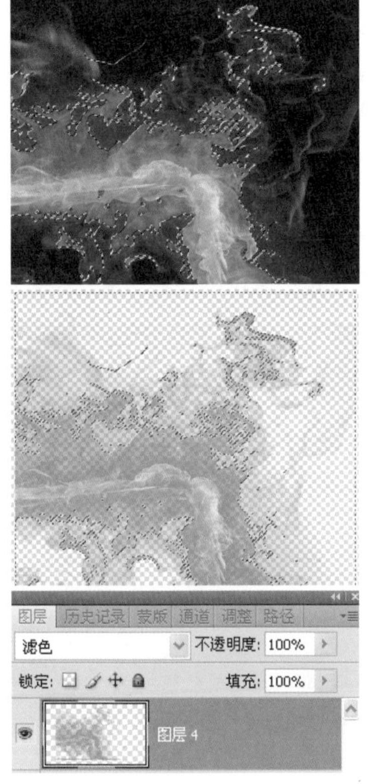

图4-7-15

08 按 Ctrl+T键，调出变换框，按住Ctrl键，拖动变换框的节点确定，变换“火焰”的大小、角度和形态，置于人像的腿部，如图4-7-16所示。按Enter键确定变换，用“橡皮擦工具”或通过添加蒙版的方式对火苗进行修饰。

图4-7-16

09 按Ctrl+J键复制火焰，按Ctrl+T键调出变换框，将其缩小置于人的臀部，如图4-7-17所示。之后按Enter键确定变换。

图4-7-17

10 通过上述方式不断地复制火焰，并根据需要变换其大小、形态和角度，进行拼接做出条状火焰，再用“橡皮擦工具”或通过添加蒙版的方式对各图层火苗分别进行细节的修饰，完成最后制作，如图4-7-18所示。

图4-7-18

4.8 撞击

近来总能听到身边的人在谈论，说2012年地球将面临一场空前的灾难。真的吗？难道是小行星撞击地球？即使撞击又能怎样？相当10000颗广岛的原子弹？巨大的冲击将地壳掀起，冲击波和撞击引发的地震、海啸将毁灭一切？我们的家园将不复存在，生命灭绝？按照他的预言现在已经进入倒计时了，我倒是要看看，到时候能咋地？真的如我们下面做的那样吗？对此，美国考古天文学家“安东尼·阿维尼”说，玛雅预言中关于2012年12月21日是“世界末日”的说法被误解了。那一天不过是玛雅历法中重新计时的“零天”，表示一个轮回的结束，一个新时代的开始，而并非指“世界末日”。

本案例涉及的主要知识点：

本案例主要涉及“镜头光晕”滤镜、应用通道、调整曲线、“玻璃”滤镜、“波纹”滤镜、“变换”命令、图层混合模式等，案例效果如图4-8-1所示。

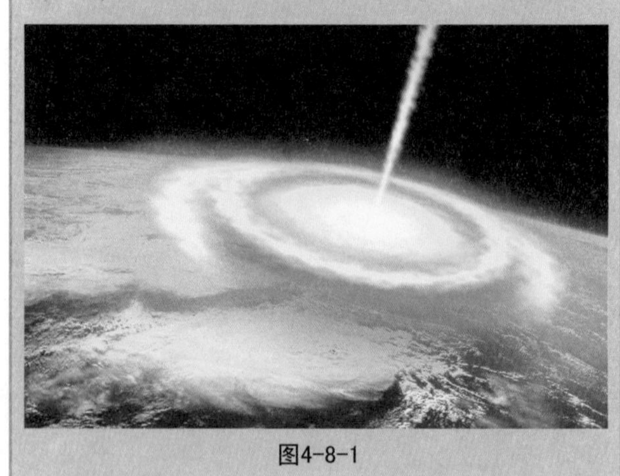

图4-8-1

操作步骤：

01 打开一幅地球素材图像，如图4-8-2所示。单击“图层”面板下方的“创建新图层”按钮，在“地球”图层上创建“图层1”，并将该图层作为当前工作图层，将前景色设置为黑色，按Alt+Delete键填充前景色到“图层1”，执行“滤镜”>“渲染”>“镜头光晕”命令，在打开的对话框中设置“镜头类型”和“亮度”参数，如图4-8-3所示。

图4-8-2

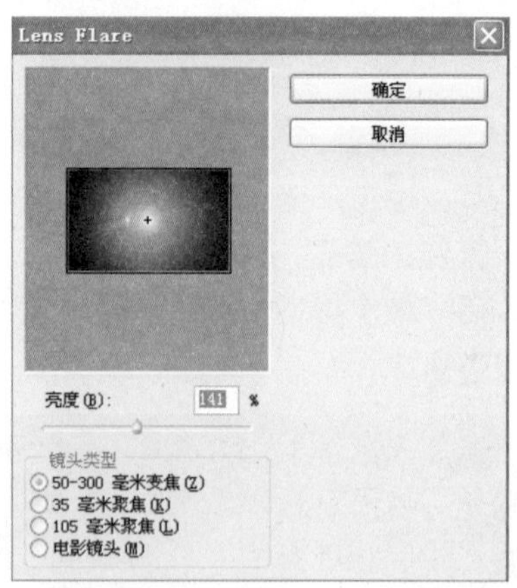

图4-8-3

02 进入“通道”面板，将“红”通道拖至“创建新通道”按钮上，复制为“红副本”。按Ctrl+M打开“曲线”对话框调整曲线，加强黑白对比，如图4-8-4所示。按Ctrl 键单击“红副本”缩览图载入选区，如图4-8-5所示。返回“图层”面板，创建“图层2”。

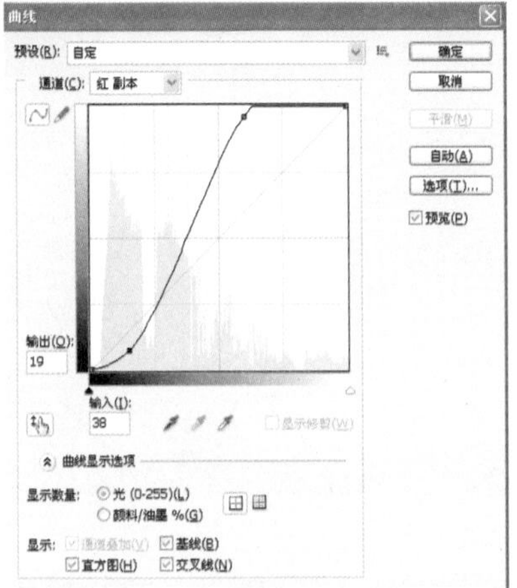

图4-8-4

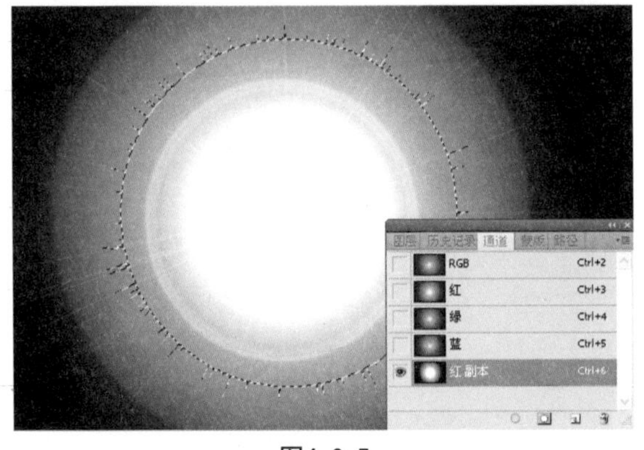

图4-8-5

03 选择工具箱中的“渐变工具”，单击“渐变工具”属性栏中的渐变色带，打开“渐变编辑器”对话框。自左向右，单击渐变条上第1个色标，并在下方颜色选项处设置颜色为白色，位置为0%；同样方法设置第2个色标，颜色为R255、G255、B0，位置为28%；设置第3个色标，颜色为R255、G109、B0，位置为44%。设置第4个色标，颜色为R255、G255、B0，位置为58%，设置第5个色标，颜色为R255、G109、B0，位置为73%，如图4-8-6所示。单击“确定”按钮完成渐变编辑，在“渐变”工具属性栏将渐变类型设为”径向渐变”，之后在“图层2”选区中自中心向外填充渐变，如图4-8-7所示。

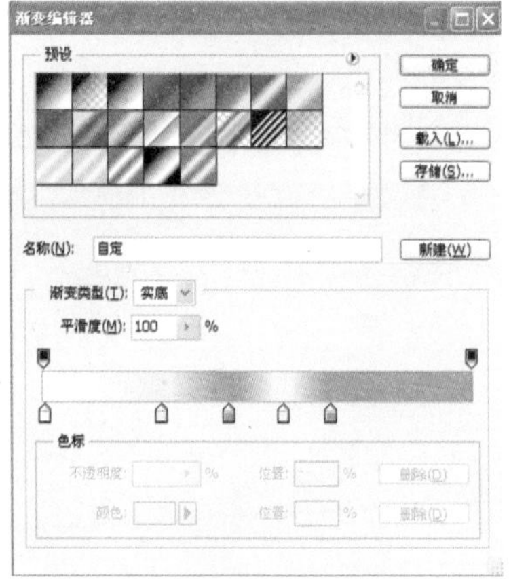

图4-8-6

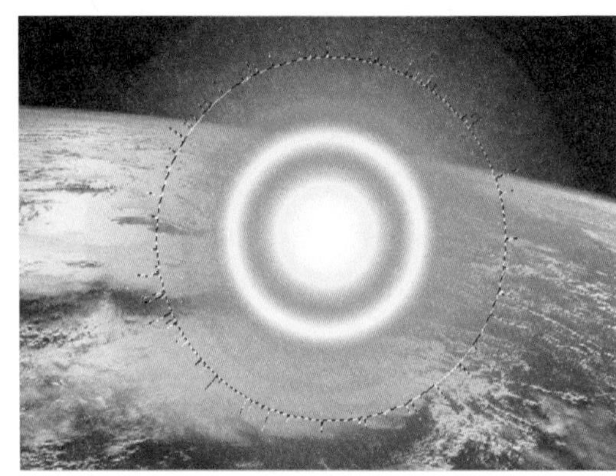

图4-8-7

04 执行“滤镜”>“扭曲”>“玻璃”命令，之后按Ctrl+T键变换光晕图像角度并拉大尺寸，如图4-8-8所示。

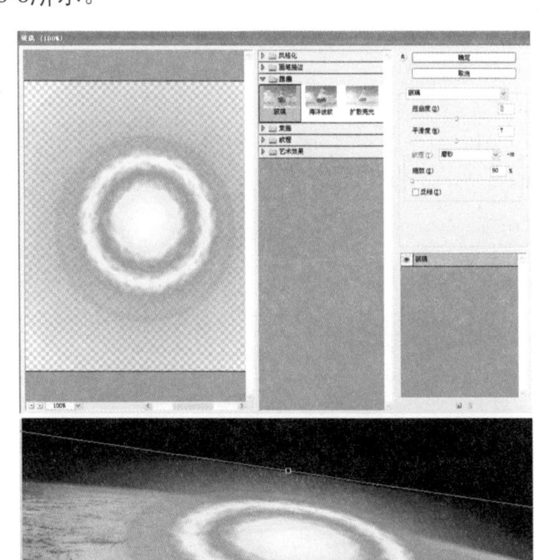

图4-8-8

05 选择“裁剪工具”，沿画布边缘大小进行裁剪，这样被放大出边界的光晕就被剪切为与画布等同大小，便于编辑处理，如图4-8-9所示。

图4-8-9

06 单击“图层”面板下方的“添加图层蒙版”按钮，为“图层 2”添加图层蒙版并使之处于工作状态，将前景色设为黑色，用“画笔”工具修饰光晕边缘，按Ctrl+J键复制“图层 2”为“图层 2副本”，将其图层混合模式设置为“滤色”，继续在蒙版中修饰以去掉生硬的部分，如图4-8-10所示。

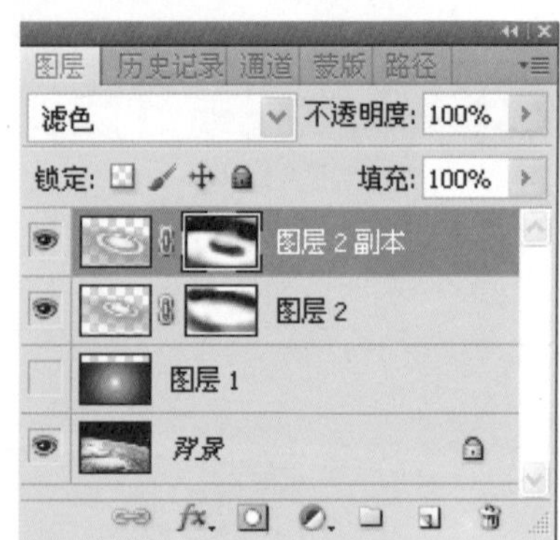

图4-8-10

07 选择“椭圆选框工具”绘制一个圆形选区，在选区上部用“画笔”工具画出红色，在下部画上淡黄色，如图4-8-11所示。按Ctrl+D键取消选区。

图4-8-11

08 按Ctrl+T键将光点拉长，如图4-8-12所示。按住Ctrl键拖动变换框上部的节点进行加宽变形，如图4-8-13所示。之后按Enter键确定变换。

图4-8-12

图4-8-13

09 按Ctrl+J键复制“图层 3”为“图层 3副本”。将“图层 3副本”的混合模式设置为“线性减淡”，如图4-8-14所示。分别对“图层 3”和“图层 3副本”执行“滤镜”>“模糊”>“高斯模糊”命令，调整相应的参数，如图4-8-15所示。

图4-8-14

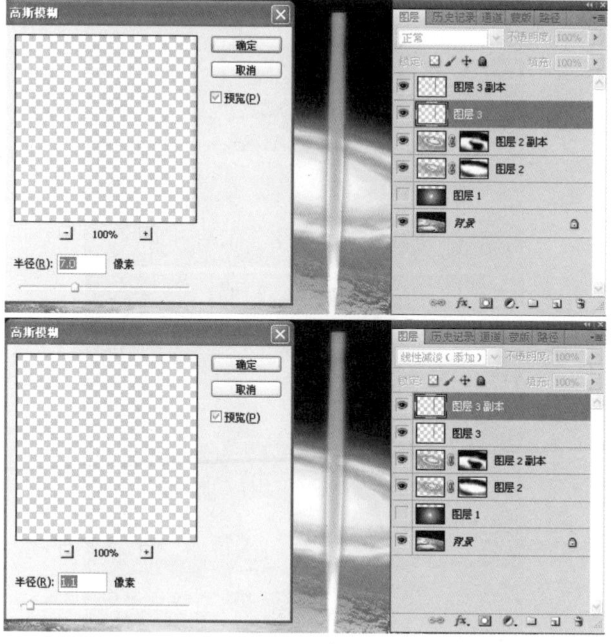

图4-8-15

10 按Ctrl键在“图层”面板中，单击“图层 3”和“图层 3副本”选中它们，按Ctrl+T键变换光条的角度并放置好位置，如图4-8-16所示。确认“图层 3副本”为当前工图层，选择“套索工具” 在光条上绘制选区，如图4-8-17所示。

图4-8-16

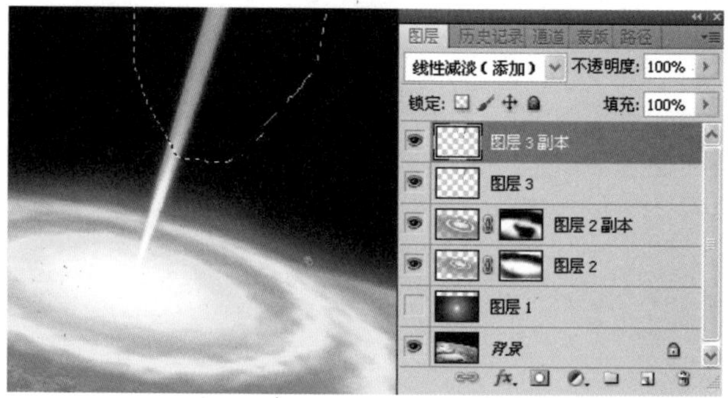

图4-8-17

11 分别执行“选择”>“修改”>“羽化”命令，“滤镜”>“扭曲”>“波纹”命令，调整相应的参数，如图4-8-18和图4-8-19所示。执行“滤镜”>“模糊”>“高斯模糊”命令，调整相应的参数，如图4-8-20所示。最后单击“图层”面板下方的“创建调整图层”按钮，在打开的菜单中选择“曲线”选项，在“调整”面板中进行调整将光条调亮，如图4-8-21所示。

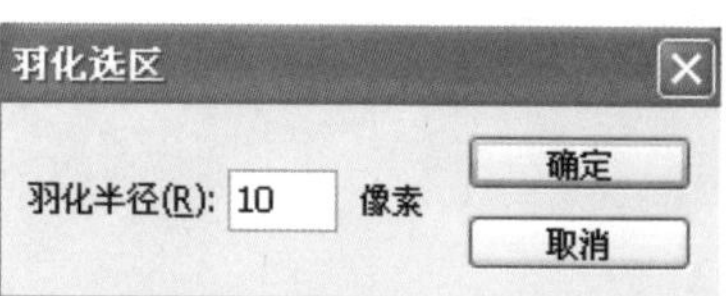

图4-8-18

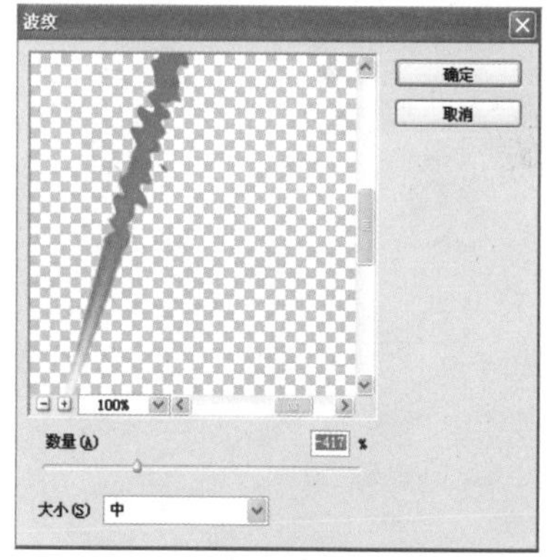

图4-8-19

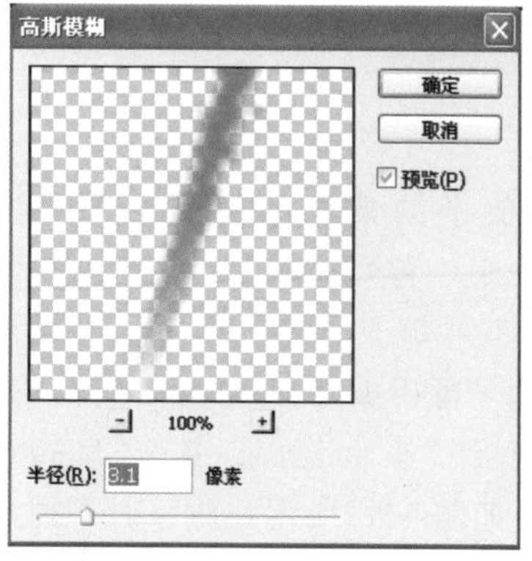

图4-8-20

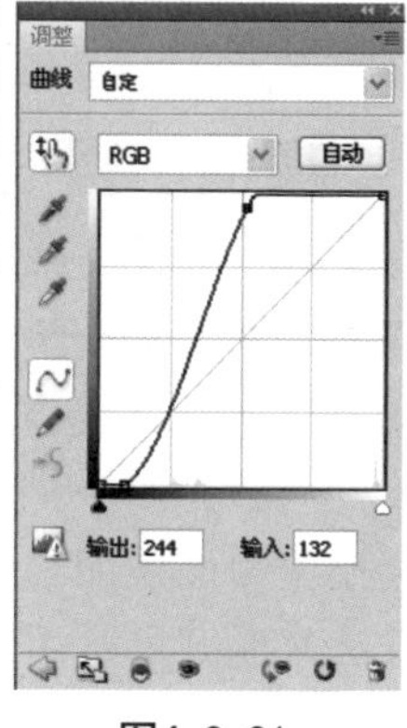

图4-8-21

4.9 鸽子奶

喝着酸奶，打开电脑浏览，一只飞翔的鸽子映入眼帘，大概是手中酸奶的白色和鸽子的白色在心理上建立了某种联系，竟使我在头脑中产生鸽子从牛奶中飞出来的怪念头，这可是求之不得的怪念头啊，必须把它牢牢地抓住！

本案例涉及的主要知识点：

本案例主要涉及素材使用、变换和变形命令，图层蒙版等，案例效果如图4-9-1所示。

图4-9-1

操作步骤：

01 打开一副鸽子的素材图像即“背景图层”，将其复制为一个“背景副本”。在“背景副本”下创建“图层1”并填充黑色。进入“背景副本”将该副本中的鸽子抠出放好。接下来打开一副牛奶素材图像即“图层2”，也抠出。并按Ctrl+J键连续复制几层备用，如图4-9-2所示。对暂时不用的可单击图层的“可视”图标，将其隐藏，用到哪个再显示哪个。

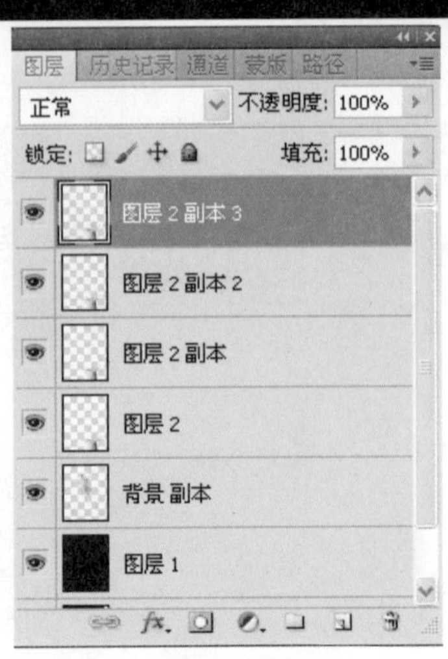

图4-9-2

02 执行“编辑”>“变换”>“变形”命令将其中一个牛奶图像变形拉大并置于图像下部，如图4-9-3所示。再启用一个“牛奶”图层，按Ctrl+T键变换大小和角度并置于鸽子尾部，如图4-9-4所示。

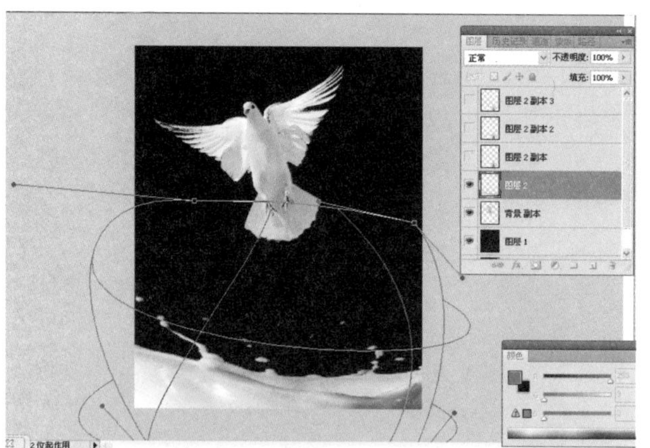

图4-9-3

图4-9-4

03 单击“图层”面板下方的“添加图层蒙版”按钮，为尾部牛奶层添加图层蒙版并使之处于工作状态，将前景色设为黑色，用“画笔”工具进行涂抹修饰，使之与鸽子尾部自然融合，如图4-9-5所示。再启用一个“牛奶”图层，同样进行变换并放置在尾部，如图4-9-6所示。添加图层蒙版用黑色“画笔”工具进行修饰，如图4-9-7所示。执行“编辑”>“变换”>“变形”命令将其向下拉长，以凸显鸽子从牛奶中飞出的效果，如图4-9-8所示。

图4-9-5

图4-9-6

图4-9-7

图4-9-8

04 再启用一个“牛奶”图层并置于翅膀处，如图4-9-9所示，添加蒙版进行修饰。最后再启用一个“牛奶”图层置于右侧翅膀处，如图4-9-10所示。

提 示：

根据你的设计调整其角度，这里我是欲做出翅膀弯曲拍打的效果，以突出动感。

05 添加图层蒙版擦去不需要的部分，如图4-9-11所示，这也是造型过程。接下来确认“背景副本”为当前工作图层，为该图层添加图层蒙版，将前景色设置为黑色，选择“画笔”工具擦去不需要的翅膀即可，如图4-9-12所示。

怎么样？简单吧？这个合成翻来覆去就是将“牛奶”图层东粘西贴的，再分别将蒙版七擦八抹地弄一弄，再变变形而已，不过如此。好，今天就到这里，下一例开始换口味，准备做特效字。

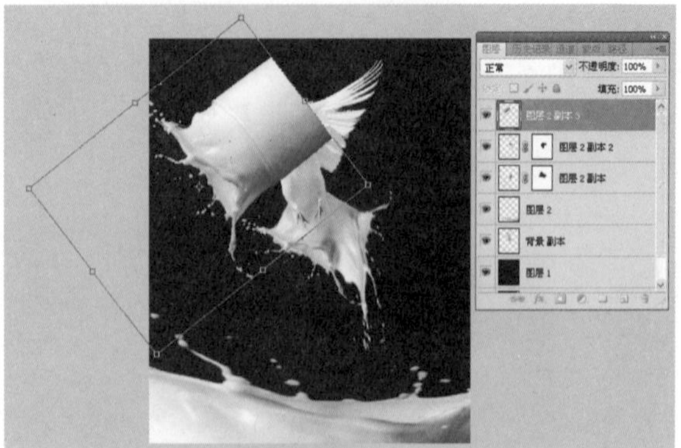

图4-9-9

图4-9-10

图4-9-11

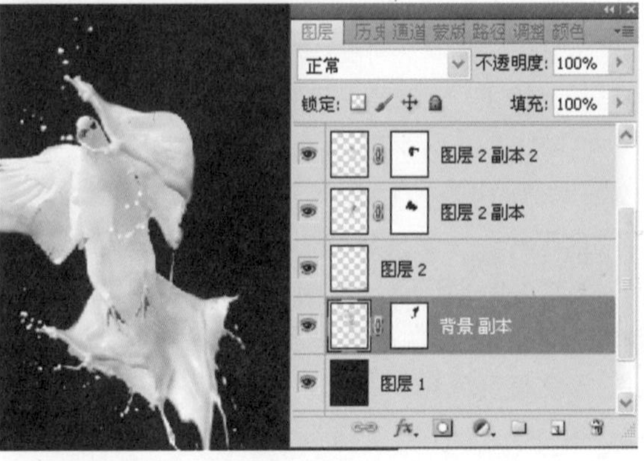

图4-9-12

4.10 光滑的玉石字

今天在网上见到几款用Photoshop 制作的玉石特效字，说实在的真是不错，各有千秋，然而美中不足的是都没有纹理，于是我也制作一款，是带有纹理的。

本案例涉及的主要知识点：

本案例主要涉及文本编辑、各类图层样式的设置、渐变编辑和图层混合模式，案例效果如图4-10-1所示。

图4-10-1

操作步骤：

01 执行“文件”>“新建”命令，创建一个宽为650像素，高为410像素，分辨率为72像素/英寸，背景内容为白色，颜色模式为RGB 的图像文件。按Alt+Delete键在背景图层中填充朱红色。

02 单击工具箱中“前景色”图标，打开“拾色器”对话框，设置前景色的RGB值，如图4-10-2所示。选择工具箱中的“横向文字工具” T，在属性栏中设置字体和大小后输入文字，生成文本图层，如图4-10-3所示。

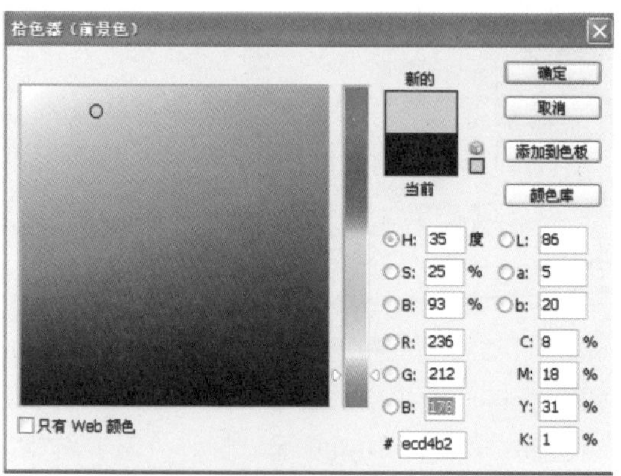

图4-10-2

图4-10-3

03 对文本图层执行“图层”>“栅格化”>“文字”命令。

04 单击“图层”面板下方的“添加图层样式”按钮fx，在弹出的菜单中选择“斜面浮雕”选项，在打开的“图层样式”对话框中设置相关参数，其中的“阴影模式”为“正片叠底”，“阴影颜色”的RGB值分别为R226、G209、B165，如图4-10-4所示。再选中“图层样式”对话框左侧的“内发光”选项，在“内发光”区域中设置参数，如图4-10-5所示。

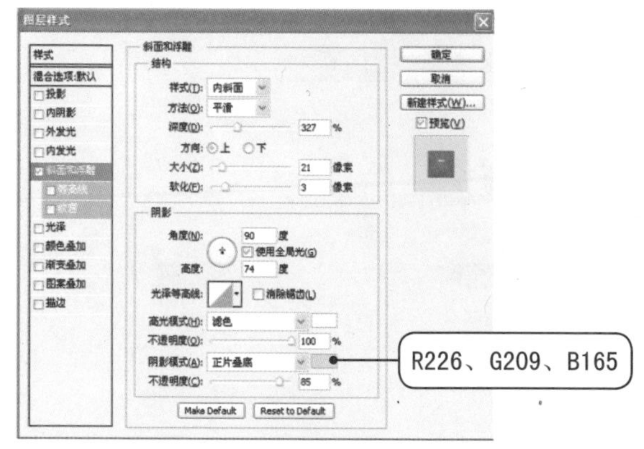

图4-10-4

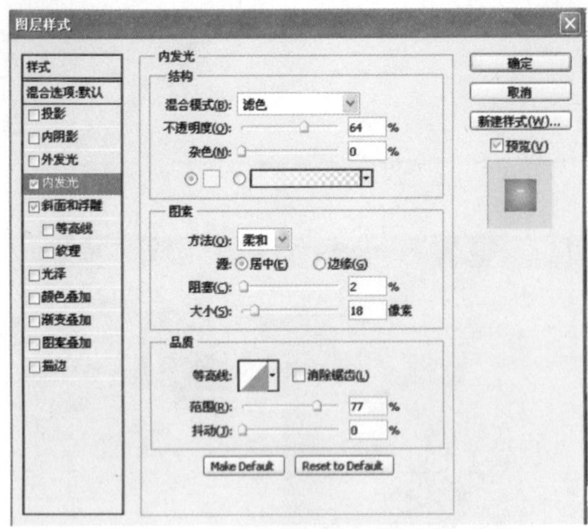

图4-10-5

05 在该对话框中，选中“渐变叠加”选项，单击渐变色带，如图4-10-6所示。打开“渐变编辑器”对话框。自左向右，单击渐变条上第1个色标，在下方颜色选项处设置颜色为R2、G75、B12，位置为0%；同法设置第2个色标，颜色相同，位置为100%；单击渐变条下部空白处添加第3个色标，颜色设置为白色，位置为50%，如图4-10-7所示。单击“确定”按钮完成渐变编辑。

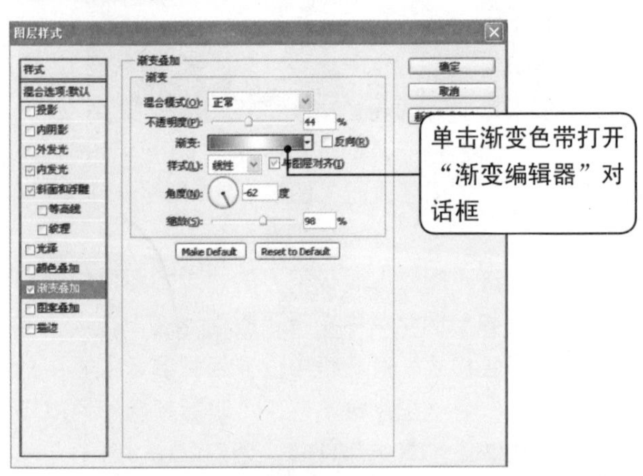

图4-10-6

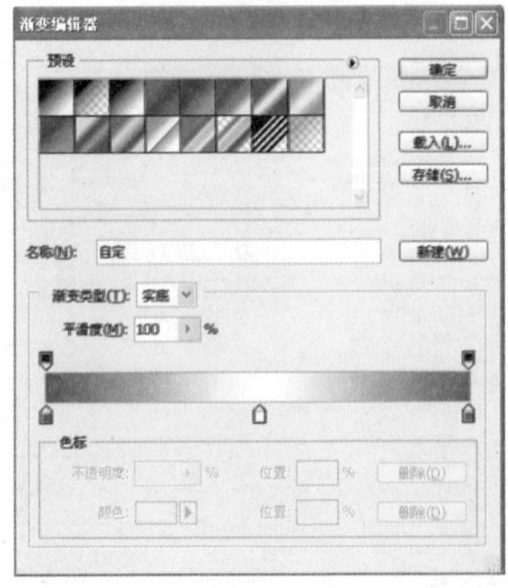

图4-10-7

06 最后单击“光泽”选项，设置相关参数，如图4-10-8所示。

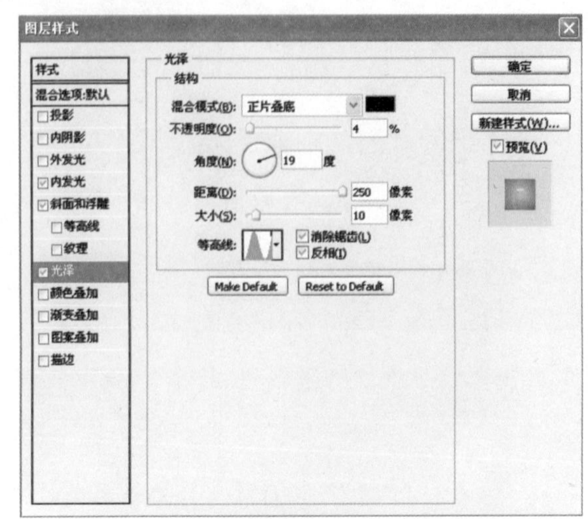

图4-10-8

07 按Ctrl+J键复制ce文字图层为“ce副本”，将该图层混合模式设为“排除”，如图4-10-9所示。完成制作。

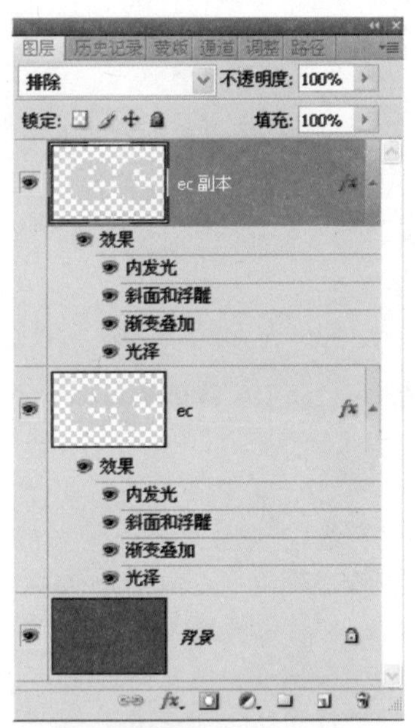

图4-10-9

图做完了，截图给“安琪儿”和“鸭舌帽”看，这是我的习惯，主要还是想从他们那里得到赞许，可“鸭舌帽”说，纹理太重了，又说背景太单调，颜色也不好看；“安琪儿”说黑背景好，能突出玉的质感，最后经过权衡，综合了他俩的意见，将背景色改为黑色，并放入一只手臂加以衬托。

4.11 残破

规矩整齐的东西看惯了，觉得乏味，所以人们总想有所突破，文字也一样，边缘整齐的，光滑的看腻了，觉得不能彰显个性，于是就要破坏它，这么一破坏反倒很个性、很倜傥、很艺术、很情趣了呢。您别看它破破烂烂的，其实内里却蕴含着某种意味，这样的字在一些特殊的场合说不准会有什么么用处呢？

本案例涉及的主要知识点：

本案例主要涉及文本编辑、“置换”滤镜的使用、图层样式、选区的编辑操作等，案例效果如图4-11-1所示。

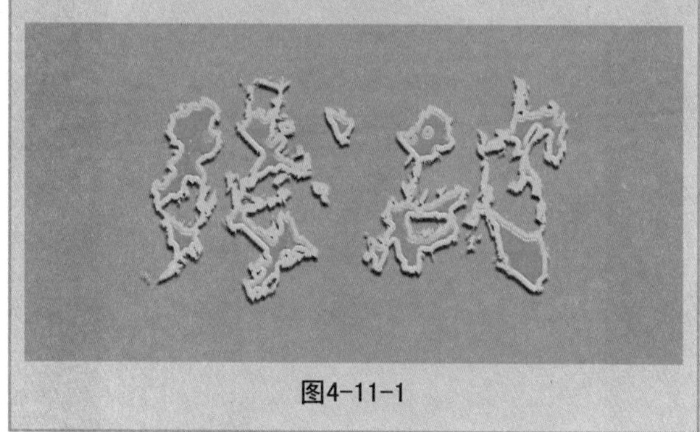

图4-11-1

操作步骤：

01 执行“文件”>“新建”命令，创建一个宽为600像素，高为300像素，分辨率为72像素/英寸，背景内容为白色，颜色模式为RGB 的图像文件。之后单击工具箱中“前景色”图标，打开“拾色器”对话框设置前景色的RGB值为R194、G183、B143，如图4-11-2所示。

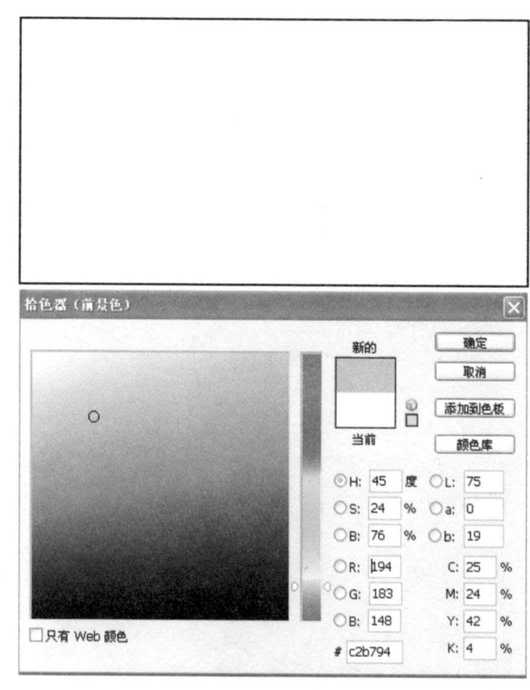

图4-11-2

02 选择“横排文字工具” T 在属性栏确定字体和大小，如图4-11-3所示。输入文字，如图4-11-4所示。

叶根友行书繁 | - | 200 点 | 平滑

图4-11-3

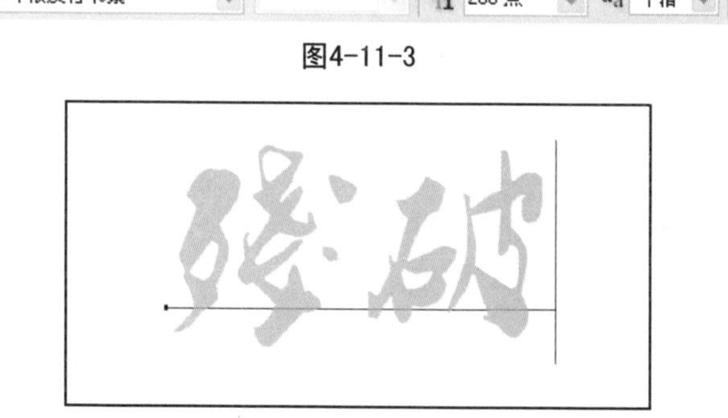

图4-11-4

03 执行“图层”>“栅格化”>“文字”命令，将文字图层转为普通图层，如图4-11-5所示。

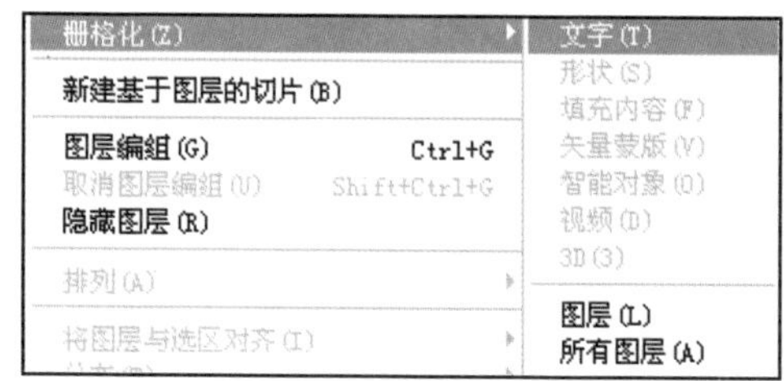

图4-11-5

04 单击“图层”面板下方的“创建新图层”按钮，创建“图层1”并将该图层作为当前工作图层。执行“编辑”>“填充”命令，打开“填充”对话框，单击“自定图案”下三角按钮选择相应的图案，单击“确定”按钮填充，如图4-11-6所示。

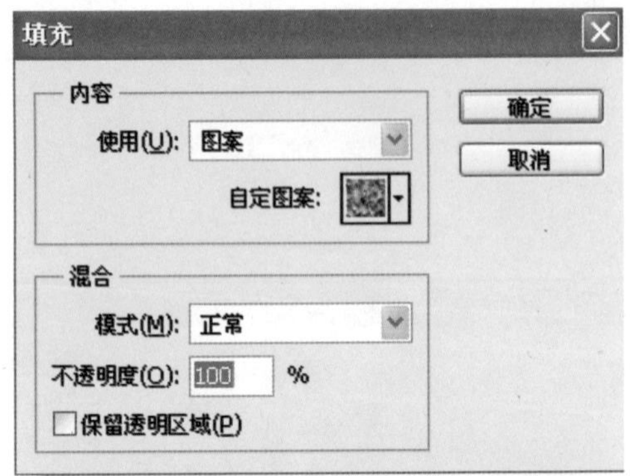

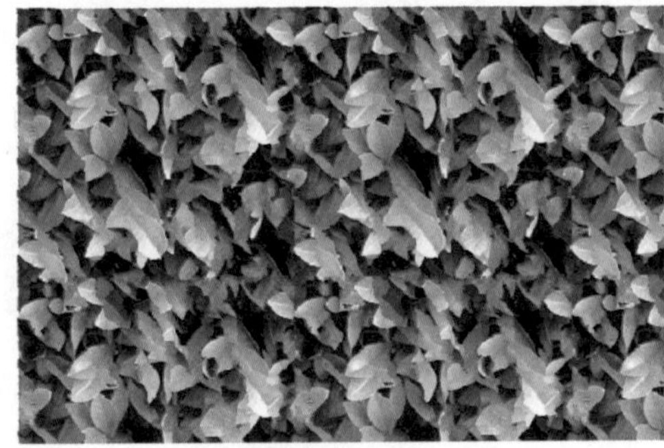

图4-11-6

05 将填充后的图像存储为psd文件备用，如图4-11-7所示。单击“图层1”的“可视”图标，隐藏该图层，它已完成使命，如图4-11-8所示。

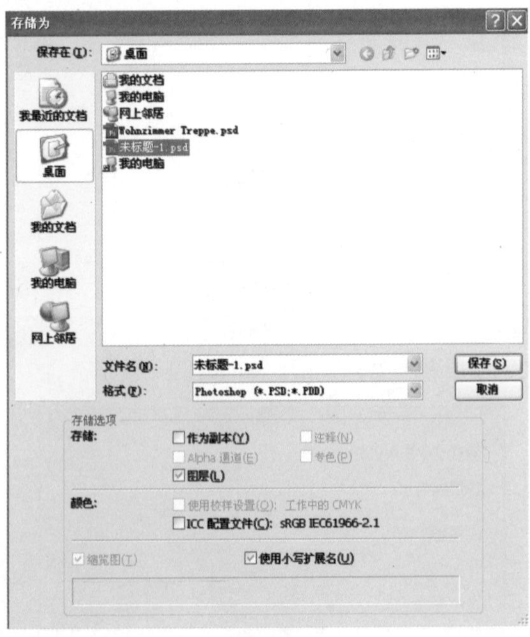

图4-11-7

图4-11-8

06 对“残破”文字图层执行“滤镜”>“扭曲”>“置换”命令，在打开的对话框中设置相关参数，如图4-11-9所示。并根据提示选择置换图，即前面存储的PSD文件，如图4-11-10所示。我们就用它充当置换图去扭曲文字的边缘。

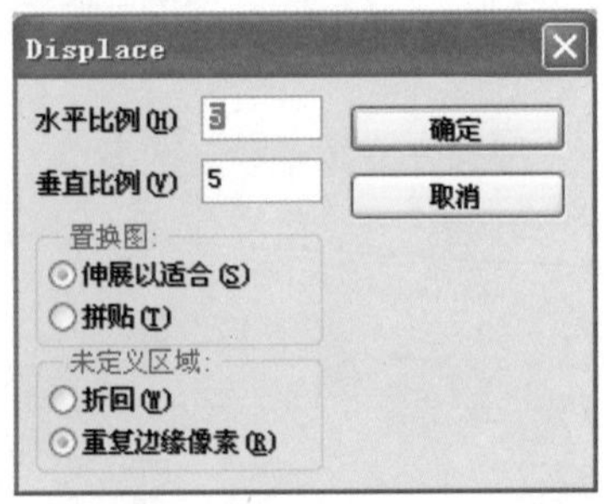

图4-11-9

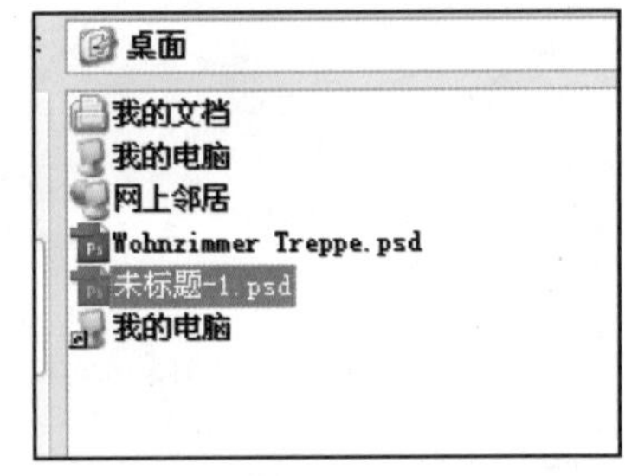

图4-11-10

“置换”滤镜是用自己提供的置换图中的颜色值来扭曲图像像素。置换图决定原图中的像素移动方向，如果置换图有红、绿、蓝3个通道，那么置换图中红色通道的灰阶值，决定原图中像素的水平方向的移动，原图中像素的垂直方向移动则由绿色通道中的灰阶值决定。蓝色通道不参与置换。

07 文字图像的边缘变得残破了，如图4-11-11所示。按Ctrl键单击文字图层缩览图载入文字选区，如图4-11-12所示。

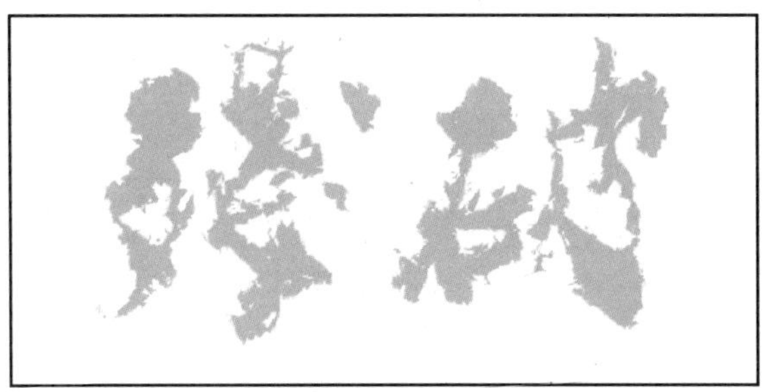

图4-11-11

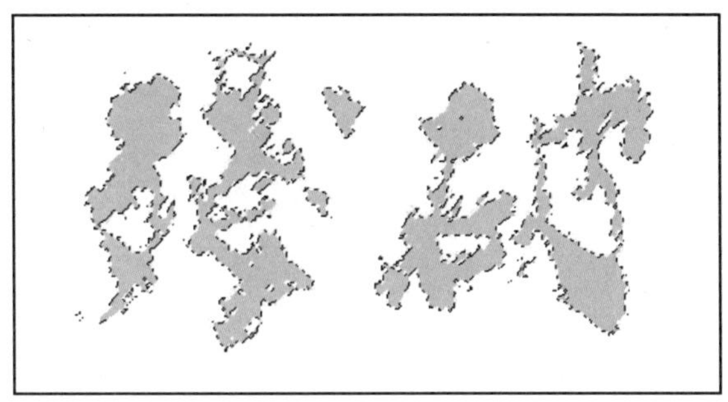

图4-11-12

08 执行“选择”>“修改”>“收缩”命令，将选区收缩5像素，如图4-11-13所示。单击“图层”面板下方的“创建新图层”按钮，在文字图层之上创建“图层 2”，并将该图层作为当前工作图层。设置一个橘红色的前景色，按Alt+Delete键填充前景色，如图4-11-14所示。

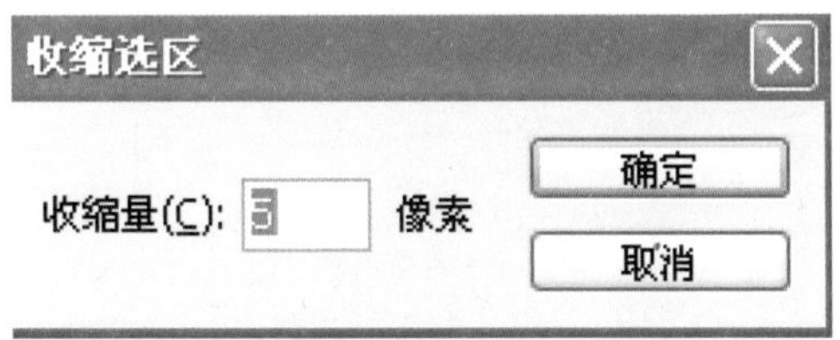

图4-11-13

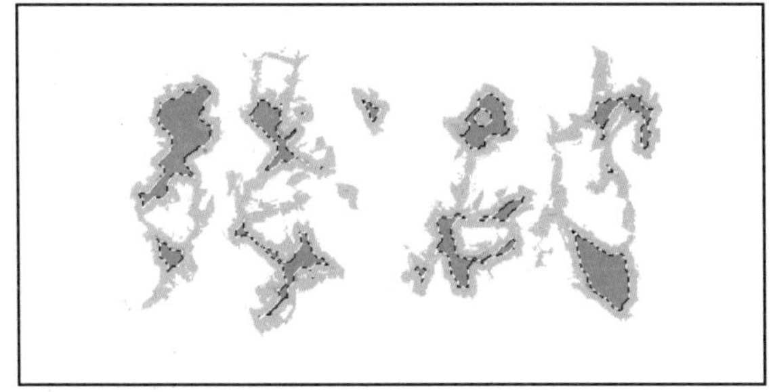

图4-11-14

09 单击“图层”面板下方的“添加图层样式”按钮fx，在打开的菜单中选择“斜面浮雕”选项，在打开的对话框中设置相关参数，如图4-11-15所示。之后再在该对话框中设置“投影”参数，如图4-11-16所示。完成制作。

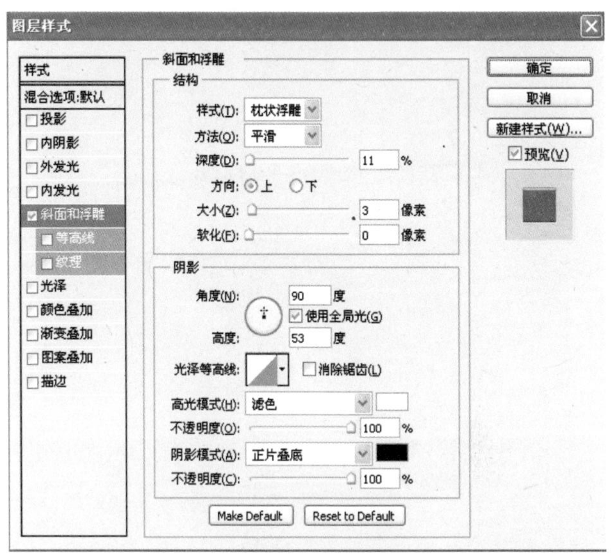

图4-11-15

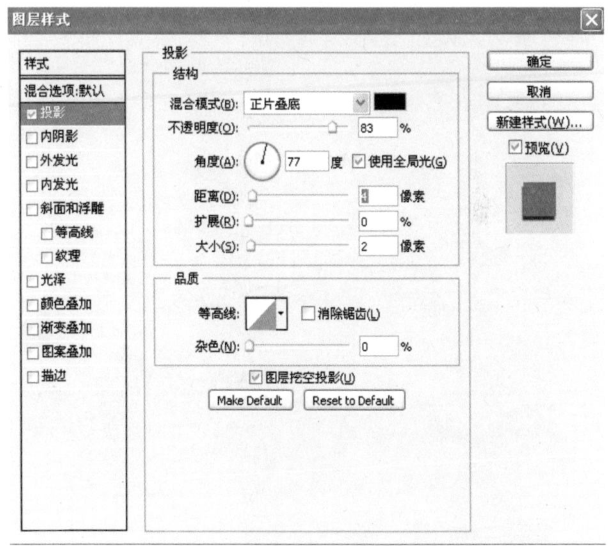

图4-11-16

4.12 拆迁

做过上面的“残破”字后，觉得还是不够尽兴，我要在自己的想象中应用一下该用在何处？点燃一根烟，闭门造车地在那想啊想，吸到3/4时，忽地想到了棚户区的改造，昨天在街上还看见那些低矮破旧的老旧房屋，墙上被人用黑墨笔写着“拆迁”两个大字。俗话说，旧的不去，新的不来，我为何不能用一种生动形象的方式去表现呢？看来这残破的字真的派上了用场。

本案例涉及的主要知识点：

本案例主要涉及素材使用、色相饱和度调整、图案填充、“置换”滤镜、Alpha通道、图层样式等，案例效果如图4-12-1所示。

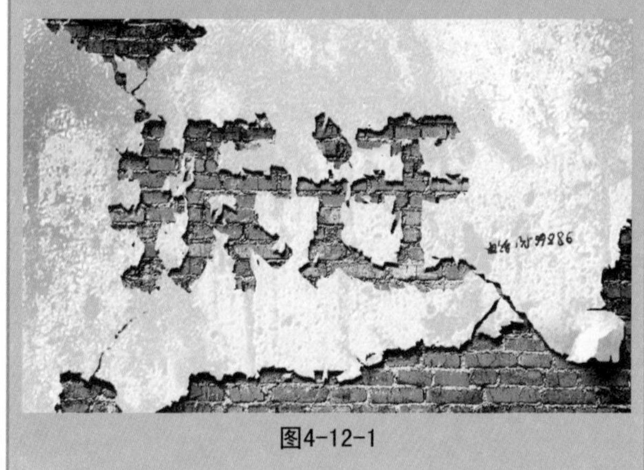

图4-12-1

操作步骤：

01 打开一幅砖墙素材图像，在“图层”面板显示为“背景”。再打开一幅墙壁纹理素材图像，显示为“图层1”，如图4-12-2所示。

图4-12-2

02 按Ctrl+U键打开“色相饱和度”对话框，对墙壁纹理素材进行调整，主要是将饱和度降低并提高明度，如图4-12-3所示。

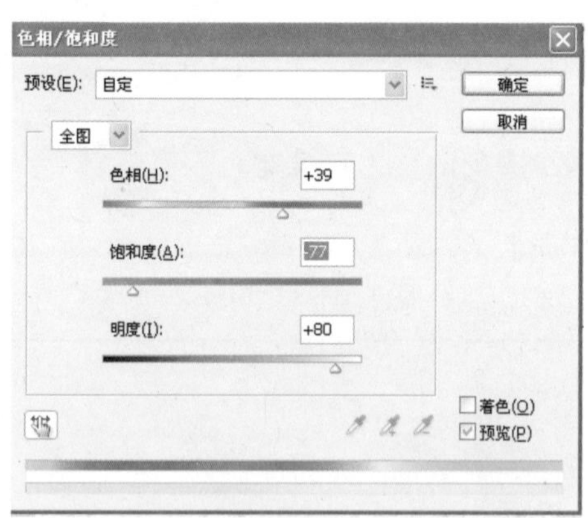

图4-12-3

03 单击“图层”面板下方的“创建新图层”按钮，创建“图层 2”并将该图层作为当前工作图层。执行“编辑”>“填充”命令，打开“填充”对话框，在“使用”下拉列表中选择“图案”选项，单击“自定义图案”右侧下三角按钮打开“图案拾色器”，选择“叶子”选项，单击“确定”按钮，填充图案到“图层 2”，如图4-12-4所示。

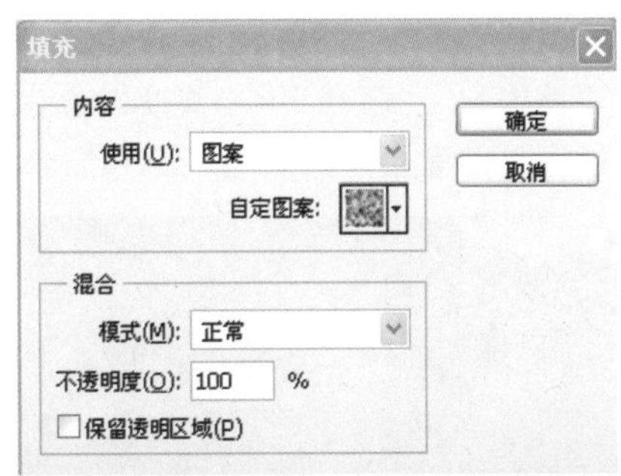

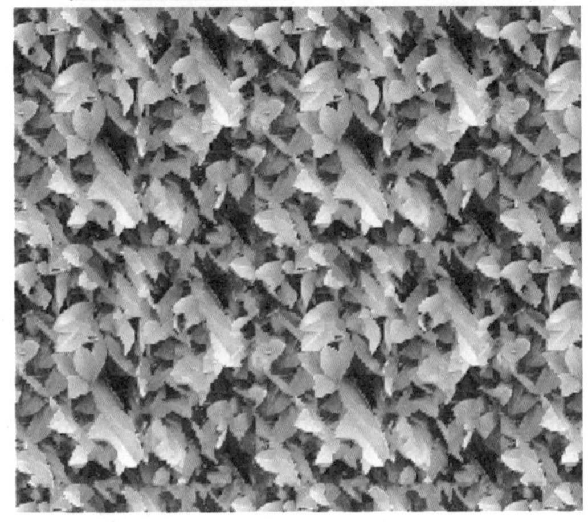

图4-12-4

04 接下来执行“文件”>“存储为”命令将“图层2”图案存储为PSD格式文件备用。单击“图层2”的“可视”图标，隐藏该图层，它已无用。

05 选择“横排文字工具”，在属性栏设置好字体和大小等参数，如图4-12-5所示。将前景色设置为白色。

图4-12-5

06 进入“通道”面板，单击“创建新通道”按钮，创建Alpha1通道，输入文字“拆迁”。这时文字是带选区的，如图4-12-6所示。

图4-12-6

07 由于选中的字体笔画不够宽，所以执行“选择”>“修改”>“扩展”命令，将文字选区扩展8像素，如图4-12-7所示。再按Alt+Delete键填充白色，如图4-12-8所示。按Ctrl+D键取消选区。

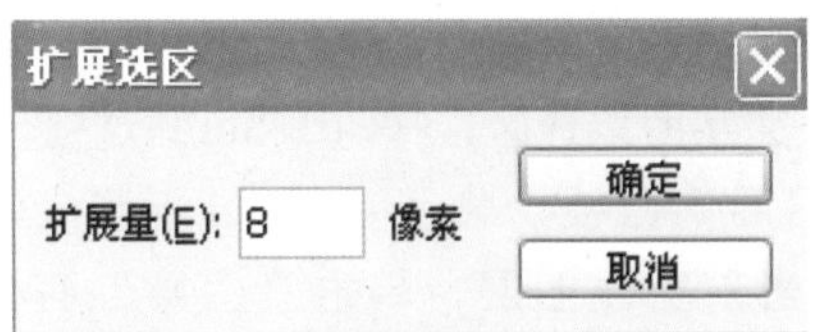

图4-12-7

图4-12-8

08 执行“滤镜”>“扭曲”>“置换”命令，在打开的对话框中设置相关参数，如图4-12-9所示。具体操作与上例4.11中第06步相同。文字被扭曲，如图4-12-10所示。

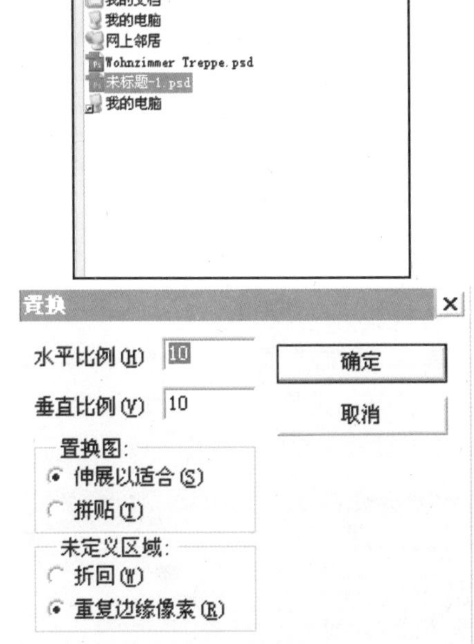

图4-12-9

图4-12-10

09 按Ctrl 键单击“通道”面板中Alpha1通道缩览图载入文字图像选区，按Ctrl+Shift+I将选区反向。进入“图层”面板，如图4-12-11所示，确认“图层1”为当前工作图层，单击“图层”面板下方的“添加图层蒙版”按钮，为“图层 1”添加图层蒙版，下层砖墙自然地以文字形态显露出来，如图4-12-12所示。

图4-12-11

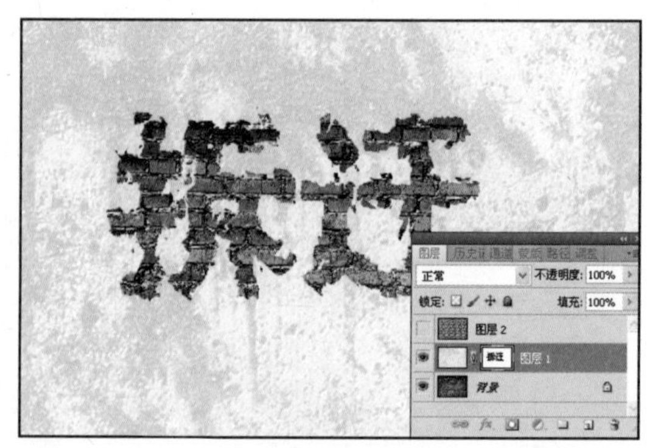

图4-12-12

10 单击“图层”面板下方的“添加图层样式”按钮fx，在打开的菜单中选择“投影”选项，在打开的对话框中设置相关参数，如图4-12-13所示。

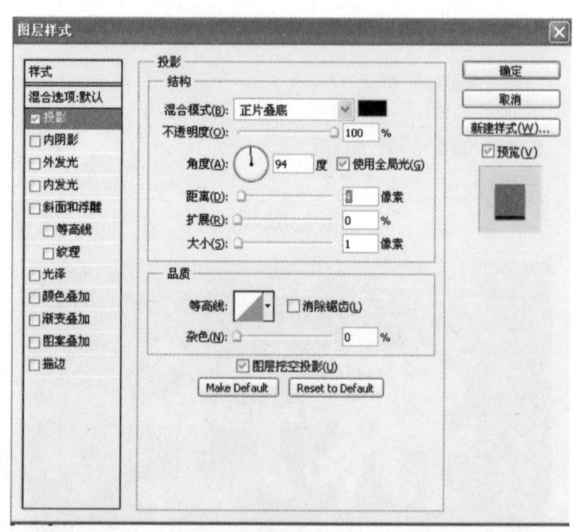

图4-12-13

11 进入“通道”面板，单击“创建新通道”按钮，创建Alpha2通道，选择“套索工具”在该通道中绘制不规则选区并填充白色，按Ctrl+D键取消选区。执行“滤镜”>“扭曲”>“置换”命令，步骤和选择的置换图与前面相同，如图4-12-14所示。

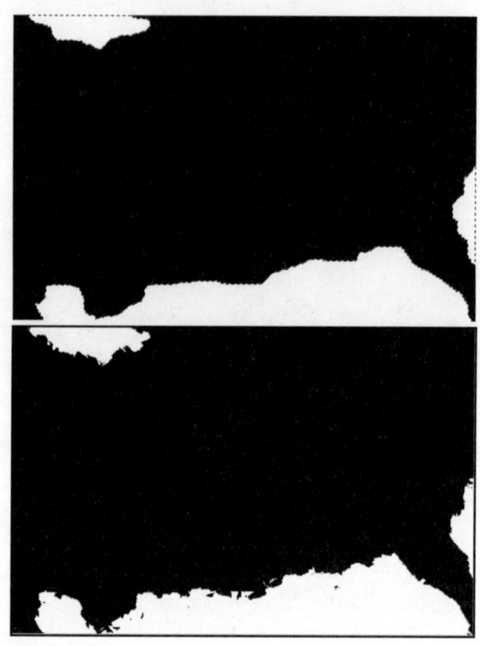

图4-12-14

12 按Ctrl 键单击“通道”面板中的Alpha2通道缩览图载入选区，进入“图层”面板，确认“图层1”为当前工作图层，单击该图层的蒙版使之处于工作状态，将前景色设置为黑色，按Alt+Delete键填充前景色，做出破损墙皮的效果，如图4-12-15所示。

图4-12-15

13 按Ctrl键单击“图层1”的蒙版载入选区，向下移动该选区，在“图层1”下创建“图层3”并作为当前工作图层，使用黑色“画笔”工具在墙皮下边涂画做出投影效果，如图4-12-16所示。为了更真实还可以选择“套索工具”，绘制几条细窄的选区，在蒙版中填充黑色，做出裂缝，如图4-12-17所示。最后可通过执行“色相饱和度”或“色彩平衡”命令对各层进行色彩调整，完成制作。

图4-12-16

图4-12-17

4.13 飞行的画卷

《一千零一夜》中有一个关于飞毯的故事，据说坐上它想去哪里就能去哪里，既然阿拉伯毛毯会飞，那么画卷就不可以飞吗？今天就做一个飞行的画卷。这个制作我们用到了“消失点”滤镜，这个滤镜的特点是在选点的区域内进行复制、粘贴、涂抹等操作时，图像能自动遵循透视原理精准地呈现出来，也就是说它消除了你在编辑图像时对图像可能出现的“脱轨”现象的担忧。在复制移动图像、仿制图像以及修改图像时十分有用。下面我们通过一个制作来体验一下。

本案例涉及的主要知识点：

本案例主要涉及“透视”变换命令，消失点、渐变编辑，变换与变形命令、仿制图章工具等，案例效果如图4-13-1所示。

图4-13-1

操作步骤：

01 执行“文件”>“新建”命令，创建一个宽为700像素，高为500像素，分辨率为72像素/英寸，背景内容为白色，颜色模式为RGB的图像文件。

02 打开一张风景照素材图，按Ctrl+T键将其缩小，按Ctrl+J键将其复制两个，横向排列好，如图4-13-2所示。之后再按Ctrl+E键将它们向下并入”图层1”。执行“编辑”>“变换”>“透视”命令，拖动控制柄如图4-13-3所示。

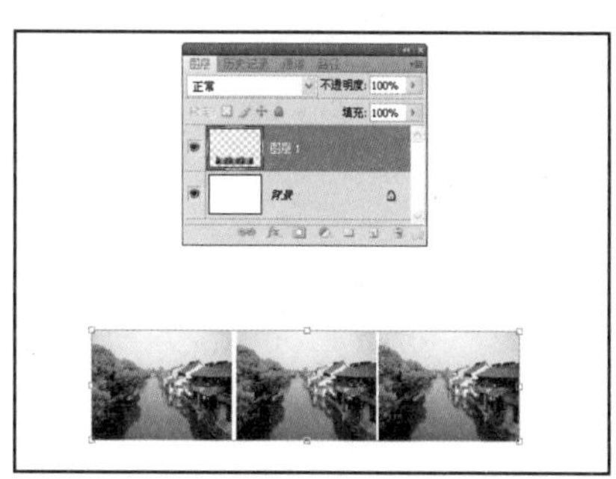
图4-13-2

图4-13-3

03 执行“滤镜”>“消失点”命令，打开“消失点”对话框，选“创建平面工具”，在图像中单击拖动创建一个蓝色网格平面，如图4-13-4所示。

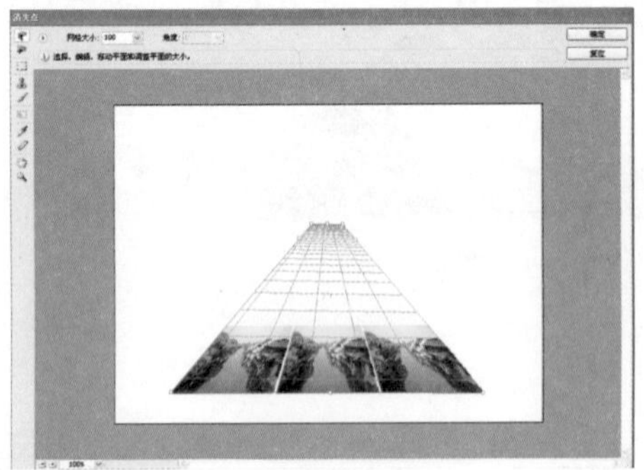

图4-13-4

提 示：

如果网格为红或黄色，说明透视不够精确，需要进一步调整，即将鼠标放到节点上编辑网格形态，使透视准确地与图像透视延伸相吻合。

04 选择对话框左侧“选框工具”，在网格平面中的图像上拉出一个选区，选区将自动适配透视，如图4-13-5所示。

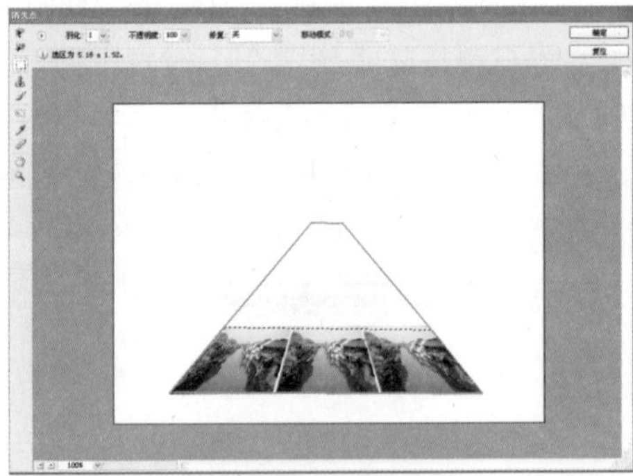

图4-13-5

05 按住Alt键，这时光标呈黑白双箭头，向上连续移动复制图像直达到透视框顶部位置。之后单击“确定”按钮，如图4-13-6所示。

图4-13-6

06 下面制作卷筒效果。单击“图层”面板下方的“创建新图层”按钮，创建“图层2”。选择“矩形选框工具”，横向绘制一个矩形选区，选择工具箱中的“渐变工具”，单击属性栏中的渐变色带，打开“渐变编辑器”对话框编辑渐变，将渐变条上的两端色标设置为灰色，中间的色标设置为白色，如图4-13-7所示。单击“确定”按钮完成渐变编辑。

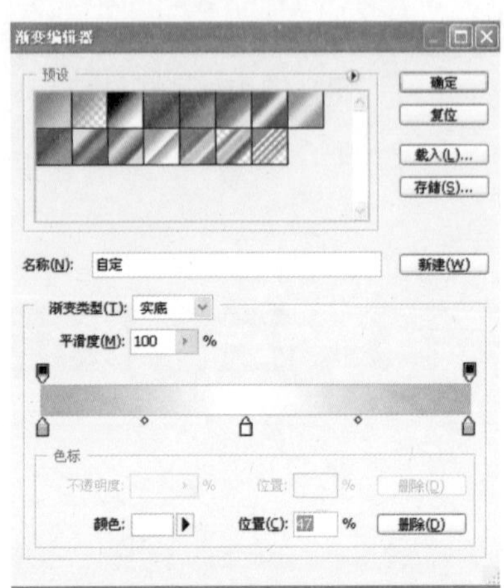

图4-13-7

07 在“渐变工具”属性栏将渐变类型设为“线性渐变”，之后在选区中自上而下填充线性渐变，如图4-13-8所示。按Ctrl+T键调出变换框，按Ctrl键，将光标放在变换框节点上拖动变换其形状，如图4-13-9所示。

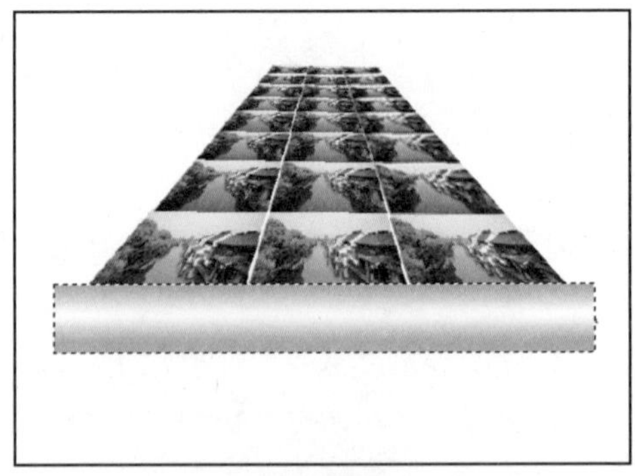

图4-13-8

图4-13-9

08 选择“钢笔工具”，在卷筒右端绘制出路径，之后按Ctrl+Enter 键将该路径转为选区，按Delete键删除选区内图像，使卷筒右端呈圆弧状，如图4-13-10所示。再在“图层1”下创建“图层3”，同样的方法在卷筒左端绘制一个选区，选择“仿制图章工具”，将属性栏的“取样”设置为“所有图层”，按住Alt键，将光标置于图像绿色部位，单击一下，再将光标移至选区内涂画仿制做出卷角，如图4-13-11所示。

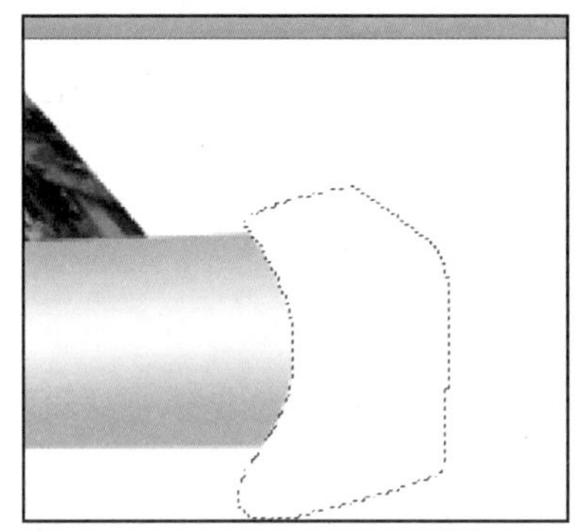

图4-13-10

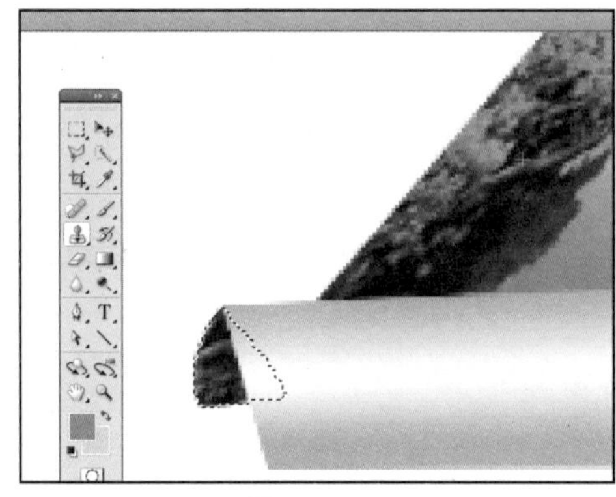

图4-13-11

09 复制“图层2”为“图层2 副本”，选择“移动工具”，将“图层2 副本”上移，按Ctrl+T键缩小图像，如图4-13-12所示。

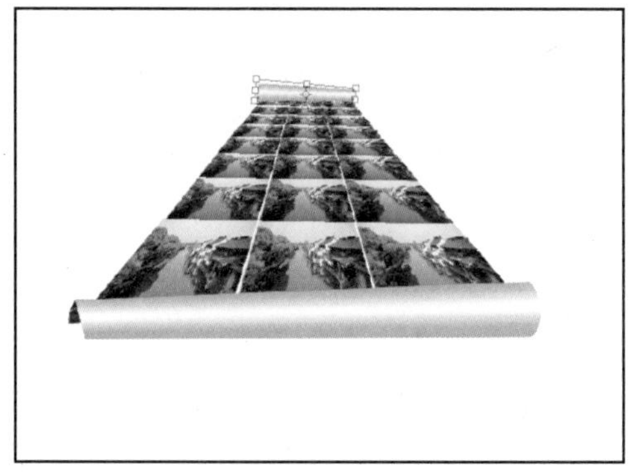

图4-13-12

10 合并各层（背景图层除外），按Ctrl+T键变换画卷的角度，再执行“编辑”>“变换”>“变形”命令，调整形态，如图4-13-13所示。

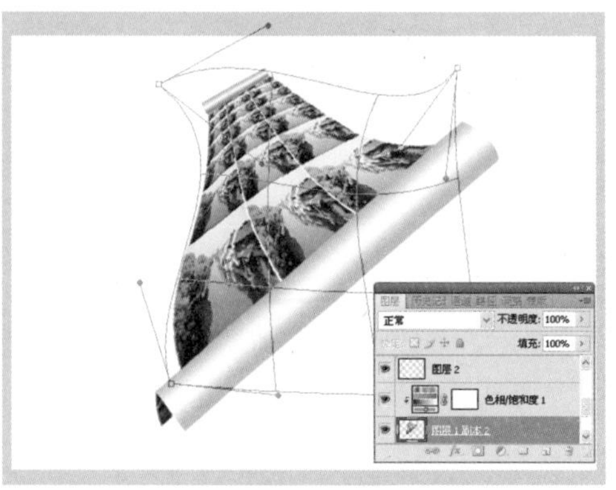

图4-13-13

11 最后放入一个风景图像作为背景，制作完成。

第5章 冬天的故事

冬日
有雪有雾也有风
有云有天也有情
一个故事，一个童话
轻轻地一曲摇曳在枝头。

雪花落在我的额上，融化了。时光荏苒，转眼又是一个冬。我的Photoshop之旅仍在继续着，我依然在跋涉。北方的冬天格外地冷，然而只要你心中燃着一团火，便依旧能在这飞雪的季节编织出一个又一个温暖如春的故事。

5.1 冬天里的一把火

外边冷，屋里热，星期日坐在家里很闲，打开音响，播放费翔的《冬天里的一把火》，旋律和歌声在房间回荡，我的心也随歌声起舞："你就像那一把火，熊熊火光照亮了我，你的大眼睛明亮又闪烁，仿佛天上星星最亮的一颗……"我双目微合，翘起二郎腿，靠在椅背上悠旋着，渐渐地产生了制作一团大火的冲动，大凡灵感总在这状态下产生，当有了一个大概的思路后便开始了制作……

本案例涉及的主要知识点：

本案例涉及的主要知识点有渐变编辑、"动感模糊"滤镜、"波浪"滤镜、"旋转扭曲"滤镜、"液化"滤镜、图层混合模式，色彩平衡调整、曲线调整、图层蒙版、"变换"命令等，案例效果如图5-1-1所示。

图5-1-1

操作步骤：

01 执行"文件">"新建"命令，创建一个宽为700像素，高为550像素，分辨率为72像素/英寸，背景内容为黑色，颜色模式为RGB的图像文件。

02 单击"图层"面板下方的"创建新图层"按钮，在背景图层上创建"图层1"。选择工具箱中的"渐变工具"，单击"渐变工具"属性栏中的渐变色带，打开"渐变编辑器"对话框。自左向右，单击渐变条上第1个色标，在下方颜色选项处设置颜色为R250、G70，B28，位置为0%；将第2个色标颜色值设置为R254、G231、B152，位置为85%。将第3个色标颜色值设置为R253、G247、B225，位置为100%。第1和第2个色标之间的中点位置为36%，第2和第3个色标之间的中点位置为80%，如图5-1-2所示。单击"确定"按钮完成渐变编辑。在"渐变工具"属性栏中将渐变类型设置为"线性渐变"。

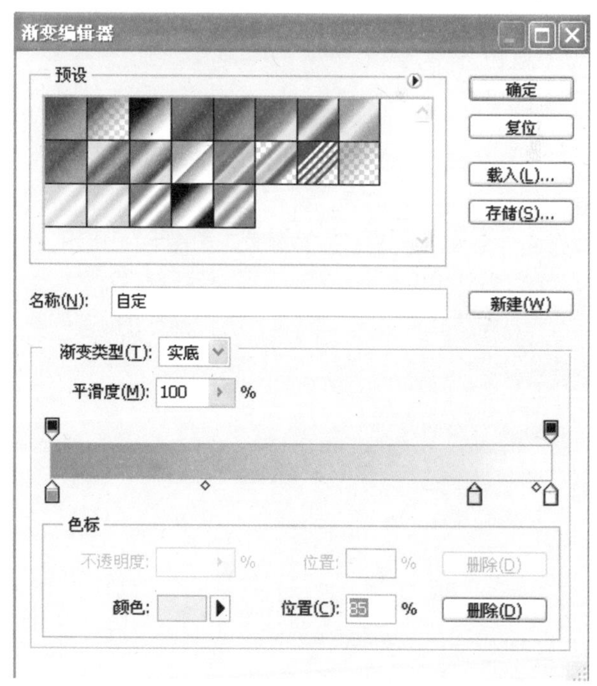

图5-1-2

03 确认"图层1"为当前工作图层。选择工具箱中的"矩形选框工具"，绘制选区，自上而下在选区内填充线性渐变，如图5-1-3所示。取消选区。执行"滤镜">"模糊">"动感模糊"命令，调整相应的参数如图5-1-4所示。

图5-1-3

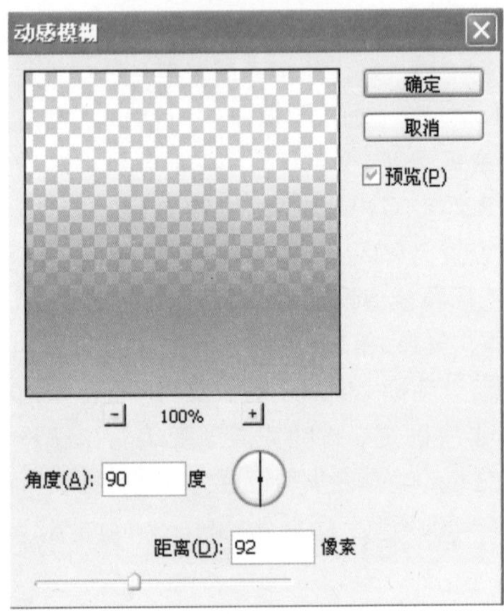

图5-1-4

04 执行“滤镜”>“扭曲”>“波浪”命令，调整相应的参数，如图5-1-5所示。执行“滤镜”>“扭曲”>“旋转扭曲”命令，调整相应的参数，如图5-1-6所示。

我自认这是个很不错的点火方法，如同浇上汽油，火焰腾地就窜起来了。

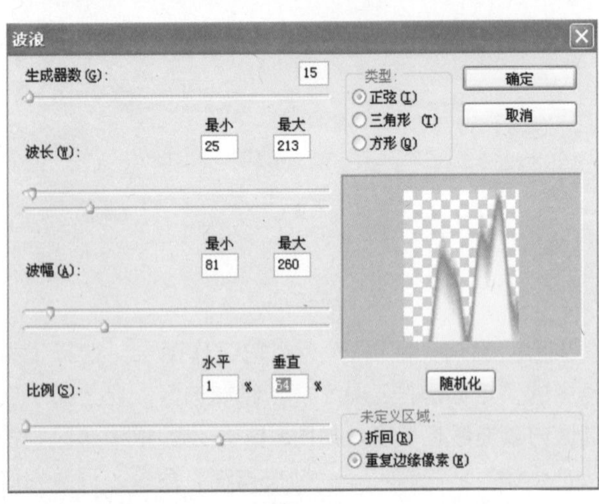

图5-1-5

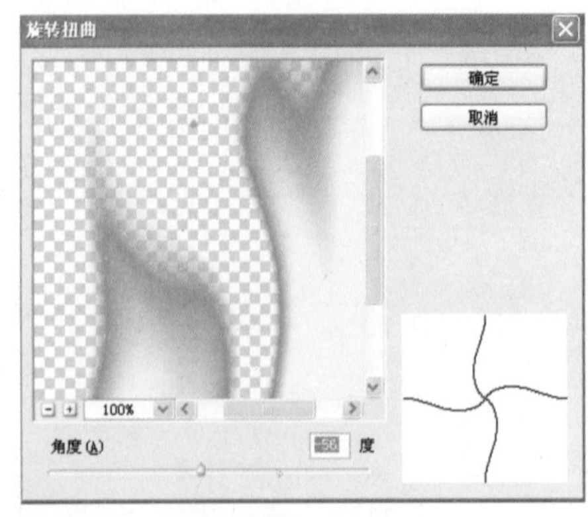

图5-1-6

提 示：

看来单靠整体扭曲是不够的，火苗的一些局部仍需单独扭曲处理。

05 执行“滤镜”>“液化”命令，在打开的对话框左侧选择“向前变形工具”和“顺时针旋转扭曲工具”，进一步改变火苗形态，如图5-1-7所示。之后单击“确定”按钮。再选择工具箱中的“涂抹工具”，根据实际设置工具属性栏中“强度”参数，在图像中涂抹，进一步调整改变火的尖部形态。工具这东西能用就要用，不能让它们闲着，如图5-1-8所示。

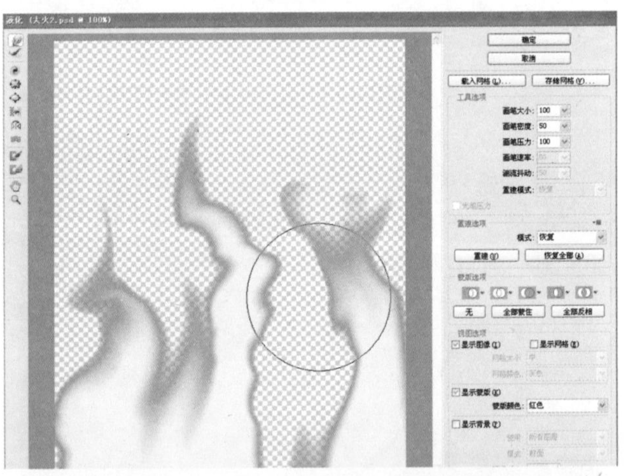

图5-1-7

图5-1-8

06 按Ctrl键单击“图层”面板中的“图层1”缩览图，载入该图层图像的选区，如图5-1-9所示。

图5-1-9

07 分别执行“选择”>“修改”>“收缩”命令和“选择”>“修改”>“羽化”命令，调整相应的参数，如图5-1-10所示。

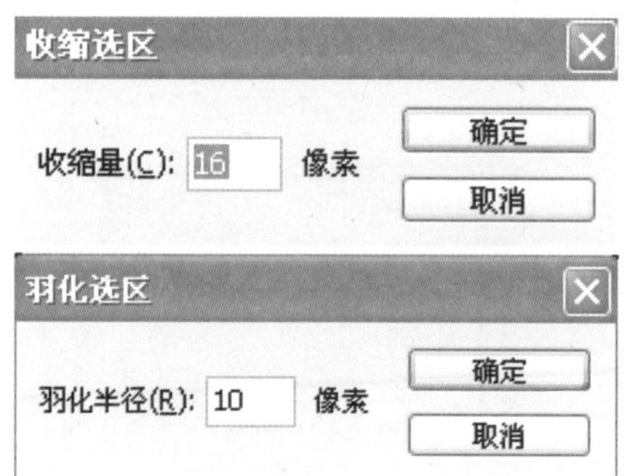

图5-1-10

08 单击“图层”面板下方的“添加图层蒙版”按钮，为“图层1”添加图层蒙版，使之处于工作状态，按Ctrl+I键将蒙版反相，之后按Ctrl+D键取消选区，如图5-1-11所示。

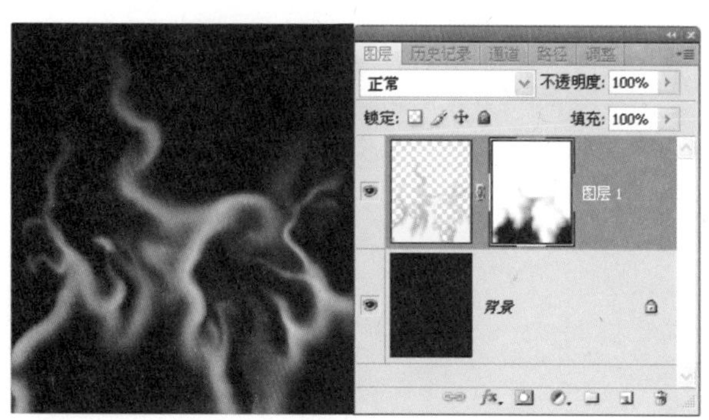

图5-1-11

09 按Ctrl+J键复制“图层1”为“图层1 副本”，并将该图层作为当前工作图层。按Ctrl+T键调出变换框，按住Ctrl键拖动变换框四角的节点，对“图层1 副本”中的火苗形态进行变换。之后将图层混合模式设置为“线性减淡”，如图5-1-12所示。

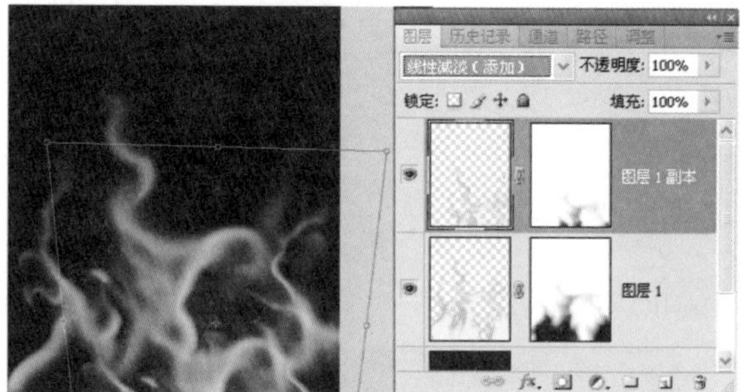

图5-1-12

10 按Ctrl+J键复制“图层1 副本”为“图层1 副本2”，执行“编辑”>“变换”>“变形”命令，继续变化火苗形态让它更丰富些，如图5-1-13所示。

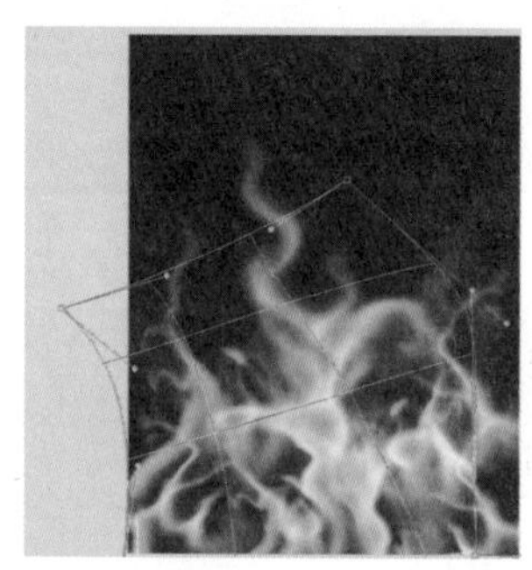

图5-1-13

11 下面让火光亮一些。单击“图层”面板下方的“创建新的调整图层”按钮，在打开的菜单中选择“色彩平衡”选项在“图层1 副本2”之上创建“色彩平衡”调整图层，在调整面板中分别选中“中间调”和“高光”选项并进行调整，调整后火变得更亮了，如图5-1-14所示。

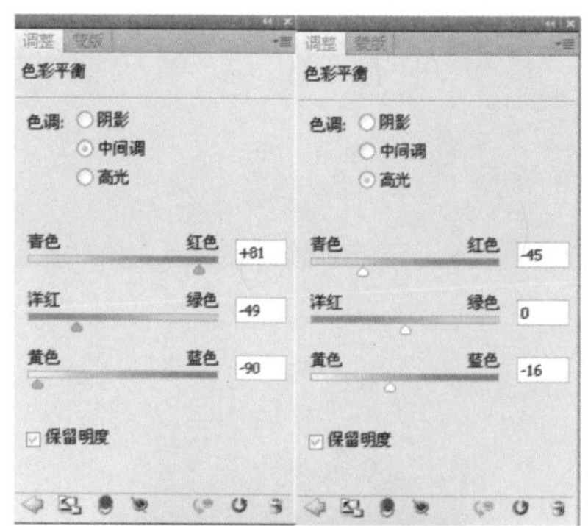

图5-1-14

12 打开一张人物素材图像，如图5-1-15所示。将其置于"图层1 副本2"之下，由于人像是在"图层1 副本2"之下。单击"图层"面板下方的"添加图层蒙版"按钮，添加图层蒙版并使之处于工作状态，将前景色设为黑色，用"画笔"工具将人像周围的绿色景物擦去，如图5-1-16所示。

图5-1-15

图5-1-16

13 单击"图层"面板下方的"创建调整图层"按钮，在打开的菜单中选"曲线"选项，创建"曲线"调整图层，在"调整"面板中分别调整RGB、红、绿和蓝曲线，如图5-1-17所示。整个制作过程的图层排列，如图5-1-18所示。

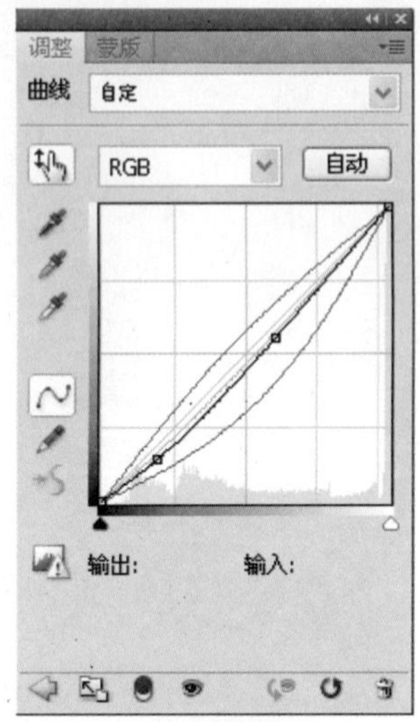

图5-1-17

图5-1-18

5.2 雪"落"奥地利

今年暑假去了一趟奥地利，拍了不少照片，由于我摄影技术太差，而且相机也不行，是那种最简单的数码相机，所以拍出的照片也无人敢恭维。但毕竟是大老远拍回来的，也不能眼巴巴地看着作废，于是挑出这张作为素材，改造成一个雪景，也算是废物利用吧。

本案例涉及的主要知识点：

本案例涉及的主要知识点有通道应用、色阶命令、图层蒙版、图层样式、色相/饱和度调整，案例效果如图5-2-1所示。

图5-2-1

操作步骤：

01 打开素材图，如图5-2-2所示。复制一层，进入“通道”面板，将绿通道拖至“创建新通道”按钮上，复制一个“绿副本”和“绿副本2”，如图5-2-3所示。

提 示：

你可能要问：“为什么要复制绿通道”？因为我们要做雪景，许多地方尤其是树和草上要落有白雪，而绿通道中固有的白色分布情况较为合适，制作起来也容易些；那么为什么要复制一个“副本2”呢？这一点在随后的制作过程中就明白了。

图5-2-2

图5-2-3

02 按Ctrl+L键打开“色阶”对话框，如图5-2-4所示。调整“绿副本”，经过调整图像的黑白对比变得更加强烈，似乎是一幅黑白的雪景图像。许多部位都被皑皑白雪所覆盖，连天空都变白了，如图5-2-5所示。这时你可能就明白我们为什么要复制通道了。是的，如果直接在RGB任何一个通道里操作，那么原图像就会改变颜色。

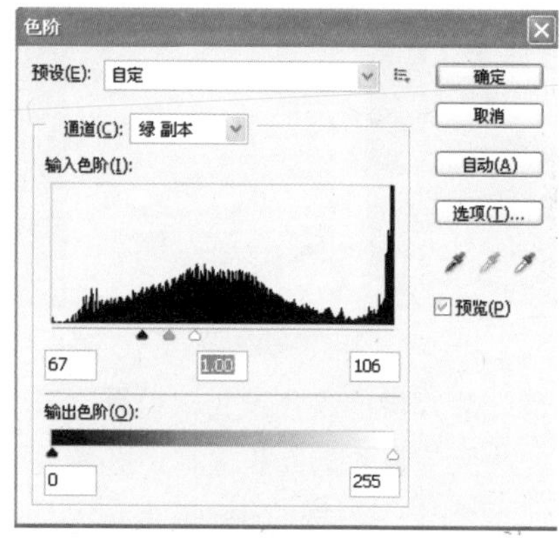

图5-2-4

图5-2-5

03 进入“绿副本2”，按Ctrl+L键打开“色阶”对话框，按照如图5-2-6所示进行调整。尽量将图像中黑色面积扩大，但也要有度，只要保证天空全为白色即可。

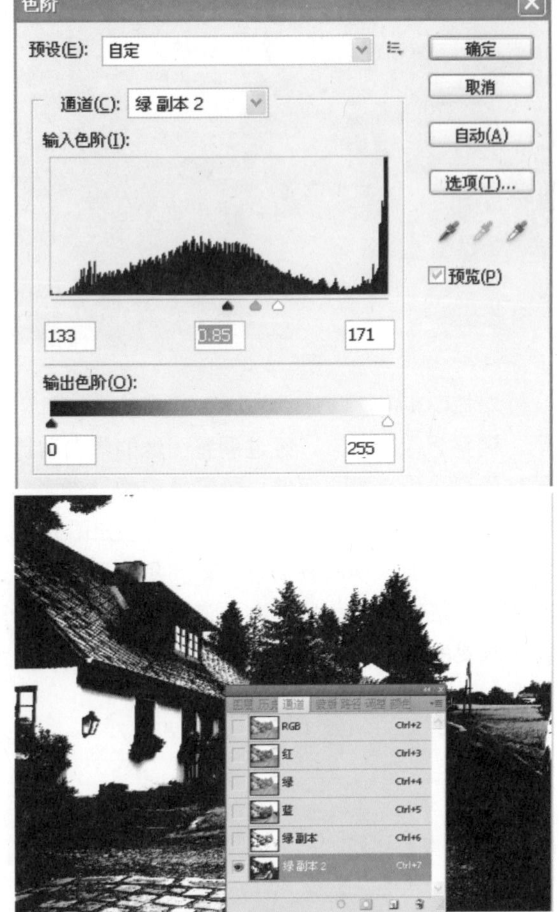

图5-2-6

04 调好后，将前景色设为黑色，选择“画笔工具”，将天空以外的部位涂黑，如图5-2-7所示。之后进入“绿副本”，按Ctrl键单击该通道缩览图载入选区，如图5-2-8所示。

图5-2-7

图5-2-8

05 返回“图层”面板，保持选区，单击“图层”面板下方“创建新图层”按钮，创建“图层1”，并将该图层作为当前工作图层，将前景色设为白色，按Alt+Delete键填充前景色，如图5-2-9所示。而后按Ctrl+D键取消选区。

图5-2-9

06 这时天空也都变成白色了，所以再次进入“通道”面板，进入“绿副本2”，按Ctrl键单击该通道缩览图载入选区，如图5-2-10所示。看见没？这个“绿副本2”起作用了。

图5-2-10

07 返回“图层”面板将“图层1”作为当前工作图层，保持选区，按Delete键删除覆盖在天空的白色，如图5-2-11所示。

08 单击“图层”面板下方的“添加图层蒙版”按钮，为“图层 1”添加图层蒙版并使之处于工作状态，将前景色设为黑色，用“画笔”工具在房子的墙壁、窗户等处涂抹修饰，使其恢复固有颜色，如图5-2-12所示，不能都落上雪的。

图5-2-11

图5-2-12

09 单击“图层”面板下方的“添加图层样式”按钮，在打开的菜单中选择“斜面浮雕”选项，在打开的对话框中设置相关参数，将雪调出厚度感，如图5-2-13所示。

10 单击“图层”面板下方的“创建调整图层”按钮，在打开的菜单中选择“色相饱和度”选项，在“调整”面板中进行调整，如图5-2-14所示。将窗台的红花中的红色褪去一些，制作完成。

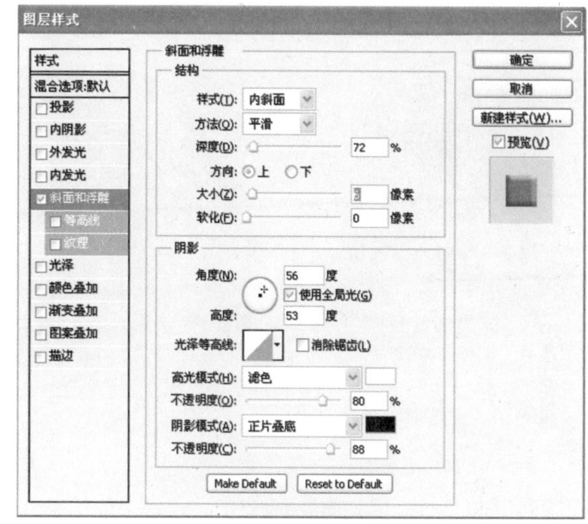

图5-2-13

图5-2-14

5.3 新城老路

打开一张城市街景素材图，不知为什么面对这座既古老又现代的都市，不知是出于对这美丽的异国城市的嫉妒，还是那咔咔驶过的有轨电车的铁轮触动了我的某根神经，我竟然突发奇想，琢磨着要把它的路面做旧，让它斑驳掉渣，尘土飞扬。

本案例涉及的主要知识点：

本案例涉及的主要知识点有通道、“阈值”命令、图层样式、“光照”滤镜、曲线调整、色相/饱和度调整等，案例效果如图5-3-1所示。

图5-3-1

操作步骤：

01 打开素材图像，复制一层即“背景副本”，并作为当前工作图层，如图5-3-2所示。进入“通道”面板，将“红通道”拖至“创建新通道”按钮上复制为“红副本”，如图5-3-3所示。执行“图像”>“调整”>“阈值”命令，调整相应的参数，如图5-3-4所示。

图5-3-2

图5-3-3

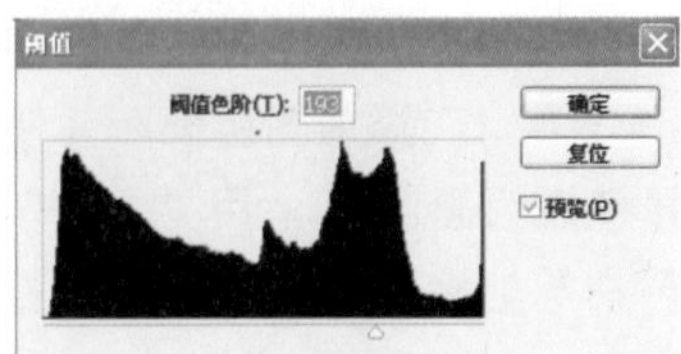

图5-3-4

02 执行“阈值”命令后，用黑色“画笔”工具将人物、楼房、树木和天空涂成黑色。按Ctrl键单击“红副本”载入选区，如图5-3-5所示。返回“图层”面板的“背景副本”，按Ctrl+J键拷贝选区内图像，即部分路面为“图层1”，如图5-3-6所示。

图5-3-5

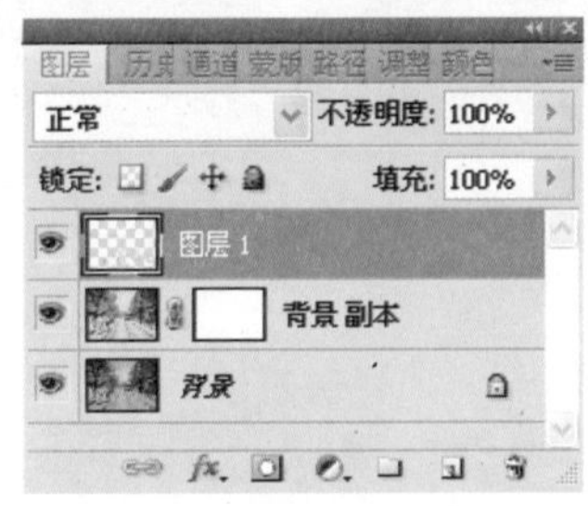

图5-3-6

03 确认“图层1”为当前工作图层，单击“图层”面板下方的“添加图层样式”按钮，在打开的菜单中选择“斜面和浮雕”选项，在打开的对话框中设置相关参数，如图5-3-7所示。再执行“滤镜”>“渲染”>“光照”命令，在打开的对话框中设置“光照类型”等参数，如图5-3-8所示。效果如图5-3-9所示。

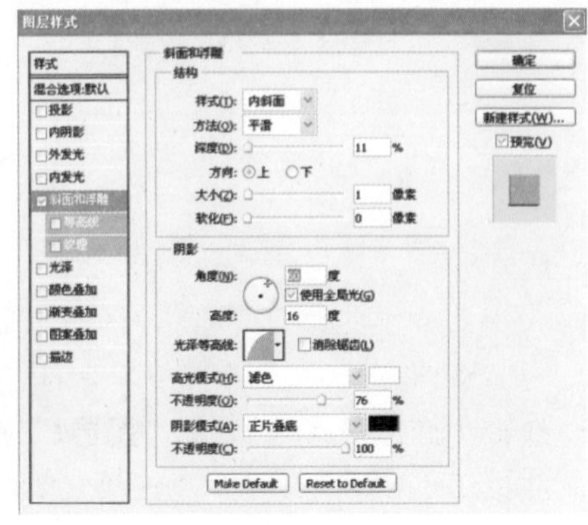

图5-3-7

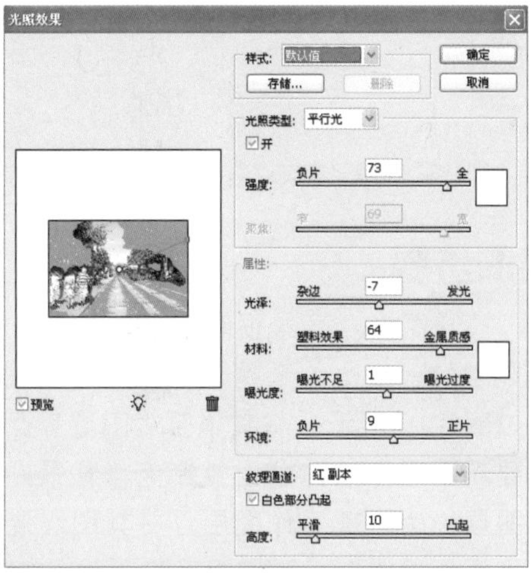

图5-3-8

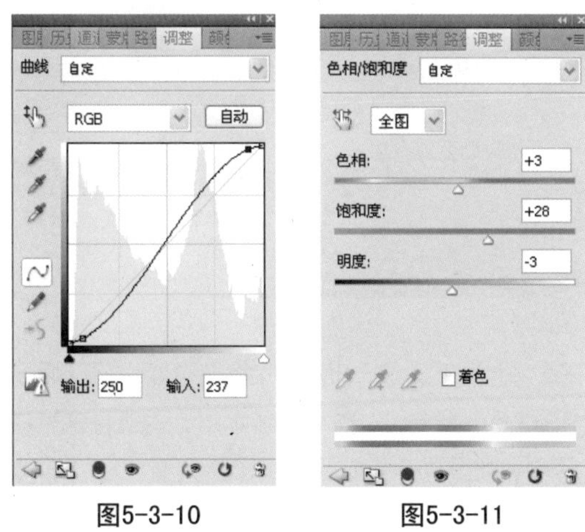

图5-3-9

04 确认“背景副本”，为当前工作图层。单击“图层”面板下方的“创建调整图层”按钮，在打开的菜单中选择“曲线”选项，打开“曲线”对话框进行调整，增加对比度，如图5-3-10所示。再创建“色相饱和度”调整图层并进行调整，增加饱和度，如图5-3-11所示。

图5-3-10

图5-3-11

05 选择“套索工具”在“图层1”中圈选几个选区，并按Ctrl+J键拷贝选区内图像，即小部分路面为“图层2”，用“移动工具”将拷贝的路面向左侧移动适当地填补空地，如图5-3-12所示。确认“背景副本”为当前工作图层，执行“滤镜”>“渲染”>“光照”命令，在打开的对话框中设置“光照类型”等参数，如图5-3-13所示。效果如图5-3-14所示。最后总体调一下饱和度，用“画笔”工具在车尾喷些黄色的尘土效果等，不再赘述。

图5-3-12

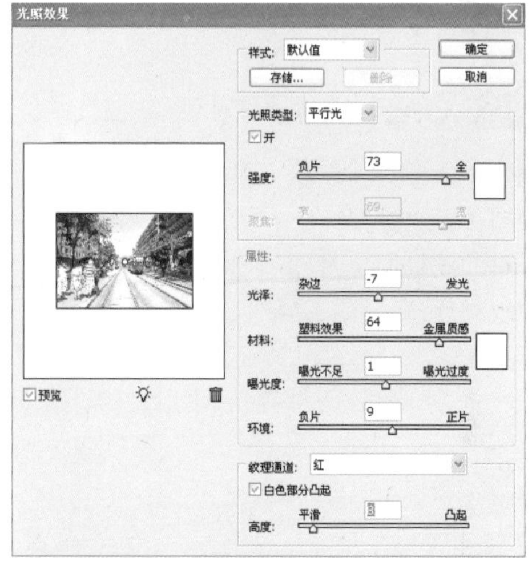

图5-3-13

图5-3-14

做完了，心里有点怪怪的感觉，似乎觉得自己在恶作剧，搞破坏似的，好端端的街路被我搞得破烂不堪。好了，适可而止，转入下一话题，抠“帅哥”。

5.4 抠“帅哥”

昨日，相当地冷，可我还是去了宠物市场。早就听说那里有各种各样的狗狗，果然名不虚传啊，花上一元买张门票，溜达进去，一片狗叫声，细嫩的、狂吠的、哭腔的好不热闹。那狗的品种也多的很，白的黑的、大的小的、肥的瘦的、短毛的长毛的……我是外行，名字也叫不准，只记得有大肥嘴巴的松狮，瘦小玲珑的我叫他鹿狗，还有狼一样的黑背，还有博美…但最吸引我目光的是阿拉斯加雪橇犬长相不凶很漂亮，主人是位娇小的女士，当那女士与我们攀谈时，那大家伙竟在敞棚铁笼里站起，足有1.60米。主人介绍，它是从美国带回来的，已经两岁了，是种狗所以是棵“摇钱树”，给20万也不卖，它体重75公斤，对主人特别忠诚，她家的小孩子还可以骑它，据说这狗力大耐寒，主要是产于阿拉斯加，善拉雪橇，故得名。正聊着，那狗伸出前爪轻轻拍拍主人的肩膀，示意她回头，真是乖巧可爱，下面是这位“帅哥”的靓照，我们用它来练习应用通道抠图，给它换一个背景。

抠图像是个细致活，简单的可以用钢笔、魔术棒、背景橡皮擦、色彩范围等，复杂点的，比如毛发，特别是图像所处背景色与毛发色接近的，或背景很黑，毛发又不是很亮，而是较模糊较细的就比较麻烦。

本案例涉及的主要知识点：

本案例涉及的主要知识点有图层混合模式、通道应用、色阶调整等，案例效果如图5-4-1所示。

图5-4-1

操作步骤：

01 打开图像，背景很暗，毛发也黑，尤其那头上部茂密的、细小的毛梢与背景融合在一起很难分辨，如图5-4-2所示。将其拖至“图层”面板下方的“创建新图层”按钮上复制为“背景副本”，并将该图层作为当前工作图层。将其图层混合模式设置为“颜色减淡”，增加明暗和色差，如图5-4-3所示。

图5-4-2

图5-4-3

02 进入“通道”面板，将蓝通道拖至面板下方的按钮上，复制一个“蓝副本”。之后按Ctrl+I 键将其反相，如图5-4-4所示。

图5-4-4

03 执行“图像”>“调整”>“色阶”命令，加强黑白反差，如图5-4-5所示。

图5-4-5

04 将前景色设置为白色，选择柔边“画笔工具”先把“帅哥”身体的内部涂白。再缩小画笔直径，在工具属性栏降低不透明度，小心地将“帅哥”毛发的根部涂白，要柔和，如图5-4-6所示。

图5-4-6

05 将前景色设置为黑色，用“画笔工具”把外围背景涂黑，先涂远处，再降低画笔的不透明度擦涂靠近毛尖的部位，如图5-4-7所示。

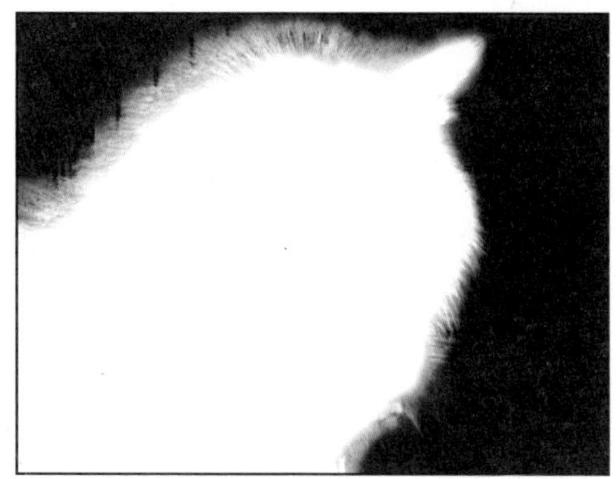

图5-4-7

06 再次将前景色设置为白色，在工具属性栏进一步降低不透明度，小心地将“帅哥”的毛发根部涂一些白色，要涂柔和。个别处，比如栏杆处，可通过选择“涂抹工具”，从白色往黑处拖拉，用涂抹出的细毛遮盖栏杆，如图5-4-8所示。

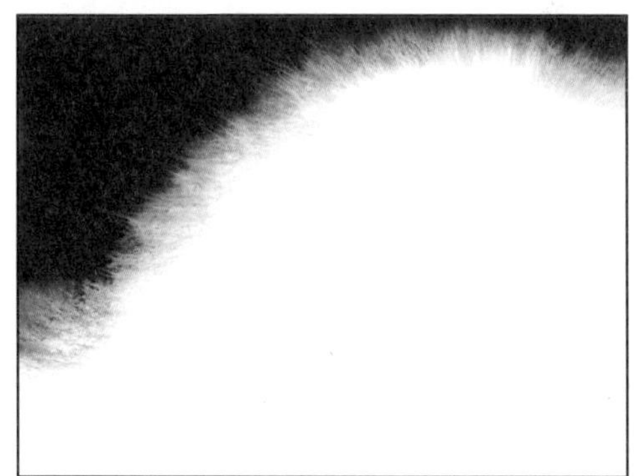

图5-4-8

07 上述步骤完成后，按Ctrl 键单击“通道”面板中蓝副本缩览图载入选区，如图5-4-9所示。

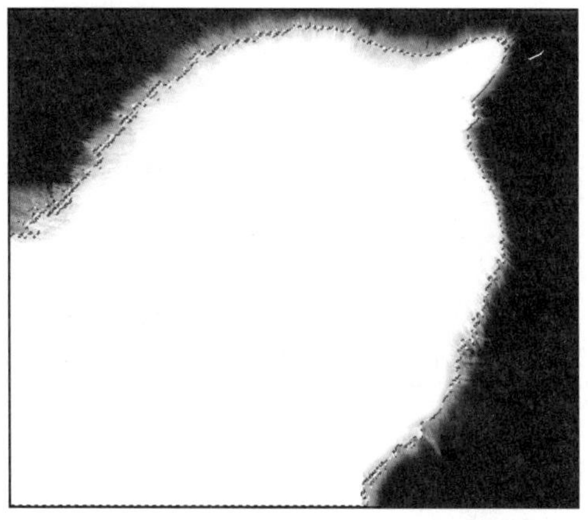

图5-4-9

08 返回“图层”面板，先单击“图层”面板中“背景副本”的“可视”图标，隐藏“背景副本”图层，因为它已完成了使命。进入“背景”图层，按Ctrl+J键拷贝选区内图像，得到“图层1”，如图5-4-10所示。“帅哥”被抠出来了。

图5-4-10

09 在“图层1”之下创建一个新图层填充白色，完成操作，如图5-4-11所示。

图5-4-11

5.5 红衣问花女

做这个图出于什么原因我也不是很清楚，只是拿到这个人物素材图便在脑海里浮现出一位脉脉含情的，在风清月朗的夜晚徘徊在后花园的相思女子，是很古的、很幽静的那种意境。此时想起了欧阳修的那句：“泪眼问花花不语，乱红飞过秋千去”。

本案例涉及的主要知识点：

本案例涉及的主要知识点有素材应用、Lab模式、图层蒙版、曲线、色彩平衡等，案例效果如图5-5-1所示。

图5-5-1

操作步骤：

01 打开一幅素材图像，如图5-5-2所示，即“背景”，按Ctrl+J键将其复制为“背景副本”，执行“图像”>“模式”>“Lab”命令，在打开的对话框中单击“不拼合”按钮，如图5-5-3所示。

图5-5-2

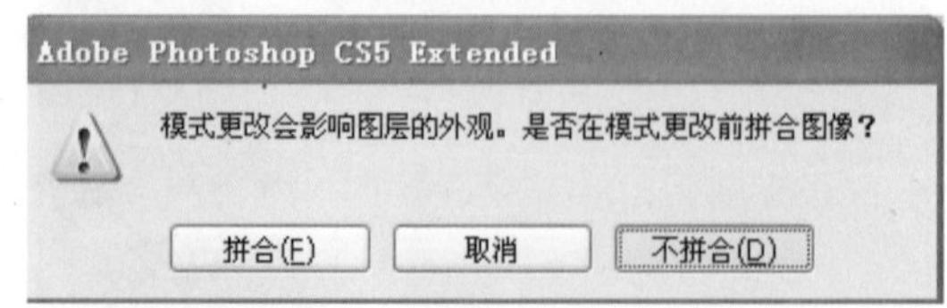

图5-5-3

02 单击a通道，按Ctrl+A键全选，再按Ctrl+C键拷贝，如图5-5-4所示。单击b通道，按Ctrl+V粘贴，如图5-5-5所示。图像色彩发生变化。

图5-5-4

图5-5-5

03 单击“图层”面板下方的“创建新图层”按钮，创建“图层1”，并将该图层作为当前工作图层，将前景色设为黑色，按Alt+Delete键填充前景色。

04 单击“图层”面板下方的“添加图层蒙版”按钮，为“图层1”添加图层蒙版，并使之处于工作状态，将前景色设为黑色，选择柔边的“画笔工具”，在工具属性栏设置笔刷直径的大小，并设置为“喷笔”状态，在图像中喷涂，让下层的图像显示出来，如图5-5-6所示。对于其他需要显露的部位也如此喷涂，在喷涂的过程中要适时地在工具属性栏中调节“不透明度”或“流量”参数。

图5-5-6

05 单击“图层”面板下方的“创建调整图层”按钮，在打开的菜单中选择“曲线”选项，在“调整”面板中调整曲线，将图像调亮并略微增强明暗反差，如图5-5-7所示。

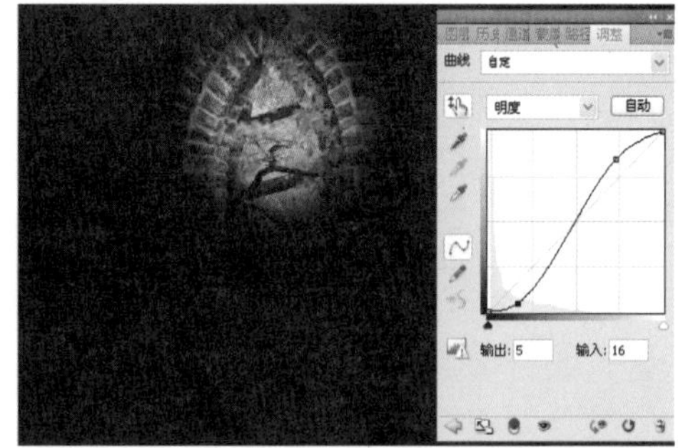

图5-5-7

06 打开一幅人像素材，按Ctrl+T键调整为合适大小并放置好，如图5-5-8所示。单击“图层”面板下方的“创建调整图层”按钮，在打开的菜单中选择“色彩平衡”选项，在“调整”面板中对人像进行颜色调整，如图5-5-9所示。之后选择“减淡工具”，在工具属性栏设置好各项参数，擦拭人的面部和手部，使之增白，如图5-5-10所示。

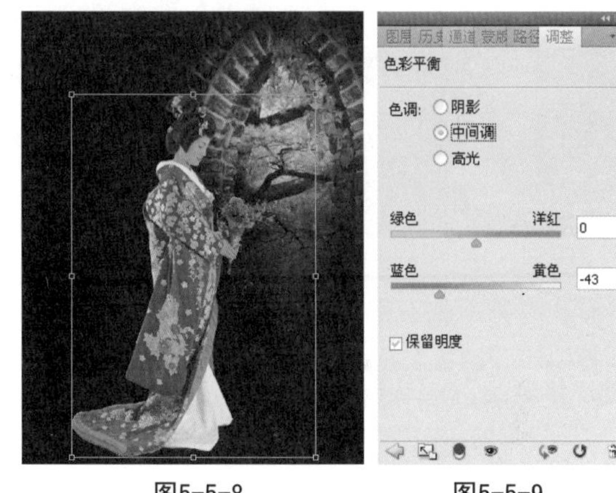

图5-5-8　　图5-5-9

图5-5-10

07 确认“背景副本”为当前工作图层，执行“滤镜”>“锐化”>“进一步锐化”命令，调整相应的参数，如图5-5-11所示。

图5-5-11

08 选择“套索工具”选中一个红叶片在其上绘制选区，之后按Ctrl+J键拷贝出来，按Ctrl+D键取消选区。按住Alt键连续拖动，这样便复制出很多的红叶，如图5-5-12所示。复制过程中可根据实际需要变换其大小和角度。如果觉得图层过多，可复制几层后合并图层，再继续复制直到满意为止。

图5-5-12

09 打开一幅石板路面素材图像，如图5-5-13所示。按Ctrl+T键将其压扁拉长，如图5-5-14所示。单击“图层”面板下方的“添加图层蒙版”按钮，为“石板路面”图层添加图层蒙版并使之处于工作状态，将前景色设为黑色，用“画笔”工具擦去不需要的部分，只隐约地保留人像脚下部分，如图5-5-15所示。单击“图层”面板下方的“创建调整图层”按钮，在打开的菜单中选择“色彩平衡”选项，在“调整”面板中对地面进行调整，将其调为青蓝色，如图5-5-16所示。完成操作。

图5-5-13

图5-5-14

图5-5-15

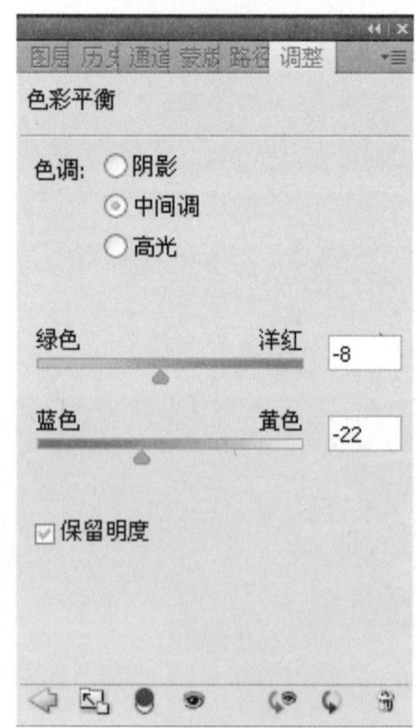

图5-5-16

5.6 战火中的小镇

用Photoshop进行合成制作，与变魔术有些类似，看上去很复杂，其实很简单，许多初学者看到一些合成，尤其是看到一些优秀的创意设计与合成制作，往往被那些奇妙的光影、纹理、色彩、怪异而抽象的组合造型和奇妙的构思所迷惑，殊不知，那些制作者也不外乎使用了Photoshop的一些基本功能，有的所使用的素材本身就是艺术成品，原本坯子就很不错，再经加工合成，融进他们的大胆奇妙的构思就动人心魄了。初学者往往对此心驰神往，也跃跃欲试，结果欲速不达。其实用不着那么性急，更不要被花哨的东西所迷惑，只要你把握4点即可：一是善于观察；二是善于思考，努力激发自己的想象力，产生好的构思；三是寻找好素材并将其利用好；四是要细心、耐心。下面这个《战火中的小镇》就是在一幅优美的村镇风景的基础上完成的。首先，必须做到心中有数，所谓有数，就是打好腹稿，分析基本素材图。“小镇”适合做什么，包括光线、透视、色调以及哪个部位应该如何处理等等。之后，是根据基本素材图准备其他素材。这里使用的所有素材都是已经事先想好的。收集素材是一个非常艰辛的工作，一般要花费很多时间。准备好后，要对素材进行适当的取舍，并把图抠出来。剩下的工作就是运用所掌握的基本技能进行合成了，主要是通过使用蒙版、变形工具进行处理，并根据你的创作的意图以及环境、氛围调整颜色，包括局部调整。对于此图来说，我觉得在战争的氛围下，图像不能那么艳丽，所以最后调色时应注意。此外还要适当动用“画笔”工具，比如坦克扬起的尘土、土块等。这里坦克是主角，所以要适当提亮。

本案例涉及的主要知识点：

本案例主要涉及图层蒙版、素材选取与应用、变换与变形命令、“操控变形”命令和内容识别、智能填充命令、色相/饱和度等，案例效果如图5-6-1所示。

图5-6-1

操作步骤：

01 打开一幅小镇素材图像，如图5-6-2所示。再打开一幅地面素材图像，添加图像中，成为“图层1”，如图5-6-3所示。

图5-6-2

图5-6-3

02 执行“编辑”>“变换”>“变形”命令，调节好大小和形状并放置在路面上。放置时要根据图像的透视关系进行适当调整，如图5-6-4所示。单击“图层”面板下方的“添加图层蒙版”按钮，为黄土地面添加图层蒙版并使之处于工作状态，将前景色设为黑色，用“画笔”工具修饰边沿使之与周围地面等自然融合，如图5-6-5所示。

图5-6-4

图5-6-5

03 创建”色相饱和度”调整图层对黄土路面进行调整，降低其饱和度，如图5-6-6所示。

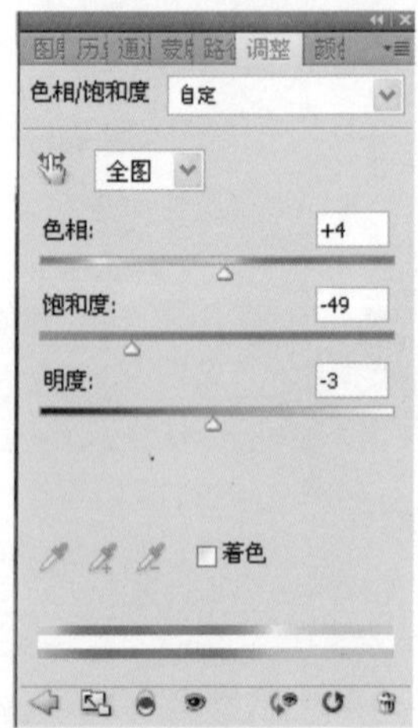

图5-6-6

04 打开一幅墙洞素材图像，如图5-6-7所示。按Ctrl+T键变换调节好大小放置在房子顶部，单击“图层”面板下方的“添加图层蒙版”按钮，添加图层蒙版并使之处于工作状态，将前景色设为黑色，用“画笔”工具擦去墙洞周围不需要的部分，如图5-6-8所示。

图5-6-7

图5-6-8

05 打开一幅木架素材图像，如图5-6-9所示。按Ctrl+T键变换大小并放置在图像左侧的房子前，如图5-6-10所示。我们要制造出炮火下的废墟，所以怎么摆放都合理，任你发挥想象，因为你才是真正的废墟制造者。单击“图层”面板下方的“添加图层蒙版”按钮，为木架层添加图层蒙版并使之处于工作状态，将前景色设为黑色，用“画笔”工具进行修饰，擦去不需要的部分并使之与路面融合。

图5-6-9

图5-6-10

06 打开一幅木材素材图像，如图5-6-11所示。按Ctrl+T键变换大小并放置在红色房顶处，按住Ctrl键拖动变换框四角的节点变换其形状，如图5-6-12所示。按Ctrl+J复制一个图层变换大小形状并放在其下，如图5-6-13所示。

图5-6-11

图5-6-12

图5-6-13

07 进入小镇所在“背景图层”，选择“钢笔工具”沿路灯上部绘制路径，如图5-6-14所示。按Ctrl+Enter键将路径转为选区，执行“编辑”>“操控变形”命令将其向下弯曲，如图5-6-15所示。

图5-6-14

图5-6-15

08 弯曲后原路灯处留有黑影，需要去掉。选择“套索工具”在黑影周围绘制选区，如图5-6-16所示。执行“编辑”>“填充”>“内容识别”命令，如图5-6-17所示。实现智能填充，黑影被绿叶填充，如图5-6-18所示。

图5-6-16

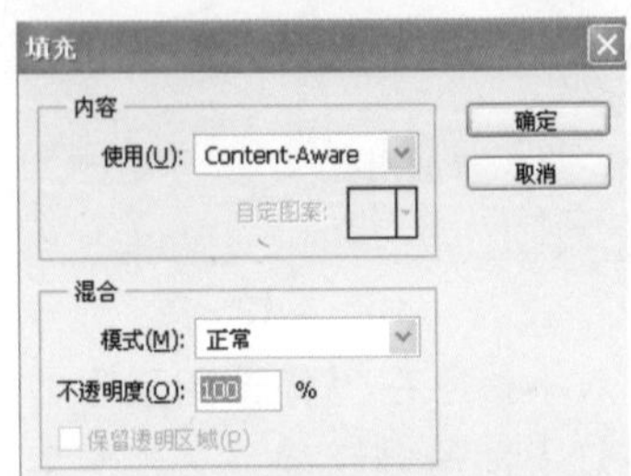

图5-6-17

图5-6-18

09 打开一幅烟雾素材图像，按Ctrl+T键变换大小并放置在红房顶破洞处，如图5-6-19所示。再打开一个红布条素材放在电线上营造气氛。如图5-6-20所示。

图5-6-19

图5-6-20

10 打开一幅坦克素材图像，如图5-6-21所示。变换大小并放置在路面上。单击“图层”面板下方的“添加图层蒙版”按钮，为“坦克”图层添加图层蒙版并使之处于工作状态，将前景色设为黑色，用“画笔”工具进行修饰，擦去不需要的部分并使之与周围景物融合。选择“吸管工具”在“路面”单击取色，并选择“画笔工具”，在工具属性栏降低其“不透明度”，在“坦克”周围喷画出尘土效果，如图5-6-22所示。

图5-6-21

图5-6-22

11 为“坦克”创建“曲线”调整图层，单击“图层”面板下方的“创建调整图层”按钮，在打开的菜单中选择“曲线”选项，在“调整”面板中将“坦克”提亮，如图5-6-23所示。再创建一个“曲线”调整图层对图像的整体进行调整，如图5-6-24所示。最后放入“飞机”素材图，如图5-6-25所示。

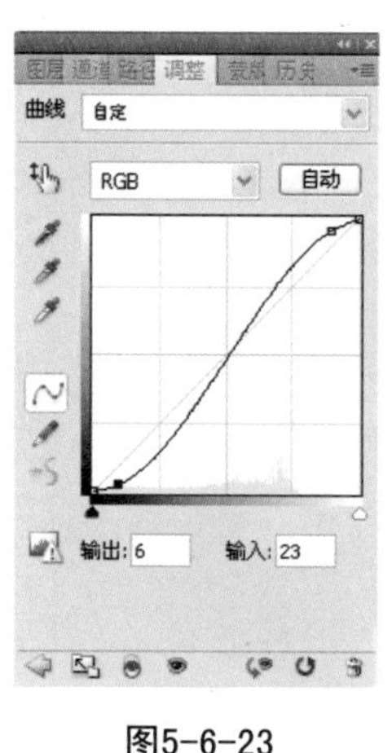

图5-6-23

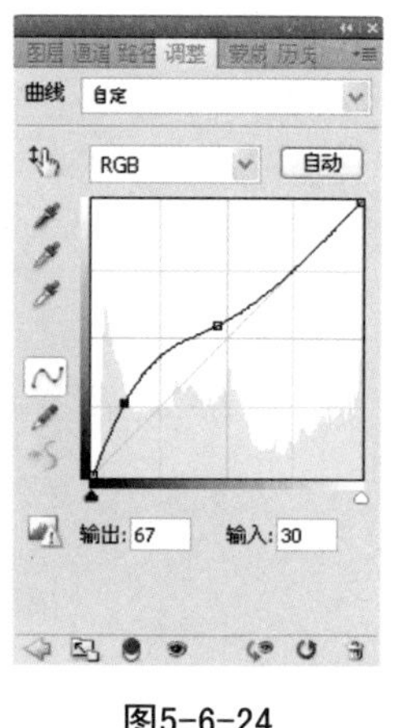

图5-6-24

图5-6-25

5.7 为自己颁发一枚奖牌

为迎接奥运，单位要组织健美操比赛，从上到下都很重视的，长这么大，虽然也上过若干次舞台，但基本都是大合唱之类的，尽管没有表演天赋，然而在几十人的大合唱里，滥竽充数地“表演”，本人还是有一套的。可这次不是大合唱，是舞蹈性质的健美操表演，耸肩、类似舞蹈的甩胳膊甩腿、转身、侧身、抖腕、摇头，很多动作呢。台下有评委、领导还有那么多观众，很正规的。排练时，我很认真，对一些关键动作我反复地练习，直到自认滚瓜烂熟，胸有成竹为止。

终于到了正式比赛时刻，那天好紧张，好激动的哦！我们都是统一的服装：白衬衫、蓝裤子、黑皮鞋。多年不扎的领带又不知好歹地出现在我的粗脖子上，那是头天太太翻箱倒柜给我找出来的。

终于轮到我们上台了。立正站好，音乐起，很节奏的。我们随着音乐的节拍做起来，开始还说得过去，可后来我竟鬼使神差地走了板。本应迈左腿伸右胳膊，我却右胳膊右腿同时来，就是俗话说的“顺拐”了，天啊！真是糟糕透了，我脸腾地热了。

台下似有笑声。我好慌，越慌是越错，人家左，我却右;人家右，我却左……

表演结束了，往台下走的时候，心想：完了！全砸了，一个自认很荣光、很轻年、很时代的形象就此坍塌了，且无可挽回。

回到办公室，脱下那雪白的衬衫，撸下领带，朝椅子里一摔，心里暗想：衣服再白，领带再艳顶个屁用？还是顺拐了……顺拐了！悲哀！

我瘫在椅子里，眼睛直勾勾地发呆，瞬间似乎衰老了10岁。然而具有讽刺意味的是，那天夜里我竟做了一个梦，梦见自己在一个歌唱会获得了一块金牌。

本案例涉及的主要知识点：

本案例涉及的主要知识点有渐变编辑、魔棒工具、通道应用、曲线调整、图层样式、“光照”滤镜、色相/饱和度调整等，案例效果如图5-7-1所示。

图5-7-1

操作步骤：

01 执行“文件”>“新建”命令，创建一个宽为800像素，高为700像素，分辨率为72像素/英寸，背景内容为白色，颜色模式为RGB 的图像文件。

02 单击“图层”面板下方的“创建新图层”按钮，创建“图层1”，并确认其为当前工作图层。

03 选择工具箱中的“渐变工具”，单击“渐变工具”属性栏中的渐变色带，打开“渐变编辑器”对话框，单击渐变条上色标，并在下方颜色选项处设置颜色，将渐变条上第1个色标颜色设置为R126、G126、B126，第2个色标颜色设置为R91、G91、B91，第3个色标颜色设置为R157、G157、B157，第4个色标颜色设置为R64、G64、B64。如图5-7-2所示。单击“确定”按钮完成渐变编辑，在渐变工具属性栏将渐变类型设为“线性渐变”。

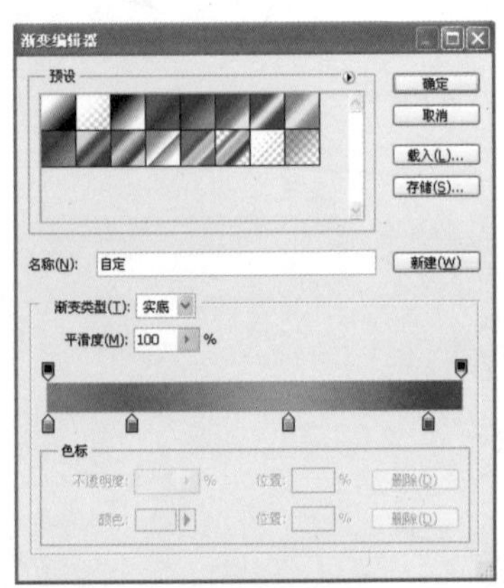

图5-7-2

04 选择“椭圆选框工具”，按住Shift+Alt键，在“图层1”中拖曳鼠标绘制一个正圆选区，在选区中拖曳鼠标填充编辑好的线性渐变，如图5-7-3所示。

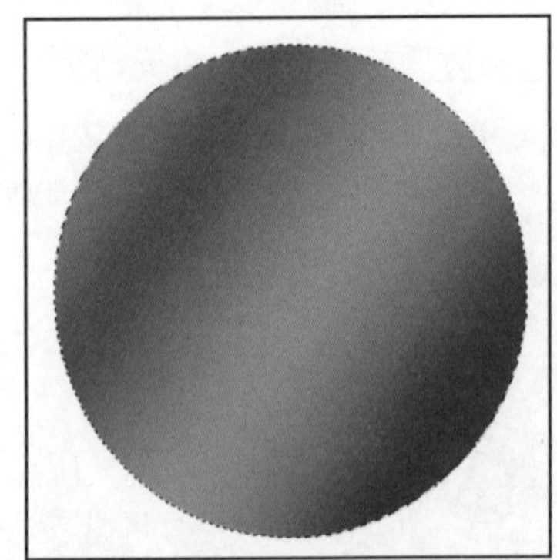

图5-7-3

05 放入一幅“贝多芬”肖像素材图像，该图在“图层”面板中显示为“图层2”，如图5-7-4所示。按Ctrl+T键对图像缩放调整其大小，并置于合适的位置。

06 选择“魔棒工具”，在人物头像以外黑色部位单击，生成选区，黑色部分被选中。

图5-7-4

07 按Delete键删除选区内的黑色部分，人物就被抠了出来，如图5-7-5所示。

图5-7-5

提 示：

需要说明的是，用“魔术棒”工具单击后可能眼睛等部位的黑色也同时选中，如果想保证眼睛等黑色部位不同时被删除，可在删除前选用“套索工具”，并在属性中单击“从选区减去”按钮，在眼睛等处圈选，减去那些选区，之后按Delete键删除。

08 进入“通道”面板，将蓝通道缩览图拖到面板下方的“创建新通道”按钮上，复制蓝通道为“蓝副本”，如图5-7-6所示。

图5-7-6

09 按Ctrl+M键，打开“曲线”对话框并进行调整，将蓝副本中的图像调暗一些，如图5-7-7所示。

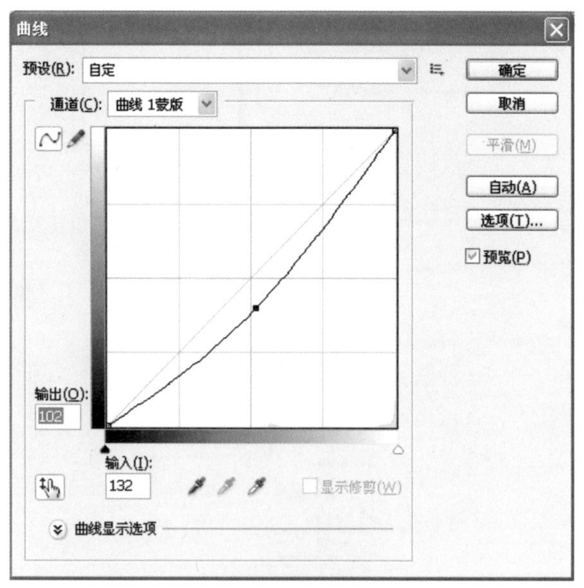

图5-7-7

10 返回“图层”面板，确定“图层2”为当前工作图层，单击“图层”面板下方的“添加图层样式”按钮，在弹出的菜单中选择“斜面浮雕”选项，在打开的对话框中设置相应参数，为“图层2”人像添加“斜面浮雕”效果，如图5-7-8所示。设置好后单击“确定”按钮。

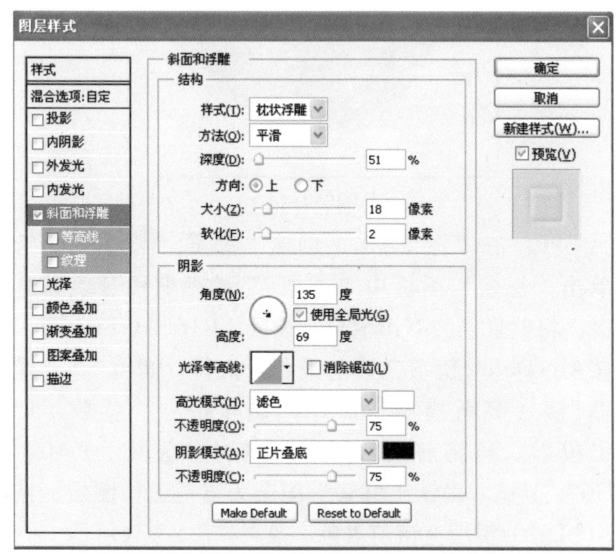

图5-7-8

11 单击“图层”面板中“图层2”的“可视”图标，暂时隐藏该图层，确认“图层1”为当前工作层，执行“滤镜”>“渲染”>“光照”命令，设置光照类型为“平行光”，“纹理通道”为“蓝副本”，其他具体参数如图5-7-9所示。

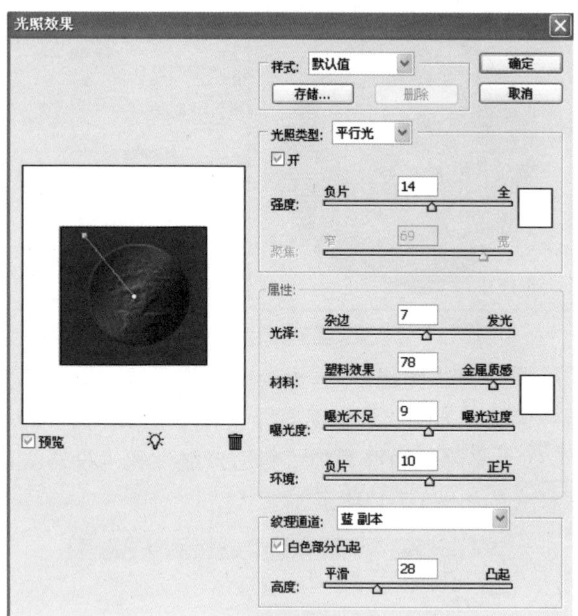

图5-7-9

12 恢复“图层2”的显示状态，并作为当前工作图层。执行“图像”>“调整”>“去色”命令，并将该图层的混合模式设置为“叠加”，并降低其不透明度，如图5-7-10所示。

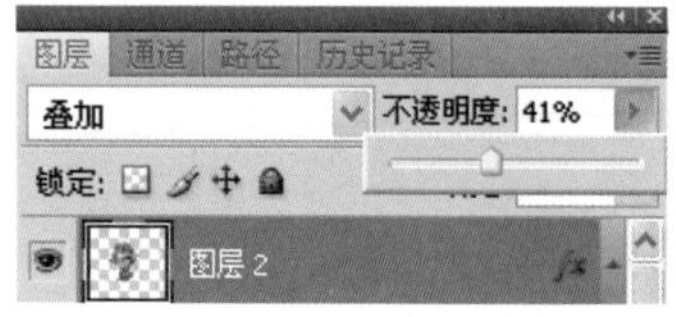

图5-7-10

13 按Ctrl键单击“图层”面板中“图层1”的缩览图载入选区。再单击“图层”面板下方的“创建新图层”按钮，创建“图层3”。将“图层3”作为当前工作图层，执行“编辑”>“描边”命令，在打开的对话框中将“宽度”设置为16 像素，“颜色”设置为R153、G153、B151，“位置”为居外，如图5-7-11所示。单击“确定”按钮这样便做出了奖牌的边缘，如图5-7-12所示。

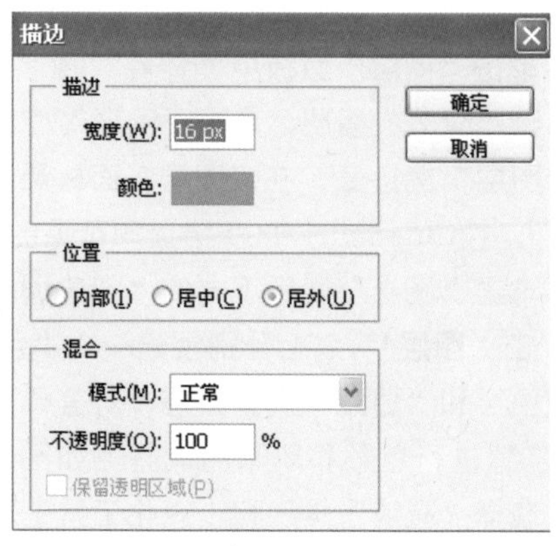

图5-7-11

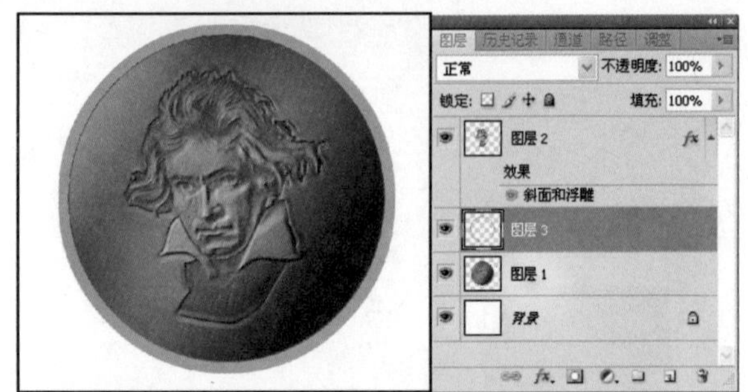
图5-7-12

14 将“图层3”作为当前工作图层。单击“图层”面板下方的“添加图层样式”按钮，为“图层3”即为奖牌的边缘添加“斜面浮雕”和“投影”图层样式，如图5-7-13所示。

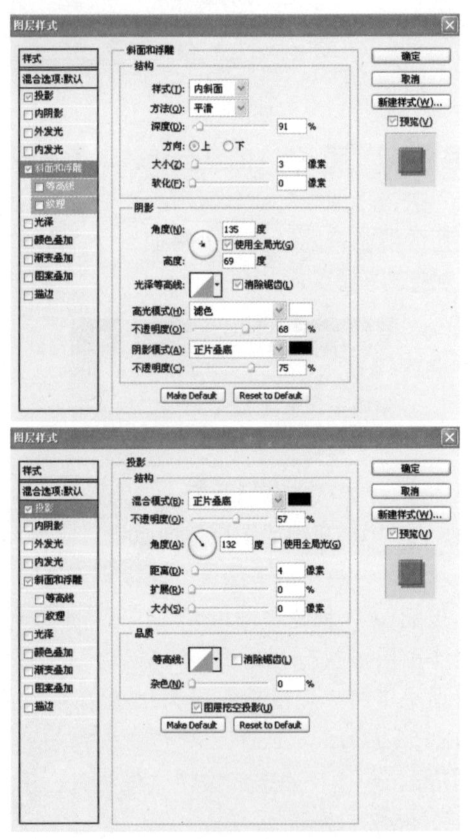
图5-7-13

15 单击“图层”面板中“背景”的“可视”图标，隐藏“背景”图层，单击“图层”面板下方的“创建新图层”按钮，在“图层”面板最上端创建“图层4”，按Ctrl+Shift+Alt+E键盖印可见图层。

16 单击“图层”面板下方的“创建调整图层”按钮，在“图层4”之上分别创建一个“色相/饱和度”调整图层和“曲线”调整图层，对盖印到“图层4”中的奖牌进行色彩和明暗的调整，如图5-7-14所示。之后选择“减淡工具”和“锐化工具”有选择地擦拭，如图5-7-15所示。

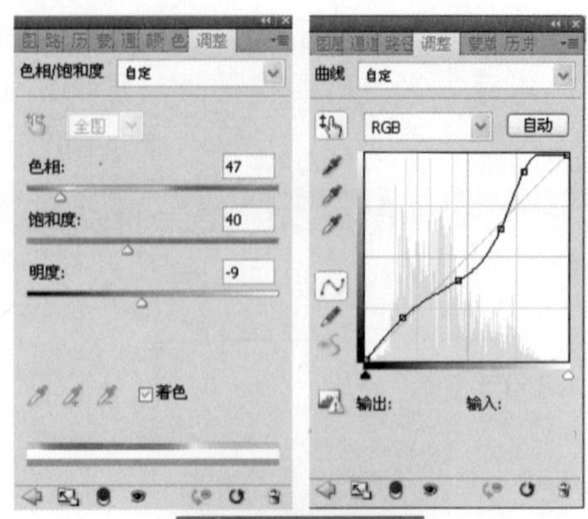
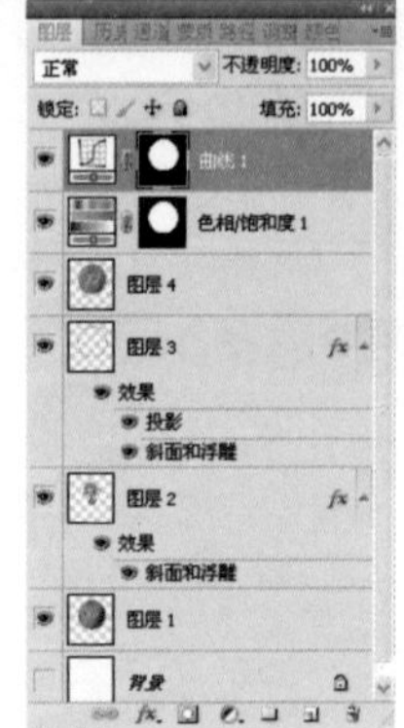
图5-7-14

图5-7-15

17 在“图层4”下创建“图层5”，按Ctrl键单击“图层”面板中“图层4”的缩览图载入其选区，将前景色的RGB值分别设置为R16、 G13、B7，按Alt+Delete键填充该前景色，执行“滤镜”>“模糊”>“高斯模糊”命令，调整相应的参数，做出投影。再将前景色的RGB值分别设置为R40、G67、B48，确认“背景”图层为当前工作图层，按Alt+Delete键填充该前景色，效果如图5-7-16所示。

18 将前景色的RGB值分别设置为R187、G132、B13，选择“横排文字工具”输入文字，如图5-7-17所示。单击“图层”面板下方的“添加图层样式”按钮，在打开的菜单中选择“斜面浮雕”选项，在打开的对话框中设置相关参数，如图5-7-18所示。完成制作。

图5-7-16

图5-7-17

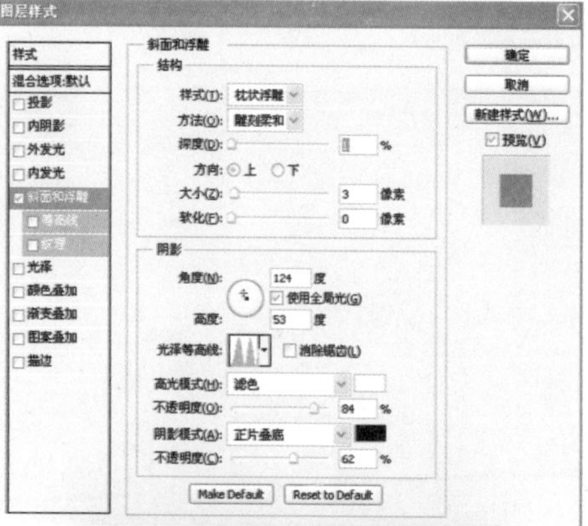

图5-7-18

5.8 玩高雅：高脚杯

高脚杯很雅。据说欧美人只在饮用葡萄酒、果酒、香槟、白兰地时才用，然而对于我们来说哪有那么多讲究？喝酒用，喝果汁用，甚至喝白开水也可以用，不就是一个放液体的容器嘛，谁拿起它都能粘上点雅气，难道不是么？拿着它，女士漂亮，男士潇洒，觥筹交错之间，漾着酒香，在烛光下熠熠生辉；杯身轻碰，声音清脆玲珑而绵长，只为这迷醉的瞬间，便借用Photoshop做上一盏风雅时尚的高脚杯。

本案例涉及的主要知识点：

本案例主要是借助钢笔、加深、减淡、海绵等工具以及对选区描边方式进行制作，而加深、减淡、海绵等工具属性的设置十分重要，需要特别注意，案例效果如图5-8-1所示。

图5-8-1

制作流程：

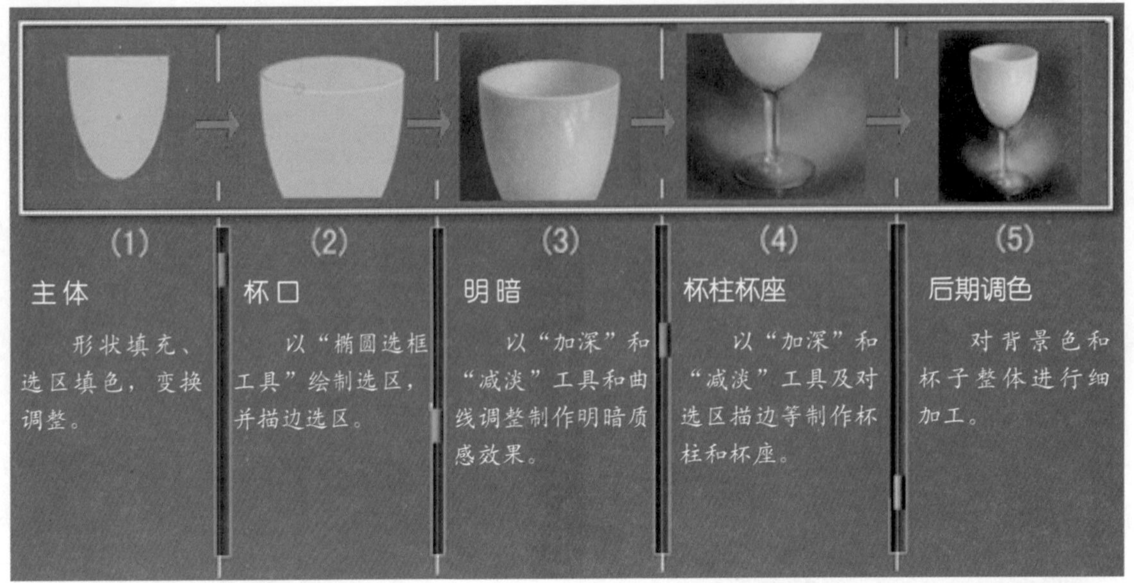

1. 制作杯主体

01 执行“文件”>“新建”命令，创建一个宽为500像素，高为600像素，分辨率为72像素/英寸，背景内容为白色，颜色模式为RGB 的图像文件。为便于观察可暂时将背景图层填充为蓝色。

02 单击“图层”面板下方的“创建新图层”按钮，创建“图层1”并将该图层作为当前工作图层。

03 将前景色的色值设置为R226、G188、B113。选择“椭圆工具”，将工具属性设置为“填充像素”，绘制一个黄色的椭圆图像，如图5-8-2所示。

图5-8-2

04 选择“矩形选框工具”，在椭圆上部绘制一个选区，按Delete键删除杯的上半部分，如图5-8-3所示。按Ctrl+T键将杯体拉长，按住Ctrl键将光标放在变换框节点，调整杯子的形状使之上宽下窄，如图5-8-4所示。

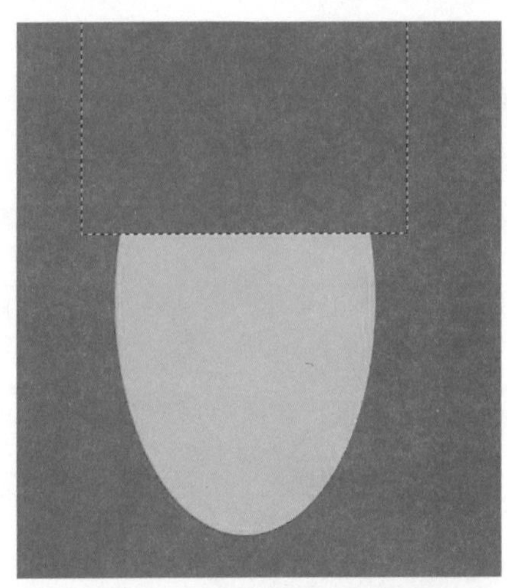
图5-8-3

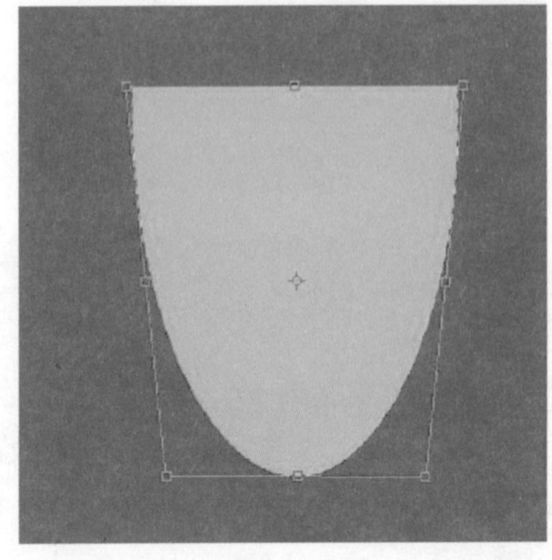
图5-8-4

2. 制作杯口

01 创建"图层2"，选择"椭圆选框工具"，绘制在杯顶处的椭圆选区，按Alt+Delete键填充与杯体相同的前景色。保留选区，如图5-8-5所示。

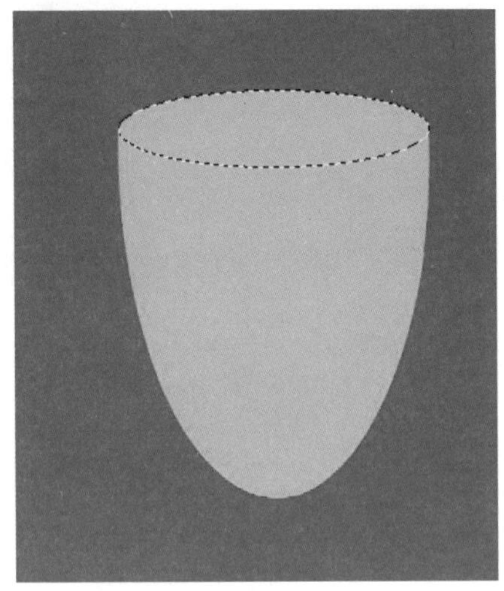

图5-8-5

02 创建"图层3"，执行"编辑">"描边"命令，为选区描出2像素较淡的边，如图5-8-6所示。

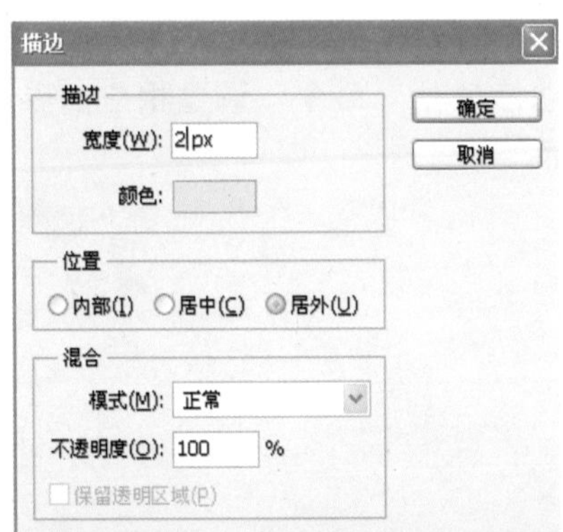

图5-8-6

03 创建"图层4"，执行"选择">"修改">"收缩"命令，将选区收缩一点，执行"编辑">"描边"命令，如图5-8-7所示。在弹出的对话框中设置宽度和颜色，其中位置为"内部"，为选区描出较深的黄色边。单击"图层"面板下方的"添加图层蒙版"按钮，为"图层4"添加图层蒙版并使之处于工作状态，将前景色设为黑色，用"画笔"工具擦去不需要的描边，如图5-8-8所示。

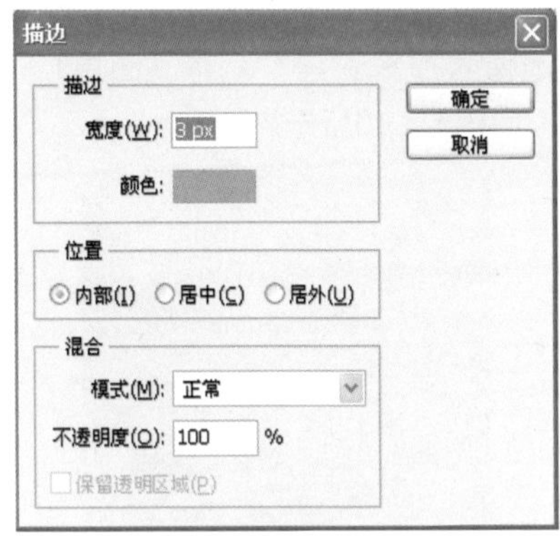

图5-8-7

图5-8-8

04 分别对"图层3"和"图层4"，执行"滤镜">"模糊">"高斯模糊"命令，调整相应的参数，如图5-8-9所示。

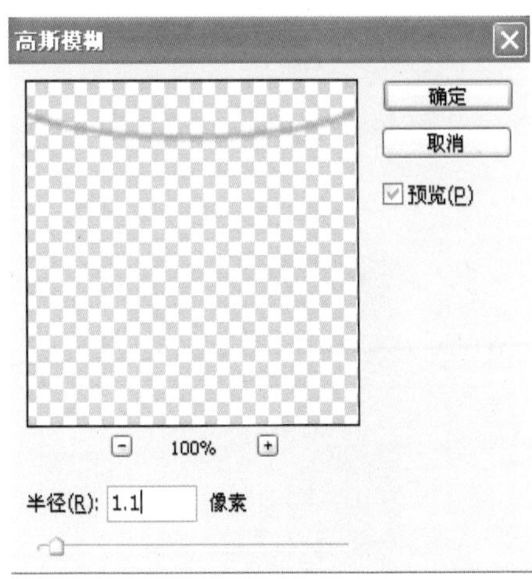

图5-8-9

电话响了，是同学邀请我去“原味斋”吃饭，而我的制作正在兴头上，哪舍得罢手，于是开始撒谎搪塞，说家里来了远道客人云云。好歹推脱了，继续我们的制作！

3. 明暗、质感处理

01 选择“加深工具”将“图层1”杯体下部擦暗一些，如图5-8-10所示。

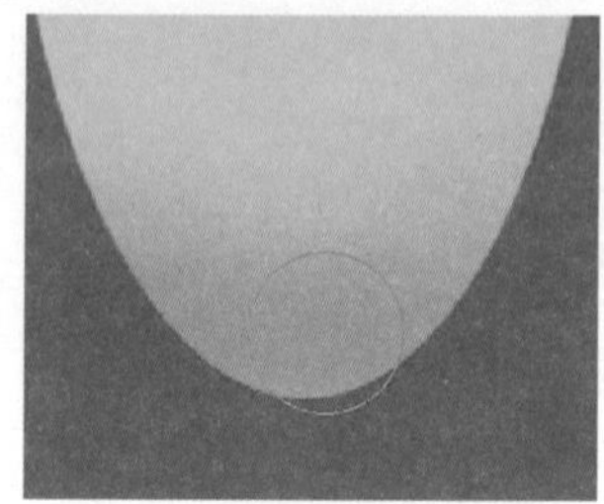

图5-8-10

02 按Ctrl键单击“图层1”缩览图载入杯体选区，按方向键将选区向右移动，再按Ctrl+Shift+I键将选区反向，如图5-8-11所示。执行“选择”>“修改”>“羽化”命令，羽化30像素，如图5-8-12所示。选择“加深工具”在杯子一侧擦出暗面，如图5-8-13所示。按Ctrl+D键取消选区。

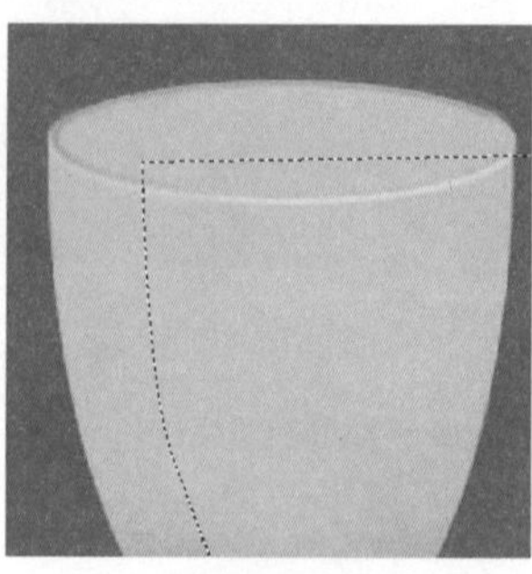

图5-8-11

图5-8-12

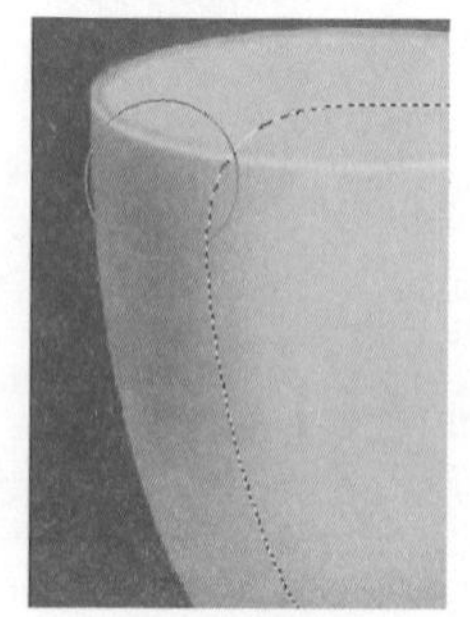

图5-8-13

03 再次载入杯体选区，按方向键向上移动选区，按Ctrl+Shift+I键将选区反向，选择“加深工具”在杯体下部轻轻擦涂，如图5-8-14所示。按Ctrl+D键取消选区。

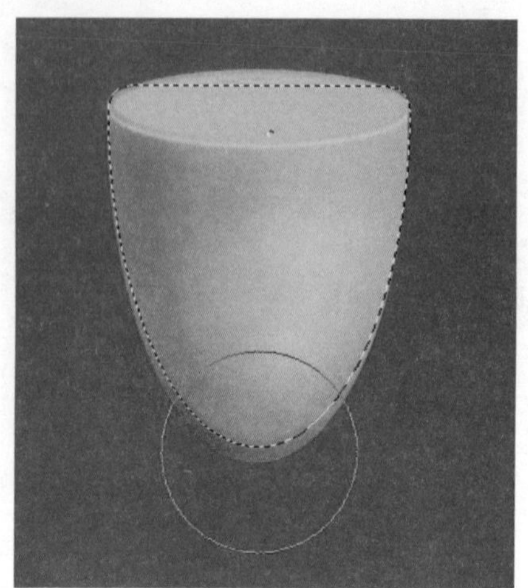

图5-8-14

04 创建“图层5”，选择“画笔工具”，在工具属性栏中将其模式设置为“溶解”，再设置好不透明度和流量，要设低一些。前景色比杯体略淡即可。在杯上部喷出一些点，再执行“滤镜”>“模糊”>“动感模糊”命令，调整相应的参数，如图5-8-15所示。

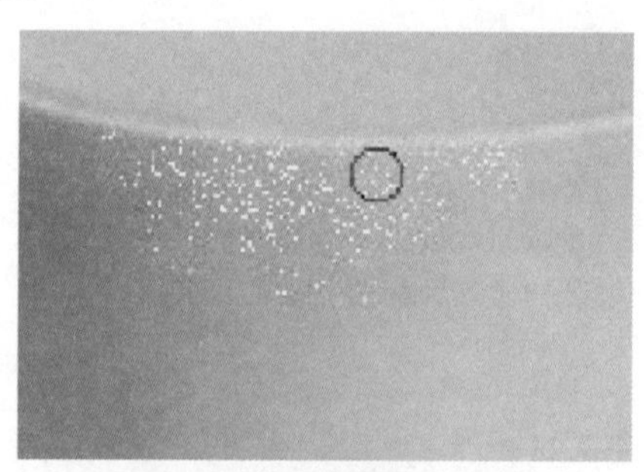

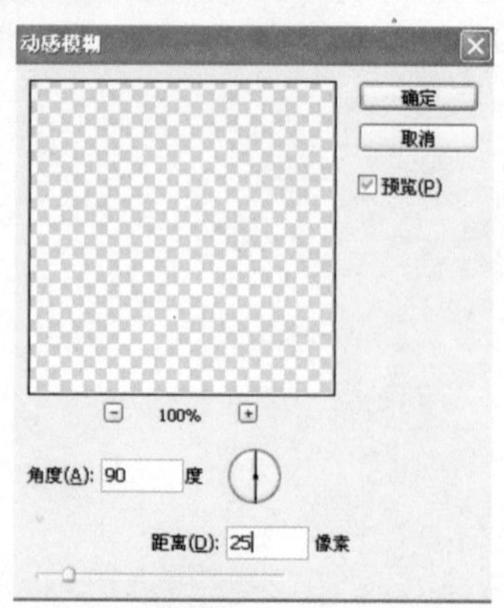

图5-8-15

05 按Ctrl键单击“图层1”缩览图载入杯体选区，执行“滤镜”>“模糊”>“高斯模糊”命令使杯体表面柔和一些，如图5-8-16所示。

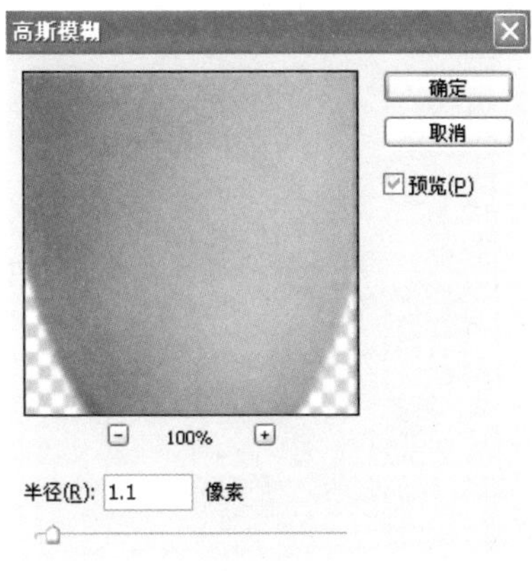

图5-8-16

06 创建“图层6，用“套索工具”绘制出不规则的小选区，选择“画笔工具”，在工具属性栏降低不透明度，将前景色设置为白色，在选区中涂画。再选择“模糊工具”和“橡皮擦工具”擦拭，做出窗影反光效果，如图5-8-17所示。

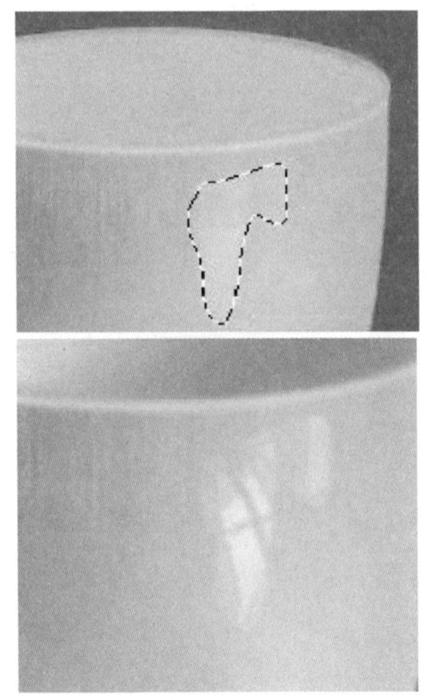
图5-8-17

07 将“图层2”作为当前工作图层，选择“椭圆选框工具”在杯口左侧绘制一个椭圆选区，如图5-8-18所示。按Ctrl+Shift+I键将选区反向。执行“选择”>“修改”>“羽化”命令，羽化20像素，如图5-8-19所示。执行“图像”>“调整”>“曲线”命令，将杯口右侧调暗。按Ctrl+D键取消选区，如图5-8-20所示。

08 对杯口交替使用“减淡工具”、“加深工具”和“海绵工具”擦拭，在使用“加深工具”时要将工具属性栏的“曝光度”降低到4%左右，“范围”确定为“中间调”；在使用“海绵工具”时，应在工具属性栏中根据需要变换“混合模式”、“饱和”或“降低饱和度”，而且“流量”一般不超过6%。而后按Ctrl键单击“图层2”的缩览图载入“图层2”选区，执行“滤镜”>“模糊”>“高斯模糊”命令，调整相应的参数，如图5-8-21所示。效果如图5-8-22所示。

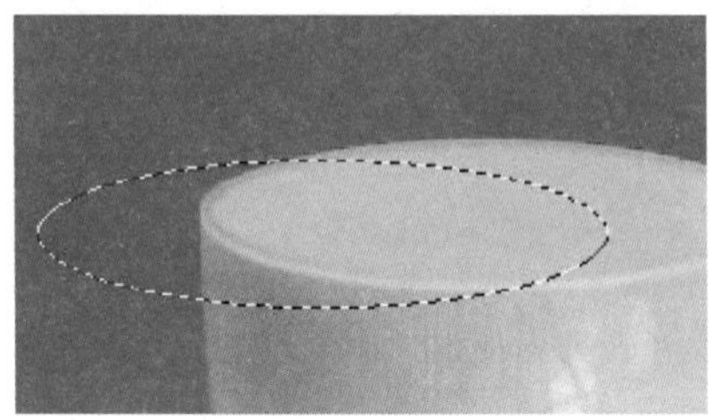
图5-8-18

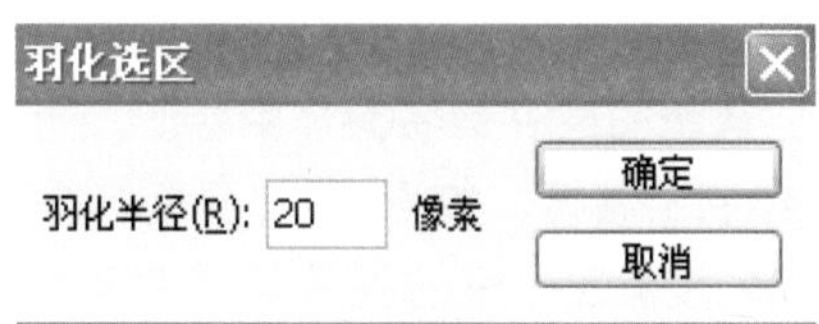

图5-8-19

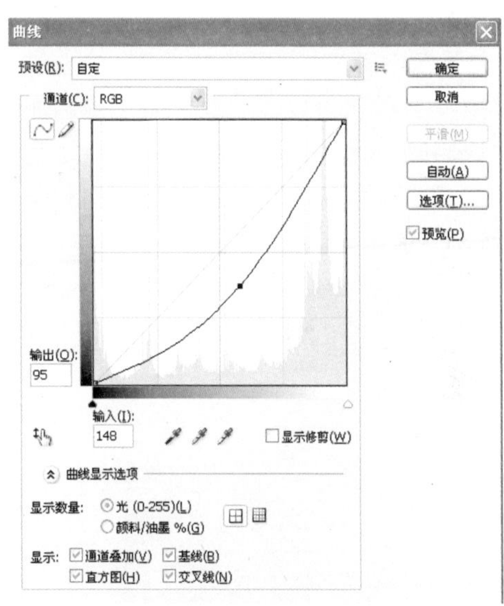

图5-8-20

图5-8-21

图5-8-22

到此杯子的上半部分基本完成。下面我们制作杯子的杯柱和杯座部分等。

4. 制作杯柱与杯座

01 创建新图层并命名为“中柱”，选择“钢笔工具”绘制出路径，如图5-8-23所示。按Ctrl+Enter键将路径转为选区。将前景色设置为R23、G72、B149，按Alt+Delete键填充前景色，如图5-8-24所示。按方向键向右移动选区，执行“选择”>“修改”>“羽化”命令。羽化值设置为3左右。选择“加深工具”和“减淡工具”交替擦拭，对细节部位的明暗可通过绘制选区加以定位，用“加深工具”或“减淡工具”擦涂出明暗效果，如图5-8-25所示。直到满意为止。

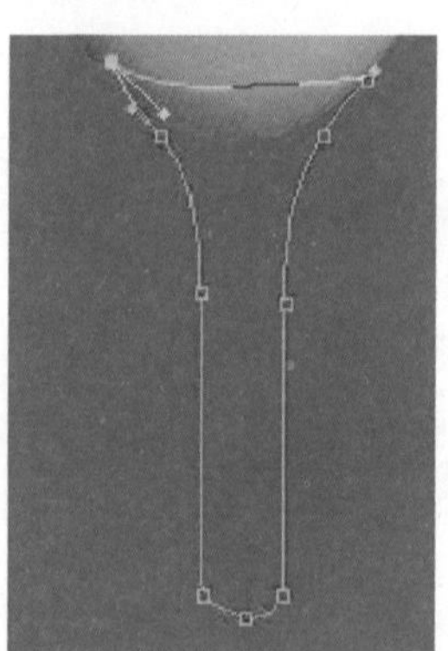
图5-8-23

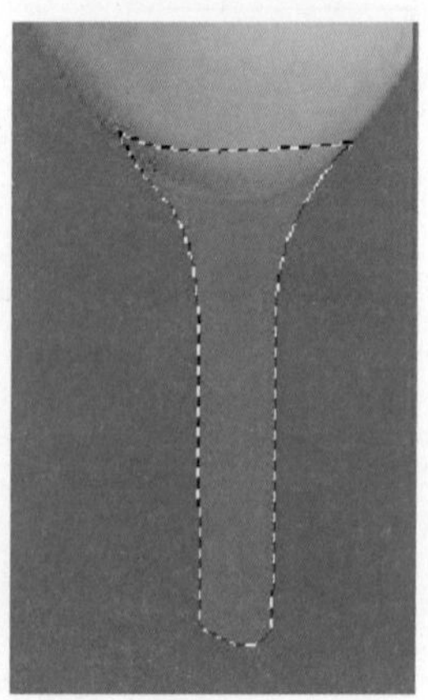
图5-8-24

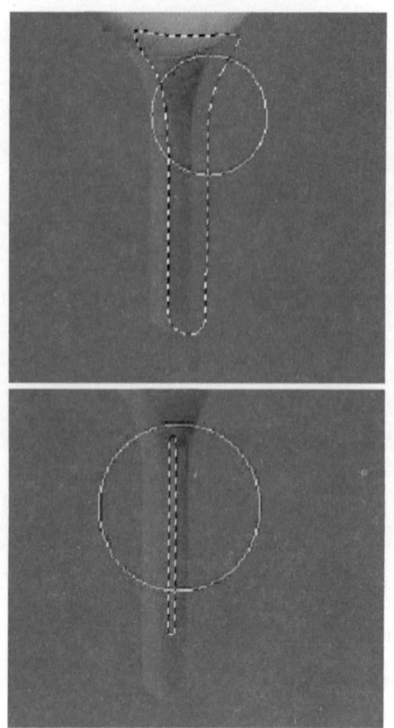
图5-8-25

02 创建新图层并命名为“小座”。选择“椭圆选框工具”，在杯柱下部绘制一小的椭圆选区，将前景色设置为R23、G72、B149，按Alt+Delete键填充前景色，之后选择“减淡工具”，在工具属性栏将其“范围”设为高光，精心地擦出高光亮点，营造玻璃质感，如图5-8-26所示。

图5-8-26

03 创建新图层并命名为“大座白边”，选择“椭圆选框工具”，在“小座”之下绘制一个大的椭圆选区，如图5-8-27所示。执行“编辑”>“描边”命令，用白色为选区描边1像素，保留选取。

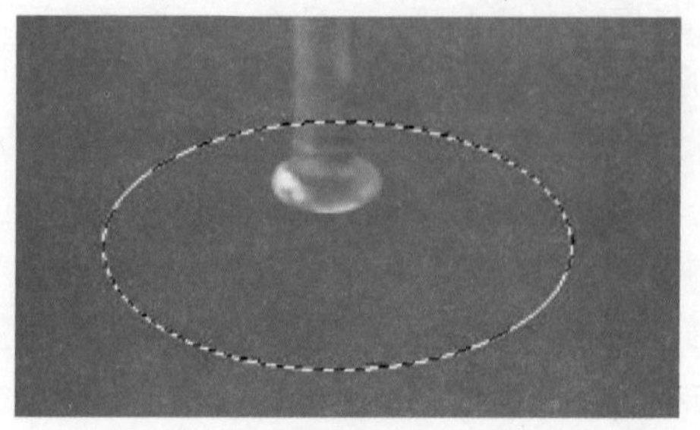
图5-8-27

04 创建新图层并命名为“大座黑边”，将前景色设置为黑色，执行“编辑”>“描边”命令，用黑色描边3像素，如图5-8-28所示。两次描边效果如图5-8-29所示。

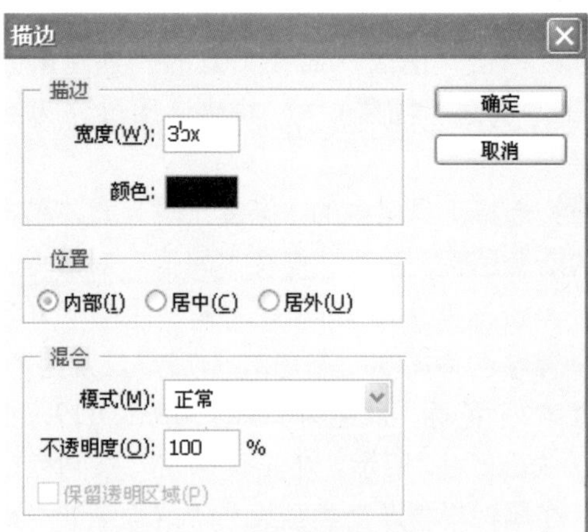

图5-8-28

图5-8-29

05 选择“移动工具”，按方向键向左微微移动“大座黑边”，之后执行“滤镜”>“模糊”>“高斯模糊”命令，调整相应的参数，如图5-8-30所示。

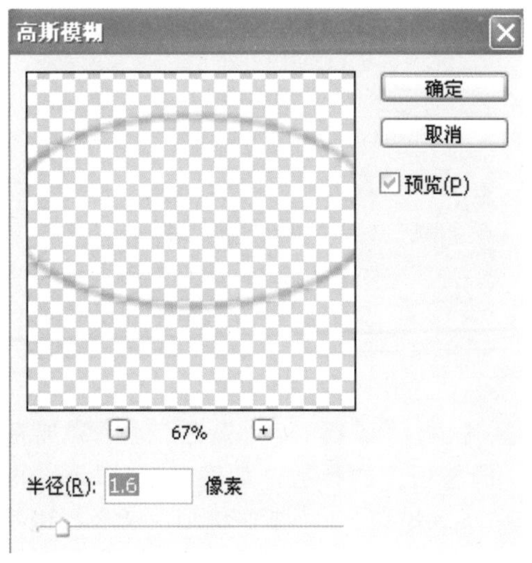

图5-8-30

06 单击“图层”面板下方的“添加图层蒙版”按钮，分别为“大座白边”和“大座黑边”添加图层蒙版并使之处于工作状态，将前景色设为黑色，用“画笔”工具擦去多余部分，使这黑、白两条线呈现虚实，其中白边保留较少，主要用它来表现玻璃的高亮边沿效果。

07 创建新图层并命名为“大座面”，将前景色设置为黑色，选择“画笔工具”，在工具属性栏降低不透明度，在“大座黑边”内侧涂画一些暗灰色，同时再选择“减淡工具”，在背景图层中相对“杯柱”的下方擦拭出倒影的高亮光点和周围的反光，如图5-8-31所示。

图5-8-31

08 结合使用“海绵工具”、“加深工具”和“减淡工具”擦拭背景其他部位，让它有明暗层次。最后根据个人的喜好调出一个背景颜色，再通过“色相/饱和度”或“曲线”命令对杯子各部分的色泽进行局部细节调整即可，如图5-8-32所示。

图5-8-32

5.9 皮质钱包

昨天请同事吃饭，买单时我从后屁股兜兜里掏出一大把东西，乱糟糟的既有纸币也有硬币，还有其他一些杂物，结果不小心几枚硬币从指缝间溜出落到地上，骨碌出老远，还是同事帮我拣回来的。事后他问我："你怎么连个钱夹也没有呢"？弄得我很尴尬。看来必须得买一个了，不过在这之前我还是先制作一个吧。其实制作钱包不是目的，忒俗气，做的人多了，这个案例的关键不在这，钱包不过是一个载体，该案例主要是讲两个问题：其一是虚线的做法，而且要可控制，比如粗细、长短、弯曲、方向角度等；其二是皮革纹理的做法，要简单易操作。

本案例涉及的主要知识点：

本案例涉及的主要知识点有渐变编辑、"添加杂色"滤镜、"晶格化"滤镜、Alpha通道、"分层云彩"滤镜、"照亮边缘"滤镜、画笔预设、橡皮擦工具、形状工具、描边路径、曲线调整、图像垂直翻转、选区编辑、图层样式等，案例效果如图5-9-1所示。

图5-9-1

操作步骤：

1. 制作钱包的皮革面

01 执行"文件">"新建"命令，创建一个宽为800像素，高为600像素，分辨率为72像素/英寸，背景内容为白色，颜色模式为RGB 的图像文件。

02 单击"图层"面板下方的"创建新图层"按钮，创建"图层1"，并将该图层作为当前工作图层。

03 选择工具箱中的"渐变工具"，单击属性栏中的渐变色带，打开"渐变编辑器"对话框。自左向右，单击渐变条上第1个色标，并在下方颜色选项处设置颜色为R208、G132、B75，位置为0%；同法设置第2个色标，颜色为R122、G63、B19，位置为100%，如图5-9-2所示。单击"确定"按钮完成渐变编辑，在属性栏将渐变类型设为"线性渐变"，之后在"图层1"中自左向右填充线性渐变，如图5-9-3所示。

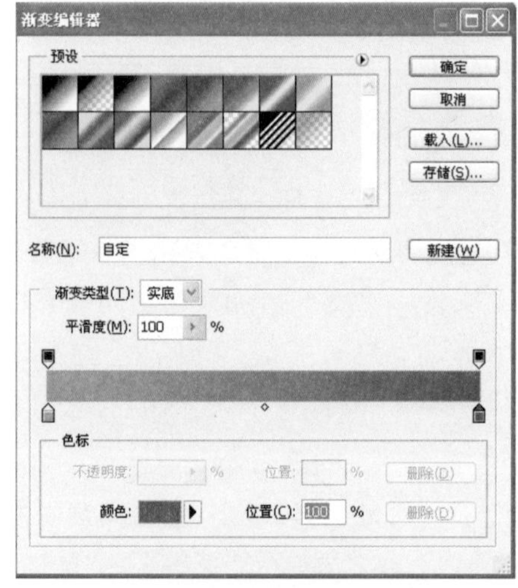

图5-9-2

图5-9-3

04 执行"滤镜">"杂色">"添加杂色"命令，调整相应的参数，如图5-9-4所示。再执行"滤镜">"模糊">"高斯模糊"命令，调整相应的参数，如图5-9-5所示。

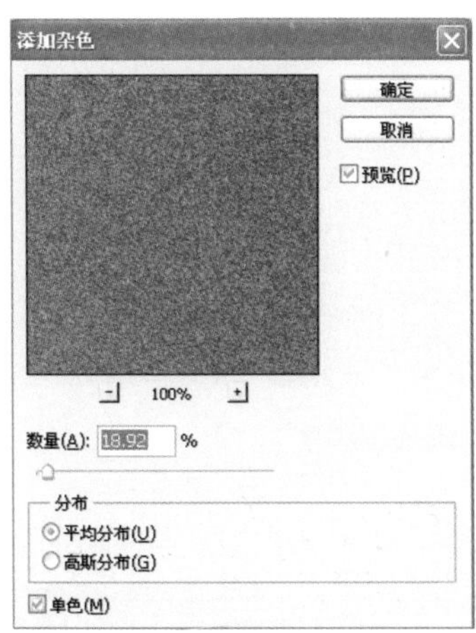

图5-9-4

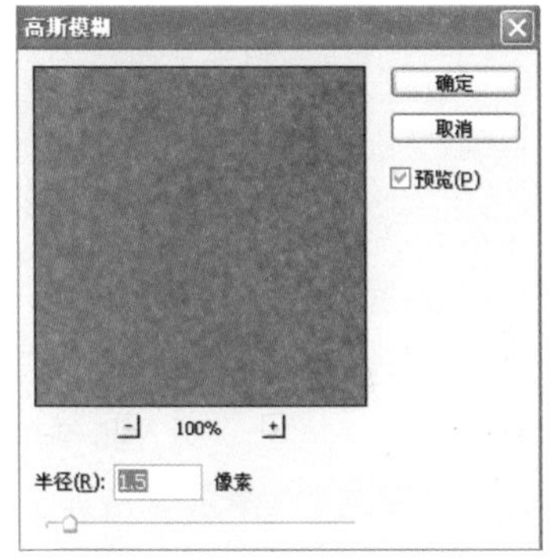

图5-9-5

05 进入“通道”面板，单击面板下方的“创建新通道”按钮，创建Alpha1通道，如图5-9-6所示。对该通道执行“滤镜”>“渲染”>“分层云彩”命令，调整相应的参数，如图5-9-7所示。

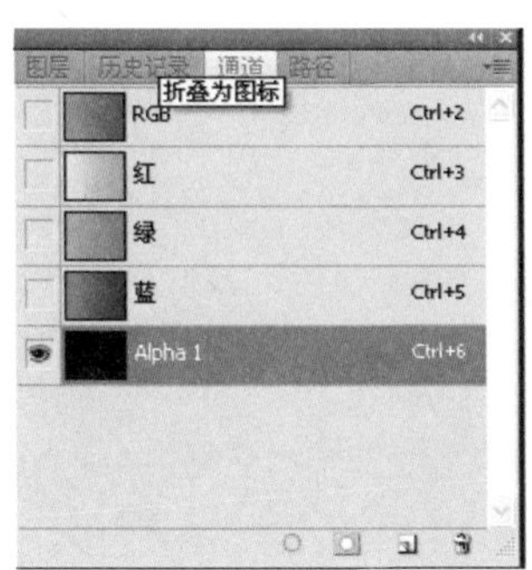

图5-9-6

图5-9-7

06 执行“滤镜”>“像素化”>“晶格化”命令，调整相应的参数，如图5-9-8所示。再执行“滤镜”>“风格化”>“照亮边缘”命令，调整相应的参数，如图5-9-9所示。

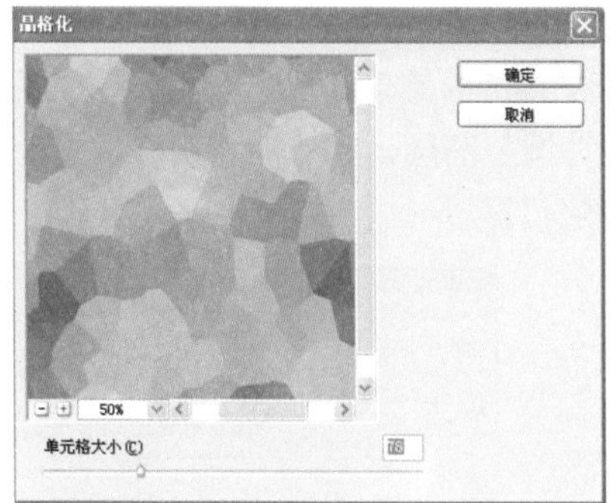

图5-9-8

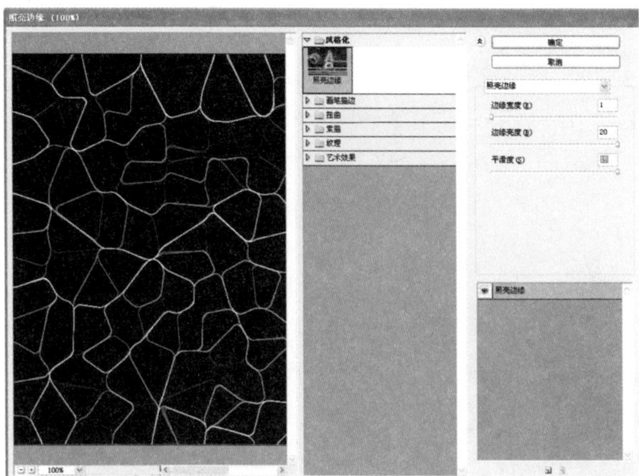

图5-9-9

07 按Ctrl键单击“通道”面板中的Alpha1通道缩览图载入纹理选区，如图5-9-10所示。返回“图层”面板确定“图层1”为当前工作图层，如图5-9-11所示。

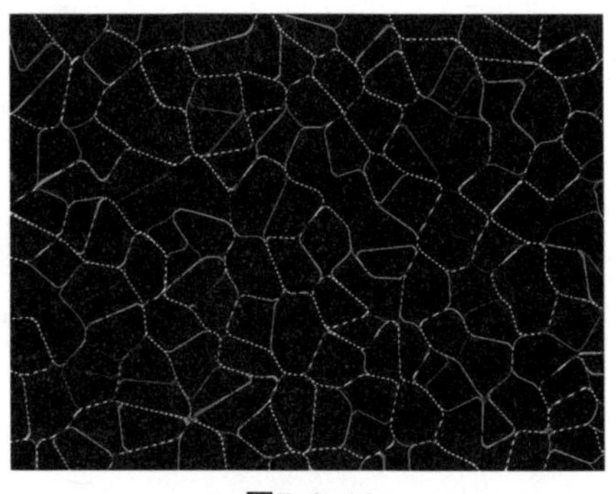

图5-9-10

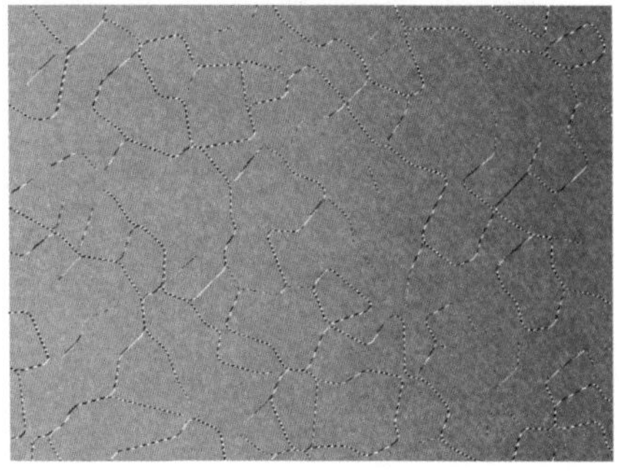

图5-9-11

08 单击“图层”面板下方的“创建调整图层”按钮，在弹出的菜单中选择“曲线”选项，创建一个“曲线”调整图层，在“调整”面板中向上调整曲线，如图5-9-12所示。单击“确定”按钮。

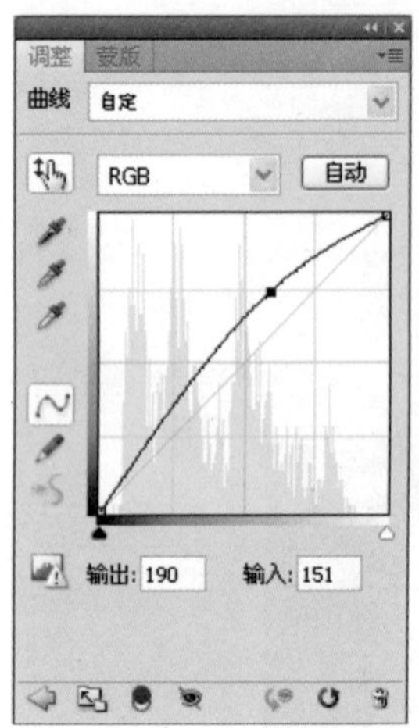

图5-9-12

09 纹理看上去有些少，所以按Ctrl键直接单击“曲线”调整图层的蒙版缩览图，这样不必切换到“通道”面板便可再次载入纹理选区，而后执行“选择”>“变换选区”命令调出变换框，执行“编辑”>“变换”>“垂直翻转”命令，如图5-9-13所示。

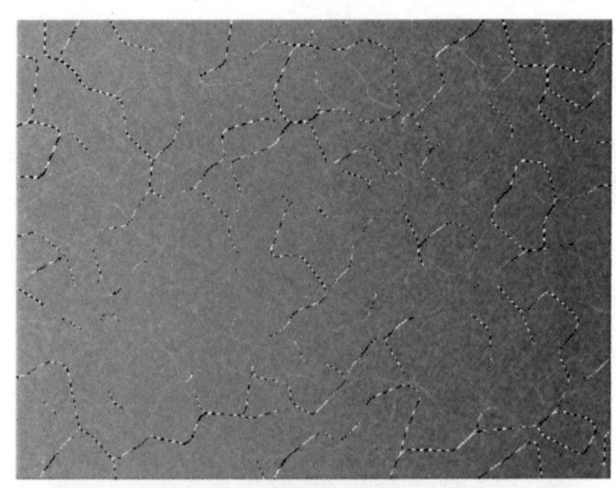

图5-9-13

10 再次单击“图层”面板下方的“创建调整图层”按钮，在弹出的菜单中选择“曲线”选项，创建一个“曲线2”调整图层，在“调整”面板中向上调整曲线，如图5-9-14所示。单击“确定”按钮。现在图像上已经出现了很多纹理，但是却显得有些生硬，没关系，我们分别单击两个“曲线”调整图层的蒙版缩览图，使之处于工作状态，选择“画笔工具”，将前景色设置为黑色，在工具属性栏中设置一个恰当的“不透明度”或“流量”，对两个“曲线”调整图层的蒙版进行适当的擦涂修饰，使纹理虚虚实实，这样纹理就显得自然了，如图5-9-15所示。

提 示:

其实做皮革上的纹理有很多方法，并非本案这一种，比如可以通过“纹理”滤镜组中的“马赛克”滤镜啊，“染色玻璃”滤镜获得选区并结合图层样式中的“斜面浮雕”来制作等等，都很不错的，就看你喜欢什么了，可自己琢磨、尝试。

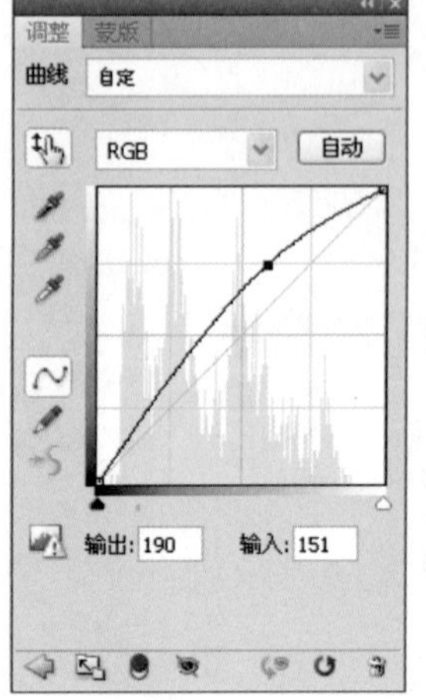

图5-9-14

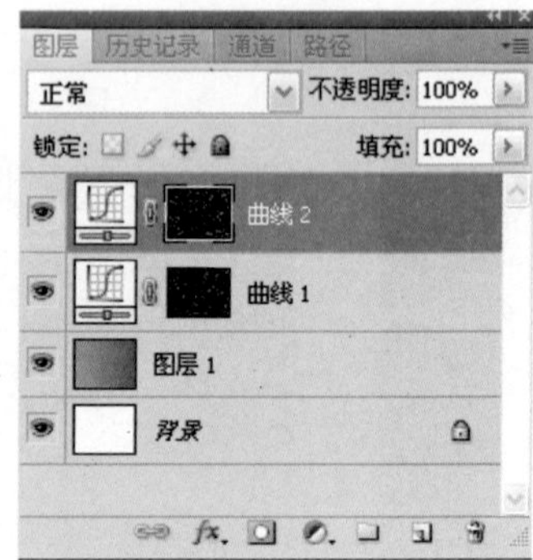

图5-9-15

11 下面为“图层1”添加图层样式，单击“图层”面板下方的“添加图层样式”按钮，在打开的菜单中选择“斜面和浮雕”选项，在打开的对话框中设置相关参数，如图5-9-16所示。

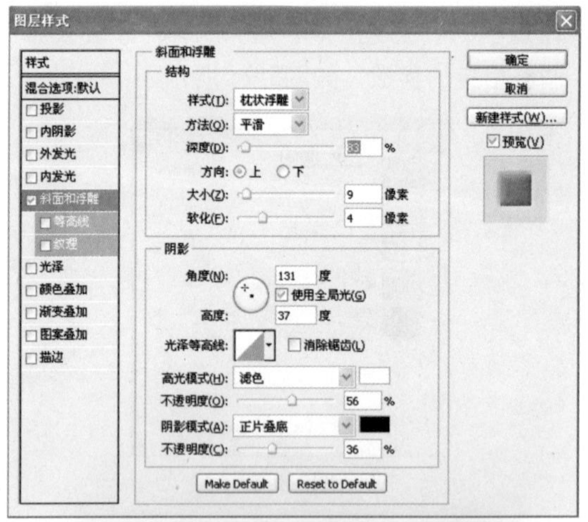

图5-9-16

12 选择工具箱中的“矩形选框工具”，在图像中绘制一个选区后，按Ctrl+Shift+I键将该选区反向，再按Ctrl+j键，这样便拷贝出来一个边框，生成“图层2”。为“图层2”也添加一个“斜面浮雕”图层样式，如图5-9-17所示。

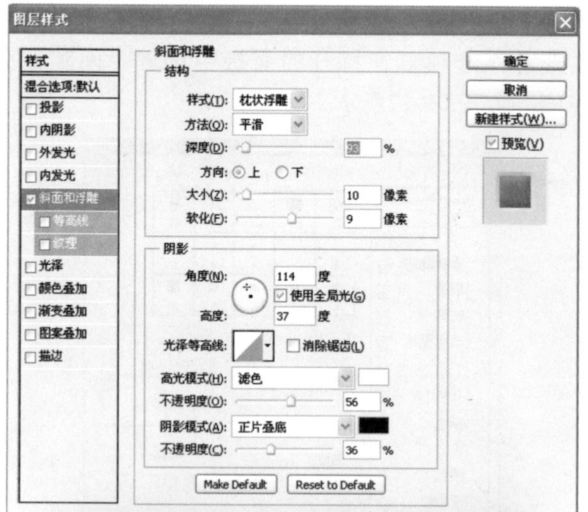

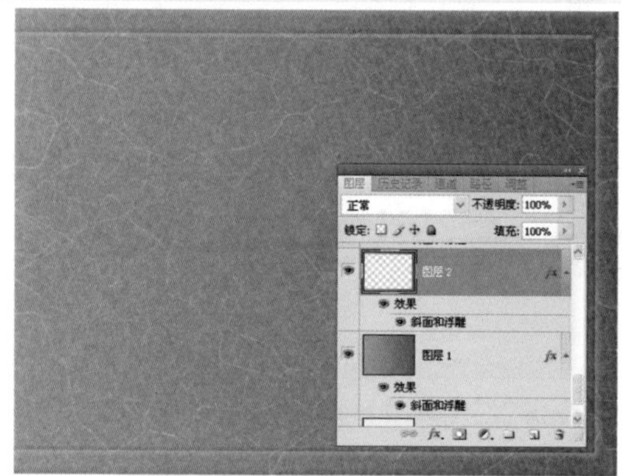

图5-9-17

13 单击工具箱“前景色”图标，打开“拾色器”对话框，设置前景色的RGB 值，如图5-9-18所示。之后选择一个适当的“画笔”工具，将其属性栏中的“模式”选项设置为“溶解”，“不透明度”设置为36%左右，“流量”设置为7%左右，如图5-9-19所示。

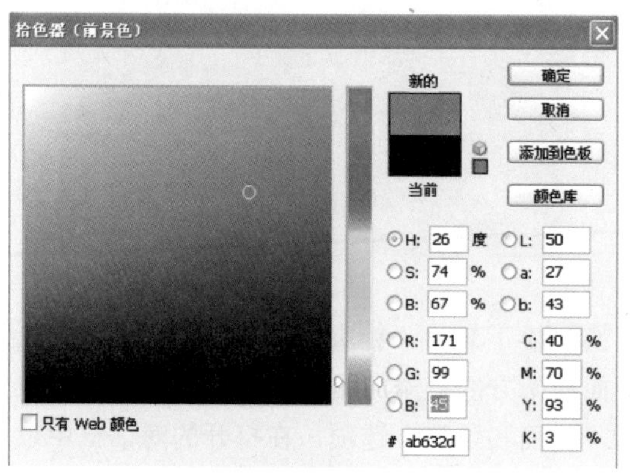

图5-9-18

图5-9-19

14 单击“图层”面板下方的“创建新图层”按钮，创建“图层3”，并将该空白图层作为当前工作图层。单击“图层”面板下方的“添加图层样式”按钮，在菜单中选择“斜面浮雕”选项，在打开的对话框中设置相关参数，如图5-9-20所示。

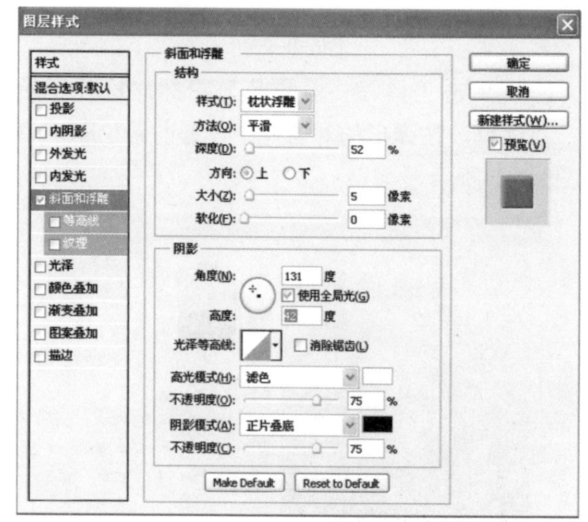

图5-9-20

15 用上面设置好的画笔和前景色在该图层中喷画出立体的小点，这样更有皮革的质感，如图5-9-21所示。

图5-9-21

2. 制作针脚码效果

01 单击“图层”面板下方的“创建新图层”按钮，创建“图层4”，并将该图层作为当前工作图层。在工具箱中选择“圆角矩形工具”，并在该工具属性栏中设置“半径”为15px，并单击按钮，如图5-9-22所示。之后在图像中绘制一个圆角矩形的路径，如图5-9-23所示。

图5-9-22

图5-9-23

02 单击工具箱"前景色"图标，打开"拾色器"对话框，在弹出的对话框中设置前景色RGB值，如图5-9-24所示。

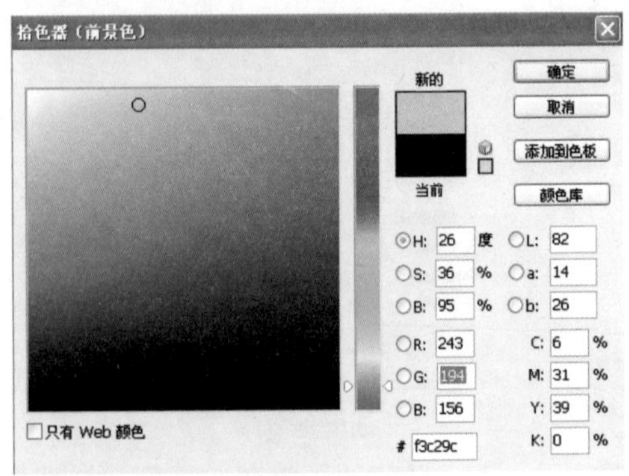

图5-9-24

03 打开"画笔预设选取器"选择一个直径为2px的方头画笔，如图5-9-25所示。进入"路径"面板，单击该面板下方"用画笔描边路径"按钮为路径描边，如图5-9-26所示。

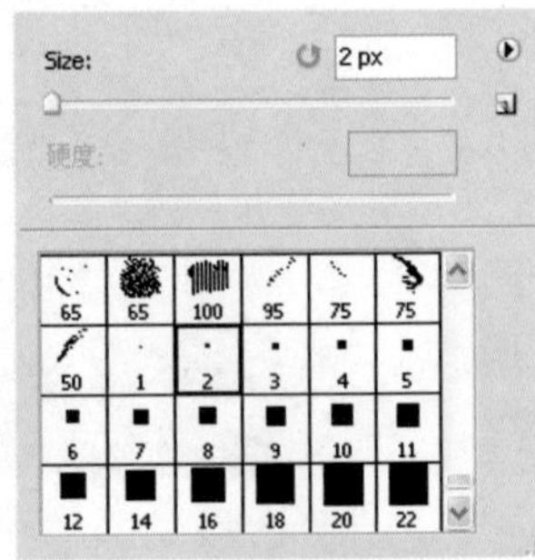

图5-9-25

图5-9-26

提 示：

接下来做什么？还是描边，但这次不是用画笔描边，而是用"橡皮擦工具"擦边。

04 选择"橡皮擦工具"，按F5键打开"画笔"面板选择一个6px的方头笔刷，单击"画笔笔尖形状"选项，在打开的面板中设置"间距"为241%，如图5-9-27所示。

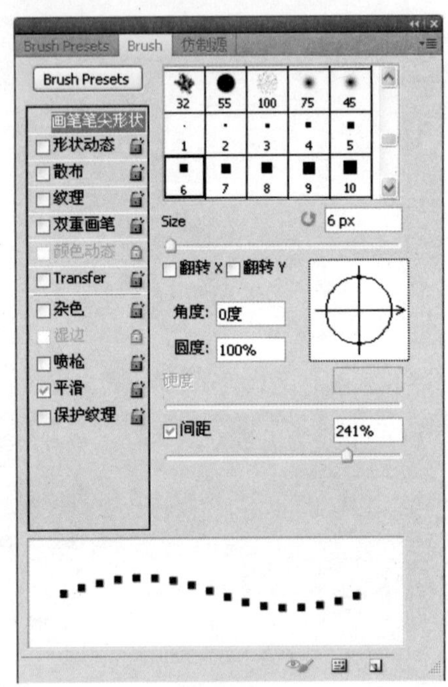

图5-9-27

05 进入"路径"面板，单击"用画笔描边路径"按钮为路径描边，其实是"擦边"，针脚码出来了，就是虚线而已，如图5-9-28所示。当然也可通过设置间距直接用"画笔"工具描出虚线，但我觉得那样不如这样来得逼真。

图5-9-28

06 接下来为"针脚"添加图层样式，单击"图层"面板下方的"添加图层样式"按钮，在菜单中选择"斜面和浮雕"选项，在打开的对话框中设置相关参数，如图5-9-29所示。

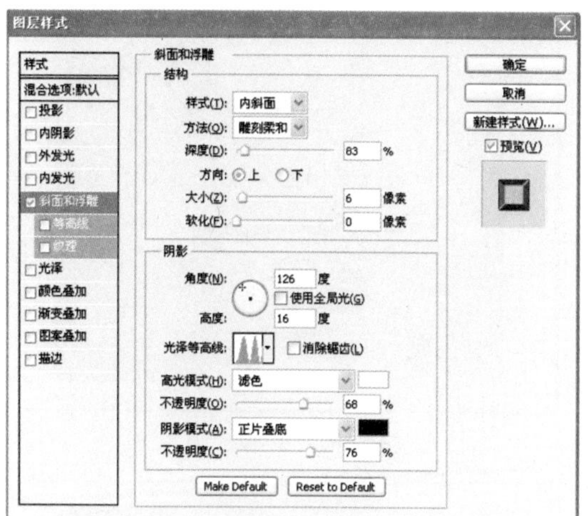

图5-9-29

3. 制作标牌

01 选择工具箱中的“渐变工具”，单击属性栏中的渐变色带，打开“渐变编辑器”对话框。自左向右，单击渐变条上第1个色标，并在下方颜色选项处设置颜色为R248、G192、B71，位置为0%。同法设置第2个色标，颜色为R212、G130、B50，位置为100%，如图5-9-30所示。单击“确定”按钮完成渐变编辑。在“渐变工具”属性栏将渐变类型设为“线性渐变”，单击“图层”面板下方的“创建新图层”按钮，创建“图层5”。并将该图层作为当前工作图层。

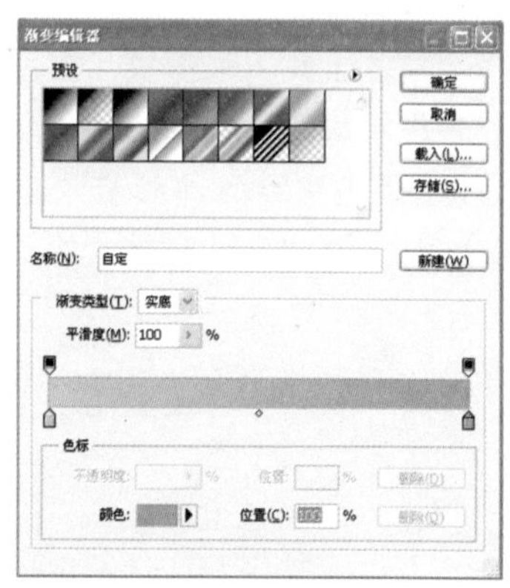

图5-930

02 选择“椭圆选框工具”在“图层5”绘制选区，填充线性渐变，如图5-9-31所示。

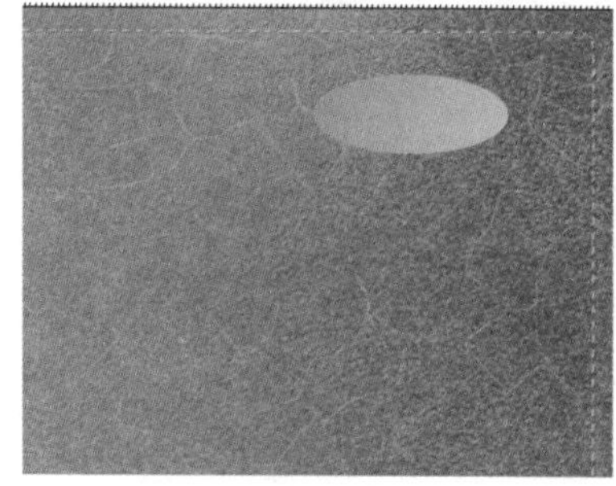

图5-9-31

别看这钱包不咋地，但也得有个像样的品牌标志，叫什么好呢？就叫它rich吧！虽然钱装的不多，也要自诩为“富有”。

03 给标牌添加一个图层样式，方法同上，在对话框中设置好相关参数，如图5-9-32所示。之后选择“横排文字工具”，输入文字并摆放好位置，如图5-9-33所示。

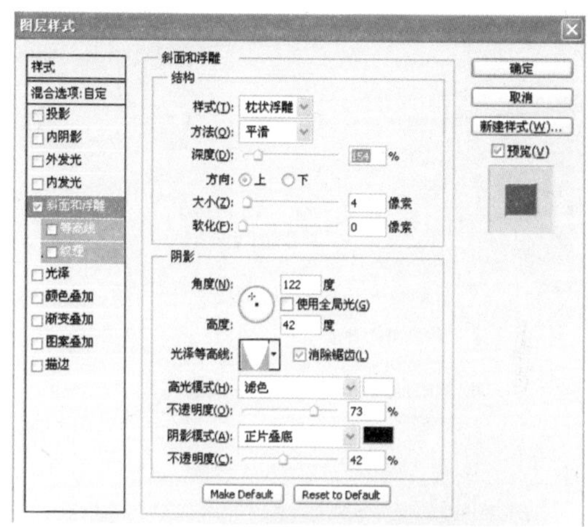

图5-9-32

图5-9-33

04 按Ctrl键，单击“图层”面板中“图层5”的缩览图载入标牌选区，执行“选择”>“修改”>“扩展”命令，调整相应的参数，如图5-9-34所示。

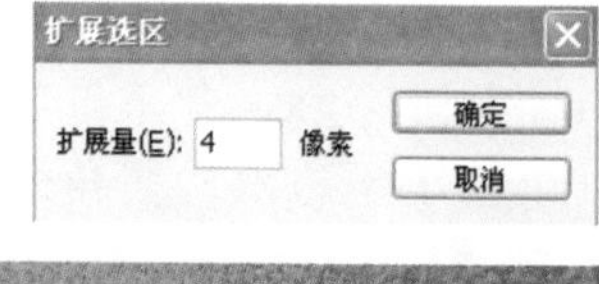

图5-9-34

05 进入“图层1”，按Ctrl+J键拷贝选区内图像为“图层6”，其实就是从“图层1”扒下一块椭圆的“皮”，命名为“图层6”。

06 为“图层6”添加一个图层样式，方法同上，在对话框中设置好相关参数，如图5-9-35所示。标牌在钱包上有了凹陷感。

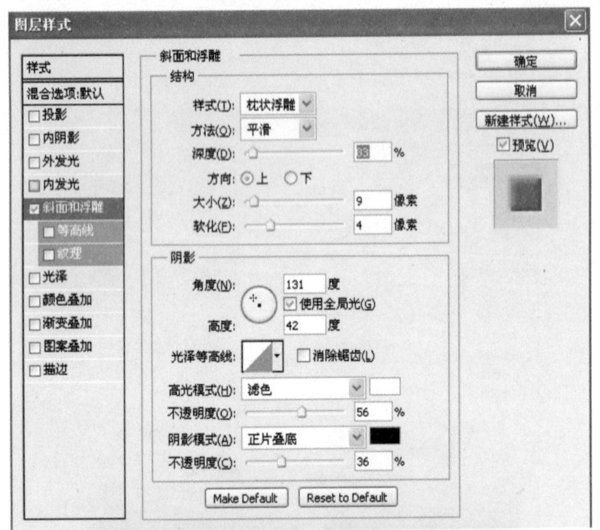

图5-9-35

4. 裁切和明暗效果

01 按Ctrl+E键自上而下合并各层，命名为“钱包图层”。按Ctrl+T键将钱包适当缩小。在工具箱中选择“圆角矩形工具”，在该工具属性栏中设置“半径”为15px，并单击按钮，并在钱包中绘制一个略小于边沿的圆角矩形路径。按Ctrl+Enter键将该路径转为选区，按Ctrl+Shift+I 键将选区反向。选择“套索工具”，在属性栏中单击“从选区减去”按钮，在左下角绘制一个小选区排除这部分的原有选区，之后按Delete 键删除选区内图像（即钱包的外边），钱包有形了，如图5-9-36所示。

02 交替使用“减淡工具”和“加深工具”，在钱包左侧擦出明暗效果，如图5-9-37所示。

图5-9-36

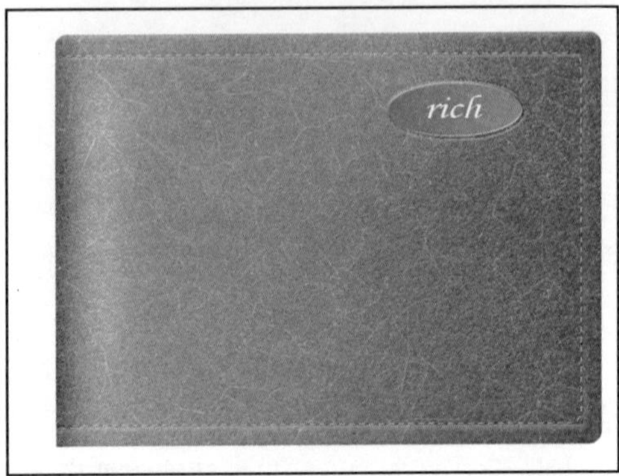

图5-9-37

03 选择“矩形选框工具”，在右侧针脚的右边自上而下绘制一窄条选区，选择“减淡工具”擦拭，以表现针脚线旁边的受光效果，再将选区向左微微移动，选择“加深工具”擦拭，重点是擦针脚线转折部位，以表现针脚线旁边皮革的凹陷，突出钱包面的立体感，如图5-9-38所示。

图5-9-38

5. 制作钱包底部截面

01 按Ctrl+J键复制“钱包”图层为副本，按Ctrl+T键将该副本向下缩小为一条，如图5-9-39所示。选择“加深工具”将其擦黑一些，但它的下部不要擦得太黑，如图5-9-40所示。

图5-9-39

图5-9-40

02 选择“钢笔工具”在底部截面图像左端绘制出弧形路径，按Ctrl+Enter键将该路径转为选区，按Delete键删除选区内图像，如图5-9-41所示。再选择“钢笔工具”绘制一个弧形路径，选择合适的“画笔”，并用与钱包接近的颜色为该路径描边，如图5-9-42所示。

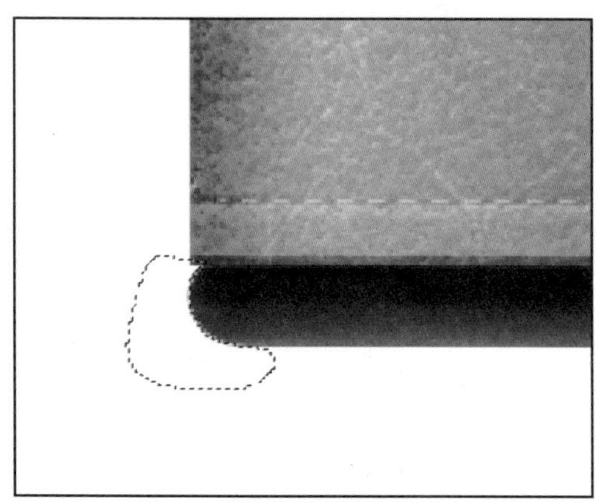

图5-9-41

提示：

有时在制作一些比较小的细节部位时，为了便于操作，找准部位，可以选择“缩放工具”，在相应部位周围框选将图像放大，之后再进行操作。

图5-9-42

6. 调整颜色、制作投影

01 单击“图层”面板下方的“创建调整图层”按钮，在打开的菜单中选择“曲线”选项，在“钱包”图层之上创建一个“曲线”调整图层，调整“钱包”的颜色，如图5-9-43所示。

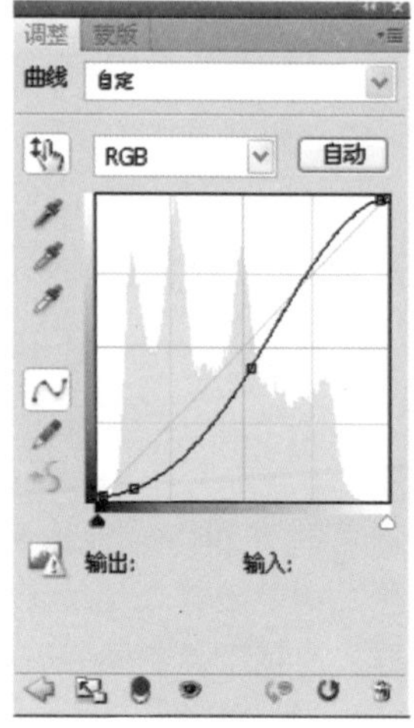

图5-9-43

02 单击“图层”面板下方的“创建新图层”按钮，在“钱包”所在图层下面创建一个新图层，按Ctrl 键单击“图层”面板中“钱包”所在图层的缩览图，载入“钱包”选区，向下移动该选区，填充黑色，如图5-9-44所示。执行“滤镜”>“模糊”>“高斯模糊”命令，调整相应的参数，完成制作。

图5-9-44

5.10 茶叶筒、茶碗和茶水

我对喝茶原本并不怎么感兴趣，可自从女儿从杭州给我带来一盒龙井茶后，我便开始喜欢喝茶了，而且渐渐地体验到喝茶的好处。喝茶是一种精神享受，提神、益气、化瘀，感觉身心在不知不觉中被净化，酷暑时节喝上一碗清茶会让你爽得神情飞扬。寒冷的日子里，呷上一口热茶，能把你的心暖得如春天般温馨，那真是一种说不清道不明的韵味和情调，你不想幸福都不行。为了表达对茶的喜爱，今天就做一个茶筒和一碗清茶。以前曾做过一个笔筒，方法比较烦琐，记得当时是用Photoshop 5.0。现在好了，可以通过应用3D来完成，遗憾的是我的计算机不行，所以只能用它完成较为简单的3D制作。

本案例涉及的主要知识点：

本案例涉及的主要知识点有3D命令、3D旋转工具、曲线调整、钢笔工具路径编辑、描边路径、加深与减淡工具、海棉工具，图像变换等，案例效果如图5-10-1所示。

图5-10-1

操作步骤：

1. 制作茶叶筒

01 执行“文件”>“新建”命令，创建一个宽为550像素，高为600像素，分辨率为72像素/英寸，背景内容为白色，颜色模式为RGB 的图像文件。

02 放入一张风景图片，如图5-10-2所示。执行3D>“图层新建形状”>“圆柱体”命令，如图5-10-3所示。在“图层1”中拖动鼠标，创建圆柱体，而且那风景图也神奇地，恰到好处地贴附在圆柱体上，如图5-10-4所示。

图5-10-2

3D(D) 视图(V) 窗口(W) 帮助(H)
从 3D 文件新建图层(N)...
从图层新建 3D 明信片(P)
从图层新建形状(S)
从灰度新建网格(G)
从图层新建体积(V)...
Repoussé
渲染设置(R)...
Ground Plane Shadow Catcher
Snap Object To Ground Plane
自动隐藏图层以改善性能(A)
隐藏最近的表面(H) Alt+Ctrl+X
仅隐藏封闭的多边形(Y)
反转可见表面(I)
锥形
立方体
Cube Wrap
圆柱体
圆环
帽形
金字塔
环形
易拉罐
球体
球面全景
酒瓶

图5-10-3

图5-10-4

03 选择工具箱中的“3D旋转工具”工具，调整圆柱体的角度和位置，如图5-10-5所示。

图5-10-5

04 执行“窗口”>3D命令，如图5-10-6所示。

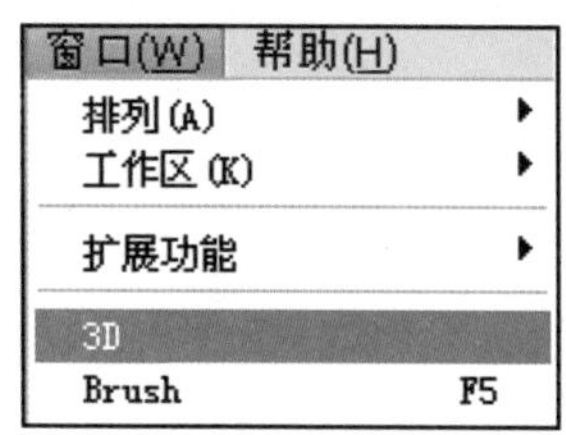

图5-10-6

05 在弹出的对话框中的“消除锯齿”下拉列表中，选中“最佳”选项，如图5-10-7所示。

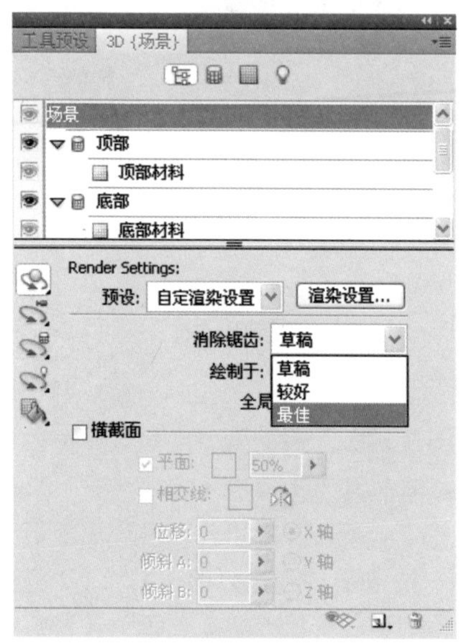

图5-10-7

06 执行“图层”>“栅格化”>3D命令，如图5-10-8所示。

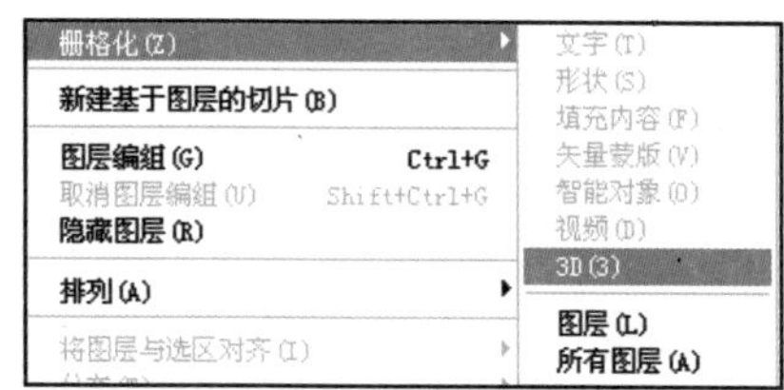

图5-10-8

07 单击“图层”面板下方的“创建新的调整图层”按钮，在打开的菜单中选择“曲线”选项，创建一个“曲线”调整图层，先调亮RGB，再压暗蓝色，茶叶桶颜色得到改善，如图5-10-9所示。

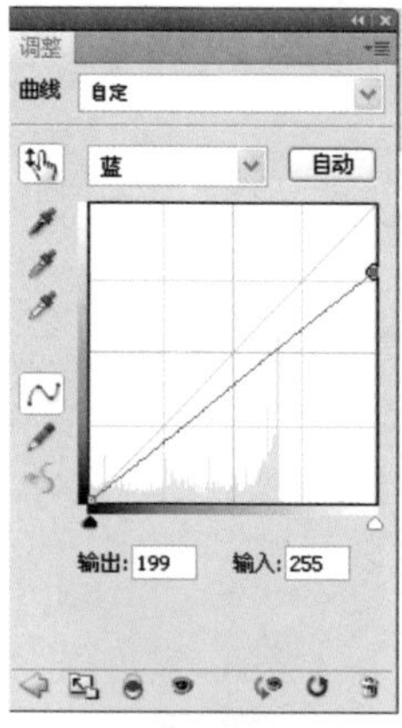

图5-10-9

08 选择“矩形选框工具”在茶叶筒自上而下绘制一个选区，如图5-10-10所示。执行“选择”>“修改”>“羽化”命令，调整相应的参数，如图5-10-11所示。单击“图层”面板下方的“创建新的调整图层”按钮，再创建一个“曲线”调整图层，调出茶叶桶的高光效果，如图5-10-12所示。按Ctrl+D键取消选区，选择“加深工具”擦一下筒的边缘。

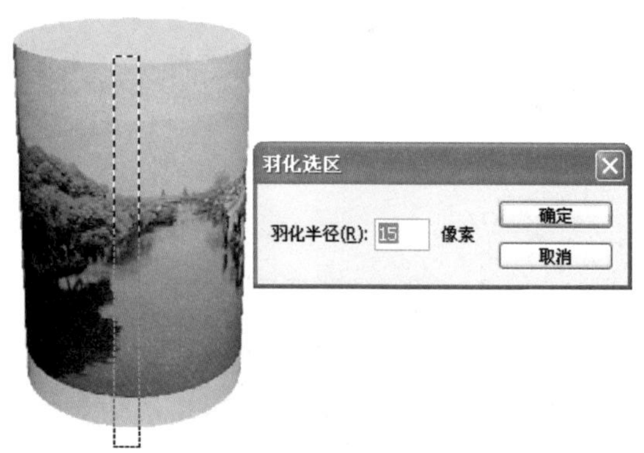

图5-10-10　　图5-10-11

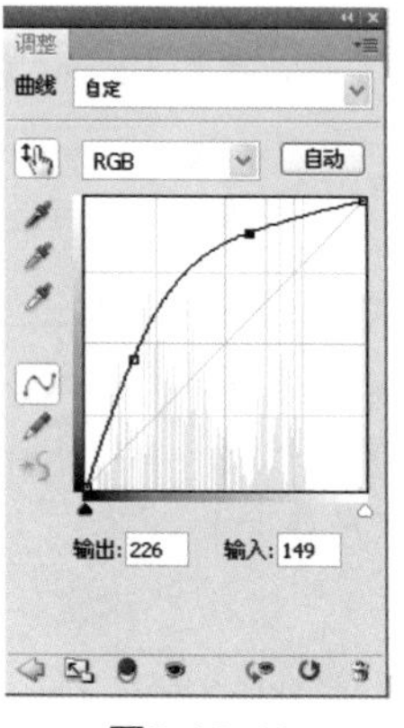

图5-10-12

09 接下来做筒盖下的缝隙。单击“图层”面板下方的“创建新图层”按钮创建“图层2”，并将该图层作为当前工作图层。选择“钢笔工具”沿筒盖下边缘绘制一条路径，如图5-10-13所示。将前景色设置为灰色，再选择一个直径为1像素的画笔，进入“路径”面板，单击面板下边的“用画笔描边路径”按钮，为路径描边。

图5-10-13

10 创建“图层3”，并将该图层作为当前工作图层，按Ctrl 键单击“图层”面板中“图层2”的缩览图载入“图层2”选区，如图5-10-14所示。按方向键将选区向下轻移1像素，填充白色，之后降低图层不透明度。

图5-10-14

11 单击“图层”面板下方的“添加图层蒙版”按钮，为“图层2”和“图层3”添加图层蒙版，并使之处于工作状态。将前景色设置为灰色，选择画笔将这两条缝隙线擦拭出虚实效果。选择“直排文字工具”输入文字，如图5-10-15所示。到底是什么茶？我也不知道，反正是档次不低的“中国名茶”。

12 对“图层1”执行“滤镜”>“杂色”>“添加杂色”命令，为茶叶筒添加少许杂色，如图5-10-16所示。

图5-10-15

图5-10-16

2. 制作茶碗和茶水

01 为了美观，先把背景图像颜色更改为红色，并选择“减淡工具”擦出明暗效果。

02 先来做碗口，单击“图层”面板下方的“创建新图层”按钮，创建“图层4”，并将该图层作为当前工作图层。选择“椭圆选框工具”绘制出一个椭圆选区并填充乳白色，颜色值为R248、G245、B230，保留选区，如图5-10-17所示。

03 做碗口边沿。在“图层4”之上创建“图层5”，并将该图层作为当前工作图层，执行“编辑”>“描边”命令，如图5-10-18所示。在打开的对话框中设置“颜色”为白色，“位置”为“居中”，单击“确定”按钮，按Ctrl+D键取消选区。而后执行“滤镜”>“模糊”>“高斯模糊”命令，调整相应的参数，如图5-10-19所示。

图5-10-17

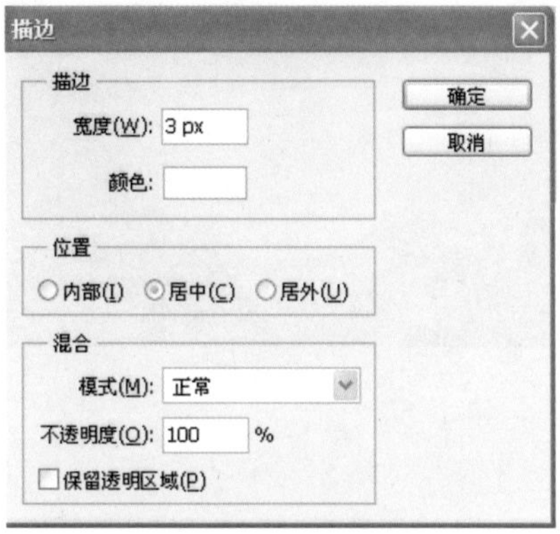

描边

描边

宽度(W): 3 px

颜色:

位置

○内部(I) ◉居中(C) ○居外(U)

混合

模式(M): 正常

不透明度(O): 100 %

☐保留透明区域(P)

确定

取消

图5-10-18

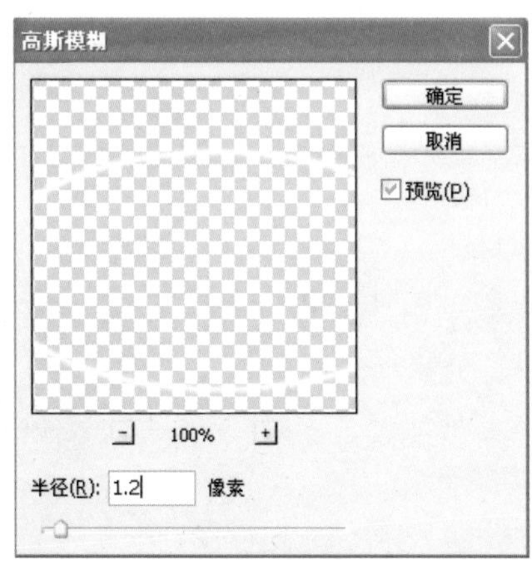

图5-10-19

04 做碗体。在“图层4”下创建“图层6”，并将该图层作为当前工作图层。选择“钢笔工具”，绘制出碗体轮廓路径，之后按Ctrl+Enter键将路径转为选区。单击工具箱中“前景色”图标，打开“拾色器”对话框，设置为乳白色，颜色值为R229、G227、B212；按Alt+Delete键填充前景色，如图5-10-20所示。

05 交替使用“加深工具”、“减淡工具”和“海绵工具”，将碗体和碗口擦拭出明暗效果，如图5-10-21所示。

图5-10-20

图5-10-21

06 下面开始制作茶水。创建“图层7”，并将该图层作为当前工作图层。选择“椭圆选框工具”，绘制出一个椭圆选区，单击工具箱中“前景色”图标，打开“拾色器”对话框设置前景色，颜色值为R195、G114、B34。按Alt+Delete键填充前景色，按Ctrl+T键变换图像大小和位置，如图5-10-22所示。

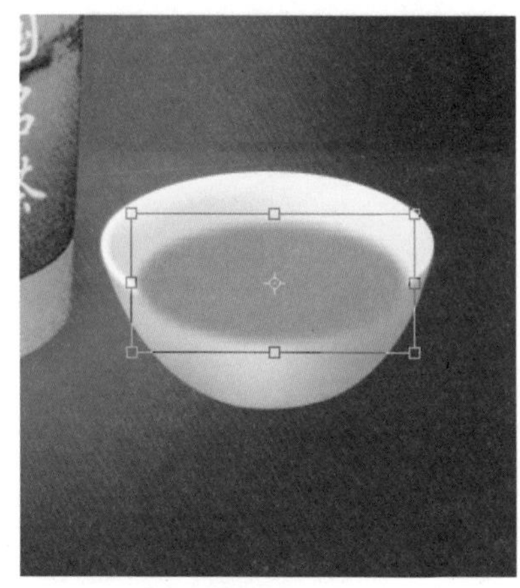

图5-10-22

07 单击“图层”面板下方的“添加图层蒙版”按钮，为“图层7”添加图层蒙版并使之处于工作状态，将前景色设置为黑色，选择“画笔工具”擦去茶水下部，使碗的边沿露出，如图5-10-23所示。

08 选择“减淡工具”和“海绵工具”，将茶水的右侧擦得艳亮些，如图5-10-24所示。让茶水看上去清澈润泽。

09 貌似完成了，其实还差那么一点，还要做一个底座，按 Ctrl+J键复制“图层6”为“图层6副本”，再返回到“图层6”，按Ctrl+T键变换其大小置于碗下，如图5-10-25所示。这才算最终完成。

图5-10-23

图5-10-24

图5-10-25

5.11 非洲草原的早晨

前日，阔别30年的大学同学聚会了，我真的很激动，特别是见到了好友孟帆，我们聊得特别开心，得知他喜爱摄影，于是约好等他返回西安把作品寄一些给我作为素材使用。

朋友就是朋友，办事就是侃快，它返回西安后的当天就打来电话告知照片已刻录并通过特快专递寄出了。我选了其中的一张“非洲草原的早晨”作为本案例的素材。

本案例涉及的主要知识点：

本案例涉及的主要知识点有阴影/高光调整、曲线调整、色彩平衡调整、色相/饱和度调整、USM锐化等，案例效果如图5-11-1所示。

图5-11-1

操作步骤：

01 打开素材图，我觉得画面的明暗对比不够明显，暗部的细节没有表现出来，于是我决定先从调整阴影高光着手。执行“图像”>“调整”>“阴影/高光”命令，打开对话框设置相应的参数，将阴影中的细节调出来，如图5-11-2所示。

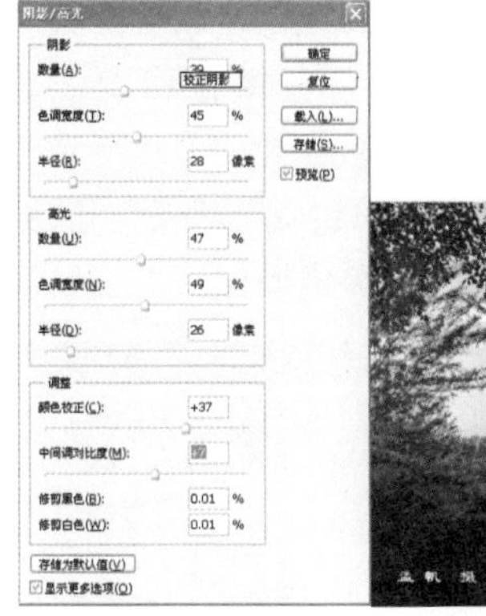

图5-11-2

02 单击“图层”面板下方的“创建调整图层”按钮，在打开的菜单中选择“曲线”选项，在“调整”面板中行调整将图像调亮，如图5-11-3所示。

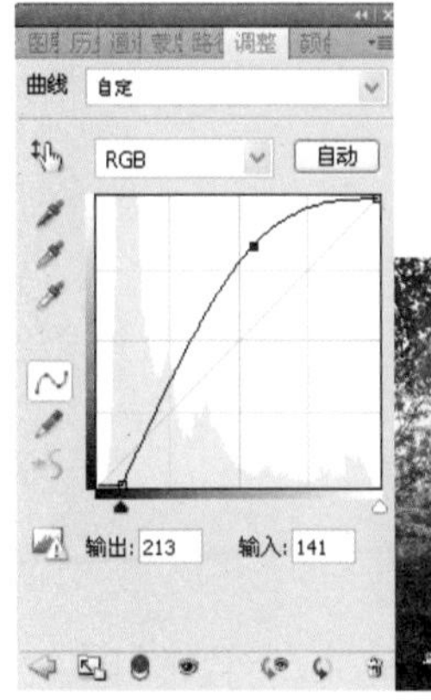

图5-11-3

03 这一调图像整体都亮了，云彩的细节没了，选中“曲线”调整图层的蒙版，使之处于工作状态，将前景色设为黑色，用“画笔”工具再擦涂天空使之恢复原有状态，如图5-11-4所示。按住Ctrl键单击“曲线”调整图层的蒙版载入选区，如图5-11-5所示。

图5-11-4

图5-11-5

04 按Ctrl+Shift+I键将选区反向，如图5-11-6所示。单击“图层”面板下方的“创建调整图层”按钮，在打开的菜单中选择“色彩平衡”选项，在“调整”面板中，我们发现“色彩平衡”调整层的蒙版黑白部分发生了反转，上部白色表示天空被选中，如图5-11-7所示。

图5-11-6

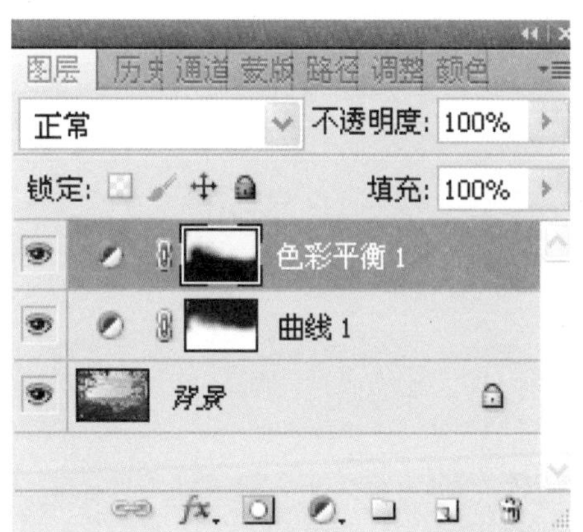

图5-11-7

05 分别调整“中间调”和“高光”，如图5-11-8所示。在保留细节的同时将天空调出清丽的蓝色，如图5-11-9所示。

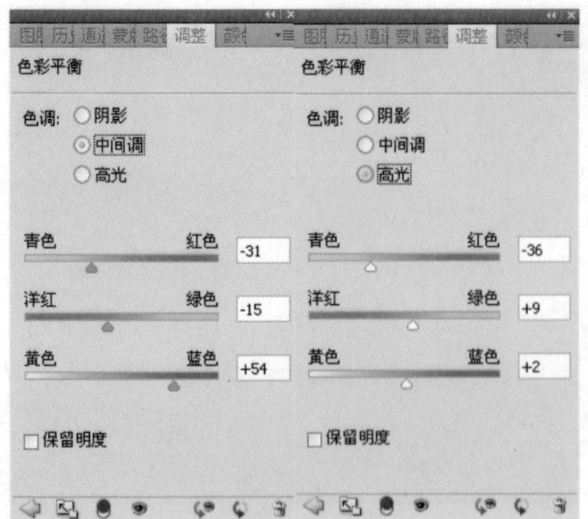

图5-11-8

图5-11-9

06 单击“图层”面板下方的“创建调整图层”按钮，在打开的菜单中选择“色相饱和度”选项，在“调整”面板中进行调整，如图5-11-10所示。执行“滤镜”>“锐化”>“USM锐化”命令，调整相应的参数，如图5-11-11所示。完成操作。

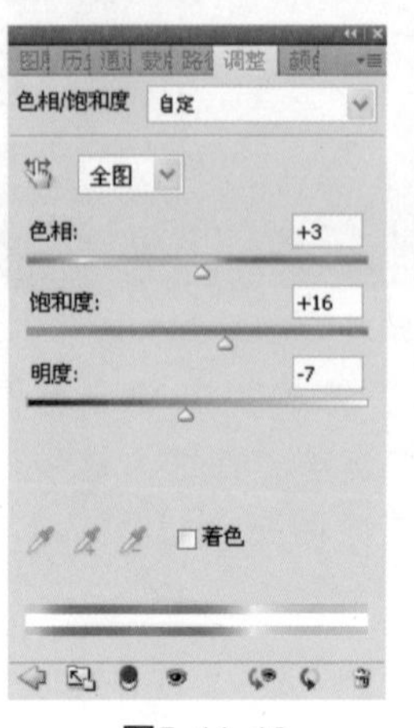

图5-11-10

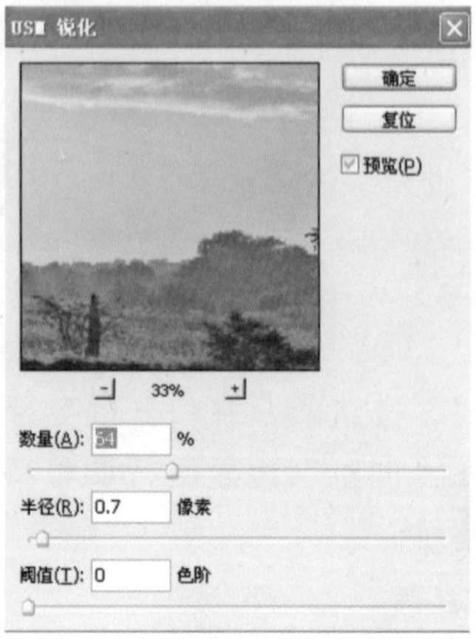

USM 锐化
确定
复位
预览(P)
33%
数量(A): %
半径(R): 0.7 像素
阈值(T): 0 色阶

图5-11-11

5.12 抠猫咪

前面我们曾经讲过利用通道抠“帅哥”，这次我们是讲如何抠猫咪，同样是抠图，但方法不同。本案所用素材也是我的同学孟帆提供的，这老伙计过去特擅长文学写作的，如今竟喜欢上摄影了，瞧！拍得确实不错，我很喜欢的。

本案例涉及的主要知识点：

本案例涉及的主要知识点有魔棒工具、套索工具、减选区、“调整边缘”命令、减淡工具等，案例效果如图5-12-1所示。

图5-12-1

操作步骤：

01 打开素材图，如图5-12-2所示。选择“魔棒工具”在猫以外背景处单击，出现选区，这时选择的是猫以外部分，如图5-12-3所示。

图5-12-2

图5-12-3

02 按Ctrl+Shift+I键将选区反向，选择“套索工具”，在属性栏中单击“从选区减去”按钮，之后在猫脸内部圈选，将不需要的选区去掉，如图5-12-4所示。

图5-12-4

03 执行“选择”>“调整边缘”命令，打开对话框，单击view 选项窗口右侧三角按钮，在打开的菜单中选黑与白，如图5-12-5所示。之后设置半径等选项，如图5-12-6所示。设置好后用光标沿猫的边缘涂画，如图5-12-7所示。

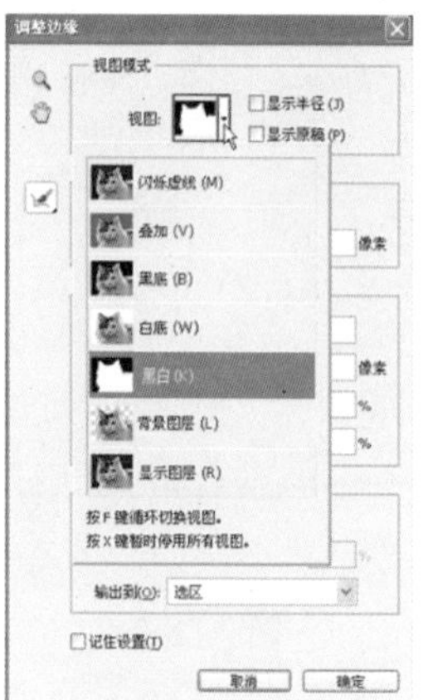

图5-12-5

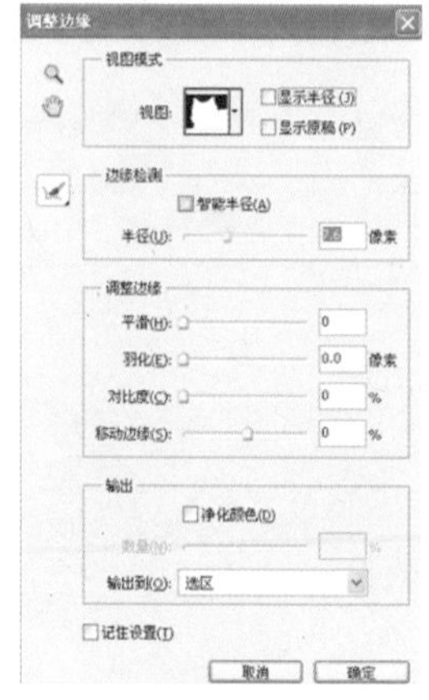

图5-12-6

图5-12-7

04 涂画结束后单击“确定”按钮，现在猫周围依然有选区，但已经与原来选区不同了，是对毛发比较精确的、柔和的选择，如图5-12-8所示。接下来按Ctrl+J键将猫拷贝出来，在其下新建图层，填充绿色。这时发现毛发的边缘残留一些黑色，没关系，选择“减淡工具”，在工具属性栏将“范围”、“曝光度”等选项和参数设置好，在毛发边沿黑色部位擦拭，如图5-12-9所示。完成操作。

图5-12-8

图5-12-9

5.13 为黑白照上色

为黑白照上色的方法很多，有的用“历史记录”结合“快照”的方法，有的主要用“画笔”工具喷画并结合混合模式的方法，但我还是喜欢用快速蒙版结合选区的方法，这种方法虽然看似很烦琐，其实很简单，也比较可靠、实用，而且精准、真实。案例效果如图5-13-1所示。

本案例涉及的主要知识点：

本案例涉及的主要知识点有快速蒙版、“色彩平衡”调整图层、“曲线”调整图层、色阶调整、通道的应用、钢笔工具，案例效果如图5-13-1所示。

图5-13-1

操作步骤：

01 打开素材图，如图5-13-2所示。单击“快速蒙版”按钮进入快速蒙版编辑状态，将前景色设为黑色，选择“画笔工具”在小孩的脸和手臂部分认真地擦涂，为了擦涂精确可将图像放大，如图5-13-3所示。

图5-13-2

图5-13-3

02 擦涂结束后再次单击“快速蒙版”按钮，退出快速蒙版编辑状态，小孩的脸和手臂部分出现了选区，如图5-13-4所示。

图5-13-4

03 单击“图层”面板下方的“创建调整图层”按钮，创建“色彩平衡”调整图层，在“调整”面板中先调节“中间调”再调整“阴影”和“高光”，而后创建“曲线”调整图层适当提亮图像，如图5-13-5所示。将小孩的脸和胳膊调出正常的肤色。

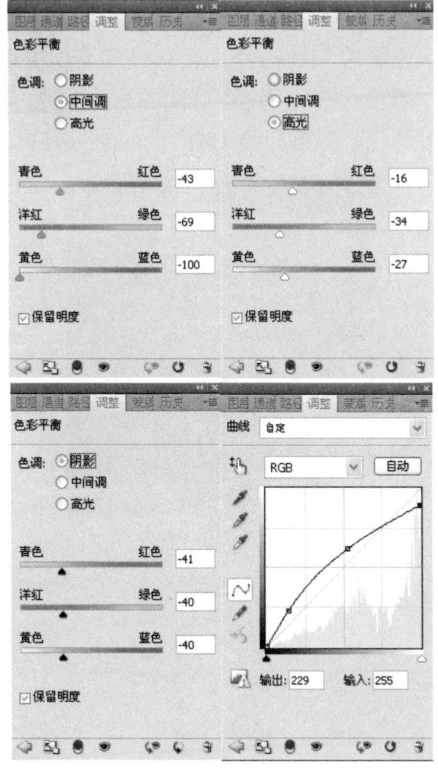

图5-13-5

提 示：

小孩的皮肤比较白嫩，这样的肤色是比较难把握的，所以调整时要反复地比较、斟酌和尝试。

04 将“背景”图层作为当前工作图层，选择“钢笔工具”沿头巾边缘绘制路径，之后按Ctrl+Enter键将路径转为选区，如图5-13-6所示。再按Ctrl+J键将头巾拷贝为单独一层即“图层1”，单击“背景”图层的“可视”图标暂时隐藏该图层，如图5-13-7所示。

图5-13-6

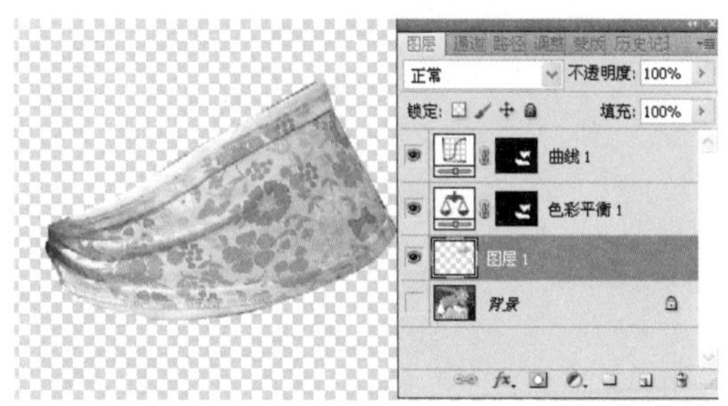

图5-13-7

05 进入“通道”面板，将蓝通道缩览图拖至面板下方的“创建新通道”按钮上，复制出“蓝副本”，如图5-13-8所示。执行“图像”>“调整”>“色阶”命令，强化黑白，如图5-13-9所示。

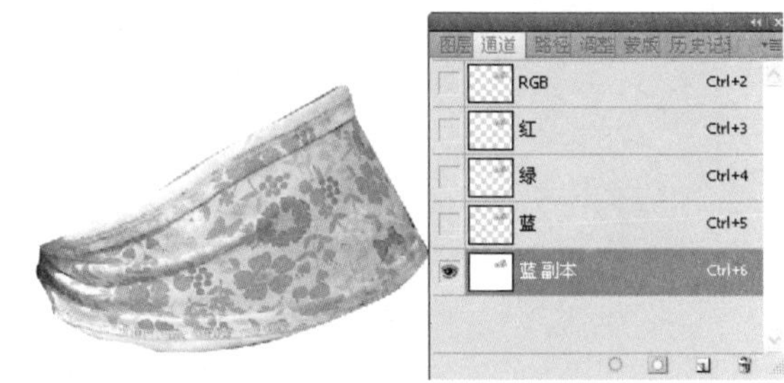

图5-13-8

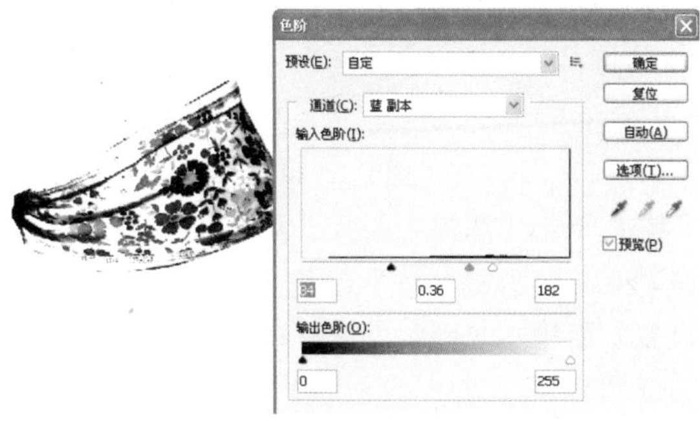

图5-13-9

06 按Ctrl+I键将“蓝副本”反相，如图5-13-10所示。按Ctrl键单击“蓝副本”的缩览图载入白色部分图像的选区，如图5-13-11所示。返回“图层”面板中的“背景”图层，如图5-13-12所示。

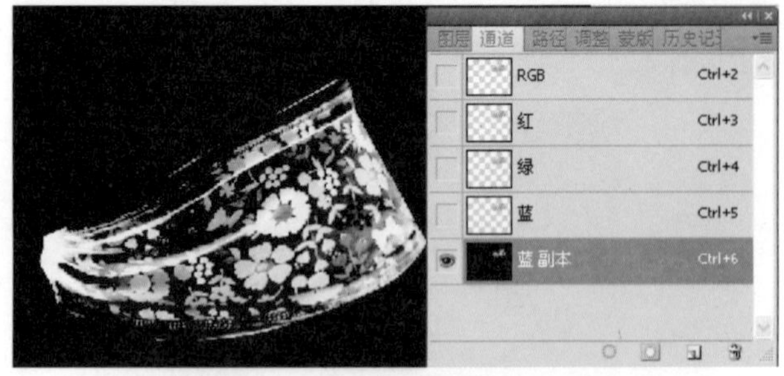

图5-13-10

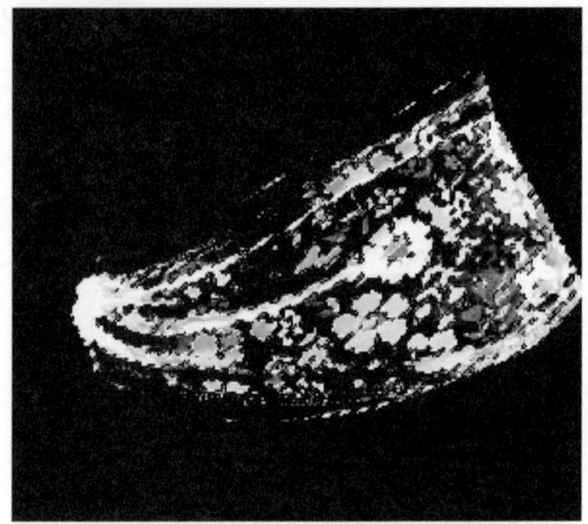

图5-13-11

图5-13-12

07 单击“图层”面板下方的“创建调整图层”按钮，在打开的菜单中选择“色彩平衡”选项，在“调整”面板中分别对“中间调”、“阴影”和“高光”进行调整，如图5-13-13所示。效果如图5-13-14所示。

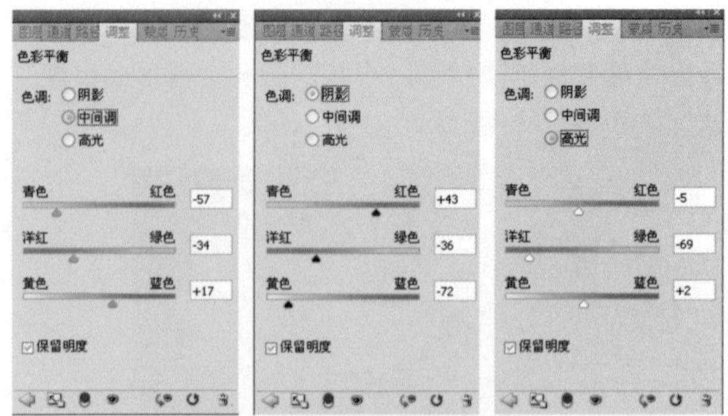

图5-13-13

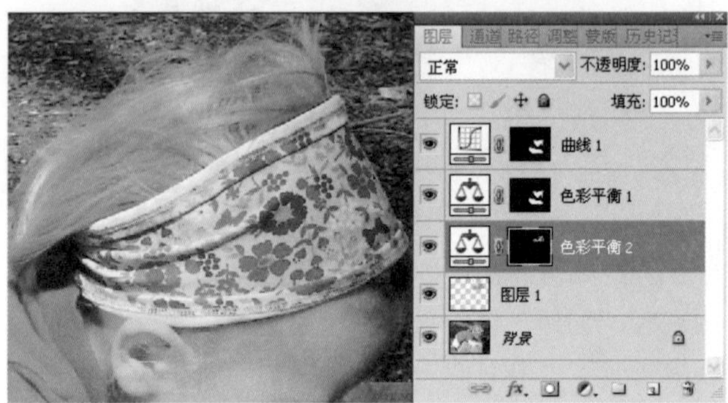

图5-13-14

08 按Ctrl键单击“图层1”的缩略图，载入头巾的选区，如图5-13-15所示。单击“图层”面板下方的“创建调整图层”按钮，在打开的菜单中选择“色彩平衡”选项，在“调整”面板中选中“高光”选项调整头巾颜色，如图5-13-16所示。

图5-13-15

图5-13-16

09 单击“快速蒙版”按钮进入快速蒙版编辑状态，将前景色设为黑色，选择“画笔工具”在小孩的头发上仔细地擦涂，如图5-13-17所示。为擦涂精确可将图像放大。擦涂结束后单击“快速蒙版”按钮退出快速蒙版编辑状态，出现选区，如图5-13-18所示。

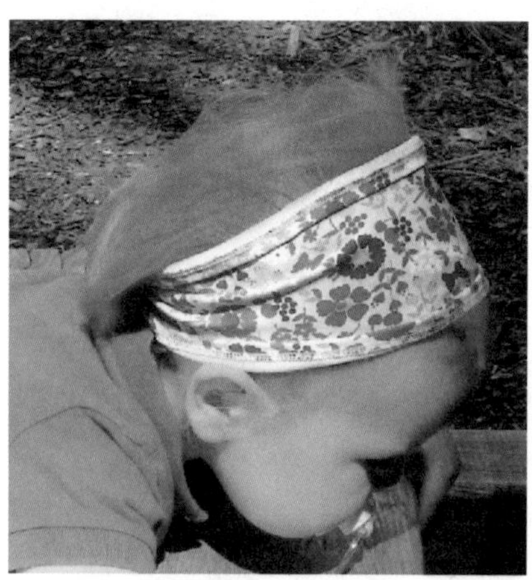

图5-13-17

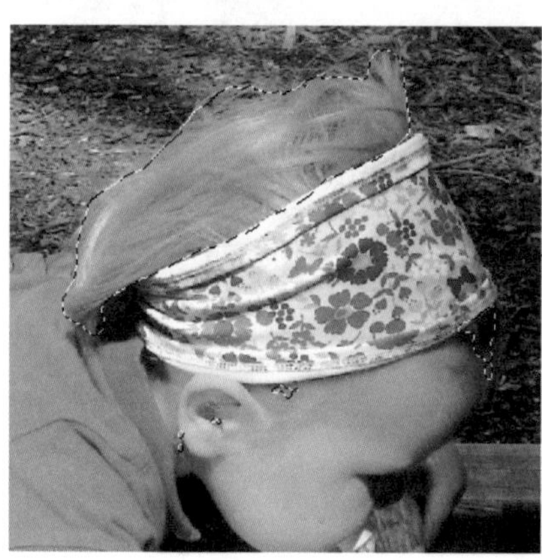

图5-13-18

10 单击“图层”面板下方的“创建调整图层”按钮，在打开的菜单中选择“色相饱和度”选项，在“调整”面板中将头发调成淡淡的黄色，如图5-13-19所示。

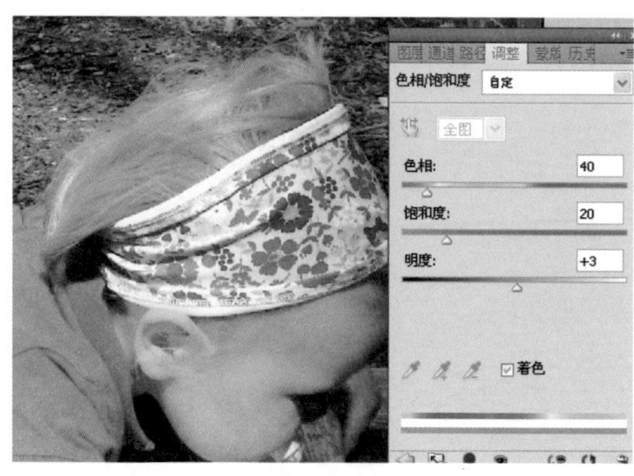

图5-13-19

11 选择“钢笔工具”沿衣服边缘绘制路径，并按Ctrl+Enter键将路径转为选区，如图5-13-20所示。单击“图层”面板下方的“创建调整图层”按钮，在打开的菜单中选择“色相/饱和度”选项，在“调整”面板中，将衣服调成红色，如图5-13-21所示。

图5-13-20

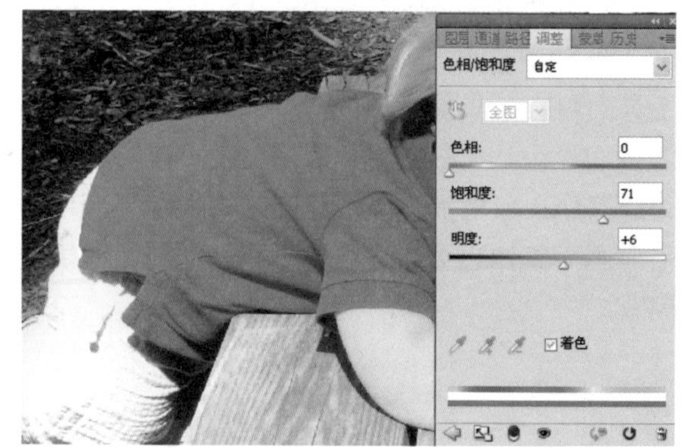

图5-13-21

12 选择“钢笔工具”沿裤子边缘绘制路径，并按Ctrl+Enter键将路径转为选区，如图5-13-22所示。单击“图层”面板下方的“创建调整图层”按钮，在打开的菜单中选择“色相饱和度”选项，在“调整”面板中将裤子调成粉色，如图5-13-23所示。

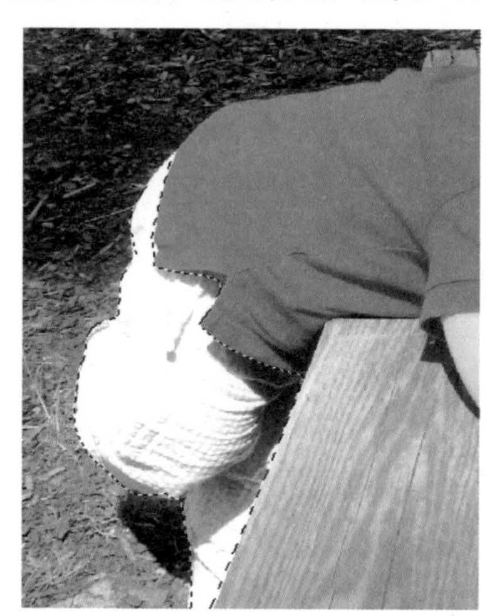

图5-13-22

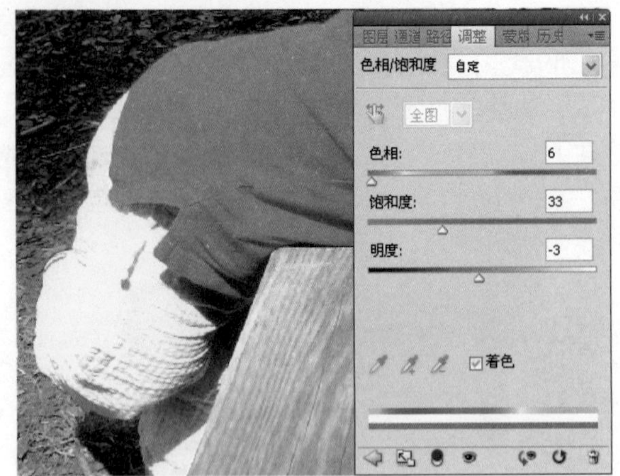

图5-13-23

13 单击“图层”面板下方的“创建新图层”按钮，创建“图层2”并将该图层作为当前工作图层，将前景色设为黄绿色，用“画笔”工具在地面上涂画，之后将该图层的混合模式设为“正片叠底”，并降低不透明度，如图5-13-24所示。最后按Ctrl+Alt+Shift+E键盖印图层为“图层3”。选择“海棉工具”在工具属性中的“模式”设为“饱和”，“流量”设为19%左右，有选择地在小孩的脸和手臂的边缘擦涂，以增加一些粉红色，如图5-13-25所示。最后对画面整体也可以适当地调整以增加饱和度，操作完成。

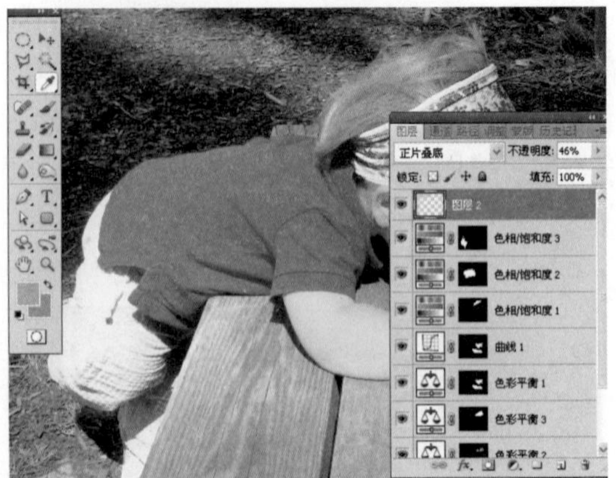

图5-13-24

图5-13-25

第6章 迎接下一个春天

冬天的那阕歌，渐行渐远
你的身影隐隐约约
似乎慵懒地拨弄着希望
零星的几滴，窃窃的丝弦
不要再与我周旋
我已看到你，碧叶般的裙摆
我已嗅得你，与泥土混合一体的芬芳！

窗外飘着小雪，这或许是今年的最后一场雪，我听见了春的脚步，一声声扣动着我的心门，为我疲惫的身体注入新的活力。此刻，我已准备好再度启程，下面几个案例便是赠给即将到来的下一个春天的礼物。

6.1 街头之吻

这是一张摄于维也纳街头的照片，当时我正在商店外休息，那条街叫什么名字我忘记了，只记得整条街道的顶部有一个巨大的透明穹顶，那条街很繁华，地面十分干净、光滑，上面有很美的图案，看得出是一条有着悠久历史和文化底蕴的街道，这时一对中年男女，估计是一对夫妇突然站在十字路口那圆形图案的正中旁若无人地拥吻起来，他们那么大方洒脱，那么浪漫而高贵，与这美丽的街景完美地融合在一起，我不失时机地抓拍下来，今天将其作为一个后期调色案例奉献出来。

本案例涉及的主要知识点：

本案例涉及的主要知识点有“高动态”命令、曲线调整、色相/饱和度调整等，案例效果如图6-1-1所示。

图6-1-1

操作步骤：

01 打开一幅素材图像，如图6-1-2所示。

图6-1-2

02 执行“图像”>“调整”>“高动态”命令，在打开的对话框中设置相关参数，如图6-1-3所示。

图6-1-3

提 示：

通过调整增强图像的饱和度，使色彩对比强烈，显得油润艳丽，这是“高动态命令”色调调整的一大特点。如图6-1-4所示。

图6-1-4

03 单击“图层”面板下方的“创建调整图层”按钮，在打开的菜单中选择“曲线”选项，在“调整”面板中进行调整，如图6-1-5所示。

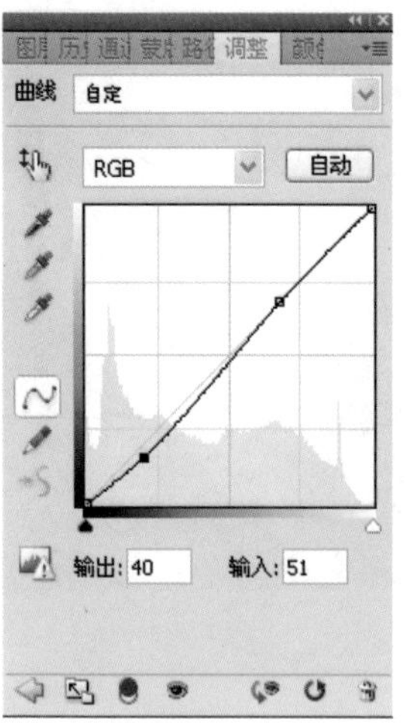

图6-1-5

04 单击“图层”面板下方的“创建调整图层”按钮，在打开的菜单中选择“色相饱和度”选项，在“调整”面板中，先针对红色进行调整，将“饱和度”滑块向左拖动，目的是降低人物皮肤中红色的饱和度，如图6-1-6所示。接下来针对绿色调整，增加图像中绿色的饱和度，如图6-1-7所示。

05 图像太艳，色彩对比过强烈失真，因此适当降低图像中青色和黄色的饱和度，如图6-1-8与图6-1-9所示。

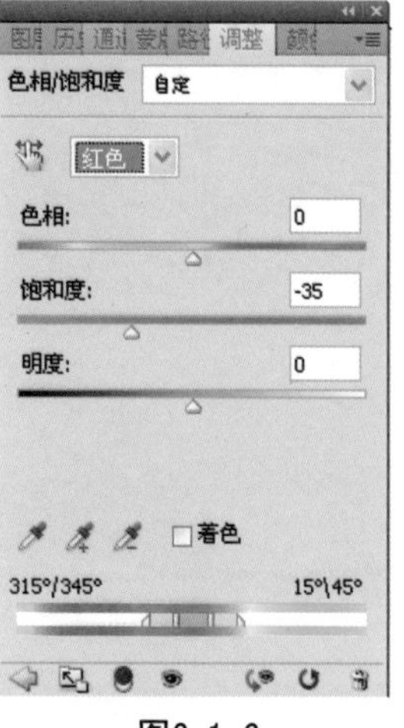

图6-1-6

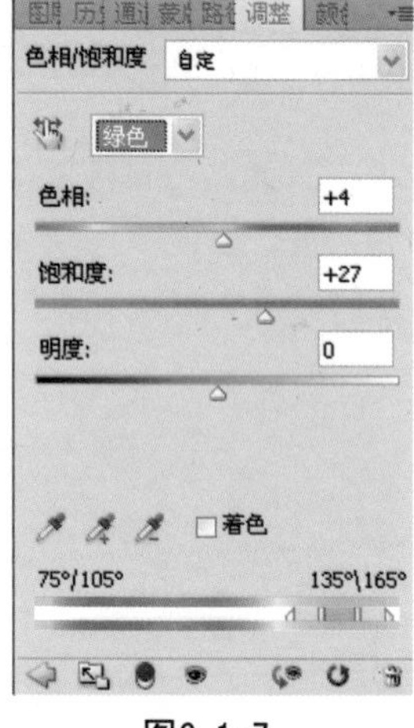

图6-1-7

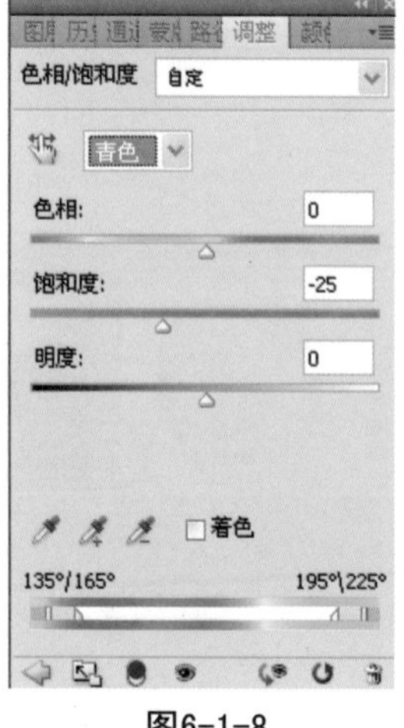

图6-1-8

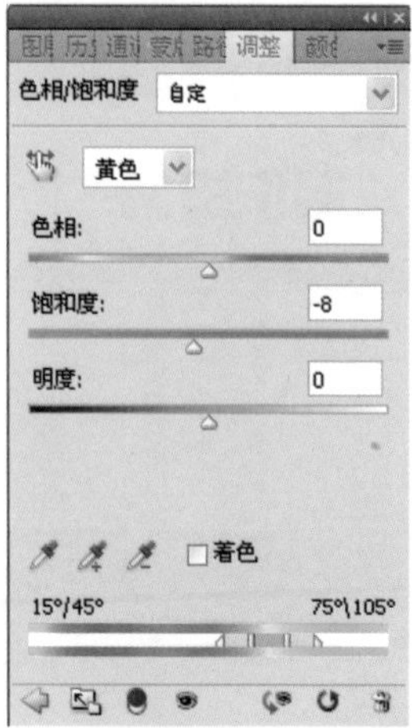

图6-1-9

6.2 想戒烟

我吸烟的历史可不短，算来也有30多年了，是做知青插队时学会的。1976年12月，我被派去修建水坝，那个冬天格外地冷，地冻三尺梆梆硬，十字镐刨下去只是一个酒盅大小的小坑儿，虎口被镐把震得裂开长长的口子。后来决定用炸药崩，炮响了，土块横飞，硝烟还未散尽，我们就跑过去，背驮起几十公斤重的冻土块向坝上爬。休息时，我蜷缩在背风向阳的土坑里，迷茫地望着远方。一位平时对我特别好的老农为我卷一根“大老旱”，对我说：“孩子，抽吧，解乏”。老农憨厚而真诚，一根根用破报纸卷成的旱烟，在那特定的年代让我感受了温暖。从此我学会了抽烟，一抽就是30多年。

我知道吸烟的危害，如今很想把烟戒掉，可是几次都未成功，不知将来能否成功，不管我最终能否戒掉这烟，为说明吸烟的危害我还是要制作下面这个实例。

这个实例是鼠绘与合成结合的，主要分为5部分，即烟卷、烟嘴、烟灰、烟雾和合成。

本案例涉及的主要知识点：

本案例主要涉及渐变编辑、选区相加、变换移动、盖印图层、图层蒙版、“液化”滤镜、画笔使用等，案例效果如图6-2-1所示。

图6-2-1

制作流程：

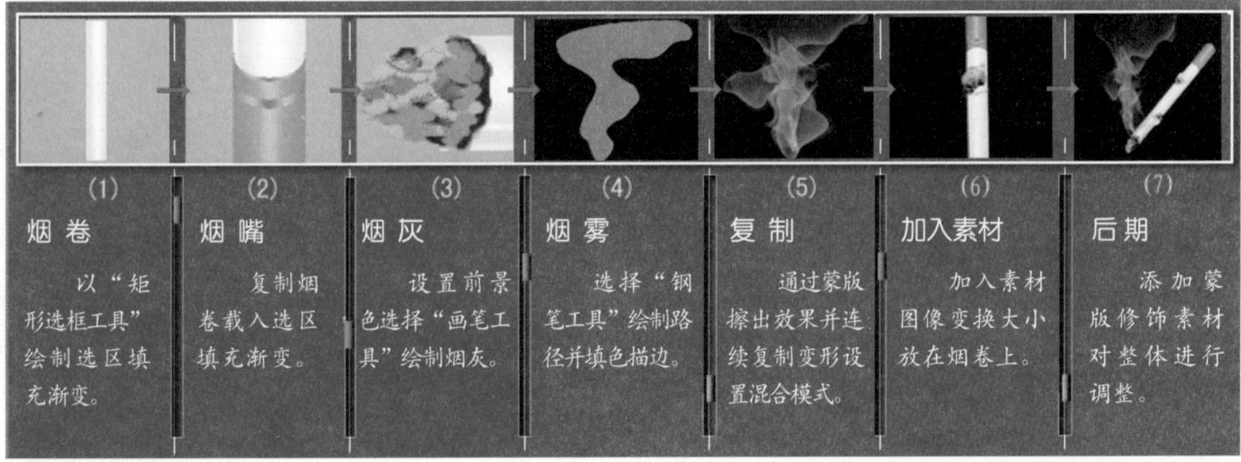

1. 制作烟卷

01 执行“文件”>“新建”命令，创建一个宽为800像素，高为800像素，分辨率为72像素/英寸，背景内容为白色，颜色模式为RGB的图像文件。

02 为了方便观察暂时将背景图层填充为灰色。接下来选择工具箱中的“渐变工具”，单击属性栏中的渐变色带，打开“渐变编辑器”对话框。自左向右，单击渐变条上的第1个色标，并在下方颜色选项处设置颜色为R241、G239、B226，位置为0%；同法设置第2个色标，颜色为R245、G245、B245，位置为5%；设置第3个色标为R255、G255、B255，位置为52%。第4个色标为R241、G239、B226，位置为100%，如图6-2-2所示。按“确定”按钮完成渐变编辑，在渐变工具属性栏将渐变类型设为“线性渐变”。

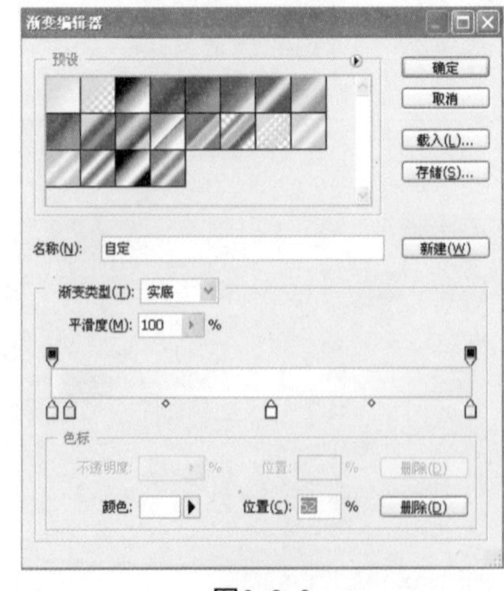

图6-2-2

03 单击“图层”面板下方的“创建新图层”按钮创建“图层1”，并将该图层作为当前工作图层，选择“矩形选框工具”绘制一个选区，并在选区中自左向右拖曳填充线性渐变，如图6-2-3所示。按Ctrl+D键取消选区。

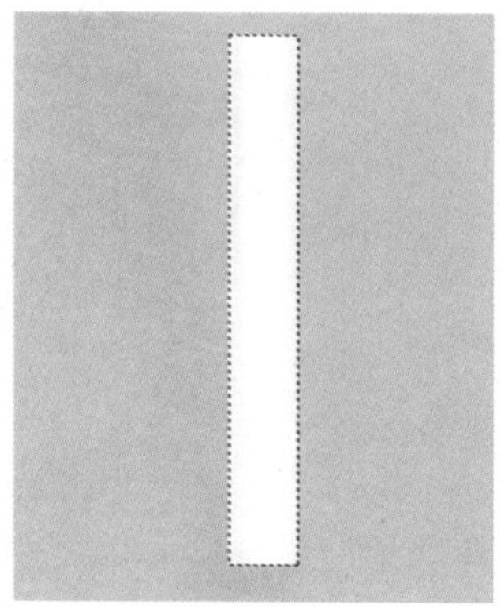

图6-2-3

04 选择“椭圆选框工具” 在烟杆下端绘制一个选区，注意选区左右边缘与烟卷的左右边缘要对齐，如图6-2-4所示。再选择“矩形选框工具”，将属性栏中的选区运算方式设置为“添加到选区”，之后紧贴烟卷自上而下绘制一个选区，将椭圆选区与矩形选区相加，如图6-2-5所示。按Ctrl+Shift+I键将选区反向，按Delete键删除烟卷下端的两个角，如图6-2-6所示。按Ctrl+D键取消选区。

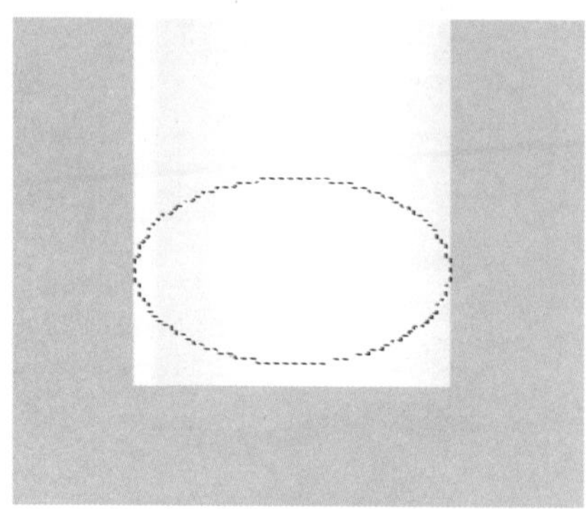

图6-2-4

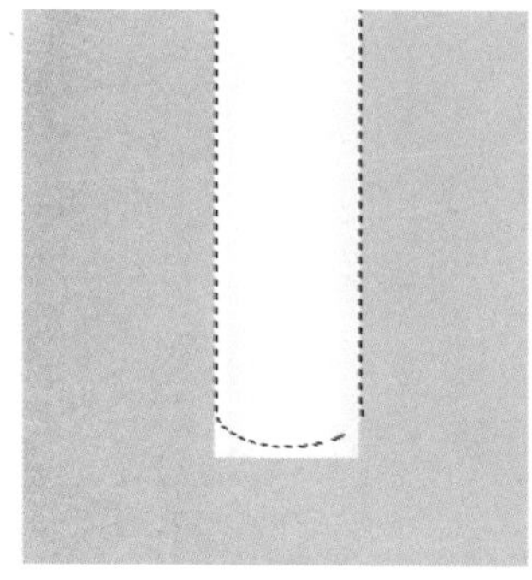

图6-2-5

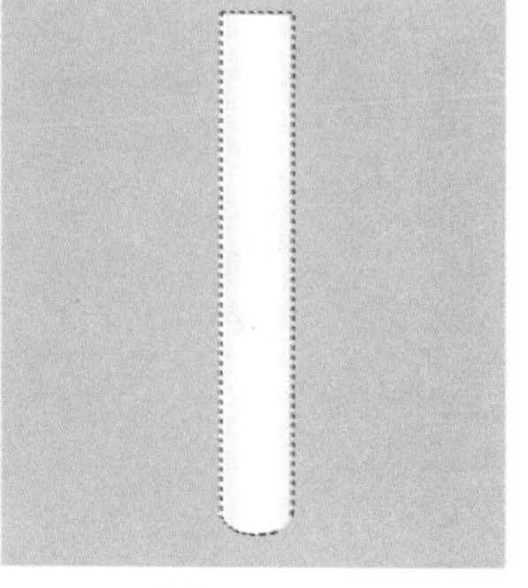

图6-2-6

2. 制作烟嘴

01 按Ctrl+J键复制“图层1”为“图层1 副本”，将“图层1 副本”下面的“图层1”作为当前工作图层，选择工具箱中的“移动工具”，按方向键将“图层1”下移一定距离。按Ctrl键单击“图层1”缩览图载入选区，如图6-2-7所示。

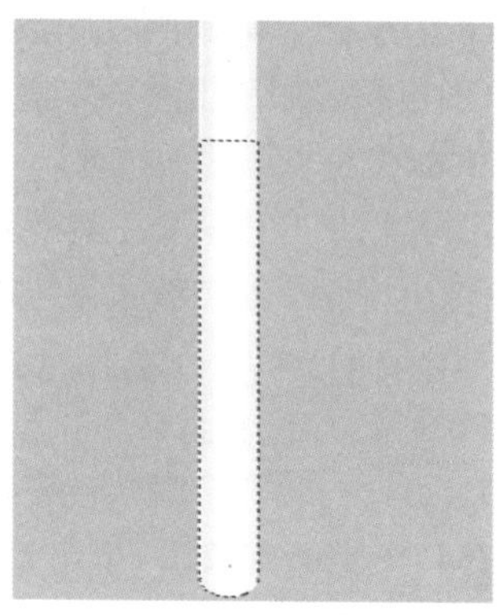

图6-2-7

02 选择工具箱中的“渐变工具”，单击“渐变工具”属性栏中的渐变色带，打开“渐变编辑器”对话框。自左向右，单击渐变条上第1个色标，并在下方颜色选项处设置颜色为R243、G148、B35，位置为0%；同法设置第2个色标，颜色为R253、G212、B159，位置为50%；设置第3个色标R243、G148、B35，位置为100%，如图6-2-8所示。单击“确定”按钮完成渐变编辑，在“渐变工具”属性栏将渐变类型设为“线性渐变”，并在选区中自左向右拖曳填充线性渐变，如图6-2-9所示。

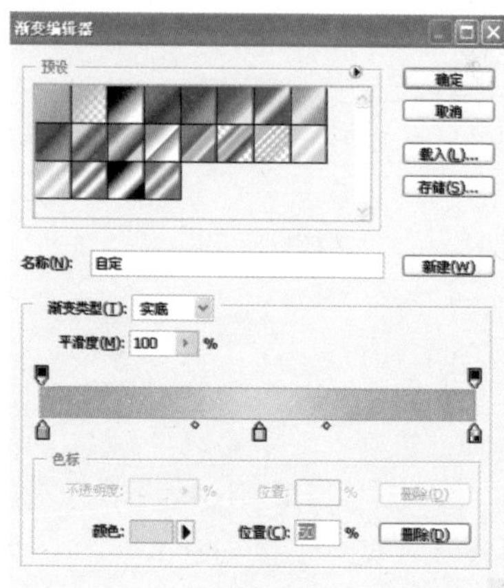

图6-2-8

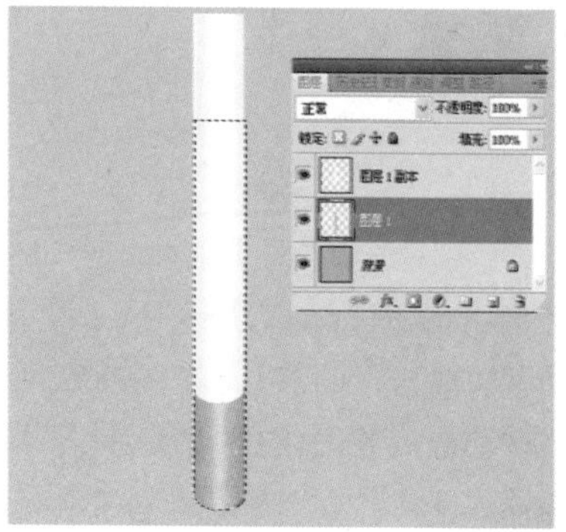

图6-2-9

03 按Ctrl+J键复制“图层1”为“图层1 副本2”，将“图层1 副本”下面的“图层1副本2”作为当前工作图层，单击选择工具箱中的“移动工具”，按方向键将“图层1副本2”上移一定距离。按Ctrl键单击“图层1副本2”缩览图载入选区。

04 选择工具箱中的“渐变工具”，单击属性栏中的渐变色带，打开“渐变编辑器”对话框。单击渐变条上第1个色标，并在下方颜色选项处设置颜色，将左起第1、第3（位置为50%）和第5个色标的颜色设为R207、G126、B28；同法设置第2、第4个色标，颜色为R254、G214、B106，位置为25%和75%，如图6-2-10所示。单击“确定”按钮完成渐变编辑，在渐变工具属性栏将渐变类型设为“线性渐变”，并在选区中自左向右拖曳填充线性渐变，保留选区，如图6-2-11所示。

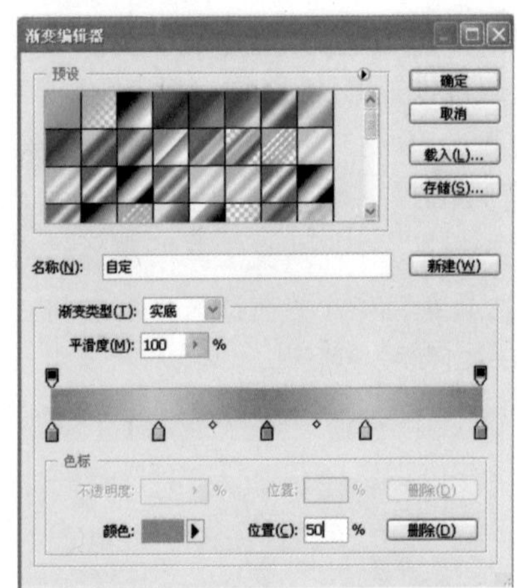

图6-2-10

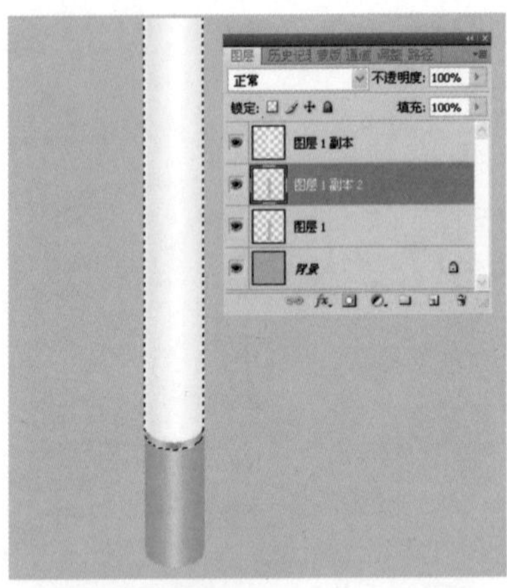

图6-2-11

05 将选区向上轻微移动一定距离，如图6-2-12所示。按Delete键将“图层1副本2”的上部删除，只留一小条，移动好位置后，按Ctrl+D键取消选区。

06 按Ctrl+J键复制“图层1 副本2”为“图层1副本3”，向下移动放置好位置，如图6-2-13所示。

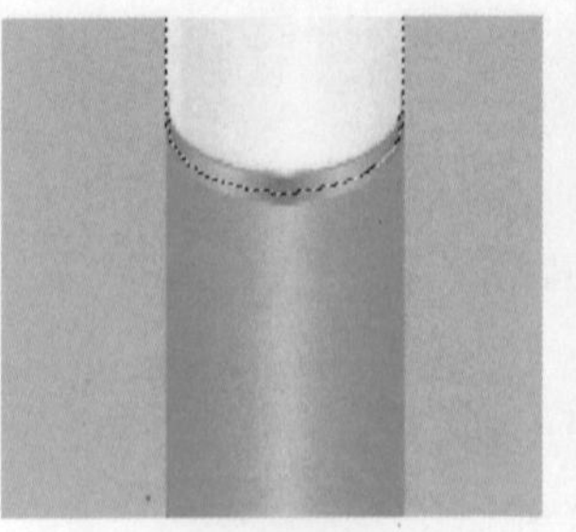
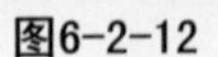

图6-2-12

图6-2-13

3. 制作烟灰

01 执行“图像”>“图像旋转”>“逆时针90度”命令。单击“图层”面板下方的“创建新图层”按钮，创建“图层2”并将该图层作为当前工作图层。选择“套索工具”绘制选区，之后选择“画笔工具”，按F5键，在打开的“切换画笔”面板中选一个笔刷，设置笔刷大小，如图6-2-14所示。先在选区中涂画上一个较暗的底色，再用灰色在选区中涂画。之后用红色和橘黄色单击绘制出火光效果，如图6-2-15所示。绘制好后按Ctrl+D键取消选区。

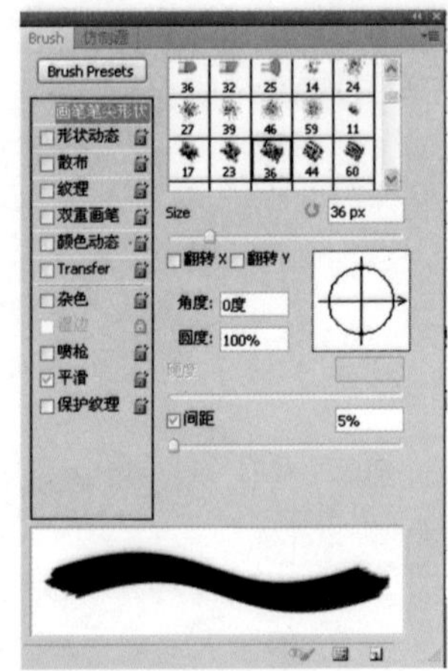

图6-2-14

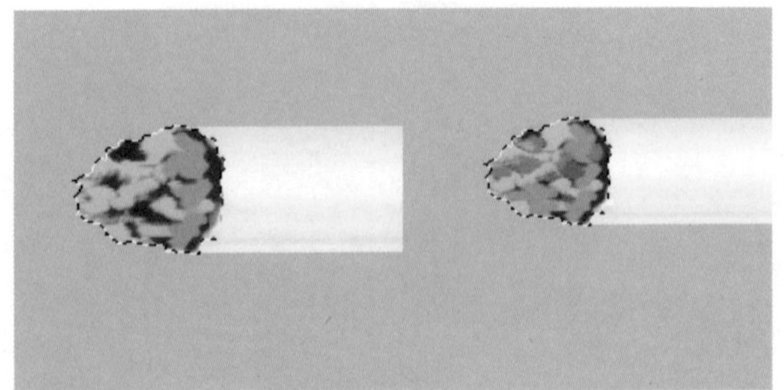

图6-2-15

02 选择“套索工具”在烟灰局部绘制两个选区，如图6-2-16所示。执行“滤镜”>“画笔描边”>“喷色描边”命令，调整相应的参数，如图6-2-17所示。再用黑色和深褐色“画笔”工具配合使用“加深工具”涂画出暗部，如图6-2-18所示。

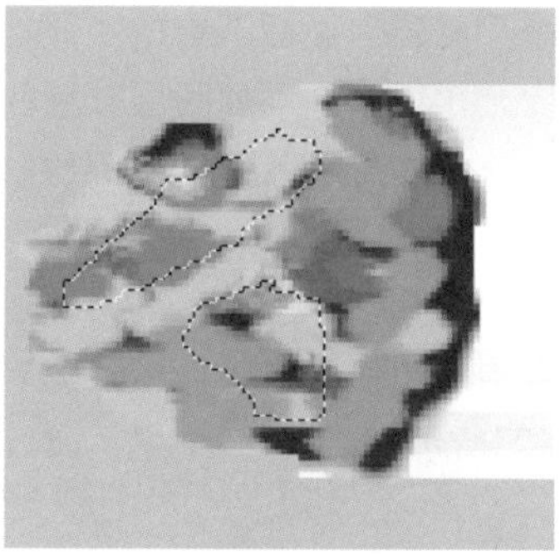

图6-2-16

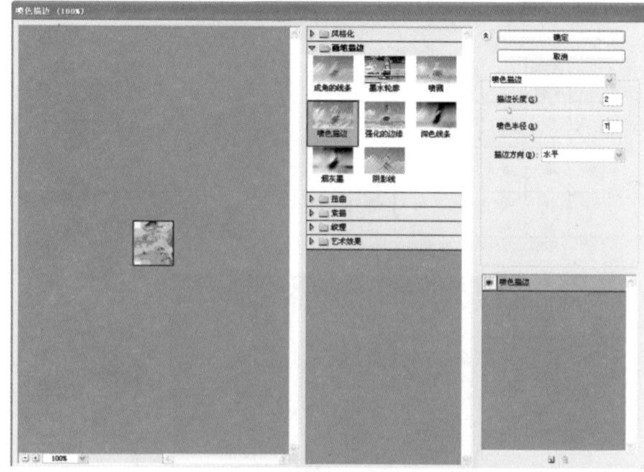

图6-2-17

图6-2-18

03 选择“直线工具”，设置工具属性，如图6-2-19所示。在烟杆上横向绘制出若干淡淡的灰色条纹，如图6-2-20所示。

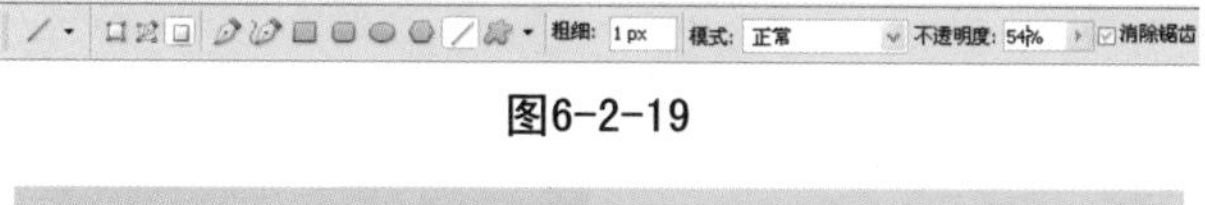

图6-2-19

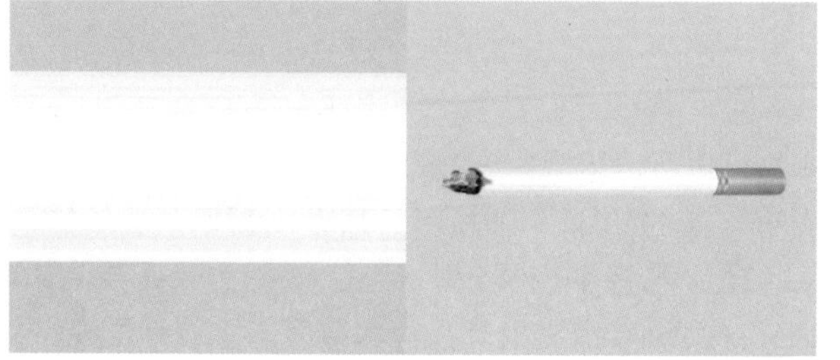

图6-2-20

做到这一步，我真的有些乏，乏了就自然想到吸烟，伸手抓来那盒烟，拎出一根，送到双唇之间。真的没出息，太惭愧，我……我还是没控制住，点燃了这烟。

4. 制作烟雾

01 执行“文件”>“新建”命令，创建一个宽为530像素，高为700像素，分辨率为72像素/英寸，背景内容为黑色，颜色模式为RGB 的图像文件。

02 单击“图层”面板下方的“创建新图层”按钮，创建“图层1”并将该图层作为当前工作图层，选择“钢笔工具”绘制路径，如图6-2-21所示。

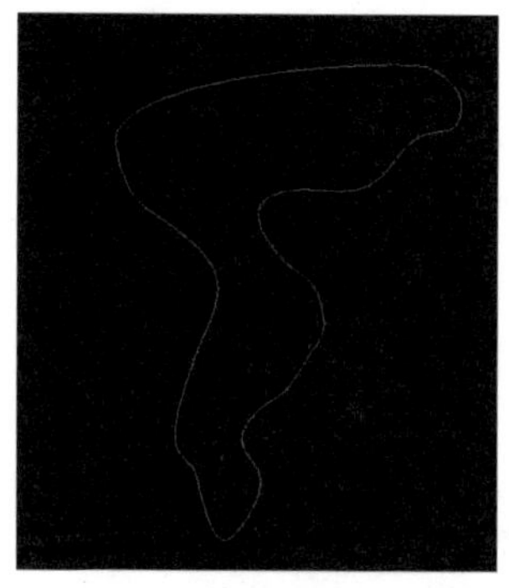

图6-2-21

03 单击工具箱中“前景色”图标，打开“拾色器”对话框，设置前景色的RGB值，如图6-2-22所示。

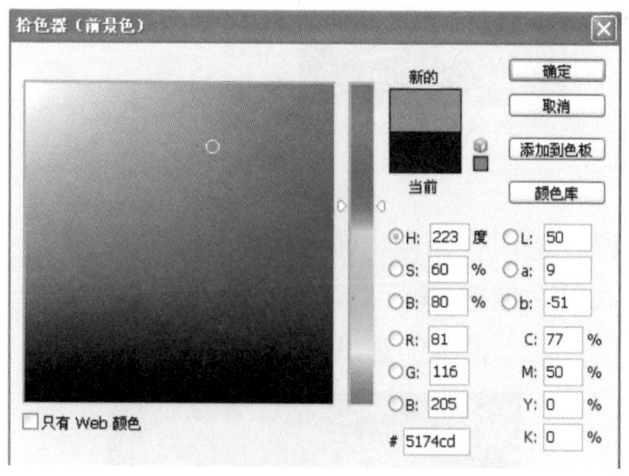

图6-2-22

04 进入“路径”面板，单击面板下方的“用前景色填充路径”按钮，填充前景色到路径中，如图6-2-23所示。

05 选择“画笔工具”，在属性栏中打开“画笔预设选取器”选择“主直径”为1px，“硬度”为100%的画笔，如图6-2-24所示。单击工具箱“前景色”图标，打开“拾色器”对话框，设置前景色的RGB值，如图6-2-25所示。

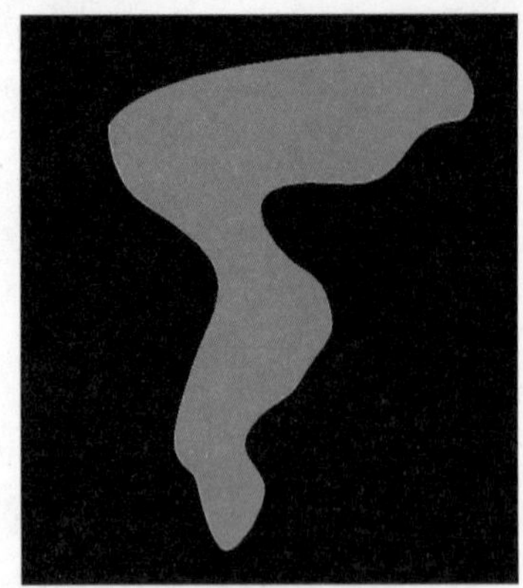

图6-2-23

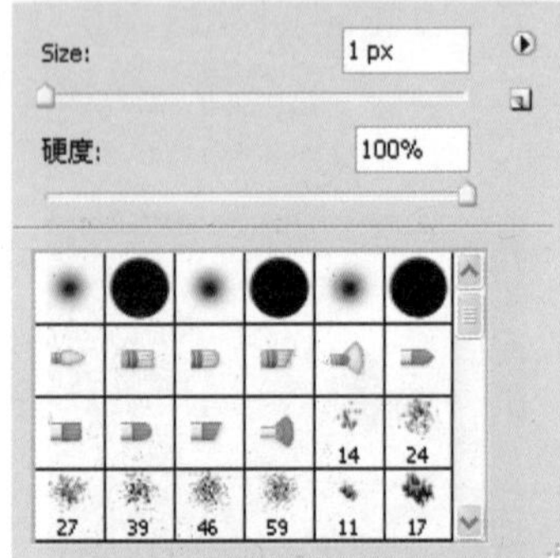

图6-2-24

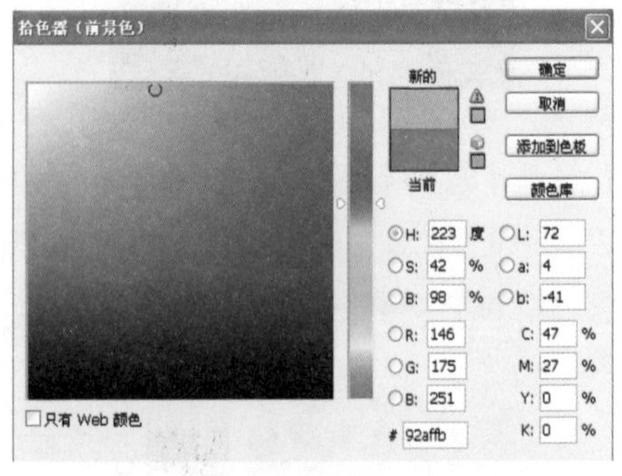

图6-2-25

06 进入“路径”面板，单击其下方的“用画笔描边路径”按钮。为路径描边，如图6-2-26所示。单击“路径”面板的空白处隐藏路径。

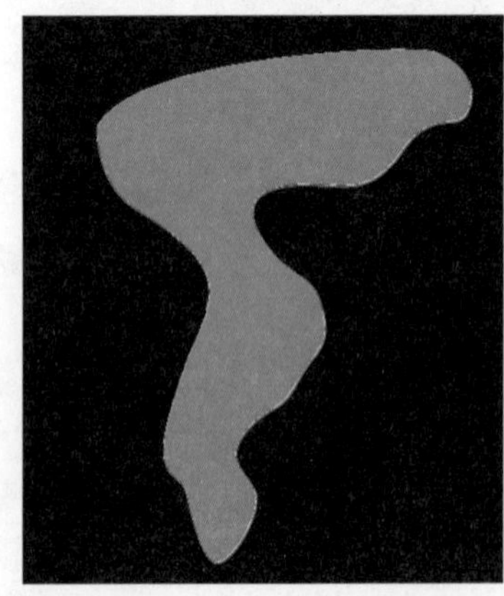

图6-2-26

07 单击“图层”面板下方的“添加图层蒙版”按钮，为“图层1”，添加图层蒙版并使之处于工作状态。将前景色设为黑色，在属性栏中打开“画笔预设选取器”，选择适当大小的，“硬度”为0%的画笔。设置“不透明度”为18%（画笔的不透明度），在图像中擦涂使之半透明，注意要保留一些亮边，如图6-2-27所示。

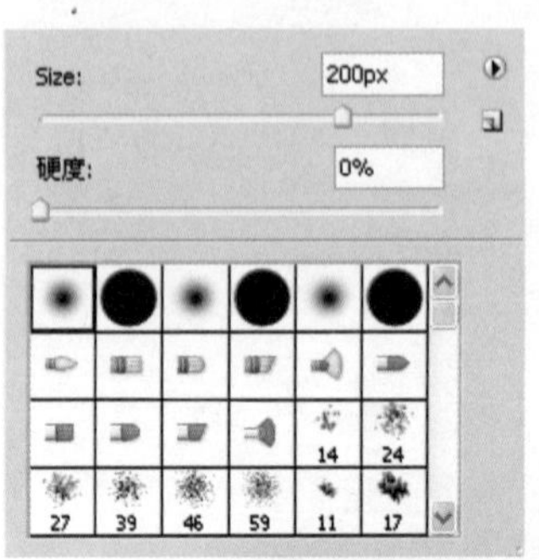

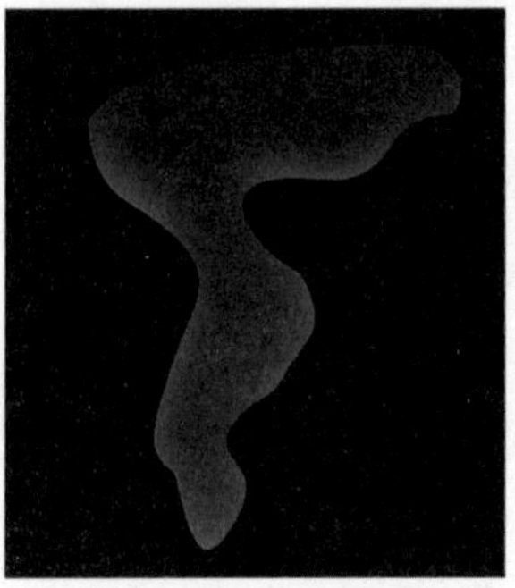

图6-2-27

08 执行“窗口”>“蒙版”命令，在打开的“蒙版”面板中设置“浓度”和“羽化值”参数，如图6-2-28所示。

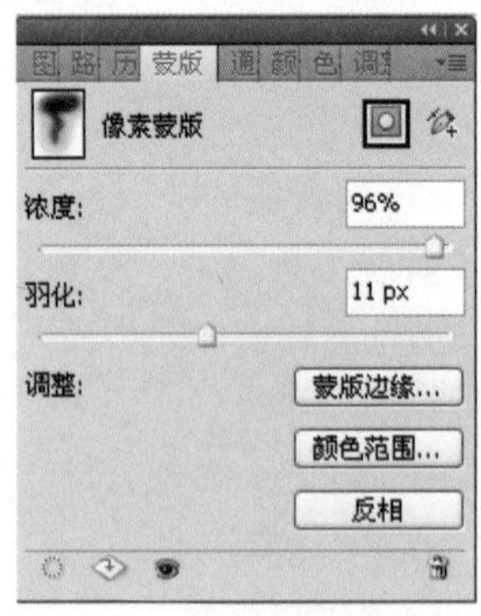

图6-2-28

09 按Ctrl+J键将“图层1”复制为“图层1副本”，执行“编辑”>“变换”>“变形”命令，调整烟的形态，如图6-2-29所示。按Enter键取消变形框。

10 再将“图层1副本”，复制为“图层1副本2”，按Ctrl+T键变换其大小和角度，摆放好位置，如图6-2-30所示。按Enter键确定变形。

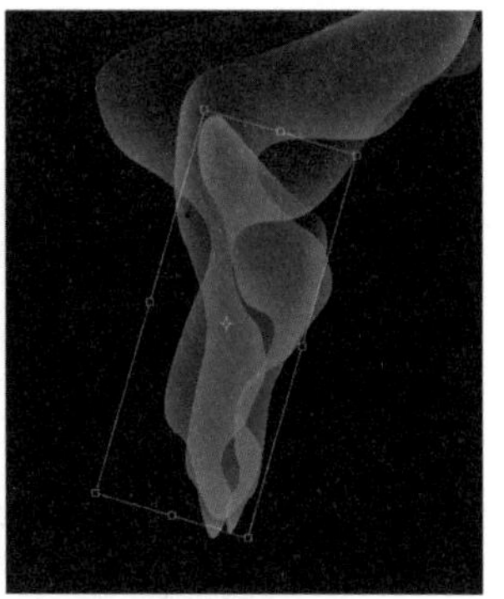

图6-2-29　　图6-2-30

11 将“图层1副本2”，复制为“图层1副本3”，按Ctrl+T键变换其大小和角度，摆放好位置，如图6-2-31所示。按Enter键确认变换。

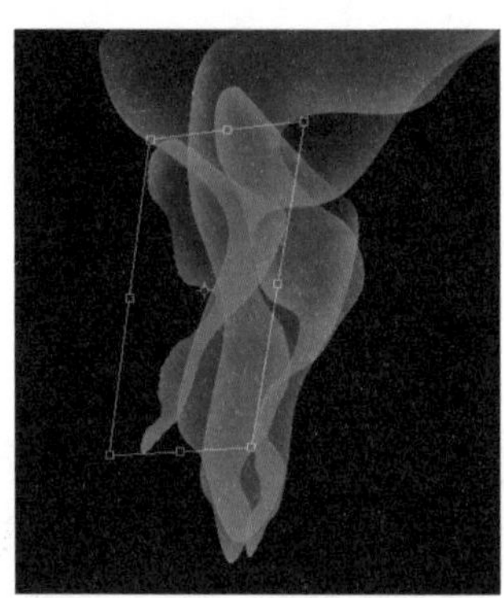

图6-2-31

提 示：

在以上复制变换的过程中可随时根据情况在各层的蒙版中进行适当的修饰。

12 单击“图层”面板下方的“创建新图层”按钮，创建“图层2”并将该图层作为当前工作图层，单击背景图层的“可视”图标，隐藏该图层。按Ctrl+Alt+Shift+E键盖印可见图层到“图层2”，如图6-2-32所示。

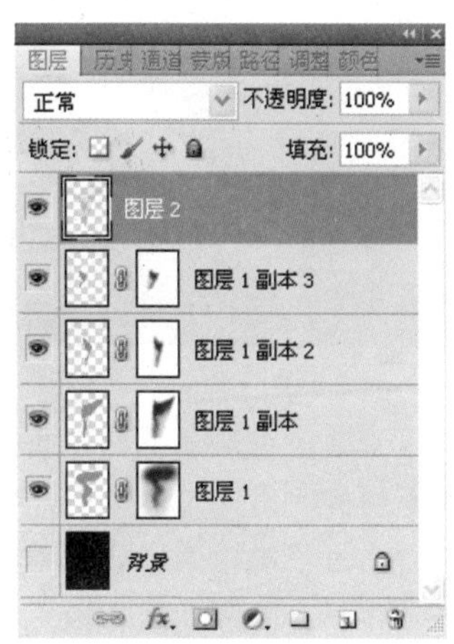

图6-2-32

13 恢复背景图层的显示状态，单击相应图层的“可视”图标，隐藏“图层1”、“图层1副本”、“图层1副本2”和“图层1副本3”，因为盖印图层以后它们的历史使命已经结束了，如图6-2-33所示。

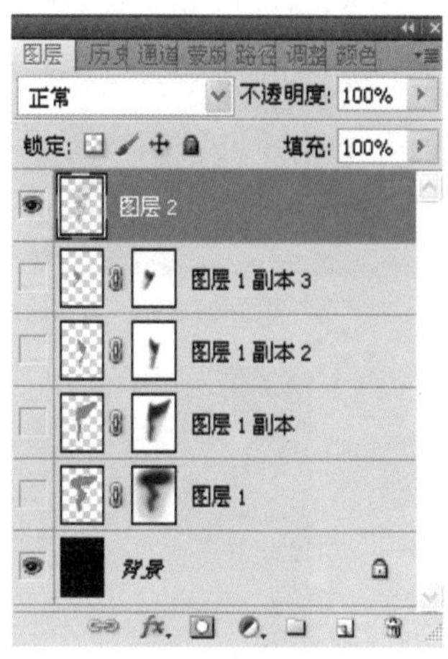

图6-2-33

14 对“图层2”执行“滤镜”>“液化”命令，打开“液化”对话框，使用“向前变形工具”等，进一步扭曲烟的形态，如图6-2-34所示。之后单击“确定”按钮完成操作。单击“图层”面板下方的“添加图层蒙版”按钮，为该图层添加图层蒙版并使之处于工作状态，将前景色设为黑色，用“画笔”工具进行修饰。

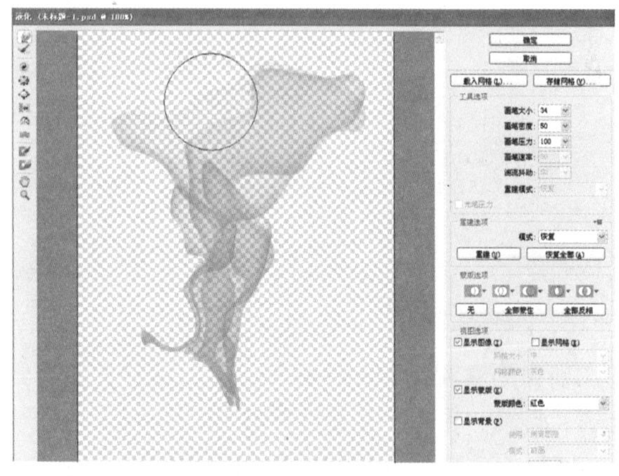

图6-2-34

15 按Ctrl+J键将“图层2”复制两层，按Ctrl+T键变换其大小和角度，摆放好位置，如图6-2-35所示。按Enter键确定变换。之后为这两个图层分别添加蒙版并进行修饰。

16 创建“图层3”，单击背景图层的“可视”图标暂时隐藏该图层。按Ctrl+Alt+Shift+E键，将“图层2”、“图层2副本”和“图层2副本2”盖印到“图层3”中，再将“图层3”的混合模式设置为“线性减淡”，并添加蒙版进行修饰，如图6-2-36所示。

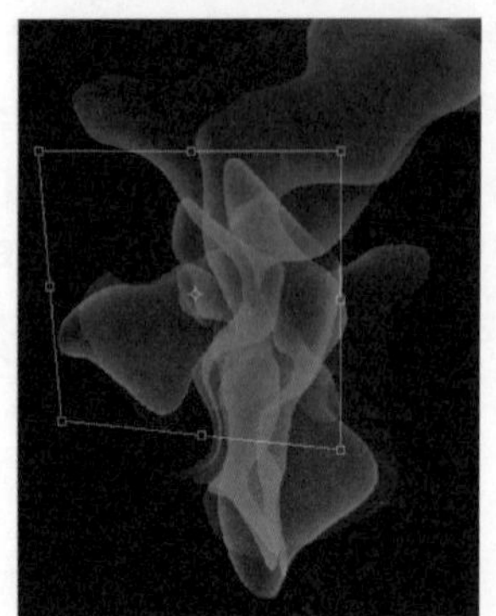

图6-2-35

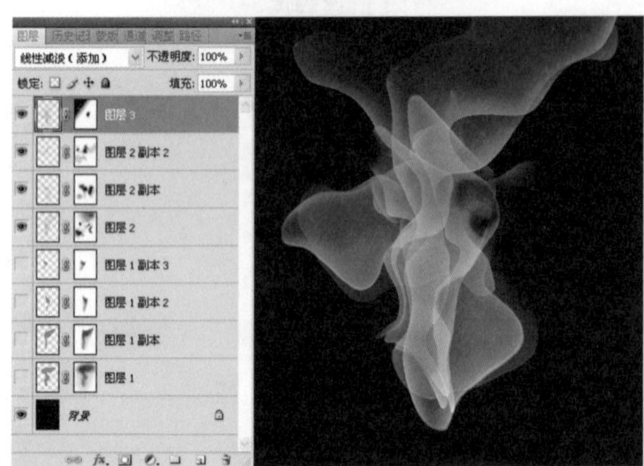

图6-2-36

> 到此，我要啰嗦两句，做这个烟缕看上去似乎挺麻烦似的，其实也不外乎是先造个型，再加蒙版处理，之后复制几个变形而已，至于如何设置混合模式以及在哪一层设置，如果没把握也没关系，试验几次感觉哪个效果好即可，没有绝对的。许多新手总喜欢照葫芦画瓢，亦步亦趋地跟着别人走。我认为，没必要，我几乎从来不按别人路子走。

5. 合成

现在烟卷和烟雾都做好了，可以将它们组合到一起了。且慢！还有一个设计需要做：

01 打开前面制作好的香烟，再打开一幅头骨素材图，如图6-2-37所示。

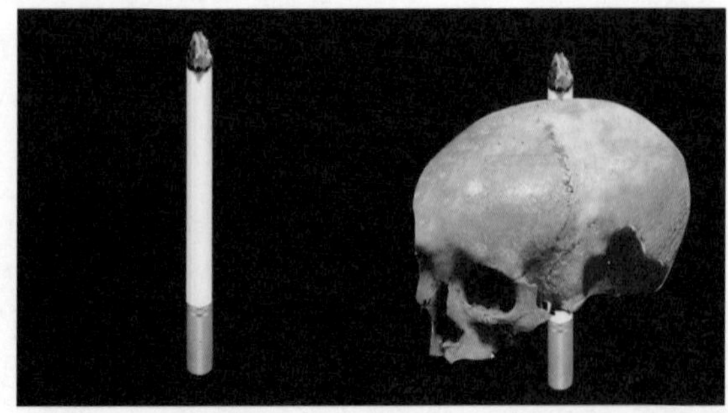

图6-2-37

02 按Ctrl+T键将头骨缩小，放在香烟上，如图6-2-38所示。

图6-2-38

03 执行"图像">"调整">"去色"命令，单击"图层"面板下方的"添加图层蒙版"按钮，为两个头骨图层添加图层蒙版并使之处于工作状态，将前景色设为黑色，用"画笔工具"在头骨和香烟结合处擦涂使头骨与香烟融合，之后复制头骨，执行"编辑">"变换">"垂直翻转"命令，置于烟卷下端，如图6-2-39所示。再将烟雾和香烟组合在一起，如图6-2-40所示。完成制作。

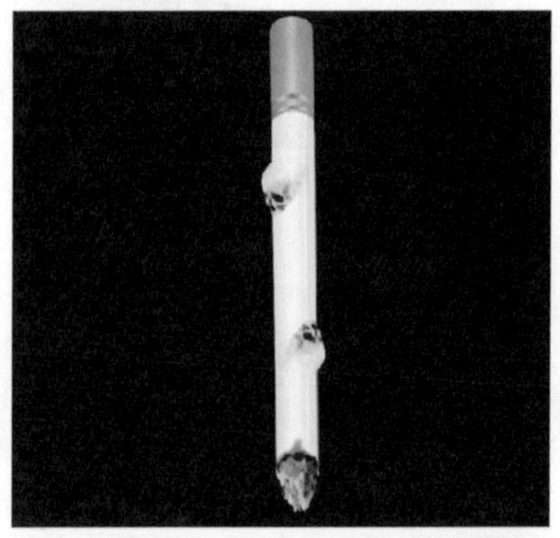

图6-2-39

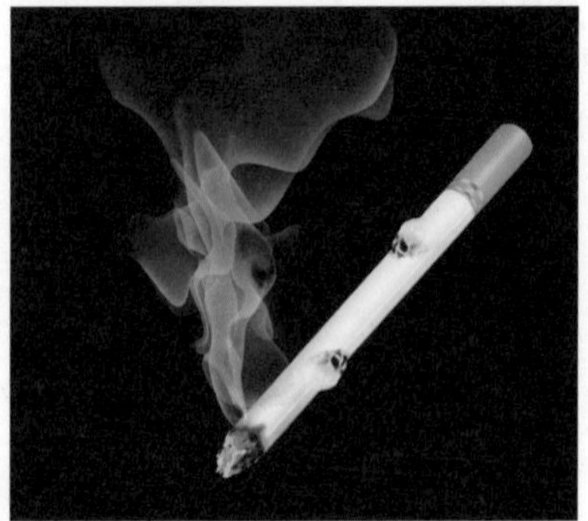

图6-2-40

本案制作的关键是香烟和烟雾，香烟一端的弧度是以选区相加得到的，另外是烟雾的制作，主要是以路径填色和描边，再以编辑蒙版方式得到中虚边实的效果，并结合了复制、变形、混合模式等，这样做出的烟缕边缘清晰，有层次，质感夸张俏皮且唯美。

6.3 梦幻战机

电视里看到飞机特技表演，特别是超音速战机表演，让人甚为惊叹。那些战机时而直刺蓝天，时而翻转机身呼啸着俯冲下来，时而做出旋转翻滚的爬升动作，如利剑、霹雳，在辽阔的天空自由驰骋，如梦如幻，那情景惊险而刺激，我由衷地佩服飞行员那精湛的技艺和过人的胆量。

飞机的旋转和翻筋斗让我不由地想象到螺旋曲线，于是便制作了下面的图。

本案例涉及的主要知识点：

本案例主要涉及图层蒙版、外发光图层样式、素材应用等。案例效果如图6-3-1所示。

图6-3-1

操作步骤：

01 执行“文件”>“新建”命令，创建一个宽1000像素，高620像素，分辨率为72像素/英寸，背景内容为白色，颜色模式为RGB 的图像文件。

02 打开一幅飞机素材图像即“图层1”，如图6-3-2所示。选择“套索工具”在“图层1”的飞机的前半部绘制选区，并单击“图层”面板下方的“添加图层蒙版”按钮，为“图层1”添加图层蒙版，如图6-3-3所示。由于事先绘制了选区故此时飞机的后半部被自动遮挡住，只留下选区内的机头，如图6-3-4所示。

图6-3-2

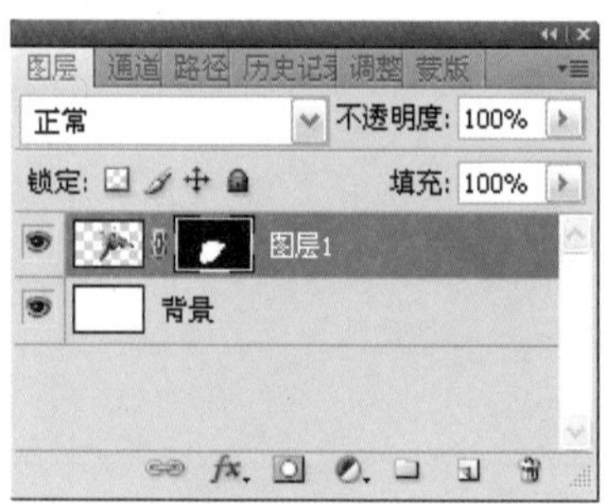

图6-3-3

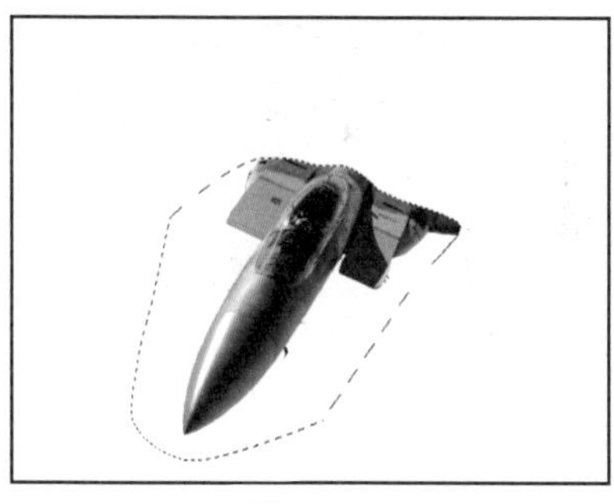

图6-3-4

03 将“图层”面板中“图层1”拖至下方的“创建新图层”按钮上，复制为“图层1 副本”，按Ctrl+I键将该图层的蒙版反相，“图层1 副本”中的飞机前半部被遮挡，而后半部却能显露出来，如图6-3-5所示。

图6-3-5

04 选择“移动工具”分别移动“图层1”和“图层1副本”中的飞机，在视觉上造成机头和机尾分离的感觉。事实上这两个层中的飞机都是完整的，只是被蒙版所遮挡而已，如图6-3-6所示。

图6-3-6

05 接下来制作横截面。单击“图层”面板下方“创建新图层”按钮，在“图层1 副本”下创建“图层2”，并将该图层作为当前工作图层。在飞机后半部分用“钢笔工具”绘制路径，再按Ctrl+Enter键将路径转换为选区，将前景色设置为黑色，按Alt+Delete键填充黑色前景色，保留选区，如图6-3-7所示。

图6-3-7

06 进入“图层“面板，单击其下方的“创建新图层”按钮，创建“图层3”，如图6-3-8所示。并将该图层作为当前工作图层，执行“编辑”>“描边”命令，在打开的对话框中设置“宽度”为1 像素，“颜色”为白色，如图6-3-9所示。单击“确定”按钮为上一步保留的选区描边，如图6-3-10所示。而后降低图层的不透明度，如图6-3-11所示。

图6-3-8

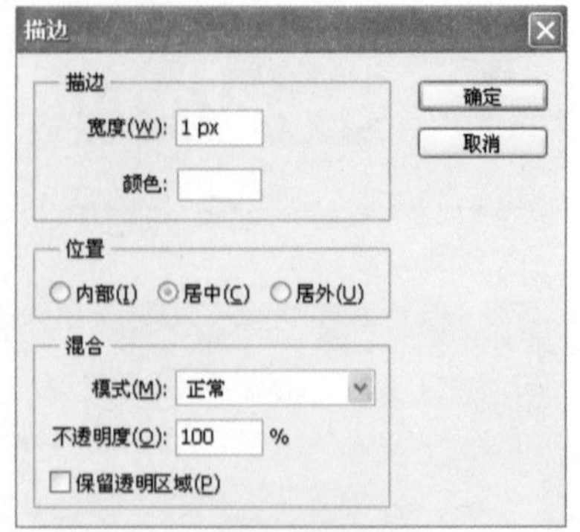

图6-3-9

图6-3-10

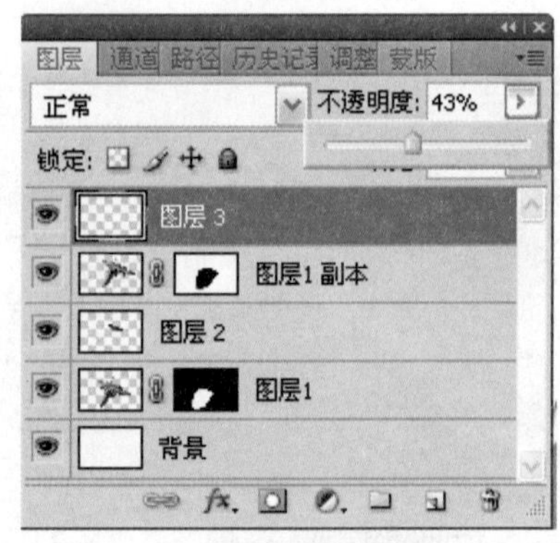

图6-3-11

> 切割飞机的任务完成了，接下来就可以用到我们的素材了，这是我特意拍的照片，本来我想自己制作一个螺旋卷图的，但是觉得比较麻烦，也没必要自讨苦吃，相机拍一个很方便，何乐而不为呢？

07 放入纸卷素材图像即“图层4”，按Ctrl+T键调出变换框，按住Ctrl键将光标放在变换框的节点上移动，变换纸卷形态，将其与飞机衔接好，如图6-3-12所示。

08 单击“图层”面板下方的“添加图层蒙版”按钮，为“图层4”添加图层蒙版并使之处于工作状态，将前景色设为黑色，选择“画笔工具”将不该露出的纸卷部分擦除，如图6-3-13所示。

图6-3-12

图6-3-13

09 进入“图层”面板按Ctrl键单击“图层4”载入纸卷选区，之后再单击“图层”面板下方的“创建新图层”按钮创建“图层5”，并将该图层作为当前工作图层，选择“吸管工具”在机身上单击取样色作为前景色。按Alt+Delete键将该前景色填充到“图层5”中的纸卷选区内，填好后按Ctrl+D键取消选区。之后将“图层5”的混合模式设置为“正片叠底”，如图6-3-14所示。

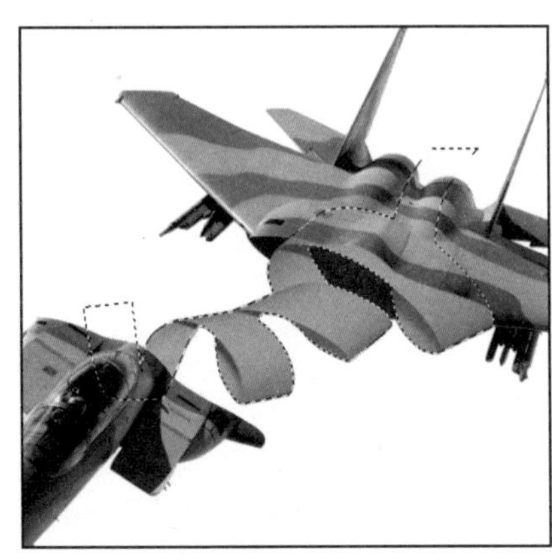
图6-3-14

10 选择“钢笔工具”在“图层5”沿纸卷内侧绘制路径，按Ctrl+Enter键将路径转为选区，使用“加深工具”将选区内擦暗，如图6-3-15所示。按Ctrl+D键取消选区。以“减淡工具”把应为受光的部位擦亮一些，如图6-3-16所示。

图6-3-15

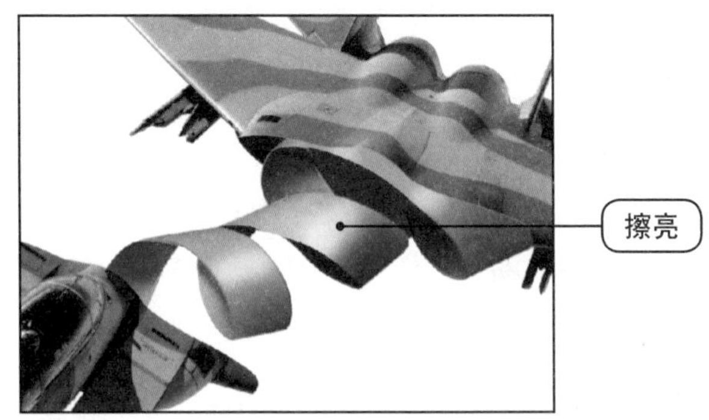

图6-3-16

做到此想罢手，但是既然叫“梦幻战机”就应笼罩一点幻梦和玄妙色彩，要搞点光影效果，可是怎么搞呢？给个光照？在飞机外围画一些放射的光线？弄一个虚影？觉得都不好，忒俗，就在一筹莫展之时忽然想起科幻电影里经常出现的物体放电镜头，有了！

11 确认“背景”图层为当前工作图层，填充一个红—黑的径向渐变，如图6-3-17所示。单击“图层”面板下方的“创建新图层”按钮，在“图层”面板最顶端创建“图层6”，并将该图层作为当前工作图层，将前景色设置为黑色，按Alt+Delete键填充前景色，之后将该图层的“填充”设置为0%，如图6-3-18所示。

图6-3-17

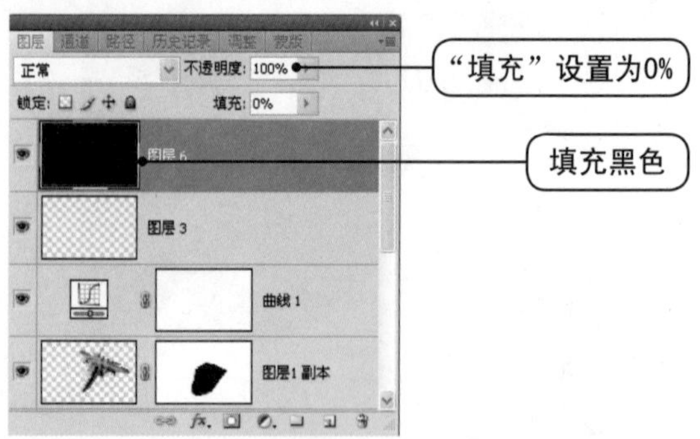

图6-3-18

12 单击"图层"面板下方的"添加图层样式"按钮，在弹出的菜单中选择"外发光"选项。在弹出的对话框中单击渐变色带，打开"渐变编辑器"对话框，自左向右单击渐变条上第1个色标，并在下方颜色选项处设置颜色为R22、G109、B137，位置为0%；同法设置第2个色标，颜色为R3、G194、B253，位置为96%；设置第3个色标，颜色为白色，位置为100%。单击"确定"按钮完成渐变编辑，同时设置其他参数，如图6-3-19所示。单击"确定"按钮关闭图层样式对话框，图像似乎没有什么变化。

13 单击"图层"面板下方的"添加图层蒙版"按钮，为"图层6"添加图层蒙版并使之处于工作状态，将前景色设为黑色，选择一个主直径为65px～70px的柔边"画笔工具"，在图像中潇洒地画上两笔，出现了光带。如果想改变带形态可用白色画笔修饰。完成制作，如图6-3-20所示。

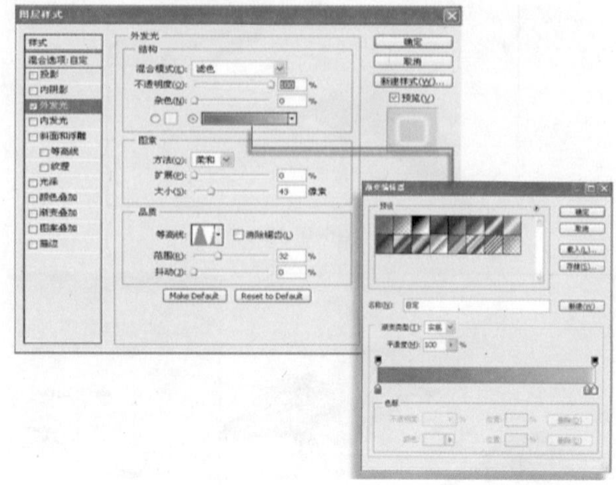

图6-3-19

图6-3-20

6.4 电水壶

过去住宾馆，如果想喝热水，就喊："服务员，暖瓶没水了，给打点水……"或者自己去热水房打水。现在呢？不同了，你再也不用扯嗓子喊服务员了，也不必到处细声嫩气地打听："喂，同志，水房在哪里"？因为每个房间里都有一个电水壶，要喝水你自己烧，相当快，水沸腾了就自动关电源，服务员清闲了，旅客也方便了。而且许多家庭也都买了这种壶，下面制作的这个壶就是我家的，现喝现烧，三两分钟，沏茶、泡咖啡……方便！

本案例涉及的主要知识点：

本案例主要涉及钢笔工具、多边形套索工具、加深与减淡工具、描边路径。本案的难点在于明暗光影效果和缝隙的表现，因此在制作中要根据情况，在工具属性栏中设置好加深、减淡工具的"范围"和"曝光度"等属性，并配合使用好选区，确保调整、擦拭和绘制的精确性，案例效果如图6-4-1所示。

图6-4-1

制作流程：

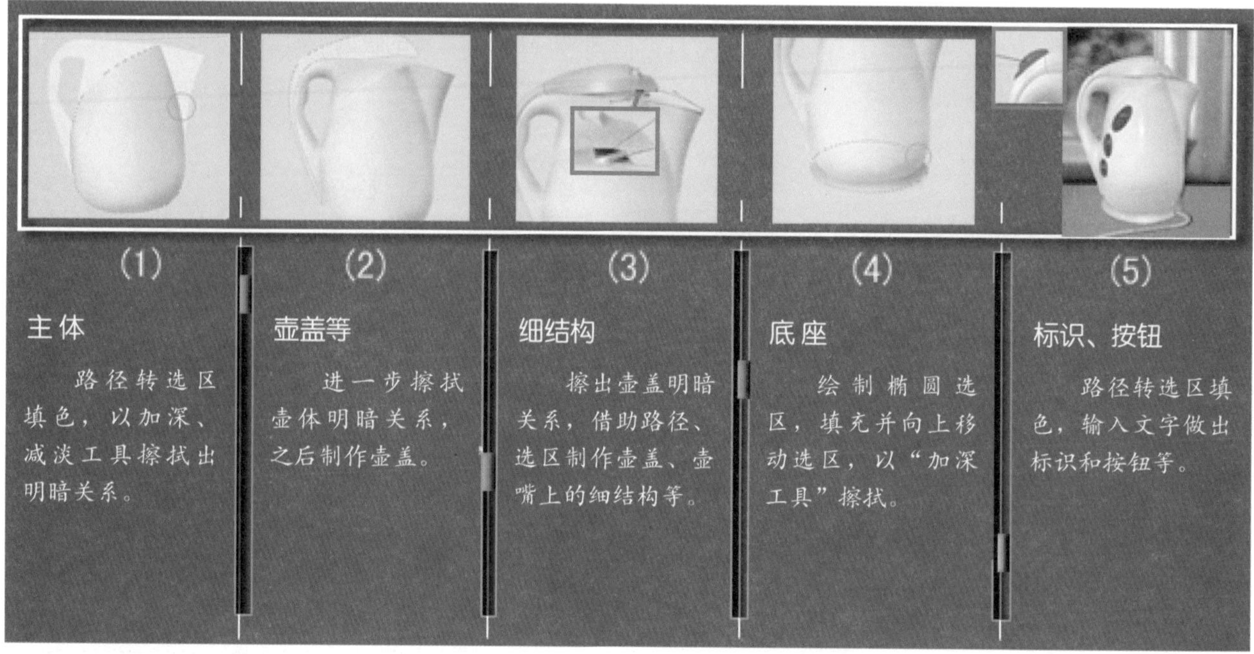

1.制作壶的主体

01 执行“文件”>“新建”命令，创建一个宽为750像素，高为900像素，分辨率为72像素/英寸，背景内容为灰色，颜色模式为RGB 的图像文件。

02 单击“图层”面板下方的“创建新图层”按钮，创建“图层1”并作为当前工作图层。选择“钢笔工具”绘制出壶体轮廓路径，按Ctrl+Enter键将路径转为选区。左键单击工具箱“前景色”图标，打开“拾色器”对话框，将前景色设置为R238、G235、B220，按Alt+Delete键填充前景色到选区中，做出壶的大轮廓，之后按Ctrl+D键取消选区。再用同样方法绘制出选区按Delete键抠出“壶把”，如图6-4-2所示。

03 壶的中部是凸起的，所以也是用“钢笔”工具绘制出路径转为选区，使用“加深工具”擦出暗面，保留选区，如图6-4-3所示。

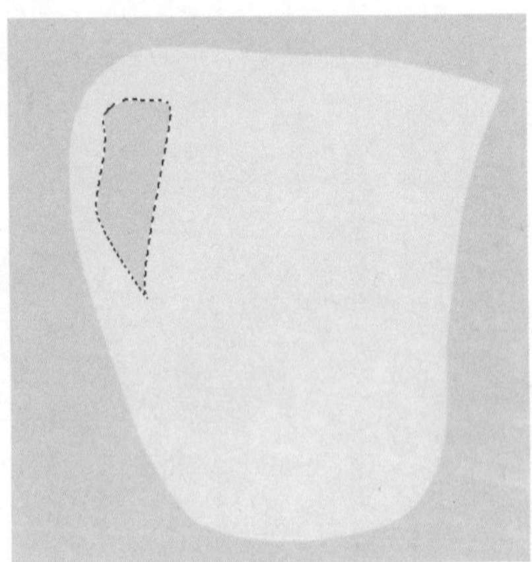

图6-4-2

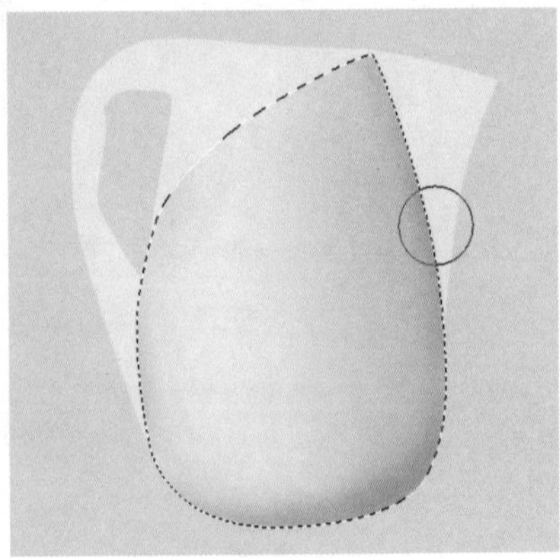

图6-4-3

提 示：

在用加深、减淡工具擦拭明暗效果或用“画笔”工具处理某特定部位时，为了不影响其他部位，最好事先绘制出一个选区，将上述各种编辑活动限制在选区之内。

04 执行“滤镜”>“模糊”>“高斯模糊”命令，调整相应的参数。取消选区，如图6-4-4所示。

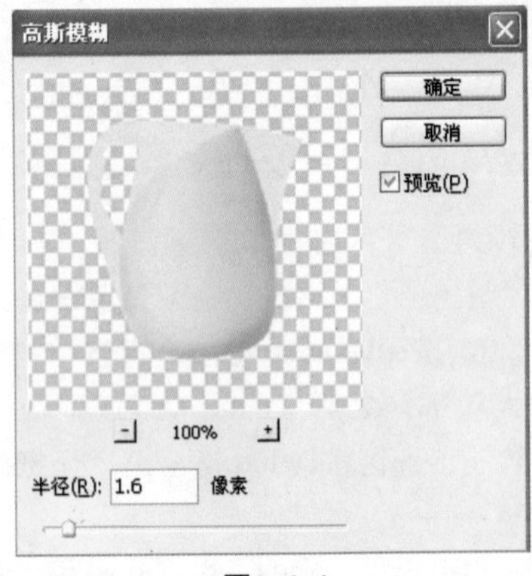

图6-4-4

05 选择“多边形套索工具”沿壶嘴绘制一个选区，分别选择“加深工具”和“减淡工具”，将工具属性中的“范围”设为“中间调”擦出明暗调，如图6-4-5所示。取消选区。

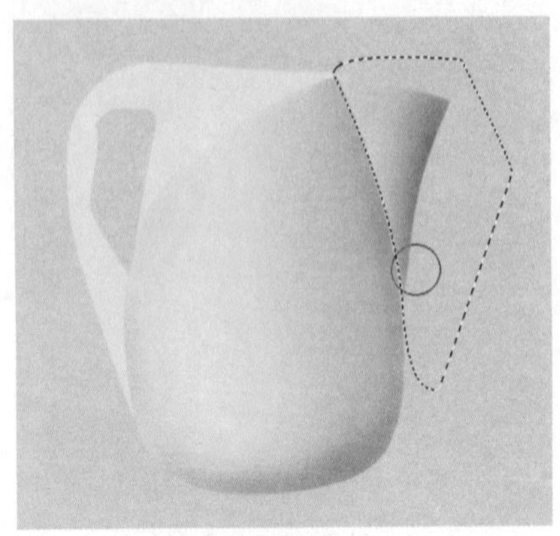

图6-4-5

06 按Ctrl 键单击“图层”面板中“图层1”的缩览图载入壶体的选区，如图6-4-6所示。按方向键向左轻移选区，按Ctrl+Shift+I键将选区反向，羽化3～4像素，选择“加深工具”将属性栏中的“范围”设为“中间调”，擦出“壶把”左内侧的暗调，如图6-4-7所示。继续分别按上、下方向键轻移选区，用同样方法擦出壶把内侧的上部和下部的暗调，如图6-4-8所示。

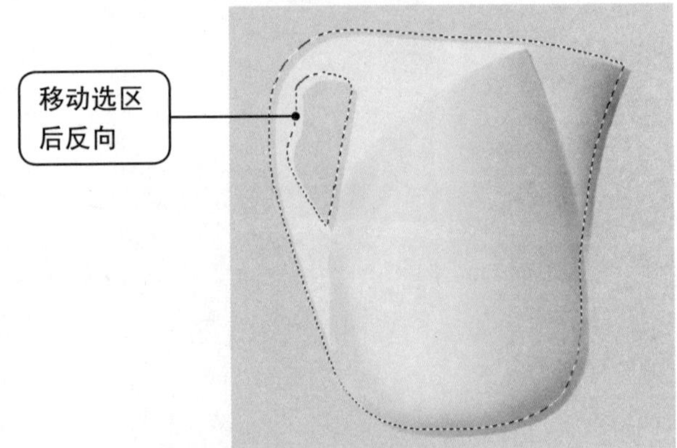

图6-4-6

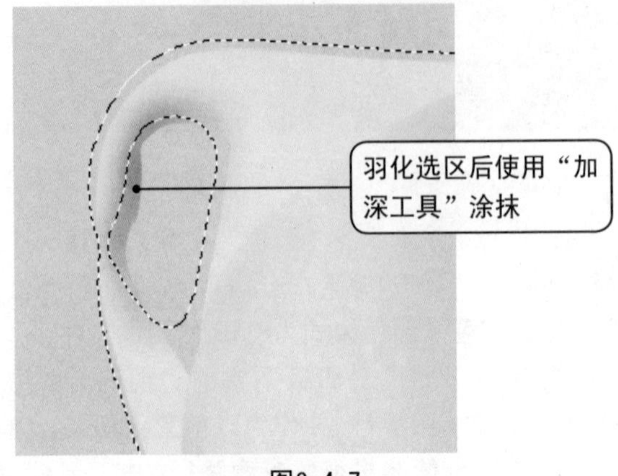

图6-4-7

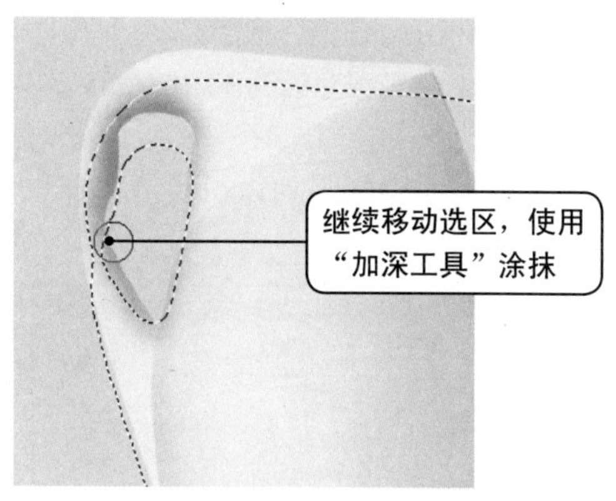

图6-4-8

07 单击“图层”面板下方的“创建新图层”按钮，创建“图层2”并作为当前工作图层。选择“钢笔工具”绘制一条路径，如图6-4-9所示。之后选择一个1像素低不透明度的“画笔”，将前景色设置为淡灰色，进入“路径”面板，单击面板右上角的按钮，在弹出的菜单中选择“描边路径”选项，在弹出的对话框中勾选“模拟压力”复选框，如图6-4-10所示。单击“确定”按钮为路径描出灰色细边。选择工具箱中的“路径选择工具”，在该路径上单击将其选中，按方向键将该路径向下轻移1像素，用白色再描一次细边，之后调节这两条线所在图层的不透明度，做出立体棱线效果，如图6-4-11所示。

提 示：

对描边路径这个功能不可小视，在表现边缘缝隙的立体结构方面，它经常屡建奇功，一条暗线再加一条亮线即可把棱线的立体结构、明暗光影表现出来。在其他方面也常见它的身影。

图6-4-9

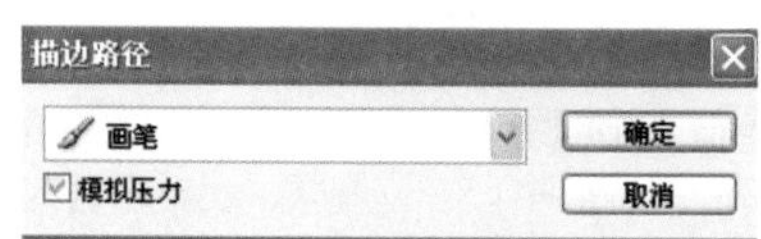

图6-4-10

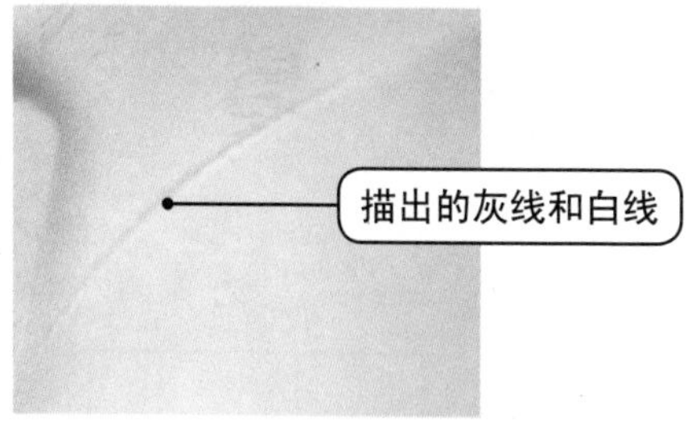

图6-4-11

08 单击“图层”面板下方的“创建新图层”按钮，创建“图层3”并作为当前工作图层。选择“钢笔工具”，在“壶把”上绘制一个封闭路径，之后按Ctrl+Enter键将路径转为选区，执行“编辑”>“描边”命令，如图6-4-12所示。为选区描出灰色边，做出中缝效果，之后执行“滤镜”>“模糊”>“高斯模糊”命令，调整相应的参数，如图6-4-13所示。用“橡皮擦”工具擦去右侧多余部分，如图6-4-14所示。

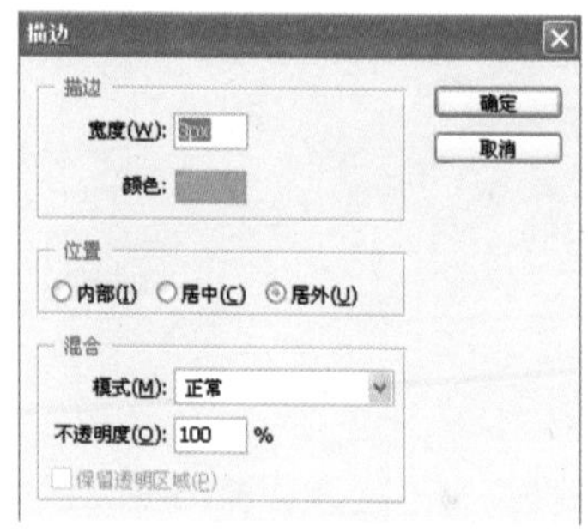

图6-4-12

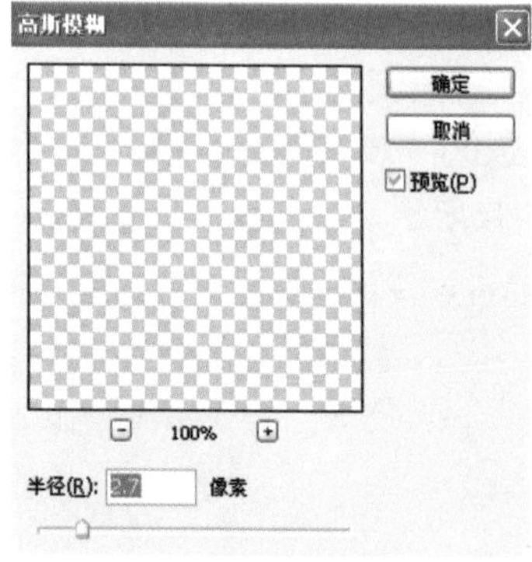

图6-4-13

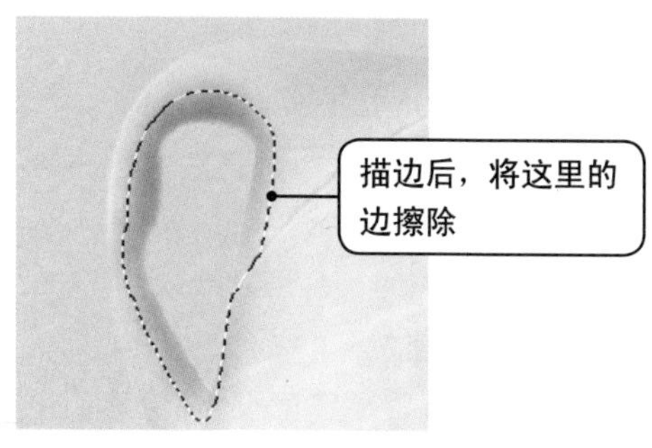

图6-4-14

09 下面做壶嘴边棱。单击“图层”面板下方的“创建新图层”按钮，创建“图层4”并作为当前工作图层，选择“钢笔工具”绘制出路径，按Ctrl+Enter键将路径转为选区，将前景色设为R233、G230、B211，按Alt+Delete键填充。

10 保留选区，并适当羽化，上移一些距离，按Ctrl+Shift+I 键将选区反向，执行“图像”>“调整”>“曲线”命令，调暗下边缘，如图6-4-15所示。

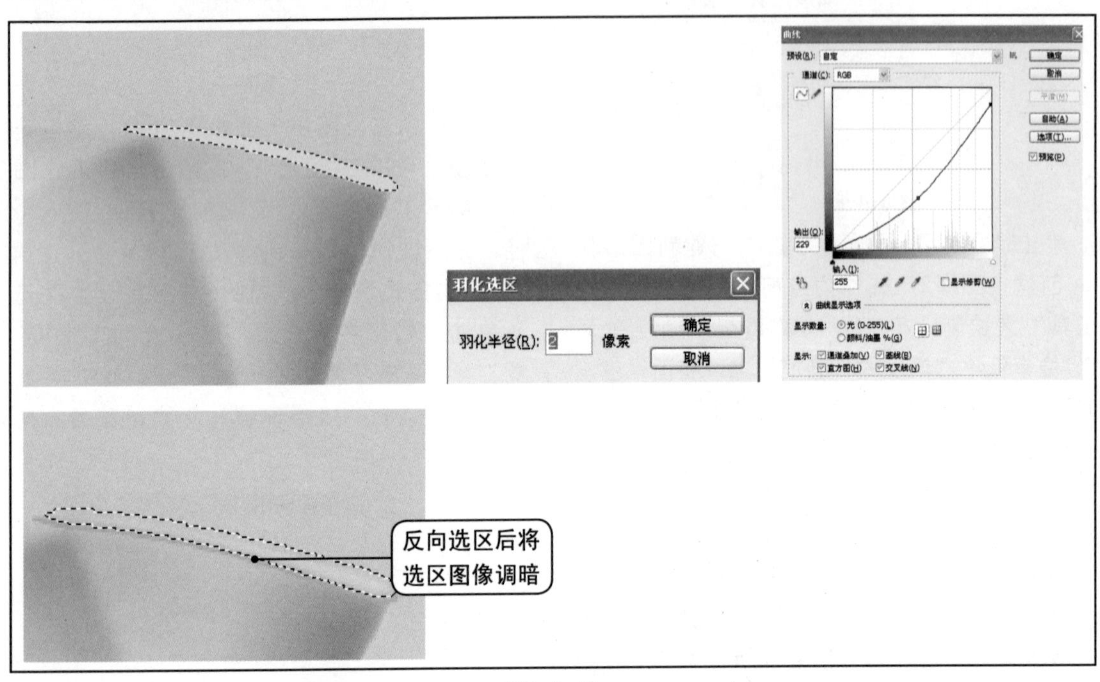

图6-4-15

2. 制作壶盖及连接壶把的中缝和高光线

01 单击“图层”面板下方的“创建新图层”按钮，创建“图层5”并作为当前工作图层。选择“钢笔工具”绘制壶盖轮廓路径，按Ctrl+Enter 键将路径转为选区并填充与壶体相同的颜色，保留选区，如图6-4-16所示。

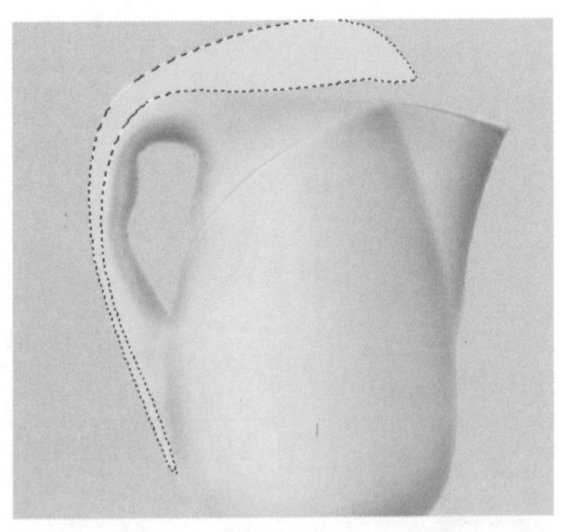

图6-4-16

02 执行“编辑”>“描边”命令，在弹出的“描边”对话框中设置“宽度”为2像素，单击“颜色”选项打开“选取描边颜色”对话框，设置颜色值为R61、G61、B59，“位置”设为“居外”，如图6-4-17所示。单击“确定”按钮描边，按Ctrl+D键取消选区。

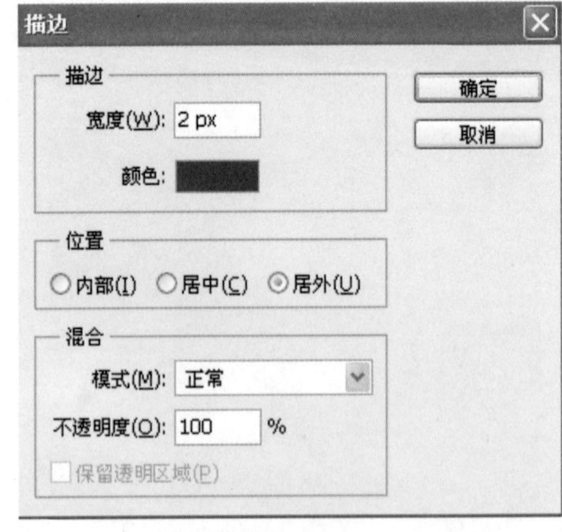

图6-4-17

03 单击“图层”面板下方的“添加图层蒙版”按钮，为“图层5”添加图层蒙版并使之处于工作状态，将前景色设为灰色，选择“画笔工具”在工具属性栏中降低不透明度，之后用“画笔”工具将需要保留的边擦淡，并擦去壶盖等处不需要保留的边，使缝线呈虚实渐隐效果，如图6-4-18所示。

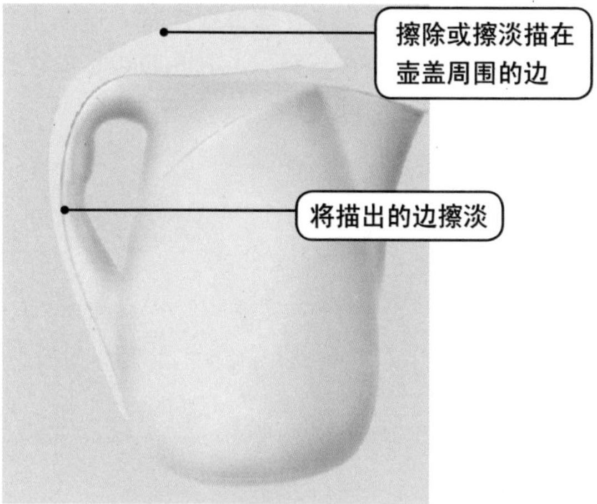

图6-4-18

04 继续针对需要处理的部位绘制选区，交替使用“加深工具”和“减淡工具”擦出壶盖下部及与它相连的壶把的明暗效果，如图6-4-19所示。按Ctrl+Shift+I键将选区反向，擦抹壶盖上部，如图6-4-20所示。保留选区。

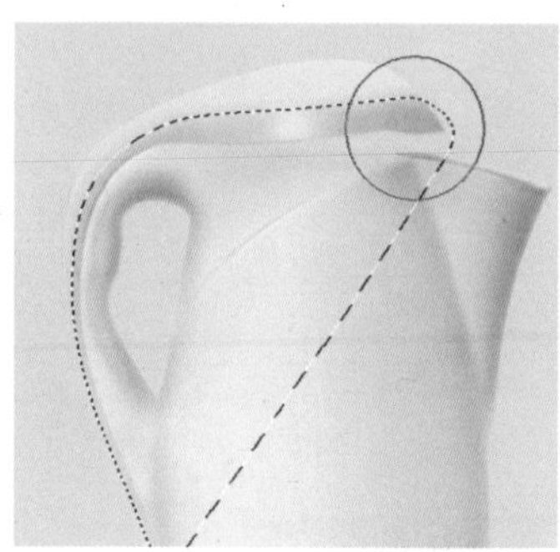

图6-4-19

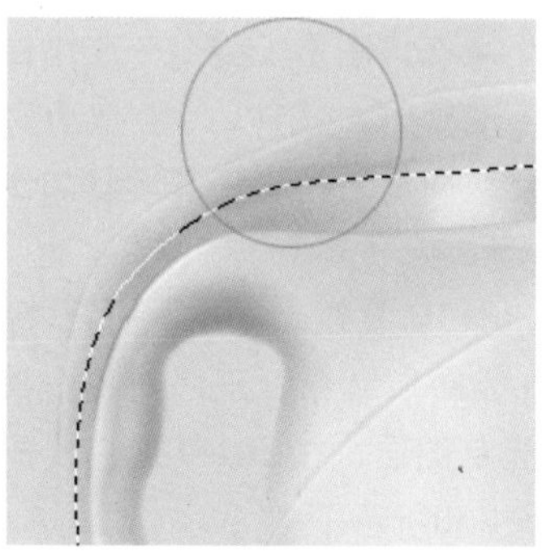

图6-4-20

注意:

在使用加深和减淡工具时，一定要根据具体情况在属性栏中适时设置“范围”、“曝光度”和“保护颜色”选项。唉！这种近似绘画的案例讲解起来真是够啰嗦，不知道您能不能明白我的意思，说白了，就是制作选区，选择某部位，再根据需要用加深、减淡工具，“描边”命令或“调整”命令去处理而已，本例后面的操作也基本如此。

05 创建“图层6”，执行“编辑”>“描边”命令为选区描白边。单击“图层”面板下方的“添加图层蒙版”按钮并使之处于工作状态，将前景色设为黑色，选择一个柔边“画笔工具”擦去多余部分，做出渐隐的高光线效果，如图6-4-21所示。

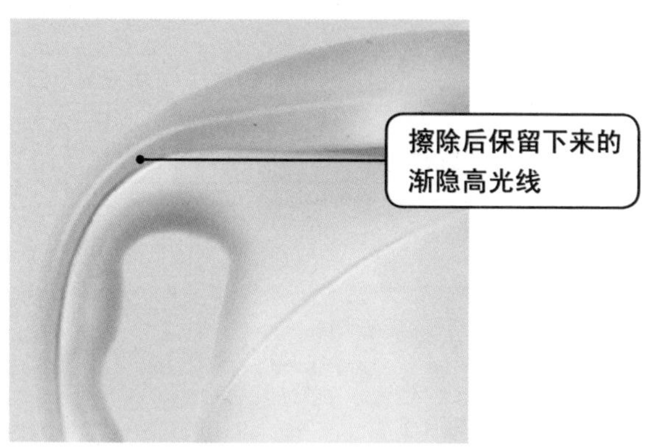

图6-4-21

3. 制作壶盖上的细节和通气口

01 创建“图层7”，依然是通过“钢笔工具”绘制路径，再将路径转为选区并填色，用加深或减淡工具擦拭的方法，做出壶盖右端的细节，如图6-4-22所示。

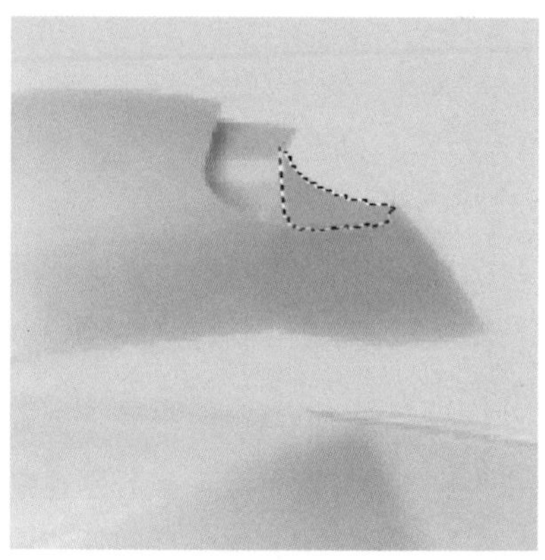

图6-4-22

02 在壶盖图层和壶的主体图层之下创建“图层8”，做出壶盖与壶体的连接面，如图6-4-23所示。

图6-4-23

03 选择“多边形套索工具”绘制选区，填充黑色并用“加深”或“减淡”工具擦拭制作出通气口，如图6-4-24所示。按Ctrl+D键取消选区。

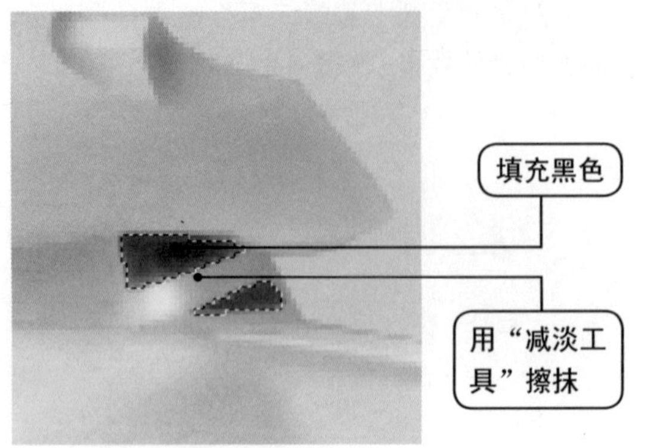

图6-4-24

4. 制作壶嘴上口

01 在“图层1”下创建“图层9”，选择“钢笔工具”绘制路径，如图6-4-25所示。按Ctrl+Enter键将路径转为选区，在“图层9”中填充壶体色（可选择“吸管工具”在壶体取色样，确定拟填充的前景色），按Ctrl+D键取消选区。

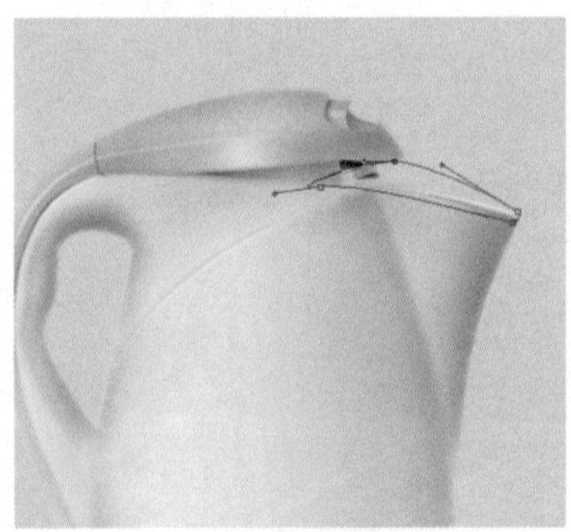

图6-4-25

02 用“多边形套索工具”分别绘制出选区，用“加深工具”擦拭出壶嘴上口内侧的明暗关系，再进入“图层1”擦暗边缘下部，如图6-4-26所示。

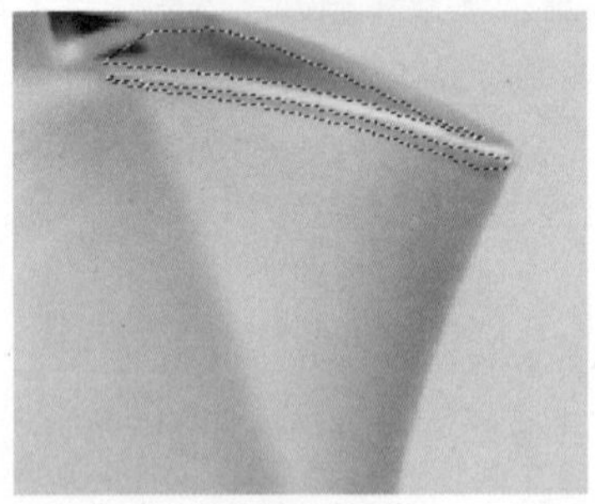

图6-4-26

5. 制作壶底座

01 在背景图层之上各图层之下创建“图层10”，选择“椭圆选框工具”在壶底绘制出椭圆选区，选择“吸管工具”在壶体取色样，这时工具箱中的前景色被设置为取样色，按Alt+Delete键在选区中填充前景色，如图6-4-27所示。保留选区。

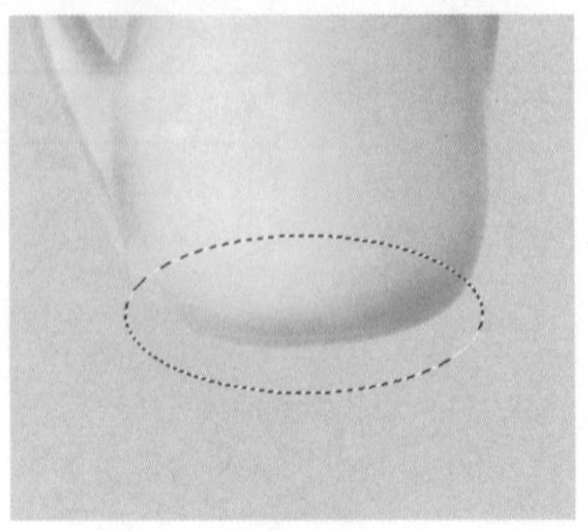

图6-4-27

02 按方向键向上轻移选区，选择“加深工具”擦拭出明暗关系。这样壶座就呈现出厚度效果，如图6-4-28所示。取消选区。

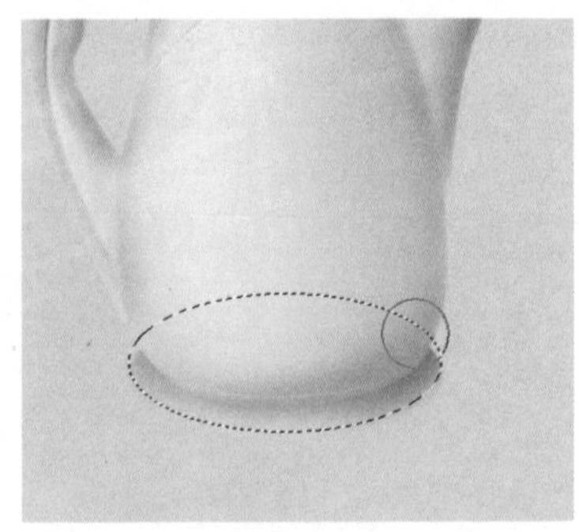

图6-4-28

6. 制作壶体中部高光点

01 在“图层1”之上再创建一个新图层，选择“画笔工具”在该图层上绘制一个小白点，之后按Ctrl+T键调出变换框，按住Ctrl键拖动变形框上边的左右两个节点，向上斜拉变换其形状如倒立的梯形，如图6-4-29所示。

02 按Ctrl+J键复制高光点，执行“编辑”>“变换”>“垂直翻转”命令，下移对接。按Ctrl+E键合并这两个高光点图层，按Ctrl+T键变换形状为宽窄和长短，如图6-4-30所示。

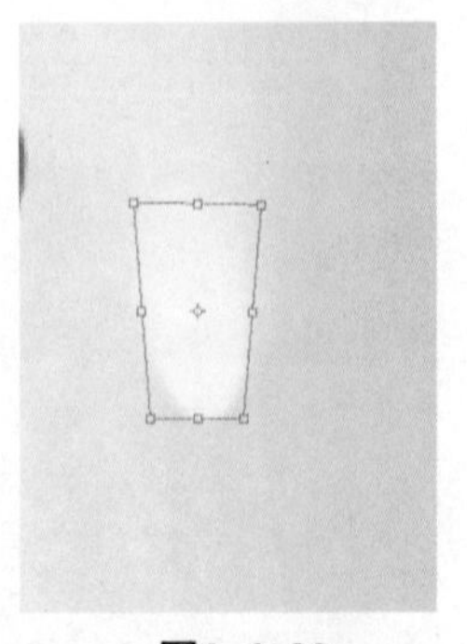

图6-4-29

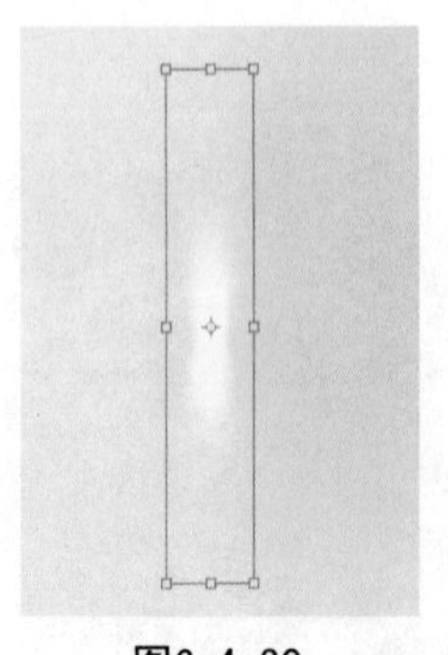

图6-4-30

7. 制作壶面标识图、侧面高光、按钮等

01 依然在"图层1"之上创建新图层，通过绘制椭圆选区，填充蓝色做出标识图，复制两个并变换大小和角度，排列好位置。输入文字，放在蓝色标识图上，如图6-4-31所示。

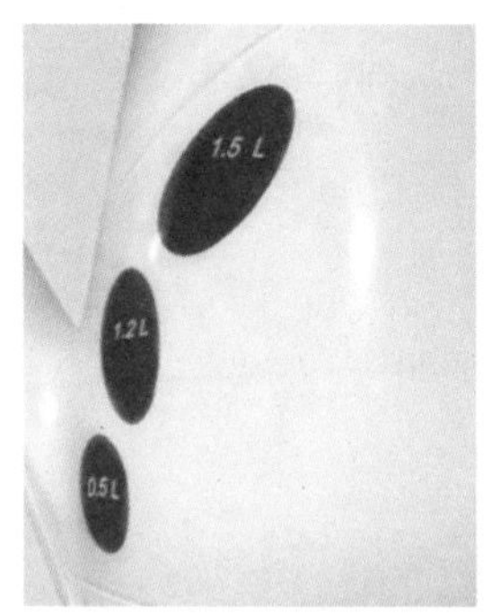

图6-4-31

02 创建新图层，做出壶盖上的按钮，制作方法与前面大体相同，如图6-4-32所示。

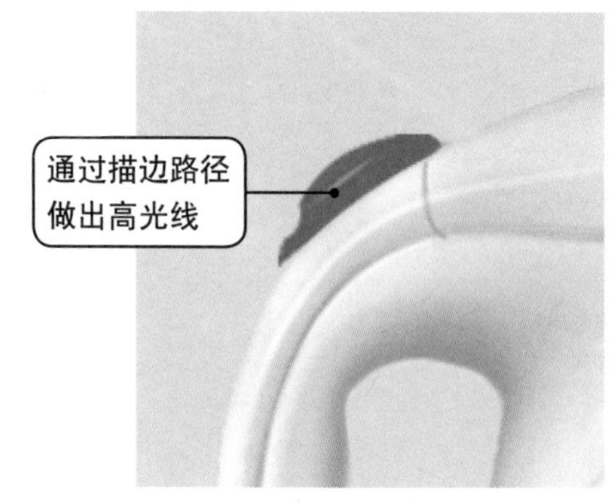

图6-4-32

8. 制作电线

01 创建一个新图层，选择"钢笔工具"绘制出路径。之后选择一个大小和硬度合适的"画笔"，将前景色设置为较暗的颜色，进入"路径"面板，单击"描边路径"按钮为路径描边，如图6-4-33所示。

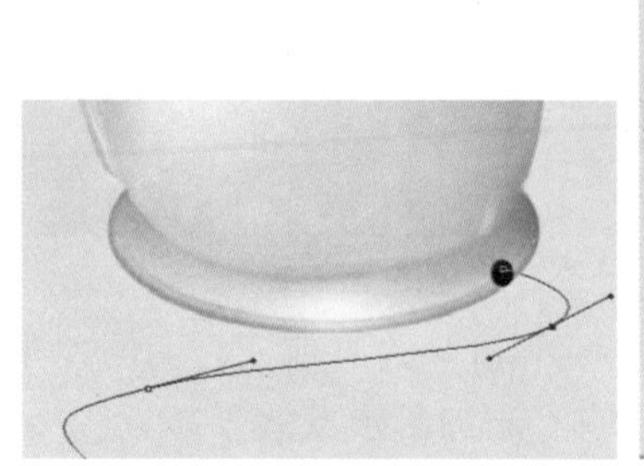
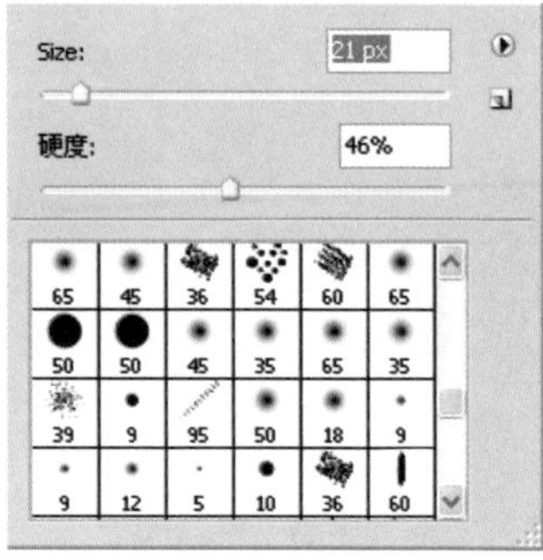

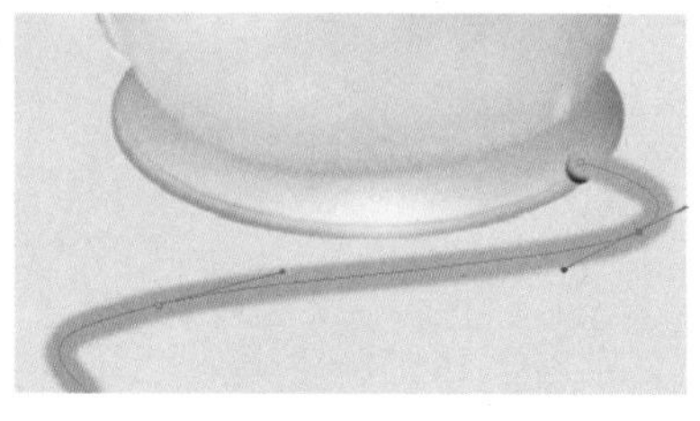

图6-4-33

02 再次设置"画笔"工具，这次画笔的直径和硬度要小一些。用较白亮的颜色描路径，如图6-4-34所示。单击"路径"面板空白处隐藏路径，进行模糊处理。最后做出投影，更换背景等不再赘述。一个电水壶就完成了。

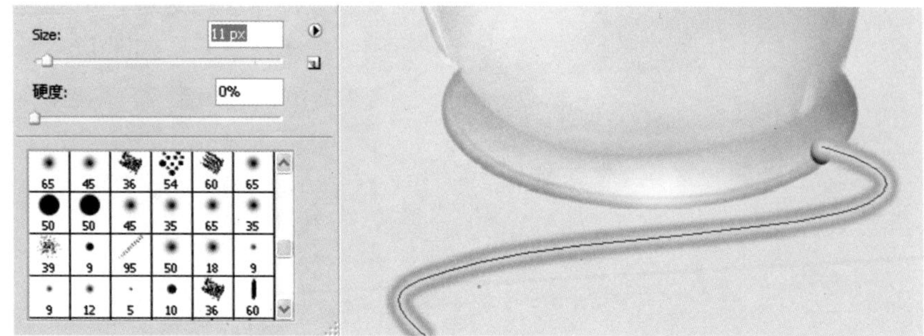

图6-4-34

本案是"加深"和"减淡"工具的一次综合应用，因此设置其属性十分重要，在制作中充分利用了路径、选区的移动、选区的反向进行明暗关系处理等操作，通过描边路径制作缝隙、棱线和电线等，这些都是物体制作中经常使用的方法，应当熟练、灵活地掌握。

6.5 坐在暖暖的沙地上

每个人都有自己难忘的童年，无论过去多少年，对童年往事依然记忆犹新，也许你还记得第一次荡秋千的情景，记得在草丛中追逐蜻蜓和蝴蝶的欢乐，记得坐在被太阳照耀的暖暖的沙地上堆沙掏洞的惬意。童年的世界里有太多的故事、太多的梦想、太多的奇幻。想到这里，我不知不觉地仿佛又回到了那个美妙的童话世界，翻开一本彩色的小人书，彩色的画册。

本案例涉及的主要知识点：

本案例主要涉及图层蒙版、素材应用、“高反差保留”和“印章”滤镜、图层样式等，案例效果如图6-5-1所示。

图6-5-1

操作步骤：

01 打开一幅“儿童”素材图，如图6-5-2所示。再打开一张“风景”素材图，即“图层1”，如图6-5-3所示。

图6-5-2

图6-5-3

02 确认“图层1”为当前工作图层，单击“图层”面板下方的“添加图层蒙版”按钮，为该图层添加图层蒙版并使之处于工作状态，将前景色设为黑色，选择适当硬度的“画笔工具”，直径不要太大，将背景图层中的儿童大致地擦涂出来，并继续擦出一条小路来，如图6-5-4所示。接下来放大图像，缩小画笔直径，对小路边缘、房屋边缘以及儿童的边缘进行精细的擦涂修整，如图6-5-5所示。

图6-5-4

图6-5-5

03 单击“图层”面板下方的“创建调整图层”按钮，在打开的菜单中选择“色相饱和度”选项，在“调整”面板中进行调整，如图6-5-6所示。

04 单击“图层”面板下方的“创建调整图层”按钮，在打开的菜单中选择“色彩平衡”选项，在“调整”面板中进行调整，如图6-5-7所示。

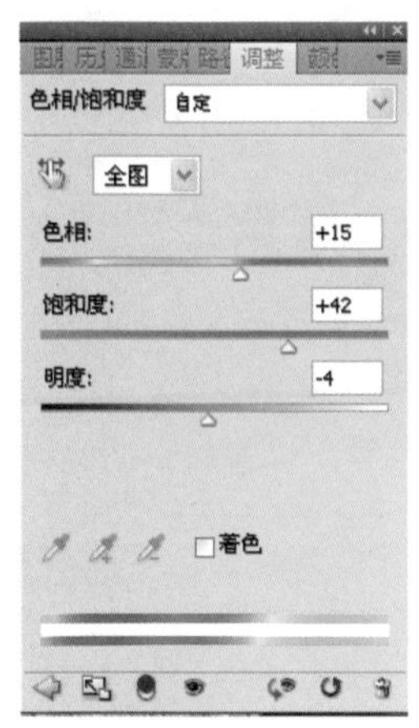

图6-5-6

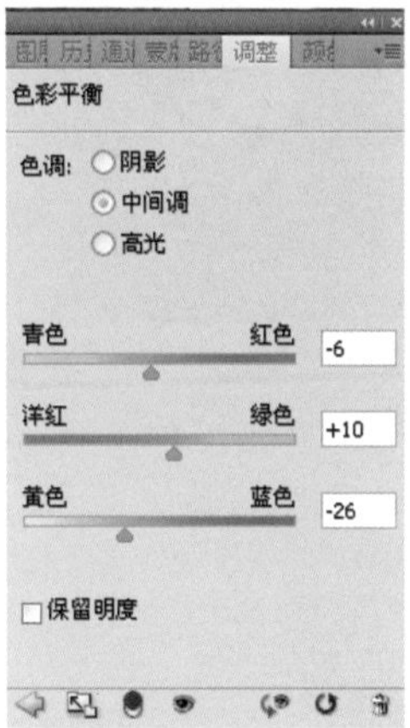

图6-5-7

05 按Ctrl+Alt+Shift+E键盖印图层为“图层2”，如图6-5-8所示。执行“滤镜”>“其他”>“高反差保留”命令，调整相应的参数，如图6-5-9所示。

图6-5-8

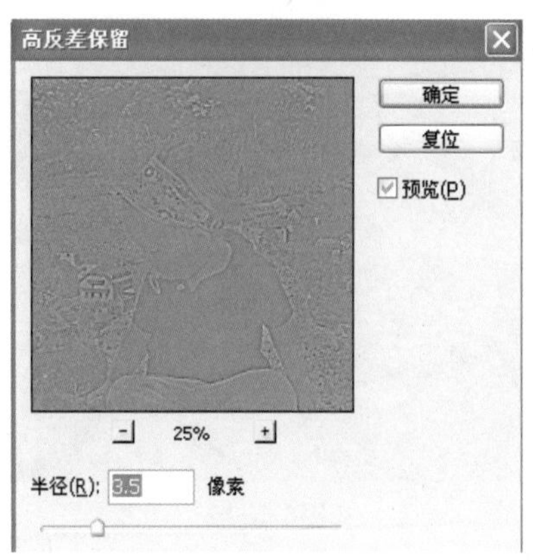

图6-5-9

06 执行“滤镜”>“素描”>“印章”命令，在打开的对话框中设置相应参数，如图6-5-10所示。接下来双击“图层2”打开“图层样式”对话框，按住Alt键将“下一图层”的混合色带左侧的小三角滑标拆分开并向右侧移动，如图6-5-11所示。效果如图6-5-12所示。

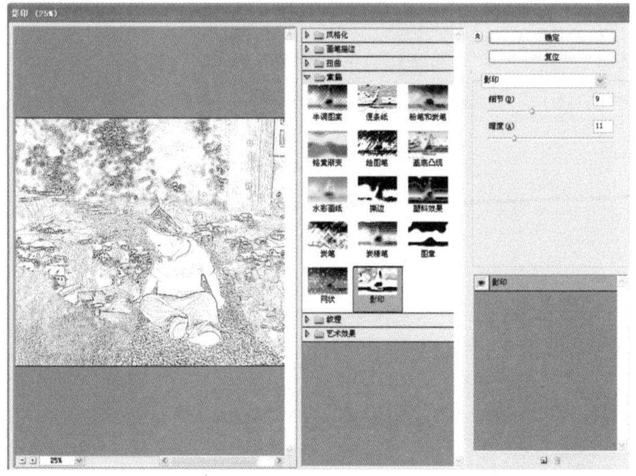

图6-5-10

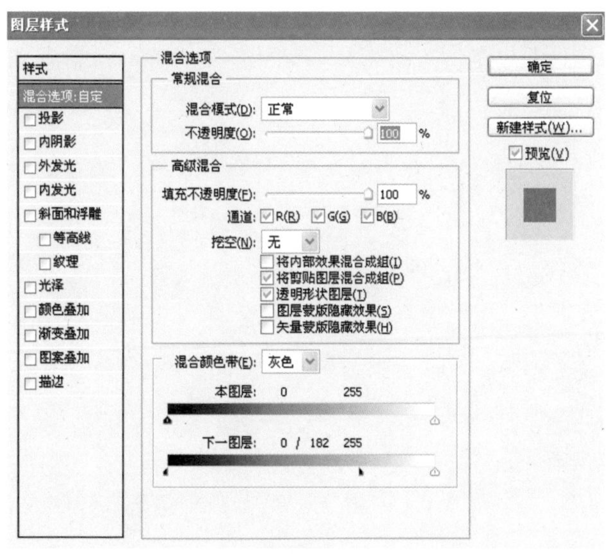

图6-5-11

图6-5-12

07 降低“图层2”的不透明度，如图6-5-13所示。单击“图层”面板下方的“创建调整图层”按钮，在打开的菜单中选择“曲线”选项，在“调整”面板中进行调整，如图6-5-14所示。完成效果如图6-5-15所示。

图6-5-13

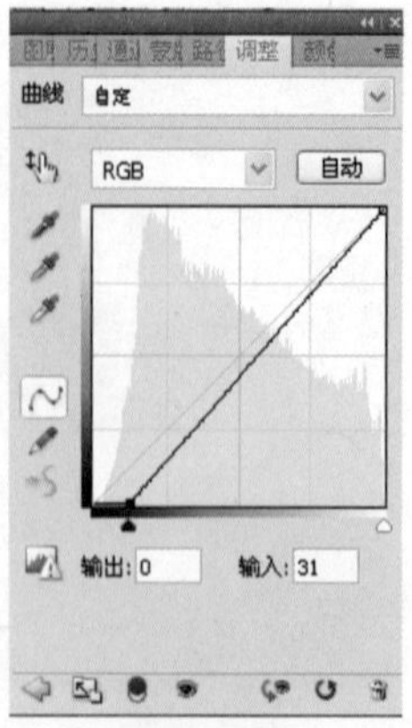

图6-5-14

图6-5-15

6.6 舒展灵魂的工具

也许是近来写书太投入，忘记了很多生活细节。一直以为今天是星期二，刚才才知道是星期四，是13 号。怎么过得这么快？还没回过神儿呢，这日子就哗啦啦地过去了。想起了两年前、三年前、十年前……更可怕的是居然想起了40 年前的一个傍晚，听见了墙角的蛐蛐声，还有在游泳池不小心喝下的那一大口水，甚至还想起在商店外的木板棚偷杏被发现，逃跑时后屁股挨的那一秤砣。都怪那双鞋，太大，是拣大哥的。唉，往事如风，也如歌。眼巴前儿的事呢总是忘，遥远的事呢，总能想起来，很趣味的。是啊，好累，应该放松一下精神，舒展一下灵魂了，带上耳麦，这耳麦很旧了，但音质还不错。耳麦里的歌是30年前在大学的晚会上，男女同学第一次拉着手唱的那首：

太阳太阳像一把金梭
月亮月亮像一把银梭
交给你也交给我
看谁织出最美的生活
啦……
金梭和银梭日夜在穿梭
时光如流水督促你和我
年轻人别消磨
珍惜今天好日月好日月
来来来……

本案例涉及的主要知识点：

本案例主要涉及选区应用、“钢笔工具”和路径、复制与旋转角度以及缩放设置、路径描边、“直线工具”等，案例效果如图6-6-1所示。

图6-6-1

制作流程：

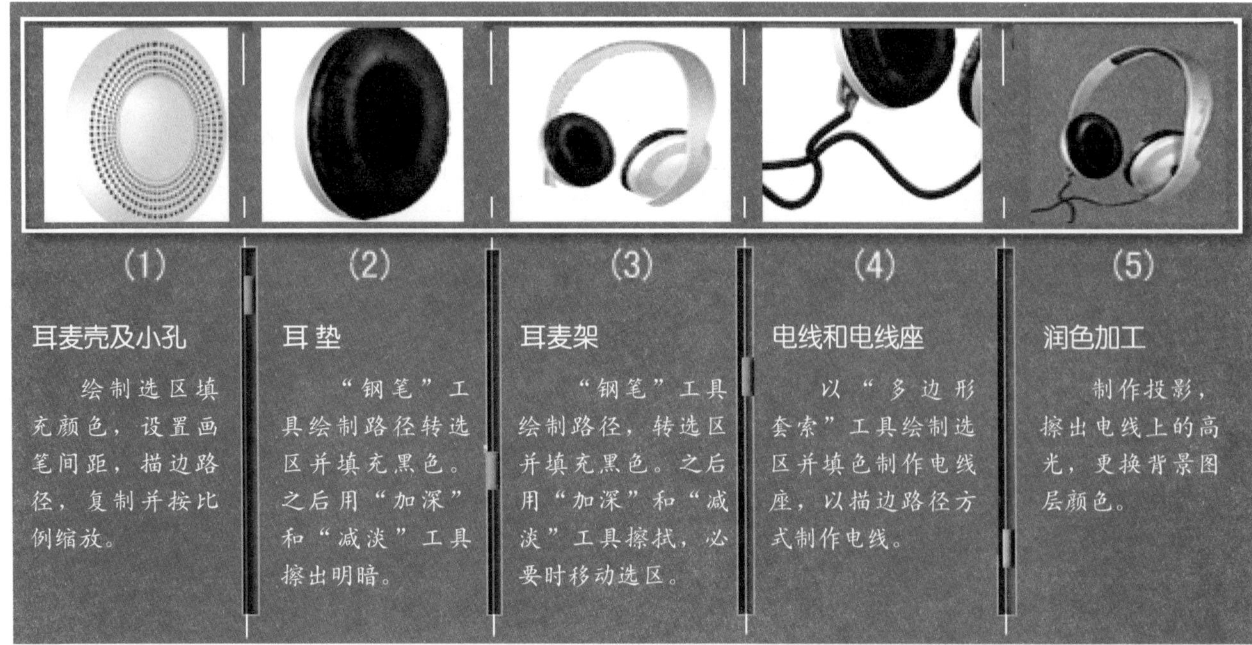

1. 耳麦壳及小孔

01 执行“文件”>“新建”命令，创建一个宽为800像素，高为985像素，分辨率为72像素/英寸，背景内容为白色，颜色模式为RGB 的图像文件。

02 单击“图层”面板下方的“创建新图层”按钮，创建图层并命名为“耳麦壳”，将该图层作为当前工作图层。选择“椭圆选框工具”绘制椭圆选区。单击工具箱“前景色”图标，打开“拾色器”对话框，设置前景色的RGB值，按Alt+Delete键填充前景色到选区中，如图6-6-2所示。

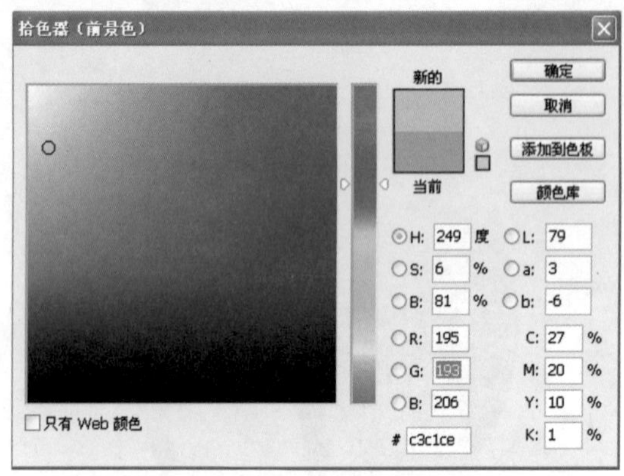

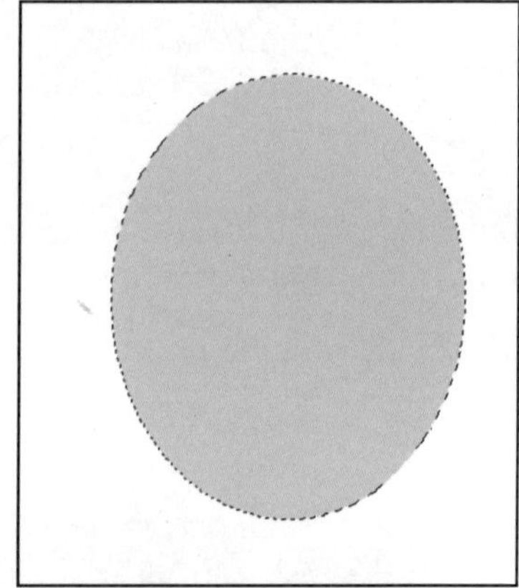

图6-6-2

03 单击“图层”面板下方的“创建新图层”按钮，创建图层并命名为“小孔”，并将该图层作为当前工作图层。选择“椭圆工具”绘制一个圆形路径，如图6-6-3所示。选择“画笔工具”，按F5键打开“画笔”面板将画笔直径设置为9px，“硬度”设置为100%，“间距”设置为149%，如图6-6-4所示。

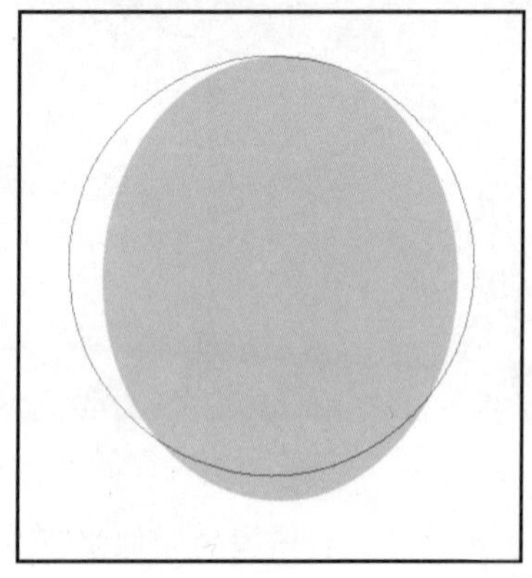

图6-6-3

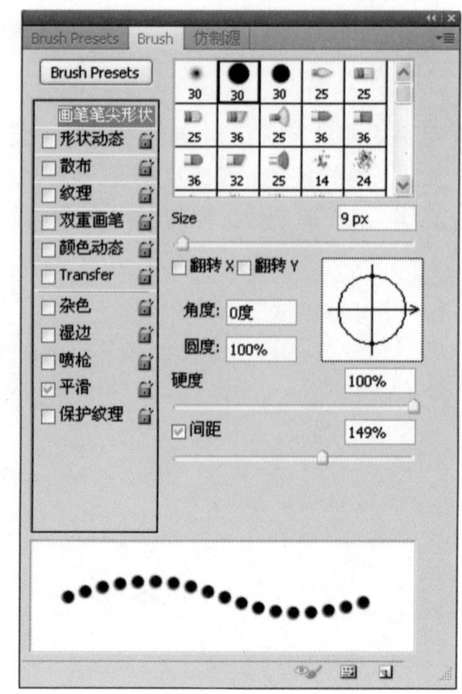

图6-6-4

04 将工具箱中的前景色设置为深棕色，进入“路径”面板，单击面板下部的“用画笔描边路径”按钮为路径描边，如图6-6-5所示。单击该面板空白处隐藏路径。

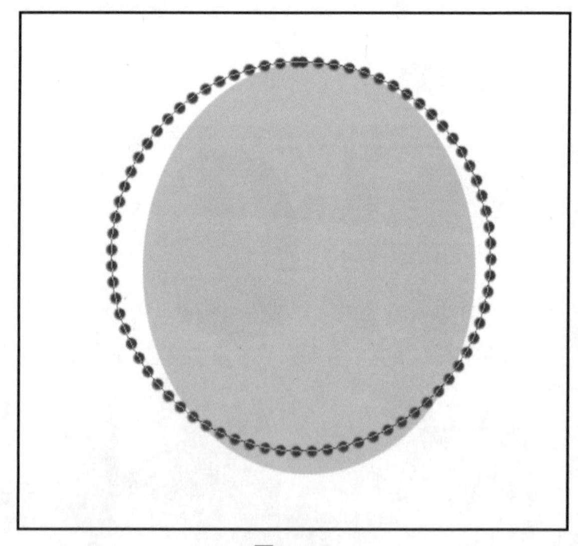

图6-6-5

05 按Ctrl+J键复制图层“小孔”为“小孔副本”。将“小孔副本”作为当前工作图层，按Ctrl+T键，调出变换框，在属性栏中设置W为 90%，H为90%，“小孔副本”图像被缩小了一圈，如图6-6-6所示。按Enter键完成第1次变换。接下来再按Ctrl+J键复制“小孔副本”。再次进行与前步完全相同的变换操作（包括属性设置），之后再重复几次，这样就做出了几个环环相套的小孔。

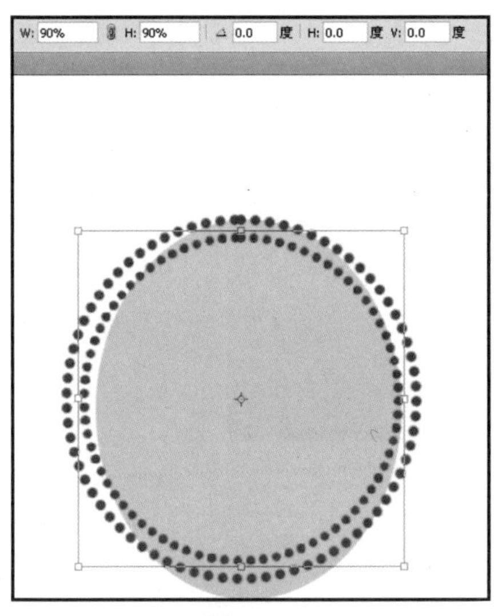

图6-6-6

06 按Ctrl+E键将各“小孔副本”图层合并到“小孔”图层。按Ctrl+T键变换其大小并摆放好位置，如图6-6-7所示。

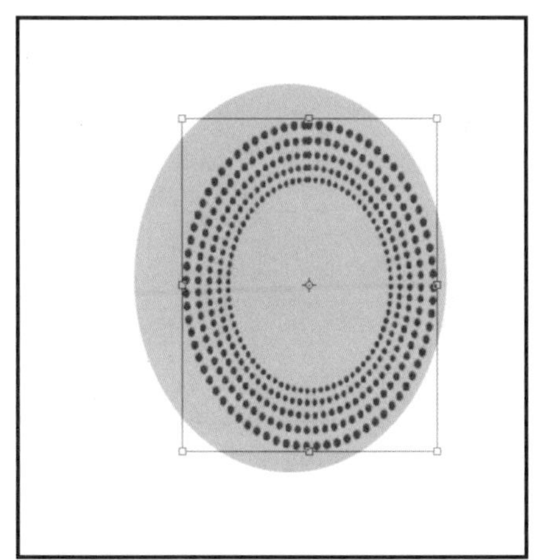
图6-6-7

07 按Ctrl键单击“小孔”图层的缩略图载入选区，单击“图层”面板下方的“创建新图层”按钮，在“小孔”图层下创建新图层，并将该图层作为当前工作图层，将前景色设置为白色，按Alt+Delete键填充前景色。按Ctrl+D键取消选区，按方向键向下轻移图像露出白边，如图6-6-8所示。

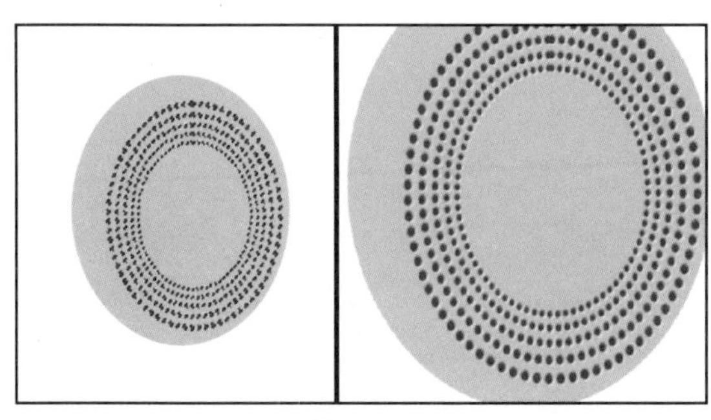
图6-6-8

08 选择“椭圆选框工具”，在图像中间绘制椭圆选区，执行“编辑”>“描边”命令，在打开的对话框中设置参数，其中的“颜色”设置应略深于耳麦壳色，如图6-6-9所示。设置完毕后单击“确定”按钮。

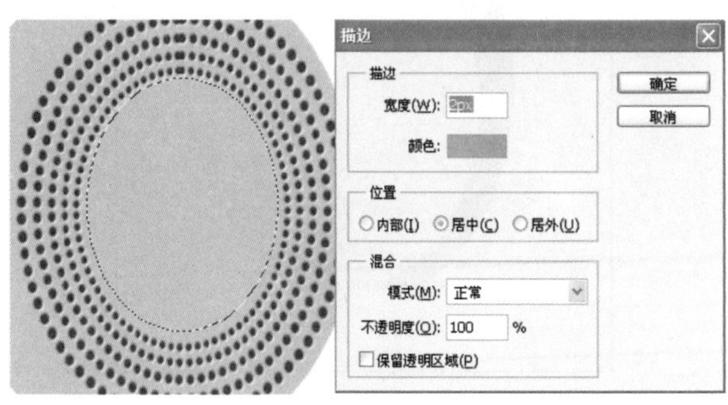

图6-6-9

09 选择“减淡工具”，在工具属性栏中设置“范围”为“高光”，“曝光度”为5%。在耳麦壳上擦拭出明暗光感效果，如图6-6-10所示。

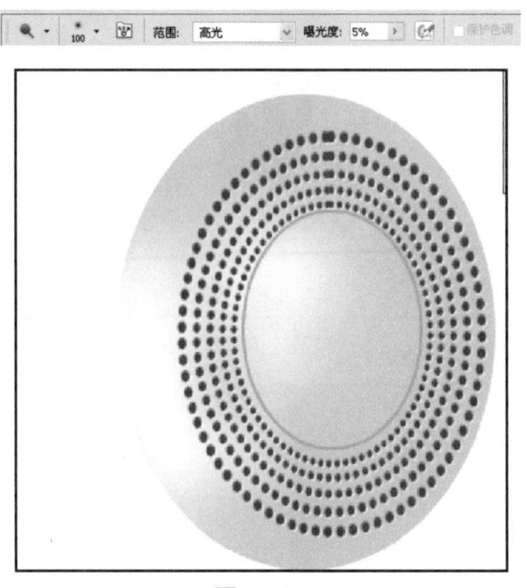
图6-6-10

2. 右耳垫

01 单击“图层”面板下方的“创建新图层”按钮在耳麦壳下创建新图层，命名为“右耳垫”，并将该图层作为当前工作图层，选择“钢笔工具”绘制路径并按Ctrl+Enter键将路径转为选区，将工具箱中的前景色设置为黑色，按Alt+Delete键填充前景色到选区，如图6-6-11所示。

02 选择“套索工具”在右耳垫边缘绘制选区，按Delete键删除选区中的图像，如图6-6-12所示。之后按Ctrl+D键取消选区。选择“减淡工具”适当擦出明暗效果，再用“套索工具”绘制若干小选区，用“加深工具”擦拭出纹理，如图6-6-13所示。

图6-6-11

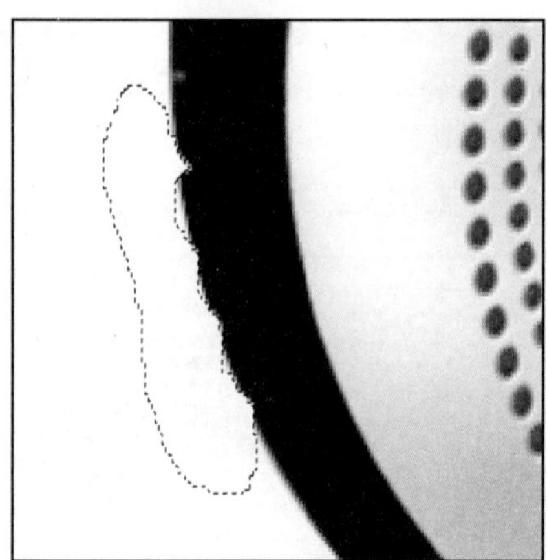

图6-6-12

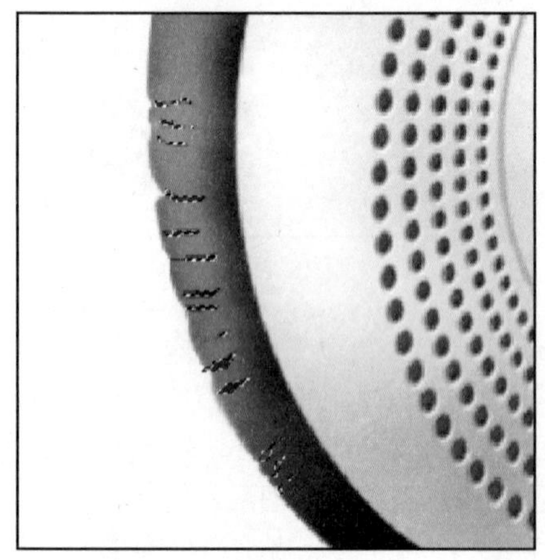

图6-6-13

3. 左耳麦壳及左耳垫

01 单击“图层”面板下方的“创建新图层”按钮，创建新图层并命名为“左耳麦壳”，并将该图层作为当前工作图层。选择“椭圆选框工具”绘制椭圆选区。单击工具箱中“前景色”图标打开“拾色器”对话框设置前景色的RGB值，如图6-6-14所示。按Alt+Delete键填充前景色到选区中。

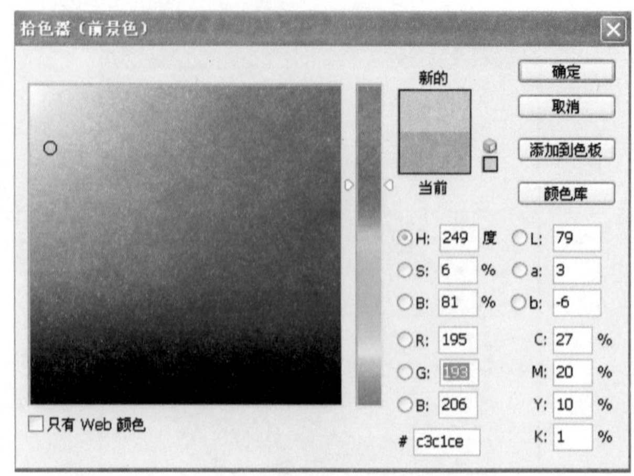

图6-6-14

02 单击任意一个选框工具，按方向键向右移动选区，如图6-6-15所示。

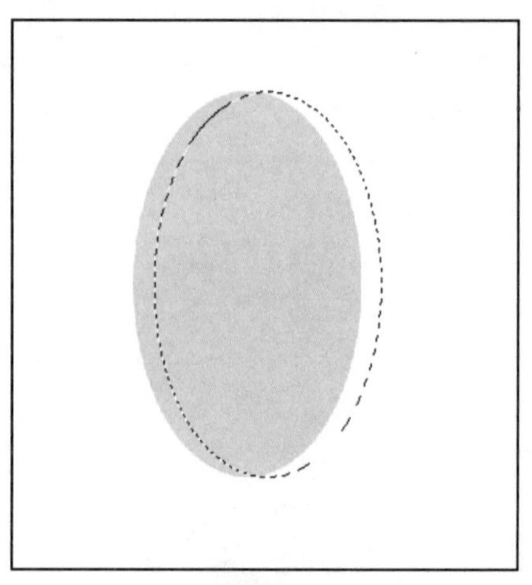

图6-6-15

03 单击“图层”面板下方的“创建新图层”按钮，创建新图层并命名为“左耳麦描边”，并将该图层作为当前工作图层。执行“编辑”>“描边”命令，在打开的对话框中设置相应参数，如图6-6-16所示。之后执行“滤镜”>“模糊”>“高斯模糊”命令，调整相应的参数如图6-6-17所示。

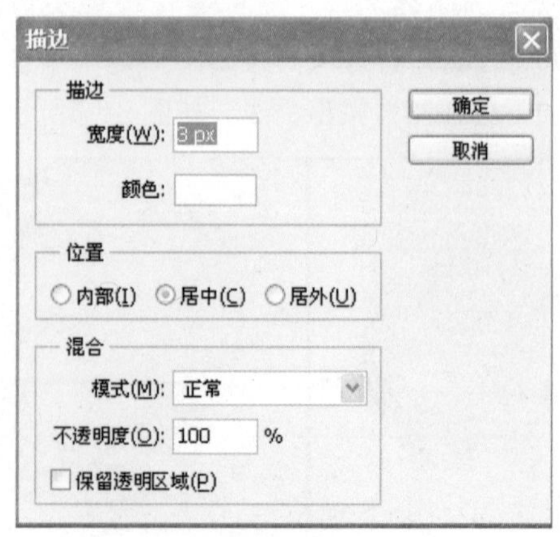

图6-6-16

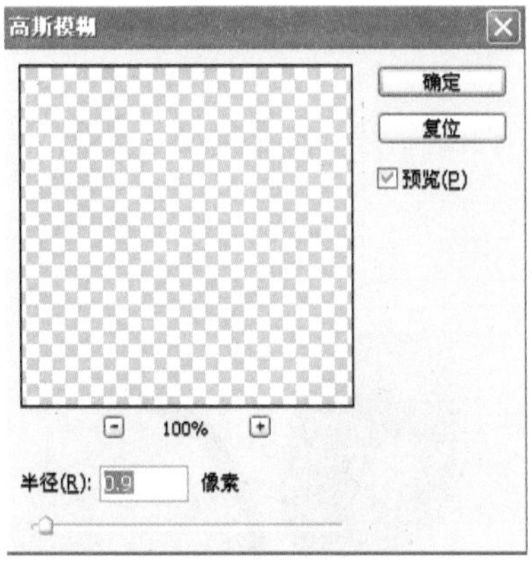

图6-6-17

04 选择"橡皮擦工具"擦去右半部，使之看上去呈渐隐状，如图6-6-18所示。

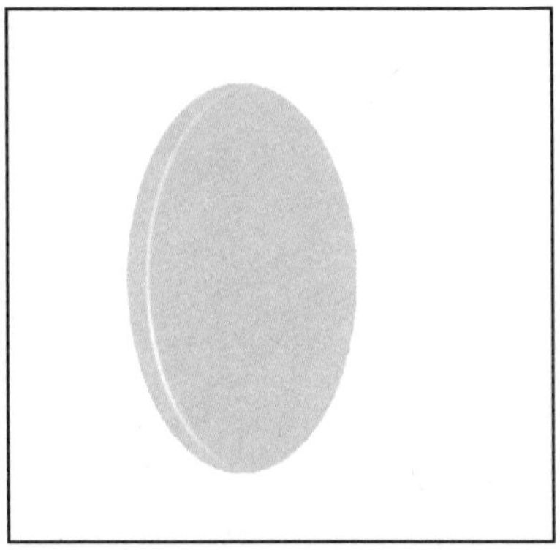

图6-6-18

05 单击"图层"面板下方的"创建新图层"按钮，创建新图层并命名为"左耳垫"，将该图层作为当前工作图层。选择"钢笔工具"绘制椭圆路径，按Ctrl+Enter键将路径转为选区，将前景色设置为黑色，按Alt+Delete键填充前景色到选区，按Ctrl+D键取消选区。选择"钢笔工具"在"左耳垫"中绘制椭圆路径，按Ctrl+Enter键将路径转为选区，按Ctrl+Shift+I键将选区反向，执行"选择">"修改">"羽化"命令，调整相应的参数如图6-6-19所示。

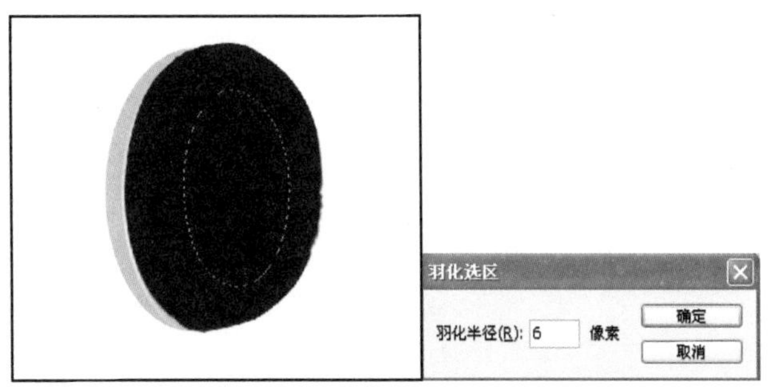

图6-6-19

06 选择"减淡工具"擦出左耳麦壳和垫的明暗效果，再选择"加深工具"在左耳垫上擦出纹理效果。按Ctrl+D键取消选区，如图6-6-20所示。

图6-6-20

4. 耳麦架

01 单击"图层"面板下方的"创建新图层"按钮，创建新图层并命名为"耳麦架1"，将该图层作为当前工作图层。选择"钢笔工具"绘制路径，如图6-6-21所示。按Ctrl+Enter键将路径转为选区，将前景色设置为与耳麦壳相同的颜色，之后按Alt+Delete键填充前景色，如图6-6-22所示。

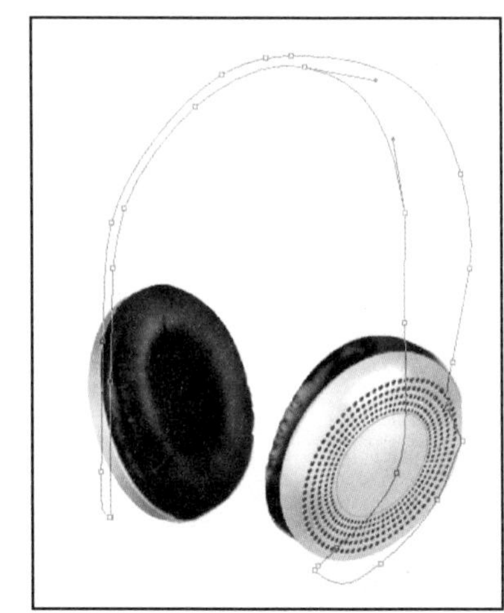

图6-6-21

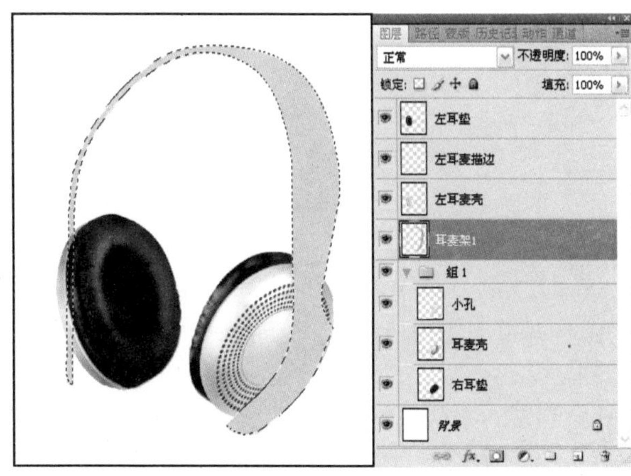

图6-6-22

02 单击任意一个选框工具后按方向键轻微移动选区，如图6-6-23所示。选择“加深工具”和“减淡工具”擦出明暗，按Ctrl+Shift+I键将选区反向并擦出白边，如图6-6-24所示。

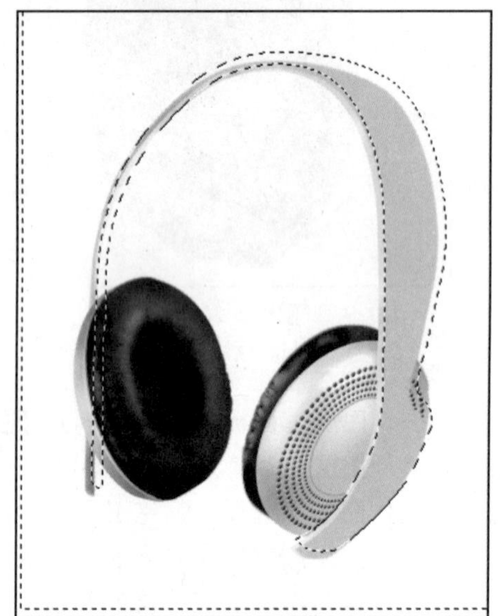

图6-6-23

图6-6-24

03 单击“图层”面板下方的“创建新图层”按钮，在“左耳麦壳”、“垫”和“耳麦架1”图层之下创建新图层并命名为“耳麦架2”，并将该图层作为当前工作图层。选择“钢笔工具”绘制路径，如图6-6-25所示。按Ctrl+Enter键将路径转为选区，将前景色设置为与耳麦壳相同的颜色，之后按Alt+Delete键填充前景色，如图6-6-26所示。

图6-6-25

图6-6-26

04 选择“钢笔工具”沿“耳麦架1”边缘绘制路径，如图6-6-27所示。将前景色设置为白色，选择直径大小为3px的“画笔工具”，进入“路径”面板，单击面板右上角的按钮选择“描边路径”选项，打开“描边路径”对话框，勾选“模拟压力”复选框，如图6-6-28所示。单击“确定”按钮。

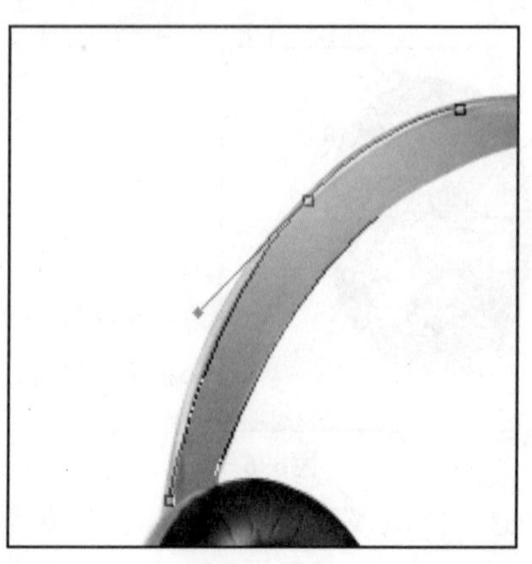

图6-6-27

图6-6-28

5. 电线座

01 单击“图层”面板下方的“创建新图层”按钮，创建新图层，并将该图层作为当前工作图层。分别选择“套索工具”和“多边形套索工具”通过绘制选区再填色，做出耳麦壳体下部构件，如图6-6-29所示。

图6-6-29

02 创建图层并命名为“电线座”，并将该图层作为当前工作图层，选择“多边形套索工具”绘制电线座选区，将前景色设置为黑色，按Alt+Delete键填充前景色到选区，如图6-6-30所示。按Ctrl+D键取消选区。

图6-6-30

03 选择“套索工具”在电线座底部绘制弧形选区，按Delete键删除弧状，如图6-6-31所示。选择“减淡工具”擦出明暗效果，将前景色设置为黑色，选择“直线工具”，在属性栏设置相应的属性，在电线座中画出几条黑线，如图6-6-32所示。

图6-6-31

图6-6-32

04 按Ctrl+J键将“电线座”复制为“电线座副本”，置于另一侧耳麦壳下，如图6-6-33所示。

图6-6-33

6. 电线

01 单击“图层”面板下方的“创建新图层”按钮，创建新图层并命名为“电线”，将该图层作为当前工作图层。选择“钢笔工具”绘制路径，将前景色设置为黑色，选择直径大小为20px的“画笔工具”，进入“路径”面板，单击面板下方的“用画笔描边路径”按钮，描出电线，如图6-6-34所示。

图6-6-34

02 按Ctrl键单击“电线”图层缩览图载入选区，如图6-6-35所示。执行“选择”>“修改”>“收缩”命令，在打开的对话框中设置相应参数，如图6-6-36所示。

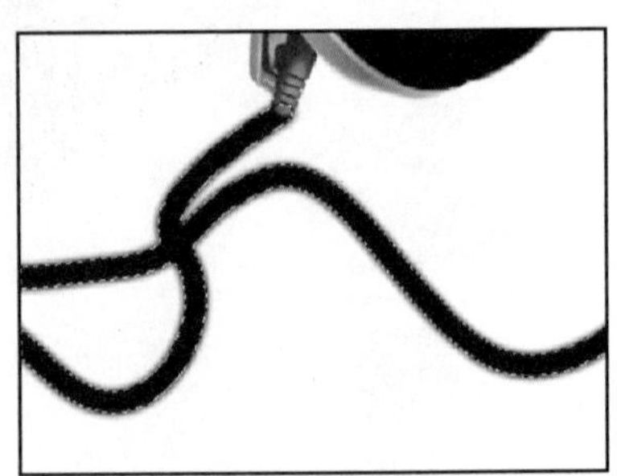

图6-6-35

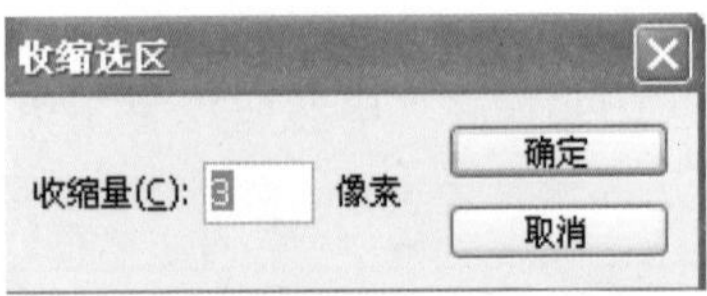

图6-6-36

03 选择“减淡工具”，在属性栏设置相应参数，有选择地将电线擦拭出高光，如图6-6-37所示。

创建图层，选择“套索工具”在“耳麦壳”上绘制选区，填充淡淡的灰色，降低所在图层的不透明度作为投影，如图6-6-38所示。完成制作。

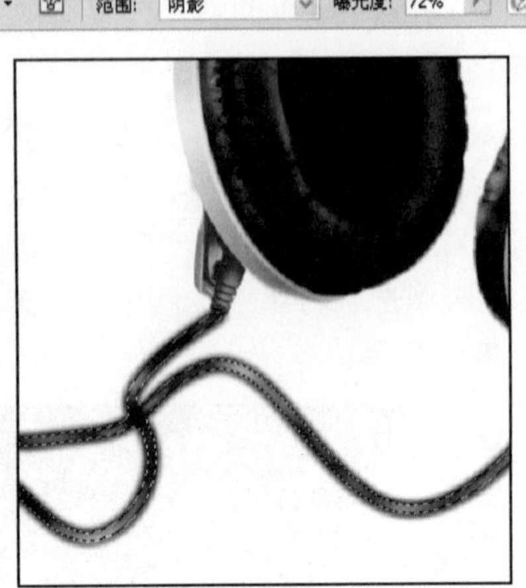

图6-6-37

图6-6-38

6.7 男人的最爱

记得好多电影镜头里常会冒出个时尚男人,对着镜子边剃须边吹着婉转迷人的口哨，一副惬意的模样。我也是如此，起床后，首要的任务就是剃须。嗡嗡之声丝丝入扣,那刻真是剃掉了岁月、剃掉了烦恼。嗡嗡之后用手顺势一抹，美好的心情攥了一大把。出家门迎朝阳，脚后跟都踮出了歌，可谓神采飞扬，豪情满怀。是的，无论你什么模样，多大年纪，都自认是帅哥靓男。尤其我等老男更视这剃刀为囊中宝物，走出家门前总要剔剔胡茬，外出旅行也要将那剃刀随身携带，以确保有一副貌似年轻的面貌。

不是吗？从明星到总统，从谈判桌到浪漫的休闲度假，哪个风度翩翩之成功男士不是下巴颌倍儿青？一个成功的男人必定要有个迷人的下巴，而这迷人的下巴当然离不开著名的飞利浦、博朗和松下三大剃须刀了。没什么了不起，我们现在就做一个。把我的剃须刀取来，置于桌上，开始对照着写生制作。

本案例涉及的主要知识点：

本案例涉及的主要知识点有“钢笔”工具、描边路径、变换命令、曲线调整、图像角度旋转与复制、“加深”与“减淡”工具，渐变编辑等，案例效果如图6-7-1所示。

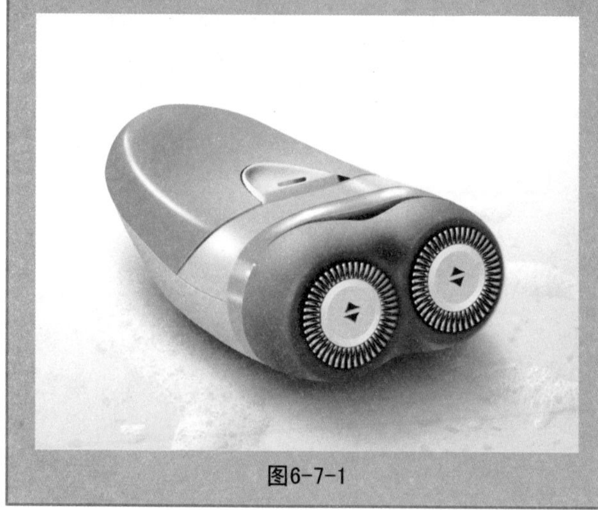

图6-7-1

操作步骤：

1. 制作主体轮廓

01 执行“文件”>“新建”命令，创建一个宽为900像素，高为750像素，分辨率为72像素/英寸，背景内容为白色，颜色模式为RGB 的图像文件。

02 先做“大主体”。单击“图层”面板下方的“创建新图层”按钮，创建“图层1”（大主体），并将该图层作为当前工作图层。

03 选择“钢笔工具”绘制出剃须刀外部整体轮廓的路径，按Ctrl+Enter键将该路径转为选区，将前景色值设置为R196、G194、B191的灰色，按Alt+Delete键填充该前景色，如图6-7-2所示。

04 创建“图层2”（小主体），并将该图层作为当前工作图层。再以同样方法做出剃须刀头部选区，即小主体，将前景色值设置为R117、G124、B132。用同样方法填充该前景色。制作出“小主体”，如图6-7-3所示。

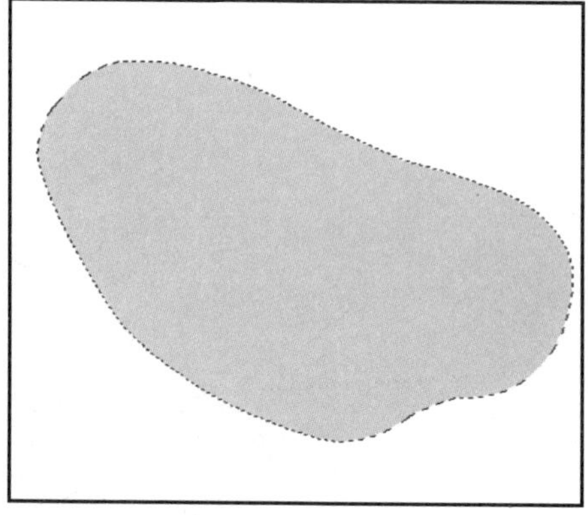

图6-7-2

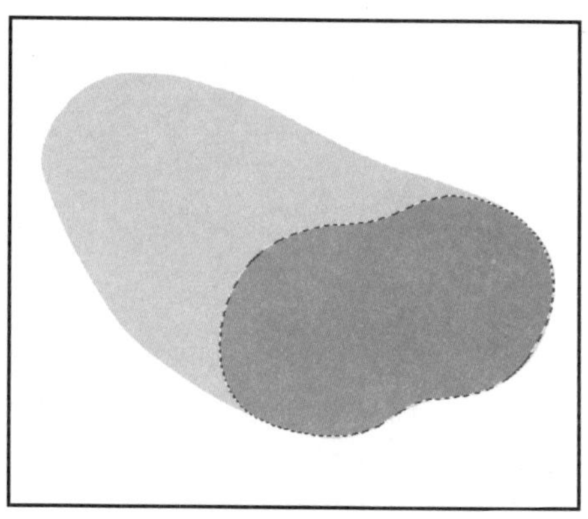

图6-7-3

2. 制作刀座的底盘和小截面

01 单击“图层”面板下方的“创建新图层”按钮，创建“图层3”（刀坐），并将该图层作为当前工作图层。选择“椭圆选框工具”绘制一个圆选区。将前景色的颜色值设置为R81、G86、B92，按Alt+Delete键填充该前景色，按Ctrl+D键取消选区。复制一个图层，即“图层3 副本”（刀坐副本）并置于另一侧。按Ctrl+T 键调整大小，如图6-7-4所示。

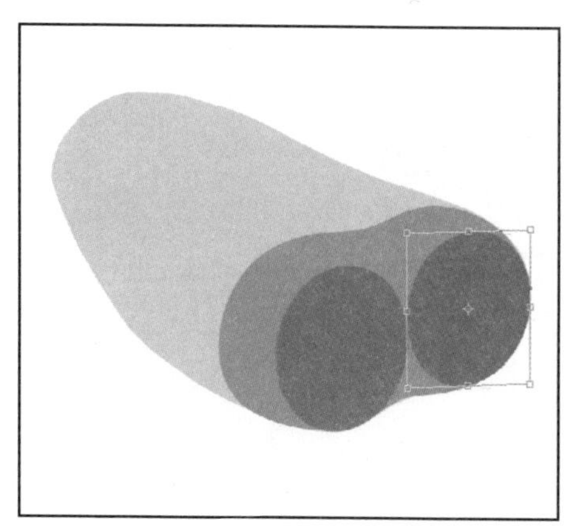

图6-7-4

02 在“图层2”（小主体）之下创建“图层4”（小截面），依然是通过绘制路径再转为选区，之后填充深灰色，如图6-7-5所示。按Ctrl+D键取消选区。

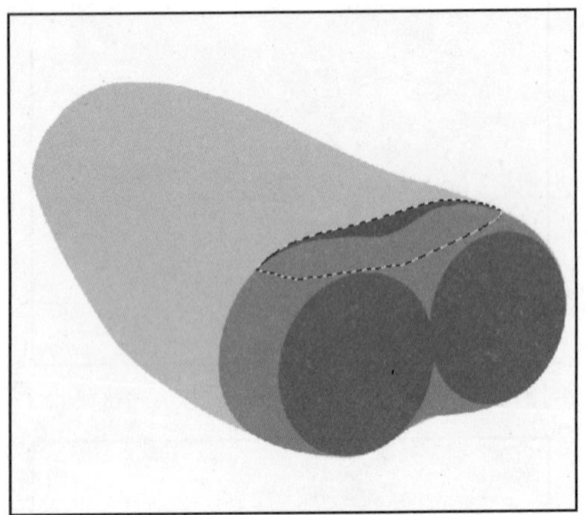

图6-7-5

03 在“图层4”（小截面）下创建“图层5”（大截面）依然用“钢笔”工具绘制路径，如图6-7-6所示。转换为选区后，将前景色值设置为R150、G155、B161的灰色，按Alt+Delete键填充前景色，如图6-7-7所示。之后按Ctrl+D键取消选区。

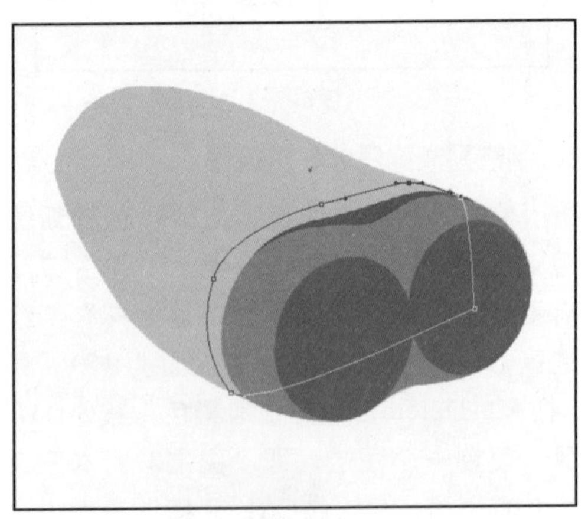

图6-7-6

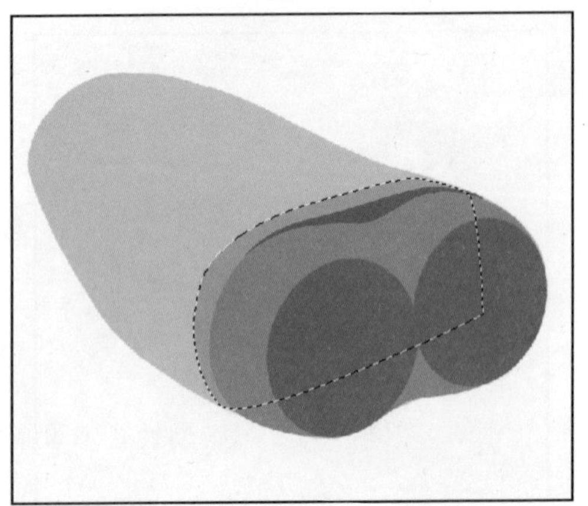

图6-7-7

3．制作上盖及边缝

01 创建“图层6”（上盖）并将该图层作为当前工作图层。选择“钢笔工具”在机身上部绘制出上盖路径轮廓，如图6-7-8所示。之后按Ctrl+Enter键将该路径转为选区，将前景色值设置为R150、G155、B161。按Alt+Delete键填充该前景色，按Ctrl+D键取消选区。

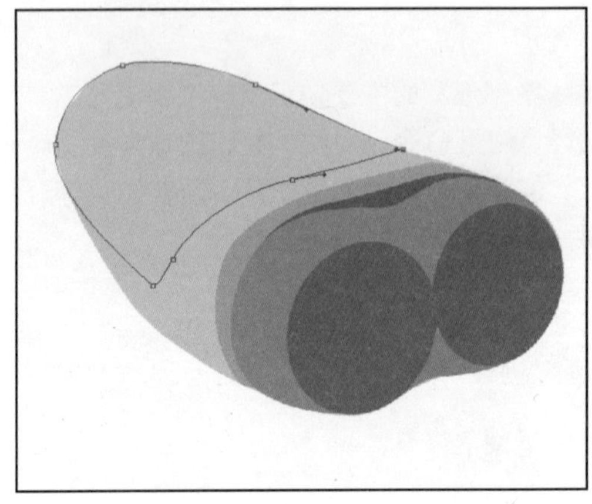

图6-7-8

02 创建“图层7”（上盖黑边）并将该图层作为当前工作图层。选择“钢笔工具”在上盖边缘绘制出一条路径。之后选择一个大小合适的画笔，设置好不透明度，将前景色设置为黑色，进入“路径”面板，单击“用画笔描边路径”按钮为路径描边，做出表现上盖缝隙的黑边，如图6-7-9所示。

图6-7-9

03 单击“图层”面板下方的“添加图层蒙版”按钮，为该图层添加图层蒙版并使之处于工作状态，将前景色设为黑色，选择直径为2像素的“画笔工具”，在属性栏中设置不透明度，对上盖黑边缝线两端进行修饰，使之略呈渐隐效果。

04 创建“图层8”（上盖白边）并将该图层作为当前工作图层。进入“路径”面板单击“工作路径”再次显示上盖黑边的路径。选择“路径选择工具”选中路径，按方向键向上轻移，采用上一步描边路径的方法为该路径描绘1像素的白边，之后用低不透明度的“橡皮擦工具”擦出虚实效果，如图6-7-10所示。

图6-7-10

05 创建“图层9”（大截面黑边）并将该图层作为当前工作图层。以与上面同样的描边路径的方法做出剃须刀上部另一条缝线，如图6-7-11所示。

图6-7-11

06 创建“图层10”，（大主体侧黑边）并将该图层作为当前工作图层。选择“钢笔工具”在剃须刀侧面绘制一条路径，之后选择一个直径大小合适的“画笔”工具，在属性栏中设置不透明度等参数，如图6-7-12所示。

图6-7-12

07 进入“路径”面板，单击“用画笔描边路径”按钮为路径描一条黑色细边而后用“模糊工具”擦拭一下。

08 创建“图层11”（大主体侧白边）并将该图层作为当前工作图层。按住Ctrl键单击“图层”面板中的“图层10”，（大主体侧黑边）的缩览图载入其选区，选区下移1像素并填充灰白色，如图6-7-13所示。之后按Ctrl+D键取消选区。

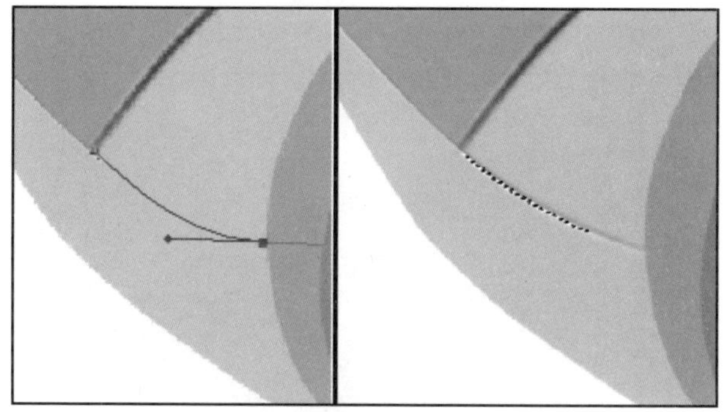

图6-7-13

4. 制作上盖明暗效果

01 将“图层6”（上盖）作为当前工作图层。选择“钢笔工具”在上盖侧面绘制路径，按Ctrl+Enter键将路径转为选区。

02 执行“图像”>“调整”>“曲线”命令，将选择区域调暗，按Ctrl+D键取消选区，如图6-7-14所示。

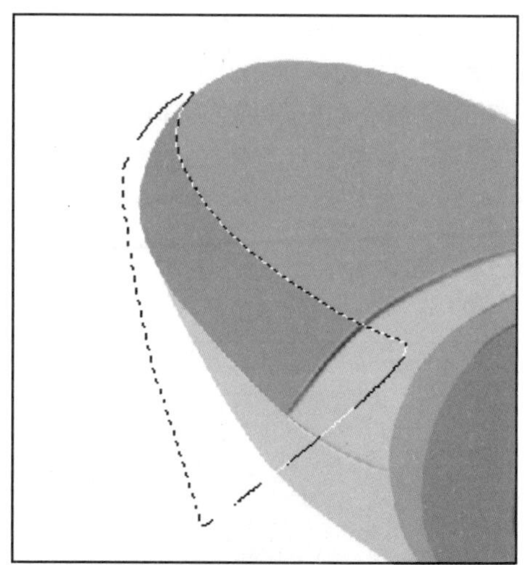

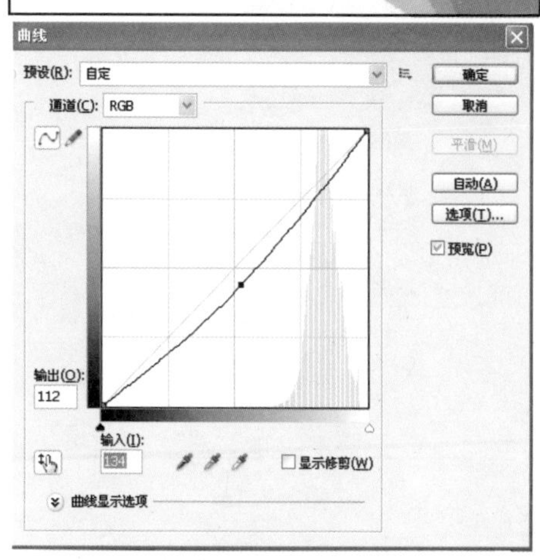

图6-7-14

03 选择“减淡工具”在属性栏中设置相关选项和参数，将上盖擦出明暗效果，如图6-7-15所示。

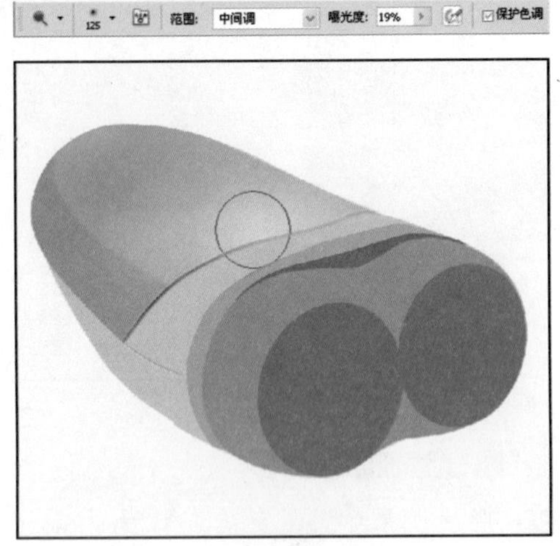

图6-7-15

04 创建“图层12”（上盖高光线）并将该图层作为当前工作图层。选择“钢笔工具”绘制一条路径，如图6-7-16所示。再选择一个柔边的“画笔工具”，确定画笔直径为10px左右，将前景色设置为白色。进入“路径”面板，单击右上角的小三角按钮，在打开的菜单中选择“描边路径”选项，在弹出的对话框中勾选“模拟压力”复选框，如图6-7-17所示。单击“确定”按钮后对这条线执行“滤镜”>“模糊”>“高斯模糊”命令，调整相应的参数，这样便在上盖做出一条弧形高光线。之后按Delete键删除路径，如图6-7-18所示。

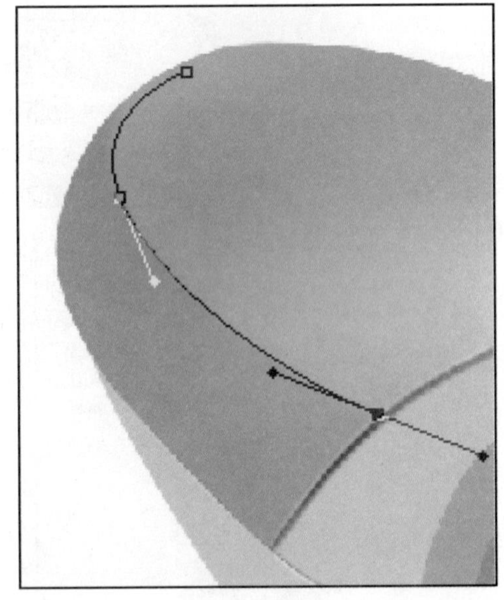

图6-7-16

图6-7-17

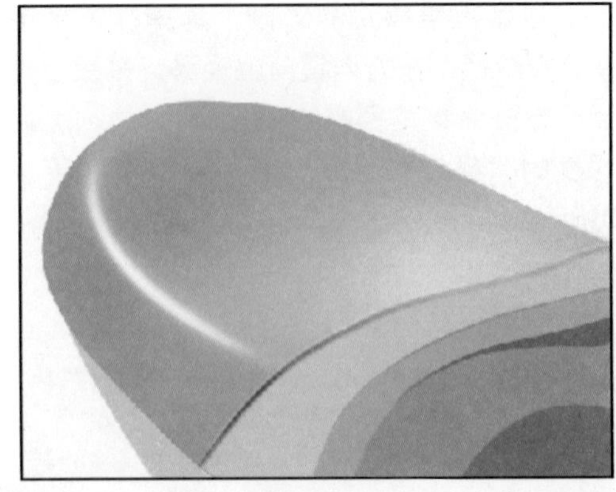

图6-7-18

05 将“图层5”（大截面）作为当前工作图层。在相应位置用“钢笔工具”绘制路径，并按Ctrl+Enter键转为选区，如图6-7-19所示。适当羽化选区，如图6-7-20所示。按Ctrl+H键隐藏选区，用“减淡工具”擦出高亮效果，按Ctrl+D键取消选区，如图6-7-21所示。

图6-7-19

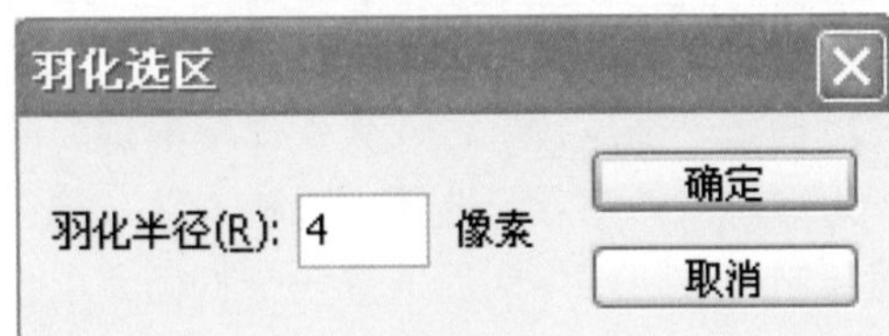

图6-7-20

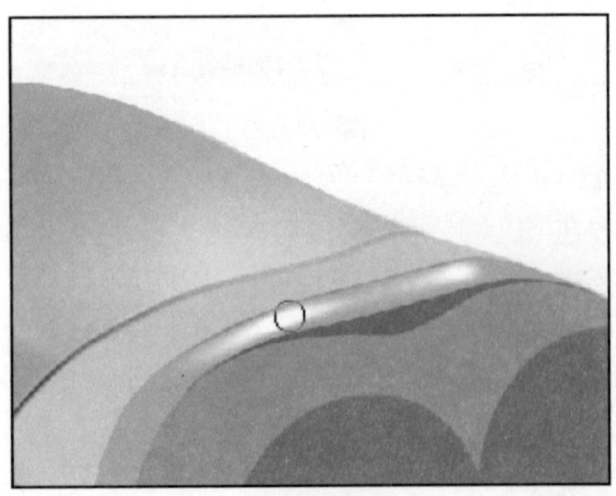

图6-7-21

06 选择“套索工具”在“小主体”上绘制选区，进行较大的羽化处理，如图6-7-22所示。用较低曝光度的“减淡工具”擦拭，如图6-7-23所示。按Ctrl+D键取消选区。

图6-7-22

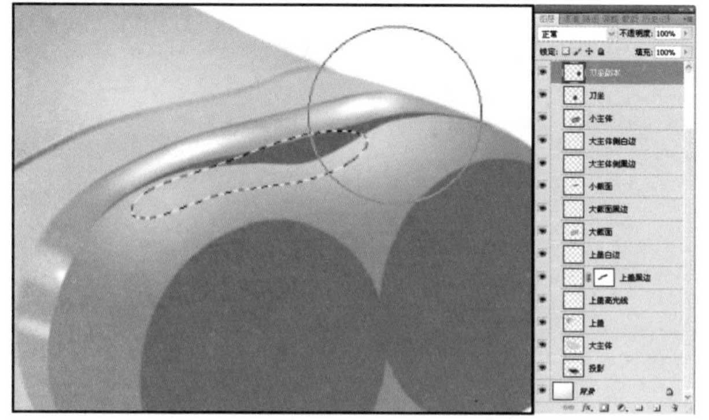

图6-7-23

5. 制作开关和按钮

01 先做开关底座。创建“图层13”（开关1），并将该图层作为当前工作图层。选择“钢笔工具”绘制出开关底座轮廓路径，按Ctrl+Enter键将路径转为选区，之后填充黑色，保留选区，如图6-7-24所示。

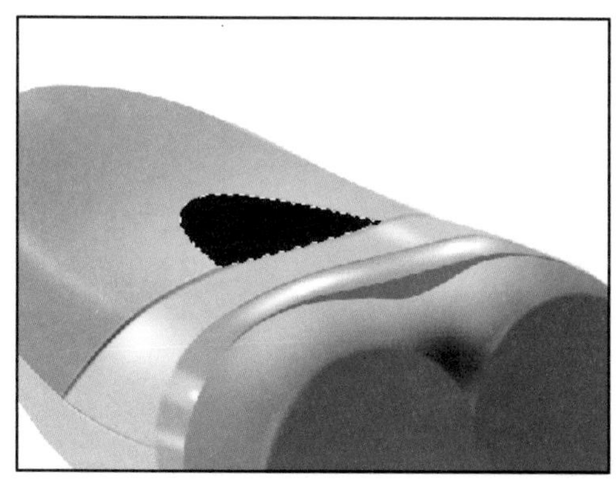

图6-7-24

02 选择“套索工具”，将属性栏中单击“从选区减去”按钮，减去开关底座轮廓选区一角，保留选区。在“图层13”（开关1）之上创建“图层14”（开关2）并作为当前工作图层，填充颜色值为R225、G229、B229的灰白色，保留选区，如图6-7-25所示。

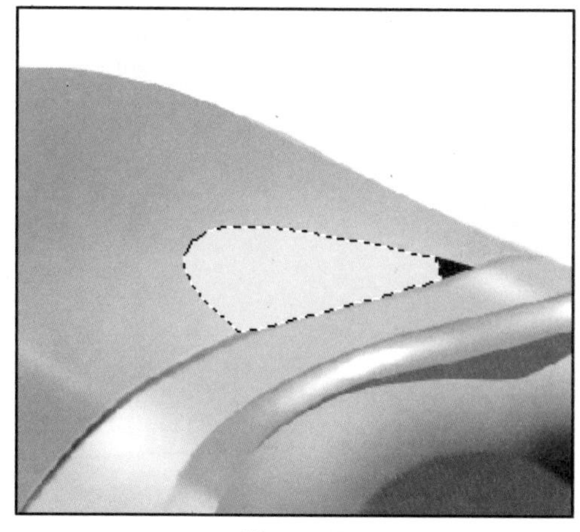

图6-7-25

03 执行“选择”>“修改”>“收缩”命令，调整相应的参数，执行“选择”>“羽化”命令，调整相应的参数，如图6-7-26所示。

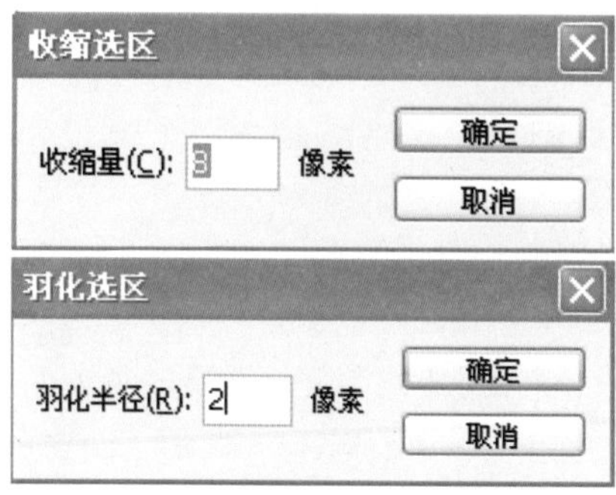

图6-7-26

04 选择“加深工具”将属性栏中的“范围”设为“中间调”，“曝光度”设为15% 左右，擦出开关内部的明暗调效果，如图6-7-27所示。为了看上去均匀，可执行“滤镜”>“模糊”>“高斯模糊”命令，调整相应的参数，如图6-7-28所示。按Ctrl+D键取消选区。

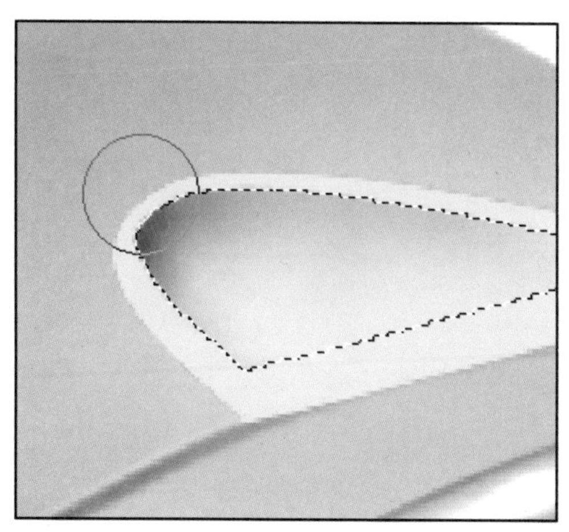

图6-7-27

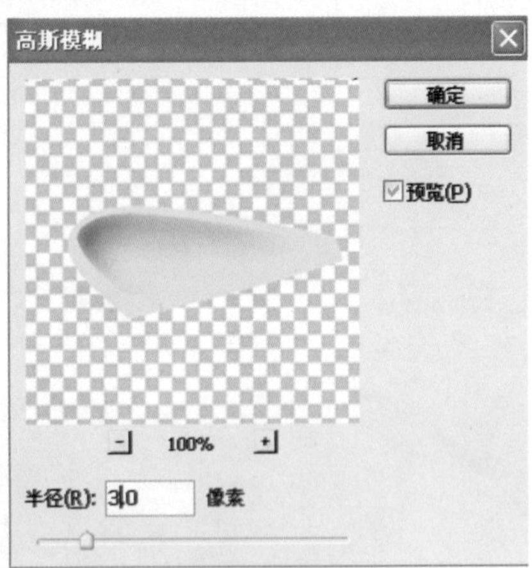

图6-7-28

05 选择“多边形套索”绘制选区，选择“加深工具”将属性栏中的“范围”设为“中间调”，“曝光度”设为8% 左右，擦出开关侧面的暗调效果，如图6-7-29所示。按Ctrl+D键取消选区。

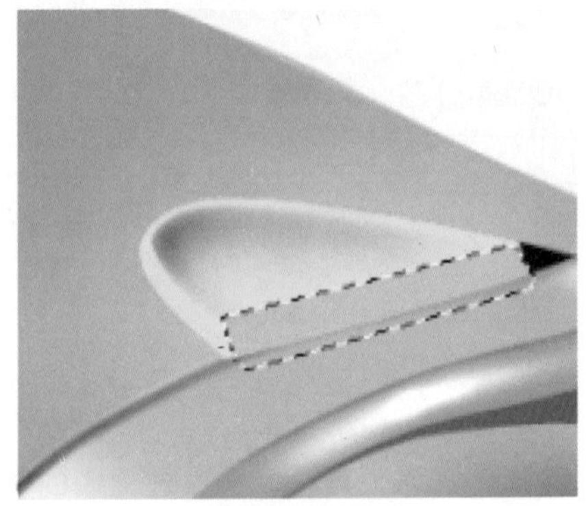

图6-7-29

06 按Ctrl+T键将“图层14”（开关2）中的灰色开关座略微缩小，如图6-7-30所示。之后按Enter键确认变换。

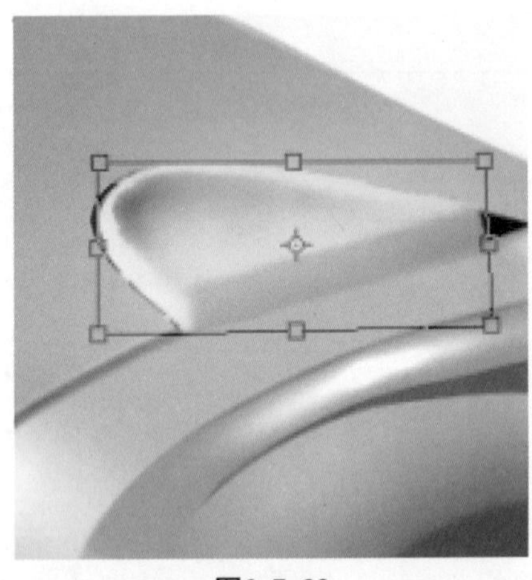

图6-7-30

07 接下来做按钮。创建“图层15”（按钮），并将该图层作为当前工作图层。将前景色值设置为R235、G105、B0的橘红色按钮，选择“圆角矩形工具”，在属性栏中单击“填充像素”按钮，拖曳一个橘红色圆角矩形，如图6-7-31所示。选择“加深工具”擦出明暗，按 Ctrl+T键将其缩小，置于“开关”上，如图6-7-32所示。

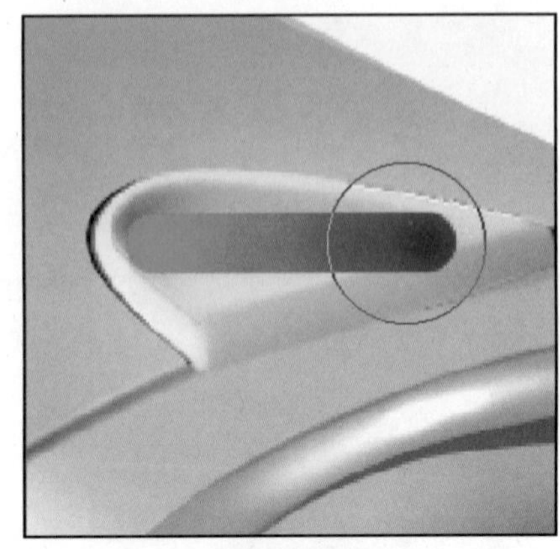

图6-7-31

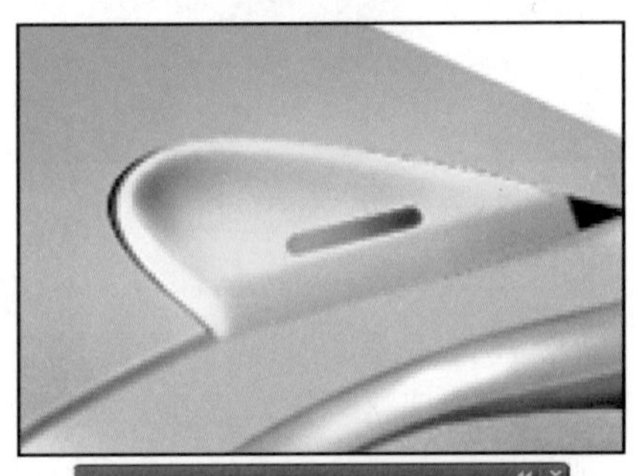

图6-7-32

5. 制作刀网等

前期工作基本完成，下面开始做刀网。

01 单击“图层”面板下方的“创建新图层”按钮，创建新图层，命名为“刀网1”，并作为当前工作图层。选择“矩形选框工具”自上而自下绘制一个选区，将前景色设置为白色，按Alt+Delete键填充前景色，按Ctrl+D键取消选区。再选择“矩形选框工具”将这个图像框选起来，如图6-7-33所示。

02 执行“滤镜”>“扭曲”>“切变”命令，调整相应的参数，之后按Ctrl+D键取消选区，如图6-7-34所示。

图6-7-33

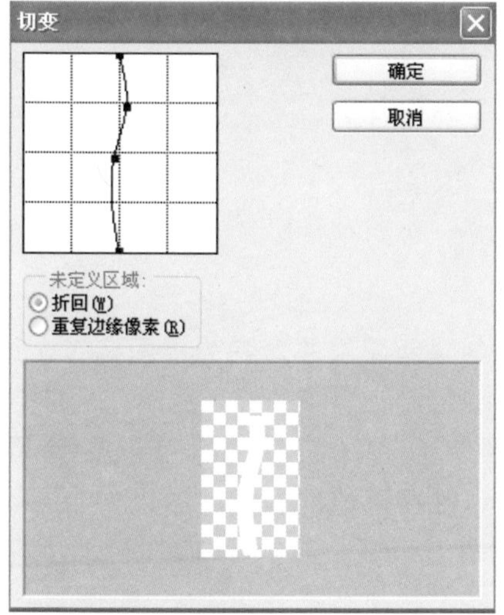

图6-7-34

03 按Ctrl+T键调出变换框，将变换框中心点放在变换框左下角的节点处，如图6-7-35所示。在属性栏中设置旋转角度为8 度，并按Enter键完成变形。按住Ctrl键单击“图层”面板中“刀网1”的缩览图载入图像选区（载入其选区后只旋转复制图像不增加图层）。之后再按住Ctrl+Shift+Alt键的同时连续按T键，旋转复制图像，如图6-7-36所示。

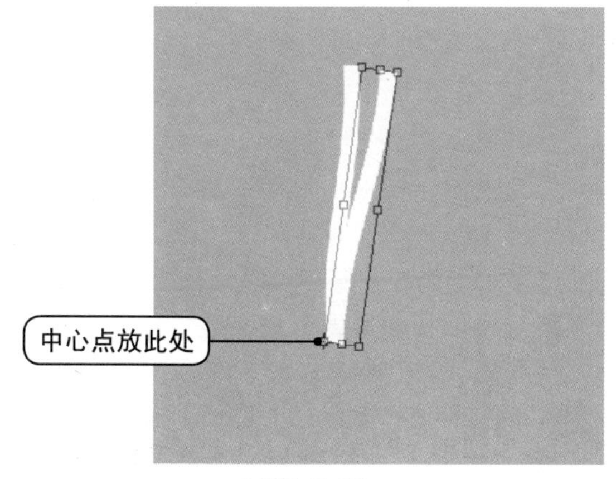

图6-7-35

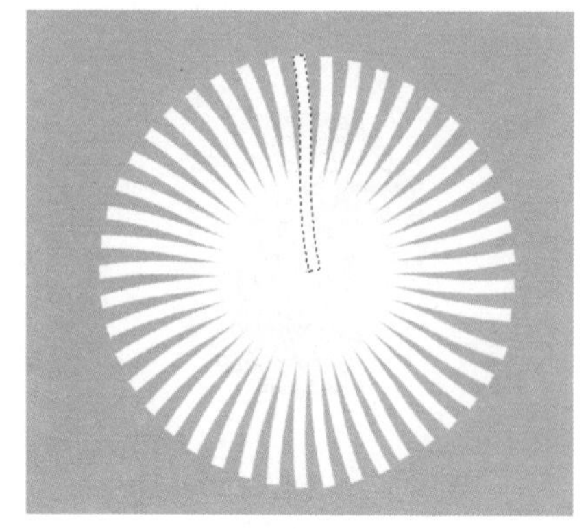

图6-7-36

04 为“刀网1”添加图层样式。单击“图层”面板下方的“添加图层样式”按钮，在弹出的菜单中选择“斜面浮雕”选项，在打开的“图层样式”对话框中设置相关参数，如图6-7-37所示。选择“椭圆选框工具”，在图像中部绘制一个略小于刀网的圆选区，按Ctrl+Shift+I键将其反向，用“减淡工具”擦拭网尖，如图6-7-38所示。

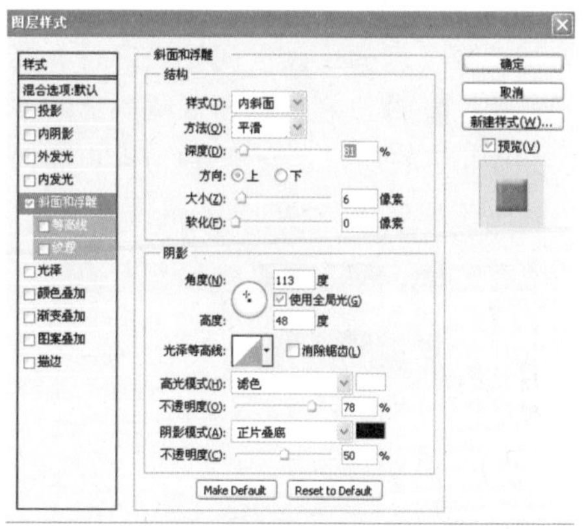

图6-7-37

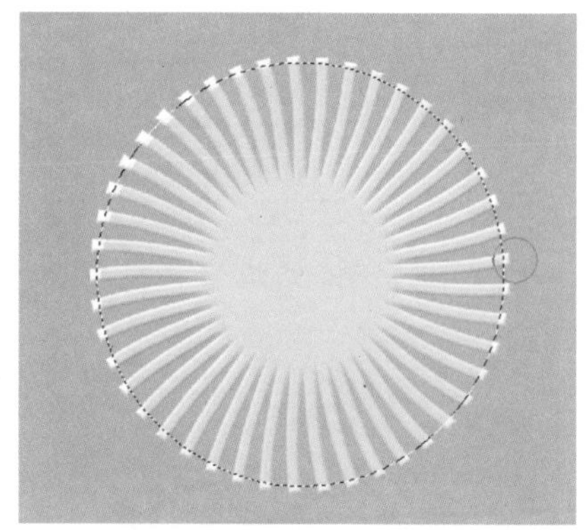

图6-7-38

05 创建新图层并命名为“刀网2”，并将该图层作为当前工作图层，选择“椭圆选框工具”，按Alt+Shift 键在图像中部拉出一个正圆选区，将前景色设置为黑色，按Alt+Delete键填充该前景色，保留选区，如图6-7-39所示。

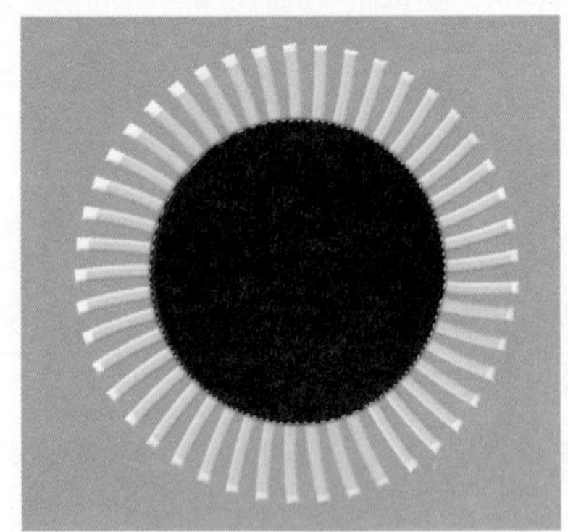

图6-7-39

06 在该图层之上再创建一个新图层并命名为“刀网3”，并确认其为当前工作图层。之后选择工具箱中的“渐变工具”，单击属性栏中的渐变色带，打开“渐变编辑器”对话框，自左向右，单击渐变条上的色标，并在下方颜色选项处设置颜色。将渐变条上第1、第3、第5个色标颜色设置为R190、G201、B201。第2、第4个色标颜色设置为R240、G240、B240，如图6-7-40所示。单击“确定”按钮完成渐变编辑，在“渐变工具”属性栏中将渐变类型设为“角度渐变”。在前面所保留的选区中填充角度渐变，如图6-7-41所示。之后按Ctrl+T 键将其略微变换缩小露出下层黑边，按Ctrl+D键取消选区。

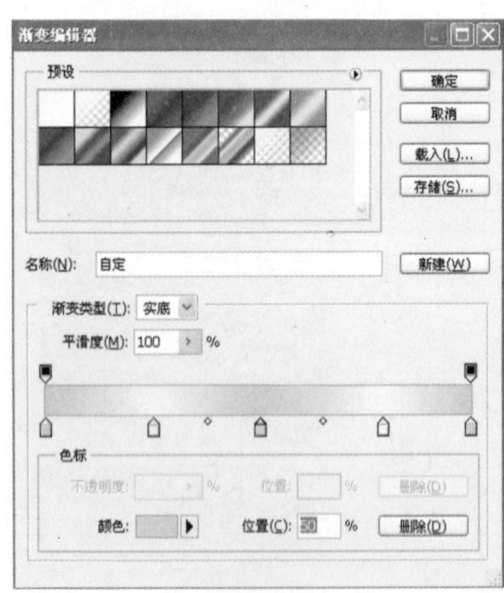

图6-7-40

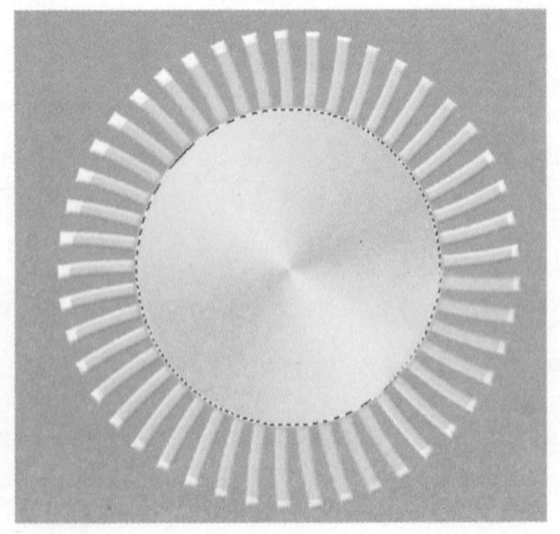

图6-7-41

07 创建新图层并命名为“刀网4”，并确认其为当前工作图层。选择“椭圆选框工具”，按Shift+Alt键绘制一个正圆选区，将前景色值设置为R181、G196、B196的青灰色，按Alt+Delete键在选区中填充该前景色，如图6-7-42所示。按Ctrl+D键取消选区。

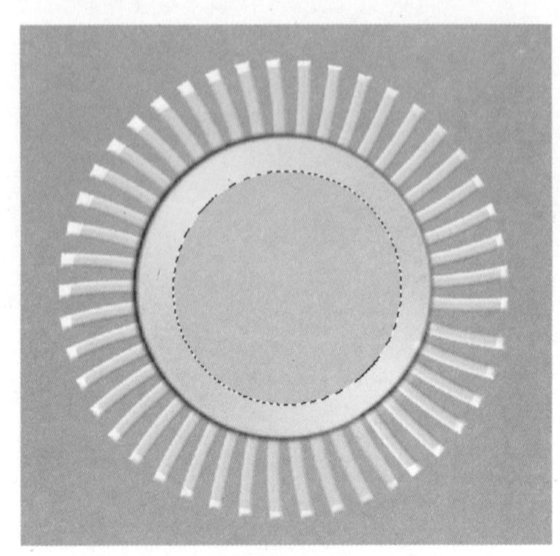

图6-7-42

08 创建新图层并命名为“图案”。选择“钢笔工具”绘制三角状的标识图路径，按Ctrl+Enter键将路径转为选区，将前景色设置为黑色，按Alt+Delete键填充该前景色，做出一个标识图，按Ctrl+D键取消选区。按Ctrl+J键将“图案”复制为“图案副本”，执行“编辑”>“变换”>“垂直翻转”命令，放置好位置，如图6-7-43所示。

图6-7-43

09 按住Ctrl键在“图层”面板中单击刀网各层缩览图，将它们选中。按Ctrl+T 键，根据透视关系变换调整刀网形状和角度，放在适当位置上，如图6-7-44所示。

10 将“刀网1”作为当前工作图层，按Ctrl 键单击“图层”面板中“刀网1”缩览图载入“刀网1”的图像选区，如图6-7-45所示。

图6-7-44

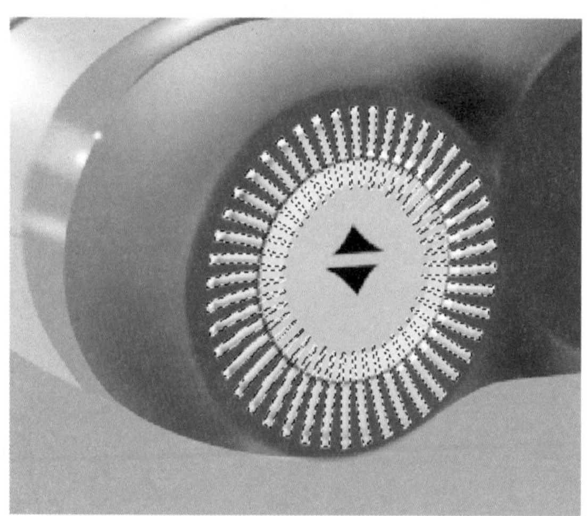

图6-7-45

11 执行“滤镜”>“扭曲”>“旋转扭曲”命令，调整相应的参数，如图6-7-46所示。之后按Ctrl+D键取消选区。

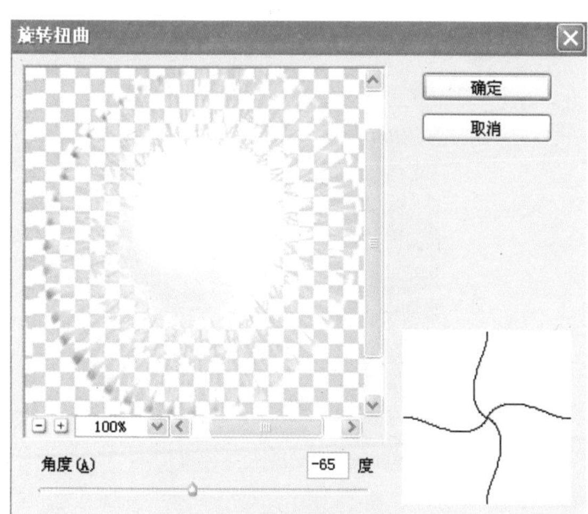

图6-7-46

12 在“刀网1”下创建新图层并命名为“网影”，选择“椭圆选框工具”绘制椭圆选区并填充黑色，如图6-7-47所示。

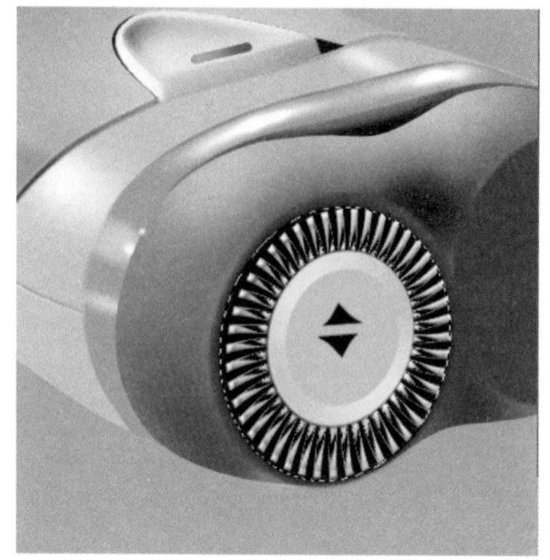

图6-7-47

13 最后单击“图层”面板下方的“创建新图层”按钮，在“图层”面板最上层创建新图层并命名为“盖印”。单击该图层的“可视”图标，隐藏与刀网无关的所有图层，按Ctrl+Shift+Alt+E键将组成刀网的各层盖印，如图6-7-48所示。再按Ctrl+T键调整“盖印”图层中刀网的大小和角度等，然后将其挪动到另一侧，如图6-7-49所示。最后对剃须刀各部分明暗光泽进行修饰，完成制作。

图6-7-48

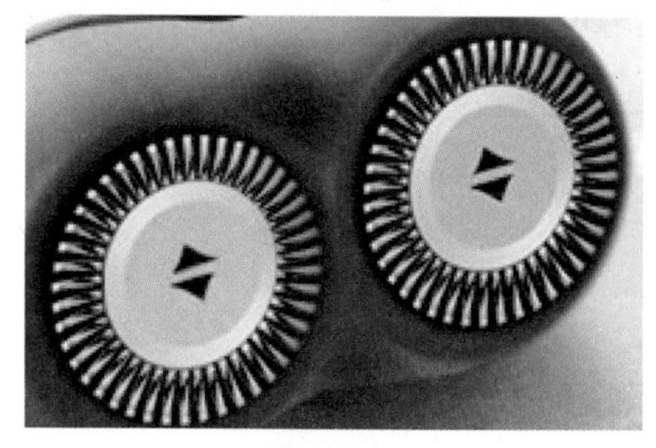

图6-7-49

6.8 网格字

今天咋就这么憋气呢？上不去网了，撅着屁股忙半天，弄出一脑门子汗也没找到原因，后来打电话咨询才知道是网络遇到故障了，对方表示了歉意，真是无奈。只好摆弄Photoshop了，做什么？做一个网格效果的特效字吧，以此来消磨时间。

本案例涉及的主要知识点：

本案例涉及的主要知识点有Alpha通道、“马赛克”滤镜、“照亮边缘”滤镜、色相/饱和度调整、曲线调整，案例效果如图6-8-1所示。

图6-8-1

操作步骤：

01 执行“文件”>“新建”命令，创建一个宽为700像素，高为400像素，分辨率为72像素/英寸，背景内容为“背景色”（黑），颜色模式为RGB的图像文件。

02 进入“通道”面板，单击该面板下方的“创建新通道”按钮，创建Alpha1通道，选择“横排文字工具” T，将前景色设置为白色，输入文字“网络”，如图6-8-2所示。

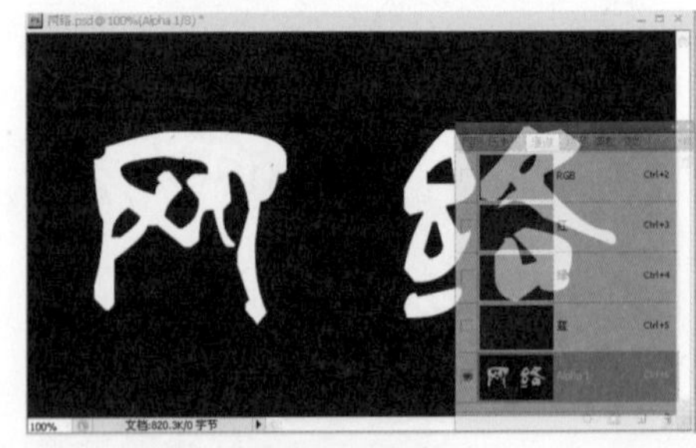

图6-8-2

03 执行“滤镜”>“像素化”>“马赛克”命令，调整相应的参数如图6-8-3所示。

图6-8-3

04 执行“滤镜”>“风格化”>“照亮边缘”命令，如图6-8-4所示。

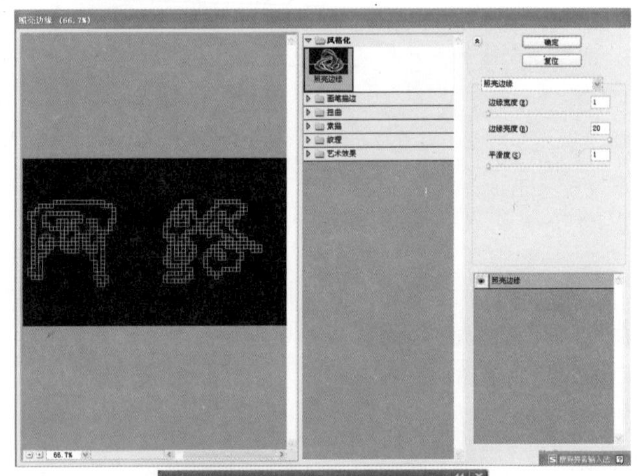

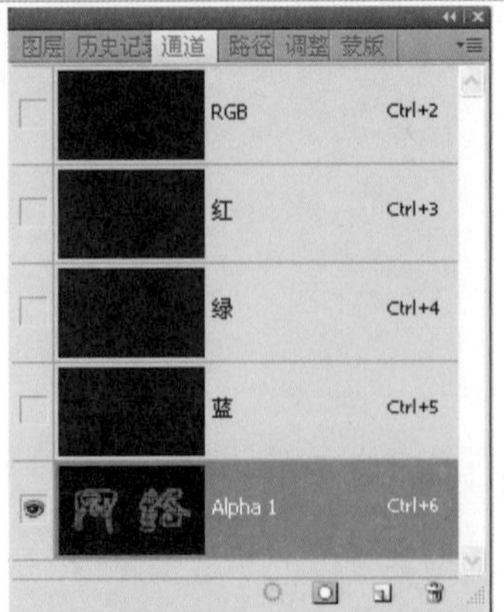

图6-8-4

05 按住Ctrl键单击Alpha1通道，载入该通道图像选区。返回“图层”面板，单击该面板下方的“创建新图层”按钮，创建“图层1”，保持选区，确认该图层为当前工作图层，将前景色设置为白色，按Alt+Delete键在选区中填充前景色，如图6-8-5所示。

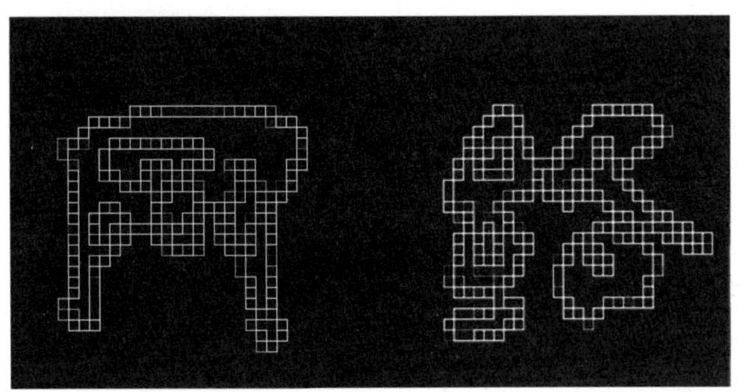

图6-8-5

06 分别单击“图层”面板下方的“创建调整图层”按钮，在打开的菜单中选择“色相/饱和度”和“曲线”选项，为“图层1”创建“色相/饱和度”和“曲线”调整图层，调整图像的色彩和明暗，如图6-8-6所示。制作完成。

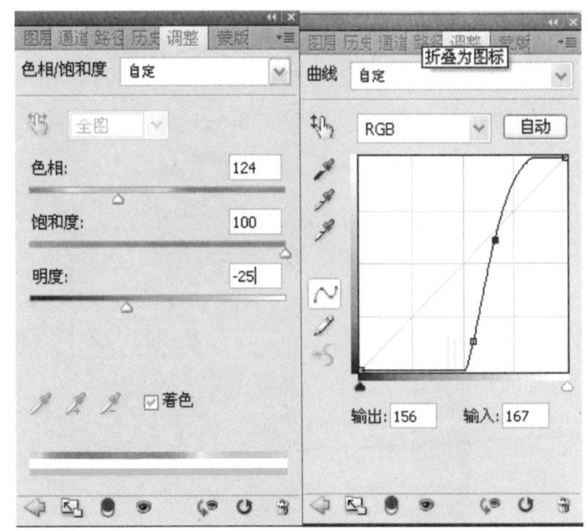

图6-8-6

网格字做完了，看看能否上网，唉！还是上不去，够郁闷，没法子，还得继续摆弄我的Photoshop，继续做特效字吧。

6.9 用通道制作一个滑润的字

寒假，很悠闲，窗外飘着雪，心里想，今天做点什么呢？望着漫天飞舞的雪花我竟联想到了珍珠，是飞舞的珍珠。好吧，就做一种圆润的闪烁珍珠光泽的字效吧。

特效字千万种，制作方法也很多，但是做出的字并非都实用，我们不追求花哨而复杂烦琐的东西，因为实践中人们往往没那么多时间和耐心，而且那烦琐的步骤也往往记不住。我们主要学习常用、简单、快捷、漂亮的特效字的制作方法。

本案例涉及的主要知识点：

本案例涉及Alpha通道、文本编辑、“最大值”滤镜、“光照”滤镜、通道计算、图层样式等，案例效果如图6-9-1所示。

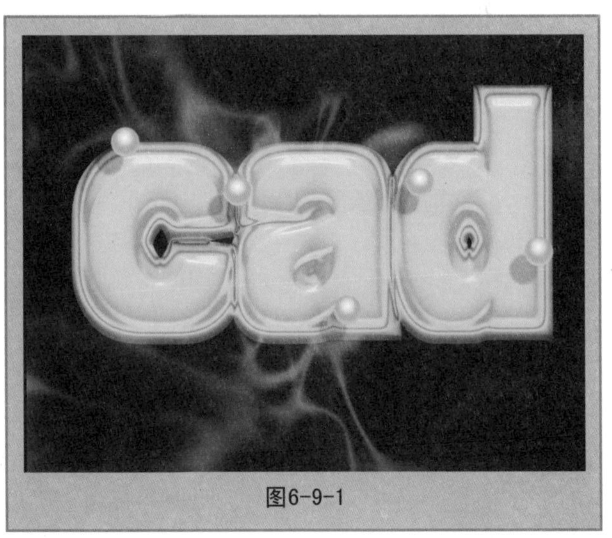

图6-9-1

操作步骤：

01 执行“文件”>“新建”命令，创建一个宽为800像素，高为600像素，分辨率为72像素/英寸，背景内容为“背景色”（黑），颜色模式为RGB的图像文件。

02 单击“图层”面板下方的“创建新通道”按钮，创建Alpha1通道，如图6-9-2所示。选择“横排文字工具”T，在工具属性栏中设置各选项参数，之后输入文字cad，如图6-9-3所示。

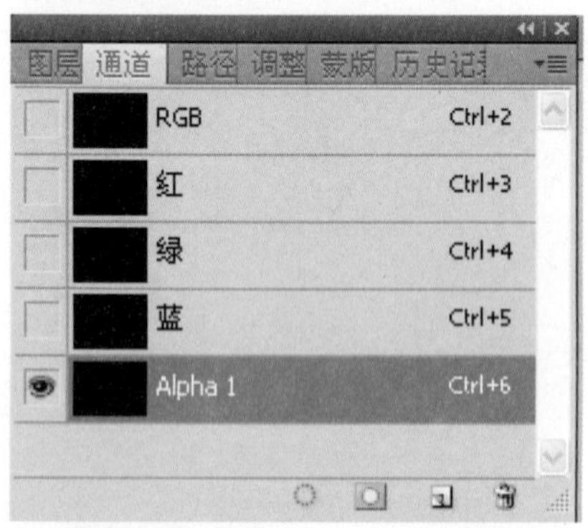

图6-9-2

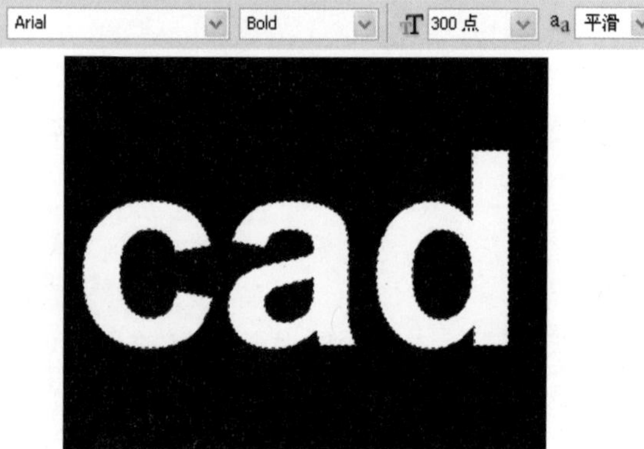

图6-9-3

03 保留文字上的选区，对Alpha1执行“滤镜”>“模糊”>“高斯模糊”命令，调整相应的参数，如图6-9-4所示。

图6-9-4

04 拖动“通道”面板中的Alpha1到面板下方的“创建新通道”按钮上复制Alpha1通道为“Alpha1副本”，对“Alpha1副本”执行“滤镜”>“其他”>“最大值”命令，调整相应的参数，如图6-9-5所示。

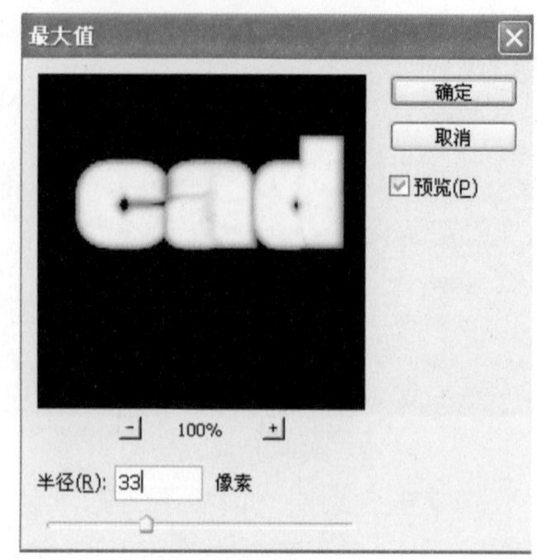

图6-9-5

05 执行“图像”>“计算”命令，在打开的对话框中将“源1”通道选择Alpha1，“源2”通道选择Alpha1副本，“混合”为“正片叠底”，如图6-9-6所示。单击“确定”按钮，得到新通道Alpha2，如图6-9-7所示。

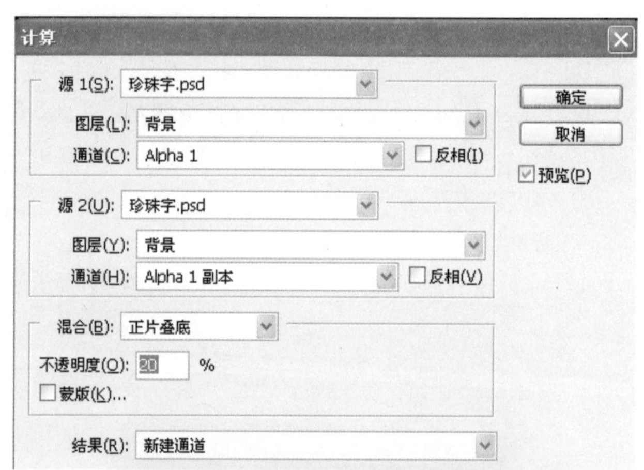

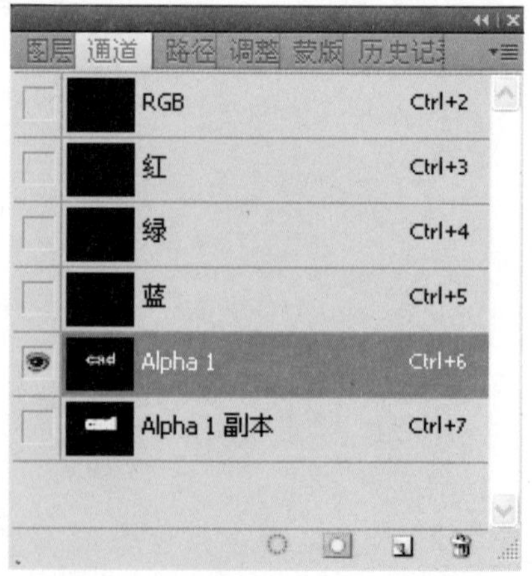

图6-9-6

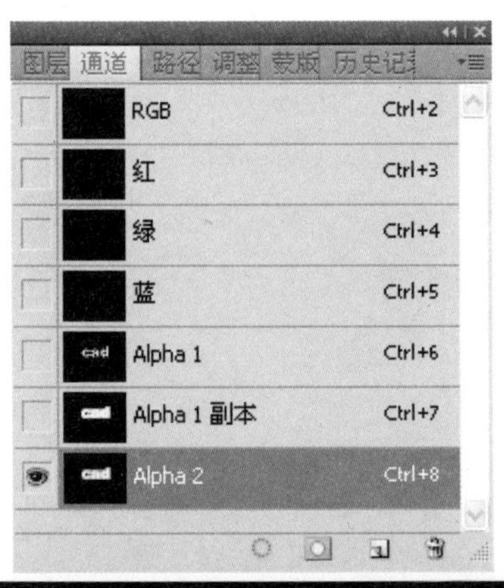

图6—9—7

06 再次执行“图像”>“计算”命令，将“源1”通道选择Alpha1副本，“源2”通道选择Alpha2，“混合”为“差值”，单击“确定”按钮，如图6-9-8所示。得到新通道Alpha3，如图6-9-9所示。

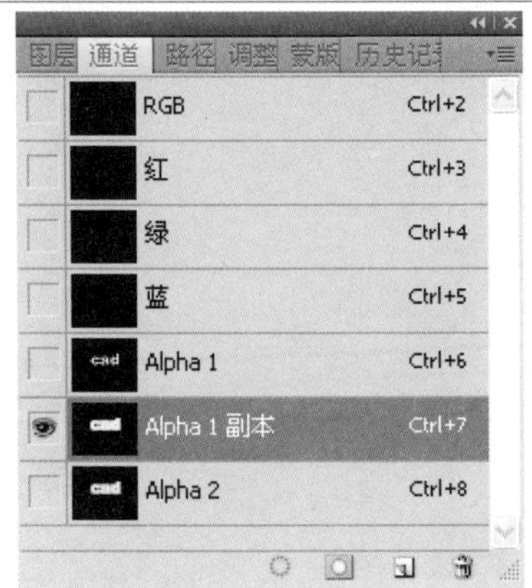

图6-9-8

图6-9-9

07 返回“图层”面板。按Ctrl+J键复制背景图层为“背景副本”，对其执行“滤镜”>“渲染”>“光照”命令，设置“纹理通道”为Alpha 3，勾选“白色部分凸起”复选框，光照颜色和环境颜色均为白色，“光照类型”为“平行光”，其他参数如图6-9-10所示。

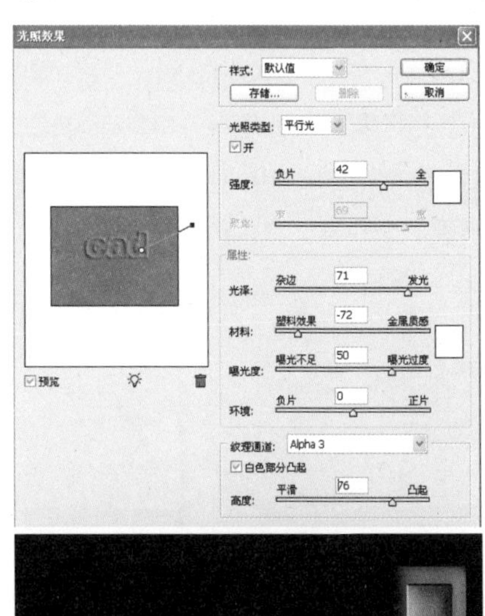

图6-9-10

08 进入"通道"面板，按住Ctrl键单击Alpha2缩览图载入该通道图像的选区，如图6-9-11所示。返回"图层"面板，确认"背景副本"为当前工作图层。按Ctrl+Shift+I键将选区反向，按Delete键删除文字以外的黑色部分，（图中显示的是背景图层的黑色部分），如图6-9-12所示。

图6-9-11

图6-9-12

09 单击"图层"面板下方的"创建调整图层"按钮，在打开的菜单中先后分别选择"色相饱和度"和"曲线"选项，打开对话框，对"背景副本"的文字图像进行调整，如图6-9-13所示。

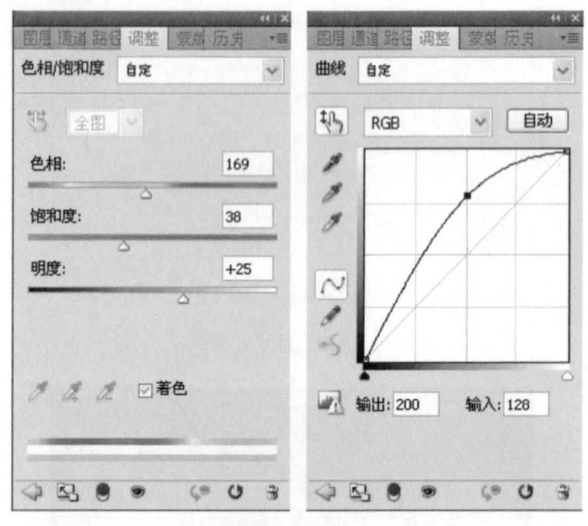

图6-9-13

10 确认"背景副本"为当前工作图层，接下来单击"图层"面板下方的"添加图层样式"按钮，在打开的菜单中选择"斜面浮雕"选项，在打开的对话框中设置相关参数，如图6-9-14所示。

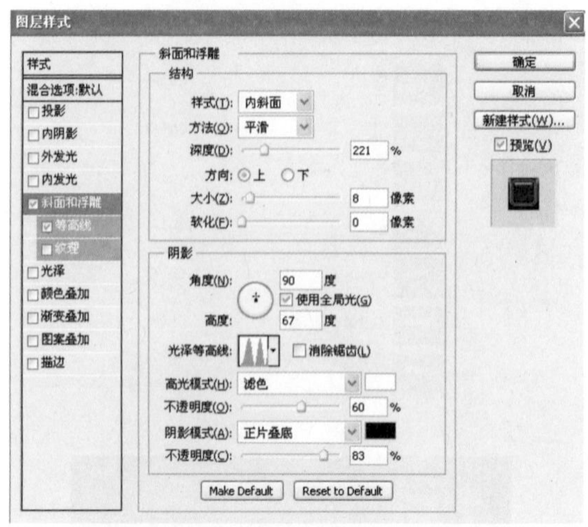

图6-9-14

11 再添加图层样式"颜色叠加"，其中图层样式颜色叠加效果中的"叠加颜色"为R2、G252、B102、如图6-9-15所示。勾选对话框左侧的"等高线"选项，设置等高线效果，如图6-9-16所示。最后做几粒珍珠，放入一个素材图做衬景，即完成制作。

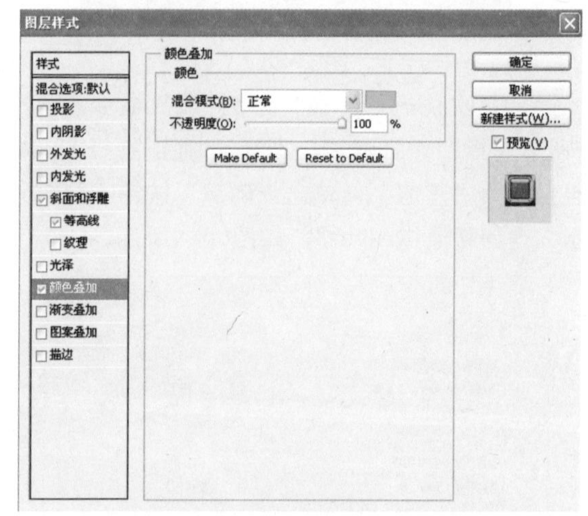

图6-9-15

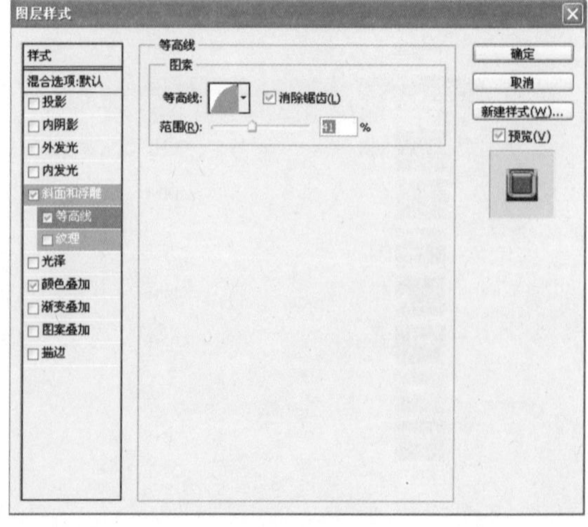

图6-9-16

6.10 年轮：木纹字

时间的发条已经拧紧，分分秒秒连缀出无限的历史。游丝般的发条与年轮，在油渍和烟云的封尘中缓缓地舒展。真的很感慨，感慨时光的流逝，感慨岁月的无情。我想起了高尔基的名言，“世界上最快而又最慢，最长而又最短，最平凡而又最珍贵，最易被忽视而又最令人后悔的就是时间。”是的，在这个世界上能留下永恒印记的只有时间，它是宇宙的年轮，怀着对时间的敬畏，我做了这个特效字。

本案例涉及的主要知识点：

本案例涉及Alpha通道、文本编辑、“浮雕效果”滤镜、“半调图案”滤镜、“斜面和浮雕”及“内发光”图层样式、选区的扩展与平滑等，案例效果如图6-10-1所示。

图6-10-1

操作步骤：

01 执行“文件”>“新建”命令，创建一个宽为668像素，高为371像素，分辨率为72像素/英寸，背景内容为白色，颜色模式为RGB 的图像文件。

02 进入“通道”面板，单击该面板下方的“创建新通道”按钮，创建Alpha1通道，如图6-10-2所示。

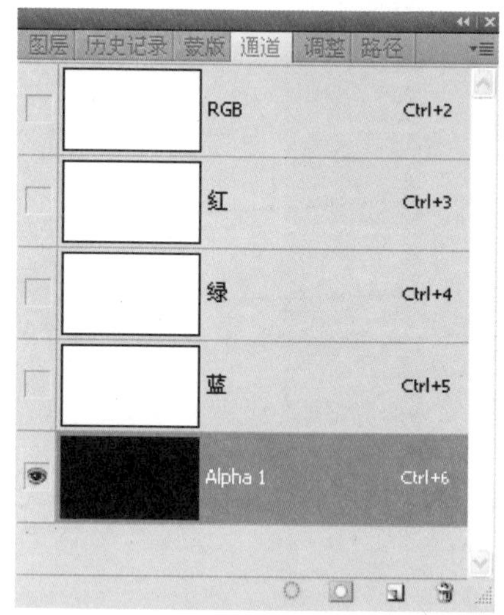

图6-10-2

03 在工具箱中将前景色设置为白色，之后选择“横排文字工具”T，在属性栏中设置“字体”和“大小”等，在Alpha1通道输入文字，如图6-10-3所示。输入的文字是带有选区的，输入后按Ctrl+D键取消选区。

图6-10-3

04 将Alpha1通道缩览图拖至“通道”面板下方的“创建新通道”上，复制出“Alpha1副本”，如图6-10-4所示。

05 对Alpha1副本分别执行“滤镜”>“模糊”>“高斯模糊”和“滤镜”>“风格化”>“浮雕效果”命令，在打开的对话框中设置适当的参数，如图6-10-5所示。

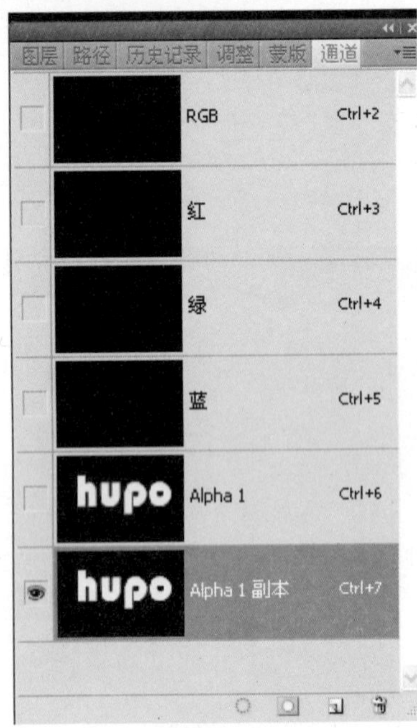

图6-10-4

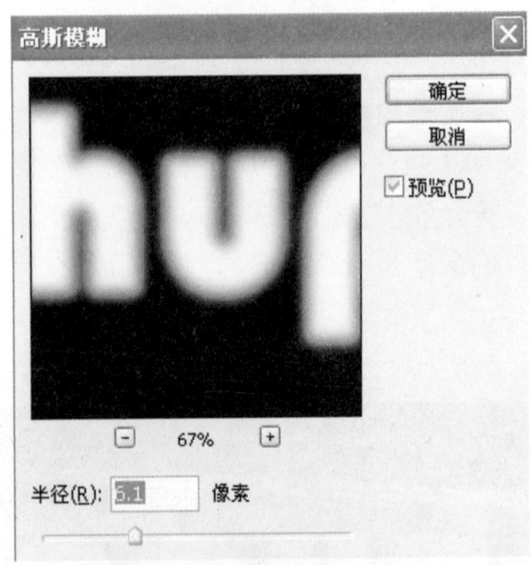

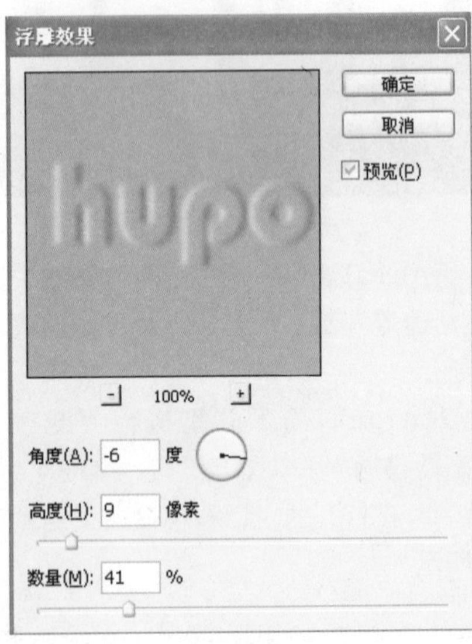

图6-10-5

06 单击“Alpha1副本”选中该通道，并按Ctrl+A键选择该通道的全部图像，再按Ctrl+C键。

07 返回“图层”面板，单击下方的“创建新图层”按钮，创建“图层1”，并将该图层作为当前工作图层，之后按Ctrl+V键，这样便将Alpha1副本图像粘贴到了“图层1”中，如图6-10-6所示。

图6-10-6

08 进入“通道”面板，按Ctrl键单击“通道”面板中的“Alpha1通道”缩览图载入文字选区，如图6-10-7所示。

图6-10-7

09 返回“图层”面板，单击下方的“创建新图层”按钮，创建“图层2”，并将该图层作为当前工作图层，保持载入的Alpha1文字选区，如图6-10-8所示。

图6-10-8

10 单击工具箱“前景色”图标，打开“拾色器”对话框，设置前景色的RGB值，设置好后单击“确定”按钮，如图6-10-9所示。

图6-10-9

11 按Alt+Delete键填充前景色到“图层2”中的文字选区中，如图6-10-10所示。保留选区，前景色不变。

图6-10-10

12 单击“图层”面板下方的“添加图层样式”按钮fx，在弹出的菜单中选择“斜面和浮雕”选项，在打开的“图层样式”对话框中设置相关参数，如图6-10-11所示。

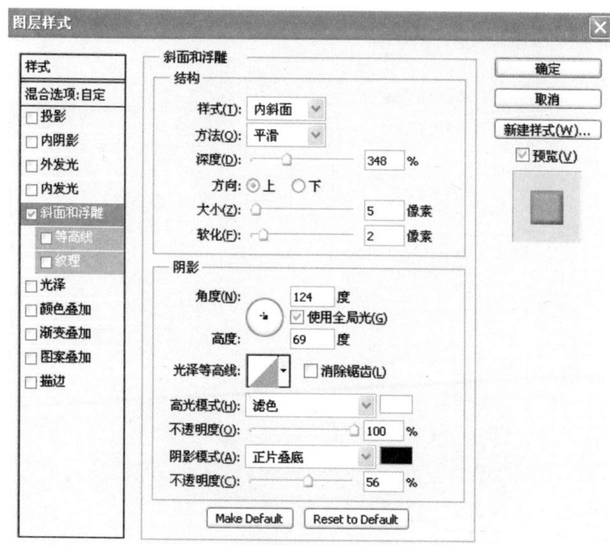

图6-10-11

13 依然在“图层样式”对话框中，勾选”内发光”复选框设置相关参数。其中内发光的渐变样式选择“透明条纹渐变”，如图6-10-12所示。设置好后单击“确定”按钮。木纹效果跃然“字”上，如图6-10-13所示。

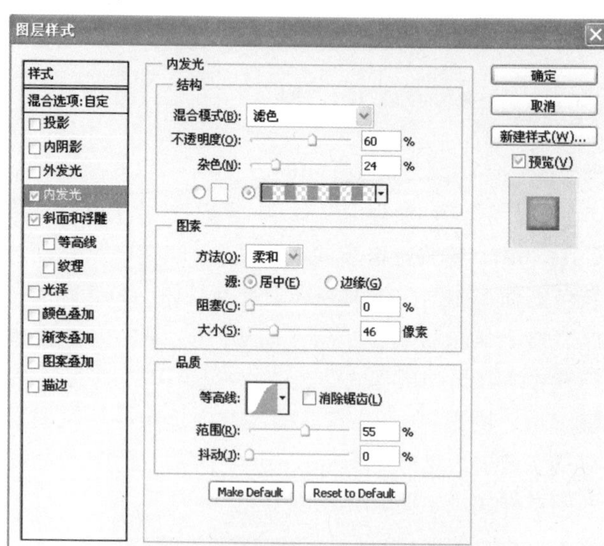

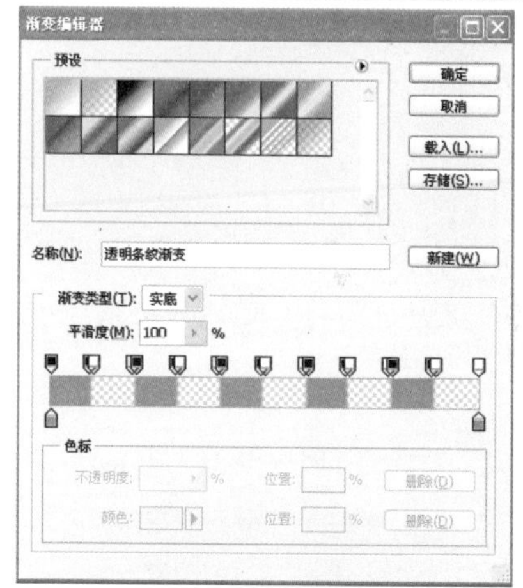

图6-10-12

图6-10-13

14 执行“选择”>“修改”>“扩展”命令，调整相应的参数，如图6-10-14所示。执行“选择”>“修改”>“平滑”命令，调整相应的参数，如图6-10-15所示。选区被扩展且平滑了。

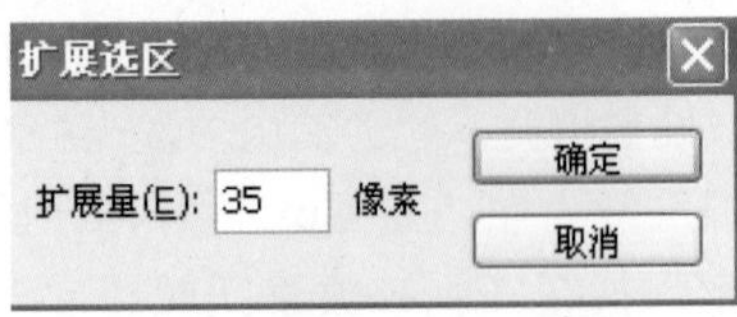

图6-10-14

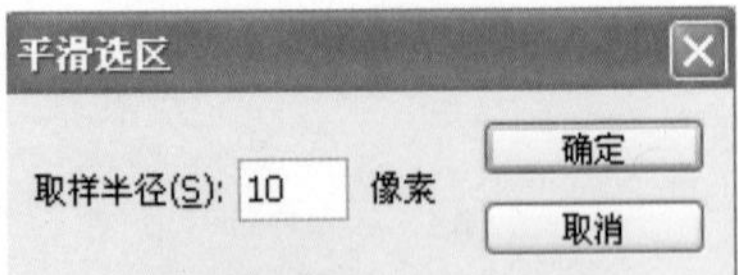

图6-10-15

15 将“图层1”作为当前工作图层。按Ctrl+Shift+I键将选区反向，再按Delete键删除外围的灰色图像，如图6-10-16所示。之后按Ctrl+D键取消选区。接下来鼠标右键单击“图层2”，在打开的菜单中选中“拷贝图层样式”选项，如图6-10-17所示。右键单击“图层1”，在打开的菜单中选中“粘贴图层样式”选项，这样“图层1”也有了与“图层2”相同的图层样式，如图6-10-18所示。

图6-10-16

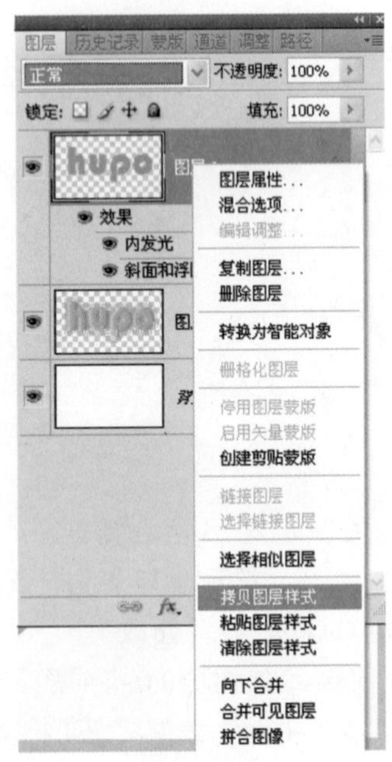

图6-10-17

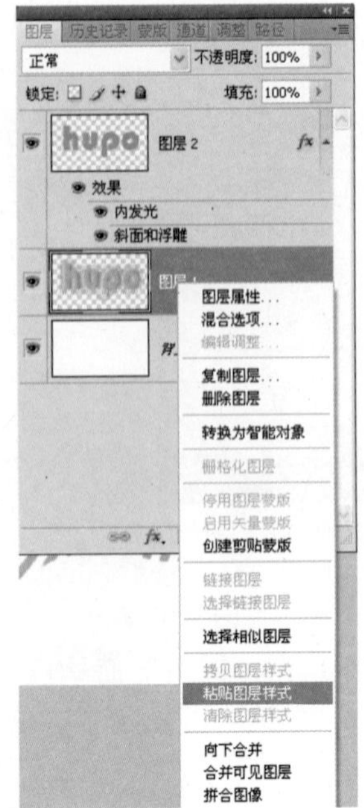

图6-10-18

16 单击“图层1”下面样式中的“内发光”选项，在打开的“图层样式”对话框修改参数，如图6-10-19所示。

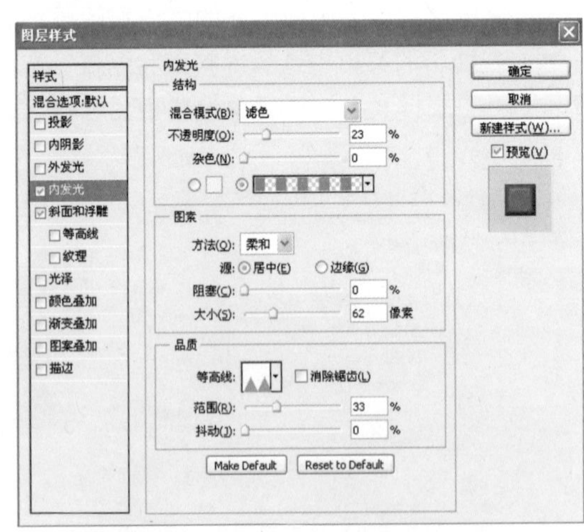

图6-10-19

17 而后按Ctrl+M键打开“曲线”对话框适当提亮，效果如图6-10-20所示。

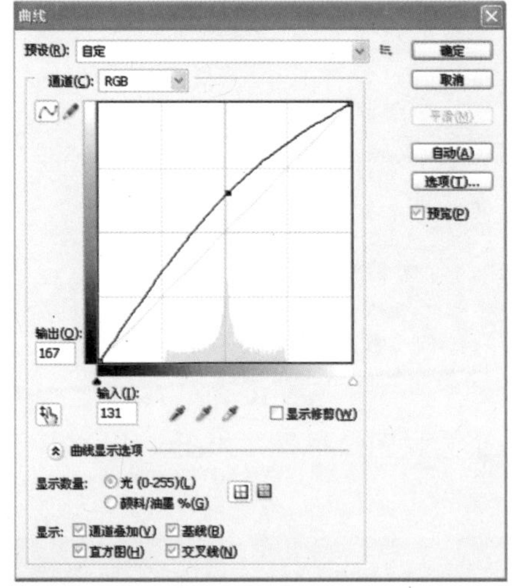

图6-10-20

18 进入“通道”面板，将Alpha1副本拖至“创建新通道”按钮上，创建“Alpha1副本2”，如图6-10-21所示。对其执行“滤镜”>“素描”>“半调图案”命令，在打开的对话框中设置相应参数和选项，设置好后单击“确定”按钮，如图6-10-22所示。

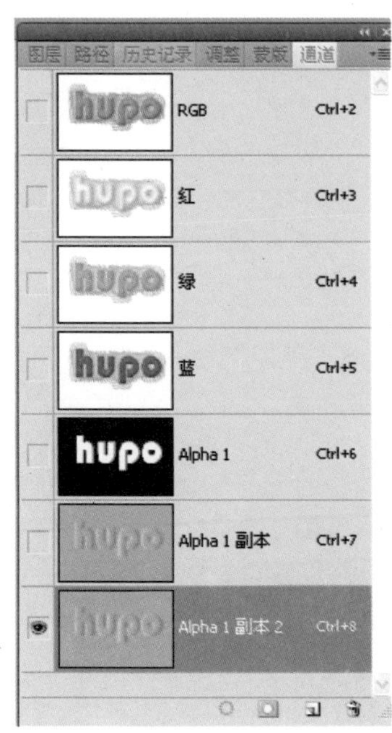

图6-10-21

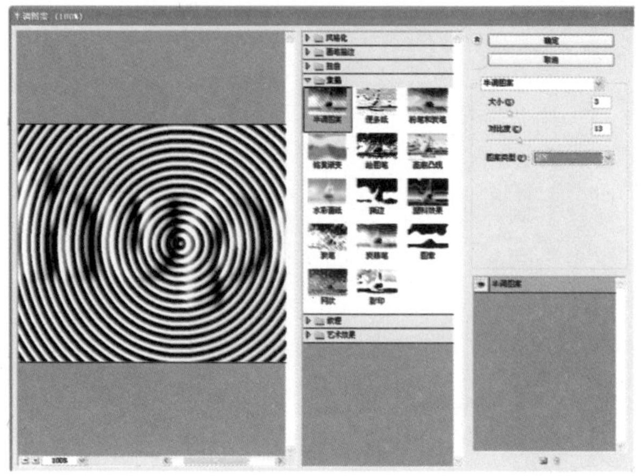

图6-10-22

19 按Ctrl 键单击“通道”面板中的“Alpha1副本2”缩览图载入环状选区，如图6-10-23所示。返回“图层”面板，确认“图层1”为当前工作图层。在工具箱中选择“套索工具”，将属性栏中的运算方式设为“从选区减去”，之后用“套索工具”在文字周围圈画减去文字上的选区，如图6-10-24所示。

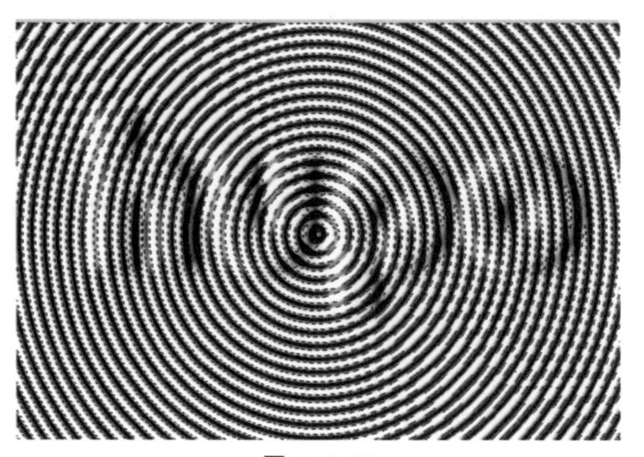

图6-10-23

图6-10-24

20 按Delete键删除选区内图像，如图6-10-25所示。之后按Ctrl+D键取消选区。

21 将“图层2”作为当前工作图层，执行“滤镜”>“扭曲”>“波浪”命令，在打开的对话框中设置相应的参数，如图6-10-26所示。

图6-10-25

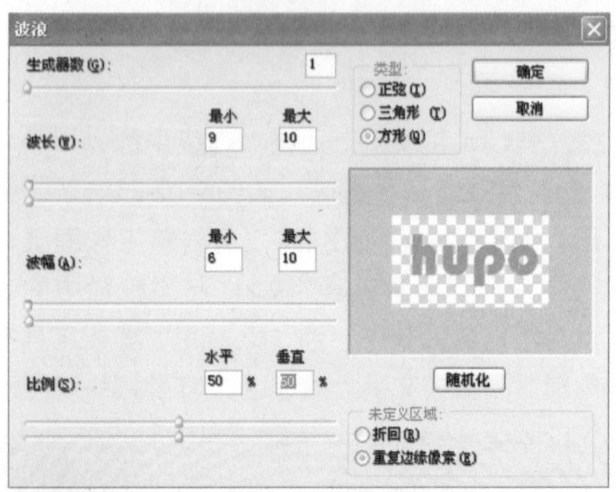

图6-10-26

22 最后将“图层2”的混合模式设置为“颜色加深”，如图6-10-27所示。

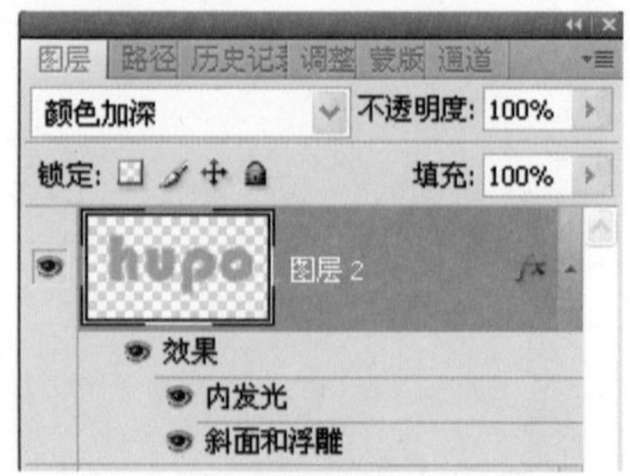

图6-10-27

放一个素材图做衬景，如图6-10-28所示。完成制作。

图6-10-28

6.11 PK到底：石头字

我们曾做过海滩上的小石子，那么如何做一种以小石子表现的特效字呢？当然，我们不是用做好的小石子一个个地拼，一个个地摆，那样本案例就失去了意义，我们要在文字上一次成型地做出这样的效果。为此我思索了好久，最终找到了办法，下面我们就来制作，用PK到底的精神去迎接下一个春天！

本案例涉及的主要知识点：

本案例涉及的主要知识点有Alpha通道、文本编辑、“半调图案”滤镜、“阈值”命令、图层样式、“分层云彩”滤镜、图层混合模式等，案例效果如图6-11-1所示。

图6-11-1

操作步骤：

01 执行“文件”>“新建”命令，创建一个宽为600像素，高为450像素，分辨率为72像素/英寸，背景内容为白色，颜色模式为RGB 的图像文件。

02 进入“通道”面板，单击下方的“创建新通道”按钮，创建Alpha1通道。选择“横排文字工具”T，在属性栏中设置各选项参数，之后输入文字pk，如图6-11-2所示。

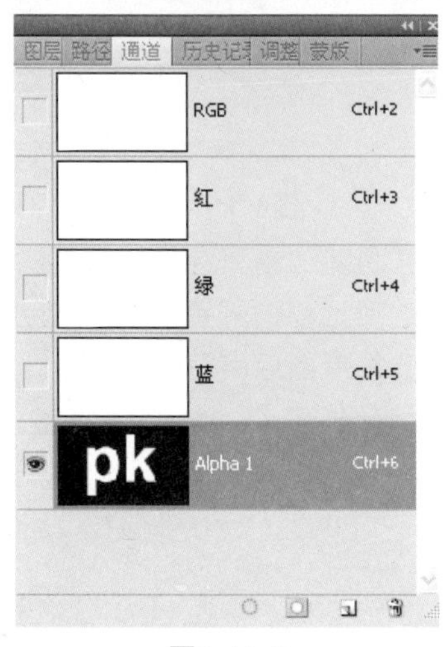

图6-11-2

03 执行“滤镜”>“素描”>“半调图案”命令，在打开的对话框中将“大小”设置为9，“对比度”设置为12，“图案类型”设置为“圆形”，如图6-11-3所示。之后执行“图像”>“调整”>“阈值”命令，调整相应的参数，如图6-11-4所示。

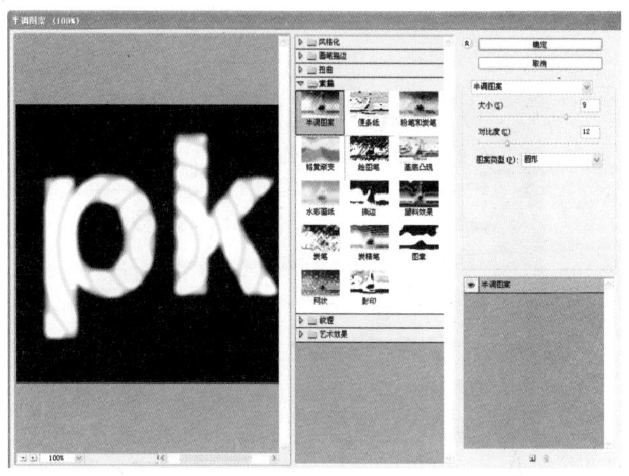

图6-11-3

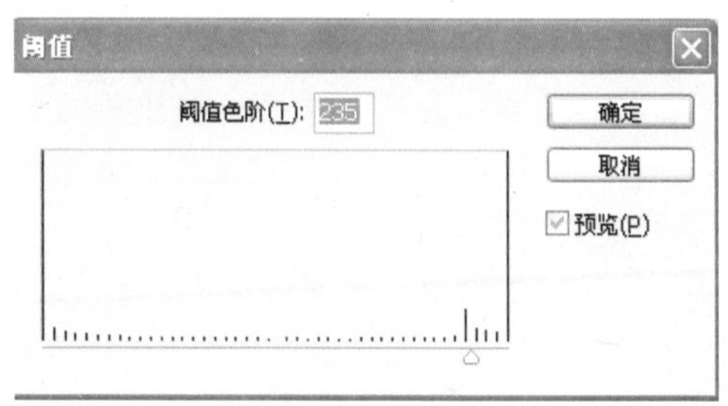

图6-11-4

04 再执行“滤镜”>“素描”>“半调图案”命令，在打开的对话框中将“大小”设置为9，“对比度”设置为7，“图案类型”设置为“直线”，如图6-11-5所示。之后执行“图像”>“调整”>“阈值”命令，调整相应的参数，如图6-11-6所示。很好，文字被分割了，如图6-11-7所示。

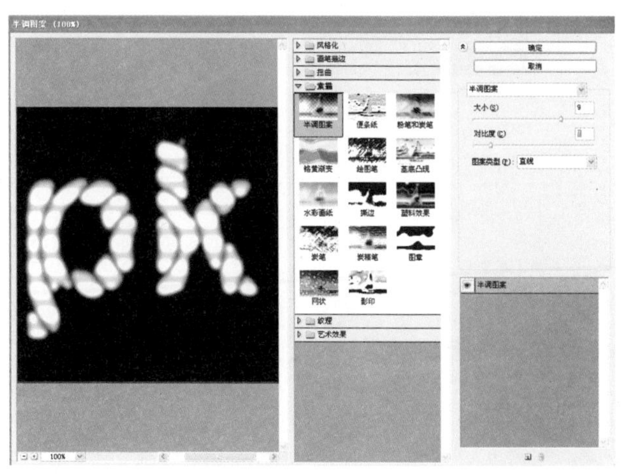

图6-11-5

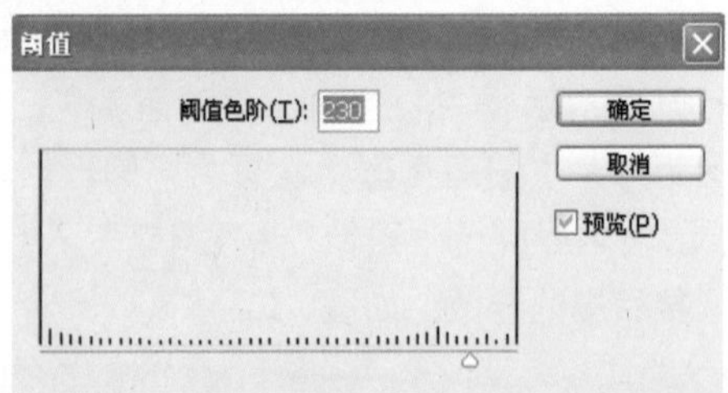

图6-11-6

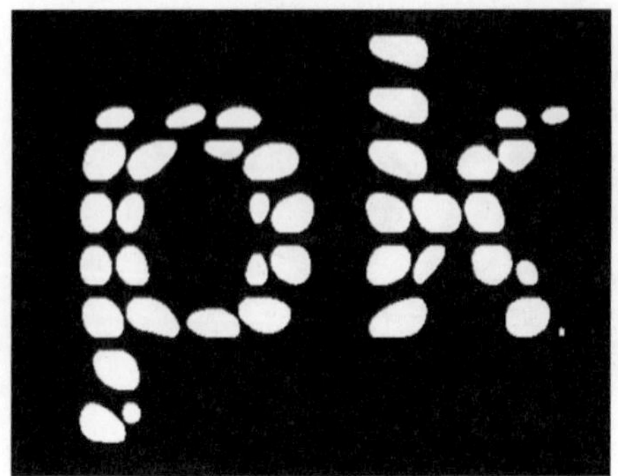

图6-11-7

05 按Ctrl键单击Alpha1通道的缩略图载入图像选区，这时图像中白色部分被选中。返回“图层”面板，单击“图层”面板下方的“创建新图层”按钮，创建“图层1”，并将该图层作为当前工作图层，此时选区在“图层1”中浮动。

06 单击工具箱中“前景色”图标打开“拾色器”对话框设置前景色的RGB 值，如图6-11-8所示。之后按Alt+Delete键将该前景色填充到选区之中，如图6-11-9所示。

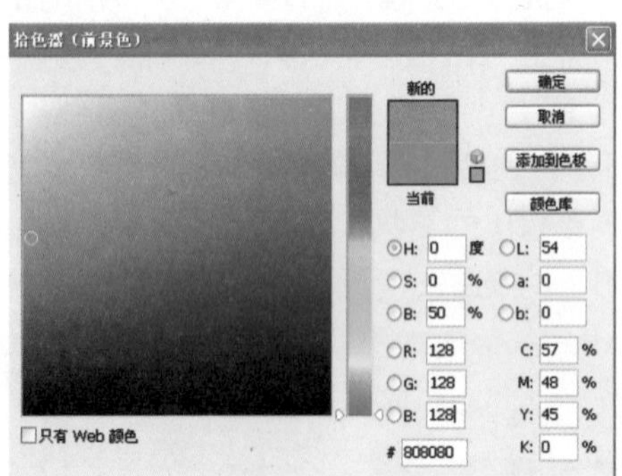

图6-11-8

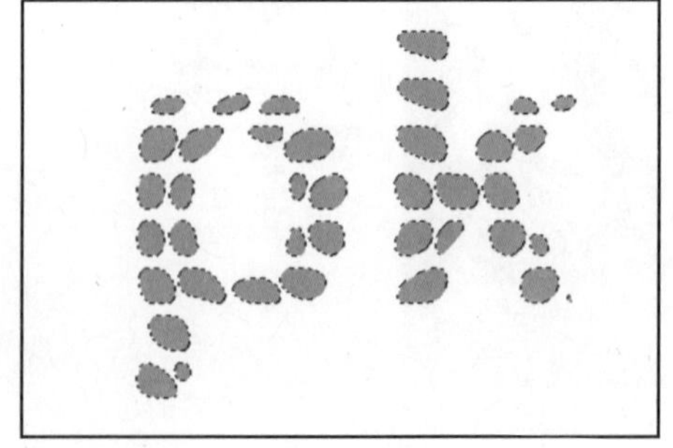

图6-11-9

07 单击“图层”面板下方的“添加图层样式”按钮，在打开的菜单中选择“斜面和浮雕”选项，在弹出的“图层样式”对话框中设置“斜面和浮雕”的相关参数，如图6-11-10所示。设置完成后再勾选对话框左侧的“光泽”选项，设置相应的参数，如图6-11-11所示。

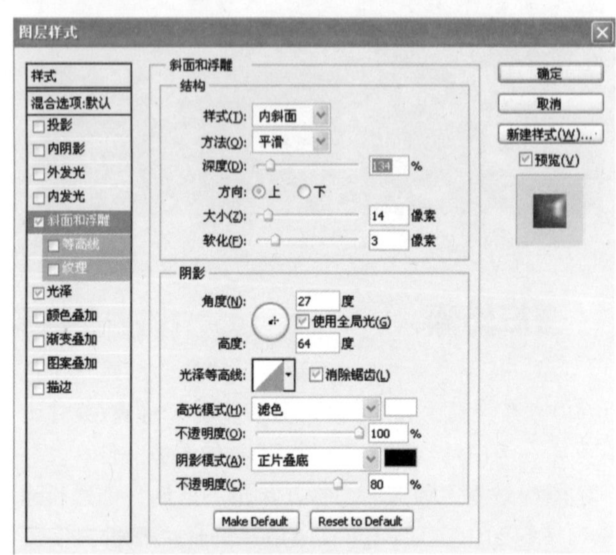

图6-11-10

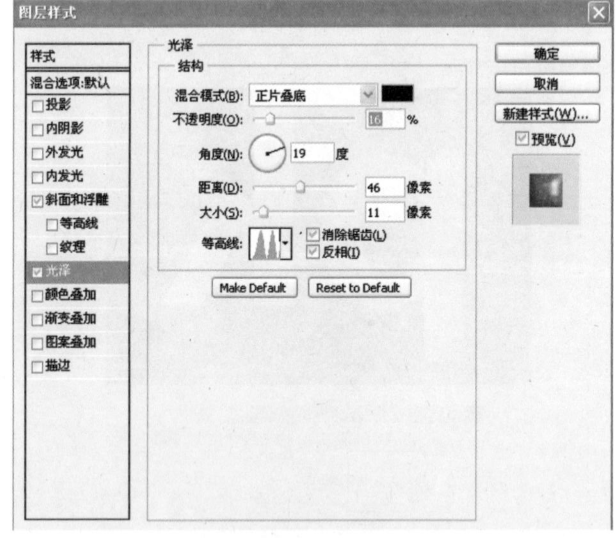

图6-11-11

08 单击工具箱“前景色”和“背景色”图标，打开“拾色器”对话框，分别设置前景色和背景色的RGB值。这一步关系到后面石子的色泽，如图6-11-12所示。

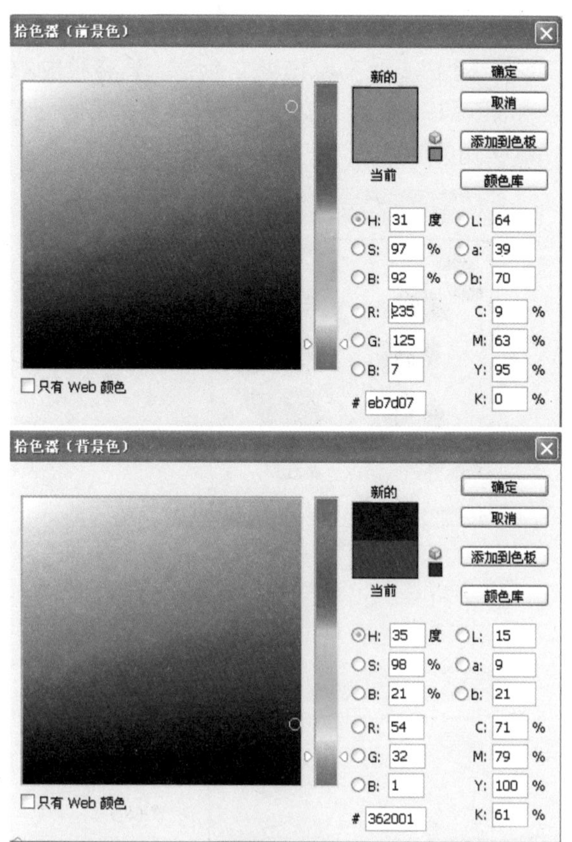

图6-11-12

09 单击“图层”面板下方的“创建新图层”按钮，创建“图层2”并将该图层作为当前工作图层。按Ctrl键单击“图层”面板中“图层1”的缩览图，将“图层1”中图像的选区载入到“图层2”中，之后在选区中填充设置好的前景色，如图6-11-13所示。

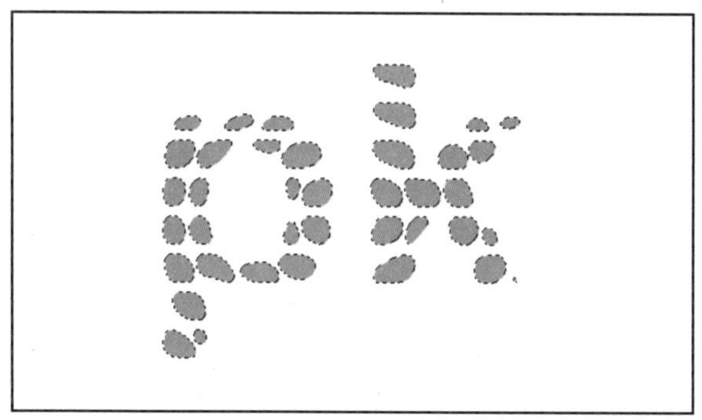

图6-11-13

10 执行“滤镜”>“渲染”>“分层云彩”命令，如图6-11-14所示。之后按Ctrl+F键重复该命令3～4次。将“图层2”的混合模式设置为“叠加”，如图6-11-15所示。

11 单击“图层”面板下方的“创建调整图层”按钮，分别为“图层1”和“图层2”创建“曲线”调整图层将图像调亮一些，如图6-11-16所示。

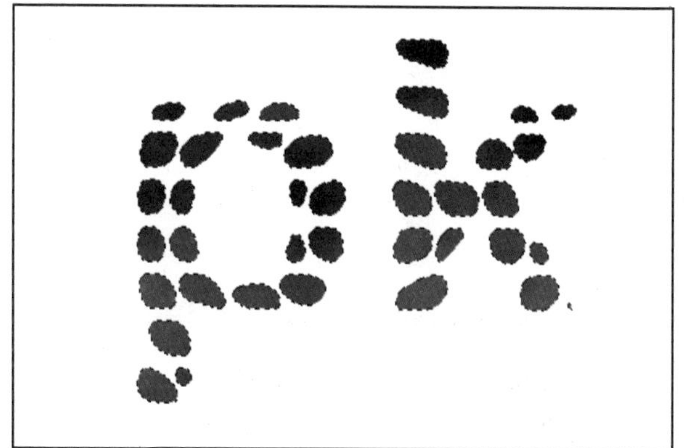

图6-11-14

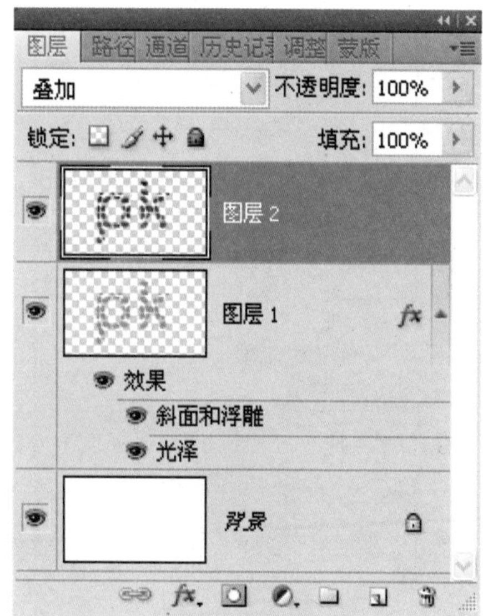

图6-11-15

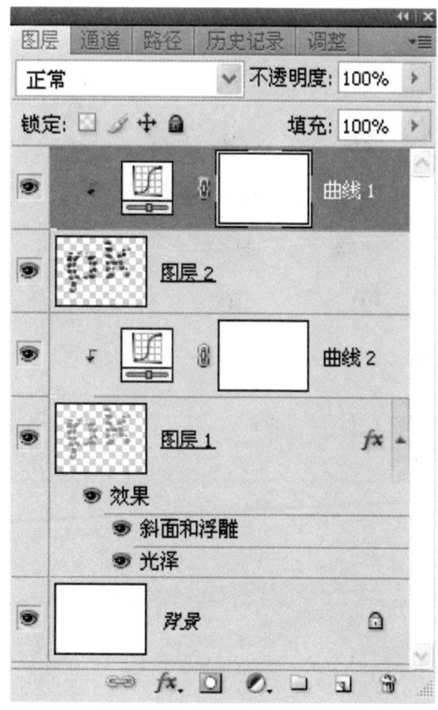

图6-11-16

12 在背景图层之上创建“图层3”，并将该图层作为当前工作图层。按Ctrl键单击“图层1”缩览图载入选区，再将前景色设置为黑色，按Alt+Delete键填充前景色，如图6-11-17所示。接下来执行“滤镜”>“模糊”>“高斯模糊”命令，调整相应的参数，如图6-11-18所示。

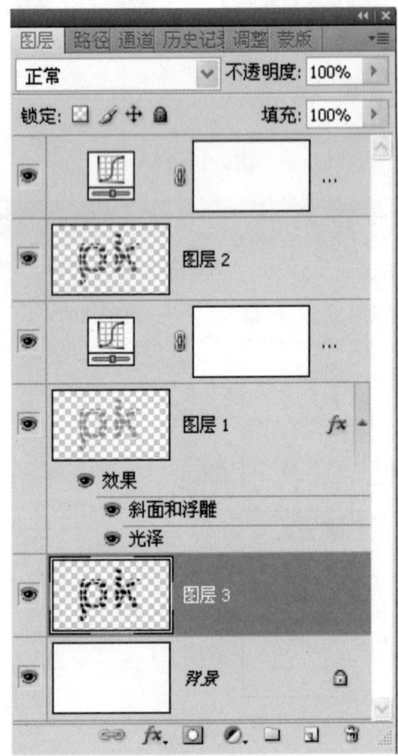

图6-11-17

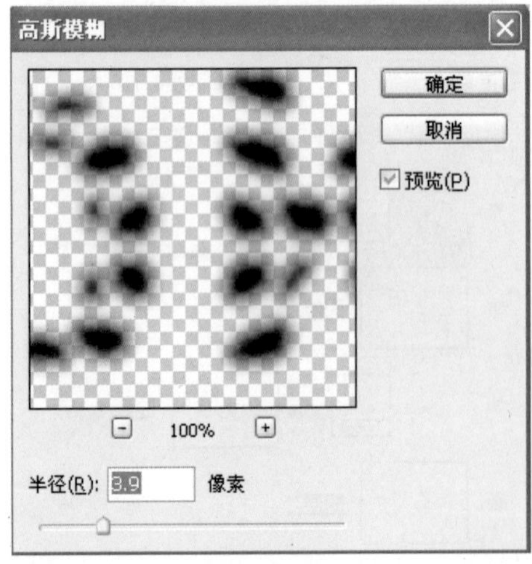

图6-11-18

13 对“图层1”和“图层2”分别执行“滤镜”>“模糊”>“高斯模糊”命令，调整相应的参数，如图6-11-19所示。放入一个背景素材图像，便完成了本实例的制作。

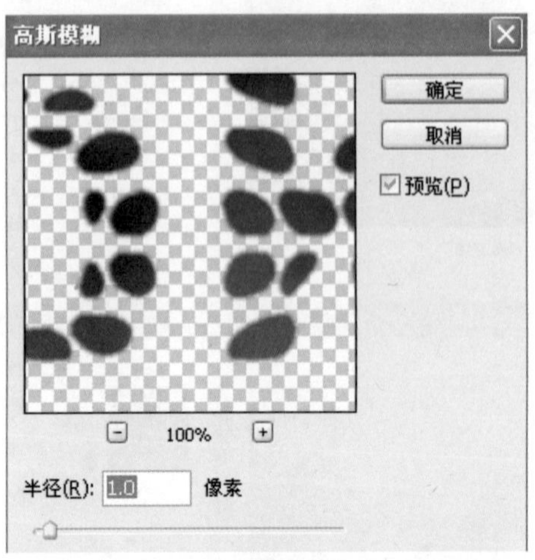

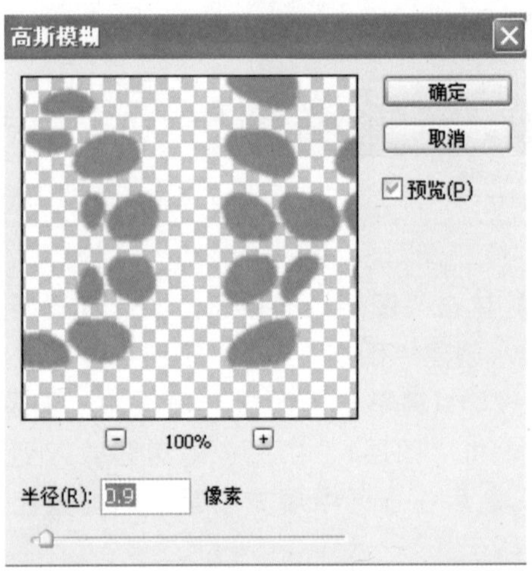

图6-11-19

本例的两个重点步骤：一是两次“半调图案”滤镜的应用，参数值的大小关系到石子的大小和形态，需要注意把握好分寸；二是为石子着色时对前景色和背景色的设置一举两得，即决定了石子的基本色泽，也决定了后面“分层云彩”滤镜和叠加模式后的效果。另外该方法比较适合于英文字母。

6.12 人体DVD

我这个人老大不小了，仍然摆脱不了幻想，因为幻想总能为我带来快乐和轻松，在我看来，有幻想的人，才有活力；有幻想的心，才是年轻的心。今天躺在床上又开始胡思乱想起来，开始是幻想开一个“梦吧”，就是花钱买美梦的地方，后来又想发明一个人体DVD，把光盘往腮帮子里一插，再掐一下鼻子什么的，那人的嘴就与真人一样唱出我喜爱的歌。有了这样的想法，也就有了下面这个制作。

本案例涉及的主要知识点：

本案例涉及的主要知识点有：滤镜/渲染/镜头光晕命令、应用图像命令、色阶命令、变形命令、图层样式等，案例效果如图6-12-1所示。

图6-12-1

操作步骤：

01 执行“文件”>“新建”命令，创建一个宽为800像素，高为1000像素，分辨率为72像素/英寸，背景内容为白色，颜色模式为RGB的图像文件。

02 打开一幅人物侧脸的头像素材，显示为“图层1”，如图6-12-2所示。

03 单击“图层”面板下方的“创建新图层”按钮，创建“图层2”，并将该图层作为当前工作图层。将前景色设为黑色，按Alt+ Delete键在“图层2”中填充前景色，如图6-12-3所示。

图6-12-2

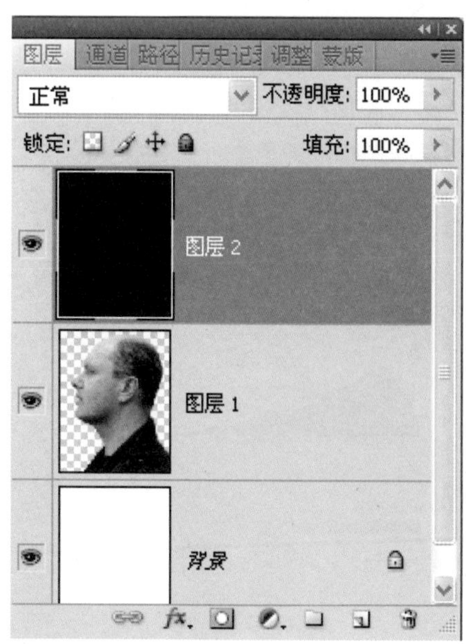

图6-12-3

04 对“图层2”执行“滤镜”/“渲染”/“镜头光晕”命令，在打开的对话框中设置相关参数。之后单击“确定”按钮，如图6-12-4所示。

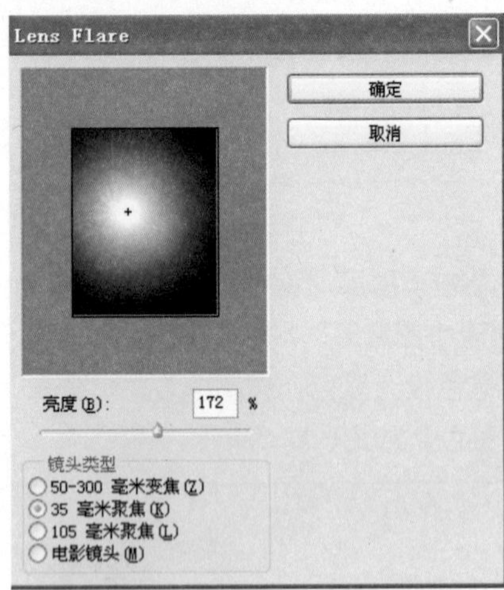

图6-12-4

05 执行“图像”>“应用图像”命令，在打开的对话框中设置“图层”选项为“图层1”，“目标”为“图层2”，勾选“反相”复选框，“混合”为“深色”。设置完毕后单击“确定”按钮，“图层2”中出现了一个边缘残破的青绿色的头像，如图6-12-5所示。

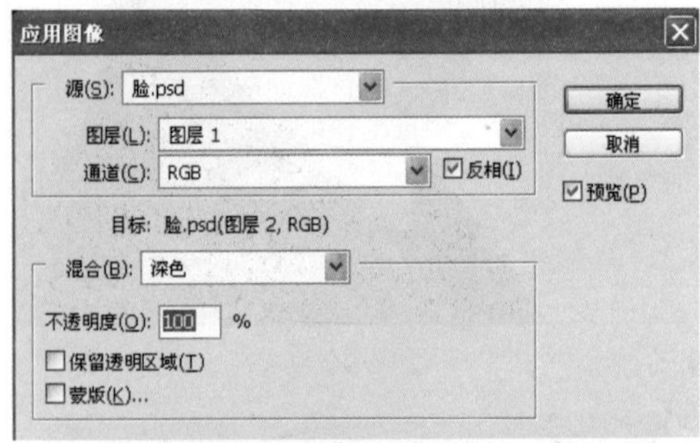

图6-12-5

06 对“图层2”执行“图像”>“调整”>“色阶”命令，调整相应的参数，如图6-12-6所示。

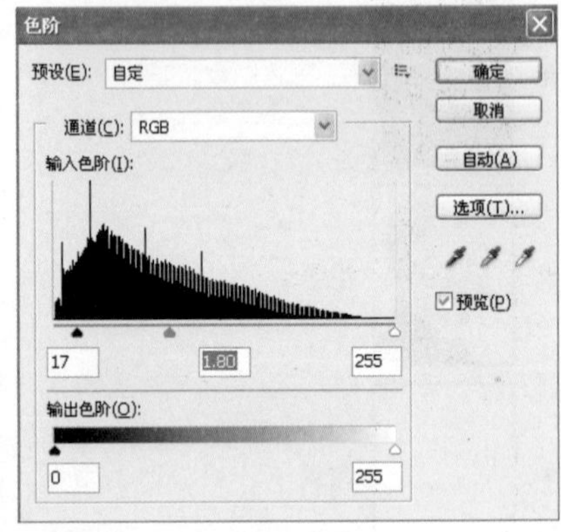

图6-12-6

07 选择“魔棒工具”，在属性栏中设置好相关选项，并用该工具在头像中单击，对于那些细小的残破边缘的选择，可将图像放大进行操作，尽量多地选中青色部分，如图6-12-7所示。

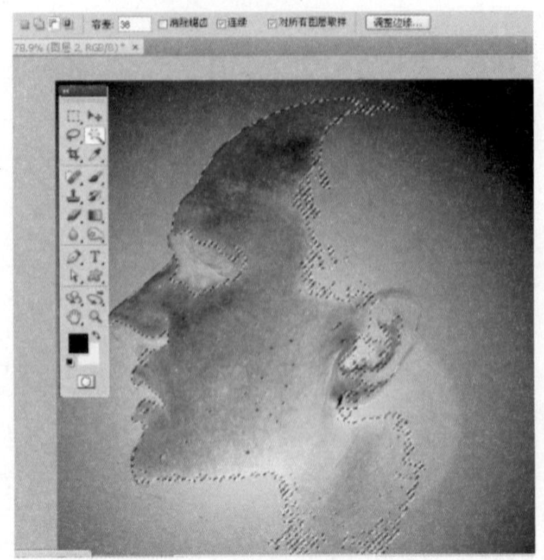

图6-12-7

08 单击图层面板中“图层2”的“可视”图标，隐藏该图层。将“图层1”作为当前工作图层（放心，选区还在呢），如图6-12-8所示。按Ctrl+J键拷贝所选的面部图像为“图层3”，取消选区，如图6-12-9所示。

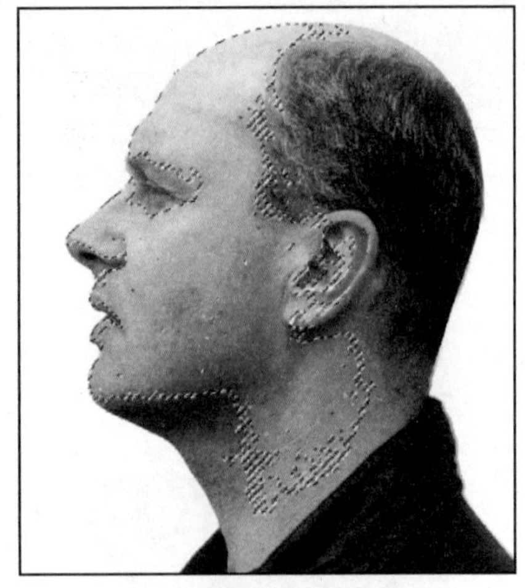

图6-12-8

图6-12-9

09 再次进入“图层1”，选择“钢笔工具”，在头像的面部绘制路径，之后按Ctrl+Enter键将路径转为选区，如图6-12-10所示。

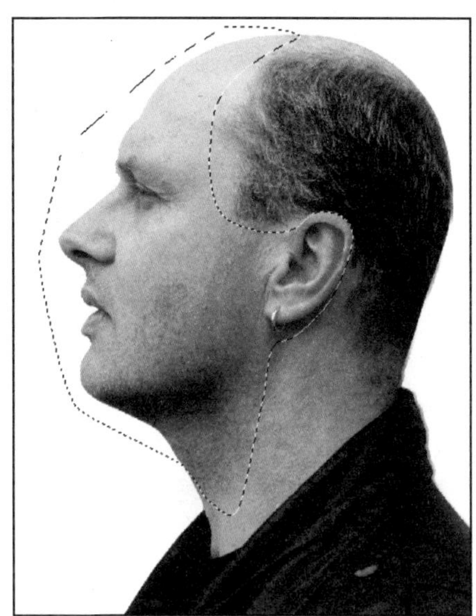

图6-12-10

10 按Ctrl+J键拷贝所选的面部图像为“图层4”，之后单击“图层”面板中“图层1”的“可视”图标，隐藏该图层，因为它已经完成历史使命可以隐退了。这样面孔左侧到耳朵和下巴的残缺部位就被完好的面部堵上，恢复了完整，如图6-12-11所示。

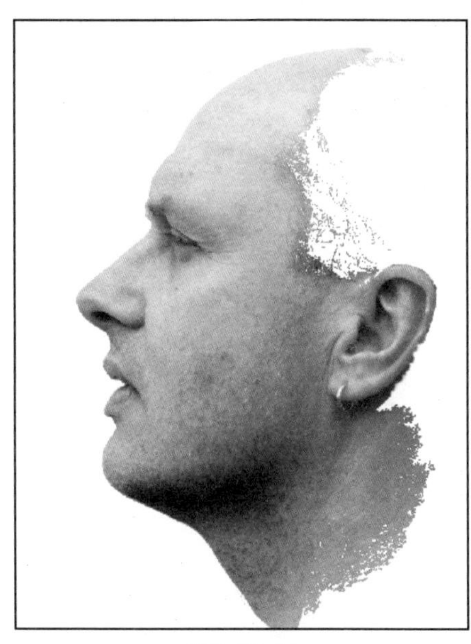

图6-12-11

11 按Ctrl 键单击“图层”面板中的“图层3”缩览图，载入图像选区。之后单击“图层”面板下方的“创建新图层”按钮，在“图层4”之下创建“图层5”，并将该图层作为当前工作图层。

12 选择“吸管工具”在头像皮肤暗部单击取色，之后按Alt+ Delete键在选区中填充前景色，如图6-12-12所示。按Ctrl+D键取消选区。

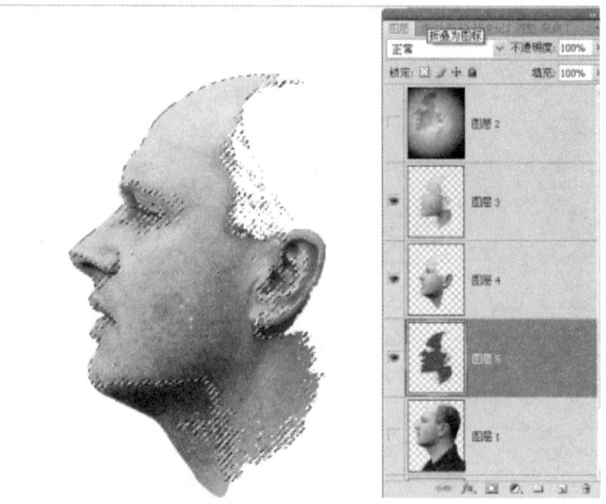

图6-12-12

13 执行“编辑”>“变换”>“变形”命令，调整“图层5”中图像的形状，如图6-12-13所示。

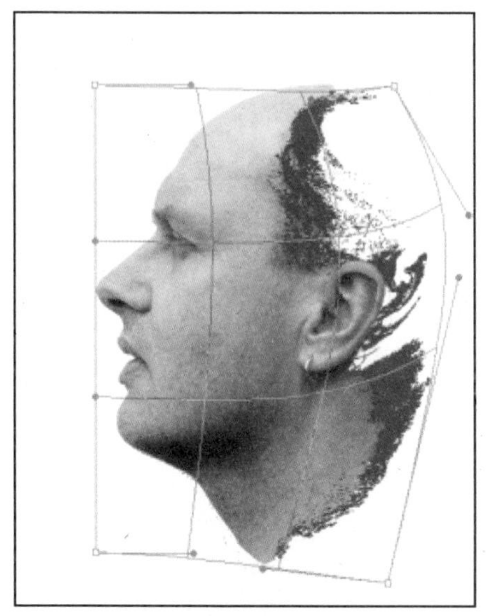

图6-12-13

14 单击“图层”面板下方的“添加图层蒙版”按钮，为“图层5”添加图层蒙版并使之处于工作状态，将前景色设置为黑色，选择“画笔工具”，在工具属性栏设置笔刷、模式和流量等选项，如图6-12-14所示。擦去耳朵和脖子附近的多余部分，如图6-12-15所示。再选择“加深工具”将顶部擦拭出明暗效果，如图6-12-16所示。

图6-12-14

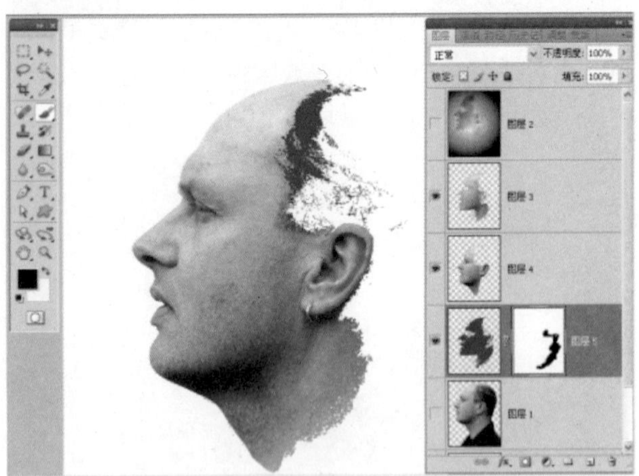

图6-12-15

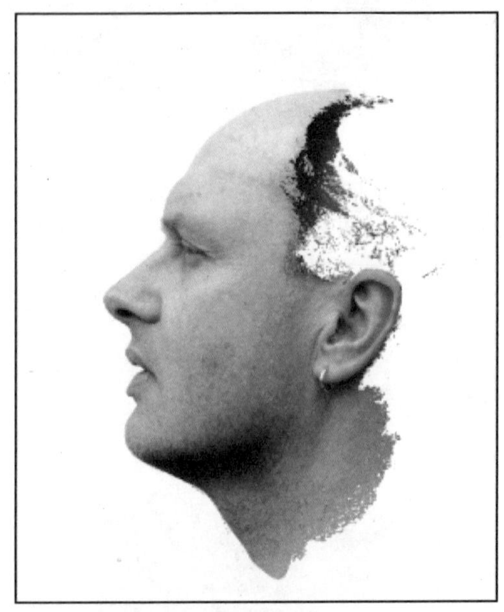

图6-12-16

下面我们做一个小“手术”，在人像的脸部开一个小口子作为光驱插口，这真是一个大胆的想法。

15 确认“图层3”为当前工作图层，选择“套索工具”在脸部绘制选区，如图6-12-17所示。按Ctrl+J键拷贝所选的皮肤内容为“图层6”，执行“图像”>“调整”>“曲线”命令，将拷贝出的皮肤调暗。执行“滤镜”>“模糊”>“高斯模糊”命令，调整相应的参数，如图6-12-18所示。

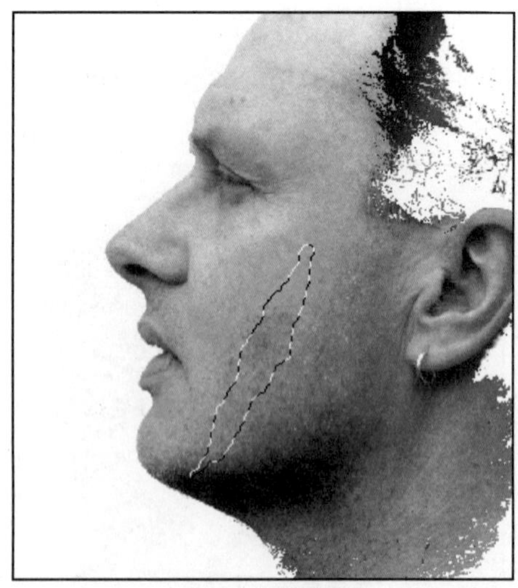

图6-12-17

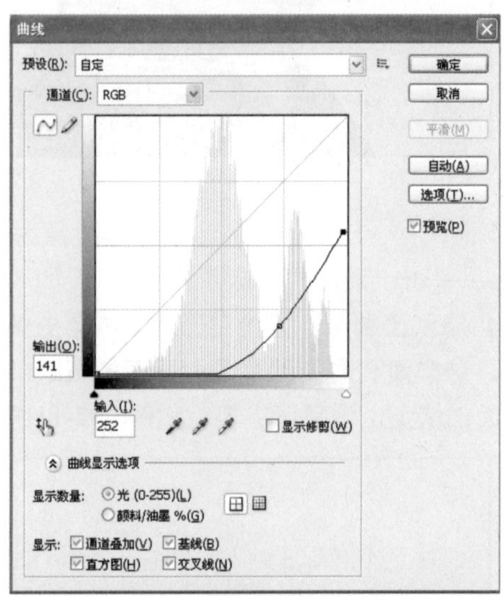

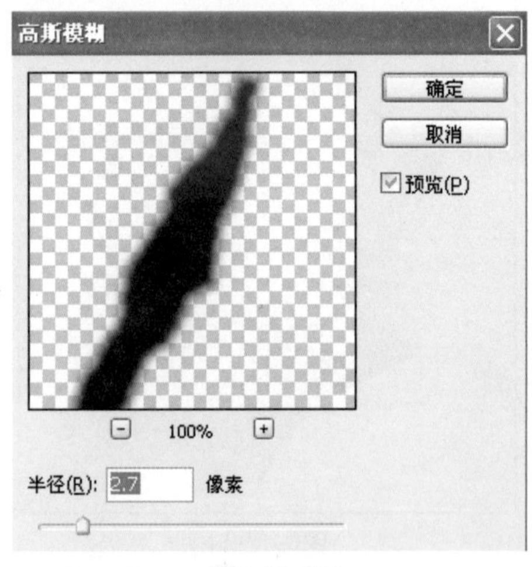

图6-12-18

16 单击“图层”面板下方的“添加图层样式”按钮，在打开的菜单中选择“斜面浮雕”选项，在打开的对话框中设置相关参数，如图6-12-19所示。

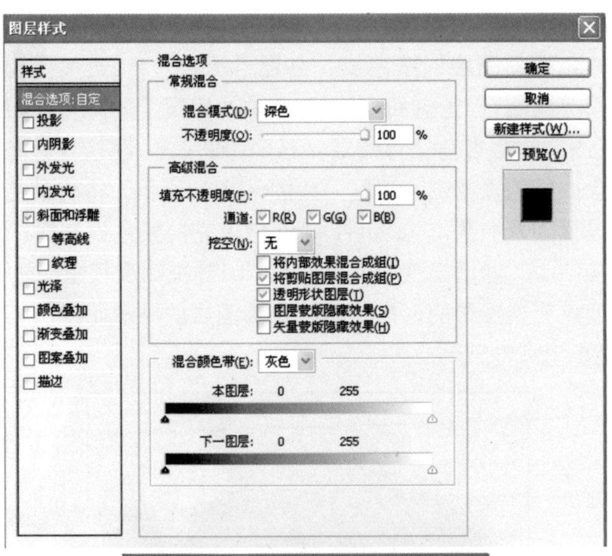

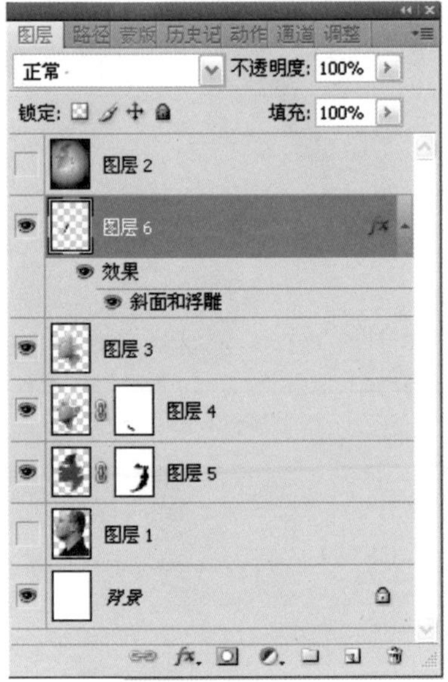

图6-12-19

17 打开一幅光盘素材图像，显示为“图层7”，如图6-12-20所示。按Ctrl+T键变换其大小、形状和角度，放置在面部开口处，如图6-12-21所示。

图6-12-20

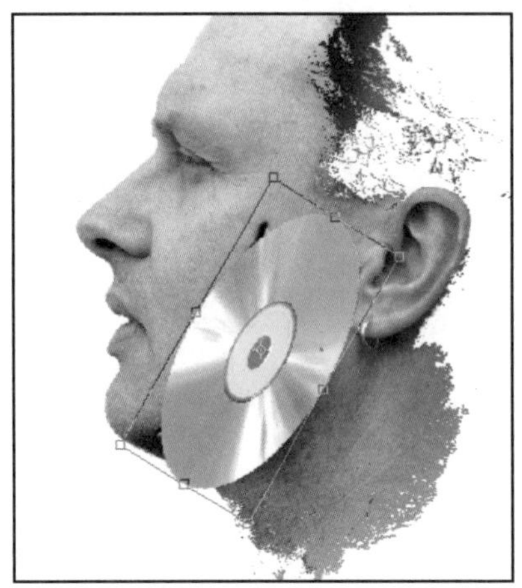

图6-12-21

18 单击“图层”面板下方的“添加图层蒙版”按钮，为“图层7”添加图层蒙版并使之处于工作状态，将前景色设置为黑色，用“画笔”工具在靠近面部开口处擦涂，做出一部分光盘插入开口中的效果，如图6-12-22所示。

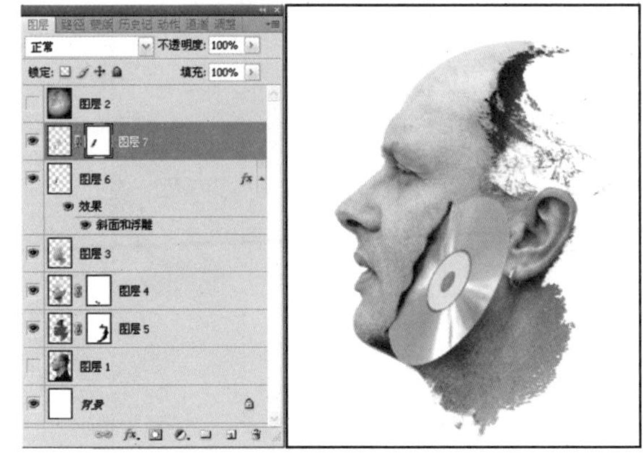

图6-12-22

19 由于光盘原本为正面平视图，根据透视变形后应该有一定厚度显示。为此创建“图层8”，按住Ctrl键单击“图层7”缩览图，载入光盘的选区到“图层8”中，如图6-12-23所示。

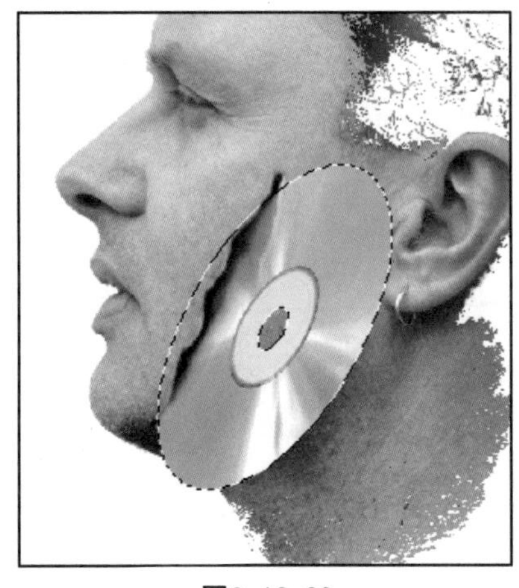

图6-12-23

20 执行“编辑”>“描边”命令，在打开的对话框中设置参数和描边颜色等，单击“确定”按钮，如图6-12-24所示。选择“橡皮擦工具” 擦去左侧多余的白边。按Ctrl+D键取消选区，如图6-12-25所示。

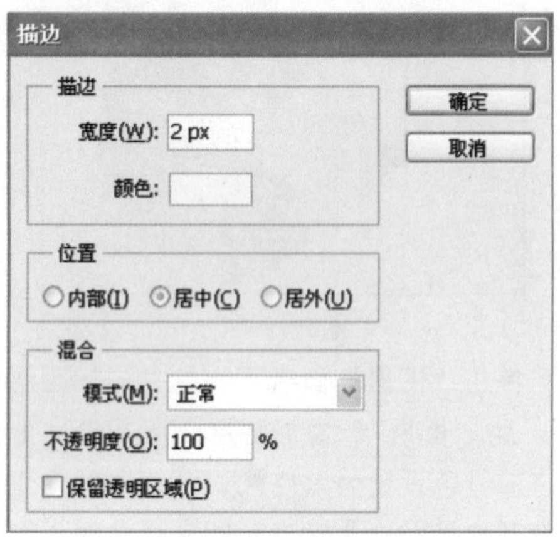

图6-12-24

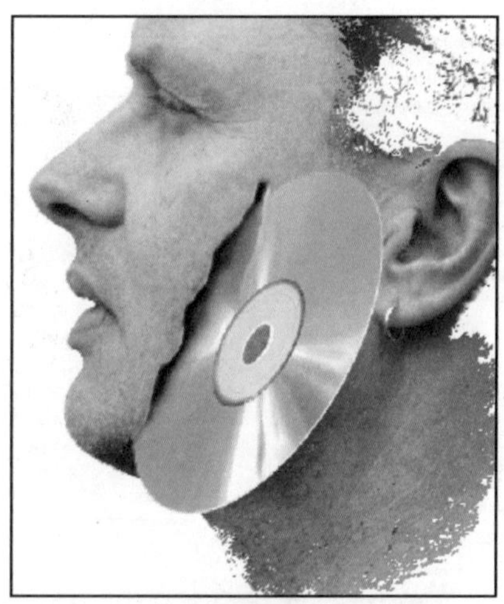

图6-12-25

工作接近尾声，一个多功能的现代人体DVD即将诞生，为了这个创意我冥思苦想整整一个上午呢。心中暗暗地美着，点上一支烟，怀着惬意打开音响，播放的歌曲是张雨生的“大海”。

如果大海能够唤回曾经的爱
就让我用一生等待
如果深情往事你已不再留恋
就让它随风飘远……

哈哈，烟和音乐确实能提神，疲劳烟消云散，下面咱们继续，开始做投影。

21 依然是老套路，单击“图层”面板下方的“创建新图层”按钮，创建“图层9”（当然要放在“图层7”光盘和“图层8”白边之下了）。将“图层9”作为当前工作图层，按Ctrl键单击“图层7”光盘图层缩览图载入选区，如图6-12-26所示。将前景色设置为黑色，按Alt+Delete键填充前景色到选区。按Ctrl+T键调出变换框，按住Ctrl键拖动变换框上的节点变换投影的形态，再降低该图层的不透明度，如图6-12-27所示。

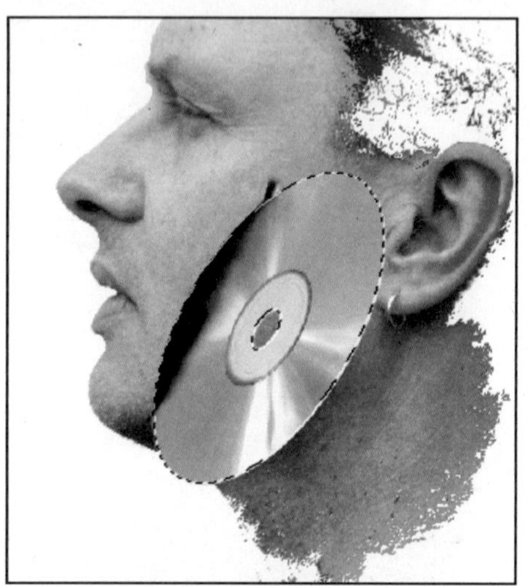

图6-12-26

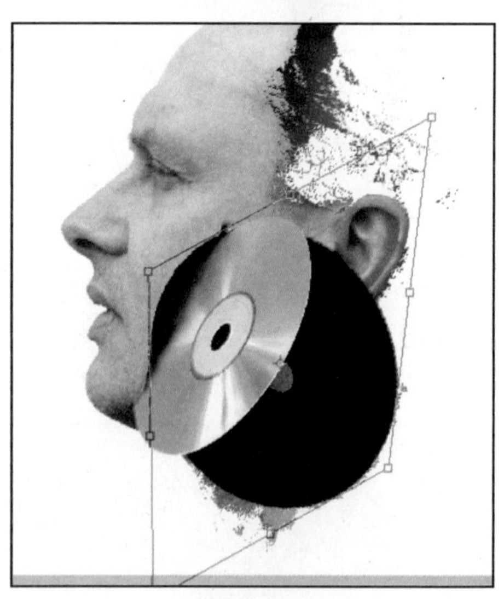

图6-12-27

22 单击“图层”面板下方的“添加图层蒙版”按钮，为“图层9”添加图层蒙版并使之处于工作状态，将前景色设置为黑色，选择“画笔工具” 把投影边缘擦成渐隐状态，如图6-12-28所示。再执行“滤镜”>“模糊”>“动感模糊”命令，调整相应的参数，如图6-12-29所示。

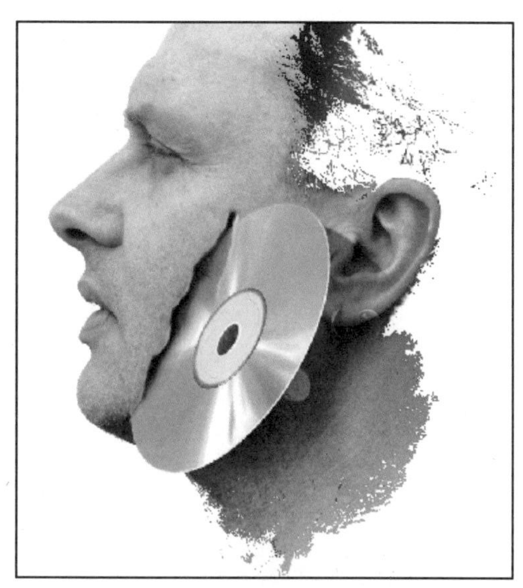

图6-12-28

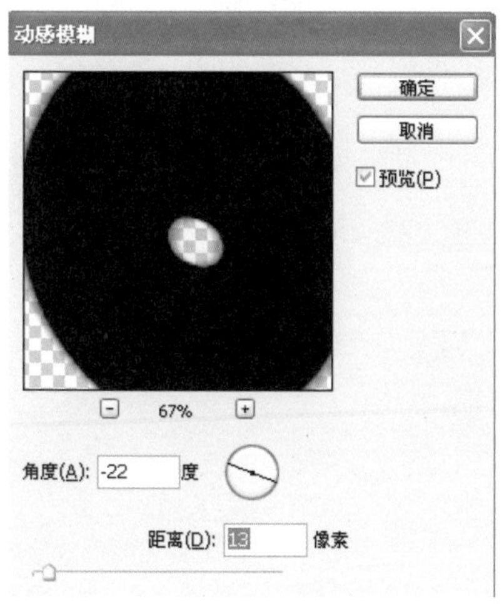

图6-12-29

提 示：

既然是DVD就得唱歌，怎么表现呢？最好的表现方式就是五线谱了。

23 单击“图层”面板下方的“创建新图层”按钮，创建“图层10”并作为当前工作图层。选择“自定形状工具”，在属性栏中单击“填充像素”按钮，再单击属性栏“形状”选框右侧小三角按钮，在弹出的面板中选择“音符”图案，如图6-12-30所示。在“图层10”中绘制音符。每绘制一个音符就新建一个图层，并且通过按Ctrl+T键进行角度和大小的变换，摆放好位置，如图6-12-31所示。不过如此，结束工作。

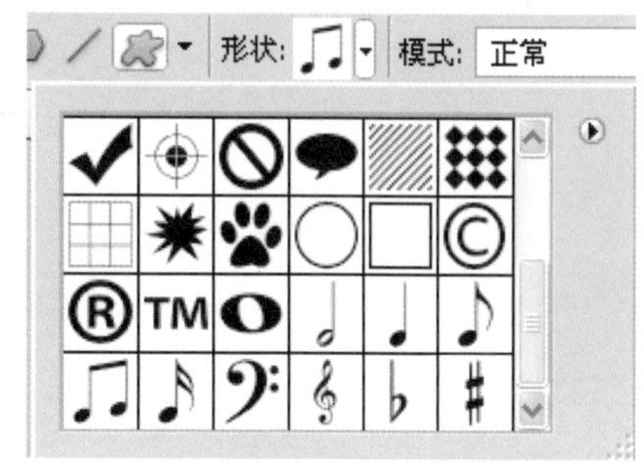

图6-12-30

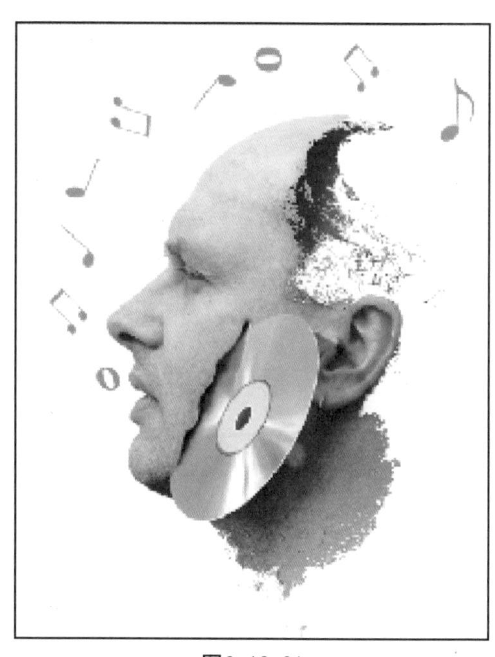

图6-12-31

到此，本书的所有案例均制作完毕，我长长地出了一口气，回想起那些难忘的日日夜夜，渡过的春夏秋冬，感慨万千。点燃一根庆祝胜利的香烟，深深地吸一口，打开QQ，巧的很“安琪儿”和“鸭舌帽”竟然都在，仿佛知道我要找他们，当他们听说我完成最后的案例，书稿即将发出时，两位朋友都真诚地为我送来了祝福。并说为我感到高兴，书出来后别忘了送给他们一本。

第7章

我的鼠绘制作画廊

第7章 我的鼠绘制作画廊

在我看，所谓鼠绘就是以Photoshop固有的工具进行绘制，即用“钢笔工具”、选框工具、滤镜以及各种调整命令等进行绘制。我没用过压感笔，曾经去商店试过但是总觉得不顺手，也许我太保守，缺乏耐心，最后还是放弃了。所以从某种意义讲，下面这些东西其实叫做“制作”似乎更贴切些。

严格讲，绘画或者叫绘制并不是Photoshop的主打，虽然它费功费时但是依然有许多人乐此不疲，为什么？因为它给人自信和力量，给人巨大的成就感，它让你在绘制的过程中不仅仅获得精神上的快感，而且能磨砺和提升你应用Photoshop的技艺，它是对个人自我的技术的综合应用，在每次制作过程中，你会接触到色彩知识、各种工具和功能，所以说，它也是许多从事美术工作的人以及美术的爱好者持之以恒地学习Photoshop的动因，因为他们对美术甚至摄影的兴趣和知识需要借用Photoshop得以巩固、延伸和提升，即使是通过临摹的鼠绘制作也是如此。一个真正的Photoshop高手，应该是具有全面、综合使用Photoshop能力的人。 下面是我的鼠绘作品。

白玫瑰

透明高脚杯

手 雷

贝多芬

东北虎

甜

我的夏天

地外风光

擦亮的瞬间

蟋　蟀

车

头盔

笔 墨

环 饰

坛

〖后　记〗

写这本书也缘于一次偶然，记得一天中午，在食堂吃饭，计算机教研部的白春章主任对我说："老宁，我看了你的作品，真是不错，如果能把你的经验和知识总结成一本书该多好啊"，他的话让我为之一动，是啊，为什么不尝试一下呢？说干就干，这样开始动笔了。如今，历时两年，终于写完了这本书，点燃一支烟，踱步来到窗前，眺望远方，心情很不平静。我再次去了久违的中国教程网，看到祁连山先生为我编辑的"飘忽的白羽作品集"，看到多年前临摹的鼠绘作品：东北虎、手雷、白玫瑰、破碎的提琴、贝多芬等等，我的心情很不平静，这些几年前的东西，今天看来依然那么亲切，那么精致，它们勾起了我许多回忆。我在想，是什么力量支撑了我？那日日夜夜是怎么渡过的？好可怕，好恐怖。如今，我不可能再为一个作品下那么大的功夫了，几乎处理到像素的级别，那时毕竟比现在精力旺盛，也年轻，为了那"手雷"上的一个铜环，我可以花上几个小时，为了恰当地表现提琴的某一局部结构，我可以冥思苦想，茶饭不思，真是衣带渐宽终不悔，为伊消得人憔悴。最为感慨的，当然不是那作品，而是时光，竟然过得如此快，转眼2010年就要过去了。我摸摸下巴，胡茬子很硬，脸上的纹理也多了许多，鬓角呢？不必看，已经染上白色，一副老男人的形象跃然眼前，可喜？可惜？可贺？可怜？我语塞，只有苦笑和无奈。羽老矣，不过尚能饭，是的，一息尚存，奋斗不止，小车不倒只管推，我仿佛瞥见自己的身影正淡入晚霞的余辉里。

这本书的写作过程可谓坎坷跌宕，大起大落，期间进行了两次版本更换，进行了4次大的修改和返工。在最疲惫的时候，我甚至怀疑自己到底能不能完成这工作，并一度产生了放弃的念头。也许是长期熬夜，身体的免疫能力下降，去年秋的一天，我终于病倒了，浑身无力，每一个关节都在作痛，太太给我量了体温，高烧38度多，看着我憔悴的面孔，她一定很心疼，劝我别写了，对我说："作为一个业余爱好就可以了，你已经很不错了，何必非要自讨苦吃写这东西"？我躺在床上，想了好久，我想：已经付出这么多了，如果放弃，实在可惜，中途退缩这不是我的性格，写这本书只有一个目的，即以现身说法的方式把自己的学习经验告诉那些自学者，也是对自己有一个满意的交代。我坚信，这世界没有翻不过去的山，趟不过去的河。这信念最终战胜了怯懦，这信念来自对Photoshop的执着和热爱。在这两年里我独立构思、制作完成了百余个案例，经过筛选，本书收录了其中的78例。由于本人水平有限，书中难免有这样或那样的不足，甚至会出现很幼稚的错误。但是它毕竟忠实地记录了一位学习者的心路历程，是经验的结晶。它不但与您分享着Photoshop的快乐，也与您分享着人生的甜酸苦辣。

在写作过程中，我得到了沈阳鲁迅美术学院"满懿"教授的悉心指导，还得到同学、同事、亲朋好友以及许多像"安琪儿"和"鸭舌帽"一样的网友的支持，在此我要对那些曾经支持和帮助过我的同事和朋友们真诚地说一声："谢谢"！

于沈阳

NO:

读者意见反馈表

感谢您选择了清华大学出版社的图书，为了更好的了解您的需求，向您提供更适合的图书，请抽出宝贵的时间填写这份反馈表，我们将选出意见中肯的热心读者，赠送本社其他的相关书籍作为奖励，同时我们将会充分考虑您的意见和建议，并尽可能给您满意的答复。

本表填好后，请寄到：北京市海淀区双清路学研大厦A座513清华大学出版社 陈绿春 收（邮编100084）。也可以采用电子邮件（chenlch@tup.tsinghua.edu.cn）的方式。

书名：________

个人资料：

姓名：______ 性别：___ 年龄：___ 所学专业：____ 文化程度：____

目前就职单位：______ 从事本行业时间：____

E-mail地址：______ 电话：____

通信地址：______ 邮编：____

(1)下面的平面类型哪方面您比较感兴趣

①图像合成 ②绘画技法 ③书籍装帧 ④广告设计

⑤特效应用 ⑥数码后期 ⑦插画设计 ⑧其他

多选请按顺序排列

选择其他请写出名称______

(2)Photoshop的图书您最想学的部分包括

①选区 ②图层 ③通道 ④色彩

⑤路径 ⑥蒙版 ⑦滤镜 ⑧其他

多选请按顺序排列

选择其他请写出名称______

(3)图书的表现形式，您更喜欢哪些类型

①实例类 ②综合类 ③大全类

④基础类 ⑤理论类 ⑥其他

多选请按顺序排列

选择其他请写出名称______

(4)本类图书的定价，您认为哪个价位更加合理

①68左右 ②78左右 ③88左右

④98左右 ⑤108左右 ⑥128左右

多选请按顺序排列

选择其他请写出范围______

(5)您购买本书的因素包括

①封面 ②版式 ③书中的内容

④价格 ⑤作者 ⑥其他

多选请按顺序排列

选择其他请写出名称______

(6)购买本书后您的用途包括

①工作需要 ②个人爱好 ③毕业设计

④作为教材 ⑤培训班 ⑥其他

多选请按顺序排列

选择其他请写出名称______

(7)您对本书封面的满意程度

○很满意 ○比较满意 ○一般 ○不满意

○改进建议或者同类书中你最满意的书名

______

(8)您对本书版式的满意程度

○很满意 ○比较满意 ○一般 ○不满意

○改进建议或者同类书中你最满意的书名

______

(9)您对本书光盘的满意程度

○很满意 ○比较满意 ○一般 ○不满意

○改进建议或者同类书中你最满意的书名

______

(10)您对本书技术含量的满意程度

○很满意 ○比较满意 ○一般 ○不满意

○改进建议或者同类书中你最满意的书名

______

(11)您对本书文字部分的满意程度

○很满意 ○比较满意 ○一般 ○不满意

○改进建议或者同类书中你最满意的书名

______

(12)您最想学习此类图书中的哪些知识

______

(13)您最欣赏的一本Photoshop的书是

______

(14)您的其他建议（可另附纸）

______

注：用电子邮件回复的读者，请将个人资料和书名填写完整，其他项目填序号和答案即可。本页复印有效。